普通高等教育“十一五”国家级规划教材

化工热力学

第三版

朱自强　吴有庭　编著

化学工业出版社

·北京·

本书是教育部普通高等教育“十一五”国家级规划教材。全书共9章。本书在第二版基础上修订，对内容作了增删，重新改写了第二版的第1、2章，把第2章内容进行了扩充和分割，增添了第3章，即纯流体的热力学性质计算，以加强这方面的基础。另外，部分改写了6～9章，精练了文字和更换了例题、补充附录。本书包括：绪论、流体的状态方程、纯流体的热力学性质计算、热力学第一定律及其应用、热力学第二定律及其应用、化工过程热力学分析、溶液热力学基础、流体相平衡、化学反应平衡及附录。

本书可作为化学工程与工艺专业本科生教材，也可供从事化学、化工、轻工、材料和热能动力的教师、研究生和工程技术人员参考。

图书在版编目（CIP）数据

化工热力学/朱自强，吴有庭编著. —3版. —北京：化学工业出版社，2009.9（2024.8重印）

普通高等教育“十一五”国家级规划教材

ISBN 978-7-122-06491-2

Ⅰ. 化…　Ⅱ. ①朱…②吴…　Ⅲ. 化工热力学-高等学校-教材　Ⅳ. TQ013.1

中国版本图书馆CIP数据核字（2009）第142271号

责任编辑：何　丽　陈　丽　郭乃铎　　文字编辑：陈　元
责任校对：陶燕华　　装帧设计：韩　飞

出版发行：化学工业出版社（北京市东城区青年湖南街13号　邮政编码100011）
印　　装：大厂聚鑫印刷有限责任公司
787mm×1092mm　1/16　印张23½　字数622千字　　2024年8月北京第3版第15次印刷

购书咨询：010-64518888　　售后服务：010-64518899
网　　址：http://www.cip.com.cn
凡购买本书，如有缺损质量问题，本社销售中心负责调换。

定　　价：59.00元

第三版前言

本书问世以来，已连续印刷13次。1995年台湾晓园出版社与化学工业出版社通过版权贸易，也以繁体字出版了本书的第二版，供台湾和香港等地读者应用。在第二版刊行的十七年中，受到了兄弟院校教师和学生们的广泛关注和使用，故化学工业出版社力促再版，并列入了普通高等教育“十一五”国家级规划教材。本版由浙江大学朱自强和南京大学吴有庭修订。

在化学工程与工艺及其相关专业中，化工热力学属基础技术课程，有承上启下的作用，而热力学又有其独特之处。诚如享誉世界的著名化工热力学专家J. M. Prausnitz教授在其著作《流体相平衡的分子热力学》（第三版）中译本前言中所指出的，“A. Einstein在他自传中曾说到虽然物理学的大部分都会随时间而改变，但热力学是普适而永恒的；他又说许多理论在科学的长河中只是昙花一现，但他坚信热力学会永远存在。”因此，我们应该始终不渝地贯彻以前所坚持的编写方针，既使学生能够理解和深化热力学的基本概念、基本理论和基本方法，又使学生能主动地把化工热力学的“三基”运用到化学工程和工艺的设计、研究及控制中去，诸如解决相平衡和化学反应平衡、过程热力学分析等方面的定量计算；对新的化学工艺过程设计和产品研究中也能有意识地应用热力学原理，还能善用计（估）算法获取热力学性质和热力学物性数据等。为此，我们对第二版的内容作了仔细的推敲和增删。除通过文字和例题等来贯彻上述编写思想外，还把第二版中第2章的内容进行了扩充和分割，增添了第3章，即“纯流体的热力学性质计算”来加强这方面的基础，使热力学数据的计（估）算也成为一个重点，或者说，如何获取热力学基础数据的值也是热力学方法中的重要一环。只有掌握基础数据（包括实验和估算两方面）才能使工艺过程及设备设计符合现实的需要，这是不言而喻的。第7章和第8章涉及溶液热力学和相平衡，两者关系密切、相辅相成。为了使教师便于讲授，学生便于掌握一些带有规律性的原理和方法，在章节、内容的安排上作了调整和充实。考虑到化学和其相关工业的迅速发展，加强了含有凝聚态组分系统的相平衡的讨论和计算，旨在使读者在以后的学习和工作中具有更广泛的化工热力学基础。

由于专业不同，教学时数也会有参差，为了使教师便于调节课程内容，目录中某些章节前设有“*”号的内容，或可请有兴趣的学生自学，或可删节。这样，一方面容易符合教学时数的规定，另一方面也有利于达到“因材施教”的目的。

本书的第1章至第5章由朱自强执笔，第6章至第9章由吴有庭执笔。由于编著者水平所限，虽做了一些努力，也会有取材不妥、叙述不清之处。希望从事化工教育、科技、设计工作者和广大读者多加关心、指正，以便再版时得以修正，使本书更加完善，编著者预先致以深切的谢意。

朱自强　吴有庭

二零零九年五月于杭州

第二版前言

本书第一版问世以来，已连续印刷三次，得到了读者的广泛关注。1988 年被评为化学工业部高等学校优秀教材。但我们深感原教材篇幅过大，不太适于目前化学工程及相关专业教学计划的需要。为此，本着少而精的原则，充分考虑“物理化学”的基础，重新组织了第二版的编写工作。可以这样说，第二版近乎是一本新书，特别是第二、第五和第七章，基本上已达到重写的地步；第六章是新写的。全书的例题和习题也作了很大的更改，基本原理没有削弱而应用性更强了。这些尝试和努力是否成功，尚待于读者的鉴定。

本书的编写是在化学工程专业教学指导委员会的支持和鼓励下完成的。从第二章到第五章由徐汛同志执笔，其余由朱自强同志执笔，并作了全书的通读和修改。在编写过程中得到了谢荣锦同志和冯杰同志的帮助，他们分别提供了部分习题和帮助整理了书稿。第二版初稿又得到了天津大学余国琮教授的审阅，他仔细审阅，鼎力指导，热情鼓励，为本书的问世做出了重要的贡献。在此一并致以深切的谢意。

由于编者水平所限，加上时间仓促，本书还会有不少不足之处，尚祈广大化工教育、科技工作者和读者们多加关心和指正。编者在此预先表示不胜感谢。

朱自强

一九九零年五月九日于杭州

第一版前言

化工过程的分析，化学反应器、分离装置和过程控制的设计研究都需要有流体的热力学性质和平衡数据。因此，化工热力学日益受到化学工程工作者的重视，并已成为化学工程学的分支学科之一。不少年来它已作为国内外化工系的必修课程。本书是在 1974 年浙江大学化学工程教研室所编写的《化工热力学》讲义的基础上，经过几年来的教学实践，按 1978 年 2 月化工类教材工作会议所制订的教材编写大纲，由浙江大学和清华大学分工编写，作为《化学工程专业》的教材之一。

根据过去的教学经验，学生认为热力学概念抽象、难懂，不易用来分析实际问题，故在编写过程中力求讲清基本概念、基本理论和基本方法，以期收到举一反三之效。另外，通过适当地介绍本学科的最新进展、例题的演算和平衡性质的计算值与实验值的对比等措施来提高本书的实用价值。望学生学习后，能具备有关流体的平衡热力学方面的基础知识，得以接触本学科的近代文献，以便得到进一步的提高和深化。本书除作教科书外，也可供从事化工过程的工程技术人员参考。

本书共分九章。第一章是绪论，第二、第三章介绍流体及其混合物的容积性质和热力学性质，这是学习以后各章的基础。第四、第五章是热力学的基本定律及其应用，通过第六章的学习，能够综合运用热力学的第一定律和第二定律，分析某些较为典型的热力过程。第七、第八章是流体的常压相平衡的基础和计算，第九章是化学反应平衡，这三章是热力学和传质过程、分离工程、反应工程间联系的纽带，为后续课的学习做好准备。

本书由天津大学余国琮教授主审，参加审稿会的还有南京化工学院、浙江大学、清华大学、上海化工学院、北京化工学院等单位的同志。他们认真地审阅了初稿，提出了许多宝贵意见，编者对此表示谢意。

本书的第四、第五、第六章由童景山同志执笔，第七、第八章由刘伊芙同志执笔，其余由朱自强同志执笔。由于时间比较仓促和水平所限，虽在编写中做了一些努力，但谬误之处想必不少。衷心盼望读者给予批评指正，以便做进一步的修改。

编　者

1980 年 3 月

主要符号表

A　摩尔亥姆荷茨自由能，$J \cdot mol^{-1}$；范拉尔方程参数；马居尔方程参数

A_N　炕程，J

a　分子或基团间配偶能量参数，K；活度；范德瓦耳斯（vdW）、SRK、PR 等方程参数，$MPa \cdot m^6 \cdot mol^{-2}$；RK 方程参数，$MPa \cdot m^6 \cdot mol^{-2} \cdot K^{1/2}$

B　第二维里系数，$m^3 \cdot mol^{-1}$；渗透第二维里系数

B_l　系统中第 l 个元素的总物质的量

b　vdW、RK、SRK、PR 等方程参数，$m^3 \cdot mol^{-1}$；模型参数

C　第三维里系数，$m^6 \cdot mol^{-1}$；渗透第三维里系数；独立组分数

C_p　摩尔恒压热容，$J \cdot mol^{-1} \cdot K^{-1}$

C_V　摩尔恒容热容，$J \cdot mol^{-1} \cdot K^{-1}$

C^*_{pmh}　计算焓变用的平均摩尔恒压理想气体热容，$J \cdot mol^{-1} \cdot K^{-1}$

C^*_{pms}　计算熵变用的平均摩尔恒压理想气体热容，$J \cdot mol^{-1} \cdot K^{-1}$

c　体积摩尔浓度，$mol \cdot m^{-3}$

E　能量（E_k、E_p、E_x 分别指动能、位能和㶲），J；萃取因子或增强因子

e　单位质量能量，$J \cdot kg^{-1}$

F　相律中的自由度；法拉第常数；进料流率，$mol \cdot h^{-1}$

f　逸度，MPa

G　摩尔自由焓，$J \cdot mol^{-1}$

$\Delta G_f^{\ominus}$　标准生成自由焓变，J

g　重力加速度，$m \cdot s^{-2}$；NRTL 方程中分子对间的能量参数

H　摩尔焓，$J \cdot mol^{-1}$；Henry 常数

$\Delta H_f^{\ominus}$　标准生成焓变（标准生成热），J

h　比焓，$J \cdot g^{-1}$

I　离子强度，$mol \cdot kg^{-1}$

J　广义流或流通量

K　绝热指数；汽液平衡比或分配系数；化学反应平衡常数（K_a、K_c、K_f、K_p、K_y、K_ϕ 指分别以活度、浓度、逸度、分压、摩尔分数、逸度系数等表示的化学反应平衡常数）

k　Boltzmann 常数，1.380044×10^{-16} $erg \cdot K^{-1}$；状态方程中的相互作用参数

L　维象系数

M　摩尔质量（分子量）；泛指摩尔性质或热力学函数

m　质量流量，$kg \cdot s^{-1}$；多变指数；质量，kg；质量摩尔浓度，$mol \cdot kg^{-1}$

N　物种数或分子数

n　物质的量，mol

p　压力（p_{cm}、p_{rm} 分别指混合物的虚拟临界压力和虚拟对比压力），MPa

P　功率，W

p^s　饱和蒸气压，MPa

p_i　分压，MPa

Q　热量，J；中间参数

Q_k　基团面积参数

q　单位质量传热量，$J \cdot kg^{-1}$；面积参数

R　通用气体常数，$8.314 J \cdot mol^{-1} \cdot K^{-1}$

R_k　基团体积参数

r　压缩比；体积参数；链段数或聚合度

S　摩尔熵，$J \cdot mol^{-1} \cdot K^{-1}$；相律中的特殊限制方程数；溶解度系数；萃取剂用量，$mol \cdot s^{-1}$

s　比熵，$J \cdot kg^{-1} \cdot K^{-1}$

T　绝对温度（T_0、T_{cm}、T_{rm} 分别指参考或环境温度、混合物虚拟临界温度和混合物虚拟对比温度），K

t　摄氏温度，℃；时间，s

U　摩尔内能，J

U'　比内能，$J \cdot g^{-1}$

u　线速度，$m \cdot s^{-1}$；UNIQUAC 或 UNIFAC 中分子或基团配偶能量参数

V　摩尔体积（V_{cm} 为混合物虚拟临界体积），m^3

W　功或流动功（W_L、W_s、$W_{s(R)}$、W_{id} 分别指损耗功、轴功、可逆轴功和理想功），J；重量或质量分数

w	单位质量流体所做的功，J·kg^{-1}
X	基团摩尔分数或局部摩尔分数；推动力或势差；$X^{(l)}$泛指第l个元素
x	液相组分摩尔分数；干度
y	汽相组分摩尔分数
Z	压缩因子（Z_{cm}指混合物虚拟压缩因子）
z	位高，m；电荷数；进料组成或系统的总组成；配位数；固体的相组成

希文

α	相对挥发度；NRTL方程中的有序参数；真实溶液中的活度系数
β	模型参数；体积膨胀系数；化学式中元素的系数
Γ	基团活度系数
γ	组分活度系数（γ^{C}、γ^{R}指组合部分和剩余部分对活度系数的贡献）
Δ	性质变化或过程始、终态性质的差值
δ	溶解度参数，J$^{1/2}$·m$^{-3/2}$；微小的改变量
ε	反应进度；容许误差
ζ	制冷系数
η	效率；汽相分率
Θ	单位时间的熵产率，kJ·K^{-1}·h^{-1}；Θ_m特指基团m的面积分数
θ	面积分数
Λ	Wilson方程的相互作用参数
λ	Wilson方程中分子对间的能量作用参数；待定参数
μ	化学位（化学势），J·mol^{-1}
ν	化学反应计量系数；物质的计量系数；$\nu_k^{(i)}$特指分子i中基团k的数目
ξ	局部体积分数；泛指的浓度标度
Π	连乘符号
π	相的数目；渗透压，MPa
ρ	密度，kg·m^{-3}
σ	单位时间单位体积的熵产率，kJ·K^{-1}·h^{-1}·m^{-3}
τ	NRTL或UNIQUAC中的相互作用参数
υ	比容，m^3·kg^{-1}
Φ	体积分数
ϕ	逸度系数；体积分数；渗透系数
φ	固相和液相的逸度比；静电势
χ	Flory-Huggins参数
Ψ	UNIFAC中的基团配偶参数
ω	偏心因子；制热系数

上标（顶标）

$\ominus$	标准态；初值；初态
—	偏摩尔性质；平均值
∧	混合物中的组分性质
∞	无限稀释
*	理想气体；非对称归一化
c	体积摩尔浓度标度
F	进料
E	过量性质；萃取相
G	气相
L	液相
P	聚合物相
R	剩余性质；萃余相
s	饱和状态；固相
V	汽相
id	理想溶液
(m)	质量摩尔浓度标度

下标

c	临界性质；体积摩尔浓度标度
cal	计算值
exp	实验值
g	气相
H	高温
i，j，k，l	组分
ij、ijk	两分子或三分子组分间的相互作用
id	理想功
L	低温；损耗功
l	液态
m	熔点（熔融态）；质量浓度标度；混合物
p	等压
r	对比性质；参比态或参比物质
S	溶剂；轴功
T	等温
t	总量；总性质
V	等容
x	液相摩尔分数标度
y	汽相摩尔分数标度
Ⅰ、Ⅱ	不同的相；相的序号
+	阳离子或正离子
−	阴离子或负离子
±	平均离子性质
ξ	泛指的浓度标度

目　录

第1章

绪　论

1.1　化工热力学的范畴和任务

1.1.1　化工热力学发展简述

热现象是人类最早接触到的自然现象之一。相传远古时代有燧人氏钻木取火，用现代科学的语言来说，就是由机械功转化为内能，温度升高发生燃烧。12～13世纪，在我国就记载有走马灯和使用火药燃烧向后喷气来加速箭支的飞行，可以说是现代燃气轮机和火箭等喷气推进器的始祖。但是，把人类对热的认识积累而形成一门科学却是近300年的事。从观察和实验总结出来的热现象规律，构成热现象的宏观理论，叫做热力学。在英语中“热力学”这个词表示热和力之间的关系或意味从热能转变成机械能。为了提高蒸汽机的效率和创造出性能更好的热机，有必要对它们的工作规律进行广泛的研究。19世纪中叶，把热机生产实践和实验结果提到理论的高度，确立了关于能量转化和守恒的热力学第一定律和关于热机效率的热力学第二定律。主要由这两个基本定律在逻辑上和数学上的发展，形成了物理学中的热力学部分。它除了为分析、研究和创造各种类型热机提供理论基础外，还广泛地渗透到其他学科中去，例如热力学理论和化学现象相结合，形成了化学热力学，它是研究物质的热性质，化学、物理过程的方向和限度等普遍规律的基础学科。

蒸汽机的发明，生产和其相应的科学研究的开展建立了热力学的基本定律，热力学的发展又回来在热机设计和创新方面起着决定性的作用，在学科上形成了工程热力学。广而言之，热力学是一门研究能量及其转换的科学，它能预言物质状态变化的趋势，并能用来研究伴有热效应系统的平衡。在化学和其相关工业的生产和科学实验中，有大量的这类问题需要解决，化工热力学也就应运而生。由于既要解决化学问题，又要解决工程问题，所以化工热力学实际上是集化学热力学和工程热力学两者主要部分的大成。自1944年，Dodge写出了第一本《化工热力学》教科书后，半个多世纪以来，国内外在这方面都有很大的进展，教学工作也颇有成效，Smith和Van Ness合写的《化工热力学导论》已出了七版。化工热力学已成为化学工程学的主要分支学科之一。尽管热力学是一门比较古老的学科，但在化学和其相关工业的应用还在继续扩大，浩瀚的文献和众多的应用记录了化工热力学的诞生和发展。

1.1.2　热力学的基础

热力学广泛用于理、工诸学科，由热力学定律和热物理数据（thermophysical data）两大部分构筑形成热力学的“大厦”（图1-1）。经过近二百年来科学家的努力发展，特别是本学科缔造者，如Carnot、Joule、Clausius和Gibbs等诸大师的创造性工作，使热力学成为一门严谨的基础学科。热力学定律用来提供解决热力学问题所必需方程式的基本框架，而热物理数据为通过上述方程得出答案提供所需要的信息。

1.1.2.1 *热力学定律*

热力学的定律可概况如下：

（1）第零定律　若物体 A 和 B 都与物体 C 成热平衡，则 A 或 B 彼此间也成热平衡。该定律是一切测定温度方法的根据，并可以用来证实温度是个状态函数。

（2）第一定律　能量是守恒的或第一类永动机是不可能造成的。这是能量衡算的基础，在化工中颇为重要，将在第 4 章中详细介绍。

（3）第二定律　热不可能自动地从低温物体传给高温物体。看来似乎这样的叙述内容和化学工程的关系不大，其实不然。这将在第 5 章中加以分析、介绍。有关第一和第二定律结合用于化工过程分析，详见第 6 章。

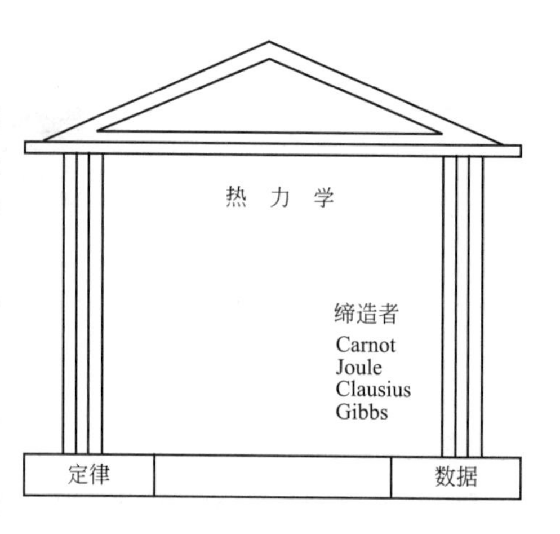

图 1-1　热力学的基础

（4）第三定律　也称 Nernst 热定理。当系统趋近绝对零度时，它的等温可逆过程的熵变化趋近于零。Nernst 又根据他的热定理推出一个原理，名为绝对零度不能达到原理，即不可能使一个物体冷到绝对零度。这也是热力学第三定律的一种表达方法。第三定律在化学反应的应用上有重要意义，据此规定了 0K 时完整晶体的熵为零，再利用热容数据和相变热数据可算出一定温度（25℃）和压力（101325Pa）下理想状态的熵值和一个化学反应的标准熵增，然后利用反应热数据算出该反应的标准 Gibbs 函数变化，藉此可以确定该反应的平衡常数。这意味着可利用热力学数据来算平衡常数，而不必做任何实验。

由上可知，根据热力学第一、第二和第三定律表述，都说某种事情是做不到的。但在实际情况上，第三定律与第一、第二定律却有本质的不同。第一、第二定律指明，必须完全放弃那种企图制造第一类与第二类永动机的梦想；而第三定律却不阻止人们想方设法尽可能地去接近绝对零度。当然，温度越低，降低温度的难度也越大，但是，只要温度尚不是绝对零度，总还有希望使其再行下降的。

1.1.2.2 *热物理数据*

给定的单质或其混合物的密度、焓、熵等称为它们的热物理性质，而这些性质的值则称为热物理数据。这些数据包括两种类型，即可测量的和由此而导出的。前者是在实验室中可测量得到的，如 p-V-T 性质、热容、蒸气压和蒸发焓等。后者如焓、熵、Gibbs 函数等，通过以热力学定律为基础的关系式从可测量性质计算得出。所以后者属于“概念上”（conceptual）的量，从而往往导致读者难以捉摸和理解。我们将把后者称为热力学性质，而将它们的值称为热力学数据（thermodynamic data）。总之，在许多化工过程计算中若要得到数值性的答案，就一定要利用热物理数据。

1.1.3　化工热力学的研究范畴和在过程开发中的作用

化工热力学的主要研究范畴在于决定设计分离过程、化学反应器所需的相平衡以及化学反应平衡的数据、参数和平衡时的状态以及对化工过程进行热力学分析。过程或产品开发是综合性的任务，需要多种学科研究和生产技能的配合，当然其中不乏有化工热力学的课题，简要归纳如下。

（1）为了降低原料消耗，利用当地资源，制止环境污染和不用剧毒物质作原料等，要求发展直接合成新工艺。20 世纪 50 年代，采用以乙烯和氯为原料的氯醇法生产乙二醇，共有三步：乙烯＋氯→氯乙醇→环氧乙烷→乙二醇。氯醇法不但流程长，辅助原料氯的成本高，而且使用了氯，给后处理带来许多麻烦。60 年代，用直接氧化法生产乙烯，实现了工业化，该法不再使用氯，且把流程缩短为两步：乙烯→环氧乙烷→乙二醇。70 年代，由乙烯直接合成乙二醇已经成功，产品收率从乙烯氧化法的 75%提高到 90%，意味着每生产 1kg 乙二醇所消耗的乙烯量比乙烯直接氧化法又降低了 17%。用热力学的方法来判断这些新工艺是否可行，在什么条件下才可行，将对节省过程开发中的人力、物力和研究时间都有很大的帮助。

（2）夹点技术（pinch technology）是由 Linnhoof 和他的同事在 20 世纪 70 年代开发研究成功的[1,2]。初始提出的是关于换热网络优化设计方法，后来又逐步发展成为系统分析化工过程和相应公用工程间的综合方法论。该法的成功是借助于热力学第一和第二定律。第一定律提供了计算通过换热器各种流股（stream）焓变的能量方程；第二定律用来决定热流的方向，即热能只能从高温流向低温。因此可以认为夹点技术之所以能够诞生是源于热力学的，是热力学在工程中应用的一个范例。回顾 Linnhoff 的学习和工作历史，可以从一个侧面得到充分证实。Linnhoff 毕业于汉诺威技术大学，后在瑞士联邦理工大学（ETH）得机械工程硕士，再在利兹大学获化学工程博士。1973 年他在 ETH 讲授“热力学”，并在瑞士著名建筑材料公司—Holderbank AG 工作，从事新技术评估和提高过程效率的研究。鉴于他能把理论原理与实际的设计和研究密切联系，终于创建了闻名于世的夹点技术。

有关夹点技术的基本原理和其在节能方面的应用将在 6.4.3 中作进一步的阐明。夹点技术虽起源于换热网络设计，经过多年的发展，几乎已在许多工业部门和不同的装置上，诸如石油工业、石油化工工业、冶金工业、化学工业、造币工业和食品工业中和其相应的装置上，都得到应用。鉴于夹点技术将热力学原理和系统工程相结合，用以决定工程系统能量利用与回收的优化配置来降低能耗，是目前最常用的过程集成方法[3]。国外工程界对其十分重视，鲁姆斯、凯洛格等公司中都有专门小组从事夹点技术设计。巴斯夫公司从 1983 年开始采用夹点技术，对 150 余个装置进行了工程设计和改造，在节能、解除瓶颈和改善环境方面收到良好效果。到 1993 年的 10 年中总产量增加 60%，而总能耗却下降了 50%，节能总量达 500MW[4]。在国内，对夹点技术也进行了广泛研究，如聚氯乙烯装置是一个高耗能装置，用夹点技术进行节能改造，经分析后，认为可以节省热量和冷量各 6083kW，节能效益为 335 万元/年，不到一年就可回收投资[5]。阳永荣[6]对上海氯碱厂一系列设备、工段中的用能过程进行了查定，运用夹点技术和增加集成度等方法制定出优化的节能方案，然后通过解决工艺、设计、材料和控制等技术上的问题后得以实施，显示出有良好的应用价值。就其已实施的氯化氢精制塔而言，由于增加 1 台中间冷凝器后，可节约冷、热公用工程各 1394kW 的效益。

（3）膜分离过程从 20 世纪 30 年代开始到 80 年代，先后有微孔过滤、透析、电渗析、反渗透、超滤和气体分离等。90 年代以来渗透汽化和纳米过滤也有很大发展。渗透汽化和其他的膜过程不同，在分离过程中发生物质的相变化。膜的一侧为液相，另一侧为汽相，在两侧分压差的推动下，渗透物的蒸气能从另一侧导出。渗透蒸发分离液体混合物的机理，一般认为是“溶解-扩散”过程。据此，渗透组分在膜中的渗透速率是溶解度和扩散系数的函数。因此，要深入了解渗透组分在聚合物均质膜中的分离机理，首先要研究均质膜和渗透组分的溶胀平衡（Swelling equilibria）。若渗透物为单组分时，用 Flory-Huggins 热力学理论[7]

---

[1] Linnhoff B，Mason D R，Wardle I. Comput. Chem. Eng. 1979，3：295.

[2] Linnhoff B，Hindmarsh E. Chem. Eng. Sci.，1983，38：745.

[3] 冯宵，李勤凌. 化工节能原理与技术. 北京：化学工业出版社，1998.

[4] 张济民. 化学工程师，2004，(6)：45.

[5] 冯宵，赵驰峰，孙亮. 节能技术，2006，24 (1)：3.

[6] 阳永荣. 应用夹点技术系统提升企业用能水平，浙江省化工学会学术报告会，杭州：2007，12：22.

[7] Flory P. Principles of Polymer Chemistry，New York：Cornell University Press，1953.

和溶解度参数[1]就能做出较好的描述。当渗透物为非极性/非极性二元理想溶液时，则可用Henry定律进行处理[2]。当渗透物为极性/极性二元非理想溶液时（如水/一元醇混合物），由于渗透组分之间、渗透组分与膜间存在着较强的分子间作用力，则需用改进的Flory-Huggins方程来加以描述[3]。至于水/二元醇/膜系统的溶胀平衡报导较少，而陈倖荣等[4]基于改进的UNIQUAC方程和Flory-Huggins理论，建立了液-膜两相溶胀平衡模型，分别计算了水和乙二醇在交联聚乙烯醇均质膜中的溶解度，结果与实验值吻合较好。由此，不仅可见热力学在渗透蒸发过程的机理探讨中所发挥的作用，而且在化工过程中聚合物的参与也屡见不鲜，特别聚合物已是新材料的重要组成部分，故含聚合物系统的热力学问题也日益受到人们的关注，成为一个热点。

（4）在石油化工生产中，产品众多、更新迅速、分离要求高。设计、生产操作和产品质量控制都需要大量多元相平衡数据，以便在冷凝、汽化、闪蒸、液相节流、蒸馏、吸收、萃取和吸附等单元操作中应用。这些都是提高分离设备效率，创造新型和大型分离设备的必备条件，也是减少能耗的基础工作。因此，很多事例在化工热力学教材中引用，以丰富内容来提高读者对相平衡知识的重视。目前，相平衡热力学的内容已从化工产品扩充到生物物质。学术界认为双水相萃取（aqueous two-phase extraction）在生物技术中是一个有前途的分离方法，可用来分离蛋白质（酶）、核酸、病毒、细胞组织、叶绿体、线粒体和生物小分子（抗生素、氨基酸等）。双水相系统大致可分由聚合物A（如聚乙二醇，PEG）、聚合物B（如葡聚糖，DEX）和水或由聚合物A、盐（如硫酸铵，磷酸氢钾）和水组成的两大类。由上述三种组分构成的两个液相，其中水含量达90%左右，故称双水相[5]。据我们不完全的统计，自1990年到1996年，在国际上发表的双水相萃取方面的论文共270篇，其中最多的是实验室的分配和萃取，探索不同的生物物质在不同的双水相中，在不同的条件下的分配，共有论文86篇，占31.85%，其次就是有关热力学的研究，包括热力学性质和热力学模型，共有论文57篇，占21.11%。双水相系统涉及聚合物、电解质和水，若要计算生物物质在其中的分配，还有生物物质的分子存在，足见从高分子、大分子到小分子，从电解质到非电解质，从弱极性到强极性的分子一应俱全，系统十分复杂，要构筑其分子热力学模型，确也不是易事。双水相系统热力学模型的建立应充分借鉴已有聚合物热力学和电解质溶液热力学的成果，在分析、归纳、综合的基础上加以融合、修正和升华以得出有实际意义的模型。对双水相系统液液平衡（liquid-liquid equilibria，LLE）相图的成功描述借助于聚合物溶液理论的局部修正或电解质溶液理论的扩展来实现。主要可分两大类：似晶格模型和渗透维里模型。我们实验室曾进行过不少研究。如吴有庭等[6]在分析、总结前人似晶格模型研究成果的基础上，抓住聚合物溶液具有强相互作用和同系列聚合物溶液（单体相同、分子量不同）具有类似相特性的特点，提出了修正的NRTL（non-random two-liquid）模型，成功地关联和预测了同系列聚合物（PEG）/H_2O系统的汽液平衡（vapor-liquid equilibria，VLE）和LLE。在此基础上，引入长程静电项进行扩展，利用少量的LLE数据成功地预测了PEG/DEX和PEG/无机盐两大类双水相系统的LLE相图[7,8]。总体的平均绝对偏差一般不大于1.0%（质量比）。

---

[1] Hildebrand J H，Scott R L.. The Solubility of Non-electrolytes，New York：Plenum Press，1949.

[2] Rhim J W，Huang R Y M. J. Membrane Sci.，1989，46：335.

[3] Mulder M H V，Franken T，Smolders C A. J. Membrane Sci.，1985，22：155.

[4] 陈倖荣，陈洪钫. 化工学报，1996，47：466.

[5] Albertsson P A. 细胞颗粒和大分子分配. 第3版. 朱自强，郁士贵，梅乐和等译. 杭州：浙江大学出版社，1995.

[6] Wu Y T，Zhu Z Q，Lin D Q，Mei L H. Fluid Phase Equilib.，1996，121：125.

[7] Wu Y T，Lin D Q，Zhu Z Q. Fluid Phase Equilib.，1998，147：25.

[8] Wu Y T，Zhu Z Q，Lin D Q，Li M. Fluid Phase Equilib.，1999，154：109.

至于生物物质在双水相系统中的分配热力学模型，复杂性将更为突出，既包含相系统本身的复杂因素，又受制于待分配物质的特性。分配模型至少有四元，组分间的相互作用和自身间的作用错综复杂更胜于三元系。在文献中虽也有不少模型，在一定程度上有所预测，但关联的份额高于预测。各分配模型的理论基础虽各有不同，但普遍将生物物质分配系数的对数值表达为上、下相浓度差的函数形式却十分相似。从关联的角度看，比较满意、但难以与成相聚合物的分子量相关联，就不易定量预测生物质在含同系列聚合物系统中的分配描述。如何把模型参数表达为聚合物分子量的函数，以增强模型的预测能力，将是使生物物质在双水相中的分配模型迈向具有实际意义的关键一步，我们在这方面也做了有益的尝试，得出了可信的关联和预测结果❶。

分子热力学的倡导者 Prausnitz❷ 认为分子热力学的主要功能在于解释、关联和预测所需开发的化学产品的热力学性质，以及为化工过程，特别是分离操作的设计服务。过去第一代和第二代热力学主要为石油工业和石油化工中的化学工程问题作出贡献。下一代似乎应该在生物技术的产业中发挥作用。他深信，当生物技术产业要全面发展的时候，分子热力学在改进新产品的开发和提高经济效益方面都将作出重要贡献。但是目前就要有必要投资，进行力所能及的奉献性研究，以备不时之需。进入 21 世纪以来，生物质的分离、提纯日显突出，也可认为生物分离过程已成为生物技术发展中的瓶颈之一。可以预期，热力学在生物技术中的应用将是方兴未艾，应该说上述双水相萃取中的热力学进展就是在这样的背景下出现的。

（5）过程开发中的关键步骤是如何把实验室的结果进行放大，实现工业化。这不仅需要运用化学工程的原理和方法，还需大量的基础数据，包括热力学数据和其他的化工物性数据。除了进行必要的测定外，还要研究数据的关联和预测，并将其构筑成模型，以便进行电算。据统计，现已有 10^5 种以上的无机物和 6×10^5 种以上的有机物，而热力学性质研究比较透彻的纯物质只有 100 种左右。为了关联和预测所需的热力学性质和有关化工物性，状态方程的开发，对应态原理的运用，分子热力学方法的引入都是熟知的研究内容。在实用中，不仅要求计算纯物质的热物理数据，更需要的是混合物数据。由于组成这一变量的参与，大大扩充了热力学研究的工作量和提高了测定、计算的难度。因此，混合物的热物理性质的测定和计算已成为化工热力学研究中一个不可缺少的任务。必须指出，积极获取新的、有实用价值的实验数据，如含极性物质、聚合物、大分子等的系统，电解质溶液，以及高压、低温下的热物理数据仍是当务之急，没有实验数据将是无源之水、无本之木。但又不能过于依赖用实验方法来解决过程开发中所需求的热物理数据，因为实验工作毕竟既费人力、又耗物力，需时较长。加上过程开发中所要求的温度、压力或组成的条件众多，且又严格，有的条件甚至在实验室中难以建立，这就需要借助热力学、分子物理学和计算机科学等方面的原理和成果来建立模型、以达到从易测准的数据来推算难以测定的数据，或者通过统计热力学的方法直接从化合物的分子参数进行预测。李志宝等❸就以 Kirwood 和 Buff 理论❹为基础，对 Lennard-Jones 流体导出了在高压条件时计算纯物质的界面张力的公式。成功地计算了 21 种纯物质（包括非极性和极性物质）的界面张力，压力范围从其标准沸点时的压力到临界压力。计算结果表明，21 种纯物质界面张力的总平均标准偏差为 0.1196mN/m。在此基础上，他们还计算了 319.3K 时 $CO_2/n\text{-}C_4H_{10}$ 系统的界面张力。目前，生物化工已在兴起，在设计、放大和过程开发中的问题比传统化工更为复杂。究其原因，除了涉及生物活性物质容易失活和变性外，缺乏含生物物质系统的热物理数据也是一个尚不易克服的困难。

---

❶ Lin D Q, Wu Y T, Mei L H, Zhu Z Q, Yao S J. Chem. Eng. Sci., 2003, 58 (13): 2963.

❷ Prausnitz J M. Fluid Phase Equilib., 1989, 53: 439.

❸ Li Zhibao, Lu Jiufang, Li Yiqui. Chinese J. Chem. Eng., 1998, 6: 257.

❹ Kirwood J G, Buff F P. J. Chem. Phys., 1949, 17: 338.

至于物理性质估算的误差，究竟会对以后的设备尺寸计算和设备的价格有多少影响？Tassios 根据一些化工公司的信息，编制了表格（表 1-1）。从表中可见，物理性质的误差对设备设计和价格的影响还是比较大的，要引起人们的足够重视。

表 1-1　物理性质的误差所导致的高昂代价

性　质		假设热物性的误差/%	最后导致在设备上的误差/%	
			设备尺寸	设备价格
活度系数	极易分离物系	10	3	2
活度系数	易分离物系	10	20	13
活度系数	难分离物系	10	50	31
活度系数	极难分离物系	10	100	100
热容		20	6	6
蒸发热		15	15	15
密度		20	16	16
黏度		50	10	10
热导率		20	13	13
扩散系数		20	6	4
扩散系数		100	40	23

（6）能量转换器（energy converter）和化工装置的开发中，应注意到减少原动力消耗是降低操作费用的关键。对主要装置要进行仔细的、有指导性的热力学分析，以求降低热力学损耗（thermodynamic loss）。如在超导研究中需要低温环境，因此要设计操作温度为 4.2K 的、以氦为制冷剂的低温制冷设备。在此类设备的设计中，Quack 等指出，用可输出功的膨胀机代替原来的 Joule-Thomson 节流阀，操作费用可下降 40%，而总的投资额也会下降 20%。要进行上述设计，必须进行“㶲”（exergy）分析（第 6 章将作介绍）。有关这方面的研究成果在化工装置的设计、操作的宏观调控等方面具有指导性的作用。

1.2　经典热力学的特点和分子热力学的兴起

1.2.1　经典热力学的特点

经典热力学有两个特点：不研究物质的结构和不考虑过程的细节，因此决定了它的优缺点。在用严格热力学导出的结论中，没有任何假想的成分，可靠性大。如从液体的蒸发热和汽、液两相密度可导出该液体的蒸气压与温度间的正确关系。但因不研究物质的结构，不考虑过程的机理，就不能对现象有更深刻的理解。经典热力学只能处理平衡问题，却不问怎样来达到平衡状态。只要知道系统的初态和终态，就可计算热力学状态函数。可是只能算出物理或化学过程的推动力，却无法计算阻力。因此，在速率问题上，就显得无能为力。

生产问题，过程开发的综合性强、影响因素多，决不能期待用一个学科、一种技术去解决，而有赖于相关学科、多种技术相互配合、相互渗透，用综合分析的方法去认识它，解决它。图 1-2 表达了过程开发和化学工程各分支学科间的关系。从此看出，化工热力学确是化学工程的基础部分，犹如砌墙，它是第一层和第二层砖块，没有它，是无法有高层建筑的。当然，化工热力学本身还不是高层建筑，尚不能非常直接地和产品的经济效益挂钩，但它却是过程和产品开发中不可缺少的一个组成部分。应该本着这样的理解和要求，去学习和研究化工热力学。

经典热力学最大的不足在于其不能定量地预算物质的宏观性质。统计热力学通过配分函

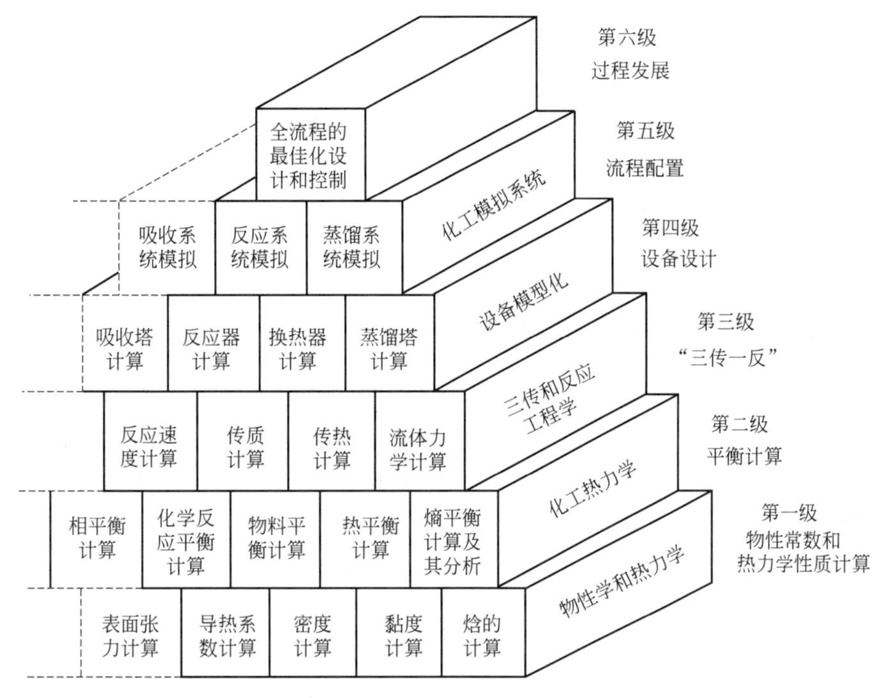

图 1-2　化工热力学和其他化学工程分支学科间的关系

数的概念把分子系统的统计行为和物质的宏观性质联系起来，从而得以预测。但目前尚停留在简单物系的计算上，对于化学及其相关工业中的复杂或非理想系统的计算，尚有相当大的困难。

1.2.2　分子热力学的兴起

近 40 年来，分子热力学已在兴起，且有很大的进展。其主要思路在于把握经典热力学、统计热力学、分子物理和物理化学等的原理与精髓，并和有限的实验数据合成起来，构建物理模型和数学模型，藉此进行有关热力学性质和相平衡等的计算。分子热力学的创始人 Prausnitz 和其同事自 1969 年撰写了《流体相平衡的分子热力学》，到 1999 年该书的第三版[1]问世，分子热力学已受到广大化工热力学研究者和读者的极大关注。分子热力学模型的构成步骤，大体上可作如下表述：

① 在运用经典热力学的基础上，尽量利用统计热力学的成就，应以此为出发点来构建模型；

② 借助合适的分子物理和物理化学的概念和信息来建立有牢固物理基础的模型，用真实可测量的性质来表达抽象的热力学函数；

③ 从非常少量，但有代表性的实验数据来得到模型参数；

④ 借助已得到的模型参数计算在不同条件和要求下的热力学性质，并力求服务于工程设计。

分子热力学模型的理论性较强，但需要用来拟合模型参数的实验数据也会比较少，特别是模型参数的物理意义比较明确，且随时可利用分子物理和物理化学上的成就来提高其理论水平，从而进一步拓展其应用范围，或改善其关联和预测的精确度，最后为工程设计服务。因此，国内外许多学者都以此作为研究内容或基本方法，是有其充分理由的。

---

[1] Prausnitz J M，Lichtenthaler R N，de Azevedo E G. Molecular Thermodynamics of Fluid Phase Equilibria. 3rd ed.，Prentice Hall，PTR，1999.

最近25年来，流体和流体混合物的统计热力学有了很多发展，特别是微扰理论和计算机模拟的出现和应用，使不少学者相信，这是非常有前途的，无疑将会继续得到重视。我国学者在最近的十多年中在上述领域中也做了许多工作。但是，这些理论和方法要在工程设计中得到应用，尚有时日，在相当一段的时间内，半理论半经验的方法仍将是设计部门的主体。但是从服务于21世纪，对优秀的化学工程类大学本科生，特别是研究生来说，学习一些流体统计热力学的基本知识及掌握利用统计热力学的成果来指导半经验模型开发的方法，还是十分必要的。

1.3 化学工程师需要热力学

化学产品的制备过程中，有两类问题必须要考虑，如图1-3所示。第一类问题是当原料A和B作用时，必须找出在给定条件下得到什么产品。若C是产品，得到的最大量是多少。第二类问题是因为必须把产品C从副产品D和E，以及从原料A和B中分离出来，那么如何能将C分离出来。

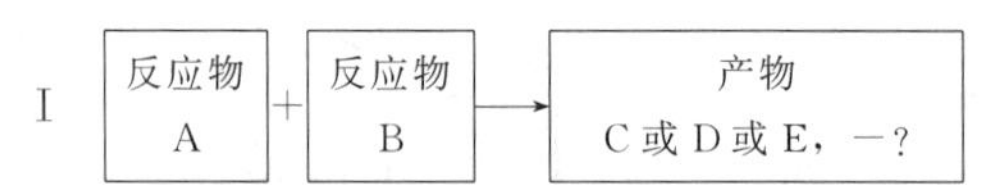

A和B能否给出C？或者D？或者E？或者是它们的全部？
什么是其最优的条件（如压力，温度等）？
如果制备产品C，其产率如何？

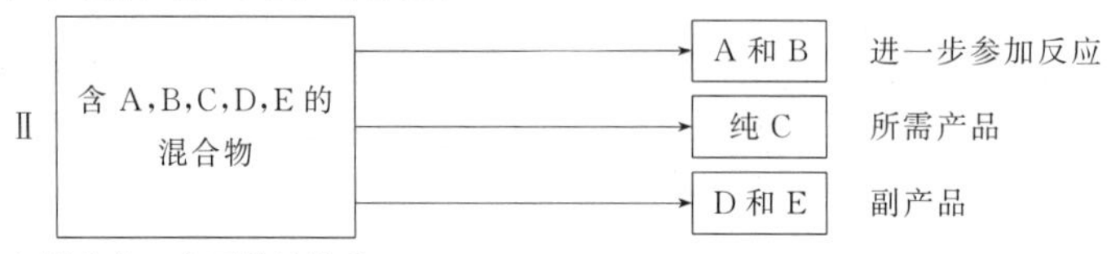

怎样分离，方可得纯物质C？

图1-3 化学品制备中的两大问题

为什么会提出上述两类问题，可从图1-4所示的化工厂简图中作进一步的说明。在所示出的三个步骤中，中间的是反应器，在此发生化学反应，但其所有反应物往往不能直接取自天然物质。自然界中存在的常是混合物，如石油和空气等，对此需进行分离，以除去对化学反应有不利影响的物质。同样从反应器出来的产物，往往也是混合物，需进一步分离提纯，才能得到纯净的产物。并将未反应的原料再循环回到反应器中去。常言化学反应器是化工厂的心脏，但反应器要有一张“口”，为它引入精制过的反应物，在它的后面还会有一个“消化”系统，旨在“消化”反应器的出料。

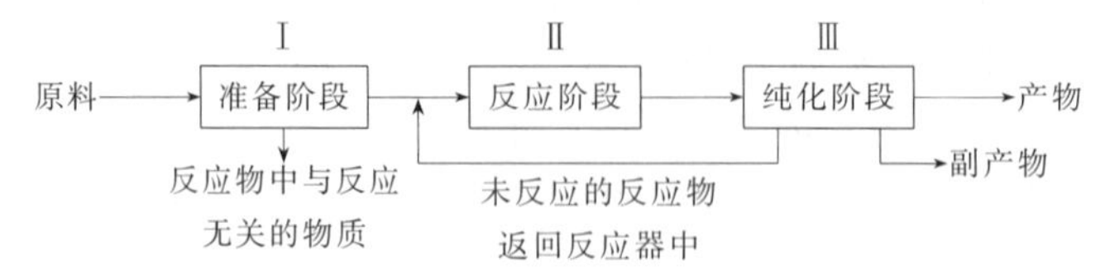

步骤Ⅰ和Ⅲ主要是分离操作（如蒸馏、吸收、萃取等）。在典型的化工厂中，分离操作的投资费用占全厂投资的40%～80%

图1-4 化工厂示意图

上面谈到的第一类问题，主要由化学反应平衡的原理来分析和研究，而第二类问题则由相平衡原理来分析和研究。为了进一步说明问题，拟用一个实例来阐释化工热力学在能源化工开发中的重要性。天然气中含有H_2S，不论把天然气作为能源应用或是化工原料都必须

先将 H_2S 脱除。常用吸收法和气提法将天然气中的 H_2S 除去，再用 Claus 法将 H_2S 变成 S，以便贮存和减少污染。Claus 法是个老方法（已有 100 年历史，世界上有 1000 个大型工厂在按此法进行操作），其流程框图见图 1-5。此法的主要不足有如下两点。

（1）过程的化学反应为

$$2H_2S+SO_2 \xrightarrow{200℃} S+2H_2O$$

由于采用气相反应，而且要避免硫在固体催化剂表面沉积，故使用了 200℃ 的较高温度，但在此温度下，反应进行得不完全，故必需要增加尾气处理的设置。

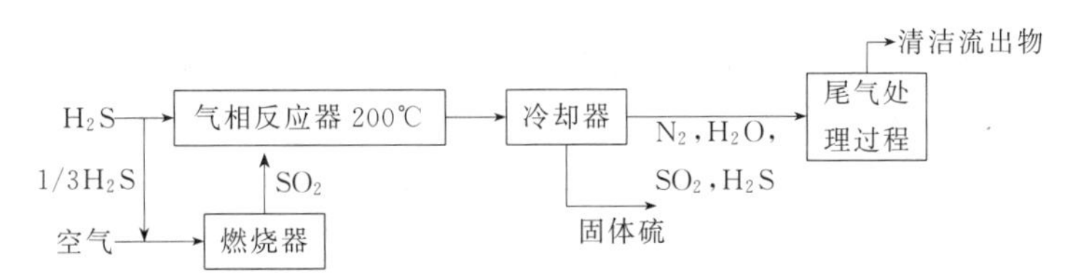

图 1-5 用于硫回收的传统 Claus 法

（2）根据环保的要求，H_2S 的排放不能超过 100ppm（1ppm=1μL/L），故尾气处理是不可缺少的，无疑增加了固定资产投资和操作费用。据报道，这还是很昂贵的。

由于生产实际的需要，激励化学工程工作者进行思考和研究。Lynn 和其同事较系统地进行了这方面的工作。提出了改进的 Claus 法流程（见图 1-6）。Prausnitz 对此进行了介绍[1]。通过审视，比较传统的和改进的 Claus 法后，发现后者有其显著的成功之处，主要表现在：

① 用液相反应代替气相反应，温度可由 200℃ 下降到 130℃，提高了反应完成的程度，使 S 的转化率增加，不再需要后续的尾气处理设置，大大降低了成本；

② 在改进的 Claus 法中，进料采用含 H_2S 的天然气，不需要预先将 H_2S 先分离出来，再进入硫回收工段。

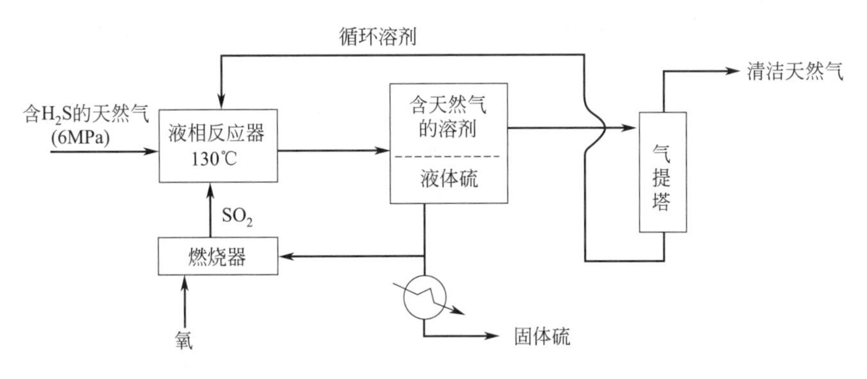

图 1-6 改进 Claus 法的流程方框图

由于以上两条，初步研究认为改进 Claus 法的成本下降：基本投资费减少 40%，操作费减少 33%。Chevron 公司和 Kellogg 公司又分别独立对改进 Claus 法的经济效益进行了研究，两者的研究结果一致认为，改进的 Claus 法要比传统的减少 1/3 的费用。鉴于天然气脱硫是非常大的投资事业，若能减少 1/3 的费用，则每年可以节约几百万美元；总的来看，甚至可达数十亿美元之巨。现正在筹建半工业化的实验工厂，以进一步考察改进 Claus 法脱硫的工业化过程。

[1] Prausnitz J M. Fluid Phase Equilib.，2007，261：3.

既然改进 Claus 法在能源化工事业中有其明显的优越性，现拟来分析和认识化工热力学在该过程的开发研究中的作用。

(1) 利用标准的热力学计算温度对反应式(1) 的影响，得出较低的温度 130℃比 200℃更有利于反应的完成。在此基础上才能提出用液相反应器代替气相反应器。

(2) 在液相反应器中用什么溶剂为佳，Lynn 等利用 SO_2 在有关溶剂中溶解度的文献数据，以 Gutmann 给体数（Gutmann donor number，用来表征溶剂的碱度）为关联变量，对 SO_2 的无限稀释活度系数作图。根据这一初步筛选，再测定 SO_2-有机溶剂两元系统的气液平衡，得出新的 SO_2 溶解度数据，按所得结果建议，*N*,*N*-二甲基苯胺（*N*,*N*-dimethylaniline，*N*,*N*-DMA）和喹啉（quinoline）可作为改进 Claus 法中的最佳溶剂。鉴于上述两种溶剂价格较贵，在 130℃左右不够稳定，且还有毒性，根据所作有关有机溶剂和 SO_2 的气液平衡测定结果，最后选定乙二醇醚类化合物，如二甘醇单乙醚（diethylene glycol monoethyl ether，DGM）为溶剂。虽 DGM 与 *N*,*N*-DMA 和喹啉等相比，并不是最好的溶剂，但 DGM 价格便宜、无毒。

(3) 从图 1-6 可见，液体硫与含天然气的有机溶剂可能呈现液液平衡，为了设计，必须实验测定固体硫/液体硫与 DGM 系统的相平衡数据；此外，反应产物中有水，因此也要考察硫在水中溶解度的影响等。

以上三条涉及热力学的数据测定和相应计算，充分说明化工热力学在上述能源化工的开发中发挥了重要作用。广而言之，化工过程的研究开发，包括流程设置、过程设计、设备计算、优化控制，乃至经济指标的预算和核定都离不开化工热力学的测定、研究和计算。总之，化学工程师需要热力学。

参考文献

[1] Smith J M, Van Ness H C, Abbott M M. Introduction to Chemical Engineering Thermodynamics, 6th ed. New York: McGraw-Hill, 2001.

[2] Tassios D P. Applied Chemical Engineering Thermodynamics, Berlin: Springer-Verlag, 1993.

[3] 普劳斯尼茨等著. 流体相平衡的分子热力学. 第 2 版. 骆赞春，吕瑞东，刘国杰等译. 北京：化学工业出版社，1990.

第2章

流体的压力、体积、温度关系：状态方程式

流体通常包括气体和液体两大类。一般将流体的压力 p、温度 T、体积 V、内能 U、焓 H、熵 S、自由能 A 和自由焓 G 等统称为热力学性质。其中压力、温度和体积易于直接测量，这三者称为容积性质。其余为不能直接测量。从广义上看，流体的逸度（f）和热容（C_p 与 C_V）等也属热力学性质。

在化工生产中，多数场合涉及流体。分离过程中的蒸馏、吸收、萃取等单元操作，处理的都是流体。蒸发、结晶和吸附则部分涉及流体。对于反应工程，均相反应物料完全是流体。多相反应如焙烧和多相催化也要遇到流体。因此，流体性质的研究对化工过程的开发和设计是必不可少的基础工作。

研究热力学性质的目的在于揭示平衡时温度、压力、体积、组成之间，以及它们与其他热力学性质之间相互关系的规律。例如在化工中常计算焓变来表征热量的传递。焓不能直接测量，但可通过直接测量的 p-V-T、C_p 和相变热来计算焓变。流体的 p-V-T 关系既是计算其他热力学性质的基础，又常在设备或管道尺寸设计中用到。本章主要介绍流体的 p-V-T 关系。

2.1　纯物质的 *p*-*V*-*T* 行为

图 2-1 示出了纯物质的 p-T 关系。从相律可知，在三相点 2 处，自由度为零。在两相平衡线 12、2C 和 23 上，只有一个自由度。在单相区自由度为 2。临界点 C 代表纯物质能保持汽-液平衡的最高温度和压力。在临界点，两相难于分辨，气相和液相间没有非常清晰的界限。气相是指在等压条件下，降低温度可以冷凝的相。气相区又可分成两部分，在虚线的左面，三相点 2 的右面，不论在等温条件下压缩，或是在等压条件下冷却，都会出现冷凝，这一区域通常称为蒸气（有时也可称为“汽”），在虚线的右边，通常称为气体。液相是指等温条件下，降低压力可以汽化的相。

一般认为流体是气体和液体的总称。但图 2-1 用虚线划出的压缩流体区却有另外的含义。无论是液体到流体，还是从气体到流体，都是一个渐变的过程，不存在相变。另外，由液相点 A 经过流体区到气相点 B（如图 2-1 所示）也没有相变发生。因此，它既不同于液体，也不同于气体，而是气体、液体之间能进行无相变转换的，高于临界温度和临界压力条件下存在的物质，则称其为超临界流体。目前有人将其作为萃取溶剂，从固体或液体中萃取某些有用物质以达到分离的目的。这是正处于积极开发、并十分引人注目的新技术。超临界流体特别适用于提取和分离难挥发的、浓度很低的和热敏性物质。此外，也广泛研究将超临界流体用在化学反应、微粒制备等领域中，有许多新成果出现，并将有关涉及超临界流体的技术称为超临界流体技术。

图 2-1 没有表达出系统的体积，若把纯物质的 p-V-T 都画出，则如图 2-2 所示。大于临

界温度的等温线 T_1、T_2 和相界线不相交，曲线十分平滑。小于 T_c 的等温线 T_3、T_4 呈现出三个部分。水平部分表示汽、液间平衡，在恒定的温度下，压力也不变化。这就是纯物质的蒸气压。水平线上各点表示不同含量的汽、液平衡混合物，变化范围从100%饱和蒸汽到100%饱和液体。曲线 AC 为饱和液体线，曲线 BC 为饱和蒸气线。在曲线 ACB 下为两相区，其左、右面分别为液相区和气相区。由于压力对液体体积变化的影响很小，故液相区等温线的斜率很陡。曲线 AC 和曲线 BC 相交于 C 点，此点称为该物质的临界点。此时系统的压力、体积和温度分别称为临界压力、临界体积和临界温度。

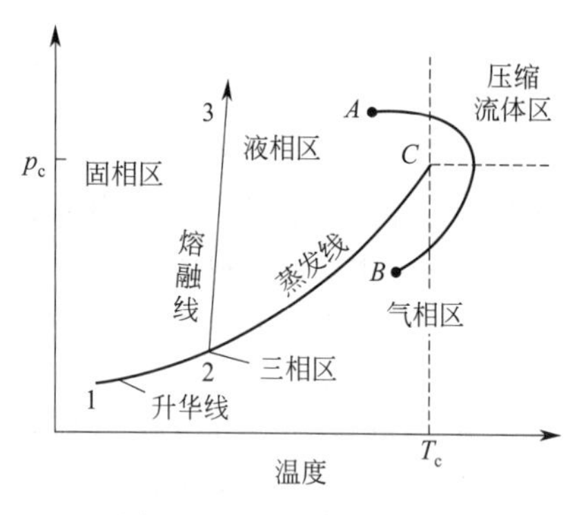

图 2-1　纯物质的 p-T 图

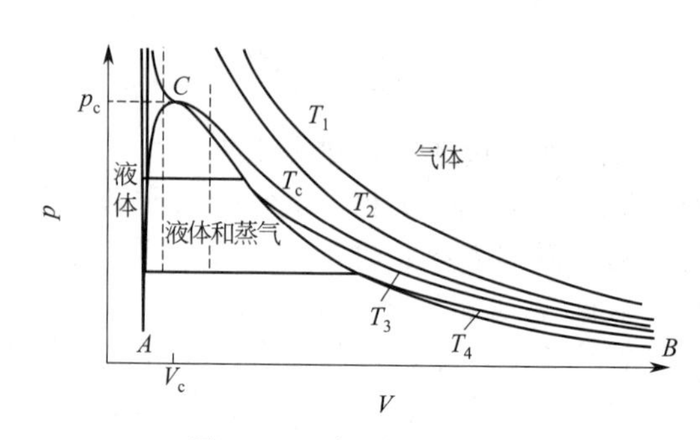

图 2-2　纯物质的 p-V 图

两相区中水平等温线的长度随着温度升高而缩短，到临界点时，C 成为临界等温线的拐点。从图上看出，临界等温线在临界点的斜率和曲率都等于零，数学上可表达为

$$\left(\frac{\partial p}{\partial V}\right)_{T=T_c}=0 \tag{2-1}$$

$$\left(\frac{\partial^2 p}{\partial V^2}\right)_{T=T_c}=0 \tag{2-2}$$

根据上述两式，从状态方程应该可以计算出临界状态下的压力、体积和温度。

2.2　流体的状态方程式

从相律知道，纯态流体 p-V-T 三者中任意两个指定后，就完全确定了状态。其函数方程式为

$$f(p,V,T)=0 \tag{2-3}$$

式(2-3) 称为状态方程（Equation of State，EoS），可用来描述平衡状态下流体的压力、摩尔体积和温度间的关系。到目前为止，文献上发表的各种状态方程式已不下几百种。其中包括从统计热力学和分子动力学出发导得的理论状态方程及半经验半理论或纯经验的状态方程。实际应用较多的则是后两种，这些状态方程在较大的密度范围内尚能较好地拟合 p-V-T 数据，并能推广到相平衡方面的计算。但缺点也明显存在，研究者尚在从理论等方面出发，加以提高、改进。状态方程的研究始终是化工热力学中的一个重要课题。

2.2.1　理想气体方程式

理想气体方程式是上述流体状态方程式中最简单的一种形式。

理想气体的概念是一种科学的抽象，实际上并不存在，它是低压力和较高温度下各种真实气体的极限情况。理想气体方程不但在工程计算上有一定的应用，而且还可以用来判断真实气体状态方程在此极限情况下的正确程度。任何真实气体状态方程在低压、高温时一定要符合理想气体方程。要处理和关联真实气体的容积性质，应该先熟悉和掌握理想气体状态方

程。有关理想气体的特征以及其方程的导出在“物理化学”书中已作了详细的阐明，在此不再赘述。其表达式为

$$pV=RT \tag{2-4}$$

式中，p 和 T 为压力与温度，V 为摩尔体积，R 为通用气体常数。要注意，通用气体常数的单位必须与 p-V-T 的单位相适应。

表 2-1 列出了不同单位的 R 值。没有一种真实气体能在较大范围内服从这个方程。单原子气体尚比较符合，气体分子越复杂，偏差也就越大；离开临界点越远，越符合此状态方程。鉴于炼油工业、石油化工和氮肥工业等不断发展，越来越多地采用高压、低温技术，推动了真实气体状态方程的研究和运用。下面介绍几种常用的真实气体状态方程。

表 2-1　通用气体常数 *R* 的值

R	单　位	R	单　位
8.317×10^{7}	$erg\cdot mol^{-1}\cdot K^{-1}$	82.06	$cm^{3}\cdot atm\cdot mol^{-1}\cdot K^{-1}$
1.987	$cal\cdot mol^{-1}\cdot K^{-1}$	8.206×10^{-5}	$m^{3}\cdot atm\cdot mol^{-1}\cdot K^{-1}$
8.314	$J\cdot mol^{-1}\cdot K^{-1}$	62.36	$l\cdot mmHg\cdot mol^{-1}\cdot K^{-1}$
	即($m^{3}\cdot Pa\cdot mol^{-1}\cdot K^{-1}$)	10.73	$lb\cdot in^{-2}\cdot ft^{3}\cdot lb\cdot mol^{-1}\cdot {}^{\circ}R^{-1}$
83.14	$cm^{3}\cdot bar\cdot mol^{-1}\cdot K^{-1}$		

2.2.2　维里（Virial）方程式

Onnes 在 1901 年提出维里方程式，它的形式为

$$Z=\frac{pV}{RT}=1+\frac{B}{V}+\frac{C}{V^{2}}+\cdots \tag{2-5}$$

式中，Z 为压缩因子；V 为摩尔体积；B、C 称为第二、第三维里系数，它们是物性和温度的函数，式(2-5) 右边为无穷级数。

维里方程式引起广泛注意的原因是因为它有着严格的理论基础。维里系数有明确的物理意义：如 B/V 项用来表征二分子的相互作用；C/V^{2} 项表征三分子的相互作用，如此等等。第二维里系数在热力学性质计算和汽液平衡中都有应用。

当压力趋近于零时，V 的值达到极大，式(2-5) 右端第二项以后均可略去，于是变成了理想气体状态方程式。低压时，式(2-5) 右端第二项远大于第三项，因而可以截取两项：

$$Z=\frac{pV}{RT}\approx1+\frac{B}{V} \tag{2-6}$$

此式在 $T<T_{c}$，$p<1.5\mathrm{MPa}$ 时，对于一般真实气体 p-V-T 的计算尚还可用。当 $T>T_{c}$ 时，满足式(2-6) 的压力值还可适当提高。为了便于工程计算（如已知 T、p，求 V)，也可将式(2-6) 右方的自变量由 V 转换为 p，即

$$Z=\frac{pV}{RT}\approx1+\frac{Bp}{RT} \tag{2-7}$$

第二维里系数 B 可以用统计热力学理论求得，也可以用实验测定，还可用普遍化方法计算。由于实验测定比较麻烦，而用理论计算精确度不够，故目前工程计算大都采用比较简便的普遍化方法。

当压力达到数个 MPa 时，第三维里系数渐显重要。其近似的截断式为

$$Z=\frac{pV}{RT}\approx1+\frac{B}{V}+\frac{C}{V^{2}} \tag{2-8}$$

式(2-7) 与式(2-8) 均称为维里截断式，但式(2-7) 只有在较低压力下应用时能有较好的计算精度。

目前能比较精确测得的只有第二维里系数，少数物质也测得了第三和第四维里系数。随

着分子间相互作用理论的进展，将有可能从有关物质分子的基本性质来精确计算维里系数，维里方程还是有相当用途的。

【例 2-1】 已知 200℃时异丙醇蒸气的第二和第三维里系数为

$$B=-0.388\text{m}^3\cdot\text{kmol}^{-1},\ C=-0.026\text{m}^6\cdot\text{kmol}^{-2}$$

试计算 200℃、1MPa 时异丙醇蒸气的 V 和 Z：（a）用理想气体方程；（b）用式(2-7)；（c）用式(2-8)。

解 根据表 2-1 查得 $R=8.314\text{m}^3\cdot\text{Pa}\cdot\text{mol}^{-1}\cdot\text{K}^{-1}$，$T=473.15\text{K}$

（a）用理想气体方程

$$V=\frac{RT}{p}=\frac{8.314\times10^3\times473.15}{10^6}=3.934\text{m}^3\cdot\text{kmol}^{-1},\ Z=1$$

（b）用式(2-7)

$$V=\frac{RT}{p}+B=3.934-0.388=3.546\text{m}^3\cdot\text{kmol}^{-1}$$

$$Z=\frac{pV}{RT}=\frac{V}{RT/p}=\frac{3.546}{3.934}=0.9014$$

（c）用迭代法计算，将式(2-8) 写成

$$V_{i+1}=\frac{RT}{p}\left(1+\frac{B}{V_i}+\frac{C}{V_i^2}\right)$$

式中 V 的下标 i 指迭代的次数，第一次迭代时，$i=0$，即

$$V_1=\frac{RT}{p}\left(1+\frac{B}{V_0}+\frac{C}{V_0^2}\right)$$

式中 V_0 为摩尔体积的初值，取理想气体之值为初值，则

$$V_1=3.934\times\left(1-\frac{0.388}{3.934}-\frac{2.6\times10^{-2}}{3.934^2}\right)=3.539$$

再进行第二次迭代

$$V_2=\frac{RT}{p}\left(1+\frac{B}{V_1}+\frac{C}{V_1^2}\right)$$

代入有关数据得

$$V_2=3.934\times\left(1-\frac{0.388}{3.539}-\frac{2.6\times10^{-2}}{3.539^2}\right)=3.495$$

重复上述迭代计算，直到（$V_{i+1}-V_i$）差值很小（视精确度而定）时，迭代结束，本题迭代 5 次，得

$$V=3.488\text{m}^3\cdot\text{kmol}^{-1},\ Z=0.8866$$

从以上三种方法的计算结果可知，用理想气体方程计算的 V 或 Z 值比用式(2-8) 计算的结果相差 12.8%，而用式(2-7) 计算的仅差 1.7%。

2.2.3 立方型方程式

立方型状态方程式(cubic equations of state) 是在范德瓦耳斯（van der Waals，vdW）方程式的基础上建立起来的。其特点是可以展开成体积的三次方程，能够用解析法求解。这类方程能满足一般的工程计算需要，而且计算耗机时少，因此，颇受重视。20 世纪后半叶以来各种立方型状态方程不断出现，有所发展，在 p-V-T 及汽液平衡计算中已占有不容忽视的地位。

2.2.3.1 范德瓦耳斯方程式

第一个比较有实用价值的立方型方程是 1873 年提出的范德瓦耳斯方程

$$p=\frac{RT}{V-b}-\frac{a}{V^2} \tag{2-9}$$

式中，a 和 b 是各种流体特有的正值常数，当它们为 0 时式(2-9) 将变为理想气体方程。

式(2-9) 和理想气体方程式相比，在压力项中加了一项 a/V^2，这是由于存在着分子间的吸引力而对压力进行的校正，并称此为“内压”或“内聚压”。说明由于分子间引力的存在，流体对容器壁所加的压力要比理想气体的压力小一些。另一项修正是计及流体分子的有效体积 b，所以要在流体总体积上减去 b 值。

对于某些流体，当给出其特定的 a 和 b 值时，可以将 p 视为在恒定 T 值时 V 的函数。图 2-3 为 p-V 图，内有三条等温线和一条代表包括饱和液体与饱和蒸气的两相拱形曲线。T_1 等温线（$T_1>T_c$）随着摩尔体积的增大，压力单调下降。临界等温线（$T=T_c$）在临界点 C 处有一个拐点。T_2 等温线（$T_2<T_c$）在液相区随着摩尔体积的增加，压力迅速下降，跨越饱和液体曲线后，下降至极小值，然后上升达极大值，最后又下降，在跨越饱和蒸气曲线后仍继续下降。实验的等温线在两相区内为一水平线，如图 2-3 中虚线所示。立方型状态方程式不完全符合两相区内实际情况是可预料的，但是，在此区域内可用立方型方程式来计算也不是完全不切实际的。当饱和液体降压，若能小心地控制实验条件，避免蒸气核形成，则此时汽化现象并不会发生，可以持续保持液态，直到压力低于蒸气压。同样，当饱和蒸气压升高时，小心控制实验条件，避免冷凝现象发生，藉此可持续保持汽态直到压力超过蒸气压。故在接近饱和液体和饱和蒸气处，形成过热液体和过冷蒸汽的情况是可能的。在图 2-3 中，面积 123 应该等于面积 345。运用此关系可以求出温度 T_2 时的饱和蒸气压 p^s 以及饱和液体与饱和蒸气的摩尔体积，即 V^{SL} 与 V^{SV}。

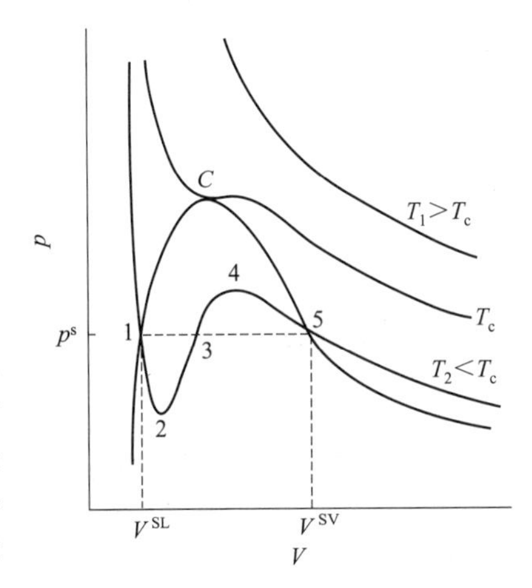

图 2-3　立方型方程的等温线

拟考察当压力趋近于零，温度趋近于无穷大时，vdW 方程式的极限情况。将式(2-9) 展开，可写成

$$V=\frac{RT}{p}+b-\frac{a}{pV}+\frac{ab}{pV^2}$$

上式除以 T 后得

$$\frac{V}{T}=\frac{R}{p}+\frac{b}{T}-\frac{a}{pVT}+\frac{ab}{pV^2T} \tag{2-9a}$$

当 $T\to\infty$ 时，$\frac{1}{T}\to 0$，V 值也很大，式(2-9a) 就成了理想气体方程式。至于压力趋近于零，V 值将很大，b 值和 V 值相比，可以省略；a/V^2 也很小，可以忽略，则式(2-9) 也将成为理想气体方程式。说明 vdW 方程式在高温、低压的极限条件下是符合理想气体定律的。

2.2.3.2　Redlich-Kwong 方程（RK 方程）

立方型方程的近代发展起始于 1949 年发表的 RK 方程[1]

$$p=\frac{RT}{V-b}-\frac{a}{T^{1/2}V(V+b)} \tag{2-10}$$

[1] Redlich O，Kwong J N S. Chem. Rev.，1949，44：223.

式中，a 和 b 的物理意义与 vdW 方程相同。

式(2-10) 与其他的立方型方程一样，摩尔体积 V 有三个根，其中的两个根可能是复数，但是具有物理意义的根总是正值实根，而且大于参数 b。由图 2-3 可见，当 $T>T_c$ 时，对于任何正值 p 仅产生一个正值实根。当 $T=T_c$ 时也同样，除非其压力正好为临界压力时，有三个重根，其值均为 V_c。当 $T<T_c$ 时，在高压区仅有一个正值实根；在较低压力下，存在三个正值实根，居中者无物理意义，最小根为液相（或似液相）的摩尔体积，最大根为蒸气（或似蒸气）的摩尔体积。当压力等于饱和蒸气压时，则可求出饱和液体和饱和蒸气的摩尔体积。

立方型状态方程虽然可以用解析法求解，但工程计算大都使用较为简便的迭代法。在迭代时，应该使所期望的根收敛。下面介绍的迭代方程，在一般情况下是可行的。

(1) 求蒸气相摩尔体积　将式(2-10) 乘以 $(V-b)/p$ 可得

$$V-b=\frac{RT}{p}-\frac{a(V-b)}{T^{1/2}pV(V+b)} \tag{2-11}$$

为便于迭代，将式(2-10) 变成

$$V_{i+1}=\frac{RT}{p}+b-\frac{a(V_i-b)}{T^{1/2}pV_i(V_i+b)} \tag{2-12}$$

初值 V_0 可由理想气体方程提供

$$V_0=RT/p$$

(2) 求液相摩尔体积　将式(2-10) 写成标准的多项式

$$V^3-\frac{RT}{p}V^2-\left(b^2+\frac{bRT}{p}-\frac{a}{pT^{1/2}}\right)V-\frac{a}{T^{1/2}p}=0$$

为便于迭代，将上式变成

$$V_{i+1}=\frac{1}{C}\left(V_i^3-\frac{RT}{p}V_i^2-\frac{a}{T^{1/2}p}\right) \tag{2-13}$$

$$C=b^2+\frac{bRT}{p}-\frac{a}{pT^{1/2}} \tag{2-14}$$

取初值 $V_0=b$。

由式(2-12) 和式(2-13) 表达出两种迭代式的实质是一样的，只是为便于选取初值，加快收敛而采用两种不同的形式。

式中的常数 a 和 b 可以用实验的 p-V-T 数据拟合求得，但在一般情况下，往往没有 p-V-T 数据，而只具备临界常数 T_c、p_c 和 V_c。对于简单的立方型方程可以利用流体的临界常数来估算 a 和 b，运用临界等温线在临界点为拐点的特征，即

$$\left(\frac{\partial p}{\partial V}\right)_{T=T_c}=0,\quad \left(\frac{\partial^2 p}{\partial V^2}\right)_{T=T_c}=0$$

分别对式(2-9) 和式(2-10) 求偏导，并在 $p=p_c$，$T=T_c$，$V=V_c$ 的条件下令其为 0。这样就可得到用两个临界常数表示的方程，再加上方程原型共有三个方程，五个常数 p_c、T_c、V_c、a 和 b。因 V_c 的实验值误差较大，通常要消去 V_c，将 a 和 b 变成 p_c 和 T_c 的表达式。

对于 vdW 方程有

$$a=\frac{27R^2T_c^2}{64p_c} \tag{2-15a}$$

$$b=\frac{RT_c}{8p_c} \tag{2-15b}$$

对于 RK 方程有

$$a=\frac{\Omega_a R^2T_c^{2.5}}{p_c},\quad \Omega_a=0.42748 \tag{2-16a}$$

$$b=\frac{\Omega_b RT_c}{p_c},\ \Omega_b=0.08664 \qquad (2\text{-}16b)$$

式中，Ω_a、Ω_b 是纯数字，与物质种类无关，不同的立方型方程有不同的数值。

以上四式提供的 a 和 b 之值，虽然不是最优值，但不失为合理值。最优值应根据实验的 p-V-T 数据用最小二乘法求得。有关物质的临界常数列于附表 1。

【例 2-2】 已知氯甲烷在 60℃时的饱和蒸气压为 1.376MPa，试用 RK 方程计算在此条件下饱和蒸气和饱和液体的摩尔体积。

解 从附表 1 查出氯甲烷的 p_c 和 T_c 值，$T_c=416.3\text{K}$，$p_c=6.68\times10^6\text{Pa}$，用式(2-16a)、式(2-16b) 求出 a、b 两个常数

$$a=\frac{0.42748\times(8.314\times10^3)^2\times416.3^{2.5}}{6.68\times10^6}=1.56414\times10^7\,\text{m}^6\cdot\text{Pa}\cdot\text{kmol}^{-2}\cdot\text{K}^{1/2}$$

$$b=\frac{0.08664\times8.314\times10^3\times416.3}{6.68\times10^6}=0.044891\text{m}^3\cdot\text{kmol}^{-1}$$

将有关的已知值代入式(2-12)，即可求出饱和蒸气的摩尔体积。

$$V_{i+1}=2.05783-\frac{0.622784}{V_i}\times\frac{V_i-0.044891}{V_i+0.044891}$$

将迭代初值 $V_i=V_0=RT/p=2.01294\text{m}^3\cdot\text{kmol}^{-1}$ 代入上式，反复迭代至收敛，其结果为

$$V=1.712\text{m}^3\cdot\text{kmol}^{-1}$$

实验值为 $1.636\text{m}^3\cdot\text{kmol}^{-1}$。

将有关的已知值代入式(2-13) 和式(2-14) 可求出饱和液体的摩尔体积，

$$V_{i+1}=\frac{V_i^3-2.01294V_i^2-2.79573\times10^{-2}}{-0.530405}$$

将迭代初值 $V_i=V_0=b=0.044891\text{m}^3\cdot\text{kmol}^{-1}$ 代入上式，反复迭代至收敛，其结果为

$$V=0.07134\text{m}^3\cdot\text{kmol}^{-1}$$

实验值为 $0.06037\text{m}^3\cdot\text{kmol}^{-1}$。饱和液体摩尔体积的估算值与实验值的误差要比饱和蒸气摩尔体积大。

2.2.3.3 Soave-Redlich-Kwong 方程（SRK 方程）

RK 方程实际上是 vdW 方程的改进式，虽然也只有两个常数，但计算的精确度却比 vdW 方程高得多，尤其适用于非极性和弱极性的化合物。对于多数强极性化合物计算偏差较大。另外，在临界点附近计算的偏差也较大。因此，在 RK 方程问世以来，有不少人对其修正，但修正却带来降低了原方程的简明性和易算性。在众多修正式中比较成功的是 Soave 提出的，并称为 SRK 方程[1]，其形式为

$$p=\frac{RT}{V-b}-\frac{a(T)}{V(V+b)} \qquad (2\text{-}17)$$

式中

$$a(T)=a_c\alpha=\Omega_a\frac{R^2T_c^2}{p_c}\alpha,\ \Omega_a=0.42748 \qquad (2\text{-}17a)$$

$$b=\frac{\Omega_b RT_c}{p_c},\ \Omega_b=0.08664 \qquad (2\text{-}16b)$$

$$\alpha^{0.5}=1+m(1-T_r^{0.5}) \qquad (2\text{-}17b)$$

$$m=0.480+1.574\omega-0.176\omega^2 \qquad (2\text{-}17c)$$

[1] Soave G. Chem. Eng. Sci., 1972, 27: 1197.

式中，T_r 是对比温度$=T/T_c$；α 是 T_r、ω 的无量纲函数，它的引进用来计算除 T_c 以外温度时的 a 值；ω 是偏心因子[❶]。若已知物质的临界常数和 ω，就可根据式(2-17) 计算容积性质。

SRK 方程的计算精确度要比 RK 方程高，尤其应用于汽-液平衡和剩余焓[❷]的计算时所得到的结果在一定的程度上有工程应用价值。

2.2.3.4 Peng-Robinson 方程（PR 方程）

Peng 和 Robinson[❸]对 SRK 方程的改进在于重新改写了 $\alpha(T_r,\omega)$ 函数式和修正了内压的表达方式。因此使液体密度和混合物汽液平衡的计算精度有了提高。可以说，PR 和 SRK 方程是两个应用最多的立方型方程，即使在现代的计算机过程模拟程序包（ChemCAD，Aspen Plus 等）中都有采用。PR 方程的形式为

$$p=\frac{RT}{V-b}-\frac{a(T)}{V(V+b)+b(V-b)} \tag{2-18}$$

式中

$$a(T)=a_c\alpha=\Omega_a\frac{R^2T_c^2}{p_c}\alpha,\quad \Omega_a=0.45724 \tag{2-18a}$$

$$b=\Omega_b\frac{RT_c}{p_c},\quad \Omega_b=0.07780 \tag{2-16b}$$

$$\alpha^{0.5}=1+k(1-T_r^{0.5}) \tag{2-18b}$$

$$k=0.37464+1.54226\omega-0.26992\omega^2 \tag{2-18c}$$

PR 方程的特点与 SRK 方程颇有相同之处，然而方程的形式不同，所用的系数有异，故两个方程式的计算结果还是有些差异的。

【例 2-3】 应用 PR 方程和 SRK 方程计算 404.42K、$V=2.7925\times10^{-4}\text{m}^3\cdot\text{mol}^{-1}$ 和 404.42K、$V=2.0382\times10^{-2}\text{m}^3\cdot\text{mol}^{-1}$ 时过氯酰氟的压力。实测值分别为 68.32atm 和 1.488atm（来自浙江大学化工系原化工热力学实验室）。

解 过氯酰氟又称氟化三氧氯，其分子式为 ClO_3F，是强氧化剂。从气液物性估算手册[❹]中查得 $p_c=53.7\text{bar}$，$T_c=368.4\text{K}$，$T_b=226.49\text{K}$。由于已查得过氯酰氟的 T_b 数据，可用 Ambrose 和 Walton 法估算其 ω 值。

$$\omega=-\frac{\ln(p_c/1.01325)+f^{(0)}(T_{br})}{f^{(1)}(T_{br})} \tag{A}$$

$$T_{br}=\frac{226.49}{368.4}=0.6148,\quad \tau=1-0.6148=0.3852$$

$$f^{(0)}=\frac{-5.97616\tau+1.29874\tau^{1.5}-0.60394\tau^{2.5}-1.06841\tau^5}{T_{br}}$$

$$=\frac{-5.97616\times0.3852+1.29874\times0.3852^{1.5}-0.60394\times0.3852^{2.5}-1.06841\times0.3852^5}{0.6148}$$

$$=-3.3450$$

$$f^{(1)}=\frac{-5.03365\tau+1.11505\tau^{1.5}-5.41217\tau^{2.5}-7.46628\tau^5}{T_{br}}$$

$$=\frac{-5.03365\times0.3852+1.11505\times0.3852^{1.5}-5.41217\times0.3852^{2.5}-7.46628\times0.3852^5}{0.6148}$$

$$=-3.6339$$

---

❶ 偏心因子的概念在本章 2.3.3 中介绍。

❷ 剩余焓的概念在第 3 章 3.3.2 中介绍。

❸ Peng D Y，Robinson D B.. Ind. Eng. Chem. Fundam.，1976，15：59.

❹ B. E 波林，JM 普劳斯尼茨，JP 奥康乃尔，赵红玲等译. 气液物性估算手册. 原著第 5 版. 北京：化学工业出版社，2006.

根据式(A)，$\omega=-\dfrac{\ln(53.7/1.01325)-3.345}{-3.6339}=0.172$

用PR方程（式2-18）计算 $T=404.42\text{K}$ 和 $V=279.25\text{cm}^3\cdot\text{mol}^{-1}$ 时过氯酰氟的氟的压力：

当 $T=404.42\text{K}$，$T_r=\dfrac{404.42}{368.4}=1.0978$，$T_r^{0.5}=1.0478$，$1-T_r^{0.5}=1-1.0478=-0.0478$

$\alpha^{0.5}=1+(0.37464+1.54226\times0.172-0.26992\times0.172^2)\times(-0.0478)=0.9698$

$\alpha=0.9405$

$a=0.45724\times\dfrac{83.14^2\times368.4^2}{53.7}\times0.9405=7.5126\times10^6\text{bar}\cdot\text{cm}^6\cdot\text{mol}^{-2}$

$b=0.07780\times\dfrac{83.14}{53.7}\times368.4=44.37\text{cm}^3\cdot\text{mol}^{-1}$

当 $T=404.42\text{K}$ 和 $V=279.25\text{cm}^3\cdot\text{mol}^{-1}$ 时

$$p=\frac{83.14\times404.42}{279.25-44.37}-\frac{7.5126\times10^6}{279.25\times(279.25+44.37)+44.37\times(279.25-44.37)}=69.43\text{bar}$$

在此条件下，压力的实验值为68.32atm，即69.23bar。

$$\text{计算误差}=\frac{69.23-69.43}{69.23}\times100\%=-0.29\%$$

当 $T=404.42\text{K}$ 和 $V=20382\text{cm}^3\cdot\text{mol}^{-1}$ 时

$$p=\frac{83.14\times404.42}{20382-44.37}-\frac{7.5126\times10^6}{20382\times(20382+44.37)+44.37\times(20382-44.37)}=1.635\text{bar}$$

在此条件下，压力的实验值为1.488atm，即1.508bar。

$$\text{计算误差}=\frac{1.508-1.635}{1.508}\times100\%=-8.42\%$$

再用SRK方程（式2-17）计算404.42K时过氯酰氟的压力：

$\alpha^{0.5}=1+(0.480+1.574\times0.172-0.176\times0.172^2)\times(1-1.0478)=0.9644$

$\alpha=0.930$

$a=0.42748\times\dfrac{83.14^2\times368.4^2}{53.7}\times0.930=6.9452\times10^6\text{bar}\cdot\text{cm}^6\cdot\text{mol}^{-2}$

$b=0.8664\times\dfrac{83.14\times368.4}{53.7}=49.42\text{cm}^3\cdot\text{mol}^{-1}$

当 $T=404.42\text{K}$ 和 $V=279.25\text{cm}^3\cdot\text{mol}^{-1}$ 时

$$p=\frac{83.14\times404.42}{279.25-49.42}-\frac{6.9452\times10^6}{279.25\times(279.25+49.42)}=70.63\text{bar}$$

在此条件下，压力的实验值为69.23bar。

$$\text{计算误差}=\frac{69.23-70.63}{69.23}\times100\%=-2.02\%$$

当 $T=404.42\text{K}$ 和 $V=20382\text{cm}^3\cdot\text{mol}^{-1}$ 时

$$p=\frac{83.14\times404.42}{20382-49.42}-\frac{6.9452\times10^6}{20382\times(20382+49.42)}=1.637\text{bar}$$

在此条件下，压力的实验值为1.508bar。

$$\text{计算误差}=\frac{1.508-1.637}{1.508}\times100\%=-8.55\%$$

本书第一版曾用理想气体方程和普遍化vdW方程等计算了在上述两种条件时过氯酰氟的压力值。现将所得计算结果一并列入表2-2，进行比较。在较高压力下，理想气体方程的计算误差最大，而在近大气压时，则普遍化 vdW 方程的计算误差最大。总的来看，SRK 方程与 PR 方程的计算效果要好得多，但 PR 方程比 SRK 方程更好些。对 SRK 方程和 PR 方程，在过氯酰氟的压力计算中，高压下的效果比近常压时好，由于其偏心因子系估算得出，使压力成为第二次的估算值，这会带来更大的误差。

表 2-2　例 2-3 用各种状态方程的计算结果比较　　压力单位：bar

方程名称	$T=404.42$K 和 $V=279.25\text{cm}^3\cdot\text{mol}^{-1}$			方程名称	$T=404.42$K 和 $V=20382\text{cm}^3\cdot\text{mol}^{-1}$		
	$p^a_{计}$	$p_{实}-p_{计}$	误差/%		$p^a_{计}$	$p_{实}-p_{计}$	误差/%
理想气体方程式	119.91	−50.68	−73.94	理想气体方程式	1.650	−0.142	−9.4
普遍化 vdW 方程	50.5	18.73	27.06	普遍化 vdW 方程	0.962	0.546	36.2
SRK 方程式	70.63	−1.40	−2.02	SRK 方程式	1.637	−0.129	−8.55
PR 方程	69.43	−0.20	−0.29	PR 方程	1.635	−0.127	−8.42

在文献中立方型方程式的形式很多，不能一一列举，但在表 2-3 中列出了 11 种立方型状态方程式，计算了 75 种纯物质（包括气体、液体，极性和非极性化合物等）的容积性质，根据所得结果，并作了偏差分析。有关立方型方程式剖析的讨论，详见 2.6 节。

表 2-3　11 种立方型状态方程式推算容积性质的偏差比较[1]

EoS	作　者	发表年份	参数数目	AAD, p^s/%	AAD, V^{SL} /%	AAD, V^{SV} /%	AAD, V /%	Max /%	$(\text{AAD})_{OV}$ /%	$(\text{RMSE})_{OV}$ /%
SRK	Soave-Redlich-Kwong	1972	2	1.74	17.64	5.81	7.05	38.87	8.62	12.55
PR	Peng-Robinson	1976	2	1.39	8.58	5.34	4.96	27.29	5.40	8.18
F	Fullers	1976	3	1.50	2.32	5.72	9.18	31.63	5.27	8.78
SW	Schmidt-Wenzel	1980	4	1.27	8.40	5.34	4.16	29.37	5.09	7.90
HK	Harmens-Knapp	1980	3	1.86	6.80	5.92	4.53	27.10	5.11	7.54
H	Heyen	1981	3	5.00	2.20	9.60	5.36	32.70	5.87	9.12
PT	Patel-Teja	1982	3	1.30	6.78	5.08	3.59	26.90	4.46	7.07
K	Kubic	1982	3	5.36	7.76	16.38	4.36	242.73	6.86	21.00
ALS	Adachi-Lu-Sugie	1983	4	1.37	7.81	5.32	3.78	26.97	4.75	7.28
CCOR	Lin-Kim-Guo-Chao	1983	4	2.06	4.60	10.62	8.17	31.25	6.63	9.97
TB	Trebble-Bishnoi	1987	4	1.18	3.10	4.98	1.78	16.96	3.03	4.63
TB(G)	Trebble-Bishnoi(G)	1987	4	2.24	3.32	5.79	1.96	17.88	3.56	5.14

注：AAD（absolute average deviation）为绝对平均偏差$=|\text{d}p^s|$，$|\text{d}V^{SL}|$，…，p^s 为饱和蒸气压，V^{SL} 为饱和液体体积，V^{SV} 为饱和蒸气体积，G 为普遍化方程；V 为单相（气相或液相）体积；Max 在整个 p-V-T 空间内 p^s 或 V 的最大偏差；下标 OV 为总的标志；

$$\text{RMSE 均方根误差} = \left| \frac{\sum_{i=1}^{i=N_2}\left\{\left[(\text{d}p^s)^2+(\text{d}V^{SL})^2+(\text{d}V^{SV})^2\right]+\sum_{j=1}^{j=N_1}(\text{d}V)^2\right\}}{3\times N_2+N_1}\right|^{1/2}$$

N_2 为饱和数据点的数目；N_1 为单相点数据的数目

$$\text{d}p^s=100(p^s_{calc}-p^s_{data})/p^s_{data}$$

2.2.4　多参数状态方程式

此类状态方程式是在维里方程的基础上发展起来的。属于该类方程的有 Beattie 和

[1] Trebble M B, Bishnoi P R. Fluid Phase Equilib., 1987, 35: 1; 1986, 29: 465.

Bridgeman 方程（1927）、Benedict-Webb-Rubin（BWR）方程（1940）和 Martin-Hou（侯虞钧）（MH）方程（1953）以及它们的修正式等。这些方程中的参数较多，如 BWR 方程有 8 个参数。该方程的开发主要是以石油工业的蓬勃发展为背景的。这类方程能成功地应用在高密度区的 p-V-T 计算，以及有重要工业意义系统的汽液平衡计算中。由于参数比较多，有利于计算精确度的提高。它们的发展主要体现在以下三个方面：第一，在理论上寻找依据，以充实方程参数的物理意义；第二，提高在高密度区和低温区的计算精确度，包括调整参数和增加参数数目，有的方程参数高达 33 个；第三，扩充应用范围，如把原用于气体 p-V-T 计算的方程扩展到液体以及汽-液平衡、液-液平衡等范畴中去。以 BWR 方程为例，写出它的表达式

$$p=RT\rho+\left(B_0RT-A_0-\frac{C_0}{T^2}\right)\rho^2+(bRT-a)\rho^3+a\alpha\rho^6+\frac{c}{T^2}\rho^3(1+\gamma^2\rho^2)\exp(-\gamma\rho^2) \tag{2-19}$$

式中，ρ 为密度；A_0、B_0、C_0、a、b、c、α 和 γ 为 8 个参数，需要由 p-V-T 实验数据或相平衡数据拟合得出。

不言而喻，方程的参数越多，需要用于参数拟合的实验数据也就越多。这在一定的程度上影响了 BWR 等方程的应用。值得注意的是：应用文献中给出的 BWR 方程的参数时，应选用同一来源的参数值，不宜混用不同来源的参数值。

BWR 等方程常在特定的场合下得到应用，如在对应态计算中用作参考流体的状态方程等，已取得较好的效果，但应用的普遍性却不及立方型方程。由于其参数多，形式复杂，需要采用电算，计算工作量和所耗机时也远较立方型方程式多。由于 BWR 方程具有高度非线性，因此要从 p、T 求算 V 时，一般利用 Newton-Raphson 法。此外，BWR 方程不能用于含水系统。

2.3 对应态原理的应用

当物质接近临界点时，所有的气体显示出相似的性质。在此基础上提出了对应态原理，即所有的物质在相同的对比状态下，表现出相同的性质。运用该原理研究 pVT 关系可得出真实气体的普遍化状态方程式。

2.3.1 普遍化状态方程式

将式(2-10) 乘以$\frac{V}{RT}$，可得到另一形式的 RK 方程，即

$$Z=\frac{1}{1-h}-\frac{a}{bRT^{1.5}}\left(\frac{h}{1+h}\right) \tag{2-20a}$$

$$h=\frac{b}{V}=\frac{b}{ZRT/p}=\frac{bp}{ZRT} \tag{2-20b}$$

用式(2-16) 的 a、b 代入，可得

$$Z=\frac{1}{1-h}-\frac{4.9340}{T_r^{1.5}}\left(\frac{h}{1+h}\right) \tag{2-20c}$$

$$h=\frac{0.08664p_r}{ZT_r} \tag{2-20d}$$

式中，p_r，T_r 分别为对比压力和对比温度，$p_r=p/p_c$，$T_r=T/T_c$。在给定的 T_r、p_r 下，将式(2-20c) 与式(2-20d) 用于 Z 的迭代计算，十分简便，先取 Z 的初值为 1，用式(2-20d) 求出 h，然后用式(2-20c) 求出一个新的 Z，循环程序反复迭代，直到前后两次求出的 Z 值之差小于预定的偏差。此迭代计算不能用于液相。

凡将 Z 表达成 T_r 和 p_r 函数的状态方程称为普遍化状态方程式或对应状态方程式，广

泛应用于气体 p-V-T 关系的计算。

SRK 方程的普遍化形式为

$$Z=\frac{1}{1-h}-\frac{4.9340Fh}{1+h} \tag{2-21a}$$

式中

$$F=\frac{1}{T_r}[1+m(1-T_r^{1/2})]^2 \tag{2-21b}$$

$$m=0.480+1.574\omega-0.176\omega^2 \tag{2-17c}$$

$$h=\frac{0.08664p_r}{ZT_r} \tag{2-20d}$$

若已知 T_r、p_r，用上述方程迭代计算 Z 也十分方便。从附表 1 查到有关物质的 T_c、p_c 与 ω 之值，按式(2-17c) 与式(2-21b) 先求出 m 与 F，然后与 RK 普遍化方程的迭代计算方法完全相同，在式(2-21a) 与式(2-20d) 之间进行迭代，直到收敛。

【例 2-4】 试分别用 RK 方程和 SRK 方程的普遍化式计算 360K、1.541MPa 时异丁烷蒸气的压缩因子，已知由实验数据求出的 $Z_{实}=0.7173$。

解 从附表 1 查出异丁烷的 $T_c=408.1\text{K}$，$p_c=3.65\text{MPa}$，$\omega=0.176$，则有

$$p_r=\frac{1.541}{3.65}=0.4222，T_r=\frac{360}{408.1}=0.88214$$

(1) 用 RK 方程 取 Z 的初值 $Z_0=1$，迭代过程如下：

$$Z_0\xrightarrow{式(2\text{-}20d)}h_1\xrightarrow{式(2\text{-}20c)}Z_1\xrightarrow{式(2\text{-}20d)}h_2\xrightarrow{式(2\text{-}20c)}Z_2\longrightarrow\cdots$$

经 8 次迭代得到 $Z=0.7449$，与实验值比较相对误差为 3.85%。

(2) 用 SRK 方程 已知 $\omega=0.176$，$T_r=0.88214$，代入式(2-17c) 与式(2-21b) 求得 m 与 F

$$m=0.480+1.574\omega-0.17\omega^2=0.7516$$

$$F=\frac{1}{T_r}[1+0.7516(1-T_r^{0.5})]^2=\frac{1}{0.88214}[1+0.7516\times(1-0.9392)]^2=1.240$$

取 Z 的初值 $Z_0=1$，迭代过程如下：

$$Z_0\xrightarrow{式(2\text{-}20d)}h_1\xrightarrow{式(2\text{-}21a)}Z_1\xrightarrow{式(2\text{-}20d)}h_2\xrightarrow{式(2\text{-}21a)}Z_2\longrightarrow\cdots$$

经过 9 次迭代得到 $Z=0.7322$，与实验值比较，相对误差为 2.09%。

从本例结果可见，RK 方程经 Soave 改进后其计算精确度有所提高。

【例 2-5】 (1) PR 方程可用不同形式来表达，试写出 5 种形式的表达式。

(2) 试用 PR 方程计算例 2-4 所给出条件下的异丁烷压缩因子。

解 (1) PR 方程的不同表达方式

① PR 方程的原形，$p=f(T,V)$

$$p=\frac{RT}{V-b}-\frac{a}{V(V+b)+b(V-b)} \tag{A}$$

② $p=f(T,\rho)$，因 $\rho=\frac{1}{V}$

则式(A) 可写为

$$p=\frac{RT\rho}{1-b\rho}-\frac{a\rho^2}{1+2b\rho-b^2\rho^2} \tag{B}$$

③ 因 $Z=\frac{p}{\rho RT}$

则 $Z=f(T,\rho)$

$$Z=\frac{1}{1-b\rho}-\frac{a}{bRT}\frac{b\rho}{1+2b\rho-b^2\rho^2} \tag{C}$$

④ 因 $b\rho=\frac{B}{Z}$，$A=\frac{ap}{R^2T^2}$，$B=\frac{bp}{RT}$，$Z=\frac{p}{\rho RT}$，则

$$Z=\frac{1}{1-B/Z}-\frac{A}{B}\frac{B/Z}{1+2B/Z-(B/Z)^2} \tag{D}$$

⑤ Z 的立方型式

$$Z^3-(1-B)Z^2+(A-3B^2-2B)Z-(AB-B^2-B^3)=0 \tag{E}$$

(2) 异丁烷的压缩因子计算

$T=360\text{K}$，$p=1.541\text{MPa}$，$p_r=\frac{1.541}{3.65}=0.4222$，$T_r=\frac{360}{408.1}=0.8821$，$\omega=0.176$。

计算 A 和 B：

$$A=a_c\alpha\frac{p}{R^2T^2}=\Omega_a\alpha\frac{p_r}{T_r^2}$$

$$=0.45724\times[1+(0.37464+1.54226\times0.176-0.26992\times0.176^2)\times(1-0.8821^{0.5})]^2\times\frac{0.4222}{0.8821^2}$$

$$=0.26768$$

$$B=\Omega_b\frac{RT_c}{p_c}=\frac{p}{RT}=0.07780\frac{p_r}{T_r}=0.07780\times\frac{0.4222}{0.8821}=0.03724$$

按式(E) 可写为

$$Z^3=(1-B)Z^2-(A-3B^2-2B)Z+(AB-B^2-B^3) \tag{F}$$

进行迭代前，预先计算

$$1-B=1-0.03724=0.96276$$

$$A-3B^2-2B=0.26768-3\times0.03724^2-2\times0.03724=0.18904$$

$$AB-B^2-B^3=0.26768\times0.03724-0.03724^2-0.03724^3=0.00853$$

代入式(F) 后，写成迭代式

$$Z_{t+1}^3=0.96276Z_t^2-0.18904Z_t+0.00853 \tag{G}$$

初值设 $Z_1=1$，代入式(G)，得 $Z_2^3=0.78225$，$Z_2=0.9214$。然后再将 $Z_2=0.9214$ 代入式(G)，又得 Z_3，…，多次迭代后，Z_{t+1} 与 Z_t 将会十分接近。本例的最后结果，Z_t 与 Z_{t+1} 分别为 0.7161 与 0.7159，而 $Z_{实}=0.7173$，致使两者相差仅约 0.2%。可见，PR 方程的计算结果比 RK 方程和 SRK 方程都要好些。

2.3.2 两参数普遍化压缩因子图

除 RK 方程及其修正式外，其他状态方程进行类似的处理也可变成普遍化状态方程式。普遍化状态方程还可用来制作普遍化的 Z-p_r 图，如图 2-4 所示。可以应用这些图进行 p-V-T 计算。这类图可根据普遍化状态方程计算值制作，也可由实验测定的有关气体的 p-V-T 数据来制作。

根据对应状态原理，在数学上，普遍化状态方程式可以表达成下述形式

$$V_r=f_1(T_r,p_r)$$

又由于 $V_r=\frac{V}{V_c}=\frac{ZRT}{pV_c}=\frac{ZRTp_c}{Z_cRT_cp}=\frac{ZT_r}{Z_cp_r}$

所以

$$Z=f_2(T_r,p_r,Z_c) \tag{2-22}$$

对大多数有机化合物，除强极性和大分子的物质外，Z_c 几乎都在 0.27～0.29 的范围

内。倘若将 Z_c 视为常数，上述函数关系可简化为 Z 与 T_r、p_r 的两参数关系

$$Z=f_3(T_r,p_r)$$

此即为两参数的压缩因子关系式。它表明，所有气体处在相同的 T_r 和 p_r 时，必定具有相近的 Z 值。这就是两参数对应状态原理（principle of corresponding states）。根据此原理，许多研究者应用实验数据来求得 Z，并将 Z 表示成对比参数的函数，建立两参数普遍化 Z 图。目前此类图很多，其中以 Nelson 和 Obett 绘制的图 2-4 较好。

图 2-4(a) 适用于低压段 p_r 从 0～1，它由 30 种气体的数据绘制而成，其中 26 种气体最大的误差为 1%；图 2-4(b) 适用于中压段，p_r 从 1～10，它由 30 种气体的数据绘制而成，除氢、氦、氨、氟与甲烷外，最大误差为 2.5%；图 2-4(c) 适用于高压段，p_r 从 10～40，绘制此图的实验数据颇少，在 T_r 为 1～3.5、p_r 为 10～20 时的误差在 5%以内。对氢、氦和氖等量子气体，对比温度和压力应按以下两个经验式求出。

$$T_r=\frac{T}{T_c+8}\quad (T\text{ 和 }T_c\text{ 的单位为 K}) \tag{2-23a}$$

$$p_r=\frac{p}{p_c+0.8106}\quad (p\text{ 和 }p_c\text{ 的单位为 MPa}) \tag{2-23b}$$

图 2-4 中的 V_{ri} 称为理想对比体积[1]，其定义为

$$V_{ri}=\frac{V}{V_{ci}}=\frac{V}{(RT_c/p_c)}=ZT_r/p_r \tag{2-24}$$

式中，V_{ci} 为理想临界体积，对给定气体而言，它是个常数。由式(2-24) 知，Z 由 p_r、T_r 和 V_{ri} 决定，即

$$Z=f_4(T_r,V_{ri})=f_5(p_r,V_{ri}) \tag{2-25}$$

说明任一气体的 p_r、T_r 和 V_{ri} 间存在着普遍关系。当 p_r、T_r 给定后，Z 只是 V_{ri} 的函数，故能作为 $Z\sim V_{ri}$ 的曲线。在图 2-4 中都有标出。这将为在给定压力（或温度）和体积求算温度（或压力）带来方便，而不需试差。因 V 已知，即可求出 V_{ri}，由 V_{ri} 与 p_r 的交点即可求出 T_r，从而得出温度。

两参数压缩因子图是将临界压缩因子视为常数而得出的，是一种近似的处理方法。它对球形分子（如氩、氪、氙等）较适用，对非球形弱极性分子一般误差不很大，但有时误差也颇为可观。对大约 80 种物质的统计发现，临界压缩因子 Z_c 处在 0.2～0.3 的范围内，可见 Z_c 并非常数。为此，许多学者认为在对应状态方程式中，除 T_r 和 p_r 外，还应引入第三参数，使压缩因子图能较精确地适用于各种气体的容积性质计算。

2.3.3 偏心因子与三参数压缩因子图

在两参数普遍化计算中产生偏差的原因是没有反映物种特性。要对其改进，就必须引入反映物种特性的分子结构参数。有人用分子键长，也有人用标准沸点下的汽化热，还有人用临界压缩因子等作为第三参数进行尝试，结果都不太满意。目前已被普遍采用的是 Pitzer 等人提出的把偏心因子 ω 作为第三参数。

纯态物质的偏心因子是根据蒸气压来定义的。实验发现，纯流体对比蒸气压 p_r^s 的对数与温度 T_r 的倒数近似于线性关系，即

$$\frac{\mathrm{d}\lg p_r^s}{\mathrm{d}(1/T_r)}=a$$

式中，a 为 $\lg p_r^s\sim 1/T_r$ 图的斜率。倘若两参数对应状态原理是正确的话，那么对于所有的流体，a 都是相同的。但实验结果并非如此，每一种流体都有其不同的特定值。这表明

[1] Su G J. Ind. Eng. Chem. 1946，38：803.

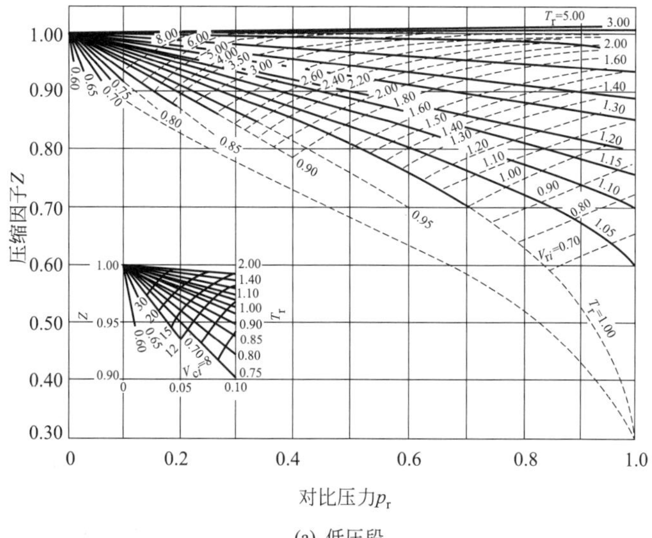

(a) 低压段

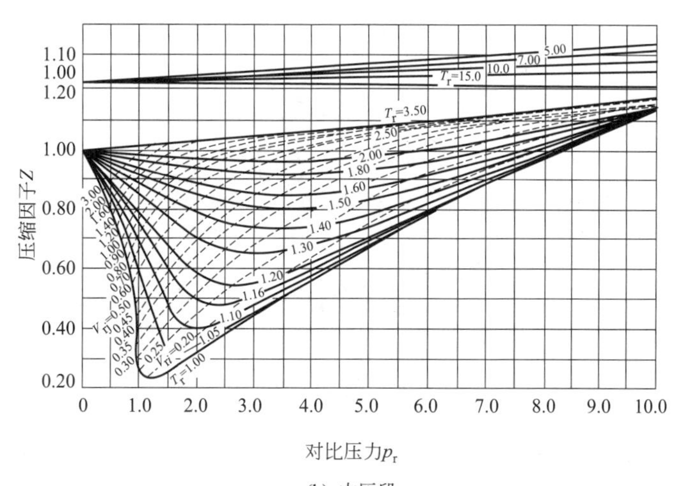

(b) 中压段

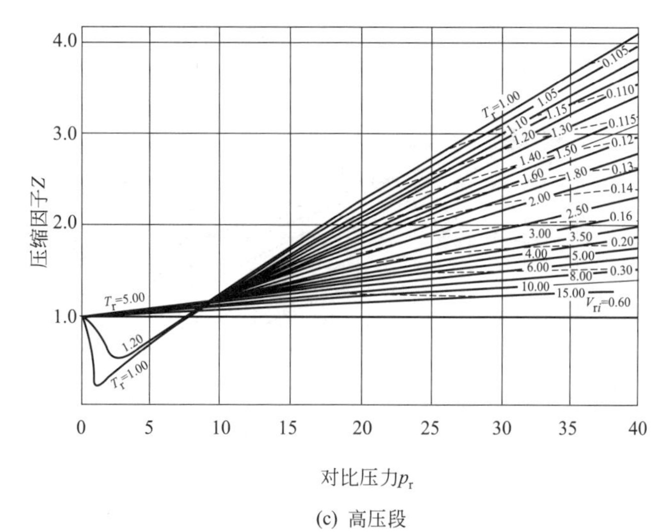

(c) 高压段

图 2-4　两参数普遍化压缩因子图

采用三参数对应状态原理是必要的。Pitzer 发现，当将 $\lg p_r^s$ 对 $1/T_r$ 作图时，简单流体（simple fluid，SF），如氩、氪、氙等的所有蒸气压数据都集中在同一条线上，该线还通过 $T_r=0.7$ 与 $\lg p_r^s=-1.0$ 这个点，见图 2-5。

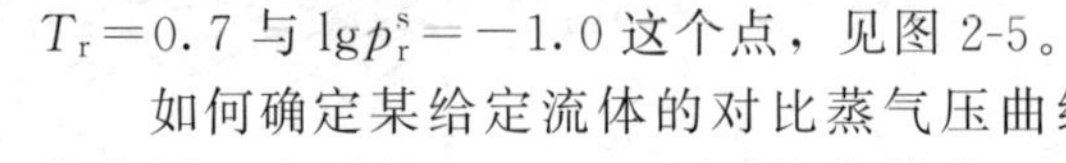

图 2-5　$\lg p_r^s \sim 1/T_r$ 图

如何确定某给定流体的对比蒸气压曲线的位置，这可以由 $T_r=0.7$ 时该流体的 $\lg p_r^s$ 和简单流体的 $\lg p_r^s$(SF) 的差额来决定

$$\lg p_r^s(\mathrm{SF})-\lg p_r^s$$

Pitzer 把此差额定义为偏心因子 ω

$$\omega=-1.000-\lg(p_r^s)_{T_r=0.7} \tag{2-26}$$

因此，对于任何流体只需在 $T_r=0.7$ 时作简单的蒸气压测定，根据该流体的 T_c、p_c 之值即可求出 ω。有关物质的 ω 值列于附表 1。

偏心因子表征物质分子的偏心度，即非球形分子偏离球对称的程度。由 ω 的定义可知，简单流体的偏心因子为零。这些气体的压缩因子仅是 T_r 和 p_r 的函数。

对于所有 ω 值相同的流体，若处在相同 T_r、p_r 的下，其压缩因子 Z 必定相等。这就是三参数对应状态原理，可表达为

$$F(p_r,T_r,V_r,\omega)=0 \tag{2-27a}$$

或

$$Z=Z(p_r,T_r,\omega) \tag{2-27b}$$

按 Taylor 定理将上式围绕 $\omega=0$ 处展开，得

$$\left[Z=Z^0(p_r,T_r)+\omega Z^1(p_r,T_r)+\frac{\omega^2}{2!}Z^2(p_rT_r)+\cdots\right]_{T_r,p_r} \tag{2-28}$$

式(2-28) 中，Z^0、Z^1、Z^2、…、分别代表在 $\omega=0$ 处 Z 对 ω 的零阶、一阶、二阶、…、偏导的值。如果忽略高阶偏导数，则式(2-28) 可改写为

$$Z=Z^0+\omega Z^1 \tag{2-28a}$$

式中，Z^0 与 Z^1 都是 T_r 和 p_r 的复杂函数。对于简单流体，因 $\omega=0$，所以 Z 与 Z^0 相等。图 2-6、图 2-7 是建立在以氩、氪等简单流体基础上的、表示 $Z^0=F^0(T_r、p_r)$ 函数关系的曲线。由式(2-28a) 可见，当给定 T_r、p_r 值后，Z 与 ω 具有简单的线性关系。对于非简

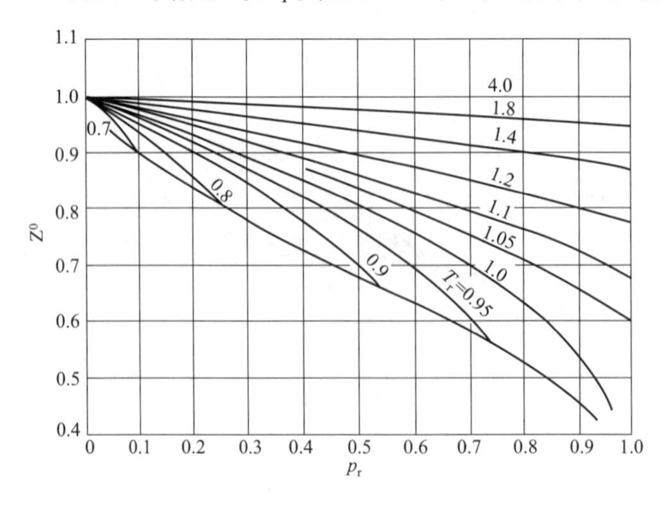

图 2-6　Z^0 普遍化图（$p_r<1.0$）

单流体，在 p_r 和 T_r 恒定时，以 Z 的实验数据对 ω 作图必定为一直线，其斜率即为 Z^1 值。这样就可得到 $Z^1=f^1(T_r,p_r)$ 的函数式。图 2-8 与图 2-9 用图的形式提供了 Z^1 与 p_r、T_r 间的函数关系。图 2-6 与图 2-7 也可作为两参数的普遍化关系图单独使用，除可用于简单流体外，也可用于非简单流体 Z 的估算，其精度显然要比三参数低。Pitzer 关系式(2-28a) 对于非极性与弱极性的气体，误差小于 2%～3%，应用于强极性气体或缔合分子时，误差将增大。

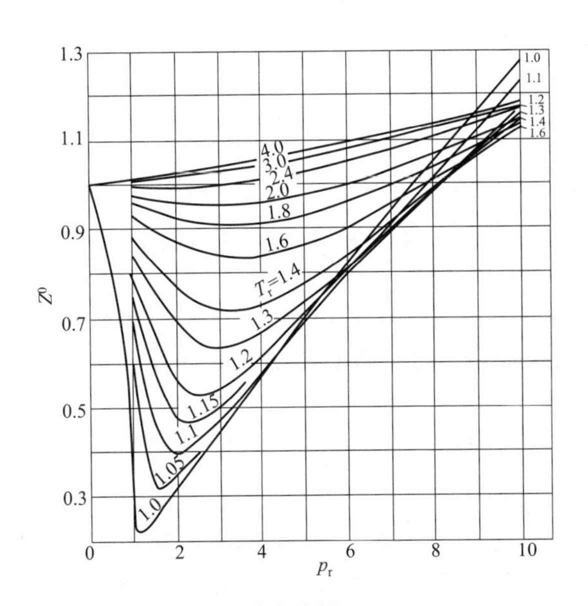

图 2-7　Z^0 普遍化图（p_r＞1.0）

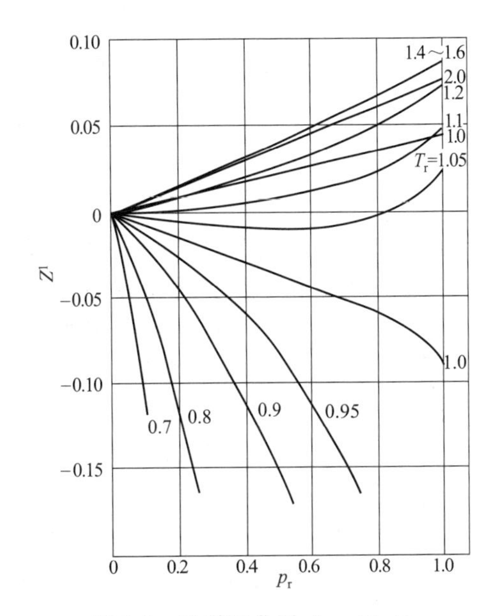

图 2-8　Z^1 普遍化图（p_r＜1.0）

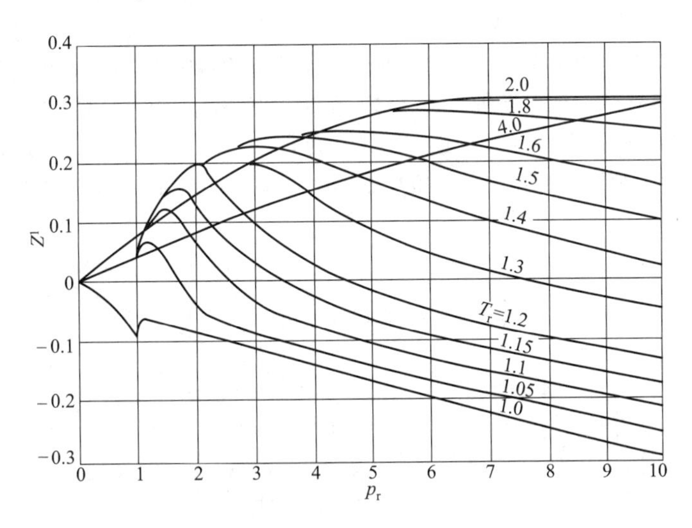

图 2-9　Z^1 普遍化图（p_r＞1.0）

2.3.4　普遍化第二维里系数关联式

普遍化压缩因子计算方法的缺陷是需要查图。而有些工程计算需要的 T_r、p_r 值并不在图形的范围内。另外由于 Z^0、Z^1 与 T_r、p_r 的函数关系太复杂，难以用简单的数学解析式来描述。为解决压缩因子的计算问题，这里引出一个近似的解析计算式。

$$Z=\frac{pV}{RT}\approx 1+\frac{Bp}{RT}=1+\frac{Bp_c}{RT_c}\left(\frac{p_r}{T_r}\right) \tag{2-7}$$

此即维里截断式(2-7)。Pitzer 和 Curl[1] 提出用式(2-29) 来关联$\frac{Bp_c}{RT_c}$，有

$$\frac{Bp_c}{RT_c}=B^0+\omega B^1 \tag{2-29}$$

将式(2-29) 代入式(2-7) 得

$$Z\approx 1+\frac{B^0 p_r}{T_r}+\omega B^1 \frac{p_r}{T_r} \tag{2-30}$$

将式(2-30) 与式(2-28a) 比较，得到了 Z^0 与 B^0，Z^1 与 B^1 之间的关系式：

$$Z^0=1+B^0 \frac{p_r}{T_r}$$

$$Z^1=B^1 \frac{p_r}{T_r}$$

第二维里系数 B 仅是温度的函数，同样，B^0、B^1 也仅是 T_r 的函数。按式(2-29) 求算温度 T 时的 B 值，必须要有 B^0 和 B^1 与对应的 T_r 间的关系式。20 世纪 70、80 年代 Tsonopoulos 等在这方面进行了不少研究，但 Van Ness 和 Abbott[2] 通过对 14 种非极性流体的研究和计算，得出了最简单的表达式，也是许多专著和教材中引用的方程，其具体表达如下：

$$B^0=0.083-\frac{0.422}{T_r^{1.6}} \tag{2-31a}$$

$$B^1=0.139-\frac{0.172}{T_r^{4.2}} \tag{2-31b}$$

前已论及，只有在中、低压下 Z 与 p_r 才有线性关系，故式(2-7) 仅在中、低压下才是正确的。同理，普遍化维里系数关系式(2-30)、式(2-31a)、式(2-31b) 也只能在较低的压力下适用。既然式(2-28a) 和式(2-29) 都能用于普遍化的计算。两式是否存在各自的适用范围，这可用图 2-10 来说明。图中的虚线表示饱和线，在分界线上、下方分别为式(2-29) 和式(2-28a) 的适用范围。从给定条件下给出 p_r 和 T_r 值的坐标点落在分界线的上方或下方来决定采用式(2-28a) 还是式(2-29)。若不用图 2-10，Elliott 和 Lira 还提出用不等式来判断，若 $T_r>0.686+0.439p_r$ 或 $V_r>2.0$ 时，则用式(2-29)，否则式(2-29) 不再适用。

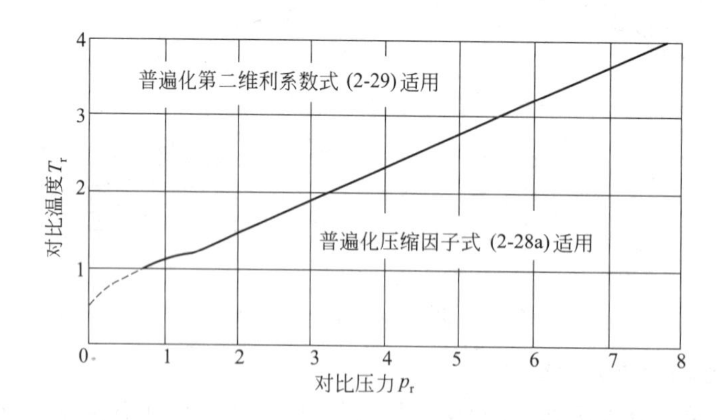

图 2-10　式(2-28a) 和式(2-29) 的适用范围

[1] Pitzer K S，Curl Jr R F. J Am. Chem. Soc，1957，79：2369.

[2] Van Ness H C，Abbott M M. Classical Thermodynamics of Nonelectrolyte Solution. New York，Mc Graw-Hill：1982：132-133.

【例 2-6】 试用理想气体方程和普遍化关联法计算 510K、2.5MPa 时正丁烷的气相摩尔体积。已知实验值为 1.4807$m^3 \cdot kmol^{-1}$。

解 从附表 1 查得正丁烷的物性数据：$p_c=3.80MPa$，$T_c=425.2K$，$\omega=0.193$，则有

$$T_r=\frac{510}{425.2}=1.198，p_r=\frac{2.5}{3.80}=0.658$$

（1）用理想气体方程

$$V=\frac{RT}{p}=\frac{8.314\times10^3\times510}{2.5\times10^6}=1.6961m^3 \cdot kmol^{-1}$$

（2）用普遍化关联法　普遍化关联法有两类方法，即普遍化压缩因子法和普遍化维里系数法。可从图 2-10 或 Elliott 和 Lira 的不等式来判断在所给定条件下用何法为宜。从 p_r 和 T_r 值知，离饱和线不远，现采用不等式来判断。

将 $T_r=1.198$ 与 $p_r=0.658$ 代入该不等式，则

$$1.198>0.686+0.439\times0.658=0.9748$$

则应该用式(2-29)，即普遍化维里系数法。按式(2-31a) 与式(2-31b)，得

$$B^0=0.083-\frac{0.422}{1.198^{1.6}}=-0.233$$

$$B^1=0.139-\frac{0.172}{1.198^{4.2}}=0.059$$

代入式(2-29)

$$\frac{Bp_c}{RT_c}=-0.233+0.193\times0.059=-0.222$$

再按式(2-7)

$$Z=1+(-0.222)\times\frac{0.658}{1.198}=0.878$$

$$V=\frac{ZRT}{p}=0.878\times1.6961=1.4892m^3 \cdot kmol^{-1}$$

为了验证上面的选择是否合适，再用普遍化压缩因子法进行计算。
根据图 2-6 和图 2-8 查得（也可由附表 7 查得）

$$Z^0=0.860，Z^1=0.033$$

$$Z=Z^0+\omega Z^1=0.860+0.193\times0.033=0.866$$

$$V=\frac{ZRT}{p}=0.866\times1.6961=1.4688m^3 \cdot kmol^{-1}$$

已知 510K、2.5MPa 下正丁烷摩尔体积的实验值为 1.4807$m^3 \cdot kmol^{-1}$，普遍化维里系数法和普遍化压缩因子法的计算误差分别为−0.57%和 0.80%，说明选用前者是合理的。至于理想气体方程的计算误差达 14.55%，精度更差。

2.3.5 立方型状态方程的对比形式

立方型状态方程的表达形式较多。以 RK 方程为例，式(2-10) 和式(2-20a) 就是两种不同的形式，前者常称为方程原型，展开为多项式后，出现 V^3 项，这也是“立方型”名称的由来；后者称为压缩因子关系式。另外还有一种用对比温度、压力、体积表达的状态方程，当然这和式(2-20a) 类似，属于普遍化的状态方程。

在对应状态原理的基础上，将式(2-10) 中的 p、V、T 参数改换成 p_r、V_r、T_r 等表达的形式，并消去方程中的待定参数 a 和 b，即可得到相应的对比形式状态方程，RK 方程的

对比形式为

$$p_r=\frac{3T_r}{V_r-0.2599}-\frac{3.8473}{T_r^{1/2}V_r(V_r+0.2599)} \tag{2-32}$$

vdW 方程的对比形式为

$$\left(p_r+\frac{3}{V_r^2}\right)(3V_r-1)=8T_r \tag{2-33}$$

不言而喻，对其他的立方型状态方程或多参数状态方程都可写出其相应的对比形式。

鉴于临界体积不易测准，而且数据也相对较少，故拟用 V_{ri} 代替 V_r，则 RK 和 vdW 方程的改良对比形式状态方程相应可表达为

RK 方程

$$p_r=\frac{T_r}{V_{ri}-0.08664}-\frac{0.42748}{T_r^{1/2}V_{ri}(V_{ri}+0.08664)} \tag{2-34}$$

vdW 方程

$$\left(p_r+\frac{27}{64V_{ri}^2}\right)\left(V_{ri}-\frac{1}{8}\right)=T_r \tag{2-35}$$

在上两式中的 V_{ri} 可从式(2-24) 计算得出，从该式可见，只要有 T_c、p_c 的数据就可算出 V_{ri}。

状态方程的表达式众多，对给定的一种状态方程又可用不同的形式描述，在应用中要倍加注意，不要混淆。

*2.3.6 临界参数和偏心因子的估算

纯物质的蒸气压、临界参数和偏心因子在化工计算，诸如在状态方程式的运用，相平衡计算和对应状态原理的应用中都是不可缺少的基础数据。近年来，特别对重烃等大分子量物质、热敏性物质寄予了更多的注意。重烷烃（正-二十烷以上）的蒸气压、临界参数和偏心因子在石油化工过程开发中占有重要位置，而且也是用来表征油/气组分的重要性质。对于烷烃的临界参数，n-C_{22} 以下的烷烃有实测值，而高于 n-C_{22} 烃就常需用估算方法得出。

有关临界性质和偏心因子的估算，波林等[❶]的专著中有相当权威和精彩的评述。此书已出 5 版，最近的版本是在 2001 年问世，其中不少方法有很好的参考价值。此书已由西安交通大学组织翻译，并在 2005 年出版。

Kontogeorgis 和 Tassios[❷] 撰写了一篇颇有见解且详细的关于临界参数和偏心因子估算的评述论文，虽然其内容主要涉及长链烷烃，但也从一个侧面说明纯物质的临界性质和偏心因子估算方面的进展。经 Kontogeorgis 等的研究，从其在对应态原理的应用中结果来比较各种估算长链正烷烃临界性质方法的合理性、适用性等，借此来间接评价有关方法的优劣。下列几个方法一般比较适用，予以推荐。

2.3.6.1 临界参数

(1) Magoulas 和 Tassios 法[❸]

$$\ln(959.98-T_c)=6.81536-0.211145N_c^{2/3} \quad (T_c:\mathrm{K}) \tag{2-36}$$

$$\ln p_c=4.3398-0.3155N_c^{0.6032} \quad (p_c:\mathrm{bar}) \tag{2-37}$$

式中，N_c 为正烷烃中的碳原子数。

式(2-36) 和式(2-37) 仅能用于正烷烃的临界温度和压力的估算。式(2-36) 和 Tsono-

---

❶ Reid R C, Prausnitz J M, Poling B E. The Properties of Gases and Liquids. NewYork: McGraw-Hill, 5th edn., 2001; 波林 B E 等著. 气液物性估算手册. 赵红玲等译. 北京: 化学工业出版社, 2006.

❷ Kontogeorgis G, Tassios D P. Chem. Eng. J., 1997, 66: 35.

❸ Magoulas K, Tassios D P. Fluid Phase Equilib., 1990, 56: 119.

poulos[1]提出的计算 T_c 方程完全一样。但临界压力的计算式(2-37)却作了对 Tsonopoulos[1]和 Gray 等[2]方法的修正。

(2) Teja、Lee、Rosenthal 和 Abselm 法[3]

$$\ln(1143.8-T_c)=7.15908-0.303158N_c^{0.469609} \quad (T_c: \text{K}) \tag{2-38}$$

$$\ln(p_c-0.84203)=1.75059-0.196383N_c^{0.890006} \quad (p_c: \text{MPa}) \tag{2-39}$$

式(2-38)和式(2-39)是以流体的空洞理论为基础的，只能用于正烷烃。

(3) Constantinou 和 Gani(CG)的基团贡献法[4] Constantinou 和 Gani 最近提出一种新的基团贡献法，受到了学术界的关注，用来估算纯物质的性质，包括标准沸点、正常熔点、临界参数、298K 的标准蒸发焓、标准吉布斯函数和标准生成热等。该法除使用一阶基团外，还用了二阶基团，以求能表征化合物分子结构中的微细变化以及同分异构物间的变化。用二阶基团后，此法能推广到不同类型的有机物质。因此其应用范围不仅与过去的基团贡献法，如 Lydersen、Ambrose 和 Joback 等相似，而且还能区分异构体。此外，所推荐的新基团贡献法具有更高的估算精确度。CG 法还有一个优点，在计算 T_c 时无需有 T_b 值，表现出其显著的优越性。表 2-4 列出了 CG 法和其他基团贡献法估算临界参数的精确度比较。

表 2-4 CG 法和现存广为应用的基团贡献法的估算临界性质精确度比较

方法	T_c		p_c		V_c	
	AAD /K	*AARD* /%	*AAD* /10^5Pa	*AARD* /%	*AAD* /10^{-6}m^3·mol^{-1}	*AARD* /%
Ambrose(1978,1980)	4.3	0.7	1.8	4.6	8.5	2.8
Fedos[5](1982)	—	5.0	—	—	—	3.15
Joback and Reid(1984)	4.8	0.8	2.1	5.2	7.5	2.3
Klincewicz and Reid(1984)	7.5	1.3	3.0	7.8	8.9	2.9
Lydersen(1955)	8.1	1.4	3.3	8.9	10.0	3.1
CG[5](1994)	4.85	0.85	1.13	2.89	6.00	1.79

注：$AAD=\frac{1}{N}\sum|X_{cal}-X_{exp}|$

$AARD=\frac{1}{N}\sum\frac{|X_{cal}-X_{exp}|}{X_{exp}}\times100\%$

N 为实验点数，X 为泛指的临界性质，下标 cal 和 exp 分别为计算值和实验值。

由表 2-4 可知，除了 T_c 外，CG 法优于所有现存的基团贡献法，即使对 T_c 而言，CG 法和 Ambrose 法的估算精确度也相差不多，但是在 Ambrose 法的应用中，由于要考虑结构、端效应等的修正，带来诸多不便。

对于正烷烃，Constantinou 和 Gani[6]认为，并不需要二阶基团，只要用下列方程计算即可。

---

[1] Tsonopoulos C. AIChE J., 1987, 33: 2080.

[2] Gray Jr R D, Heidman J L, Springer R D, Tsonopoulos, C. Fluid Phase Equilib, 1989, 53: 355.

[3] Teja A S, Lee R J, Rosenthal D J, Abselme M. Fluid Phase Equilib, 1990, 56: 153.

[4] Constantinou L, Gani R. AIChE J., 1994, 40: 1697.

[5] 预测法。

[6] Constantinou L, Gani, R. A new group-contribution method for estimation of properties of pure compounds, IVC-SEP, Internal report, 9319 (Inst. for Kemitechnik, The Technical Univ. of Demark, 1993).

$$T_c = 186.481\ln[2\times1.3788+(N_c-2)\times3.1136] \quad (T_c: \mathrm{K}) \tag{2-40}$$

$$p_c = \frac{1}{[0.1068+2\times0.018377+(N_c-2)\times0.00903]^2} \quad (p_c: \mathrm{bar}) \tag{2-41}$$

（4）Hu、Lovland 和 Vonk[1]　Hu 等也报道了 T_c、p_c 与 N_c 的关联式：

$$T_c = \frac{0.38106+N_c}{0.0038432+0.0017607N_c^{0.5}+0.00073827N_c} \quad (T_c: \mathrm{K}) \tag{2-42}$$

$$p_c = \frac{100}{0.19694-0.059777N_c^{0.5}+0.46718N_c} \quad (p_c: \mathrm{bar}) \tag{2-43}$$

表 2-5　用 4 种不同方法估算正烷烃的临界温度

N_c	T_c/K（实验值）	推算法			
		Magoulas 等法	Teja 等法	CG 法	Hu 等法
18	746	746.54	747.94	738.88	747.13
20	769	767.94	770.90	759.76	769.60
22	785.6	786.24	791.45	777.61	789.63
24	799.8	802.64	809.96	794.12	807.65
28	—	829.86	842.11	823.20	838.89
40	—	882.83	912.18	889.88	907.24
60	—	924.13	982.13	964.93	977.39
100	—	950.33	1051.7	1058.7	1053.6

表 2-6　用 4 种不同方法估算重烷烃的临界压力

N_c	p_c/bar（实验值）	估算法			
		Magoulas 等法	Teja 等法	CG 法	Hu 等法
18	13.0	12.63	12.81	12.05	11.97
20	11.6	11.22	11.84	10.67	10.76
22	9.82	10.01	11.08	9.48	10.59
24	8.66	8.97	10.49	8.58	9.75
28	—	7.28	9.69	7.19	8.41
40	—	4.14	8.73	4.78	5.92
60	—	1.84	8.45	3.14	3.94
100	—	0.4796	8.42	2.095	2.34

表 2-5 和表 2-6 给出了用上述 4 种方法的重烷烃临界参数推算值。由于只收集到 n-C_{24} 以前的重烷烃的临界参数的实验值，而 n-C_{25}～n-C_{100} 烷烃的实验值则缺乏待补。从表 2-5 知，用 4 种不同的方法得到的 n-C_{18}～n-C_{24} 烷烃的 T_c 推算值与实验值都比较接近。最大相对误差为 1.27%。应该说所推荐的 4 种方法都可尝试。随着 N_c 的增加，虽然 T_c 都是单调地增加，但是增加的趋势却有所不同。当 N_c 为 100 时，CG 法和 Magoulas 法的 T_c 可以相差 100K 以上。若问何法更准确些，只有实验数据出现后，再作比较。从表 2-6 知，随着 N_c 的增加，由 4 种不同的方法推算出的 p_c 值均单调下降。对 n-C_{18}～n-C_{22}，p_c 推算值与实验值

[1] Hu W, Lovland J, Vonk P. Generalized vapor pressure equations for n-alkanes, l-alkaenes, and l-alkanols. Presented at the 11th Int. Congress Chem. Eng. Chemical Equipment Design and Automation CHISA, 93, 29-Aug. 1993.

的相对偏差要比 T_c 的大。当 N_c 为 100 时，Teja 等法的 p_c 与其他三个方法相差甚远，有的竟高出近十余倍。足见 p_c 的推算比 T_c 更难有准确的结果。以上 4 法是 Kontogeorgis 等推荐的尚且如此，其他的方法将更难以胜任了。

【例 2-7】 试用 Magoulas etal 法、Teja etal 法、CG 法和 Hu etal 法等估算正壬烷的临界温度和临界压力。正壬烷临界性质的手册值分别为 $T_c=594.6\text{K}$ 和 $p_c=22.90\text{bar}$。

解

(1) 用 Magoulas etal 法　正壬烷的分子式为 C_9H_{20}，故 $N_c=9$。按式(2-36)

$$\ln(959.98-T_c)=6.81536-0.211145\times 9^{2/3}=5.90179$$

$959.98-T_c=365.691$，即 $T_c=594.29\text{K}$，计算误差 $=\dfrac{594.6-594.29}{594.6}\times 100\%=0.052\%$

按式(2-37)

$$\ln p_c=4.3398-0.3155\times 9^{0.6032}=3.1524$$

$$p_c=23.39\text{bar}，计算误差=\frac{22.90-23.39}{22.90}\times 100\%=-2.15\%$$

(2) 用 Teja etal 法　按式(2-38)

$$\ln(1143.8-T_c)=7.15908-0.303158\times 9^{0.469609}=6.30838$$

$1143.8-T_c=549.15$，即

$$T_c=594.65\text{K}，计算误差=\frac{594.6-594.65}{594.6}\times 100\%=-0.0084\%$$

按式(2-39)

$$\ln(p_c-0.84203)=1.75059-0.196383\times 9^{0.890006}=0.36260$$

$$p_c-0.84203=1.43706$$

$$p_c=2.27909\text{MPa}，计算误差=\frac{22.90-22.791}{22.90}\times 100\%=0.48\%$$

(3) 用 CG 法　按式(2-40)

$$T_c=186.481\ln[2\times 1.3788+(9-2)\times 3.1136]=596.89\text{K}$$

$$计算误差=\frac{594.6-596.89}{594.6}\times 100\%=-0.39\%$$

按式(2-41)

$$p_c=\frac{1}{[0.1068+2\times 0.018377+(9-2)\times 0.00903]^2}=23.39\text{bar}$$

$$计算误差=\frac{22.90-23.39}{22.90}\times 100\%=-2.14\%$$

(4) 用 Hu etal 法　按式(2-42)

$$T_c=\frac{0.38106+9}{0.0038432+0.0017607\times 9^{0.5}+0.00073827\times 9}=595.21\text{K}$$

$$计算误差=\frac{594.6-595.21}{594.6}\times 100\%=-0.10\%$$

按式(2-43)

$$p_c=\frac{100}{0.19694-0.059777\times 9^{0.5}+0.46718\times 9}=23.68\text{bar}$$

$$计算误差=\frac{22.90-23.68}{22.90}\times 100\%=-3.41\%$$

在表 2-7 中列出用上述 4 种方法估算正壬烷的临界温度与临界压力的误差。

表 2-7 4种方法估算结果的误差

方法名称	T_c 的计算误差/%	p_c 的计算误差/%	方法名称	T_c 的计算误差/%	p_c 的计算误差/%
Magoulas etal 法	0.052	−2.15	CG 法	−0.39	−2.14
Teja etal 法	−0.0084	0.48	Hu etal 法	−0.10	−3.41

由表 2-7 可见，p_c 的估算精度比 T_c 要差，这与表 2-5 和表 2-6 中所得的结果是一致的。对正壬烷来说，Teja 等法的估算误差不论对 T_c 或 p_c 都是最小，Magoulas etal 法则排在第二位，而 CG 法和 Hu etal 法都显得更差些。

2.3.6.2 偏心因子

由于用立方型状态方程来计算容积性质，不仅必须要有偏心因子 ω 数据，而且 ω 对计算结果相当敏感，故在文献中对 ω 的估算颇为重视。Kontogeorgis 等介绍了如下的几种方法。

(1) Magoulas 和 Tassios 法　对正烷烃而言，C_{20} 以下烃的 ω 数据比较齐全，而 C_{20} 以上烃的 ω 数据则要稀少得多。根据偏心因子的定义，Magoulas 和 Tassios 提出了 ω 的估算方法。在估算中需要临界性质数据，仍用他们自己提出的方法，式(2-36) 和式(2-37) 估算临界温度和压力。在充分研究了 C_3 ~ C_{20} 烷烃物理性质的基础上，运用了直接外推法估算 C_{20} 以上烃的 ω 值。主要用 Antoine 方程计算在 $T_r=0.7$ 时的蒸气压，至于 Antoine 方程中的常数可用不同平衡条件下的 T、p^s 数据来回归得到。当估算出 $T_r=0.7$ 时的 p^s 后，则可从式(2-26) 求出 ω 值。最后，把估算出的 ω 值和正烷烃的 N_c 间建立关联式，即

$$\omega=0.194778+3.15382\times10^{-2}N_c+1.73473\times10^{-4}N_c^2-1.13389\times10^{-6}N_c^3+8.96972\times10^{-9}N_c^4 \tag{2-44}$$

(2) Kontogeorgis 等法[1]　此法用来估算大分子量（MW>150）化合物的偏心因子，需要输入的数据只有 vdW 体积，V_w。先用 Bondi 法[2]计算出 vdW 体积，并将其与 N_c 相关联，得 V_w-N_c 关系为

$$V_w=6.8781+10.2306N_c$$

Kontogeorgis 等收集了二十烷以下的 n-烷烃/1-链烯烃的偏心因子实验值，用来开发出 V_w 与 $\ln\omega$ 的线性关系式为

$$\ln\omega=-4.91118+0.895296\ln V_w \tag{2-45}$$

再把 V_w-N_c 关系代入式(2-45)，则得

$$\ln\omega=-4.91118+0.895296\ln(6.8781+10.2306N_c) \tag{2-46}$$

式(2-46) 与式(2-44) 一样，只能用于大分子量的 n-烷烃。但式(2-45) 原则上可以估算其他类型大分子量化合物的 ω。

(3) Han 和 Peng 的基团贡献法[3]　此法可用来估算有机化合物的 ω，对 219 种化合物进行的估算结果表明，平均偏差为 4.2%。对于 n-烷烃用式(2-47) 计算

$$\omega=0.004423[\ln(3.3063+3.4381N_c)]^{3.651} \tag{2-47}$$

(4) Constantinou、Gani 和 O'Connell 基团贡献法[4]　Constantinou 等扩充了二阶基团法，用于各种有机化合物的摩尔液体体积和 ω 的估算。此法比 Han 和 Peng 法的平均误差更小一些，为 3%，对于正烷烃用式(2-48) 计算

[1] Kontogeorgis G M, Smirlis I F, Harismiadis V I, Fredenslund A A, Tassios D P. Technical Report, Institut for Kemiteknik, 1994.

[2] Bondi A. Physical Properties of Molecular Crystals, Liquids and Gases. New York. John Wiley: 1968.

[3] Han B, Peng D Y. Can. J. Chem. Eng., 1993, 71: 332.

[4] Constantinou L, Gani R, O'Connell J P. Fluid Phase Equilib, 1995, 103: 11.

$$\exp\left[\left(\frac{\omega}{0.4085}\right)^{0.5050}\right]-1.1507=0.29602\times2+(N_c-2)\times0.14691 \tag{2-48}$$

上述 4 种方法估算重烷烃的 ω，结果示于表 2-8。n-C_{18}～n-C_{22}烷烃的 ω 推算值与实验值相当接近。即使以计算结果较差的 Constantinou 等法为例，平均相对偏差的绝对值（AARD）为 0.497%。应该说，所推荐的 4 种方法都可用于工程计算。随着 N_c 的增长，4 种方法都表现出相同的趋势，即 ω 也单调地增加。当 N_c 为 60 时，最大的 ω 推算值与最小的 ω 推算值之间相差 22.13%；当 N_c 为 100 时，上述两种推算值相差 23.78%。足见当 N_c 足够大时（>40），用何种方法进行推算，就有选择的余地了。

表 2-8　用不同的方法估算正烷烃的偏心因子

N_c	实验值	估算法			
		Magoulas 等	Kontogeorgis 等	Han 等	Constantinou 等
18	0.812	0.8121	0.8116	0.8178	0.8058
20	0.891	0.8951	0.8891	0.8917	0.8862
22	0.962	0.9626	0.9657	0.9631	0.9649
24	—	1.0389	1.0416	1.0320	1.0417
28	—	1.195	1.1916	1.1634	1.1901
40	—	1.6842	1.6295	1.5168	1.5979
60	—	2.583	2.3311	2.0114	2.1782
100	—	3.615	3.6683	2.7958	3.0966

【例 2-8】 试用 Han 和 Peng 的基团贡献法估算 n-$C_{10}H_{22}$、n-$C_{12}H_{26}$、n-$C_{14}H_{30}$和 n-$C_{16}H_{34}$的 ω，并和手册值进行比较。

解　按式(2-47)，计算 n-$C_{10}H_{22}$的 ω

$$\omega=0.004423[\ln(3.3063+3.4381\times10)]^{3.651}=0.489$$

按上述算式，N_c 分别用 12、14 和 16 代入，可得出 n-$C_{12}H_{26}$、n-$C_{14}H_{30}$和 n-$C_{16}H_{34}$的 ω 值，并都列在表 2-9 之中，表内还列出从两种手册中查得的手册值，以资比较。从表知，除 n-$C_{12}H_{26}$外，其余 3 个化合物的 ω 值与手册值很接近，或估算值落在两个手册值之间。但 n-$C_{12}H_{26}$的 ω 估算值和手册 1 的数值也很接近，由此可见，Han 和 Peng 法在正烷烃 ω 估算中还是有一定精度的。在表中列出了若干正烷烃的偏心因子估算值。

表 2-9　例 2-8 估算结果对比

	式(2-47)的估算值	手册 1❶	手册 2❷
n-$C_{10}H_{22}$	0.489	0.490	0.490
n-$C_{12}H_{26}$	0.577	0.576	0.562
n-$C_{14}H_{30}$	0.661	0.644	0.679
n-$C_{16}H_{34}$	0.741	0.718	0.742

❶ 见本书第 18 页❶.

❷ 青岛化工学院等组织编写. 化学化工物性数据手册（有机卷）. 北京：化学工业出版社，2002：157.

2.4 液体的 *p-V-T* 关系

2.4.1 Rackett 方程式[1]

用立方型状态方程计算液体的摩尔体积，其精确度并不高。饱和液体的摩尔体积 V^{SL} 可用普遍化方程计算，常用的是 Rackett 方程

$$V^{SL}=V_c Z_c^{(1-T_r)^{0.2857}} \tag{2-49}$$

式中，Z_c 为临界压缩因子。只要有临界参数，就可求出不同温度下的 V^{SL}，对大多数物质，其误差约在 2%以下，最大误差可达 7%。

经 Yamada 和 Gunn[2] 改进的 Rackett 方程，其形式简单，可用来计算非极性化合物的饱和液体体积，误差一般在 1.0%左右。此方程表达为

$$V^{SL}=V^R[Z_{cr}\exp\phi(T_r,T_r^R)] \tag{2-50}$$

式中

$$Z_{cr}=0.29056-0.08775\omega \tag{2-51}$$

$$\phi(T_r,T_r^R)=(1-T_r)^{2/7}-(1-T_r^R)^{2/7} \tag{2-52}$$

V^R 是参比对比温度 T_r^R 时液体的摩尔体积。可以选择任何温度为参比温度，条件是必须知道该温度下此物质的摩尔体积。但此方程式不宜用于极性物质。

2.4.2 Yen-Woods 关系式

Yen-Woods[3] 在 Martin 方程式的基础上作了简化，提出了式(2-53)，用来估算物质的饱和液体密度，温度可接近临界点。该式可表达为

$$\frac{\rho^{SL}}{\rho_c}=1+K_1(1-T_r)^{1/3}+K_2(1-T_r)^{2/3}+K_4(1-T_r)^{4/3} \tag{2-53}$$

式中，ρ^{SL} 和 ρ_c 分别为饱和液体密度和临界密度；$K_j(j=1,2)$ 为 Z_c 的函数，即

$$K_j=a+bZ_c+cZ_c^2+dZ_c^3 \tag{2-54}$$

Yen 和 Woods 经分析研究，给出了式(2-53) 中 4 个系数的计算方法。当 $j=1\sim2$ 时，表 2-10 中列出系数 a、b、c 和 d 的值。对于 K_4，则可用式(2-55) 计算，即

$$K_4=0.93-K_2 \tag{2-55}$$

表 2-10 式(2-54) 中的 *a*、*b*、*c* 和 *d* 值

K_j	a	b	c	d
$K_1(Z_c=0.21\sim0.29)$	17.4425	−214.578	989.625	−1522.06
$K_2(Z_c\leqslant0.26)$	−3.28257	13.6377	107.4844	−384.201
$K_2(Z_c>0.26)$	60.2091	−402.063	501.0	641.0

Yen 和 Woods 用式(2-53)～式(2-55) 计算了 62 种物质的饱和液体摩尔体积，共计 693 点，Z_c 的区间为 0.21～0.29，计算值与文献值的误差在 2.1%以内。

2.4.3 Lydersen，Greenkorn 和 Hougen 对应态法

Lydersen 等提出一个基于对应状态原理的普遍化计算方法。如同两参数的气体压缩因子法一样，它可用于任何液体。此处对比密度是对比温度和对比压力的函数。液体对比密度的定义为

---

[1] Rackett H G.. J. Chem. Eng. Data，1970，15：514.

[2] Yamada T，Gunn R D. J. Chem. Eng. Data，1973，18：234.

[3] Yen L C，Woods S S. AIChE J，1966，12 (1)：95.

$$\rho_r=\frac{\rho^L}{\rho_c}=\frac{V_c}{V^L} \tag{2-56}$$

式中，ρ_c 和 V_c 是临界点的密度和体积。

液体的普遍化关联如图 2-11 所示。根据给定条件和已知临界体积，就可用图 2-11 和式(2-56) 直接确定体积。通常，因 $V_c(\rho_c)$ 实验数据误差较大，为此，宜根据式(2-56) 导出另一消去 V_c 的方程式(2-57)，求出液体的摩尔体积

$$V_2^L=V_1^L\frac{\rho_{r1}}{\rho_{r2}} \tag{2-57}$$

式中，V_2^L 为需要计算的液体体积；V_1^L 为已知的液体体积；ρ_{r1} 和 ρ_{r2} 是根据状态 1 和 2 从图 2-11 查得的对比密度。

此方法所需的数据容易得到，计算的结果也相当精确。由图 2-11 可见，在接近临界点时，温度和压力对液体体积的影响大大加剧，相应的计算精度也会降低。Lydersen 等把 ρ_r 看做是 T_r、p_r 和 Z_c 的函数，已将其制成表格备用[1]。

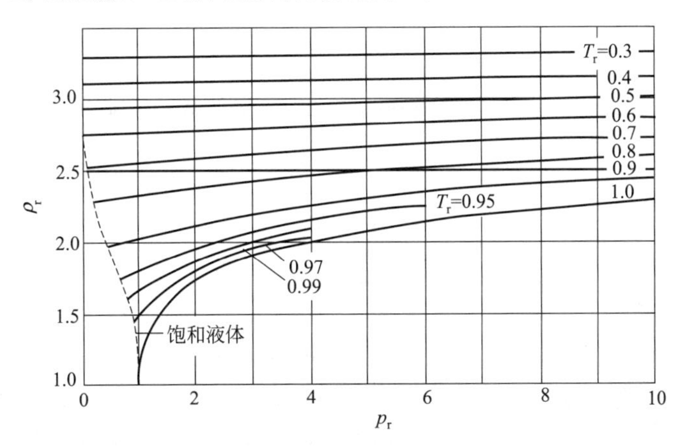

图 2-11 液体的普遍化关联

【例 2-9】 (1) 试估算 310K 饱和液态氨的千摩尔体积，已知实验值为 0.02914m³ · kmol⁻¹；(2) 估算 310K、10MPa 液态氨的千摩尔体积，已知实验值为 0.0286m³ · kmol⁻¹。

解 由附表 1 查得氨的 $T_c=405.6$，$p_c=11.28\text{MPa}$，$V_c=72.5\times10^{-6}\text{m}^3\cdot\text{mol}^{-1}$，$Z_c=0.242$。

(1) 用 Rackett 方程，先求出 $T_r=\frac{310}{405.6}=0.7643$

$$V^{SL}=V_cZ_c^{(1-T_r)^{0.2857}}=72.5(0.242)^{0.2357^{0.2857}}=28.35\times10^{-6}\text{m}^3\cdot\text{mol}^{-1}$$
$$=0.02835\text{m}^3\cdot\text{kmol}^{-1}$$

与实验值相比，误差为 2.7%。

(2) $T_r=0.764$，$p_r=\frac{10}{11.28}=0.887$

从图 2-11 可查到 $\rho_r=2.38$，将 V_c 值代入式(2-57)，可得

$$V^L=\frac{V_c}{\rho_r}=\frac{72.5}{2.38}=30.5\times10^{-6}\text{m}^3\cdot\text{mol}^{-1}=0.0305\text{m}^3\cdot\text{kmol}^{-1}$$

与实验值相比，误差为 6.6%。

[1] Reid R C，Sherwood T K．The Properties of Gases and Liquids．2nd ed．NewYork：1958，pp90～92，Table3-6.

如果利用饱和液体在 310K 的实验值 $0.02914m^3 \cdot kmol^{-1}$，则可用式(2-57) 求出摩尔体积。从图 2-11 查得饱和液体在 $T_r=0.764$ 时的 $\rho_{r1}=2.34$，将上述已知数值代入式(2-57)，可得

$$V_2^L=V_1^L\frac{\rho_{r1}}{\rho_{r2}}=0.02914\times\frac{2.34}{2.38}=0.02856m^3 \cdot kmol^{-1}$$

此结果与实验值基本相符。

*2.4.4 基团贡献法

2.4.4.1 Bondi 和 Simkin 法[1]

某些大分子化合物，在没有达到临界点以前，已经分解，这类的热敏性物质是不少的。由于缺乏临界数据，就很难用以上介绍的方法估算液体的摩尔体积。Bondi 和 Simkin 采用另一种参数来代替临界常数，并定义了新的对比密度 ρ_r^*

$$\rho_r^*=\frac{V^*}{V^L} \tag{2-58}$$

式中，V^* 由原子的键长（bond distance）和 van der Waals 半径计算得出。新的对比温度由式(2-59) 定义

$$T_r^*=\frac{T}{T^*} \tag{2-59}$$

式中

$$T^*=\frac{E^0}{3cR} \tag{2-59a}$$

E^0 是 $V_r^*=1.70$ 时的蒸发内能，$3c$ 是每个分子的外自由度。E^0 也可由基团贡献法估算得出。此法虽有一定的理论基础，但通常却将其用在已知一个条件下的实验数据，求算另一条件下的液体体积或密度。先由表 2-11 按基团贡献求得 V^*，由已知温度条件下的液体密度值，按式(2-58) 求得 ρ_r^*，按式(2-60) 求得 T_r^*，然后由式(2-59) 求得 T^*。获知 T^* 后，可依次求出新条件下的 T_r^*、ρ_r^*，最后由 ρ_r^* 和 V^* 从式(2-58) 求出液体体积

$$\rho_r^*=0.726-0.249T_r^*-0.019T_r^{*2} \tag{2-60}$$

2.4.4.2 Constantinou、Gani 和 O'Connell 法

在 2.3.6.2 中已提及此法，可以用来估算正烷烃的偏心因子。其实此法不仅可以估算有机化合物的偏心因子，而且可以计算 298K 时液体的摩尔体积。运用一阶基团和二阶基团的贡献值（分别见附表 9 和附表 10，此两表列在附录一中），按以下方程可分别估算出有机化合物的偏心因子和液体摩尔体积

$$\exp\left(\frac{\omega}{a}\right)^b-c=\sum_i N_i\omega_{1i}+A\sum_j M_j\omega_{2j} \tag{2-61}$$

$$V^L-d=\sum_i N_i\nu_{1i}+A\sum_j M_j\nu_{2j} \tag{2-62}$$

式中，a、b、c 和 d 为通用常数，分别为 0.4085、0.5050、1.1507 和 0.01211；ω_{1i} 和 ω_{2j} 分别为偏心因子的一阶基团和二阶基团贡献值；N_i、M_j 分别为在一个化合物中出现的一阶基团数和二阶基团数目；ν_{1i} 和 ν_{2j} 分别为液体摩尔体积的一阶基团和二阶基团贡献值；

[1] Bondi A，Simkin D J. AIChE J.，1960，6：191.

表 2-11　计算 V^* 的贡献量

基团,原子,环	贡献量/$cm^3 \cdot mol^{-1}$
$-\overset{\vert}{\underset{\vert}{C}}-$	3.33
$-\overset{\vert}{\underset{\vert}{C}}H$	6.78
$-\overset{\vert}{C}H_2$	10.23
$-CH_3$	13.67
CH_4	17.12
芳香族基团	
$\gg CH$（芳环）	8.06
$\gg C-$（芳环）	5.54
$\gg C-$（缩合）	4.74
不饱和的基团	
$=C<$	5.01
$=C\lt^{}_{H}$	847
$=CH_2$	11.94
$\equiv C-$	6.87
$\equiv C-H$	10.42
$\equiv C-$（在双炔中）	6.65
醚分子中的氧基(与碳相连)	5.20
羟基(与碳相连)	8.04[①]
羰基 $-\overset{\vert}{C}=O$（与碳相连）	11.70
脂肪伯氨基$-NH_2$(与碳相连)	10.54
脂肪仲氨基 $>NH$（与碳相连）	8.08

基团,原子,环	贡献量/$cm^3 \cdot mol^{-1}$
脂肪叔氨基 $-\overset{\vert}{\underset{\vert}{N}}$（与碳相连）	4.33
腈基 $-C\equiv N$（与碳相连）	14.70
硝基$-NO_2$(与碳相连)	16.8
硫醚分子中的硫基$-S-$(与碳相连)	10.8
硫醇基$-SH$(与碳相连)	14.8
氟	
与一级烷烃相连	5.72
与二级、三级烷烃相连	6.20
在全氟代烷烃中	6.00
与苯环相连	5.80
氯	
与一级烷烃相连	11.62
与二级、三级烷烃或多氯烷烃相连	12.24
与乙烯基相连	11.65
与苯基相连	12.0
溴	
与一级烷烃相连	14.40
与二级、三级烷烃或多溴烷烃相连	14.60
与苯基相连	15.12
碘	
与一级烷烃相连	19.18
与二级、三级烷烃或多碘烷烃相连	20.35
与苯基相连	19.64
呋喃环	37.50
吡啶环	46.18
吡咯环	39.76
咔唑环	93.10

注：① 对于典型氢键系统的 $O\cdots H=2.78$，对每一个氢键应减去 $1.05cm^3 \cdot mol^{-1}$。

A 为一常数，用来区别是否有第二水平估算（second level estimation）出现，若一阶基团和二阶基团的贡献全部采用，则 $A=1$，若只用一阶基团的贡献值，则 $A=0$。由此可见，式(2-48) 乃是式(2-61) 的一个特例。前式中 $A=0$，意味着只应用一阶基团。因为正烷烃中只涉及 CH_3-和 CH_2-基团，故 ω_{1i}分别为 0.29602 和 0.14691。由此可见，为什么说，式(2-48) 只能用于正烷烃的原因。

Constantinou 等对许多数据点进行了验算，比较了一阶和二阶近似计算的结果（见表 2-12）。

表 2-12　一阶和二阶近似计算的比较

参数 X	数据点数	标准偏差		AAD		$AARD$	
		一阶	二阶	一阶	二阶	一阶	二阶
ω	181	0.0291	0.0150	0.0160	0.0100	4.71%	3.00%
V^L	312	$0.00236m^3\cdot kmol^{-1}$	$0.00192m^3\cdot kmol^{-1}$	$0.00139m^3\cdot kmol^{-1}$	$0.00105m^3\cdot kmol^{-1}$	1.16%	0.89%

注：标准偏差$=[\sum(X_{est}-X_{exp})^2/N]^{1/2}$。

表 2-13　不同类型化合物的 AARD

化合物类型	偏心因子		液体摩尔体积/$m^3\cdot kmol^{-1}$	
	数据数目	$AARD$/%	数据数目	$AARD$/%
烃类(C,H)	114	2.5	134	0.7
醇、醛、酮、酸和酯(C,H,O)	36	3.6	108	0.8
胺、酰胺(C,H,O,N)	12	4.4	27	1.4
硫醇、硫代烷烃(C,H,S)	2	1.0	8	1.5
卤代有机物(C,H,X)	17	4.2	35	0.4

表 2-14　298K 时无定形聚合物液体摩尔体积的推算值与实验值的比较

聚　合　物	实验值/$g\cdot cm^{-3}$	Constantinou 等法		Elbro 等法	
		$g\cdot cm^{-3}$	误差/%	$g\cdot cm^{-3}$	误差/%
聚乙烯	0.855	0.853	0.2	0.855*	0
聚丙烯	0.850	0.846	0.5	0.864	−1.7
聚丁烯	0.860	0.848	1.4	0.862	−0.3
聚戊烯	0.850	0.849	0.1	0.861	−1.3
聚己烯	0.860	0.850	1.2	0.861	−0.1
聚异丁烯	0.860	0.863	−0.3	0.864	−0.4
聚(5-苯基戊烯)	1.050	1.033	1.6	1.038	1.1
聚丙烯酸甲酯	1.220	1.249	−2.4	1.205	1.2
聚丙烯酸乙酯	1.120	1.173	−4.7	1.140	−1.8
聚丙烯酸丁酯	1.053	1.065	−1.1	1.078	−2.4
聚丙烯酸己酯	1.007	1.023	−1.6	1.034	−2.7
聚(丙烯酸 2-乙基丁酯)	1.040	1.009	2.9	1.037	0.3
聚(丙烯酸 1-甲基戊酯)	1.013	1.021	−0.8	1.037	−2.4
聚甲基丙烯酸辛酯	0.971	0.997	−2.6	1.005	−3.5
聚甲基丙烯酸癸酯	0.929	0.960	−3.3	0.968	−4.2
聚(丙酸乙烯酯)	1.020	1.171	−14.8	1.221	−19.7
聚(异丙基乙烯基醚)	0.924	0.917	0.7	0.925	−0.1
聚(丁基乙烯基醚)	0.927	0.947	−2.1	0.960	−3.5
聚(sec-丁基乙烯基醚)	0.924	0.907	1.8	0.915	1.0
聚(异丁基乙烯基醚)	0.930	0.931	−0.1	0.964	−3.7
聚(戊基乙烯基醚)	0.918	0.934	−1.7	0.946	−3.0
聚(己基乙烯基醚)	0.925	0.925	0.0	0.935	−1.1
聚(辛基乙烯基醚)	0.914	0.911	0.3	0.920	−0.7
聚(2-乙基己基乙烯基醚)	0.904	0.903	0.1	0.922	−2.0
总平均偏差			1.93		2.42

注：此表是拟合值，非推算值。

表注中 N 是实验数据数目，下标 est 和 exp 分别代表估算值和实验值。从各种类型化合物的估算结果可见，二阶近似明显优于一阶近似。至于不同类型化合物的估算偏差见表 2-13。由该表知，X（卤素）、胺和酰胺的 ω 的 $AARD$（%）最大，硫醇和硫代烷烃的液体摩尔体积的 $AARD$（%）最大。但总的来说，能符合工程计算的需要。

Constantinou 等还用他们所提出的方法推算了无定形聚合物在 298K 时的液体摩尔体积。表 2-14 的结果表明，在给定的条件下，Constantinou 等法与 Elbro 等法[1]的计算值和实验值进行了比较。Constantinou 等法具有更小的误差。

从以上三表中所列结果充分显示出此估算偏心因子和液体摩尔体积的新基团贡献法的优点，使用范围广（化合物类型多），估算值和实验值也较接近，很具工程应用价值。虽然所得结果是在 298K 下的 V^L，但以此为基础，再用 Lydersen 等的对应状态法，可以得出其他温度下的液体摩尔体积的数值。

2.5 真实气体混合物

在化工计算中，经常遇到多组分的真实气体混合物，例如在基本有机合成工艺和合成氨工艺中碰到的物系。至于石油炼制与石油化工中，气体组分数会更多。真实气体混合物的非理想性由两个原因所致：一是气体纯组分的非理想性，二是由于混合引起的非理想性。目前虽然已经有了一些纯态物质的 p-V-T 数据，但混合物的实验数据很少，要从手册或文献中找到人们需要的数据更难。为此，必须求助于关联的方法，采用从纯物质的 p-V-T 关系预测混合物的性质。对于气体，通常采用的关联方法，将混合物视为虚拟的纯态物质，用虚拟的特征参数，或称混合物的参数进行表征。把虚拟参数代入一定形式的 p-V-T 关系式中就能得到混合物的 p-V-T 关系。如 RK 方程中的 a_m 和 b_m，普遍化关系式中的临界参数 T_{cm}、p_{cm}、V_{cm}和 ω_m（分别称为混合物的临界温度、压力、摩尔体积和偏心因子）都是虚拟的特征参数。因此，关键问题在于如何从纯物质的参数求出这些混合物的虚拟特征参数。

2.5.1 混合规则和组合规则

混合规则（mixing rule）为混合物的虚拟参数 M_m 与纯物质参数 M_i 以及组分之间的关系式

$$M_m = f(M_i, y_j)$$

一旦有了混合规则，便可根据纯物质的参数以及组成求出混合物的虚拟参数。

目前已有许多混合规则，其中最简单的是 Kay 规则。它将混合物的虚拟临界参数视为纯组分临界常数和其摩尔分数乘积之总和，即

$$M_m = \sum_i y_i M_i$$

$$T_{cm} = \sum_i y_i T_{ci} \tag{2-63}$$

$$p_{cm} = \sum_i y_i p_{ci} \tag{2-64}$$

这种混合规则很简单，是复杂混合规则中的一种特例。

[1] Elbro H S, Fredeuslund Aa, and Rasmussen P, Ind. Eng. Chem. Res., 1991, 30: 2576.

混合规则种类繁多，配合各异，但发现在混合规则中还涉及组分间的交叉参数 Q_{ij}（由 i 组分与 j 组分组成二元系)。由纯组分参数来估算交叉参数的规律称为组合规则（combining rule)。在顺利解决混合规则前，首先要把组合规则解决好。所幸的是，组合规则的使用有一定的规律。一般可分为以下三种情况。

（1）对分子直径 σ 而言，常采用算术平均，即

$$Q_{ij}=(Q_i+Q_j)/2 \text{(算术平均)}$$

相应的混合规则为

$$Q_m=\sum y_i Q_i \quad \text{(线性)} \quad \text{(Kay 规则)} \tag{2-65}$$

式中，Q_{ij} 指交叉参数；Q_m 指混合物的参数。

（2）对相互作用能 a 和临界温度 T_c 而言，常采用几何平均，即

$$Q_{ij}=(Q_i Q_j)^{1/2}$$

相应的混合规则为

$$Q_m=\sum_i \sum_j y_i y_j Q_{ij} \text{(二次型)} \tag{2-66}$$

（3）对体积（如临界体积）而言，常采用

$$Q_{ij}^{1/3}=\frac{(Q_i^{1/3}+Q_j^{1/3})^3}{2}$$

相应的混合规则为

$$Q_m=\frac{1}{8}\sum_i \sum_j (Q_i^{1/3}+Q_j^{1/3})^3 \text{(Lorentz 型)} \tag{2-67}$$

式(2-65)～式(2-67) 不但可以用于虚拟临界参数，还可用于 ω、Z 和分子量以及状态方程中参数等的计算。

2.5.2 Amagat 定律和普遍化压缩因子图联用

假设 Amagat 定律适用于真实气体混合物，则气体混合物的体积 V_m 应为各组分分别在混合物的温度和总压力下测得体积 V_i 之和

$$V_m=\sum_i V_i=\frac{Z_m nRT}{p} \tag{2-68}$$

式中，Z_m 为混合物的压缩因子；V_i 为纯组分体积。

$$V_i=\frac{Z_i n_i RT}{p} \tag{2-69}$$

将式(2-69) 代入式(2-68) 得

$$Z_m=\sum_i y_i Z_i \tag{2-70}$$

式中，Z_i 是 i 组分在混合物的总压力和温度下的压缩因子。式(2-70) 的压力应用范围较广，其上限可达 30MPa 以上，但此法用于极性气体混合物计算时，精确度很低。

【例 2-10】 某合成氨厂原料气的配比是 $N_2:H_2=1:3$（摩尔比），进合成塔前，先把混合气压缩到 40.532MPa（400atm），并加热到 300℃。因混合气体的摩尔体积是合成塔规格设计的必要数据，试用下列方法计算。已知文献值 $Z_m=1.1155$。(1) 用理想气体方程；(2) Amagat 定律和普遍化 Z 图联用；(3) 用虚拟临界参数（Kay 规则）计算。

解 由附表 1 查出氢和氮的临界常数。

(1) 理想气体方程

$$V_m=\frac{RT}{p}=\frac{(8.314\times10^3)\times(300+273.2)}{40.532\times10^6}=0.1176\mathrm{m^3\cdot kmol^{-1}}$$

(2) 用 Amagat 定律和普遍化 Z 图 由临界常数求出氢和氮的 T_r 和 p_r

$$H_2: T_r=\frac{573.2}{33.2+8}=13.91,\qquad p_r=\frac{40.532}{1.3+0.8106}=19.20$$

$$N_2: T_r=\frac{573.2}{126.2}=4.54,\qquad p_r=\frac{40.532}{3.39}=11.96$$

由图 2-4(c) 查得

$$Z_{H_2}=1.15, Z_{N_2}=1.20$$

按式(2-70) 求混合气体的压缩因子 Z_m

$$Z_m=1.15\times0.75+1.20\times0.25=1.163$$

$$V_m=\frac{Z_mRT}{p}=\frac{1.163\times8.314\times10^3\times573.2}{40.532\times10^6}=0.1367\mathrm{m^3\cdot kmol^{-1}}$$

(3) 用 Kay 法求虚拟临界参数

$$T_{cm}=0.75\times(33.2+8)+0.25\times126=62.5\mathrm{K}$$

$$p_{cm}=0.75\times(1.3+0.816)+0.25\times3.39=2.430\mathrm{MPa}$$

$$T_{rm}=\frac{573.2}{62.5}=9.17$$

$$p_{rm}=\frac{40.532}{2.432}=16.7$$

由图 2-4(c) 查得

$$V_m=\frac{Z_mRT}{p}=\frac{1.17\times8.314\times10^3\times573.2}{40.532\times10^6}=0.1376\mathrm{m^3\cdot kmol^{-1}}$$

将上述结果列表 2-15 进行比较。

表 2-15 例 2-10 计算结果对比

计算方法	Z_m	摩尔体积 /$\mathrm{m^3\cdot kmol^{-1}}$	误差 /%	计算方法	Z_m	摩尔体积 /$\mathrm{m^3\cdot kmol^{-1}}$	误差 /%
文献值	1.155	0.1358	—	Amagat 定律和 Z 图	1.163	0.1367	+0.66
理想气体方程	1.000	0.1176	−13.40	虚拟临界参数法和 Z 图	1.170	0.1376	+1.33

由本例的计算结果可知，以 Amagat 定律与 Z 图联用的计算方法结果最佳，其次是虚拟临界参数法与 Z 图联用方法。此两种方法的 Z 值都是从两参数图中查得，若应用三参数法，可能会提高精确度。此例的 T_r、p_r 值超出了三参数 Z 图的范围，所以对含氢混合气的计算，往往需用温度和压力范围更为广泛的普遍化图。

2.5.3 混合物的状态方程式

由于真实气体分子间的相互作用非常复杂，因此在真实气体状态方程式中，这种分子间的相互作用通过不同的参数予以体现。状态方程式应用于气体混合物时，要求混合物的参数，需要知道组成与这些参数之间的关系。除维里方程式外，大多数状态方程至今尚难从理论上来建立这种关系式(混合规则)。目前主要依靠经验或半经验的混合规则。在状态方程使用时，要注意其混合规则的配套关系。

2.5.3.1　维里方程

用维里方程或第二维里系数关系式计算真实气体的 p-V-T 关系时，也是把混合物虚拟作为纯气体，采用混合维里系数 B_m 后，再按纯气体的方法进行计算。混合第二维里系数 B_m 与组成的关系为

$$B_m = \sum_i \sum_j (y_i y_j B_{ij}) \tag{2-71}$$

式中，下标 i 和 j 分别代表混合物中的两种组分；y_i 为气体混合物的摩尔分数；总和符号计及所有可能的双分子之间的效应。对于二元混合物，$i=1$、2 和 $j=1$、2，式(2-71) 可展开为

$$B_m = y_1^2 B_{11} + 2y_1 y_2 B_{12} + y_2^2 B_{22} \tag{2-71a}$$

Pitzer 等提出的式(2-29) 已由 Prausnitz 等推广应用到混合物，他们将式(2-29) 改写为

$$B_{ij} = \frac{RT_{cij}}{p_{cij}}(B^0 + \omega_{ij} B^1) \tag{2-72}$$

式中，B^0 与 B^1 可由式(2-31a) 和式(2-31b) 求出，它们仅是温度的函数。式(2-71a) 中的交叉参数 B_{12} 可用式(2-72) 求得。Prausnitz 等提出用式(2-72a)～式(2-72e) 分别来计算 T_{cij}、V_{cij}、Z_{cij}、ω_{ij}、p_{cij}，

$$T_{cij} = (T_{ci} T_{cj})^{1/2}(1-k_{ij}) \tag{2-72a}$$

$$V_{cij} = \left(\frac{V_{ci}^{1/3} + V_{cj}^{1/3}}{2}\right)^3 \tag{2-72b}$$

$$Z_{cij} = \frac{Z_{ci} + Z_{cj}}{2} \tag{2-72c}$$

$$\omega_{ij} = \frac{\omega_i + \omega_j}{2} \tag{2-72d}$$

$$p_{cij} = \frac{Z_{cij} RT_{cij}}{V_{cij}} \tag{2-72e}$$

式(2-72a) 中的 k_{ij} 称二元相互作用参数。它代表对 T_{cij} 几何平均值的偏差，表征组分 i 和 j 之间的相互作用，其值应由实验求出，在 0.01～0.2 之间。在近似计算中，k_{ij} 可取为 0。当 $i=j$ 时，上述方程都简化成纯物质的相应值；当 $i \neq j$ 时，则由式(2-72a)～式(2-72e) 求出混合物的参数。当由式(2-72) 求 B_{ij} 时，计算 B^0 和 B^1 的对比温度要用 T/T_{cij}。求得 B_{ij} 后，再代入式(2-71a) 或式(2-71)，求出 B_m。混合物的压缩因子用式(2-7) 求得

$$Z_m \approx 1 + \frac{B_m p}{RT} \tag{2-7}$$

2.5.3.2　RK 方程

RK 方程即式(2-10) 用于混合物，可写成

$$p = \frac{RT}{V_m - b_m} - \frac{a_m}{T^{1/2} V_m (V_m + b_m)} \tag{2-10}$$

式中，a_m 和 b_m 为混合物的参数，可用如下经验的混合规则求得

$$b_m = \sum_i y_i b_i \tag{2-73a}$$

$$a_m = \sum_i \sum_j (y_i y_j a_{ij}) \tag{2-73b}$$

式中，b_i 是纯组分的常数，b_m 一般不用交叉系数，a_m 既包括 a 的纯组分系数（具有相

同下标)，也包括交叉系数（具有不同下标）。这些都可视为常数。b_i 与 a_{ij} 的计算如下

$$b_i = \frac{0.08664RT_{ci}}{p_{ci}} \tag{2-74a}$$

$$a_{ij} = \frac{0.42748R^2T_{cij}^{2.5}}{p_{cij}} \tag{2-74b}$$

式中，T_{cij} 与 p_{cij} 用式(2-72a)～式(2-72e) 诸式计算。求出 a_m 和 b_m 后就可以用式(2-20a)、式(2-20b) 或式(2-20c)、式(2-20d) 进行迭代计算。

在此，只是将 RK 方程作为例子，其他立方型状态方程也能按类似方法用于真实气体混合物的 p-V-T 计算。

*2.6 立方型状态方程的剖析

vdW 方程是立方型方程的奠基式，一个多世纪以来，很多学者对其进行修正和改进，故立方型方程研究广为开展。由于此类方程在工程应用中具有广泛性、简捷性，全面而拓展的计算能力以及坚实的基础底蕴，各种立方型方程的开发和应用始终是化工热力学研究中的一个热点，无论初学或资深的研究人员都对此备加关注。为此，本节试图对这类方程作些剖析，以便加深认识，提高应用的质量。

2.6.1 vdW 方程的合理化分析

众所周知，早在一百余年前，vdW 方程已经问世，van der Waals 提出的方程原型为

$$Z = \frac{1}{1-b\rho} - \frac{a\rho}{RT} \tag{2-9b}$$

式中，Z 是压缩因子，若当 ρ 趋向于零时，则 $Z\rightarrow 1$，说明理想气体定律为式(2-9b) 的极限条件。要体现出 ρ 趋向于零，其实施的条件应是高温低压，此时流体分子间的斥力占主导地位。因此，把式(2-9b) 右边第一项视为斥力的贡献。van der Waals 还把参数 b 看作流体密度的函数。至于式(2-9b) 中的右边第二项则是分子间引力的贡献。据此，Abbott[1] 把 vdW 方程写出三种不同的形式，即

$$Z = Z_R + Z_A \tag{2-75a}$$

$$Z = Z_{HP} + Z_E \tag{2-75b}$$

$$Z = Z_0 + \Delta Z \tag{2-75c}$$

在式(2-75a) 中，Z_R 和 Z_A 分别代表斥力和引力的贡献，在此引入了一个在分子模型化（molecular modeling）中常用的假设，事实上分子间相互作用的模式是有区分的。这一重要的假设构成了“普遍化”vdW 理论（“generalized” van der Waals theory）的基础之一。

式(2-75b) 和式(2-75c) 在形式上颇为相似，且在应用中也不易区别。当研究时，若该状态方程以某一参考态的截断展开形式出现，并以硬粒子模型作参考态（以 Z_{HP} 表征）时，则可用式(2-75b)；当以很高温度的假想物理态作参考态（以 Z_0 表征）时，则可用式(2-75c)。ΔZ 则为偏差项，因分子间存在引力和软斥力（soft repulsion）所导致。

具有工程应用价值的 EoS 常以压力为显函数的形式，以温度、密度和组成（混合物）为独立变量。因此，对纯物质而言，在 p-T 图上等容线的形状可用来提供 EoS 合理的函数形式。图 2-12 示出具有近似线性的等容线，则

[1] Abbott M M. Chem. Eng. Prog. 1989 (Feb): 25.

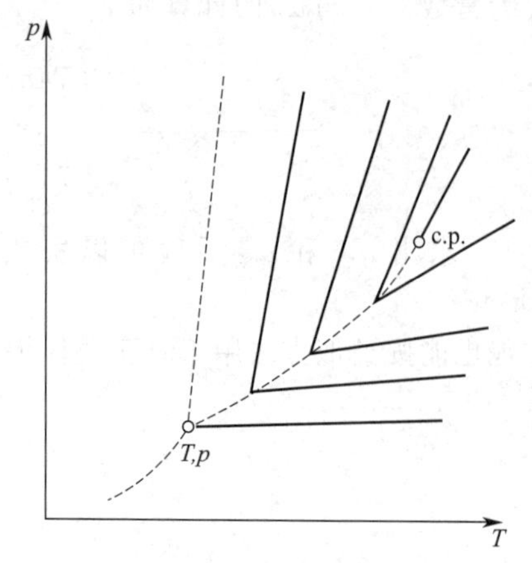

图 2-12　对于纯物质，具有近似线性等容线的 p-T 图

$$\left(\frac{\partial^2 p}{\partial T^2}\right)_V=0$$

积分两次后，得

$$p=Tf(V)+g(V) \tag{2-76}$$

或相应地可写为

$$Z=F(\rho)+G(\rho)/RT \tag{2-77}$$

式中，f、g、F 和 G 为体积和密度的函数。不论是式(2-76) 或式(2-77) 都给出了具有线性等容线的状态方程的通式。若用式(2-77) 作为考察的方程，并假想此方程可适用于液、汽两相，则认定

$$F(\rho)=Z_0\equiv\lim_{T\to\infty}Z \tag{2-78}$$

$G(\rho)$ 又当如何表达？设想可用密度的维里展开式来表达，所有的维里系数与温度 T 有关。$G(\rho)$ 可用最通常的形式来表达，即

$$G(\rho)=-\sum_{k=1}^{\infty}a_k\rho^k \tag{2-79}$$

其中一个最简单的特例是

$$G(\rho)=-a\rho \tag{2-79a}$$

将式(2-77)、式(2-78) 与式(2-79a) 合并后得

$$Z=Z_0-\frac{a\rho}{RT} \tag{2-80}$$

因

$$Z_0=\frac{1}{1-b\rho}$$

故式(2-80) 与式(2-9b) 全同，这就是 vdW 方程。由此可见，vdW 方程是可用于汽、液两相的最简单的状态方程，但处理液相时并不很成功，因真实流体的等容线并不是线性的，这就构成了 vdW 方程具有定量缺陷的一个主要原因。

Z-ρ 图的制作可用来阐明 EoS 的行为。图 2-13 示出了超临界氩的 Z_A-ρ 图。Z_A 由式(2-75a) 计算，即

$$Z_A=Z-Z_R$$

式中的 Z 可用 p-V-T 的实验数据得出。而，$Z_R=Z_0$，Z_0 可从 Carnahan-Starling 的硬球方程给出。在 Z_A 项中包含了吸引力和软斥力两者的贡献。

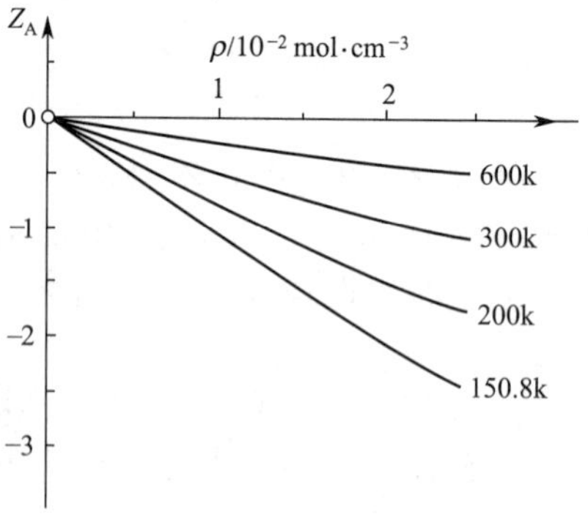

从图 2-13 可见，Z_A 呈负值；$|Z_A|$ 单调地随 ρ 增加而增长；$|Z_A|$ 单调地随 T 增加而减小。Z_A 最简明的单参数表达式为

$$Z_A=-\frac{a\rho}{RT} \tag{2-81}$$

图 2-13　超临界氩 Z 中的引力贡献 Z_A-ρ 图

这是 vdW 方程的“引力”项。据此式，Z_A 和 ρ 应呈线性关系，但是从图 2-13 知，实际却非如此，并不呈现严格的线性。其次，据此式，Z_A 不应是正值。这也不是一种严格的说法，因当 T 很高时，Z 可以比 Z_R 大一些，此时 Z_A 就呈正值。上面列出的第一个缺点，在高密度时显得更为突出，若要克服此缺点，则应改变 Z_A 与 ρ 的关系，用更变通的关系式来代替式(2-81)。至于第二个缺点，在工程应用中显得不太重要，可以允许 Z_R 中的分

子体积参数与 T 有关。在此情况下，Z_R 包含硬和软斥力的所有贡献。

流体分子占有的摩尔体积，以 V_m 表达；当虑及真实流体分子存在时，表观摩尔体积与理想气体摩尔体积 V 之间有差别，其值应为（$V-b$）。故

$$p(V-b)=RT \tag{2-82}$$

式中，$b=4V_m$，b 也称为排除体积（excluded volume）。p 为理想气体的压力。对于实际流体，其压力的测量值与流体分子和测量装置表面的碰撞有关。在装置表面附近，由于分子间相互作用力的不平衡，故有一净吸力向着主体相。因此，在式(2-82）中应该用 $p+\Delta p$ 代替 p，此处的 Δp 指压力的不足。Δp 应该和打击装置表面的分子数以及主体相中的分子数有关。换言之，Δp 近似地与摩尔密度的平方成比例，故式(2-82）可写为

$$\left(p+\frac{a}{V^2}\right)(V-b)=RT \tag{2-9}$$

这就是 vdW 方程式。从此说明了理想气体与真实气体相比，会出现体积过量（volume surfeit）和压力不足（pressure deficit）的情况。vdW 方程却能用最简单数学形式表达出上述现象。

式(2-8）是维里截断式，也可写成

$$Z\approx 1+B\rho+C\rho^2 \tag{2-83}$$

若压力很低，则以第二维里系数 B 为主，而形成第二维里截断式。图 2-14 示出了 B 与 T 间关系的定性描述。B 在低温时呈负值，随着 T 的增大，B 值也增加，在 Boyle 温度时，$B=0$。然后 B 在高温情况下也会有较小的正值，经过一个平坦的极大值，当温度达最高极限时，仍为正值。B 与 T 之间的关系可用三参数或四参数的展开式来表达。但最简单的表达式，是用状态方程参数 a 和 b 来表达，即

$$B(T)=b-\frac{a}{RT} \tag{2-84}$$

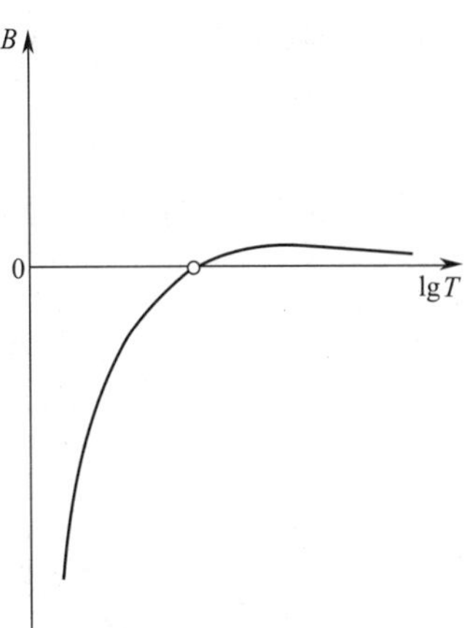

图 2-14　第二维里系数与 lg$T$ 间的定性关系

将式(2-84）代入式(2-83)，得

$$Z=1+(b-a/RT)\rho=(1+b\rho)-a\rho/RT \tag{2-85}$$

若比较式(2-85）和式(2-9b)，当

$$1+b\rho=1/(1-b\rho) \tag{2-86}$$

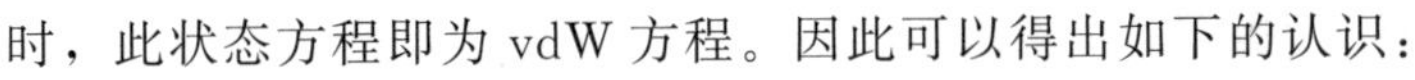

时，此状态方程即为 vdW 方程。因此可以得出如下的认识：

① p 值小时，即在低压下，可用 vdW 方程参数来描述第二维里系数和 T 间的关系，当流体的 ρ 值增加，$b^2\rho^2$ 不再是接近于零时，vdW 方程也就难以描述 B 和 T 间的关系，再一次说明 vdW 的应用范围和其局限性；

② 式(2-84）的表达形式很有意义，用第二维里系数 B 把参数 a、b 组合在一个方程中，这将在二元系的混合规则的讨论中显示出它的重要作用。

以上从实验（p-V-T 数据）和经典方法的角度出发，分析了 vdW 方程的合理性和局限性，当然还可从分子水平（通过正则系统配分函数的直接近似）来讨论该方程的合理程度。可以认为，vdW 方程在热力学的模型化中是个值得重视的范例，在其推导过程中，始终贯穿着运用简明的假设和容易鉴定的结果，旨在指明其可能改进的方向。Abbott 认为，vdW 方程的研究成果可用作开拓和改进 EoS 结构中某些问题的技术途径之一。由此可见，一方面，对于 vdW 方程的推导和分析，应视作一种方法论来介绍和学习；另一方面，也可体现出“温故知新”和“推陈出新”的潜力和效果。

2.6.2 RK 方程在工程应用中的进程

2.6.2.1 SRK 方程问世的问题

长期以来，认为 RK 方程是一个很好的两参数状态方程，在计算纯物质和混合物的容积性质和热性质时具有较高的准确度，但在多元汽液平衡计算时却遇到了困难，经常给出不理想的结果。Soave 分析有关情况后认为，难以用混合规则不完善来说明上述事实，而最重要的问题在于用 RK 方程计算纯物质的饱和蒸气压也不够准确，此时已不涉及混合规则的问题，关键出自方程本身的形式。Soave 认为根本的原因在于“表达温度影响”方面缺乏准确度，提出了采用 $\alpha(T)$ 代替 $a/T^{1/2}$。于是出现了式(2-17)和式(2-21)两种 SRK 方程的表达形式。当然也可写成另一种形式，即

$$Z^3-Z^2+Z(A-B-B^2)-AB=0 \tag{2-87}$$

式中

$$A=ap/R^2T^2 \tag{2-87a}$$

$$B=bp/RT \tag{2-87b}$$

对不同的烃类（用组分 i 表示），当用 $\alpha_i^{0.5}$ 对 $T_{ri}^{0.5}$ 作图，得到的几乎都是直线，而且所有的线都通过 $T_{ri}^{0.5}=\alpha_i^{0.5}=1$ 那一点（图 2-15）。若写出直线的方程，即为下式，这与式(2-17b)相同

$$\alpha_i^{0.5}=1+m_i(1-T_{ri}^{0.5})$$

式中斜率 m_i 应可与 ω_i 相联系。根据偏心因子的定义

$$(p_{ri}^{s})_{T_{ri}=0.7}=10^{-1-\omega_i}$$

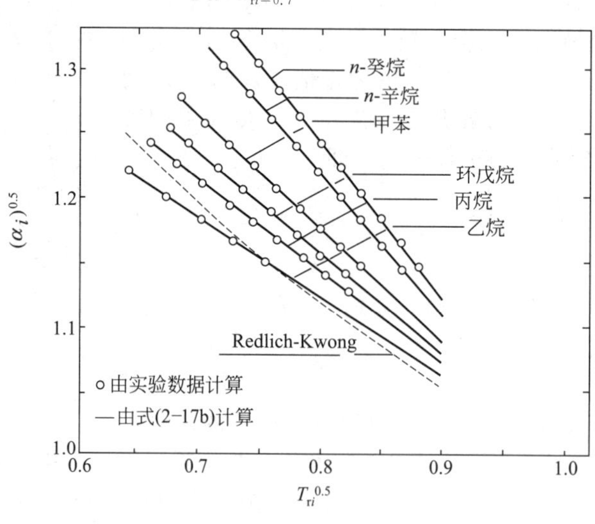

图 2-15 $\alpha_i^{0.5}$ 和 $T_{ri}^{0.5}$ 的关系

从每一组 $T_{ri}=0.7$ 和 $p_{ri}^{s}=10^{-1-\omega_i}$ 的数据，可得出相应的 $\alpha_i(0.7)$，此时 α_i 只和 ω_i 有关。根据式(2-17b)，当 $T_{ri}^{0.5}=0.7$ 和 $\alpha=\alpha_i(0.7)$ 时，则

$$m_i=\frac{\alpha_i^{0.5}(0.7)-1}{1-(0.7)^{0.5}} \tag{2-88}$$

既然 α_i 只和 ω_i 有关，从式(2-88)又表明了 m_i 只与 $\alpha_i^{0.5}(0.7)$ 有关，因此 m_i 也应是 ω_i 的函数。并证实了 m_i 与 ω_i 间的关系可由式(2-17c)表达。凭借式(2-17a)～式(2-17c)，再拥有该物质的临界参数和偏心因子，就可得出任何温度下的 $\alpha_i(T)$ 值。经过 Soave 的修正，RK 方程得到了很大的改进，即 SRK 方程在蒸气压和汽液平衡的计算中都有出色的效果，成为最佳的两参数立方型状态方程之一。表 2-16 中比较了用 RK 和 SRK 方程计算烃类蒸气

压的结果。从此看出 SRK 方程的改进十分显著，充分说明 Soave 的工作是卓有成效的。特别当化合物的 ω 增大时，RK 方程的计算偏差更大，无法在工程计算中应用。众所周知，纯物质的饱和蒸气压乃是一元系的汽液平衡，当 SRK 方程的计算获得成功后，又扩充到两元系的汽液平衡计算，效果也很显著，特别用在非极性化合物（CO_2 除外）构成的二元系汽液平衡计算中时，效果不错。至于含氢的二元系计算，准确度下降。以上分析阐明了 SRK 方程诞生的概况以及形成式(2-17) 等相关方程的过程。

表 2-16　蒸气压的计算结果比较

化合物	ω	均方根偏差/%		化合物	ω	均方根偏差/%	
		RK 方程	SRK 方程			RK 方程	SRK 方程
乙烯	0.087	20.1	2.0	甲苯	0.260	129.0	0.8
丙烯	0.144	23.1	0.7	正己烷	0.301	159.0	1.9
丙烷	0.152	28.8	2.0	正辛烷	0.402	268.0	2.1
异丁烷	0.185	52.4	2.4	正癸烷	0.488	402.0	1.0
环戊烷	0.195	66.0	0.8				

Soave 为 RK 方程构筑了一个有较为精细的温度函数 $\alpha(T_r)$，有人认为这是状态方程发展史上的一个重要的进展，使 SRK 方程的计算精度大为提高，应用范围有所扩大，成为第一个被工程界广泛接受和使用的现代立方型方程，甚至曾被看作相平衡计算的标准方法之一，它还是最先在计算机上编程运作的状态方程，且在从事烃加工的工厂设计中得到广泛应用。正是在 SRK 方程诞生后，相关的状态方程才纷纷涌现，至今已达近百个之多。还应指出的是，为状态方程选配一个合适的温度函数也非易事，Soave 的 $\alpha(T_r)$ 函数实际上是对 Wilson❶早先提出的函数形式，即

$$\alpha(T_r)=T_r(1+c_1T_r^{-1}) \tag{2-89}$$

进行改造的结果。

2.6.2.2　SRK 方程的修正

1972 年后，Soave 仍不遗余力对 SRK 方程进行改进，1993 年又发表了带有总结意义的论文❷。受 Soave 的启发，其他学者也投入相当多的精力对温度函数进行研究。这种研究大致上分为两个方面❸：一是改进 Soave 早先提出的温度函数形式，不仅改变函数的形式，还增加方程中的参数；二是在 EoS 中配上一个以上的温度函数，如 Adachi 等❹为他们的方程配备了 4 个温度函数。SRK 方程的后续发展和深化如下文所述。

（1）纯物质的蒸气压　虽然式(2-17b) 广泛用在立方型方程中，但该式也是个近似式，因为 $\alpha^{0.5}$ 与 $T_r^{0.5}$ 并非成为真正的直线。更有甚者，在较低的温度时，蒸气压的计算值对 α 的某些误差十分敏感。因此，随着温度的下降，蒸气压的计算值和实验值的偏差也随之而增大。除此之外，式(2-17b) 不能用在极性化合物上，特别是那些能够缔合的物质，如醇类等。

为了 SRK 方程能在较低的温度和含极性物质系统中得到应用，许多学者修正了 α 和 T_r 的关系式，如对极性物质，Soave❺提出采用式(2-90)，即

$$a=1+(1-T_r)(m+nT_r) \tag{2-90}$$

---

❶ Wilson G M. "VLE correlated by means of modified RKequation of state", Adv. Cryog. Eng. 1964, 9: 168.

❷ Soave G. Fluid Phase Equilib. 1993, 82: 29.

❸ 云志，包忠红，史美仁，时钧. 南京：南京化工大学学报，1998, 20: 105.

❹ Adachi Y, Sugle H, Lu B C-Y. Fluid Phase Equilib., 1986, 20: 119.

❺ Soave G. "Application of a cubic EoS to VLE of systems containing polar compounds," I Chem. E Symp. Series, No. 56, 1979: 1.2/1-1.2/6.

式中的 m 和 n 都是可调参数，必须从纯物质的饱和蒸气压数据拟合得到，这虽提高了计算的准确度，但降低了方程的推算性能，并且一定要有饱和蒸气压的数据，才能拟合得出 m 和 n。Soave[1] 介绍了拟合计算上述可调参数的方法。Soave[2] 又提出另一个形式，即

$$a=1+m(1-T_r)+n(1-T_r^{0.5})^2 \tag{2-91}$$

总之，只要有蒸气压的实验值，应用参数拟合的方法得出 m 和 n，供后续计算中应用。

（2）纯物质的容积性质　从不少计算结果知晓，用 SRK 方程计算液相密度的准确性较低，常比实验值低 10%～15%。这点不如 PR 方程，要克服此项缺陷，只有求助于应用第三参数，这样就不是两参数的立方型方程了。

有一种相当合适的建议，采用体积位移（volume transfer）的方法来修正 SRK 方程，这是由 Peneloux 和 Rauzy[3] 提出的。用 c 表达体积位移，则 SRK 方程就将写成

$$p=\frac{RT}{V+c-b}-\frac{a(T)}{(V+c)(V+c+b)} \tag{2-92}$$

采用体积位移来修正 SRK 方程，最突出的优点是参数 $a(T)$ 和 b 不需要变更，其影响只要对平衡相的逸度系数乘上一个共同因子，因此不会影响其比值，也不会影响汽液平衡常数。这样仍可用原来的 SRK 方程来计算汽液平衡，而用式(2-92) 来计算液相密度。

c 值与所研究的物质的名称有关，并设其为常数，可从饱和液体密度的实验值拟合得出，在 $T_r=0.8$ 以下，c 值随温度的变化甚微。因此实际上常用沸点时或 $T_r=0.7$ 的液体密度值来拟合出 c 值。对于非极性化合物，也可求得 c 与 ω 的关系式，从而由 ω 值来预测 c 值。

应该指出，虽然对每一温度可用 c 值的方法来得到饱和液体密度，从而将能给出重现性良好的临界密度，应该说，这是构筑状态方程的学者所梦寐以求的事。由于所得的临界等温线并不好，说明该法只在低温液体区有较好的计算功能，但在临界点左右的范围内却并不成功，这也是所有立方型方程的通病——难以准确计算近临界区范围中的物性。

2.6.2.3　SRK 方程的瞻望

Soave 指出，尽管高速计算机已较普及，有可能利用更复杂和更精确的状态方程，但是立方型方程，如 SRK 方程和其不同的修正形式尚未完成其使命。虽然立方型方程不十分精确，但它具有易解析、编排程序较简便、对计算机要求不高和容易调节等优点，所以仍是大学生、研究工作者和设计师们在热力学方面的一种多用途的工具（work-horse）。确实尚需进一步开发，旨在提高其预测能力。主要虑及的方面有以下几点。

（1）改善低温下饱和蒸气压的预测性。目前所用的 $\alpha(T_r)$ 表达式，一般在 1/100bar 以上才比较准确。可是重烃组分混合物的饱和蒸气压却远远低于此值。随着力求充分利用石油资源，超临界流体萃取的日益发展，重烃组分的蒸气压实验值是必备的基础数据，当然也需相应的计算方法。因此需要开发出新的 $\alpha(T_r)$ 关系表达式，可以自信地向更低的 T_r 范围外推，以供应用。此外，混合物饱和蒸气压的某些误差会严重影响露点的计算等，这也是一项值得关注的任务。

（2）为了提高重烃的加工工艺设计，希望重新选定 $\alpha(T_r)$ 表达式的形式和常数，使运用 EoS 来预测和关联重烃物性的功能有所改善。马赛大学已在开展这方面的工作，用改进的 PR 方程来关联和预测烃类的物性，如饱和蒸气压和摩尔体积等。发挥立方型方程中 $\alpha(T_r)$ 函数的作用，力求在重组分的物性和热力学性质计算方面有所突破。无疑，对 SRK

[1] Soave G. Chem. Eng. Sci.，1980，35：1725.

[2] Soave G. Application of EoS and the solution of group theory to phase equilibria，Presented at the International Workshop on Thermodynamics of Organic Mixture，Cagliari，Italy，1991.

[3] Peneloux A. Rouzy E. Fluid Phase Equilib.. 1982，8：7.

方程也可进行类似的研究。

(3) 改善高温、高压下的推算方法。目前的 $\alpha(T_r)$ 函数是用蒸气压数据拟合得出的，但有忽略在临界温度以上的趋势。已有研究工作指出，在用高温和高压下的逸度系数来推算到达平衡态时化学反应的组成时，$\alpha(T_r)$ 函数形式的选用对逸度系数计算十分敏感，只有合适的 $\alpha(T_r)$ 函数形式，才能使化学反应组成的推算成为可能。

无论相平衡或化学反应平衡计算，都会广泛采用立方型状态方程。但 $\alpha(T_r)$ 函数的形式至关重要，原因在于这是表达温度对流体性质影响的关键所在。如何获取反映温度影响流体性质的 $\alpha(T_r)$ 函数关系将是人们关注的一个重点。回顾 RK 方程在工程应用中的历程和进展，也充分显示出以上观点的正确性。但是还应看到，到目前为止，$\alpha(T_r)$ 形式的确定，基本上还是依靠经验的方法，未能从理论上给予指导，更难以从理论上导出此种温度函数的最优形式。使用适当的微观模型和统计热力学等理论手段，可以构筑 EoS 的 p-V 形式，却难以确立其中的温度函数的形式。温度函数的确能够调节状态方程的计算准确度、适用范围和功能等，在一定意义上看，此项调节作用还相当大。Adachi 等[1]曾研究由不同的斥力项、不同的引力项交叉组合得到的多种形式的状态方程，但计算的精确度却相差不很大，其原因就在于温度函数对整个方程的计算效果起到主要调节作用之故。

在工程应用中目前最普及的两个方程是 SRK 和 PR 方程，它们都是二参数的立方型方程（C2EoS）。鉴于 C2EoS 有许多优点，人们也乐于应用，但确也具有内在的缺陷。其中一个显著的缺陷在于用给定 C2EoS 所推算出所有物质的 Z_c 是不变的。当然这是不会符合实际的。Merseburg 数据库（MDB）[2]分析过 555 种物质的 Z_c，图 2-16 示出了 555 种物质中 Z_c 实验值出现的频率分布。有约 36%的物质，Z_c 实验值为 0.263±0.010；有约 60%的物质 Z_c 实验值在 0.240～0.280；有约 98%的物质 Z_c 在 0.180～0.340 之间。表 2-17 中示出了用不同的状态方程推算出的 Z_c 值，足见由 C2EoS 推算出的 Z_c 值与 Z_c 实验值的最大频率区是有相当大的差距，除理想气体方程外，又以 vdW 方程最大，RK 和 SRK 方程次之，PR 方程相距较小些。从而造成临界点的实验值和用 C2EoS 得到的推算值相互不重合。图 2-17 是用 PR 方程推算不同温度时乙腈的 p-V-T 相图。乙腈的实测 Z_c 为 0.18361，与 PR 方程的推

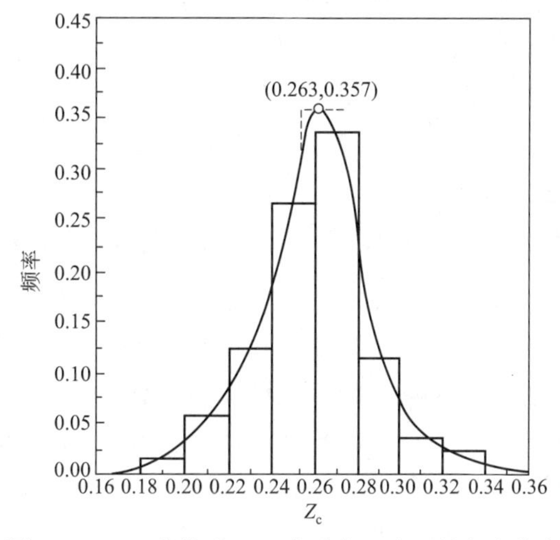

图 2-16　555 种物质 Z_c（实验值）出现的频率分布

[1] Adachi Y, Lu B C- Y, Sugie, H. Fluid Phase Equilib, 1983, 13: 133.

[2] Hradeetzky G, Lempe D. A. Merseburg Data Bank (MDB) for Physico-Chemical Data of Pure Compounds, Version 4.0, 1997.

算值 0.307 相差较大，故从图知，PR 方程推算出乙腈气相 p-V-T 数据与实验值相差较小，而液相 p-V-T 数据偏离很大。表 2-3 中所列结果也说明了同样的问题，即 C2EoS 在液相 p-V-T 行为的计算上需要改进。经研究认为，改进方法之一乃是增加方程式中的参数，若增加一个参数，则 Z_c 的推算值就不再是定值，使其与所研究的物质的性质相联系，从而有利于提高其计算准确度。这样，许多三参数的立方型状态方程（C3EoS）就应运而生。

表 2-17　由理想气体方程和 C2EoS 推算出的 Z_c 值

方　程　名　称	Z_c 推算值	方　程　名　称	Z_c 推算值
理想气体方程	1	SRK	0.333
vdW 方程	0.375	PR	0.307
RK	0.333		

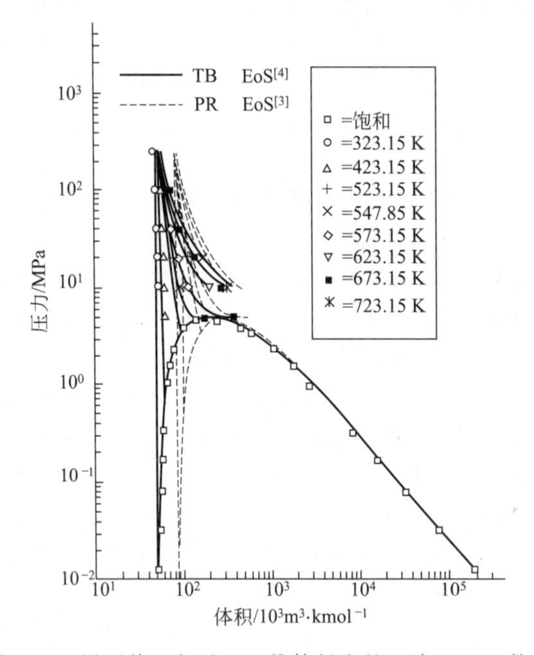

图 2-17　用两种立方型 EoS 推算得出的乙腈 p-V-T 数据

2.6.3　其他的立方型状态方程

2.6.3.1　三参数立方型状态方程

Schmidt 和 Wenzel❶曾提出过一个通用 4 参数的立方型方程，形式如下

$$p=\frac{RT}{V-b}-\frac{a(T)}{V^2+ubV+wb^2} \tag{2-93}$$

Ji 和 Lempe❷就在上式的基础上分析了不同 C3EoS 的 p-V-T 行为，并设定不同的 u、w 值，就可得出相应的不同方程，见表 2-18。由此可见，式(2-93) 可用作诸多立方型方程的一个通式。Ji 和 Lempe 经系统研究，得出当 $u+w=0$ 时，式(2-93) 可写为

$$p=\frac{RT}{V-b}-\frac{a(T)}{V^2+ub(V-b)} \tag{2-94}$$

❶ Schmidt G, Wenzel H. Chem. Eng. Sci., 1980, 35: 1503.
❷ Ji W R, Lempe D A. Fluid Phase Equilib., 1998, 147: 85.

表 2-18 u、w 的值与相应的 C2EoS 和 C3EoS

u 和 w 的值或它们之间的关系	EoS 名称
$u=0, w=0$	vdW
$u=1, w=0$	RK,SRK
$u=2, w=-1$	PR
$w=0$	Fullers[1],Usdin and McAuliffe[2]
$w=u^2/4$	Clusius(VT*-vdW)[3]
$u-w=1$	Patel-Teja[4],Heyen[5],Schmidt and Wenzel,Harmens and Knapp[6]
$u-w=3$	Yu et. al[7],Yu and Lu[8]
$u-w=4$	Twu et. al[9]
$w=\frac{2(u-2)^2}{9}-u-1$	VT-SRK[10]
$w=\frac{(u-2)^2}{8}-1$	VT-PR[11]
$u+w=0$	Ji and Lempe[12]

注：VT——体积位移（volume transfer）。

式(2-94) 即为 C3EoS，该方程在流体总的 p-V-T 行为描述上有较好的效果。计算中采用了 $Z_{c,opt}$，称为优化的表观临界压缩因子值（optimized apparent critical compressibility factor）。所用的温度函数形式为

$$\alpha(T_r)=1+m(1-T_r^{1/2})+n(0.7^{1/2}-T_r^{1/2})(1-T_r^{1/2}) \tag{2-95}$$

用此方程计算了 28 种纯物质的有关 p-V-T 性质，结果见表 2-19。

从表 2-19 可见，第一，有关物质的 $Z_{c,exp}$ 和 $Z_{c,opt}$ 相当接近。说明此 C3EoS 能使优化表观临界压缩因子不再是定值，并与所研究的物质相联系，且能和临界压缩因子的实验值趋近。第二，δ^L 数据明显说明，饱和液体密度的计算中 C3EoS($u+w=0$) 远较 SRK 和 PR 方程要好，提高了计算准确度。第三，饱和蒸气密度的计算，三个方程相差不太远，但在计算醋酸的 δ^V 值时，三个方程的计算偏差都较大，其中又以 C3EoS($u+w=0$) 稍好。第四，饱和蒸气压的计算中，C3EoS($u+w=0$) 比 SRK 和 PR 方程也有优势，δ^{LV} 明显偏小，对个别物质，如苯酚的蒸气压计算，δ^{LV} 下降幅度很大；而 PR 方程则比 SRK 方程也要好一些。

2.6.3.2 四参数立方型方程

Trebble 和 Bishnol 指出，人们希望用四参数的立方型状态方程（C4EoS）的原因在于，

---

[1] Fullers G G. Ind. Eng. Chem. Fundam., 1976, 15: 254.

[2] Usdin E., McAuliffe J C. Chem. Eng. Sci., 1976, 31: 1077.

[3] Martin J J. Ind. Eng. Chem. Fundam., 1979, 18: 81.

[4] Patel P C, Teja A S. Chem. Eng. Sci., 1982, 37: 463.

[5] Heyen, G. Phase Equilibria and Fluid Properties in Chemical Industry, Proc. 2nd Int. Conf., Berlin, EFCE, DECHEMA, 1980: 9.

[6] Harmens A, Knapp H. Ind. Eng. Chem. Fundam., 1980, 19: 291.

[7] Yu J M, Adachi Y, Lu B. C-Y. Chao, K. C., and Robinson R. L., (Eds) Equation of State: Theories and Applications, ACS Symp. Ser. 300, ACS, Washington, DC, 1986: 537.

[8] Yu J M, Lu B C-Y. Fluid Phase Equilib., 1987, 34: 1.

[9] Twu C H, Coon, J E, Cunningham JR. Fluid Phase Equilib., 1992, 25: 65.

[10] Ji W R, Lempe, D A. Fluid Phase Equilib., 1997, 130: 46.

[11] Mathias P M, Naheri T, Oh E. M. Fluid Phase Equilib., 1989, 47: 77.

[12] Ji W R, Lempe D A. Fluid Phase Equilib., 1998, 147: 85.

表 2-19　用 C3EoS($u+w=0$)、SRK 和 PR 方程计算 28 种纯物质的饱和液体密度、饱和蒸气密度和蒸气压，并与实验值进行比较

物质	$Z_{c,exp}$	$Z_{c,opt}$	T_r 区间	$u+w=0$			SRK			PR		
				$\delta^L/\%$	$\delta^V/\%$	$\delta^{LV}/\%$	$\delta^L/\%$	$\delta^V/\%$	$\delta^{LV}/\%$	$\delta^L/\%$	$\delta^V/\%$	$\delta^{LV}/\%$
1,2-二羟基苯[a]	0.354	0.344	0.56～0.95	2.83	—	2.13	16.7	—	16.84	32.17	—	1.36
氢[b]	0.312	0.322	0.42～0.98	3.72	1.15	0.22	8.42	0.43	5.48	16.50	2.36	1.96
氖[b]	0.299	0.325	0.56～0.95	0.78	1.37	1.21	6.61	2.69	3.56	18.19	1.34	3.21
一氧化碳[b]	0.295	0.304	0.51～0.98	1.26	2.97	0.38	3.54	2.32	3.66	10.13	2.68	2.56
氩[b]	0.291	0.307	0.56～0.95	1.10	1.48	0.31	3.40	5.77	1.39	10.72	1.04	1.50
氮[b]	0.290	0.302	0.50～0.97	2.00	1.94	0.21	5.05	0.86	1.24	10.14	1.09	1.80
氧[b]	0.288	0.303	0.42～0.97	1.75	1.79	0.54	4.27	0.82	0.27	9.40	1.13	0.86
乙烷[b]	0.285	0.291	0.49～0.99	2.26	2.00	0.13	9.58	1.97	1.39	6.40	1.07	0.53
乙烯[c]	0.276	0.295	0.60～0.99	2.46	2.16	0.20	7.94	1.90	0.58	7.19	1.81	0.66
二氧化碳[b]	0.274	0.289	0.71～0.99	2.04	3.65	0.19	12.89	1.90	0.91	4.34	1.44	1.44
苯[b]	0.271	0.283	0.52～0.98	2.16	5.37	0.37	12.05	2.25	0.80	3.51	3.69	1.48
乙炔[c]	0.271	0.291	0.62～0.94	1.00	2.49	0.42	9.88	3.74	2.32	3.90	2.64	1.79
二氧化硫[b]	0.265	0.285	0.75～0.98	1.08	1.80	0.15	15.05	6.77	1.71	4.01	4.55	1.00
四氯化碳[b]	0.265	0.286	0.54～0.99	2.63	2.38	0.62	12.28	2.05	0.96	5.69	0.61	1.14
n-庚烷[b]	0.263	0.276	0.52～0.99	2.37	2.56	0.43	15.01	4.29	1.50	3.92	1.82	1.32
乙醚[b]	0.262	0.280	0.59～0.99	2.94	3.30	0.46	14.92	4.01	1.28	4.59	2.46	1.99
辛烷[b]	0.260	0.273	0.53～0.99	2.57	3.40	0.43	16.48	5.02	1.50	5.57	3.73	1.80
丙醇[b]	0.253	0.270	0.55～0.99	2.72	1.98	0.10	16.52	2.64	3.26	5.77	1.60	7.30
乙酸乙酯[b]	0.252	0.267	0.52～0.99	3.02	2.45	1.72	18.15	2.64	5.20	7.57	2.01	6.25
苯胺[c]	0.247	0.282	0.65～0.97	1.53	1.13	0.11	14.44	2.74	1.44	3.32	1.16	0.64
氨[b]	0.242	0.256	0.49～0.99	2.83	1.29	0.77	23.91	6.21	2.51	14.06	4.67	0.55
苯酚[c]	0.240	0.278	0.66～0.96	2.78	2.42	0.37	7.97	3.37	11.03	5.83	1.78	11.75
丙酮[c]	0.232	0.258	0.65～0.94	1.77	4.95	1.65	2.45	2.27	2.10	13.29	2.89	2.37
水[b]	0.229	0.242	0.48～0.98	1.17	1.84	0.80	28.94	4.15	5.49	19.82	2.99	3.00
甲醇[b]	0.224	0.246	0.55～0.98	2.30	2.36	1.40	27.83	5.07	5.24	18.36	3.85	1.95
醋酸[c]	0.201	0.236	0.66～0.94	1.26	7.73	1.27	33.27	12.10	2.65	24.41	11.40	1.96
n-二十烷[a]	0.194	0.236	0.62～0.98	3.40	—	1.82	31.36	—	3.23	22.27	—	4.35
乙腈[a]	0.185	0.203	0.50～0.96	4.00	—	2.49	45.15	—	7.72	37.95	—	5.13

注：δ^L、δ^V、δ^{LV}分别代表饱和液体密度、饱和蒸气密度和蒸气压的相对平均偏差；

a—从 MDB 来的数据；

b—从 Варгафтик Н Б. ≪Справочник по Теплофизическим Свойствам Газов и Жидкостей≫ Изд. Физ－Мат. Лит.，Москва，1972 来的数据；

c—从 Beaton C F，Hewitt G F. "Physical Property Data for the Design Engineer"，Hemisphere Publising Corp. 1989 来的数据。

希望不仅能优化表观临界压缩因子得到 $Z_{c,opt}$ 外，还希望能优化 b_c。因为 PR 方程只有两个参数，故 $Z_c=0.307$，$b_c=0.0778RT_c/p_c$ 两者均为定值，对 Z_c 和 b_c 都不能优化；C3EoS 能够优化 Z_c；而 C4EoS 对 Z_c 和 b_c 都能优化。第四个参数引入后，由于 b_c 得以优化，在高压下对不同纯组分的 b_c 可加注明、规定，使等温下 p-V 曲线的斜率，$\left(\frac{\partial p}{\partial V}\right)_T$ 能有所调节，按 Trebble 和 Bishnoi 的研究，这有利于 EoS“硬度 (hardness)”的优化。

Trebble 和 Bishnoi 提出的 C4EoS 形式如下：

$$p=\frac{RT}{V-b}-\frac{a(T)}{V^2+(b+c)V-bc-d^2} \tag{2-96}$$

在临界点时，$\left(\frac{\partial p}{\partial V}\right)_{T_c}=\left(\frac{\partial^2 p}{\partial V^2}\right)_{T_c}=0$，则可得到下面的一系列方程：

$$C_c-1=-3Z_{c,opt} \tag{2-97}$$

$$A_c-2B_cC_c-B_c-C_c-B_c^2-D_c^2=3Z_{c,opt}^2 \tag{2-98}$$

$$B_c^3+(2-3Z_{c,opt})B_c^2+3Z_{c,opt}^2B_c-(D_c^2+Z_{c,opt}^3)=0 \tag{2-99}$$

式中

$$A_c=\frac{a_cp_c}{R^2T_c^2} \tag{2-100}$$

$$B_c=\frac{b_cp_c}{RT_c} \tag{2-101}$$

$$C_c=\frac{c_cp_c}{RT_c} \tag{2-102}$$

$$D_c=\frac{d_cp_c}{RT_c} \tag{2-103}$$

式(2-96) 也能表达成下式：

$$Z^3+(C-1)Z^2+(A-2BC-B-C-B^2-D^2)Z+[B^2C+BC-AB+D^2(B+1)]=0 \tag{2-104}$$

式中

$$A=\frac{ap}{R^2T^2} \tag{2-105}$$

$$B=\frac{bp}{RT} \tag{2-106}$$

$$C=\frac{cp}{RT} \tag{2-107}$$

$$D=\frac{dp}{RT} \tag{2-108}$$

选择好 $Z_{c,opt}$ 和 D_c，用式(2-99) 解出最小的正根，即得到 B_c。用式(2-97) 直接得出 C_c。用式(2-98)，代入以上所得的 B_c 和 C_c，得出 A_c。

方程(2-96) 有如下特点：

① 令 $c=0$，$d=0$，该式还原成 SRK 方程；令 $c=b$，$d=0$，该式还原成 PR 方程；

② 令 $d=0$，该式还原成 PT 方程。PT 方程也是一个著名的 C3EoS；

③ “D_c”值的选择对 B_c 有关；

④ C_c 只与 $Z_{c,opt}$ 的选择有关。

方程参数和温度的关系是至关重要的。Trebble 和 Bishnoi 认为，温度对参数 a 和 b 有影响，而对参数 c 和 d 却关系不大，提出如下关系式：

$$a(T)=a_c\alpha \tag{2-109}$$

式中

$$\alpha=\exp[q_1(1-T_r)] \tag{2-109a}$$

$$b(T)=b_c\beta \tag{2-110}$$

式中

$$\beta=1.0+q_2(1-T_r+\ln T_r) \quad T\leqslant T_c \tag{2-110a}$$

$$\beta=1.0 \quad T>T_c \tag{2-110b}$$

为了计算方便，也曾对参数进行了普遍化的工作，结果如下：

当 $\omega\leqslant-0.10$ 时

$$q_1=0.66208+4.63961\omega+7.45183\omega^2 \tag{2-111}$$

当 $\omega<-0.35$（如 He）和 $T_r\leqslant1.0$ 时

$$q_1=-0.31913 \tag{2-112}$$

当 $-0.10\leqslant\omega\leqslant0.40$ 时

$$q_1=0.35+0.7924\omega+0.1875\omega^2-28.93(0.3-Z_c)^2 \tag{2-113}$$

当 $\omega>0.40$ 时

$$q_1=0.32+0.9424\omega-28.93(0.3-Z_c)^2 \tag{2-114}$$

此外

$$Z_{c,opt}=1.075Z_c \tag{2-115}$$

$$d(\mathrm{m^3\cdot kmol^{-1}})=0.341V_c(\mathrm{m^3\cdot kmol^{-1}})-0.005 \tag{2-116}$$

当 $\omega<-0.0423$ 时

$$q_2=0 \tag{2-117}$$

当 $-0.0423\leqslant\omega\leqslant0.30$ 时

$$q_2=0.05246+1.15058\omega-1.99348\omega^2+1.59490\omega^3-1.39267\omega^4 \tag{2-118}$$

当 $\omega>0.30$ 时

$$q_2=0.17959+0.23471\omega \tag{2-119}$$

上述普遍化工作中，如要从式(2-115) 求算 $Z_{c,opt}$，除 ω、T_c、p_c 外，尚需 V_c 值。有时 V_c 值不易得到，带来应用上的不方便，建议采用 Pitzer 等[1] 计算临界压缩因子的关联式。考虑到需用于极性化合物，Trebble 和 Bishnoi 提出求算 i 组分 $Z_{c,i}$ 的新关联式：

当 $\omega\geqslant-0.14$ 时

$$Z_{c,i}=0.29-0.0885\omega-0.0005[(T_{ci}p_{ci})^{1/2}-(T_cp_c)_H^{1/2}] \tag{2-120}$$

当 $\omega<-0.14$ 时

$$Z_{c,i}=0.3024 \tag{2-121}$$

式中，T_c 代表临界温度，K；p_c 代表临界压力，MPa。

当 $\omega<0.225$ 时

$$(T_cp_c)_H=775.9+12003\omega-57335\omega^2+91393\omega^3 \tag{2-122}$$

当 $0.225\leqslant\omega\leqslant1.0$ 时

$$(T_cp_c)_H=1876-1160\omega \tag{2-123}$$

[1] Pitzer K S, Lippmann D Z, Curl Jr. R F, Huggins C M, Peterson D E. J. Am. Chem. Soc., 1955, 77: 3433.

当 $\omega>1.0$ 时

$$(T_c p_c)_H=(T_{ci},p_{ci}) \tag{2-124}$$

有关 Trebble 和 Bishnoi 方程的参数最优化方法和参数普遍化方法等详见 20 页注❶。

当然，用普遍化后的关系式得出有关方程参数，计算是简化了，准确度也有所下降。表 2-3 中的 TB(G) 即是普遍化后的 Trebble-Bishnoi 方程，从此表所列数据清晰表明，与 TB 方程相比，TB (G) 的计算准确度确有所下降，但幅度并不太大。此表中对于 75 种纯物质的 p-V-T 数据进行计算，涉及的化学品有醇、醛、烷烃、烯烃、炔烃、胺、芳烃、醚、腈、羧酸、量子流体和硫化物等。比较所选用的 11 种立方型状态方程中，包括 C2EoS、C3EoS 和 C4EoS，TB 方程显示出明显的优势，增加了关联弹性和显著地提高了 p-V-T 的推算准确性。图 2-17 更直观地比较了用 PR 和 TB 方程推算乙腈在不同温度下的 p-V-T 相图，并与实验值进行了比较。采用 TB 方程的推算结果与实验值符合良好，而用 PR 方程的效果却要相差较多，在液相区和临界区更是突出。ALS 和 CCOR 方程也都是 C4EoS，但其推算准确度也逊于 TB 方程。

一般认为立方型状态方程的一个重要优点是具有推算功能，这主要通过用普遍化关系式将 $a(T)$ 中的参数与 ω 进行关联来实现，这已成为状态方程开发中的一个经常工作，在以上的讨论中也体现出这一情况。但是这里存在着下列问题❶。

① ω 值是从各种物质的实验数据得出的，采用了 ω 的实验值，在某种意义上看，这并非是真正的预测。更值得注意的，由于数据来源不同，同一物质在文献中会出现不同的 ω 值，例如 CO_2 的 ω 值便有 0.267❷、0.225❸、0.400❹ 三个，造成选择上的困难。

② ω 值仅能反映 p-T 投影平面上一个点的情况，难以表征流体在整个 p-V-T 空间中的性质和行为。常有不同分子大小和结构的两种或几种物质具有相近的 ω 值，如氯苯、SO_2 和甲酸甲酯的 ω 分别为 0.25169、0.25100 和 0.25458。因此 ω 在普遍化关系的应用中，并不是个十分理想的关联参数。

③ 一般常见的立方型方程在低温时表现并不好，恐怕与使用 ω 来关联 $\alpha(T_r)$ 函数有关。由于 ω 值所能表征的是流体在中等温度（$T_r=0.7$）时的特性，用其来推算较低温度下的 p-V-T 行为容易发生偏差。

综上所述，用 ω 作为参数来进行温度函数的普遍化，并不十分理想，应该寻求更合适的关联参数和探索有预测功能状态方程的途径。

状态方程是描述流体 p-V-T 性质最基本的工具，而且近三十年来，在相平衡计算中又起到了重要的作用，在低压和高压相平衡计算中都有应用，尤其在高压相平衡热力学研究中状态方程法起到不可替代的作用。因此，有的作者指出，EoS 在化工热力学和其相关领域里的实用价值和理论上的重要性无论怎样强调也不会过分。一个世纪多来，已有数以百计的 EoS 问世，围绕 EoS 的研究论文更是不胜枚举，尽管上面已较系统地介绍了 C2EoS、C3EoS 和 C4EoS，但还有 C5EoS 以及其他非立方型的 EoS 等等。绝不可能在一章、一节中叙述完全。本章重点是介绍纯物质的 EoS，只简单讲到将其扩充应用到混合物中去，但这在以后章节中还将会有所涉及。希望读者在学习中抓住本质，注意方法，联系实际（包括例题、习题、从事的设计、研究的课题和从文献中提出的问题以及从工厂中抽象出来的任务等），反复探讨，力求在相当程度上达到融会贯通，并豁然开朗的境地。当然，这也是《化工热力学》学习中所应采取的途径。在此及早指出和引导，使大家收到预期的效果。

---

❶ 云志. 高压相平衡与状态方程研究，南京化工大学博士论文，1996.

❷ Hauthal W H, Sackman H. Proc. 1st Int. Conf. Calorimetry Thermodynamics, Warsaw. 1969：625.

❸ Reid R C, Prausnitz J M, Poling B E. The Properties of Gases and Liquids. NewYork：McGraw-Hill, 5th edn., 2001；波林 B E 等著. 气液物性估算手册. 赵红玲等译. 北京：化学工业出版社，2006.

❹ Peneloux A. Rouzy E. Fluid Phase Equilib.. 1982, 8：7.

习　　题

2-1　试分别用下述方法求出 400℃、4.053MPa 下甲烷气体的摩尔体积。(1) 理想气体方程；(2) RK 方程；(3) PR 方程；(4) 维里截断式(2-7)。其中 B 用 Pitzer 等普遍化关联法计算。

2-2　含有丙烷的 $0.5m^3$ 容器具有 2.7MPa 的耐压极限。出于安全考虑，规定充进容器的丙烷为 127℃，压力不得超过耐压极限的一半。试问可充入容器的丙烷有多少千克？

2-3　根据 RK 方程、SRK 方程和 PR 方程，导出其常数 a、b 与临界常数的关系式。

2-4　反应器的容积为 $1.213m^3$，内有 45.40kg 乙醇蒸气，温度为 227℃，试用以下四种方法求算反应器的压力。已知实验值为 2.75MPa。(1) RK 方程；(2) SRK 方程；(3) PR 方程；(4) 三参数普遍化关联法。

2-5　某气体的 p-V-T 关系可用 RK 方程表述，当温度高于 T_c 时，试推导以下两个极限斜率的关系式：(1) $\lim\limits_{p\to 0}\left(\frac{\partial Z}{\partial p}\right)_T$；(2) $\lim\limits_{p\to\infty}\left(\frac{\partial Z}{\partial p}\right)_T$。两式中应包含温度 T 和 RK 方程的常数 a 和 b。

2-6　试分别用普遍化的 RK 方程、SRK 方程和 PR 方程求算异丁烷蒸气在 350K、1.2MPa 下的压缩因子。已知实验值为 0.7731。

2-7　试用下列三种方法计算 250℃、2000kPa 水蒸气的 Z 和 V。(1) 维里截断式(2-8)，已知 B 和 C 的实验值分别为 $B=-0.1525m^3\cdot kmol^{-1}$ 和 $C=-0.5800\times10^{-2}m^6\cdot kmol^{-2}$；(2) 式(2-7)，其中的 B 用 Pitzer 普遍化关联法求出；(3) 用水蒸气表计算。

2-8　试用 Magoulas 等法、Teja 等法、CG 法和 Hu 等法等估算正十九烷的临界温度、临界压力和压缩因子。查阅其文献值，并与所得计算值进行比较。

2-9　试用 Constantinou，Gani 和 O'Connell 法估算下列诸化合物的偏心因子和液体摩尔体积。(1) 甲乙酮；(2) 环己烷；(3) 丙烯酸。

2-10　估算 150℃时乙硫醇的液体摩尔体积。已知实验值为 $0.095m^3\cdot kmol^{-1}$。乙硫醇的物性参数为 $T_c=499K$，$p_c=5.49MPa$，$V_c=0.207m^3\cdot kmol^{-1}$，$\omega=0.190$，20℃的饱和液体密度为 $839kg\cdot m^{-3}$。

2-11　50℃、60.97MPa 由 0.401 (摩尔分数) 的氮和 0.599 (摩尔分数) 的乙烯组成混合气体，试用下列 4 种方法求算混合气体的摩尔体积。已知实验数据，$Z_{实}=1.40$。(1) 理想气体方程；(2) Amagat 定律和普遍化压缩因子图；(3) 虚拟临界常数法 (Kay 规则)；(4) 混合物的第二维里系数法。

2-12　以化学计量比的 N_2 和 H_2 合成氨，在 25℃和 30.395MPa 下，混合气以 $1.6667m^3\cdot s^{-1}$ 的流速进入反应器。氨的转化率为 15%。从反应器出来的气体经冷却和凝缩，将氨分离出后，再行循环。(1) 计算每小时合成氨的量；(2) 若反应器出口条件为 27.86MPa，150℃，求内径为 $5\times10^{-2}m$ 的出口管中气体的流速。

参考文献

[1]　Smith J M, Van Ness H C, Abbott M M. Introduction to Chemical Engineering Thermodynamics. 6th ed. New York: McGraw-Hill, 2001.

[2]　Elliott J R, Lira C T. Introductory Chemical Engineering Thermodynamics. Prentice Hall, Inc., N. J. 1999.

[3]　[美] 斯坦利 M. 瓦拉斯著. 化工相平衡. 韩世钧等译. 北京：中国石化出版社，1991.

[4]　朱自强，徐汛合编. 化工热力学. 第 2 版. 北京：化学工业出版社，1991.

第3章

纯流体的热力学性质计算

在工业设计过程中物质的流体热力学性质与所需能量的数值十分重要，否则难以实现既符合实际需求，又能节能的优良工业设计。简而言之，对一台膨胀机的设计，当其在绝热条件下操作，压力从 p_1 降到 p_2 时，做功多少？从热力学第一定律在开系稳流过程的能量平衡知

$$-W_S=\Delta H=H_2-H_1$$

上式的物理意义为膨胀机轴功的负值等于流体的焓变。充分说明流体的热力学性质（函数）变化直接和膨胀机的做功能力有关。众所周知，流体的热力学性质颇多，本章的主要目的在于通过热力学的基本定律和基本方程以及 Maxwell 关系式，得出众多能估算状态变化的关联式，使从可测性质的数据计算得出诸多热力学函数的变化，其结果能用于工业设计之中。流体的 p、V、T 和热容等都是可以测量的，从实验测定的方便程度和准确度考虑，当以 p、T 为宜，但若要用 EoS 来计算热力学函数变化，则宜用 $V(\rho)$ 与 T 作为独立变量来表达的热力学函数式，因大多数的 EoS 都采用以 p 的显式 $[p=p(V,T)]$ 出现，故存在着 EoS 中的独立变量转换问题，理应加以考虑。

3.1 热力学关系式

3.1.1 热力学基本方程式

在“物理化学”中，已学习过当系统是纯的或恒定组成的均相流体时，单位物质的量（1mol 或 1kmol）的热力学性质符合如下的基本关系式

$$dU=TdS-pdV \tag{3-1}$$

$$dH=TdS+Vdp \tag{3-2}$$

$$dA=-pdV-SdT \tag{3-3}$$

$$dG=Vdp-SdT \tag{3-4}$$

3.1.2 Maxwell 关系式

根据偏微分原理，当变量 F 为 x、y 的连续函数时，对 F 的全微分式可写成

$$dF=\left(\frac{\partial F}{\partial x}\right)_y dx+\left(\frac{\partial F}{\partial y}\right)_x dy=Mdx+Ndy \tag{3-5}$$

如果 x、y、F 均是点函数，则必定存在倒易关系

$$\left(\frac{\partial M}{\partial y}\right)_x=\left(\frac{\partial N}{\partial x}\right)_y \tag{3-6}$$

由此可得到著名的 Maxwell 式

$$\left(\frac{\partial T}{\partial V}\right)_S=-\left(\frac{\partial p}{\partial S}\right)_V \tag{3-6a}$$

$$\left(\frac{\partial T}{\partial p}\right)_S=\left(\frac{\partial V}{\partial S}\right)_p \tag{3-6b}$$

$$\left(\frac{\partial p}{\partial T}\right)_V=\left(\frac{\partial S}{\partial V}\right)_T \tag{3-6c}$$

$$\left(\frac{\partial V}{\partial T}\right)_p=-\left(\frac{\partial S}{\partial p}\right)_T \tag{3-6d}$$

Maxwell式的重要意义在于将不能直接测量的热力学性质表达为可以直接测量的 p-V-T 的函数，从而可以用实验数据来计算热力学性质。式(3-1)～式(3-4) 不仅是推导 Maxwell 式的基础，又是推导出大量其他热力学性质之间关系式的前提。

3.2 以 T、p 为变量的焓变和熵变计算

在化工计算中，分别以 T 和 p 作为变量写成焓和熵的函数式是很有用的。为此，必须要分别知道焓、熵和 T 与 p 之间的变化关系，而偏导数 $(\partial H/\partial T)_p$、$(\partial S/\partial T)_p$、$(\partial H/\partial p)_T$ 和 $(\partial S/\partial p)_T$，提供了需要的信息。

先考虑在恒压条件下焓对温度求偏导

$$\left(\frac{\partial H}{\partial T}\right)_p=C_p \tag{3-7}$$

另外，式(3-2) 在恒压下除以 $\mathrm{d}T$ 可得

$$\left(\frac{\partial H}{\partial T}\right)_p=T\left(\frac{\partial S}{\partial T}\right)_p$$

结合式(3-7) 可得

$$\left(\frac{\partial S}{\partial T}\right)_p=\frac{C_p}{T} \tag{3-8}$$

恒温下熵对压力求偏导，可直接由式(3-6d) 表示

$$\left(\frac{\partial S}{\partial p}\right)_T=-\left(\frac{\partial V}{\partial T}\right)_p \tag{3-6d}$$

式(3-2) 在恒温下除以 $\mathrm{d}p$，得

$$\left(\frac{\partial H}{\partial p}\right)_T=T\left(\frac{\partial S}{\partial p}\right)_T+V$$

结合式(3-6d)，上式变成

$$\left(\frac{\partial H}{\partial p}\right)_T=V-T\left(\frac{\partial V}{\partial T}\right)_p \tag{3-9}$$

焓、熵分别与温度、压力的函数关系为

$$H=H(T,p),S=S(T,p)$$

其微分式为

$$\mathrm{d}H=\left(\frac{\partial H}{\partial T}\right)_p\mathrm{d}T+\left(\frac{\partial H}{\partial p}\right)_T\mathrm{d}p$$

$$\mathrm{d}S=\left(\frac{\partial S}{\partial T}\right)_p\mathrm{d}T+\left(\frac{\partial S}{\partial p}\right)_T\mathrm{d}p$$

将式(3-7)、式(3-8) 和式(3-9) 代入上面两式偏导数中，可得

$$\mathrm{d}H=C_p\mathrm{d}T+\left[V-T\left(\frac{\partial V}{\partial T}\right)_p\right]\mathrm{d}p \tag{3-10}$$

$$\mathrm{d}S=C_p\frac{\mathrm{d}T}{T}-\left(\frac{\partial V}{\partial T}\right)_p\mathrm{d}p \tag{3-11}$$

式(3-10) 和式(3-11) 是纯的或定组成、均相流体的焓、熵与温度、压力的关系式。两

式中的偏微分可以根据 p-V-T 数据求得。对于理想气体，p-V-T 的性质可用理想气体方程表达，$pV^* = RT$，则

$$\left(\frac{\partial V^*}{\partial T}\right)_p = \frac{R}{p}$$

式中 V^* 为 T、p 在理想气体的摩尔体积。将上式代入式(3-10)与式(3-11)可得

$$dH^* = C_p^* \, dT \tag{3-12}$$

$$dS^* = C_p^* \frac{dT}{T} - \frac{R}{p} dp \tag{3-13}$$

式中上标 * 号表示理想气体性质。

3.3 剩余性质

3.3.1 自由焓可作为母函数

定组成、均相流体的基本关系式［式(3-1)～式(3-4)］表示 U、H、A 和 G 等热力学性质分别为一对特定变量的函数：式(3-4)

$$dG = V dp - S dT \tag{3-4}$$

说明了 G 是 p 和 T 的函数，即

$$G = G(T, p)$$

由于变量 p 和 T 是可直接测量或者控制的，因此，自由焓 G 是有最大可应用价值的热力学性质。

另一个基本性质关系式则根据下述恒等式得出，

$$d\left(\frac{G}{RT}\right) \equiv \frac{1}{RT} dG - \frac{G}{RT^2} dT$$

将式(3-4)的 dG 代入上式右边，同时右边的 G 用定义式 $G \equiv H - TS$ 取代，整理后得

$$d\left(\frac{G}{RT}\right) = \frac{V}{RT} dp - \frac{H}{RT^2} dT \tag{3-14}$$

此式的优点是式中各项均为无量纲项。与式(3-4)比较，右边出现的是焓而不是熵。由于式(3-4)与式(3-14)过于一般化，故在实际应用时，要加上限制条件。为此，根据全微分是偏微分之和的原理，由式(3-14)直接可以得到

$$\frac{V}{RT} = \left[\frac{\partial (G/RT)}{\partial p}\right]_T \tag{3-15}$$

$$\frac{H}{RT} = -T\left[\frac{\partial (G/RT)}{\partial T}\right]_p \tag{3-16}$$

$\frac{G}{RT}$是 T、p 的函数，只要用简单求导的方法就可得到$\frac{V}{RT}$与$\frac{H}{RT}$之值。其余的性质可通过定义式来求得，如

$$\frac{S}{R} = \frac{H}{RT} - \frac{G}{RT}$$

$$\frac{U}{RT} = \frac{H}{RT} - \frac{pV}{RT}$$

虽然已导出式(3-14)，得出$\frac{G}{RT}$（或 G）与变量 T、p 的关系，经过某些数学处理得出所有其他的热力学性质，从这个意义上说，G 被视为各热力学函数的母函数。遗憾的是目前尚无法用实验方法直接测量得出$\frac{G}{RT}$（或 G）的值，从此观点出发，根据 G 直接导出的各种方程又缺乏其实用价值。经过研究，希望引进一个相近的性质，而这又是一个易于求值的性质，从而来解决上述遗憾。

3.3.2 剩余性质的引入

剩余性质（residual property）又称剩余函数（residual function），其定义为

$$G^{R}=G-G^{*} \tag{3-17}$$

式(3-17) 的物理意义为剩余自由焓为在相同温度 T 和压力 p 下真实气体与理想气体的自由焓的差值。在此应该注意以下两点。

第一，不同书籍对 G^{R} 的定义稍有不同，如在 Smith、Van Ness 和 Abbott 的书中用的是（3-17）式，而在 Kyle[1] 的书中用的是

$$G^{R}=G^{*}-G \tag{3-17a}$$

式(3-17) 与式(3-17a) 的形式基本一致，但相差一个负号。因此在计算中，一旦选用一种形式后，不应再有更改。

第二，G^{R} 等是个假想的性质变化或不可能发生的变化。对一个物质而言，在相同的温度和压力下，真实气体和理想气体同时存在往往没有可能，因此这是个假想的性质变化。但将式(3-17) 用于计算过程中却是合理的，只要保持计算过程的连贯性。我们知道，可以通过任何途径来计算不同状态下的热力学性质变化。

当然，也可用相似的方法定义出其他的性质，如剩余体积

$$V^{R}=V-V^{*} \tag{3-18}$$

$$V^{R}=V-\frac{RT}{p}$$

由于 $V=ZRT/p$，剩余体积和 Z 就可以进行关联

$$V^{R}=\frac{RT}{p}(Z-1) \tag{3-19}$$

按此，可以写出剩余性质的通式

$$M^{R}=M-M^{*} \tag{3-20}$$

式中，M 泛指为单位物质的量的热力学性质，如 V、U、H、S 或 G 等。式(3-14) 也适用于理想气体，即

$$\mathrm{d}\left(\frac{G^{*}}{RT}\right)=\frac{V^{*}}{RT}\mathrm{d}p-\frac{H^{*}}{RT^{2}}\mathrm{d}T \tag{3-21}$$

式(3-14) 减去式(3-21)，得

$$\mathrm{d}\left(\frac{G^{R}}{RT}\right)=\frac{V^{R}}{RT}\mathrm{d}p-\frac{H^{R}}{RT^{2}}\mathrm{d}T \tag{3-22}$$

式(3-22) 可应用于恒定组成的流体，是各剩余性质之间的基本关系式。根据此式可得

$$\frac{V^{R}}{RT}=\left[\frac{\partial(G^{R}/RT)}{\partial p}\right]_{T} \tag{3-23}$$

$$\frac{H^{R}}{RT}=-T\left[\frac{\partial(G^{R}/RT)}{\partial T}\right]_{p} \tag{3-24}$$

另外，根据自由焓的定义式 $G\equiv H-TS$，对于理想气体，有

$$G^{*}\equiv H^{*}-TS^{*}$$

两者之差为

$$G^{R}\equiv H^{R}-TS^{R}$$

由此式可给出剩余熵

$$\frac{S^{R}}{R}=\frac{H^{R}}{RT}-\frac{G^{R}}{RT} \tag{3-25}$$

[1] Kyle B G. Chemical and Process Thermodynamics. New Jersey: Prentice-Hall Inc., 1984: 93.

从上述推导过程可见，G^R 乃是其他剩余性质的母函数。而且还可将其与实验数据进行关联，由式(3-22) 可得

$$d\left(\frac{G^R}{RT}\right)=\frac{V^R}{RT}dp \quad (\text{恒 } T)$$

积分之，压力从零至任意压力 p，则

$$\frac{G^R}{RT}=\int_0^p \frac{V^R}{RT}dp \quad (\text{恒 } T)$$

零压时即为理想气体态。因此，当压力趋近于零时$\frac{G^R}{RT}$也为零。结合式(3-19)，上式可写成

$$\frac{G^R}{RT}=\int_0^p (Z-1)\frac{dp}{p} \quad (\text{恒 } T) \tag{3-26}$$

遵循式(3-24) 的关系，将式(3-26) 对温度求偏导，则有

$$\frac{H^R}{RT}=-T\int_0^p \left(\frac{\partial Z}{\partial T}\right)_p \frac{dp}{p} \quad (\text{恒 } T) \tag{3-27}$$

将式(3-26)、式(3-27) 代入式(3-25)，可得

$$\frac{S^R}{R}=-T\int_0^p \left(\frac{\partial Z}{\partial T}\right)_p \frac{dp}{p}-\int_0^p (Z-1)\frac{dp}{p} \quad (\text{恒 } T) \tag{3-28}$$

$\frac{H^R}{RT}$和$\frac{S^R}{R}$都为无量纲项，H^R 和 S^R 的单位取决于通用气体常数 R 单位的选择。至此，已顺利地推出以 p、T 为独立变量的 V^R、H^R、S^R 和 G^R 的表达式。

3.3.3 剩余性质与偏离性质的异同

偏离性质（departure property）也称偏离函数（departure function)，指的是研究态和某一参考点的热力学函数的差值，对纯流体的泛指热力学性质的偏离函数定义[1]如下

$$M^D=M(T,p)-M^*(T,p_0,ig) \tag{3-29}$$

式(3-20) 也可写成如下的形式

$$M^R=M(T,p)-M^*(T,p,ig) \tag{3-20}$$

对比式(3-29) 和式(3-20)，除等号右边的压力项外，其余均相同。p_0 指的是理想气体的压力，虽然 p_0 的取值没有限制，但习惯上有两种方式，一是取单位压力 $p_0=1$，其单位与 p 相同，二是取所研究状态时的压力，即 $p_0=p$。因此，采用第二种取法时，则 $M^D=M^R$（以 T、p 为独立变量时）。其余情况下，两种函数虽然都是热力学性质的差值，但数值却有所不同，而其功能却是类似的。纵观多种化工热力学书籍，论述剩余性质的更为多见。

3.4 用剩余性质计算气体热力学性质

3.4.1 真实气体的焓和熵

式(3-20) 可写成

$$H=H^*+H^R \tag{3-30}$$

$$S=S^*+S^R \tag{3-31}$$

可见，真实气体的焓、熵可根据相应的理想气体性质和剩余性质合并求得。将式(3-12) 和式(3-13) 积分，则可求得理想气体的 H^* 和 S^*。表达式的积分下限为理想气体的参考态 T_0、p_0，上限为物系所处的状态 T、p：

[1] 胡英. 化工热力学. 化学工程手册上卷. 第 2 版. 时钧，汪家鼎，余国琮，陈敏恒主编. 北京：化学工业出版社，1996：2-20.

$$H^* = H_0^* + \int_{T_0}^{T} C_p^* \, \mathrm{d}T \tag{3-12a}$$

$$S^* = S_0^* + \int_{T_0}^{T} C_p^* \frac{\mathrm{d}T}{T} - R\ln\frac{p}{p_0} \tag{3-13a}$$

式中 C_p^* 为理想气体的热容。将上面两式代入式(3-30)、式(3-31)，得

$$H = H_0^* + \int_{T_0}^{T} C_p^* \, \mathrm{d}T + H^{\mathrm{R}} \tag{3-32}$$

$$S = S_0^* + \int_{T_0}^{T} C_p^* \frac{\mathrm{d}T}{T} - R\ln\frac{p}{p_0} + S^{\mathrm{R}} \tag{3-33}$$

式中 H^{R} 和 S^{R} 分别由式(3-27)、式(3-28) 给出。为计算方便，可将以上两式写成

$$H = H_0^* + C_{p\mathrm{mh}}^*(T - T_0) + H^{\mathrm{R}} \tag{3-32a}$$

$$S = S_0^* + C_{p\mathrm{ms}}^* \ln\frac{T}{T_0} - R\ln\frac{p}{p_0} + S^{\mathrm{R}} \tag{3-33a}$$

式中 $C_{p\mathrm{mh}}^*$ 和 $C_{p\mathrm{ms}}^*$ 分别为在计算理想气体的焓变和熵变时所需用的平均等压热容，并可分别用下述两式求得

$$C_{p\mathrm{mh}}^* = \frac{\int_{T_0}^{T} C_p^* \, \mathrm{d}T}{T - T_0} \tag{3-34a}$$

$$C_{p\mathrm{ms}}^* = \frac{\int_{T_0}^{T} C_p^* \frac{\mathrm{d}T}{T}}{\ln\frac{T}{T_0}} \tag{3-34b}$$

C_p^* 仅是温度的函数，其函数式通常为

$$C_p^* = \alpha + \beta T + \gamma T^2 \quad 或 \quad C_p^* = a + bT + cT^{-2}$$

式中 α、β、γ 或 a、b、c 均为与物质有关的常数。为方便计，上述两式可合并成式(3-35)

$$\frac{C_p^*}{R} = A + BT + CT^2 + DT^{-2} \tag{3-35}$$

式中 A、B、C 和 D 仍为与物质有关的常数。一些常用有机和无机物质气体的 A、B、C 和 D 值列于附表 2。C_p^* 的单位要与通用气体常数 R 的单位一致。

将式(3-34a) 与式(3-34b) 用于一般的焓变和熵变计算时，当温度从 T_1 至 T_2，可写成

$$C_{p\mathrm{mh}}^* = \frac{\int_{T_1}^{T_2} C_p^* \, \mathrm{d}T}{T_2 - T_1} \tag{3-34c}$$

$$C_{p\mathrm{ms}}^* = \frac{\int_{T_1}^{T_2} C_p^* \frac{\mathrm{d}T}{T}}{\ln\frac{T_2}{T_1}} \tag{3-34d}$$

当 T_2 和 T_1 之差缩小时，$C_{p\mathrm{mh}}^*$ 和 $C_{p\mathrm{ms}}^*$ 之值相接近，在近似计算中，可以认为两者相等。将式(3-35) 分别代入式(3-34c) 和式(3-34d)，积分后得

$$\frac{C_{p\mathrm{mh}}^*}{R} = A + BT_{\mathrm{am}} + \frac{C}{3}(4T_{\mathrm{am}}^2 - T_1T_2) + \frac{D}{T_1T_2} \tag{3-34e}$$

式中 T_{am} 为算术平均温度

$$T_{am}=\frac{T_1+T_2}{2}$$

$$\frac{C^*_{pms}}{R}=A+BT_{lm}+T_{am}T_{lm}\left[C+\frac{D}{(T_1T_2)^2}\right] \tag{3-34f}$$

式中 T_{lm} 为对数平均温度，$T_{lm}=\dfrac{T_1-T_2}{\ln\dfrac{T_2}{T_1}}$。

根据热力学第一和第二定律导出的热力学性质方程式不能求出焓、熵的绝对值，只能求其相对值。理想气体参考态（温度 T_0，压力 p_0）是计算焓、熵的起始点，或者说参考态的焓 H_0^*、熵 S_0^* 是计算焓、熵的基准。参考态（T_0，p_0）是根据计算的方便性而随意确定的，同样，H_0^* 和 S_0^* 也是任意指定的。式(3-32) 和式(3-33) 的计算仅需要理想气体方程和其热容以及真实气体的 p-V-T 数据。在给定的 p、T 下求得 V、H 和 S 后，则其他的性质便可根据定义式求出。由式(3-32) 和式(3-33) 可见，理想气体方程是计算真实气体性质的基础。

【例 3-1】 试计算 360K 异丁烷饱和蒸气的焓、熵。已知条件：(1) 360K 异丁烷的饱和蒸气压为 1.541MPa；(2) 假设异丁烷理想气体的参考态为 300K，0.1MPa，$H_0^*=18115.0\text{J}\cdot\text{mol}^{-1}$，$S_0^*=295.976\text{J}\cdot\text{mol}^{-1}\cdot\text{K}^{-1}$；(3) 在有关温度范围内，异丁烷理想气体的热容为：$C_p^*/R=1.7765+33.037\times10^{-3}T$（$T$：K）(4) 异丁烷蒸气压缩因子 Z 的实验数据如表 3-1 所列。

表 3-1 例 3-1 中压缩因子 Z 的实验数据

p/MPa	Z				
	340K	350K	360K	370K	380K
0.01	0.99700	0.99719	0.99737	0.99753	0.99767
0.05	0.98745	0.98830	0.98907	0.98977	0.99040
0.2	0.95895	0.96206	0.96483	0.96730	0.96953
0.4	0.92422	0.93069	0.93635	0.94132	0.94574
0.6	0.88742	0.89816	0.90734	0.91529	0.92223
0.8	0.84575	0.86218	0.87586	0.88745	0.89743
1.0	0.79659	0.82117	0.84077	0.85695	0.87061
1.2	—	0.77310	0.80103	0.82315	0.84134
1.4	—	—	0.75506	0.78531	0.80923
1.541	—	—	0.71727	—	—

解 用式(3-27) 和式(3-28) 求 360K、1.541MPa 时异丁烷的 H^R 和 S^R 时需要对下述两个积分求值，即

$$\int_0^p\left(\frac{\partial Z}{\partial T}\right)_p\frac{\mathrm{d}p}{p} \quad 与 \quad \int_0^p(Z-1)\frac{\mathrm{d}p}{p}$$

图解积分需要 $(\partial Z/\partial T)_p/p$ 和 $(Z-1)/p$ 对 p 作图。$(Z-1)/p$ 值可直接从 360K 的 Z 数据读出，而偏导数 $(\partial Z/\partial T)_p$ 则可由 Z 对 T 图中恒压线的斜率求出。为此，要作不同压力的 Z-T 曲线（不同压力的 Z 已给出)，并求出 360K 时各等压线的斜率（可作切线求值)。图解积分需要的数据列于表 3-2（括号中的值由外推求得)。

表 3-2 例 3-1 图解积分所需数据

p /MPa	$-(Z-1)/p$ /$10^2 \cdot MPa^{-1}$	$(\partial Z/\partial T)_p/p$ /$10^4 \cdot K^{-1} \cdot MPa^{-1}$	p /MPa	$-(Z-1)/p$ /$10^2 \cdot MPa^{-1}$	$(\partial Z/\partial T)_p/p$ /$10^4 \cdot K^{-1} \cdot MPa^{-1}$
0	(25.90)	(17.80)	0.8	15.52	15.60
0.01	24.70	17.00	1.0	15.92	17.77
0.05	21.86	15.14	1.2	16.58	20.73
0.2	17.59	12.93	1.4	17.50	24.32
0.4	15.91	12.90	1.541	(18.35)	(27.20)
0.6	15.44	13.95			

求出两积分之值分别为：

$$\int_0^p \left(\frac{\partial Z}{\partial T}\right)_p \frac{dp}{p} = 26.37 \times 10^{-4} K^{-1}$$

$$\int_0^p (Z-1)\frac{dp}{p} = -0.2596$$

根据式(3-27)，有

$$\frac{H^R}{RT} = -360 \times 26.37 \times 10^{-4} = -0.9493$$

根据式(3-28)，有

$$\frac{S^R}{R} = -0.9493 - (-0.2596) = -0.6897$$

$$R = 8.314 J \cdot mol^{-1} \cdot K^{-1}$$

$$H^R = -0.9493 \times 8.314 \times 360 = -2841.3 J \cdot mol^{-1}$$

$$S^R = -0.6897 \times 8.314 = -5.734 J \cdot mol^{-1} \cdot K^{-1}$$

根据式(3-34e) 与式(3-34f)，可求出平均热容

$$C^*_{pmh}/R = A + BT_{am} = 1.7765 + 33.037 \times 10^{-3} T_{am} \tag{A}$$

$$C^*_{pms}/R = A + BT_{lm} = 1.7765 + 33.037 \times 10^{-3} T_{lm} \tag{B}$$

$$T_{am} = (300+360)/2 = 330K$$

$$T_{lm} = \frac{360-300}{\ln(360/300)} = 329.09K$$

将上述 T_{am}、T_{lm}之值代入式(A)、(B) 可得

$$C^*_{pmh}/R = 12.679, \quad C^*_{pms}/R = 12.649$$

用式(3-32a) 和式(3-33a) 可求出 H 和 S 之值，即

$$\begin{aligned} H &= H_0^* + C^*_{pmh}(T - T_0) + H^R \\ &= 18115.0 + 12.679 \times 8.314 \times (360-300) - 2841.3 \\ &= 21598.5 J \cdot mol^{-1} \end{aligned}$$

$$\begin{aligned} S &= S_0^* + C^*_{pms} \ln\frac{T}{T_0} - R\ln\frac{p}{p_0} + S^R \\ &= 295.976 + 12.649 \times 8.314 \ln\frac{360}{300} - 8.314 \ln 15.41 - 5.734 \\ &= 286.676 J \cdot mol^{-1} \cdot K^{-1} \end{aligned}$$

此例只计算了某一种状态的焓、熵。只要给出相应的 p-V-T 数据，可以计算任何状态的焓、熵。此例指定的 H_0^* 和 S_0^* 值在计算过程中不能随便变更。显然，给出 H_0^* 和 S_0^* 值不同，求得的 H 和 S 值也不同。倘若要计算焓变和熵变，则不受 H_0^* 和 S_0^* 的影响。

3.4.2 用普遍化关联计算剩余性质

以上介绍的热力学性质的计算方法需要流体的热容和 p-V-T 数据，而真实气体的 p-V-

T 数据往往是不足的。而前面提及的普遍化 Z 的关联方法却可应用于剩余性质的计算。

用对比参数

$$p=p_c p_r \qquad T=T_c T_r$$
$$dp=p_c dp_r \qquad dT=T_c dT_r$$

代入式(3-27) 和式(3-28)，就可将其转化为普遍化的形式

$$\frac{H^R}{RT_c}=-T_r^2\int_0^{p_r}\left(\frac{\partial Z}{\partial T_r}\right)_{p_r}\frac{dp_r}{p_r} \tag{3-36}$$

$$\frac{S^R}{R}=-T_r\int_0^{p_r}\left(\frac{\partial Z}{\partial T_r}\right)_{p_r}\frac{dp_r}{p_r}-\int_0^{p_r}(Z-1)\frac{dp_r}{p_r} \tag{3-37}$$

上面两式涉及的变量只有 Z、T_r 和 p_r，因此对于任何给定的 T_r 和 p_r 值，根据普遍化压缩因子 Z 的数据，就可以从上述两式求出 H^R/RT_c 和 S^R/R 的值。

对于 Z 的关联，基于式(2-28a)

$$Z=Z^0+\omega Z^1 \tag{2-28a}$$

恒 p_r 下，对 T_r 求偏导，得

$$\left(\frac{\partial Z}{\partial T_r}\right)_{p_r}=\left(\frac{\partial Z^0}{\partial T_r}\right)_{p_r}+\omega\left(\frac{\partial Z^1}{\partial T_r}\right)_{p_r}$$

式(3-36)和式(3-37)中的 Z 与 $\left(\frac{\partial Z}{\partial T_r}\right)_{p_r}$ 用上面两式代入，得

$$\frac{H^R}{RT_c}=-T_r^2\int_0^{p_r}\left(\frac{\partial Z^0}{\partial T_r}\right)_{p_r}\frac{dp_r}{p_r}-\omega T_r^2\int_0^{p_r}\left(\frac{\partial Z^1}{\partial T_r}\right)_{p_r}\frac{dp_r}{p_r} \tag{3-38}$$

$$\frac{S^R}{R}=-\int_0^{p_r}\left[T_r\left(\frac{\partial Z^0}{\partial T_r}\right)_{p_r}+Z^0-1\right]\frac{dp_r}{p_r}-\omega\int_0^{p_r}\left[T_r\left(\frac{\partial Z^1}{\partial T_r}\right)_{p_r}+Z^1\right]\frac{dp_r}{p_r} \tag{3-39}$$

上述两式右边第一项积分项，对于不同的 T_r 和 p_r 值，可根据图 2-6 和图 2-7 用数值或图解积分求得。在 ω 后面的积分项可根据图 2-8 与图 2-9 用类似的方法求得。若将此两式中的第一项积分值分别用$\frac{(H^R)^0}{RT_c}$和$\frac{(S^R)^0}{R}$表示，第二项积分值相应地用$\frac{(H^R)^1}{RT_c}$和$\frac{(S^R)^1}{R}$表示，则可写成

$$\frac{H^R}{RT_c}=\frac{(H^R)^0}{RT_c}+\omega\frac{(H^R)^1}{RT_c} \tag{3-40}$$

$$\frac{S^R}{R}=\frac{(S^R)^0}{R}+\omega\frac{(S^R)^1}{R} \tag{3-41}$$

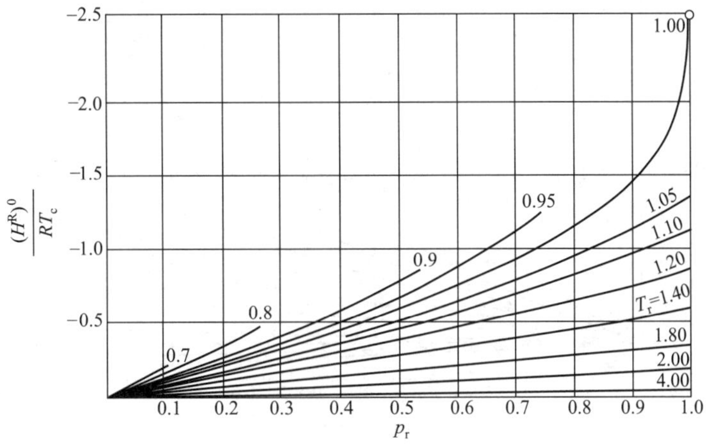

图 3-1 $\frac{(H^R)^0}{RT_c}$普遍化关联（$p_r<1$）

在不同的 T_r 和 p_r 下求得$\frac{(H^R)^0}{RT_c}$、$\frac{(H^R)^1}{RT_c}$、$\frac{(S^R)^0}{R}$、$\frac{(S^R)^1}{R}$值已标绘在图 3-1 至图 3-8 中。这些图都是上述诸项分别在各恒定的 T_r 时对 p_r 标绘的。将这些图与式(3-40) 和式(3-41) 联合应用，就可以求出 H^R 和 S^R 之值。显然，此计算方法是以 Pitzer 提出的三参数对应状态原理为基础的。

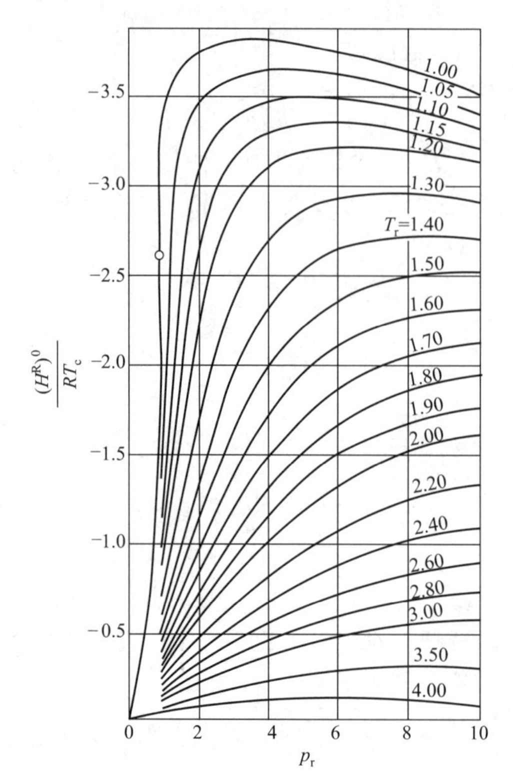

图 3-2 $\frac{(H^R)^0}{RT_c}$普遍化关联（$p_r>1$）

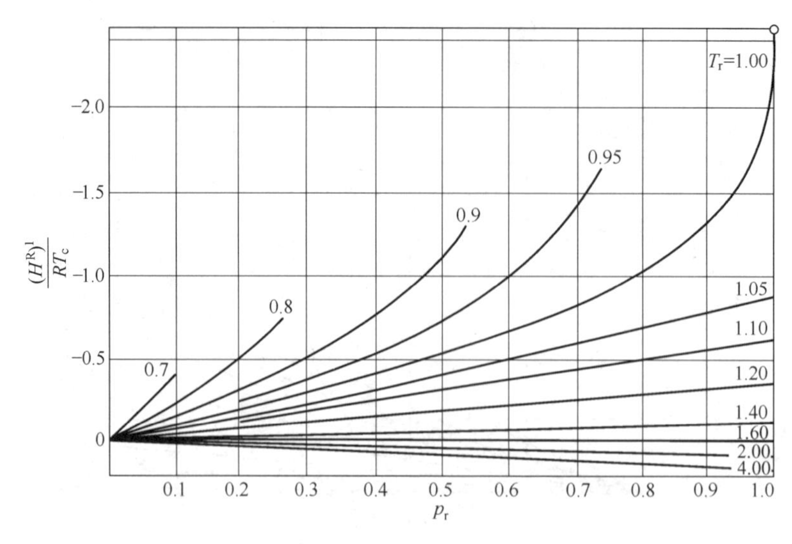

图 3-3 $\frac{(H^R)^1}{RT_c}$普遍化关联（$p_r<1$）

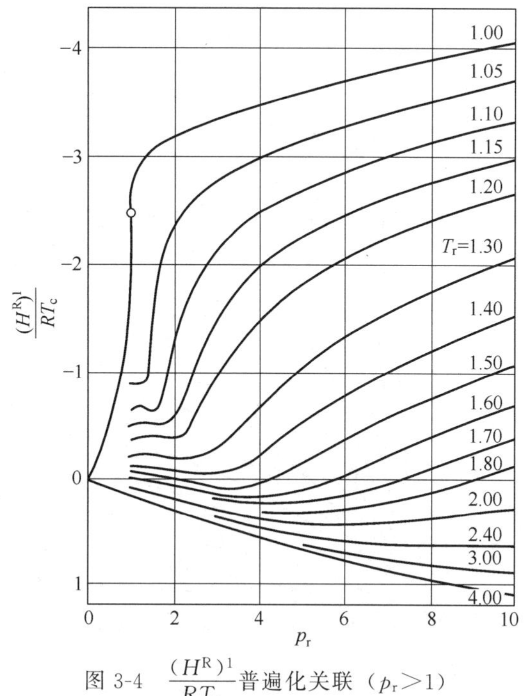

图 3-4 $\frac{(H^R)^1}{RT_c}$普遍化关联（$p_r>1$）

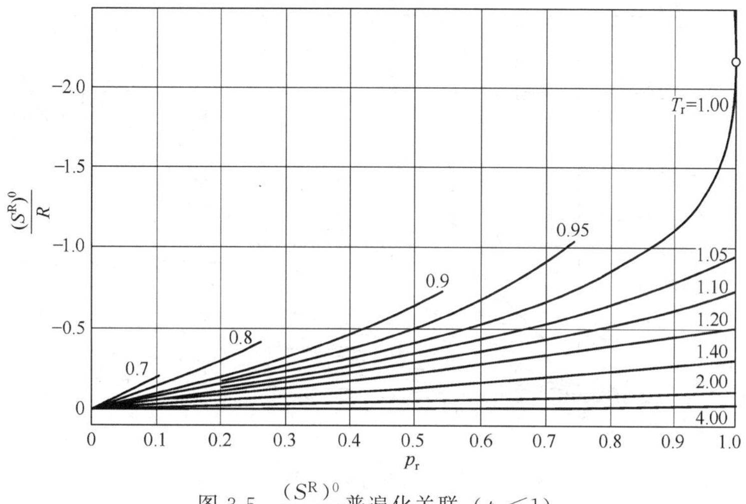

图 3-5 $\frac{(S^R)^0}{R}$普遍化关联（$p_r<1$）

与普遍化压缩因子关联相似，由于复杂的函数关系使得$\frac{(H^R)^0}{RT_c}$、$\frac{(H^R)^1}{RT_c}$、$\frac{(S^R)^0}{R}$、$\frac{(S^R)^1}{R}$无法用简单的方程式表达。但在低压下普遍化维里系数对 Z 的关联方法对于剩余性质仍然适用。B^0 和 B^1 与 Z 的关联式为式(2-7) 和式(2-29)，将两式合并，即为式(2-30)

$$Z=1+B^0\frac{p_r}{T_r}+\omega B^1\frac{p_r}{T_r} \tag{2-30}$$

由式(2-30) 对 T_r 微分得

$$\left(\frac{\partial Z}{\partial T_r}\right)_{p_r}=p_r\left(\frac{dB^0/dT_r}{T_r}-\frac{B^0}{T_r^2}\right)+\omega p_r\left(\frac{dB^1/dT_r}{T_r}-\frac{B^1}{T_r^2}\right)$$

将上式和式(2-30) 代入式(3-36)、式(3-37)，可得

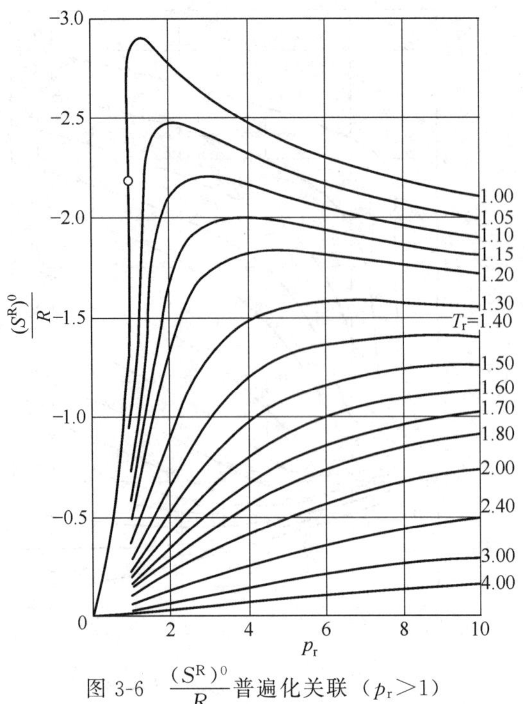

图 3-6 $\frac{(S^R)^0}{R}$普遍化关联（$p_r>1$）

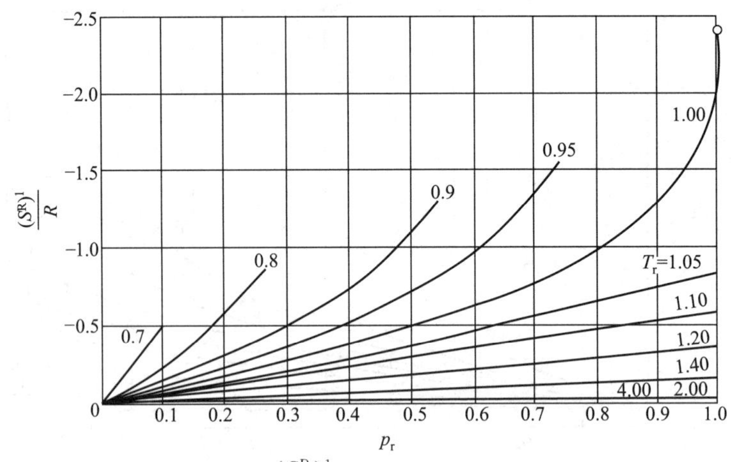

图 3-7 $\frac{(S^R)^1}{R}$普遍化关联（$p_r<1$）

$$\frac{H^R}{RT_c}=-T_r\int_0^{p_r}\left[\left(\frac{dB^0}{dT_r}-\frac{B^0}{T_r}\right)+\omega\left(\frac{dB^1}{dT_r}-\frac{B^1}{T_r}\right)\right]dp_r \tag{3-42}$$

$$\frac{S^R}{R}=-\int_0^{p_r}\left(\frac{dB^0}{dT_r}-\omega\frac{dB^1}{dT_r}\right)dp_r \tag{3-43}$$

由于 B^0 和 B^1 仅是温度的函数，在恒温下积分可得

$$\frac{H^R}{RT_c}=p_r\left[B^0-T_r\frac{dB^0}{dT_r}+\omega\left(B^1-T_r\frac{dB^1}{dT_r}\right)\right] \tag{3-44}$$

$$\frac{S^R}{R}=-p_r\left(\frac{dB^0}{dT_r}+\omega\frac{dB^1}{dT_r}\right) \tag{3-45}$$

B^0 和 B^1 与温度的关系由式(2-31a) 和式(2-31b) 给出。他们对 T_r 求导也比较简便，下面四式可直接应用于式(3-44) 和式(3-45) 的计算。

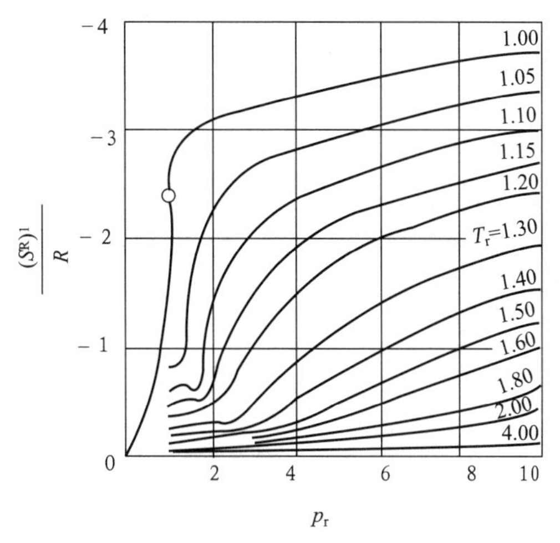

图 3-8 $\frac{(S^R)^1}{R}$ 普遍化关联（$p_r>1$）

$$B^0=0.083-\frac{0.422}{T_r^{1.6}} \tag{2-31a}$$

$$\frac{dB^0}{dT_r}=\frac{0.675}{T_r^{2.6}} \tag{3-46}$$

$$B^1=0.139-\frac{0.172}{T_r^{4.2}} \tag{2-31b}$$

$$\frac{dB^1}{dT_r}=\frac{0.722}{T_r^{5.2}} \tag{3-47}$$

根据式(3-32a) 和式(3-33a)，H^R、S^R 普遍化关联和理想气体热容联合应用可以求出任何温度和压力下的焓、熵值。设某物系从状态 1 变到状态 2，用式(3-32a) 分别写出这两个状态的焓值

$$H_2=H_0^*+C_{pmh}^*(T_2-T_0)+H_2^R$$
$$H_1=H_0^*+C_{pmh}^*(T_1-T_0)+H_1^R$$

过程的焓变为上述两式之差，即 $\Delta H=H_2-H_1$

$$\Delta H=C_{pmh}^*(T_2-T_1)+H_2^R-H_1^R \tag{3-48}$$

同样，也有

$$\Delta S=C_{pms}^*\ln\frac{T_2}{T_1}-R\ln\frac{p_2}{p_1}+S_2^R-S_1^R \tag{3-49}$$

上面两式右边诸项可以与物系从初态到达终态的计算途径进行联系，详见图 3-9。实际过程是 1→2（用虚线表示），可以设想用三步计算途径来实现 1→2。1→1* 表示在 T_1 和 p_1 下由真实气体转化为理想气体，这是虚拟的，其焓变与熵变为

$$H_1^*-H_1=-H_1^R$$
$$S_1^*-S_1=-S_1^R$$

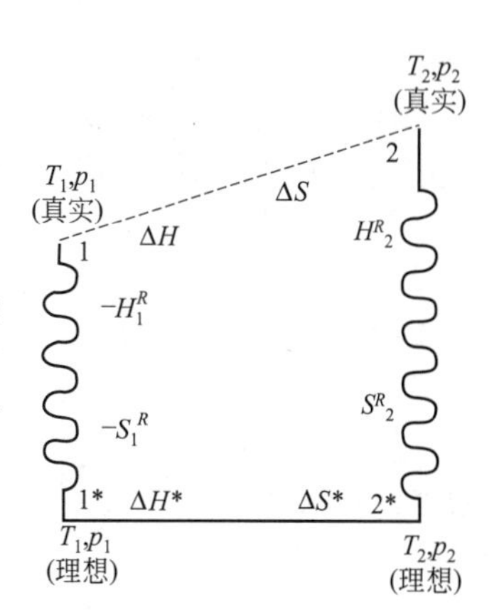

图 3-9 ΔH 与 ΔS 的计算途径

1*→2* 是理想气体从状态 1*（T_1, p_1）到达状态 2*（T_2, p_2），此过程的焓变与熵变为

$$\Delta H^*=H_2^*-H_1^*=C_{pmh}^*(T_2-T_1) \tag{3-50}$$

$$\Delta S^*=S_2^*-S_1^*=C_{pmh}^*\ln\frac{T_2}{T_1}-R\ln\frac{p_2}{p_1} \tag{3-51}$$

最后 $2^* \rightarrow 2$，在 T_2、p_2 下由理想气体回到真实气体，这也是虚拟的，其焓变、熵变分别为

$$H_2 - H_2^* = H_2^{\mathrm{R}}$$

$$S_2 - S_2^* = S_2^{\mathrm{R}}$$

分别将这三个步骤的焓变、熵变相加，即为式(3-48) 和式(3-49)。

【例 3-2】 例 3-1 中分别利用式(3-27) 和式(3-28) 计算 H^{R} 和 S^{R}，要用图解积分，颇为繁琐，现试用普遍化关联法进行计算，并比较两种方法所得结果。

解 从附表查出异丁烷的物性数据：$T_c=408.1\mathrm{K}$，$p_c=3.65\mathrm{MPa}$，$\omega=0.176$。

$$T_r=\frac{360}{408.1}=0.882, p_r=\frac{1.541}{3.65}=0.422$$

随后从图 3-1 得 $\frac{(H^{\mathrm{R}})^0}{RT_c}=-0.7$，从图 3-3 得 $\frac{(H^{\mathrm{R}})^1}{RT_c}=-0.8$

按式(3-40) 有

$$\frac{H^{\mathrm{R}}}{RT_c}=-(0.7+0.176\times0.8)=-0.8408$$

则

$$H^{\mathrm{R}}=-0.8408\times8.314\times408.1=-2852.8\mathrm{J\cdot mol^{-1}}$$

再从图 3-5 得 $\frac{(S^{\mathrm{R}})^0}{R}=-0.5$，从图 3-7 得 $\frac{(S^{\mathrm{R}})^1}{R}=-0.83$

按式(3-41) 有

$$\frac{S^{\mathrm{R}}}{R}=-(0.5+0.176\times0.83)=-0.6461$$

则 $S^{\mathrm{R}}=-0.6461\times8.314=-5.372\mathrm{J\cdot mol^{-1}\cdot K^{-1}}$

比较两种方法的所得结果，相当接近，但普遍化关联法要简便得多。

【例 3-3】 试估算正丁烷在 333.15K 时的饱和蒸气和液体的摩尔体积、焓、熵等。已知正丁烷的标准沸点 T_b 为 272.67K，333.15K 时正丁烷的蒸气压为 6.394bar (6.31atm)，并设在 101.33kPa 和 273.15K 时理想气体状态的正丁烷的焓、熵值都为零。

解 查附表 1 得正丁烷物性数据：$p_c=3.8\mathrm{MPa}$，$V_c=255\mathrm{cm^3\cdot mol^{-1}}$，$T_c=425.3\mathrm{K}$，$\omega=0.193$。

将 101.33kPa 和 273.15K 时设为状态 1，333.15K 和 0.6394MPa 时为状态 2。

(1) 饱和蒸气的体积、焓和熵

$$(p_r)_2=\frac{0.6394}{3.8}=0.168, (T_r)_2=\frac{333.15}{425.3}=0.784$$

从图 2-6 查得 $Z^0=0.875$，从图 2-8 查得 $Z^1=-0.10$

按式(2-28a) 有

$$Z=0.875+0.193\times(-0.1)=0.873$$

则饱和蒸气体积

$$V_2=\frac{0.873\times82.06\times333.15}{6.31}=3596\mathrm{cm^3\cdot mol^{-1}}$$

按式(3-50)，$\Delta H^*=H_2^*-H_1^*=C_{pmh}^*(T_2-T_1)$，因 $H_1^*=0$，则

$$\Delta H^*=H_2^*=C_{pmh}(T_2-T_1), T_{am}=\frac{333.15+273.15}{2}=303.15\mathrm{K}$$

式中 $C_{pmh}=A+BT+CT^2$，A、B、C 可从附表 2 查得，故按式(3-34e) 得

$$C_{pmh}^{*}=8.314\left[1.936+36.915\times303.15\times10^{-3}-\frac{11.402\times10^{-6}}{3}(4\times303.15^{2}-333.15\times273.15)\right]$$

$$=100.40\text{J}\cdot\text{mol}^{-1}\cdot\text{K}^{-1}$$

$$H_2^{*}=100.40\times(333.15-273.15)=6024\text{J}\cdot\text{mol}^{-1}$$

按例 3-2 中所述方法，从图 3-1 和图 3-3 分别查得 $\left(\frac{H^{R}}{RT_c}\right)^0$ 和 $\left(\frac{H^{R}}{RT_c}\right)^1$ 后，再按式(3-40)可得

$$\frac{H_2^{R}}{RT_c}=-(0.34+0.193\times0.5)=-0.437$$

$$H_2^{R}=-8.314\times425.2\times0.437=-1545\text{J}\cdot\text{mol}^{-1}$$

则 $$H_2=H_2^{*}+H_2^{R}=6024-1545=4479\text{J}\cdot\text{mol}^{-1}$$

同理，可得 $$S_2=S_2^{*}+S_2^{R}$$

按式(3-34f) $$C_{pms}^{*}=8.314[1.935+36.915\times10^{-3}\times T_{lm}-(11.402\times10^{-6})T_{lm}T_{am}]$$

式中 $T_{am}=303.15\text{K}$，$T_{lm}=\dfrac{313.15-273.15}{\ln\dfrac{313.15}{273.15}}=301.5\text{K}$

代入上式计算后得 $C_{pms}^{*}=99.96\text{J}\cdot\text{mol}^{-1}\cdot\text{K}^{-1}$

按式(3-51)，$S_2^{*}=99.96\ln\dfrac{333.15}{273.15}-8.314\ln\dfrac{0.6394}{0.10133}=4.534\text{J}\cdot\text{mol}^{-1}\cdot\text{K}^{-1}$

从图 3-5 和图 3-7 分别查得 $\left(\frac{S_2^{R}}{R}\right)^0=-0.25$，$\left(\frac{S_2^{R}}{R}\right)^1=-0.42$

按式(3-41)，$\dfrac{S_2^{R}}{R}=-(0.25+0.193\times0.42)=-0.332$

故 $$S_2^{R}=-0.332\times8.314=-2.760\text{J}\cdot\text{mol}^{-1}\cdot\text{K}^{-1}$$

$$S_2=4.534-2.760=1.774\ \text{J}\cdot\text{mol}^{-1}\cdot\text{K}^{-1}$$

以上所得的 H_2 和 S_2 分别为 333.15K 和 0.6394MPa 时正丁烷饱和蒸气的焓和熵。

(2) 饱和液体的体积、焓和熵　用 Rackett 方程式(2-49) 计算 V_2^{SL}。

$$V_2^{SL}=V_cZ_c^{(1-T_r)^{0.2857}}$$

式中 $$Z_c=\frac{38/1.0133\times255}{82.06\times425.3}=0.272$$

$$V_2^{SL}=255\times0.272^{(1-0.784)^{0.2857}}=110.05\text{cm}^3\cdot\text{mol}^{-1}$$

此即 333.15K 和 0.6394MPa 时正丁烷饱和液体的体积。

用 Riedel 推荐的方程计算标准沸点下的汽化焓

$$\frac{\Delta H^{LV}}{T_bR}=\frac{1.093(\ln p_c-1.013)}{0.930-T_{rb}}\tag{A}$$

式中 p_c 的单位是 bar，$T_{rb}=\dfrac{272.67}{425.3}=0.6412$，将以上数据代入式(A)，得

$$\frac{\Delta H^{LV}}{272.67\times8.314}=\frac{1.093(\ln38-1.013)}{0.930-0.6412}$$

$$\Delta H^{LV}=272.67\times8.314\times9.933=22518.1\text{J}\cdot\text{mol}^{-1}$$

用 Watson 推荐的方程计算 333.15K 下的汽化焓

$$\frac{\Delta H_2^{\mathrm{LV}}}{\Delta H_{\mathrm{b}}^{\mathrm{LV}}}=\left(\frac{1-T_{\mathrm{r}}}{1-T_{\mathrm{rb}}}\right)^{0.38}=\left(\frac{1-0.784}{1-0.6412}\right)^{0.38}$$

$$\Delta H_2^{\mathrm{LV}}=22518.1\times 0.8246=18568.4\mathrm{J}\cdot\mathrm{mol}^{-1}$$

$$H_2^{\mathrm{L}}=H_2^{\mathrm{V}}-\Delta H_2^{\mathrm{LV}}=4479-18568.4=-14089.4\mathrm{J}\cdot\mathrm{mol}^{-1}$$

$$S_2^{\mathrm{L}}=S_2^{\mathrm{V}}-\Delta S_2^{\mathrm{LV}}=1.774-\frac{18568.4}{333.15}=-53.96\mathrm{J}\cdot\mathrm{mol}^{-1}\cdot\mathrm{K}^{-1}$$

所得 H_2^{L}、S_2^{L} 分别为 333.15K 和 0.6394MPa 时正丁烷饱和液体的焓、熵。

3.4.3 用状态方程计算剩余性质

以上对剩余性质的求得要用查图的方法，虽较简便，但图的精准性欠佳，当然希望能用数值估算来得出式(3-26)～式(3-28) 中的积分，这就会想到利用 EoS 来完成，但所用的 EoS 必须是以 V 为显函数的方程，即以 p 和 T 为独立变量。这类方程形式在立方型 EoS 中并不常见，但容易想到维里方程能完成此项任务。

3.4.3.1 维里方程式

由第 2 章中可知，可用第二维里系数 B 来表达压缩因子，即

$$Z-1=\frac{Bp}{RT} \tag{2-7}$$

将式(2-7) 代入式(3-26) 后，可得

$$\frac{G^{\mathrm{R}}}{RT}=\int_0^p\frac{B}{RT}\mathrm{d}p=\frac{Bp}{RT} \tag{3-52}$$

将式(3-52) 对 T 微分，并结合式(3-24)，则

$$\frac{H^{\mathrm{R}}}{RT}=-T\left(\frac{p}{R}\right)\left(\frac{1}{T}\frac{\mathrm{d}B}{\mathrm{d}T}-\frac{B}{T^2}\right)=\frac{p}{R}\left(\frac{B}{T}-\frac{\mathrm{d}B}{\mathrm{d}T}\right) \tag{3-53}$$

将式(3-52) 和式(3-53) 代入式(3-25)，得

$$\frac{S^{\mathrm{R}}}{R}=-\frac{p}{R}\frac{\mathrm{d}B}{\mathrm{d}T} \tag{3-54}$$

式(3-52)～式(3-54) 乃是用二项截断维里方程导出的剩余性质的计算方程，或者也可说为用第二维里方程系数描述的剩余性质的函数表达式，适用于较低压力条件下来计算剩余性质。

Van Ness 和 Abbott❶ 给出了从三项截断维里方程导出的 H^{R} 和 S^{R} 的表达式

$$H^{\mathrm{R}}=RT^2\left[\left(\frac{B}{T}-\frac{\mathrm{d}B}{\mathrm{d}T}\right)\rho+\left(\frac{C}{T}-\frac{1}{2}\frac{\mathrm{d}C}{\mathrm{d}T}\right)\rho^2\right] \tag{3-55}$$

$$S^{\mathrm{R}}=-RT\left[\left(\frac{\mathrm{d}B}{\mathrm{d}T}+\frac{B}{T}\right)\rho+\frac{1}{2}\left(\frac{\mathrm{d}C}{\mathrm{d}T}+\frac{C}{T}\right)\rho^2\right]+R\ln Z \tag{3-56}$$

按式(3-25)，则 G^{R} 的表达式为

$$G^{\mathrm{R}}=RT(2B\rho+1.5C\rho^2)-RT\ln Z \tag{3-57}$$

式中，C 为第三维里系数；ρ 为密度。由于 C 的引入，式(3-55)～式(3-57) 可在较高的压力下应用。比较式(3-52)～式(3-54) 与式(3-55)～式(3-57) 发现，当 T 和 p 给定后，并已知 B 和 T 的函数关系，则式(3-52)～式(3-54) 就直接可用来计算剩余性质，但在式(3-55)～式(3-57) 的运用中则还需知道 C 和 T 的函数关系外，尚要先来估算出 Z 和 ρ 的值，一般 Z 和 ρ 的关系可用 (2-8) 式来表示，即

❶ Van Ness H C, Abbott M M. Classical Thermodynamics of Nonelectrolyte Solution. New York: Mc Graw-Hill, 1982: 128-129.

$$Z=1+B\rho+C\rho^2 \tag{2-8}$$

若 T 和 p 的值已知，则在估算 Z 或 ρ 时将会首先用到上式。

3.4.3.2　立方型状态方程

第 2 章中所介绍的 vdW、RK、SRK 和 PR 方程无一不是以 V、T 为独立变量的方程，运用此类以 p 为显函数的表达式是有其原因的，用个常见的例子加以说明，譬如在 100℃和 101325Pa 下的水会有两个完全不同的平衡态：饱和蒸气和液态水。在恒定压力和温度下，体积显函数表达式只能给出一个体积 V 值，但在同样的 p、T 条件下，能适用气液两相的压力显函数表达式却能给出两个体积值。这对用 EoS 来计算相关的相平衡问题，至关重要。但要将以 p 为显函数表达式来计算剩余性质，如用式(3-26)～式(3-28) 会有困难，必须要将式(3-26)～式(3-28) 转换成以 T、$V(\rho)$ 为独立变量的函数式。

从实用角度看，用 T、ρ 为独立变量似乎更为方便，可以通过以下方式进行转换。

$$p=\frac{1}{V}ZRT=\rho ZRT \tag{3-58}$$

在等温下进行微分

$$\mathrm{d}p=RT(\rho\mathrm{d}Z+Z\mathrm{d}\rho)\quad（恒\ T）$$

并用 $RT=\dfrac{p}{\rho Z}$ 代入上式，改写成

$$\frac{\mathrm{d}p}{p}=\frac{\mathrm{d}Z}{Z}+\frac{\mathrm{d}\rho}{\rho}\quad（恒\ T） \tag{3-59}$$

将式(3-59) 代入式(3-26)，得

$$\frac{G^{\mathrm{R}}}{RT}=\int_0^{\rho}(Z-1)\frac{\mathrm{d}\rho}{\rho}+Z-1-\ln Z \tag{3-60}$$

式(3-60) 在等温下积分，当 $p\to 0$，$\rho\to 0$。Smith、Van Ness 和 Abbott 已给出了$\dfrac{H^{\mathrm{R}}}{RT}$的 T 与 ρ 函数式，即

$$\frac{H^{\mathrm{R}}}{RT}=-T\int_0^{\rho}\left(\frac{\partial Z}{\partial T}\right)_{\rho}\frac{\mathrm{d}\rho}{\rho}+Z-1 \tag{3-61}$$

再从式(3-25) 结合式(3-60) 和式(3-61) 可得出$\dfrac{S^{\mathrm{R}}}{R}$的表达式

$$\frac{S^{\mathrm{R}}}{R}=-T\int_0^{\rho}\left(\frac{\partial Z}{\partial T}\right)_{\rho}\frac{\mathrm{d}\rho}{\rho}-\int_0^{\rho}(Z-1)\frac{\mathrm{d}\rho}{\rho}+\ln Z \tag{3-62}$$

式(3-60)～式(3-62) 给出了以 ρ、T 为独立变量的剩余性质表达式。

若用立方型 EoS 计算剩余性质，必须坚持各种具体的 EoS 结合式(3-60)～式(3-62) 进行，但具体的立方型 EoS 形式众多，可以得出许多不同的剩余性质的函数表达式，不仅表现形式不够集中，查阅也不方便，因此在 Smith 等的名著中采用了通式来表达立方型 EoS，具体形式为

$$p=\frac{RT}{V-b}-\frac{a(T)}{(V+\varepsilon b)(V+\sigma b)} \tag{3-63a}$$

针对不同的 EoS，式中的参数会有所不同，这在表 3-3 中列出。若式(3-63a) 乘以$\dfrac{V-b}{p}$后，则可写成

$$V=\frac{RT}{p}+b-\frac{a(T)}{p}\frac{V-b}{(V+\varepsilon b)(V+\sigma b)} \tag{3-63b}$$

式(3-63) 可以用解析法求解，但一般用迭代法更为常见。

表 3-3 式(3-63) 中诸参数经指定后，分别形成相对应的常见立方型 EoS

立方型 EoS	$\alpha(T_r)$	σ	ε	Ω_a	Ω_b	Z_c
vdW	1	0	0	27/64	1/8	3/8
RK	$T_r^{-\frac{1}{2}}$	1	0	0.42748	0.08664	1/3
SRK	$\alpha_{SRK}(T_r,\omega)$	1	0	0.42748	0.08664	1/3
PR	$\alpha_{PR}(T_r,\omega)$	$1+\sqrt{2}$	$1-\sqrt{2}$	0.45724	0.07779	0.30740

从式(3-60)～式(3-62) 知，要用立方型 EoS 来计算剩余性质，需要有相关的表达式。若将式(3-63a) 除以 ρRT，并用 $1/\rho$ 代替 V，则得

$$Z=\frac{1}{1-\rho b}-q\frac{\rho b}{(1+\varepsilon\rho b)(1+\sigma\rho b)} \tag{3-64}$$

式中

$$q=\frac{a(T)}{bRT}=\frac{\Omega_a\alpha(T_r)}{\Omega_b T_r} \tag{3-65}$$

有了式(3-64)，就可相应的写出 $\left(\frac{\partial Z}{\partial T}\right)_\rho$ 的表达式，从而按式(3-60)～式(3-62) 推导出用立方型 EoS 通式来计算剩余性质的方程。

$$\frac{G^R}{RT}=Z-1-\ln(Z-\beta)-qI \tag{3-66}$$

$$\frac{H^R}{RT}=Z-1+\left[\frac{\mathrm{d}\ln\alpha(T_r)}{\mathrm{d}\ln T_r}-1\right]qI \tag{3-67}$$

$$\frac{S^R}{R}=\ln(Z-\beta)+\frac{\mathrm{d}\ln\alpha(T_r)}{\mathrm{d}\ln T_r}qI \tag{3-68}$$

式中，除 q 由式(3-65) 表达外，其余的参数为

$$\beta=\frac{bp}{RT}=\Omega_b\frac{p_r}{T_r} \tag{3-69}$$

I 可分为两种情况

当 $\varepsilon\neq\sigma$

$$I=\frac{1}{\sigma-\varepsilon}\ln\left(\frac{1+\sigma\rho b}{1+\varepsilon\rho b}\right)=\frac{1}{\sigma-\varepsilon}\ln\left(\frac{Z+\sigma\beta}{Z+\varepsilon\beta}\right) \tag{3-70}$$

当 $\varepsilon=\sigma$

$$I=\frac{\rho b}{1+\varepsilon\rho b}=\frac{\beta}{Z+\varepsilon\beta} \tag{3-71}$$

自此，可按式(3-66)～式(3-68) 用立方型 EoS 来计算流体的剩余性质。

【例 3-4】 试用 RK 方程估算 25MPa 和 410K 时 CO_2 的 H^R、S^R 和 G^R。

解 查附表 1 得 CO_2 的 $p_c=7.375\text{MPa}$，$T_c=304.2\text{K}$

$$p_r=\frac{25}{7.375}=3.3898,\quad T_r=\frac{410}{304.2}=1.3478$$

从表 3-3 知：$\alpha(T_r)=T_r^{-\frac{1}{2}}$，$\Omega_a=0.42748$，$\Omega_b=0.08664$

按式(3-65) 得

$$q=\frac{0.42748}{0.08664(1.3478)^{1.5}}=3.1533$$

按式(3-69) 得

$$\beta=0.08664\times\frac{3.3898}{1.3478}=0.2179$$

从式(3-63b) 可导得 Z 的表达式(读者可自行推导)，如式(A) 所示

$$Z=1+\beta-q\beta\frac{Z-\beta}{(Z+\varepsilon\beta)(Z+\sigma\beta)} \tag{A}$$

然后将 q、β 的数值代入式(A)，又因题意规定采用 RK 方程，故 $\varepsilon=0$，$\sigma=1$，则

$$Z=1+0.2179-3.1533\times0.2179\frac{Z-0.2179}{Z(Z+0.2179)}$$

$$=1.2179-0.6871\frac{Z-0.2179}{Z(Z+0.2179)} \tag{B}$$

用迭代法来求解方程 (B)，经数次迭代后，得 $Z=0.7031$。

由于 $$\ln\alpha(T_r)=\ln T_r^{-\frac{1}{2}}=-\frac{1}{2}\ln T_r$$

微分得 $$\frac{d\ln\alpha(T_r)}{d\ln T_r}=-\frac{1}{2}$$

因 $\varepsilon\neq\sigma$，则按式(3-70)，有

$$I=\frac{1}{1-0}\ln\frac{0.7031+0.2179}{0.7031}=0.2700$$

得到参数 β、Z、q、I 和 $\frac{d\ln\alpha\ (T_r)}{d\ln T_r}$ 等的数值后，可分别用式(3-66)～式(3-68) 计算 H^R、S^R、G^R。

$$\frac{H^R}{RT}=0.7031-1+(-0.5-1)\times3.1533\times0.2700=-1.574$$

$$H^R=-1.574\times8.314\times410=-5365.4\text{J}\cdot\text{mol}^{-1}$$

$$\frac{S^R}{R}=\ln(0.7031-0.2179)+(-0.5)\times3.1533\times0.2700=-1.1489$$

$$S^R=-1.1489\times8.314=-9.557\text{J}\cdot\text{mol}^{-1}\cdot\text{K}^{-1}$$

$$\frac{G^R}{RT}=-0.7031-1-\ln(0.7031-0.2179)-3.1533\times0.27=-0.4751$$

$$G^R=-0.4751\times8.314\times410=-1449\text{J}\cdot\text{mol}^{-1}\cdot\text{K}^{-1}$$

验算：$S^R=\frac{H^R-G^R}{T}=\frac{-5365.4-(-1449)}{410}=-9.552\text{J}\cdot\text{mol}^{-1}\cdot\text{K}^{-1}$，与从式(3-68) 计算的结果相符。

3.5 液体的热力学性质

3.5.1 以 T 和 p 为变量表达焓变和熵变

当式(3-30) 和式(3-31) 应用于气体时，计算得出的剩余性质 H^R 和 S^R 之值是比较小的。相对于数值较大的 H^* 和 S^* 而言，只是一个修正值而已 (见例 3-1)。然而对于液体，剩余性质的方法却丧失其优点，这是由于液体的 H^R 和 S^R 中包含了汽化过程较大的焓变和熵变值。因此对液体通常采用下面介绍的方法计算焓变和熵变。

流体体积膨胀系数 β 的定义为

$$\beta=\frac{1}{V}\left(\frac{\partial V}{\partial T}\right)_p \tag{3-72}$$

式(3-6d) 和式(3-9) 用 β 表达时可消去 $\left(\frac{\partial V}{\partial T}\right)_p$ 项，即

$$\left(\frac{\partial S}{\partial p}\right)_T=-\beta V \tag{3-73}$$

$$\left(\frac{\partial H}{\partial p}\right)_T=(1-\beta T)V \tag{3-74}$$

液体的状态远离临界点，V 和 β 都较小，通常认为压力对液体的焓、熵、内能等的影响都小。但由式(3-73) 和式(3-74) 知，压力的影响，特别是在高压下，还是应该计及的。式(3-10) 和式(3-11) 中的 $\left(\frac{\partial V}{\partial T}\right)_p$ 用 β 代入，可得

$$\mathrm{d}H=C_p\mathrm{d}T+V(1-\beta T)\mathrm{d}p \tag{3-75}$$

$$\mathrm{d}S=C_p\frac{\mathrm{d}T}{T}-\beta V\mathrm{d}p \tag{3-76}$$

用以上两式可用来计算液体的焓变和熵变。由于液体的 β 和 V 是 p 的弱函数，积分时常取其平均值简化计算。

3.5.2 以 *T* 和 *V* 为变量表达内能、熵的变化

对内能和熵的变化，采用 T 和 V 为独立变量会更方便。根据式(3-1) 可写出

$$\left(\frac{\partial U}{\partial T}\right)_V=T\left(\frac{\partial S}{\partial T}\right)_V \quad 和 \quad \left(\frac{\partial U}{\partial V}\right)_T=T\left(\frac{\partial S}{\partial V}\right)_T-p$$

根据 C_V 的定义可将上面左边的方程写成

$$\left(\frac{\partial S}{\partial T}\right)_V=\frac{C_V}{T} \tag{3-77}$$

将式(3-6c) 代入上面右边方程得

$$\left(\frac{\partial U}{\partial V}\right)_T=T\left(\frac{\partial p}{\partial T}\right)_V-p \tag{3-78}$$

因 $U=U(T, V)$，$S=S(T, V)$

故

$$\mathrm{d}U=\left(\frac{\partial U}{\partial T}\right)_V\mathrm{d}T+\left(\frac{\partial U}{\partial V}\right)_T\mathrm{d}V \tag{3-79}$$

$$\mathrm{d}S=\left(\frac{\partial S}{\partial T}\right)_V\mathrm{d}T+\left(\frac{\partial S}{\partial V}\right)_T\mathrm{d}V \tag{3-80}$$

将 C_V 的定义式和式(3-78) 代入式(3-79)，得

$$\mathrm{d}U=C_V\mathrm{d}T+\left[T\left(\frac{\partial p}{\partial T}\right)_V-p\right]\mathrm{d}V \tag{3-81}$$

将式(3-77) 和式(3-6c) 代入式(3-80)，得

$$\mathrm{d}S=C_V\frac{\mathrm{d}T}{T}+\left(\frac{\partial p}{\partial T}\right)_V\mathrm{d}V \tag{3-82}$$

式(3-81) 和式(3-82) 就是以 T、V 为变量来表达内能、熵的变化。为了进一步计算，再引入另一个热力学参数，等温压缩率 (isothermal compressibility) κ，其定义式为

$$\kappa=-\frac{1}{V}\left(\frac{\partial V}{\partial p}\right)_T \tag{3-83}$$

由于 $\left(\frac{\partial p}{\partial T}\right)_V\left(\frac{\partial T}{\partial V}\right)_p\left(\frac{\partial V}{\partial p}\right)_T=-1$，将 β 与 κ 的定义代入上式，得

$$\left(\frac{\partial p}{\partial T}\right)_V=\frac{\beta}{\kappa} \tag{3-84}$$

将式(3-84) 代入式(3-81) 和式(3-82)，得

$$dU=C_V dT+\left(\frac{\beta T}{\kappa}-p\right)dV \tag{3-85}$$

$$dS=C_V\frac{dT}{T}+\frac{\beta}{\kappa}dV \tag{3-86}$$

若拥有 C_V、β 和 κ 的数据就能用式(3-85) 和式(3-86) 计算内能、熵的变化。

在石油炼制和生产中轻烃的液体体积性质有特殊意义，如不同条件下贮罐、容器设计和过程模拟中都有应用，因此这方面的研究论文不少，Pecar 和 Dolecek[1] 详细测定了在不同温度和压力下的正戊烷、正己烷和正庚烷及其相应的二元和三元混合物的密度等，共 990 组数据，不同组成的数据点遍及三元相图。现将三种纯物质的 ρ、κ 和 β 数据示于表 3-4 中。由该表知，在相同的实验条件下，正戊烷的密度最小，正己烷居中，正庚烷具有最大的密度。三种烷烃 β 和 κ 的值随压力升高而下降，随温度上升而增加。此外，也可知晓该三种轻烷烃的 β 和 κ 值都比较小，故可认为其压缩性和膨胀度都不大。但真正的不可压缩流体 (incompressible fluid)，β 和 κ 值却都应为零。有关其他混合物的 ρ、κ 和 β 数据可参见原文献。

表 3-4 不同温度和压力时正-戊烷、正-己烷和正-庚烷的密度、等压膨胀系数和等温压缩率

p/MPa	T=298.15K			T=323.15K			T=348.15K		
	ρ /kg·m^{-3}	κ /10^{-4}MPa^{-1}	β /10^{-3}K^{-1}	ρ /kg·m^{-3}	κ /10^{-4}MPa^{-1}	β /10^{-3}K^{-1}	ρ /kg·m^{-3}	κ /10^{-4}MPa^{-1}	β /10^{-3}K^{-1}
	正-戊烷								
0.1	621.49	20.10	1.57	595.44	28.39	1.85	566.84	39.38	2.09
10	632.98	17.07	1.38	610.19	21.67	1.56	585.70	27.96	1.72
20	643.21	14.80	1.29	622.06	17.76	1.39	600.16	21.76	1.48
30	651.93	12.87	1.12	632.58	15.74	1.26	612.41	18.33	1.37
40	660.06	11.44	1.03	642.18	14.53	1.16	622.89	16.28	1.27
	正-己烷								
0.1	655.16	16.09	1.37	632.63	21.76	1.54	606.57	28.20	1.69
10	665.01	14.14	1.23	643.89	17.43	1.36	621.56	21.69	1.47
20	674.03	12.58	1.16	654.14	14.78	1.23	633.76	17.75	1.30
30	681.85	11.14	1.03	663.68	13.43	1.13	644.46	15.43	1.22
40	689.27	10.03	0.96	672.10	12.61	1.06	653.83	13.95	1.15
	正-庚烷								
0.1	679.68	13.77	1.25	657.80	18.02	1.37	634.83	22.63	1.48
10	688.51	12.36	1.13	668.56	14.97	1.22	647.72	18.27	1.31
20	696.73	11.17	1.08	677.79	12.98	1.13	658.55	15.33	1.18
30	703.94	9.97	0.96	686.54	11.97	1.04	668.22	13.46	1.12
40	710.81	9.03	0.89	694.31	11.30	0.99	676.65	12.11	1.07

【例 3-5】 试证明 (1) $C_p-C_V=\frac{VT\beta^2}{\kappa}$；(2) 对理想气体 $C_p-C_V=R$；(3) 对于不可压缩流体 $C_p=C_V=C$。

[1] Pecar D, Dolecek V. Fluid Phase Equilib., 2003, 211: 109.

解 (1) $C_p-C_V=\left(\frac{\partial H}{\partial T}\right)_p-\left(\frac{\partial U}{\partial T}\right)_V$

$$=T\left(\frac{\partial S}{\partial T}\right)_p-T\left(\frac{\partial S}{\partial T}\right)_V$$

$$=T\left[\left(\frac{\partial S}{\partial T}\right)_p-\left(\frac{\partial S}{\partial T}\right)_V\right] \tag{A}$$

因

$$S=S(T,\ V)$$

则

$$\mathrm{d}S=\left(\frac{\partial S}{\partial V}\right)_T\mathrm{d}V+\left(\frac{\partial S}{\partial T}\right)_V\mathrm{d}T \tag{B}$$

因

$$V=V(T,p)$$

则

$$\mathrm{d}V=\left(\frac{\partial V}{\partial T}\right)_p\mathrm{d}T+\left(\frac{\partial V}{\partial p}\right)_T\mathrm{d}p \tag{C}$$

将式(C) 中的 $\mathrm{d}V$ 代入式(B)，得

$$\mathrm{d}S=\left(\frac{\partial S}{\partial V}\right)_T\left[\left(\frac{\partial V}{\partial T}\right)_p\mathrm{d}T+\left(\frac{\partial V}{\partial p}\right)_T\mathrm{d}p\right]+\left(\frac{\partial S}{\partial T}\right)_V\mathrm{d}T$$

$$=\left[\left(\frac{\partial S}{\partial V}\right)_T\left(\frac{\partial V}{\partial T}\right)_p+\left(\frac{\partial S}{\partial T}\right)_V\right]\mathrm{d}T+\left(\frac{\partial S}{\partial p}\right)_T\mathrm{d}p \tag{D}$$

又因

$$S=S(T,p)$$

则

$$\mathrm{d}S=\left(\frac{\partial S}{\partial p}\right)_T\mathrm{d}p+\left(\frac{\partial S}{\partial T}\right)_p\mathrm{d}T \tag{E}$$

比较式(D) 与式(E) 中 $\mathrm{d}T$ 的系数，得

$$\left(\frac{\partial S}{\partial T}\right)_p=\left(\frac{\partial S}{\partial V}\right)_T\left(\frac{\partial V}{\partial T}\right)_p+\left(\frac{\partial S}{\partial T}\right)_V \tag{F}$$

按式(3-6c)，式(F) 可变换为

$$\left(\frac{\partial S}{\partial T}\right)_p-\left(\frac{\partial S}{\partial T}\right)_V=\left(\frac{\partial V}{\partial T}\right)_p\left(\frac{\partial p}{\partial T}\right)_V \tag{G}$$

将式(G) 代入式(A)

$$C_p-C_V=T\left(\frac{\partial V}{\partial T}\right)_p\left(\frac{\partial p}{\partial T}\right)_V \tag{H}$$

根据循环关系，有

$$\left(\frac{\partial p}{\partial T}\right)_V\left(\frac{\partial T}{\partial V}\right)_p\left(\frac{\partial V}{\partial p}\right)_T=-1$$

得

$$\left(\frac{\partial p}{\partial T}\right)_V=-\left(\frac{\partial V}{\partial T}\right)_p\left(\frac{\partial p}{\partial V}\right)_T \tag{I}$$

将式(I) 代入式(H)

$$C_p-C_V=-T\left(\frac{\partial V}{\partial T}\right)_p^2\left(\frac{\partial p}{\partial V}\right)_T \tag{J}$$

分别将 β 和 κ 的定义式代入式(J)

$$C_p-C_V=\frac{VT\beta^2}{\kappa} \tag{K}$$

(2) 对于理想气体，$pV=RT$，则

$$\left(\frac{\partial V}{\partial T}\right)_p=\frac{R}{p},\ \left(\frac{\partial p}{\partial T}\right)_V=\frac{R}{V}$$

将上式代入式(H)，得

$$C_p-C_V=R$$

（3）对于不可压缩流体，可将式(K）稍作改写，即

$$C_p-C_V=\beta TV\frac{\beta}{\kappa}$$

若比值$\frac{\beta}{\kappa}$为一定时，可认为$C_p-C_V=0$，则$C_p=C_V=C$。不可压缩流体在流体力学中广泛得到应用，但这是一种理想化的处理，由于这类理想化处理有用，借此可以提出有实用价值的、用来描述液体特征的模型。从实际情况来说，液体的β和κ的值虽都很小，但不是零，即不可压缩流体是不存在的。因此对流体而言，$\frac{\beta}{\kappa}$为定值，可导致C_p与C_V相差很小，故对理想化的不可压缩流体而言，C_p则与C_V相等。

本例的演示，一方面使读者了解一些热力学函数关系推导的方法和思路；另一方面也将某些热力学方面的性质，如C_p、C_V和体积性质，如V、β、κ等关联起来，促进这两方面性质间的互动。

3.6 两相系统

图2-1示出了纯物质的p-T图，图中的曲线2C代表气液的相界面。每当越过此曲线时，意味着在等温和等压条件下发生了相变。导致广度热力学性质的摩尔值（或比值）发生剧烈变化，这在图2-2中看得更为清晰，即饱和蒸气的摩尔体积值比饱和液体体积值要大得多，对于其他的广度性质，如H和S都会有相类似的情况，但也有例外，在汽化过程时，等温和等压条件下，两相中的G值是不变的，即按相平衡的判据理应如此，纯物质的汽化乃是单元组分的相平衡，无疑可写成

$$G^{L}=G^{V} \tag{3-87}$$

式中，G^{L}和G^{V}分别代表液相和蒸气相（也可称为汽相）的摩尔自由焓。在平衡系统中要特别关注G的作用，同时也要充分理解G之所以会不变的原因。

3.6.1 Clapeyron 方程式

根据式(3-87）作如下推导。

按G定义，可写出

$$G^{V}=H^{V}-TS^{V}$$

和

$$G^{L}=H^{L}-TS^{L}$$

在平衡条件下，上两式相减，得

$$\Delta G^{LV}=\Delta H^{LV}-T\Delta S^{LV} \tag{3-88}$$

式中，ΔG^{LV}、ΔH^{LV}和ΔS^{LV}分别为汽化自由焓、汽化焓和汽化熵。

此外，还应示出ΔS^{LV}和ΔV^{LV}间的关系。对平衡态时的微分变化，借助式(3-4）可写出

$$dG^{V}=-S^{V}dT+V^{V}dp$$

和

$$dG^{L}=-S^{L}dT+V^{L}dp$$

上两式相减得

$$d\Delta G^{LV}=-\Delta S^{LV}dT+\Delta V^{LV}dp \tag{3-89}$$

根据式(3-87)，对单元系汽液平衡下的任何状态，可得

$$d\Delta G^{LV}=0 \tag{3-90}$$

结合式(3-89）和式(3-90）得

$$\frac{\mathrm{d}p^{s}}{\mathrm{d}T}=\frac{\Delta S^{LV}}{\Delta V^{LV}} \tag{3-91}$$

式中 $p^{s}=p$。

因 $\Delta G^{LV}=0$，则由式(3-88) 得

$$\Delta H^{LV}=T\Delta S^{LV}$$

故式(3-91) 也可写成

$$\frac{\mathrm{d}p^{s}}{\mathrm{d}T}=\frac{\Delta H^{LV}}{T\Delta V^{LV}} \tag{3-92}$$

式(3-92) 即为著名的Clapeyron 方程式，该式定量地表达了单元系在平衡时的温度和压力的依赖关系。进一步说，$\frac{\mathrm{d}p^{s}}{\mathrm{d}T}$是单元系 p-T 图中相界面曲线的斜率，而式(3-92) 表达了此斜率和相变焓与温度以及相变体积变化的关系。以上的推导虽以单元系的汽液平衡作为例子，至于对气固相平衡也可得出类似的方程。

汽化过程的相变体积变化，ΔV^{LV}可用 $\Delta Z^{LV}=Z^{V}-Z^{L}$ 来表示，因为，在饱和条件下，汽化过程的压缩因子变化，ΔZ^{LV}可写为

$$\Delta Z^{LV}=\frac{p^{s}}{RT}\Delta V^{LV} \tag{3-93}$$

式(3-93) 与式(3-92) 结合可写成

$$\frac{\mathrm{dln}p^{s}}{\mathrm{d}(1/T)}=-\frac{\Delta H^{LV}}{R\Delta Z^{LV}} \tag{3-94}$$

式(3-92) 和式(3-94) 都是Clapeyron 方程式的表达形式，可用来从蒸气压和体积数据求算汽化焓，或从汽化焓与体积数据来求算蒸气压。

若将 $\Delta H^{LV}/\Delta Z^{LV}$设为常数，且与温度无关，则式(3-94) 便可积分化简后得

$$\ln p^{s}=A-\frac{B}{T} \tag{3-95}$$

式中 A 为积分常数，$B=\Delta H^{LV}/R\Delta Z^{LV}$。

因 $V^{V}\gg V^{L}$，故 $\Delta V^{LV}=V^{V}$，则 $\Delta Z^{LV}=Z^{V}$，若再假设蒸气具有理想气体行为，则 $Z^{V}=1$。将这些条件用于式(3-94)，化简后得

$$\frac{\mathrm{d}p^{s}}{\mathrm{d}T}=\frac{p^{s}\Delta H^{LV}}{RT^{2}} \tag{3-96}$$

因此，式(3-95) 与式(3-96) 都是近似式，是 Clausius-Clapeyron 方程式的不同表现形式。当然 Clausius-Clapeyron 方程只适用于低压情况。

*3.6.2 蒸气压估算

蒸气压是重要的热力学数据，在化工工艺设计和化学工程计算中经常涉及，虽然已积累了许多物质的蒸气压数据，因工艺和实验条件的范围日益扩大，新物质的不断涌现，蒸气压的估算还是不可缺少。

文献中估算蒸气压的方法很多，Poling 等的专著[1]对此作了很好的归纳和概括，可资参考。

3.6.2.1 Antoine 方程

1988 年，Antoine 提出了著名且应用广泛的方程，其形式为

$$\ln p^{s}=A+\frac{B}{T+C} \tag{3-97}$$

[1] Poling B E，Prausnitz J M，O'Connell J P. 赵红玲等译. 气液物性估算手册. 北京：化学工业出版社，2005：168-183.

式中有三个常数，若 C 等于零，则该式恢复到式(3-95)。运用 Antoine 方程时要注意 p^s 和 T 的单位，同时也要根据 p^s 前是自然对数还是常用对数后，才可决定 A、B 和 C 的数值。例如本书第 82 页注❶中用下式表达，

$$\ln p^s = A + \frac{B}{T + C - 273.15} \quad (\text{bar}) \tag{3-97a}$$

A、B、C 均是由实验数据回归得到。在本书第 82 页注❶中的附录（第 549～567 页）中列有 486 种物质的 Antoine 常数可供查阅应用。式(3-97a) 适用于 0.01～2bar 的压力区间，其常数 A、B、C 是一个组合，不能与其他常数混合使用。Antoine 方程只能用于在规定的温度范围之内，不允许有所逾越。

自 20 世纪 80 年代以来，生物可降解的聚合物研究备受关注，为了保护环境，随着绿色工艺的兴起和推广，借助超临界流体 CO_2 用聚合物包覆固体微粒工艺的研究开发也有取代常规包覆工艺的意图，因此在聚合反应过程的模型化和仿真过程中需要有聚合物和单体的热力学数据。纯己内酯的蒸气压数据相当稀缺。最近，Biazus 等[❶] 测定了三种己内酯的蒸气压数据，示于表 3-5 中。温度区间为 283～343K。

表 3-5　三种己内酯的蒸气压的实验数据

ε-己内酯		δ-己内酯		γ-己内酯	
T/K	p^s/kPa	T/K	p^s/kPa	T/K	p^s/kPa
283.2	0.045	283.1	0.005	283.1	0.075
292.9	0.079	293.2	0.011	293.1	0.128
302.9	0.131	303.1	0.025	303.1	0.221
313.1	0.213	313.1	0.054	312.9	0.356
323.1	0.339	323.2	0.103	323.3	0.564
333.2	0.518	333.1	0.191	333.3	0.862
343.2	0.768	343.1	0.354	343.1	1.367

该文[❶] 所用 Antoine 方程和相应参数的单位见式(3-97b)。

$$\ln p^s = A + \frac{B}{C + T} \quad (p^s\text{：Pa；}T\text{：K}) \tag{3-97b}$$

经过实验数据的回归，Antoine 方程的常数见表 3-6。

表 3-6　式 (3-97b) 中的常数值

己内酯	A	B	C	关联系数
ε-己内酯	19.3529	−4189.08	−13.53	0.999
δ-己内酯	23.4753	−5412.03	−35.87	0.999
γ-己内酯	24.0938	−6943.56	67.92	0.999

【例 3-6】 试分别求算 283.2K、313.2K 和 343.1K 时 ε-己内酯、δ-己内酯和 γ-己内酯的饱和蒸气压，并将所得估算结果和表 3-5 中的实验数据比较。

解 用式(3-97b) 进行求算，所有常数从表 3-6 查得。

ε-己内酯：$\ln p^s = 19.3529 - \dfrac{4189.08}{283.2 - 13.53} = 3.8188$

$$p^s = 45.55\text{Pa，误差} = \frac{45.55 - 45}{45} \times 100\% = 1.22\%$$

❶ Biazus T F, Cezaro A M, Borges G R, Bender J P, Franeschi E, Corazza M L, Olivera J V. J. Chem. Termodynamics, 2008, 40: 437.

δ-己内酯：$\ln p^s=23.4753-\dfrac{5412.03}{313.2-35.87}=3.96053$

$$p^s=52.48\text{Pa}，误差=\frac{52.48-54}{54}\times100\%=-2.81\%$$

γ-己内酯：$\ln p^s=24.0938-\dfrac{6943.56}{343.1+67.92}=7.20032$

$$p^s=1339.8\text{Pa}，误差=\frac{1339.8-1367}{1367}\times100\%=-1.99\%$$

ε-己内酯、δ-己内酯和γ-己内酯分别在283.2K、313.2K和343.1K时的饱和蒸气压为45.55Pa、52.48Pa和1339.8Pa。与实验值相比，百分误差分别为1.22%、−2.81%和−1.99%。

3.6.2.2 Riedel方程式

若用对比方式表达汽化焓，则对比汽化焓ΔH_r^{LV}可写成

$$\Delta H_r^{LV}=\frac{\Delta H^{LV}}{RT_c} \tag{3-98}$$

则式(3-94)能写成

$$\frac{d\ln p_r^s}{dT_r}=\frac{\Delta H_r^{LV}}{T_r^2\Delta Z^{LV}} \tag{3-99}$$

大部分估算蒸气压的方程都来自式(3-99)，如Riedel[1]提出的形式为

$$\ln p_r^s=A'-\frac{B'}{T_r}+C'\ln T_r+D'T_r^6 \tag{3-100}$$

假设$\Delta Z^{LV}=1$、且ΔH^{LV}与T_r呈线性关系，对式(3-99)积分，便得出式(3-100)中右边的前三项。T_r^6项的引入，旨在减低上面的假设所造成的欠准确性，这在高蒸气压值时显得更为重要。常数A'、B'、C'和D'是和所对应的物质有关。为了能计算上述四个与物质性质有关的常数，还需引进一个函数$\alpha(T_r)$

$$\alpha(T_r)=\frac{d\ln p_r^s}{d\ln T_r}=T_r\frac{d\ln p_r^s}{dT_r} \tag{3-101a}$$

将式(3-99)代入式(3-101a)，得

$$\alpha(T_r)=\frac{\Delta H_r^{LV}}{T_r\Delta Z^{LV}} \tag{3-101b}$$

假设式(3-100)能满足以下三条件，即

第一，式(3-100)通过临界点（$T_r=1$，$p_r^s=1$）；

第二，式(3-100)通过标准沸点，$T_{br}=T_b/T_c$和$p_{br}^s=0.101325/p_c$，p_c用MPa来表达；

第三，在接近临界点时，能满足函数α不随温度而变化，即

$$\left(\frac{d\alpha}{dT_r}\right)_{T_r=1}=0 \tag{3-102}$$

使用上述三个约束条件，Riedel得出A'、B'、C'和D'的推算结果

$$\left.\begin{aligned}A'&=-35Q, B'=-36Q\\ C'&=42Q+\alpha_c, D'=-Q\end{aligned}\right\} \tag{3-103}$$

式中，$\alpha_c=\alpha$（$T_r=1$），可根据式(3-104)计算

[1] Riedel L. Chem. Ing. Tech., 1954, 26: 83.

$$\alpha_c = \frac{\Psi_b Q - \ln p_{br}^s}{\ln T_r} \tag{3-104}$$

$$\Psi_b = -35 + \frac{36}{T_{br}} + 42\ln T_{br} - T_{br}^6 \tag{3-105}$$

式中，Q 是唯一未知的经验参数，Riedel 利用了对各种纯物质蒸气压实验值关联的经验，建议用式(3-106) 来计算 Q 值

$$Q = K_1(K_2 - \alpha_c) \tag{3-106}$$

式中，$K_1 = 0.0838$；$K_2 = 3.758$。

Poling 等❶在其专著中对 Riedel 方程进行过评述，计算中需要已知的参数为 p_c、T_c 和 T_b。该方程在较高温度时估算效果好。我们认为 Riedel 方程需要已知的参数不多，而且比较充分地运用了标准沸点和临界点时的性质，从而形成了约束条件，乃至能估算 A'、B'、C'、D'，但是在计算 Q 值时却用了经验式(3-106)，这在一定的程度下降低了该方程的预测性能和学术氛围。正是有鉴于此，Vetere❷研究了式(3-106) 后，认为 $K_2 = 3.758$ 确是个普适性常数，若要提高 Riedel 方程的估算精度，建议对不同类型的化合物采用不同的方程式来计算 K_1。表 3-7 列出了已有的计算不同类型化合物 K_1 的工作方程，表中涉及 8 大类 64 种化合物，所用 K_1 工作方程的形式和参数都不尽相同，说明情况相当复杂。需要估算蒸气压的化合物，还远不只是表 3-7 中所列的 8 类，若需全面完成，研究 K_1 工作方程的工作量却也是不小的。

表 3-7　计算 K_1 的工作方程❷

序号	化合物类型	计算 K_1 的工作方程	方程式号
1	饱和烃	$K_1 = 0.075 + 0.0014 \times H^{①} - 0.023(T_r - 0.4)$	(3-107)
2	不饱和烃	$K_1 = 0.089 - 0.033(T_r - 0.35)$	(3-108)
3	芳烃	$K_1 = 0.10 - 0.0004 \times \omega_p^{②} - 0.037(T_r - 0.30)$	(3-109)
4	醇类与酚类	$K_1 = 0.24 - 0.029\ln(\omega_p)$	(3-110)
5	酮类	$K_1 = 0.138 - 0.014\ln(\omega_p)$	(3-111)
6	酯类	$K_1 = 0.09 - 0.025(T_r - 0.35)$	(3-112)
7	有机酸类	$K_1 = 0.12 - 0.00025\omega_p$	(3-113)
8	制冷剂	$K_1 = 0.088 - 0.035(0.35 - T_r)$	(3-114)

① $H = T_{br}\ln\frac{(p_c/1.01325)}{(1 - T_{br})}$；

② ω_p 称为极性因子，$\omega_p = \frac{T_b^{1.72}}{M} - 2.63$，$M$ 为分子量。

表 3-8　用不同方程计算 8 类化合物的蒸气压与其实验值的比较

序号	化合物类型	AAD/%(平均值)			
		Vetere 改进的 Riedel 方程	Riedel 方程	Lee-Kesler 方程	Ambrose-Walton 方程
1	饱和烃	5.2	13.6	11.7	8.2
2	不饱和烃	11.8	31.0	17.0	27.3
3	芳 烃	17.6	27.9	22.8	26.5
4	醇类与酚类	17.6	139.2	136.4	115.6
5	酮类	39.2	46.9	42.4	43.7
6	酯类	17.6	31.6	19.4	27.2
7	有机酸类	16.2	27.2	26.1	28.5
8	制冷剂	8.5	13.3	10.1	8.9

❶ 见本书第 82 页❶。

❷ Vetere A. Fluid Phase Equilib.，2006，240：155.

从表 3-8 知，在所列 4 种估算方法中，以 Vetere 改进的 Riedel 方程的估算精度最高，在所列 8 类化合物中，醇类和酮类蒸气压的估算精度最差，有些估算法的 $AAD\%$（平均值）已超过 100%以上。

3.6.2.3　预测蒸气压的方程式

Vetere❶曾指出，在他撰文的前 10 年中，在文献中未出现有关改善过去有名的蒸气压的估算方程，也没有新的重要的蒸气压估算方程出现。最近在网上刊出一个新的预测蒸气压方程❷，后被《J. Chem. Thermodyn.》接受，并刊登在 5 月号的刊物上。人们十分渴求能拥有一个在宽广温度范围内适用的纯物质蒸气压的预测方程，并希望其温度范围能从物质的三相点到其临界点。主要作用在于能为低温区提供蒸气压和温度间的函数关系。从方法上看，可以通过如下三种途径：第一，最简单的方法是把蒸气压方程外推到低温区；第二，改进现有蒸气压估算方程的性能，以求正确预测低温下的蒸气压数据；第三，若能测量或能准确知道三相点时物质的蒸气压，则可用三相点的温度 T_t 和压力 p_t 作为输入数据，把三相点、标准沸点和临界点贯穿起来，从而来估算从 T_t 到 T_c 整个范围的蒸气压。Velasco 等❷仍遵循第三个方向进行了研发。首先，在他们所研发的蒸气压预测方程中引进了一个无量纲温度 t，这也是其他作者在研究蒸气压时用过的一个参数；其次，Clausius -Clapeyron 方程乃是按零阶近似（zero-order approximation），也是最简单的方式来表征 p_r^s 的自然对数与 t 间的函数关系。他们分别用 Clausius-Clapeyron 方程估算出不同温度时水、R12 和 2-甲基戊烷等的蒸气压数据和由上述三物质的蒸气压实验数据得到的 $\phi(t)$ 对 t 作图，在相同物质的两曲线间发现有明显误差存在。为了分析上述误差，又引进 $f(t)$ 函数来进行分析，并用两个多项式的乘积来表达 $f(t)$。由于无量纲温度的定义是通过三相点温度和临界温度来体现的，故该预测方程能通过一系列参考点，如三相点和标准沸点等。在所提出的工作方程中只有一个未知数，需从附加条件（临界点时拐点条件的数学表达式）来求得。应用该方程时要求把纯物质的三相点的温度和压力、临界温度和压力以及标准沸点作为输入数据。计算用具体工作方程的推导可见原文，其方程形式如下：

$$\phi(t)=\frac{1-t}{(1+a_1 t)[1+b_0 t(t-t_b)]} \tag{3-115}$$

式中，$\phi(t)$ 为用来模拟沿整条汽液共存线上纯物质的蒸气压行为，是 t 的函数。

$$t=\frac{T-T_t}{T_c-T_t}=\frac{T_r-T_{tr}}{1-T_{tr}} \tag{3-116}$$

式中，t 为无量纲温度；T_t、T_{tr}分别为三相点温度和对比三相点温度。

$$t_b=\frac{T_{br}-T_{tr}}{1-T_{tr}} \tag{3-117}$$

式中，t_b、T_{br}分别为标准沸点时的无量纲温度和对比标准沸点温度。

$$a_1=\frac{1-t_b-\phi_b}{t_b\phi_b} \tag{3-118}$$

$$\phi_b=\frac{T_{br}\ln p_{br}}{T_{tr}\ln p_{tr}} \tag{3-119}$$

式中，p_{br}、p_{tr}分别为标准沸点和三相点时的对比压力。

b_0 为式(3-115) 中唯一未知的参数，运用附加条件后可得

$$b_0=\frac{1-T_{tr}+(3-T_{tr})a_1}{2(1-t_b)a_1+[5-T_{tr}-(3-T_{tr})t_b](1+a_1)} \tag{3-120}$$

---

❶ 见本书第 85 页❷。

❷ Velasco S, Roman F L, White J A, Mulero A. J. Chem. Thermodyn., 2008, 40: 789.

若在给定的温度 T 下，要求算蒸气压 p^s，则从式(3-115)～式(3-119) 可求得 $\phi(t)$，因 $\phi(t)$ 又可写为

$$\phi(t)=\frac{T_r \ln p_r^s}{T_{tr} \ln p_{tr}} \tag{3-121}$$

若 $\phi(t)$ 值已计算得到，则可从式(3-121) 来求出 p^s。为了容易理解式(3-115) 的含义和运算过程，请参看例 3-7。

【例 3-7】 采用 Velasco 等提出的方程式(3-115)，预测 20℃时正辛烷的蒸气压。

解 输入数据：$p_c=2.4978\text{MPa}$，$T_c=569.32\text{K}$，则 $\ln p_{tr}=-14.043$，$T_{tr}=0.38005$，$T_{br}=0.70043$。

上述数据取自 Velasco 的文献，而 Velasco 等则由 NIST（National Institute of Standards and Technology）Chemistry WebBook 摘得。若与附表 1 中所示的 $p_c=2.48\text{MPa}$，$T_c=568.8\text{K}$ 相比，稍有出入。

按式(3-119)
$$\phi_b=\frac{0.70043\ln\frac{0.10133}{2.4978}}{0.38005\times(-14.043)}=0.42059$$

按式(3-117)
$$t_b=\frac{0.70043-0.38005}{1-0.38005}=0.51678$$

按式(3-118)
$$a_1=\frac{1-0.51678-0.42059}{0.51678\times0.42059}=0.28815$$

按式(3-120)
$$b_0=\frac{1-0.38005+(3-0.38005)0.28815}{2(1-0.51678)0.28815+[5-0.38005-(3-0.38005)0.51678](1+0.28115)}$$
$$=-0.30651$$

按式(3-116)
$$t=\frac{293.15/569.32-0.38005}{1-0.38005}=0.21753$$

按式(3-115)
$$\phi(t)=\frac{1-0.21753}{(1+0.28815\times0.21753)[1+(-0.30651)\times0.21753(0.21753-0.51678)]}$$
$$=0.72189$$

按式(3-121)
$$0.72189=\frac{0.51491\ln p_r^s}{0.38005(-14.043)}，\ln p_r^s=-7.4824$$

$$p_r^s=0.0005629，p^s=0.0005629\times2.4927=1.406\text{kPa}$$

从手册[1]查得 20℃时正辛烷的蒸气压＝1.395kPa

$$误差=\left|\frac{1.395-1.406}{1.395}\right|\times100\%=0.79\%$$

Velasco 等对 53 种纯物质在从三相点到临界点的范围中预测了不同温度下的蒸气压。选择了其中 10 种化合物蒸气压的计算结果示于表 3-9 中，表中还列出了 Riedel 方程式(3-100) 的计算结果，以资比较。

从 Velasco 的文献知，53 种物质的蒸气压估算，式(3-100) 和式(3-115) 的相对偏差的绝对平均值分别为 1.66％和 0.55％。显见，式(3-115) 的预测更为成功，这从表 3-7 中也可得出相似的结论。此外，例 3-7 中 20℃时正辛烷的蒸气压估算的偏差为 0.79％，是落在表

[1] 青岛化工学院，全国图算学培训中心组，刘光启，马连湘，刘杰主编. 化学化工物性数据手册（有机卷）. 北京：化学工业出版社，2002：144.

3-7 的范围之中。应该说，Velasco 等提出的蒸气压预测方程是相当成功的，当然还需进行更多的验算。

表 3-9　纯物质蒸气压相对偏差的绝对值

序号	纯物质名称	Riedel 方程[式(3-100)]		Velasco 等的预测方程[式(3-115)]	
		$\Delta_{max}/\%$	$\overline{\Delta}/\%$	$\Delta_{max}/\%$	$\overline{\Delta}/\%$
1	环丙烷	2.49	1.03	1.30	0.71
2	R114	0.51	0.24	0.82	0.41
3	氮	0.61	0.28	0.98	0.42
4	甲烷	1.92	0.71	1.04	0.46
5	苯	3.04	0.39	0.49	0.18
6	氨	5.78	1.67	1.61	0.79
7	氟	4.68	0.48	0.90	0.34
8	水	17.24	4.28	1.54	0.70
9	乙烯	11.19	1.00	0.80	0.33
10	正辛烷	15.84	1.34	1.04	0.60

*3.6.3　汽化焓估算

在许多不论是以混合物的分离还是以反应为主的单元操作过程中，常会涉及热流计算，其中必然会有纯物质的汽化焓估算。由此可知，包括汽化焓的潜热数据也属于重要的热力学数据，除了需要实测数据外，估算方法的掌握也是重要的环节。Poling 等❶的专著对此也有择要的介绍，本节拟按其思路进行讨论，并有所增删。

3.6.3.1　由蒸气压方程估算 ΔH^{LV}

用 p_r^s 和 T_r 代替式(3-94) 中的 p^s 和 T 后，则得

$$\beta(T_r)=\frac{\Delta H^{LV}}{RT_c\Delta Z^{LV}}=\frac{-\mathrm{d}\ln p_r^s}{\mathrm{d}(1/T_r)} \tag{3-122}$$

式中，$\beta(T_r)$ 是个无量纲数。现以 Riedel 方程［式(3-100)］为例对 $\beta(T_r)$ 进行推算，则

$$\beta(T_r)=\frac{-\mathrm{d}\ln p_r^s}{\mathrm{d}(1/T_r)}=-\frac{\mathrm{d}\left(A'-\dfrac{B'}{T_r}+C'\ln T_r+D'T_r^6\right)}{\mathrm{d}(1/T_r)}=B'+C'T_r+6D'T_r^6 \tag{3-123}$$

若已知纯物质蒸气压和温度的关系，欲估算其 ΔH^{LV}，换言之，该物质的蒸气压和温度的关系可用 Riedel 方程描述，故其 T_r、B'、C'、D' 均为已知，运用式(3-123) 可算出 $\beta(T_r)$。若能由饱和蒸气和液体的 Z 值来确定 ΔZ^{LV}，则能从式(3-122) 来估算 ΔH^{LV}。因此只要有蒸气压和温度间变化的数据，运用相关的蒸气压的方程，结合式(3-122) 就能估算 ΔH^{LV}，用 Riedel 方程只是其中的一种方法。

3.6.3.2　由对比态原理估算 ΔH^{LV}

式(3-122) 还可写成

$$\frac{\Delta H^{LV}}{RT_c}=-\Delta Z^{LV}\frac{\mathrm{d}\ln p_r^s}{\mathrm{d}(1/T_r)} \tag{3-124}$$

式中，$\dfrac{\Delta H^{LV}}{RT_c}$称为对比汽化焓，运用对比态原理，则可写出

$$\frac{\Delta H^{LV}}{RT_c}=\frac{T_r}{R}(\Delta S^{LV(0)}+\omega\Delta S^{LV(1)}) \tag{3-125}$$

由式(3-125) 知，$\dfrac{\Delta H^{LV}}{RT_c}$应是 ω 和 T_r 的函数，Poling 等❶的专著给出了$\dfrac{\Delta H^{LV}}{RT_c}$的近似分析式

❶ 见本书第 82 页❶。

$$\frac{\Delta H^{LV}}{RT_c}=7.08(1-T_r)^{0.354}+10.95\omega(1-T_r)^{0.456} \tag{3-126}$$

据此只要输入 T_c 和 ω 的数据，就可近似地估算出 $0.6<T_r<1.0$ 范围内任何温度时的 ΔH^{LV}。

3.6.3.3 标准沸点下的汽化焓

由于在众多设计计算中经常用到标准沸点时的纯物质的汽化焓，且也能由此来推算或关联其他热力学性质，故有不少学者对其有所关注。最近 Mulero 和 Cachadina[1] 用文献中不同的方程估算了 1591 种纯流体的 ΔH_b^{LV}，其中有 426 种是非极性流体，且将所有化合物归并在 83 个亚族之内，还对估算结果做出了相应的分析。所选用的方程见表 3-10。

表 3-10 估算 ΔH_b^{LV} 的方法

作者	涉及的参数	方程式	公式号
Riedel	p_c、T_b、T_c	$\Delta H_b^{LV}=1.093RT_b\frac{\ln p_c-1.013}{0.93-T_b/T_c}$	(3-127)
Chen[2]	p_c、T_b、T_c	$\Delta H_b^{LV}=RT_b\frac{3.978(T_b/T_c)-3.958+1.555\ln p_c}{1.07-T_b/T_c}$	(3-128)
Vetere[3] (V-79)	p_c、T_b、T_c	$\Delta H_b^{LV}=RT_b\frac{(1-T_b/T_c)^{0.38}[\ln p_c-0.513+0.5066T_c^2/(p_c T_{br}^2)]}{1-T_b/T_c+[1-(1-T_b/T_c)^{0.38}]\ln(T_b/T_c)}$	(3-129)
Vetere[4] (V-95a)	T_b、M	对碳氢化合物和 CCl_4	
		$\Delta H_b^{LV}=4.1868T_b\left(9.08+4.36\lg T_b+0.0068\frac{T_b}{M}+0.0009\frac{T_b^2}{M}\right)$	(3-130a)
		对醇类	
		$\Delta H_b^{LV}=4.1868T_b\left(18.82+3.34\lg T_b-6.37\frac{T_b}{M}+0.036\frac{T_b^2}{M}-5.2\times10^{-5}\frac{T_b^3}{M}\right)$	(3-131a)
		对其他极性化合物	
		$\Delta H_b^{LV}=4.1868T_b\left(6.87+4.71\lg T_b+\frac{0.16T_b}{M}+\frac{0.0009T_b^2}{M}\right)$	(3-132a)
		对酯类，式(3-132a)等号的右面要乘以 1.06。式(3-130a)～式(3-132a)中的 M 指的是分子量	
Vetere[4] (V-95b)	T_b、W_p	对碳氢化合物和 CCl_4	
		$\Delta H_b^{LV}=4.1868T_b(6.594+4.64\lg T_b+0.007W_p)$	(3-130b)
		对醇类	
		$\Delta H_b^{LV}=4.1868T_b(-26.158+19.93\lg T_b+0.003W_p)$	(3-131b)
		对其他极性化合物	
		$\Delta H_b^{LV}=4.1868T_b(9.019+3.84\lg T_b+0.007W_p)$	(3-132b)
		对酯类，式(3-132b)的右边项要乘以 1.06。式(3-130b)～式(3-132b)中的 W_p 是分子的极性度	
Liu[5]	p_c、T_b、T_c	$\Delta H_b^{LV}=RT_b\left(\frac{T_b}{220}\right)^{0.0627}\frac{(1-T_b/T_c)^{0.38}\ln(p_c/p_a)}{1-T_b/T_c+0.38(T_b/T_c)\ln(T_b/T_c)}$ 式中，p_a 为大气压，p_c 与 p_a 的单位都是 bar	(3-133)

表 3-10 中的方程可分为 3 类，第一类是以 p_c、T_b、T_c 为参数；第二和第三类分别以

[1] Mulero A，Cachadina I. Thermochimica Acta，2006，443：37.

[2] Chen N H. J. Chem. Eng. Data，1965，10：207.

[3] Vetere A. Chem. Eng. J. 1979，17：157.

[4] Vetere A. Fluid Phase Equilib.，1995，106：1.

[5] Liu Z Y. Chem. Eng. Commun. 2001，184：221.

T_b、M 和 T_b、W_p 为参数。参数的运用和 ΔH_b^{LV} 估算研究的历史有关，众所周知，热力学性质的估算经常以临界性质为参数，现要计算 T_b 时的 ΔH_b^{LV}，自然也会采用下面的普遍化关联式

$$\Delta H_b^{LV}=f(T_b, T_c, p_c) \tag{3-134}$$

表 3-10 中的大部分关联式就属于这一类型。由于在工业过程的研究开发中常会涉及一些独特的化合物，但缺乏其临界性质的实验数据，若用第一类关联式来估算 ΔH_b^{LV}，势必要先估算临界常数，因为双重估算会大大降低 ΔH_b^{LV} 的估算精度。此外，为了方便 ΔH_b^{LV} 的估算，人们常思索用最常见而易得的物理常数作为参数。Vetere 就提出用 T_b 和 M 作为参数来计算 ΔH_b^{LV}。这就出现了第二类的 ΔH_b^{LV} 的估算方程。式(3-130a)～式(3-132a) 的通式可写为

$$\Delta H_b^{LV}=T_b\left(A+B\ln T_b+C\frac{T_b}{M}+D\frac{T_b^2}{M}\right) \tag{3-135}$$

为了进一步改善 ΔH_b^{LV} 的估算数据，Vetere 又注意到参数 $\frac{T_b}{M}$。他发觉水、肼等化合物和其标准沸点相近的正烷烃比较，两者之间的分子量会相差很大，如水和正庚烷的标准沸点却只差 1.58K，分子量却分别为 18.02 和 100.2，故水、肼的 $\frac{T_b}{M}$ 比正烷烃的 $\frac{T_b}{M}$ 要高得多，即两者间的 $\frac{T_b}{M}$ 值却相差很大。若用正烷烃 $\ln T_b$ 和 $\ln M$ 作图，近似为一直线，且 $T_b^{1.72}\propto M$。故 Vetere 将 $\frac{T_b^{1.72}}{M}$ 定义为分子的极性度（polarity of molecule），并用 W_p 来表示

$$W_p=\frac{T_b^{1.72}}{M} \tag{3-136}$$

意味可用该参数来度量分子的极性大小。据此可得出通式为

$$\Delta H_b^{LV}=T_b(A_1+B_1\lg T_b+C_1W_p) \tag{3-137}$$

式(3-130b)～式(3-132b) 乃是从上式演绎得出。但该三式中的常数 A_1 与 Vetere 的文献有所出入，根据 Poling 等的文献手册❶中的表 7-5 中所列常数作了修正，并经过对正戊烷、正庚烷、正辛烷、正丁醇、正戊醇以及肼等的 ΔH_b^{LV} 验算，证实使用式(3-130b)～式(3-132b) 中所列的常数值更为准确。在 Mulero 和 Cachadina 的论文❷中虽涉及了 Vetere-95 的研究结果，却没有涉及将 W_p 用作 ΔH_b^{LV} 估算中参数的报道。但他们用不同的方程估算了 83 种亚族的千余种化合物的 ΔH_b^{LV}，并进行了广泛的比较，其结果具有参考价值。

汽化焓随着温度升高而下降，当达临界温度时汽化焓下降到零。若有了较正确的 ΔH_b^{LV} 估算值，则可运用 Watson 方程❸来估算其他温度下的汽化焓。

$$\Delta H_T^{LV}=\Delta H_b^{LV}\left(\frac{1-T_r}{1-T_{br}}\right)^n \tag{3-138}$$

式中，ΔH_T^{LV} 指要求温度 T 下的汽化焓，n 通常取 0.38。若已知某温度 T_1 时的 ΔH_1^{LV} 也能运用式(3-138) 估算另一温度 T_2 时的 ΔH_2^{LV}。

【例 3-8】 试用 Riedel 方程、Chen 方程、Vetere 方程（V-95a、V-95b）、Liu 方程和 Watson 方程估算正丁醇在标准沸点和 293.15K 时的 ΔH_b^{LV} 和 $\Delta H_{293.15}^{LV}$。已知 ΔH_b^{LV} 和 $\Delta H_{293.15}^{LV}$ 的手册值为 43.12kJ/mol 和 52.00kJ/mol。并比较有关方程估算值和手册值的误差。

---

❶ 见本书第 82 页❶。

❷ 见本书第 89 页❶。

❸ Thek R E，Steil L I. AIChE J. 1966，12：599，1967，13：626.

解 正丁醇的物理和热力学性质数据：$M=74.123$，$T_b=390.88\text{K}$，$T_c=563.05\text{K}$，$p_c=4.423\text{MPa}$

(1) 用 Riedel 方程估算

按式(3-127)

$$\Delta H_b^{LV}=1.093\times 8.314\,\frac{\ln 44.23-1.013}{0.93-390.88/563.05}\times 390.88=41786\text{J}\cdot\text{mol}^{-1}$$

按式(3-138)

$$\Delta H_{293.15}^{LV}=41.786\left(\frac{1-293.15/563.05}{1-390.88/563.05}\right)^{0.38}=49.571\text{kJ}\cdot\text{mol}^{-1}$$

(2) 用 Chen 方程估算

按式(3-128)

$$\Delta H_b^{LV}=8.314\times 390.88\,\frac{3.978\left(\dfrac{390.88}{563.05}\right)-3.958+1.555\ln 44.23}{1.07-390.88/563.05}=40610\text{J}\cdot\text{mol}^{-1}$$

按式(3-138)

$$\Delta H_{293.15}^{LV}=40.610\left(\frac{1-293.15/563.05}{1-390.88/563.05}\right)^{0.38}=48.176\text{kJ}\cdot\text{mol}^{-1}$$

(3) 用 Vetere 95a 和 95b 估算

按式(3-131a)

$$\Delta H_b^{LV}=4.1868\times 390.88\left[18.82+3.34\lg 390.88-\frac{6.37\times 390.88}{74.123}+\frac{0.036(390.88)^2}{74.123}-\frac{5.2\times 10^{-5}(390.88)^3}{74.123}\right]=42859\text{J}\cdot\text{mol}^{-1}$$

按式(3-138)

$$\Delta H_{293.15}^{LV}=42.859\left(\frac{1-293.15/563.05}{1-390.88/563.05}\right)^{0.38}=50.844\text{kJ}\cdot\text{mol}^{-1}$$

按式(3-136)

$$W_p=\frac{390.88^{1.72}}{74.123}=387.58$$

代入式(3-131b)

$$\Delta H_b^{LV}=4.1868\times 390.88\times(-26.158+19.93\lg 390.88+0.003\times 387.58)=43637\text{J}\cdot\text{mol}^{-1}$$

按式(3-138)

$$\Delta H_{293.15}^{LV}=43.637\left(\frac{1-293.15/563.05}{1-390.88/563.05}\right)^{0.38}=51.767\text{kJ}\cdot\text{mol}^{-1}$$

(4) 用 Liu 方程估算

按式(3-133)

$$\Delta H_b^{LV}=8.314\times 390.88\left(\frac{390.88}{220}\right)^{0.0627}\frac{\left(1-\dfrac{390.88}{563.05}\right)^{0.38}\ln\left(\dfrac{44.23}{1.013}\right)}{1-\dfrac{390.88}{563.05}+0.38\left(\dfrac{390.88}{563.05}\right)\ln\left(\dfrac{390.88}{563.05}\right)}=39250\text{J}\cdot\text{mol}^{-1}$$

按式(3-138)

$$\Delta H_{293.15}^{LV}=39.250\left(\frac{1-293.15/563.05}{1-390.88/563.05}\right)^{0.38}=46.563\text{kJ}\cdot\text{mol}^{-1}$$

各方程估算值及其误差计算见下表。

方程式名称	误差[①]/%		方程式名称	误差[①]/%	
	ΔH_b^{LV}	$\Delta H_{293.15}^{LV}$		ΔH_b^{LV}	$\Delta H_{293.15}^{LV}$
Riedel	3.09	4.67	Vetere 95b	−1.19	0.45
Chen	5.82	7.35	Liu	8.97	10.45
Vetere 95a	0.79	2.18			

① 误差$=\frac{手册值-估算值}{手册值}\times 100\%$。

以上估算指出，对极性的含氧化合物醇类而言，汽化焓的估算精度常受到一定的限制，因此估算方程的选用更显重要。从上例知，Vetere 95a 显得较为突出。特别是Vetere 95b，不需临界常数，只要 T_b 和 M，不仅可以有良好的估算精度，而且计算也相当简单。从此引申出的 W_p 更将使人深思，并也增加式(3-130b)～式(3-132b) 应用的信心。但务必注意，式中的 A_1 值是校正值，与 Vetere 文献中的 A_1 值是有所不同的。Liu 的估算方程在计算正丁醇标准沸点时的汽化焓效果并不很好，但他提出了一种调节沸点的策略来改善单元醇 ΔH_b^{LV} 的估算精度，可参见其原文。

习　　题

3-1　试证明图 5-12 (a)（焓-熵图）中蒸气等压线的斜率和曲率都呈正值，并申述其物理意义。

3-2　试用维里截断式(2-8) 推导出描述气体的$\frac{H^R}{RT}$和$\frac{S^R}{R}$的表达式。

3-3　任选两个立方型 EoS（vdW 方程除外），估算 600K 和 4MPa 时环己烷的 Z、H^R、S^R 和 G^R。

3-4　试选用合适的普遍化关联法计算 1kmol 1,3-丁二烯从 2.53MPa、127℃压缩到 12.67MPa、227℃时的 ΔH、ΔS 和 ΔV。

3-5　离心式 CO_2 压缩机的四段入口条件为 42℃、8.05MPa，出口条件为 124℃、15.78MPa。求压缩过程的焓变和熵变。

3-6　试用式(3-75) 求算：汞从 0.1013MPa、373K 变到 101.3MPa、373K 时的焓变。有关汞的数据如下表所示：

T/K	p/MPa	$V/m^3\cdot kmol^{-1}$	β/K^{-1}	$C_p/kJ\cdot kmol^{-1}\cdot K^{-1}$
273	0.1013	1.472×10^{-2}	181×10^{-6}	28.01
273	101.3	1.467×10^{-2}	174×10^{-6}	28.01
373	0.1013	—	—	27.51

3-7　通常假设在相同温度下，压缩液体和饱和液体的焓、熵应是相差不大的，但实质上两者还存在差别。试计算在 270K 和 2MPa 下的液氨与同温度下饱和液氨的焓变和熵变。已知液氨在 270K 时，$p^s=381kPa$，$V^L=1.551\times 10^{-3}m^3\cdot kg^{-1}$和$\beta=2.095\times 10^{-3}K^{-1}$。

3-8　已知饱和液体苯在 298K 时的 $H=0$，$p^s=0.0126MPa$，试估算 437K、1.26MPa 时苯蒸气的焓值（苯的常压沸点为 353.3K）。

3-9　已知乙腈的 Antoine 方程为

$$\ln p^s = 14.7258 - \frac{3271.24}{T/℃ + 241.85} \quad (kPa)$$

试估算：(1) 60℃时己腈的蒸气压；(2) 乙腈的标准沸点；(3) 20℃、40℃和标准沸点时乙腈的汽化焓。将计算结果与文献数据（自行查阅）做比较。

3-10　将 600kPa、200℃的过热蒸气贮存在金属容器中，容器体积为 0.6m³，现需将其加热到 280℃，试问需加多少热量？容器内蒸气压力又是多少？

3-11　在 0.4m^3 的金属容器内贮存 2065.1kPa、214℃的饱和蒸气，若当有 40%的蒸气冷凝时，问其传热量是多少？容器内最终压力又是多少？

参考文献

［1］ Smith J M，Van Ness H C，Abbott M M. Introduction to Chemical Engineering Thermodynamics. 6th edn.，New York：McGraw Hill，2001.

［2］ Elliott Jr J R，Lira C T. Introductory Chemical Engineering Thermodynamics. New Jersey：Prentice Hall，1999.

［3］ Daubert T E. Chemical Engineering Thermodynamics. New York：McGraw Hill，1985.

［4］ 朱自强，徐汛合编. 化工热力学. 第 2 版. 北京：化学工业出版社，1991.

第4章

热力学第一定律及其应用

自然界的能量既不能被创造，也不能被消灭，只能相互转化或传递。在转化或传递过程中，能量的数量是守恒的。热力学第一定律为能量转化与守恒原理。能量转化与守恒原理是人类在长期实践中累积而得出的经验总结，是人们公认的真理，不是用数学或者其他理论推导得来的。

通常，能量可区分为两类。一类是系统积蓄的能量，如动能、位能和内能。内能代表微观基准上的各种能量，包括内动能，内位能、化学键能、电子动能和原子核能等。动能、位能和内能都是系统的状态函数。另一类是在过程中通过系统边界传递的能量。它们不是状态函数，而是过程函数。后一类能量在热力学范畴内又可分为功和热量。系统与外界因温度的差别引起的能量传递就是传热。除温度外，由其他位势差引起的能量传递就是作功。由此可见，传热和作功是两种本质不同的能量传递方式。

在化工生产中，无论是流体流动过程，还是传热和传质过程或化学反应过程都同时伴有能量的变化。既有能量消耗，也有能量释放。因此，研究化工过程能量变化，对于降低能耗，合理用能是十分重要的。

进行热力学研究，首先要在空间划出一个研究的有限范围。这个有限的范围称为系统。所谓系统是指热力学研究的对象，系统以外的一切称为外界。热力学的系统有孤立系统、封闭系统（简称闭系）和敞开系统（简称开系）等。

4.1 闭系非流动过程的能量平衡

在“物理化学”教材中已详细介绍了闭系非流动过程的能量平衡式

$$\Delta U = q - w \tag{4-1}$$

式中，ΔU 是系统内能的变化，q 和 w 分别是系统与外界所交换的热和功。系统吸热 q 取正号、放热取负号。系统作功 w 取正号，得功取负号。w 代表各种不同形式的功，如体积功、电功、表面功等。

化工生产中经常遇到的是开系流动过程，因此将主要研究开系流动过程的能量平衡。

4.2 开系流动过程的能量平衡

在开系中热力学第一定律的表达形式要比式(4-1) 复杂得多。根据能量守恒原理，有

系统能量的变化＝与外界环境交换的净能量

在开系的边界上，不仅有以热和功的形式的能量通过，而且还允许有物质通过。因此在式(4-1) 右边除了热和功外，还应考虑由于物质进入和离开系统引起的能量交换。如

果通过边界的物质所携带的能量只限于内能、位能和动能，则单位质量流体携带的能量 e 为

$$e=U'+gz+\frac{1}{2}u^2 \tag{4-2}$$

式右边三项分别为单位质量流体的内能、位能和动能。z 为位高；g 为重力加速度；U' 为流体的比内能；u 为流体的平均流速。为便于考察通过开系边界的质量和能量，把一个“控制体”σ 选择为开系，它可以是一个设备，也可以是一个过程或者过程的某一部分。

图 4-1 表示控制体 σ 的质量和能量的平衡。图中 m 和 e 的下标符号 i 和 j 分别表示进入和离开系统。m_i 和 m_j 分别表示进入和离开控制体（开系）的质量流量；e_i 和 e_j 分别为进入和离开的单位质量物质所携带的能量；$\left(\frac{\delta Q'}{dt}\right)_\sigma$ 和 $\left(\frac{\delta W'}{dt}\right)_\sigma$ 分别表示控制体与外界交流的热流量和功流量；$\left(\frac{dM}{dt}\right)_\sigma$ 和 $\left(\frac{dE}{dt}\right)_\sigma$ 分别为控制体内质量和能量的积累速率。

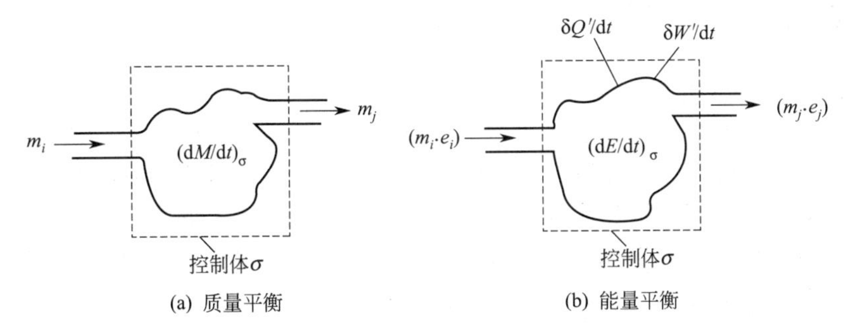

图 4-1 开系的平衡

下面选讨论最一般的情况——非稳流过程。该过程开系的质量和性质均随时间而变化，但其边界却固定不变。根据能量守恒原理，该控制体在时间间隔 $\Delta\tau=t_2-t_1$ 内总能量的变化为

$$\Delta E = Q' - W' + \sum_i \int_{t_1}^{t_2} e_i m_i \, dt - \sum_j \int_{t_1}^{t_2} e_j m_j \, dt \tag{4-3}$$

式中，Q'和 W'分别表示某 $\Delta\tau$ 时间内开系与外界交换的热和功，伴随每一进出物流的能量流分别为 $m_i e_i$ 和 $m_j e_j$。由于过程为非稳态，e_i 和 e_j 以及 m_i 和 m_j 都是时间的函数，故在 $\Delta\tau$ 时间内，由物质流引起的开系能量变化必须用积分来表示。若物质流有多股，积分后还需求和。式(4-3) 右边第三项表示在 $\Delta\tau$ 时间内进入开系物质流携带的能量，第四项为离开的物质流所带走的能量。

式(4-3) 中的功 W'应包括流动功 W'_f 和轴功 W'_s 两部分

$$W'=W'_f+W'_s \tag{4-4}$$

流动功是迫使物质通过开系所作的功。若进入开系单位质量流体 i 的体积为 v_i，所受的压力为 p_i，则上游流体对其作的功为 $p_i v_i$，同理，离开的流体对下游流体所作的功为 $p_j v_j$。因此，流体在 $\Delta\tau$ 时间内通过开系所作净的流动功为两者的代数和，即

$$W'_f = \sum_j \int_{t_1}^{t_2} p_j v_j m_j \, dt - \sum_i \int_{t_1}^{t_2} p_i v_i m_i \, dt \tag{4-5}$$

求和表示有多股物流进出。由于 m_i 和 m_j 以及 $p_i v_i$ 和 $p_j v_j$ 都是时间的函数，故必须用积分表示。

轴功是开系与外界通过机械轴所交换的功，即流体在经过产功或耗功设备的流动过程中，由于压力的变化导致流体发生膨胀或压缩，由该设备的机械轴传出或输入的功。此机械

轴可以理解为是转动的，也可以是往复的。泵、鼓风机和压缩机是消耗轴功的设备，透平（涡轮式的膨胀机），水轮机是产生轴功的设备。

将式(4-2)、式(4-4) 和式(4-5) 代入式(4-3)，得

$$\Delta E = Q' - W_s' + \sum_i \int_{t_1}^{t_2} (e_i + p_i v_i) m_i \mathrm{d}t - \sum_j \int_{t_1}^{t_2} (e_j + p_j v_j) m_j \mathrm{d}t \tag{4-6}$$

再将式(4-2) 和比焓的定义式 $h \equiv U' + pv$ 分别代入式(4-6) 右边的后两项中，可得开系流动过程能量平衡式

$$\Delta E = Q' - W_s' + \sum_i \int_{t_1}^{t_2} \left(h_i + gz_i + \frac{1}{2}u_i^2\right) m_i \mathrm{d}t - \sum_j \int_{t_1}^{t_2} \left(h_j + gz_j + \frac{1}{2}u_j^2\right) m_j \mathrm{d}t \tag{4-7}$$

对于时间区间为 $\mathrm{d}t$ 的微量变化过程，式(4-7) 可改写成

$$\left(\frac{\mathrm{d}E}{\mathrm{d}t}\right)_\sigma = \frac{\delta Q'}{\mathrm{d}t} - \frac{\delta W_s'}{\mathrm{d}t} + \sum_i \left(h_i + gz_i + \frac{1}{2}u_i^2\right) m_i - \sum_j \left(h_j + gz_j + \frac{1}{2}u_j^2\right) m_j \tag{4-8}$$

4.3 稳流过程的能量平衡

4.3.1 开系稳流过程的能量平衡式

工程上经常遇到的是开系稳定状态与稳定流动过程，简称稳流过程。该情况下，在考察的时间内，沿着流体流动的途径所有各点的质量流量都相等，且不随时间而变化，能流速率也不随时间而变化，所有质量和能量的流率均为常量。此时开系内各点状态不因时间而异，且开系内没有质量和能量积累的现象，因此，式(4-7) 中的 ΔE 为零 [或式(4-8) 中 $\left(\frac{\mathrm{d}E}{\mathrm{d}t}\right)_\sigma = 0$]，于是由式(4-7) [或式(4-8)] 可得

$$0 = Q - W_s - \Delta H - \Delta E_P - \Delta E_K \tag{4-9}$$

$$\Delta H = \sum_j h_j m_j - \sum_i h_i m_i \tag{4-10}$$

$$\Delta E_P = \sum_j m_j g z_j - \sum_i m_i g z_i \tag{4-11}$$

$$\Delta E_K = \sum_j \frac{1}{2} m_j u_j^2 - \sum_i \frac{1}{2} m_i u_i^2 \tag{4-12}$$

注意：式(4-9) 以单位时间为基准，式中 Q 和 W 分别为开系与外界交流的热流量和功流量，相应有 $Q = \left(\frac{\delta Q'}{\mathrm{d}t}\right)_\sigma$ 和 $W_s = \left(\frac{\delta W_s'}{\mathrm{d}t}\right)_\sigma$。

若进入和离开开系的物料都只有一种，在此特定情况下

$$m = m_i = m_j$$

式(4-10)～式(4-12) 可简化成

$$\Delta H = m(h_j - h_i) = m\Delta h \tag{4-13}$$

$$\Delta E_P = mg(z_j - z_i) = mg\Delta z \tag{4-14}$$

$$\Delta E_K = \frac{1}{2}m(u_j^2 - u_i^2) = \frac{1}{2}m\Delta u^2 \tag{4-15}$$

式(4-9) 变成

$$m\Delta h + gm\Delta z + \frac{1}{2}m\Delta u^2 = Q - W_s \tag{4-16}$$

式(4-9) 与式(4-16) 为开系稳流过程能量平衡式或者称为开系稳流过程热力学第一定律数学表达式。它们在工程上应用较为广泛。

工厂生产中，在设备正常运转时往往可以用稳流过程来描述。在开停车、更换工况或发

生事故时，一般属非稳流过程。

设有如图 4-2 所示的开系稳流过程。流体从截面Ⅰ通过设备装置（换热器和透平机）流到截面Ⅱ。在截面Ⅰ处流入设备的状况用下标 i 表示，在这一点上流体离基准面的位高为 z_i，线速度 u_i，比容 v_i，压力 p_i，比内能 U_i'。在截面Ⅱ处流体离开设备的状况用下标 j 表示，z_j、u_j、v_j、p_j、U_j' 分别表示离开设备装置时流体的位高、线速度、比容、压力和比内能。

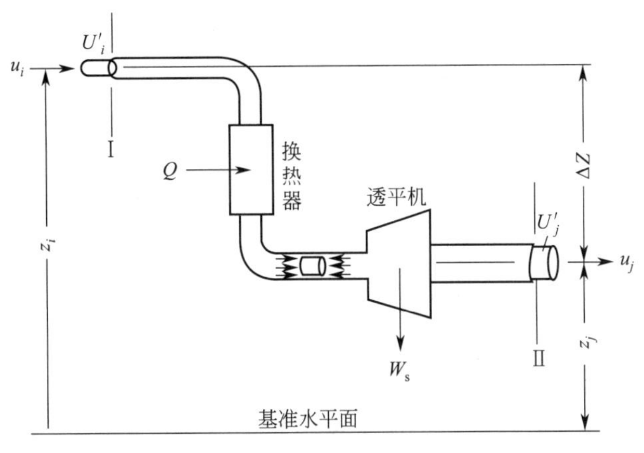

图 4-2 稳定流动过程

在研究稳流过程的能量衡算时，经常用单位质量（1kg 或 1kmol）流体作为计算基准。可以假定在流动过程中有单位质量流体与前后相邻流体的流速是相同的，即与前后相邻的流体没有质量交换。但是与外界有能量交换，如在换热器中吸热，在透平中对外作功，因此，可将它视为是一个流动的封闭系统。在能量衡算时可将计算基准和所取的系统合为一体，使处理问题比较简便。图 4-2 示出的小型圆柱体即为所指的流动封闭系统。

以 1kg 流体为计算基准，式(4-16) 可以简化成

$$\Delta h+g\Delta z+\frac{1}{2}\Delta u^2=q-w_s \tag{4-17}$$

式中，$\Delta h=h_j-h_i$，$\Delta z=z_j-z_i$，$q=\dfrac{Q}{m}$，$w_s=\dfrac{W_s}{m}$。

显然，q 和 w_s 为每千克流体与外界所交换的热和功。对于图 4-2 所示的稳流过程，每千克流体从进口至出口作的净流动功为

$$w_F=p_jv_j-p_iv_i \tag{4-18}$$

【例 4-1】 用功率为 2.0kW 的泵将 95℃的热水从贮水罐送到换热器。热水的流量为 $3.5\text{kg}\cdot\text{s}^{-1}$。在换热器中以 $698\text{kJ}\cdot\text{s}^{-1}$ 的速率将热水冷却后送入比第一贮水罐高 15m 的第二贮水罐中，求第二贮水罐的水温（其稳流过程示意如图 4-3）。

解 以 1kg 水为计算基准

输入的功

$$w_s=\frac{-2.0\times1000}{3.5}=-571.4\text{J}\cdot\text{kg}^{-1}=-0.5714\text{kJ}\cdot\text{kg}^{-1}$$

放出的热

$$q=\frac{-698}{3.5}=-199.4\text{kJ}\cdot\text{kg}^{-1}$$

位能的变化

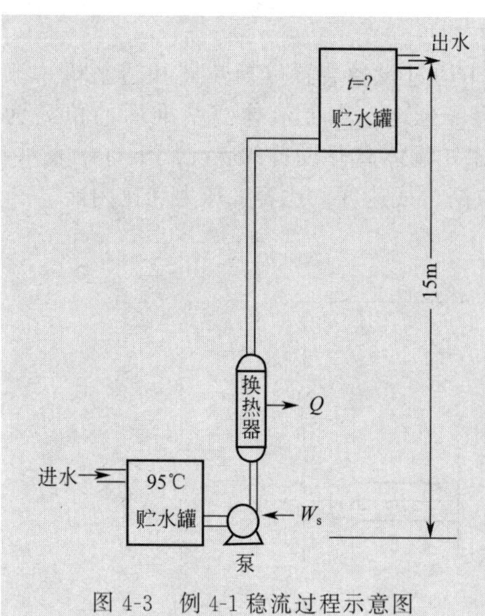

图 4-3 例 4-1 稳流过程示意图

$g\Delta z = 9.81 \times 15 = 147.2\text{J} \cdot \text{kg}^{-1} = 0.1472\text{kJ} \cdot \text{kg}^{-1}$

可以忽略此过程动能的变化，即

$$\frac{1}{2}\Delta u^2 \approx 0$$

根据稳流过程能量平衡式(4-17)

$$\Delta h = q - w_s - g\Delta z - \frac{1}{2}\Delta u^2$$
$$= -199.4 - (-0.5714) - 0.1472$$
$$\approx -199.0\text{kJ} \cdot \text{kg}^{-1}$$

由附表 3(水蒸气表)查得 95℃饱和水的焓 $h_1 = 397.96\text{kJ} \cdot \text{kg}^{-1}$,故有

$$h_2 = h_1 + \Delta h = 397.96 - 199.0$$
$$= 198.96 \approx 199.0\text{kJ} \cdot \text{kg}^{-1}$$

根据 h_2 再查附表 3，得

$$t_2 = 47.51℃$$

由此例可见，对液体稳流过程，热流量较大而位高变化不太大时，w_s 和 $g\Delta z$ 两项与 q 相比，数值显得很小，甚至可以忽略。

4.3.2 稳流过程能量平衡式的简化形式及其应用

(1) 机械能平衡式——与外界无热、无轴功交换的不可压缩流体的稳流过程的能量平衡式

将 $\Delta h = \Delta U' + \Delta(pv)$ 代入式(4-17)，得

$$\Delta U' + \Delta(pv) + \frac{1}{2}\Delta u^2 + g\Delta z = q - w_s \tag{4-19}$$

因与外界无热、无轴功交换，所以

$$q = 0, \quad w_s = 0$$

对于不可压缩流体，假定流动过程是非黏性理想流体的流动过程，则无摩擦损耗存在。这也就意味着没有机械能转变为内能，即流体的温度和压力都不变，因而内能也不变

$$\Delta U' = 0$$

对于不可压缩流体，v 是常量，因此

$$\Delta(pv) = v\Delta p = \frac{\Delta p}{\rho}$$

式中，ρ 为流体的密度。将上述两式代入式(4-19)，得

$$\frac{1}{2}\Delta u^2 + g\Delta z + \frac{\Delta p}{\rho} = 0 \tag{4-20}$$

式(4-20) 即为著名的 Bernoulli 方程式，或称其为机械能平衡式。它是稳流过程能量平衡式在特定条件下的简化形式。

(2) 绝热稳定流动方程式——与外界无热、无轴功交换的可压缩流体的稳流过程的能量平衡式

工程上常遇到的绝热稳定流动过程，如气体通过管道、喷管、扩压管、节流装置等。这些设备虽然有热绝缘层，但是实际上仍有热流传递，但在一般情况下，这些热流很小，可以忽略不计。又由于气体通过这些设备装置时的位高基本不变，因此式(4-16) 可以简化成

$$m\Delta h + \frac{1}{2}m\Delta u^2 = 0 \tag{4-21}$$

或

$$\Delta h+\frac{1}{2}\Delta u^2=0 \tag{4-21a}$$

式(4-21) 即为绝热稳定流动方程式。

① 喷管与扩压管　压力沿着流动方向降低，从而使流速增大的部件称为喷管。降低流速，提高流体压力的部件称为扩压管。上述定义对于亚音速和超音速流动都适用。根据式(4-21) 可以计算流体的终温、质量流量、出口截面积等。故式(4-21) 是喷管与扩压管的设计依据。

② 节流装置　流体通过节流装置，如孔板、阀门、多孔塞等后压力下降，但动能无明显变化。这是由于通道截面积不变，流体在单位面积上的质量流量不变。另外，在压力变化不是很大的情况下，比容变化较小，因而流体的线速度近似于常量，即$\frac{1}{2}\Delta u^2\approx 0$，则式(4-21) 变成

$$\Delta H\approx 0 \tag{4-22}$$

或

$$h_j\approx h_i \tag{4-22a}$$

因此，节流过程为等焓过程。节流膨胀后往往会使流体的温度下降，在制冷过程中经常应用。

【例 4-2】 丙烷气体在 2MPa、400K 时稳流经过一节流装置后减压至 0.1MPa。试求丙烷节流后的温度与节流过程的熵变。

解　对于等焓过程，式(3-48) 可写成

$$\Delta H=C_{pmh}^*(T_2-T_1)+H_2^R-H_1^R=0$$

已知终压为 0.1MPa，假定此状态下丙烷为理想气体，即 $H_2^R=0$，由上式可给出

$$T_2=\frac{H_1^R}{C_{pmh}^*}+T_1 \tag{A}$$

查附表 1，得丙烷 $T_c=369.8\text{K}$，$p_c=4.25\text{MPa}$，$\omega=0.152$，得以求出

初态
$$T_{r1}=\frac{400}{369.8}=1.0817$$

$$p_{r1}=\frac{2.0}{4.25}=0.4706$$

根据 T_{r1}、p_{r1} 的值，从图 2-10 判断，拟用普遍化第二维里系数进行关联。分别由式(2-31a)、式(3-46)、式(2-31b) 和式(3-47) 可得

$$B^0=-0.289 \qquad \frac{dB^0}{dT_r}=0.550$$

$$B^1=0.015 \qquad \frac{dB^1}{dT_r}=0.480$$

用式(3-44) 可得

$$H_1^R/RT_c=-0.452$$

$$H_1^R=8.314\times 369.8\times(-0.452)=-1390\text{J}\cdot\text{mol}^{-1}$$

现在要设法求出式(A) 中的 C_{pmh}^*。从附表 2 可查到

$$C_p^*/R=1.213+28.785\times 10^{-3}T-8.824\times 10^{-6}T^2$$

第一次估算可以假定 C_{pmh}^* 值等于初温 400K 下的 C_p^* 之值。将 $T=400\text{K}$，$R=8.314\text{J}\cdot\text{mol}^{-1}\cdot\text{K}^{-1}$ 代入上式，则有

$$C_{pmh}^{*} \approx 94.074 \mathrm{J \cdot mol^{-1} \cdot K^{-1}}$$

由式(A) 求得

$$T_2 = \frac{-1390}{94.074} + 400 = 385.2\mathrm{K}$$

显然，近似估算结果，节流过程温度变化较小。

现在，可以用算术平均温度求出较为精确的 C_{pmh}^{*} 值

$$T_{am} = \frac{400 + 385.2}{2} = 392.6\mathrm{K}$$

$$C_{pmh}^{*} = 92.734 \mathrm{J \cdot mol^{-1} \cdot K^{-1}}$$

用式(A) 重新计算 T_2，得

$$T_2 = 385.0\mathrm{K}$$

丙烷的熵变可以用式(3-49) 求得，由于 $S_2^{R}=0$，因而

$$\Delta S = C_{pms}^{*} \ln \frac{T_2}{T_1} - R \ln \frac{p_2}{p_1} - S_1^{R}$$

因为温度变化很小，可以用

$$C_{pms}^{*} \approx C_{pmh}^{*} = 92.734 \mathrm{J \cdot mol^{-1} \cdot K^{-1}}$$

然后用式(3-45) 求得 S_1^{R}

$$S_1^{R} = -2.437 \mathrm{J \cdot mol^{-1} \cdot K^{-1}}$$

于是

$$\Delta S = 92.734 \ln \frac{385.0}{400} - 8.314 \ln \frac{0.1}{2.0} + 2.437 = 23.80 \mathrm{J \cdot mol^{-1} \cdot K^{-1}}$$

熵变为正值。对于绝热过程，环境没有熵变，因而孤立体系熵变也为正值，这表明节流过程是不可逆的。此例说明，第 3 章介绍的普遍化关联法也可以用于节流过程的计算。

(3) 与外界有大量热、轴功交换的稳流过程

化工生产中的传热、传质、化学反应，气体压缩与膨胀、液体混合等都属此情况。由于系统与外界有大量热和轴功的交换，能量平衡式中的动能和位能项可以忽略，式(4-16) 变成

$$m\Delta h = Q - W_s \quad 即\ \Delta H = Q - W_s \tag{4-23}$$

或

$$\Delta h = q - w_s \tag{4-23a}$$

在许多工程应用中，各种能量项数值的大小通常在 $10 \sim 100 \mathrm{kJ \cdot kg^{-1}}$ 的范围内。当动能为 $1\mathrm{kJ \cdot kg^{-1}}$ 时，其流速为 $45\mathrm{m \cdot s^{-1}}$。如位能值为 $1\mathrm{kJ \cdot kg^{-1}}$ 时，其位高为 102m。在许多工业装置中都没有这样大的速度和位高变化。在一般情况下，动能、位能和热、功相比，可以忽略，因此式(4-23) 在化工过程能量衡算中应用极广。

倘若过程是绝热的，则式(4-23) 还可简化成

$$-W_s = m\Delta h \tag{4-24}$$

或

$$-w_s = \Delta h \tag{4-24a}$$

此式表明，在绝热情况下，流体与外界交换轴功的负值，等于流体的焓变。可以利用此式求得绝热压缩或膨胀过程的轴功。

对于无轴功交换、但有热交换的化工过程，如传热、化学反应以及其他诸如精馏、蒸

发、溶解、吸收、结晶、萃取等物理过程，式(4-23) 可简化成

$$\Delta H = Q \tag{4-25}$$

或

$$\Delta h = q \tag{4-25a}$$

此式表明，系统与外界交换的热量等于焓变。这是热量衡算的基本式。

【例 4-3】 300℃、4.5MPa 乙烯气流在透平机中绝热膨胀到 0.2MPa。试求绝热、可逆膨胀（即等熵膨胀）过程产出的轴功。(1) 用理想气体方程；(2) 用普遍化关联法，计算乙烯的热力学性质。

解 该过程乙烯的焓变和熵变可用式(3-48) 和式(3-49) 进行计算

$$\Delta H = C_{pmh}^{*}(T_2 - T_1) + H_2^{R} - H_1^{R} \tag{3-48}$$

$$\Delta S = C_{pms}^{*} \ln \frac{T_2}{T_1} - R\ln \frac{p_2}{p_1} + S_2^{R} - S_1^{R} \tag{3-49}$$

式中，$p_1 = 4.5\text{MPa}$，$p_2 = 0.2\text{MPa}$，$T_1 = 300 + 273.15 = 573.15\text{K}$

(1) 假定乙烯是理想气体，则

$$\Delta H = C_{pmh}^{*}(T_2 - T_1)$$

$$\Delta S = C_{pms}^{*} \ln \frac{T_2}{T_1} - R\ln \frac{p_2}{p_1}$$

对于等熵过程，$\Delta S = 0$，后一式变成

$$\frac{C_{pms}^{*}}{R} \ln \frac{T_2}{T_1} = \ln \frac{p_2}{p_1} = \ln \frac{0.2}{4.5} = -3.1135$$

或

$$\ln T_2 = \frac{-3.1135}{C_{pms}^{*}/R} + \ln 573.15$$

因而

$$T_2 = \exp\left(\frac{-3.1135}{C_{pms}^{*}/R} + 6.3511\right) \tag{A}$$

根据附表 2 可查到式(3-34f) 中乙烯气体的有关数据（其中 $D = 0$），则得

$$\frac{C_{pms}^{*}}{R} = A + BT_{lm} + CT_{am}T_{lm} \tag{B}$$

式中

$$A = 1.424$$

$$B = 14.394 \times 10^{-3}$$

$$C = -4.392 \times 10^{-6}$$

$$T_{am} = \frac{T_1 + T_2}{2} \qquad T_{lm} = \frac{T_2 - T_1}{\ln(T_2/T_1)}$$

上述诸式中，仅 T_2 为未知数。用迭代法由式(A) 和式(B) 可求出 T_2，先假定一初值 T_2，用式(B) 求出 C_{pms}^{*}/R，然后用式(A) 求出 T_2。再将此新的 T_2 代入式(B)，如此反复迭代，直至收敛。其结果为

$$T_2 = 370.79\text{K}$$

于是

$$W_{s(\text{等熵})} = -(\Delta H)_s = -C_{pmh}^{*}(T_2 - T_1)_s$$

根据式(3-34e)，$D = 0$，则得

$$\frac{C_{pmh}^*}{R}=A+BT_{am}+\frac{C}{3}(4T_{am}^2-T_1T_2) \tag{C}$$

先求算 T_{am} $\qquad T_{am}=\frac{573.15+370.79}{2}=471.9\text{K}$

再从式(C) 计算出$\frac{C_{pmh}^*}{R}$，得

$$\frac{C_{pmh}^*}{R}=7.224$$

因而 $\qquad W_{s(等熵)}=-7.224\times 8.314\times(370.79-573.15)=12154\text{J}\cdot\text{mol}^{-1}$

(2) 乙烯为真实气体

乙烯的 $\quad T_c=282.4\text{K} \quad p_c=5.04\text{MPa} \quad \omega=0.085$

初态 $\qquad T_{r1}=\frac{573.15}{282.4}=2.032$，$p_{r1}=\frac{45}{50.4}=0.893$

根据 T_{r1}、p_{r1} 按图 2-10 判断，拟用普遍化第二维里系数法进行关联。由式(2-31a)、式(3-46)、式(2-31b) 和式(3-47)，可求得

$$B^0=-0.053 \qquad \frac{dB^0}{dT_r}=0.107$$

$$B^1=0.130 \qquad \frac{dB^1}{dT_r}=0.018$$

用式(3-44) 和式(3-45) 可求得

$$\frac{H_1^R}{RT_c}=-0.234 \qquad \frac{S_1^R}{R}=-0.097$$

$$H_1^R=-0.234\times 8.314\times 282.4=-550\text{J}\cdot\text{mol}^{-1}$$

$$S_1^R=-0.097\times 8.314=-0.806\text{J}\cdot\text{mol}^{-1}\cdot\text{K}^{-1}$$

为了初步估算 S_2^R，先假定 $T_2=370.79\text{K}$，此值为 (1) 计算的结果，于是可求出 T_{r2} 和 p_{r2}

$$T_{r2}=\frac{370.79}{282.4}=1.313 \qquad p_{r2}=\frac{0.2}{5.04}=0.040$$

由式(3-46) 和式(3-47) 求得

$$\frac{dB^0}{dT_r}=0.332 \qquad \frac{dB^1}{dT_r}=0.175$$

再由式(3-45) 求得

$$S_2^R=-0.115\text{J}\cdot\text{mol}^{-1}\cdot\text{K}^{-1}$$

倘若膨胀过程是等熵的，则由式(3-49) 给出

$$0=C_{pms}^*\ln\frac{T_2}{573.15}-8.314\ln\frac{0.2}{4.5}-0.115+0.806$$

由此式可得

$$\ln\frac{T_2}{573.15}=\frac{-26.577}{C_{pms}^*}$$

或

$$T_2=\exp\left(\frac{-26.577}{C_{pms}^*}+6.3511\right)$$

与 (1) 法相同，用迭代法求出 T_2，其结果为

$$T_2 = 365.79\text{K}$$

为了重新求出 S_2^R，要使用下述数据

$$T_{r2} = 1.295 \qquad p_{r2} = 0.040$$

$$\frac{dB^0}{dT_r} = 0.345 \qquad \frac{dB^1}{dT_r} = 0.188$$

$$S_2^R = -0.120\text{J} \cdot \text{mol}^{-1} \cdot \text{K}^{-1}$$

此 S_2^R 与原先估算值相差甚小，不必重新求 T_2。现在可从上述结果求得 H_2^R，因为

$$B^0 = -0.196 \qquad B^1 = 0.081$$

故由式(3-44) 可求出

$$H_2^R = -62\text{J} \cdot \text{mol}^{-1}$$

然后用式(3-48) 可得

$$(\Delta H)_s = C_{pmh}^*(365.79 - 573.15) - 62 + 550$$

C_{pmh}^* 的求法同 (1)，但此处 $T_{am} = 469.47\text{K}$。最后可得到

$$C_{pmh}^* = 59.843\text{J} \cdot \text{mol}^{-1} \cdot \text{K}^{-1}$$

$$(\Delta H)_s = -11920\text{J} \cdot \text{mol}^{-1}$$

$$W_{s(\text{等熵})} = -(\Delta H_s) = 11920\text{J} \cdot \text{mol}^{-1}$$

从比较 (1) 与 (2) 的结果知，乙烯作为真实气体时，所产出的轴功要比其作为理想气体时小。

4.3.3 轴功

(1) 可逆轴功 $W_{s(R)}$ 的计算

无任何摩擦损耗的轴功称为可逆轴功。在此情况下，流体经产功或耗功装置时，没有机械功耗散为热能的损失。

对于 1kg 定组成的流体，热力学基本关系式(3-3) 可写成

$$dh = T ds + v dp \tag{3-3}$$

此式既可用于静止的封闭系统，又可用于流动的封闭系统。

对于可逆的状态变化，应有

$$T ds = \delta q$$

式中，δq 为系统与外界交换的热量。将此关系式代入式(3-3)，有

$$dh = \delta q + v dp$$

此式积分后即得

$$\Delta h = q + \int_{p_1}^{p_2} v dp$$

将此式代入式(4-17)，可得

$$-w_{s(R)} = \int_{p_1}^{p_2} v dp + \frac{1}{2}\Delta u^2 + g\Delta z$$

对于产功或耗功过程（或设备），一般可以忽略动能和位能的变化，则

$$-w_{s(R)} = \int_{p_1}^{p_2} v dp \quad \text{或} \quad -W_{s(R)} = \int_{p_1}^{p_2} V dp \tag{4-26}$$

此式即为可逆轴功的计算式。对于耗功过程，可逆轴功是消耗的最小功；对于产功过程，可逆轴功是产生的最大功。

对于液体，v 可近似地视为常量，式(4-26) 可简化成

$$-w_{s(R)}=v\Delta p \quad 或 \quad -W_{s(R)}=V\Delta p \tag{4-27}$$

对于气体，当进出设备的压力变化很小时，例如鼓风机，也可用此式求出 $w_{s(R)}$，但式中的 v（或 V）要用进出口平均压力下的体积。

（2）实际轴功的计算

计算实际轴功时应考虑存在着摩擦损耗。实际过程中，流体分子之间存在内摩擦，轴与轴承之间、汽缸与活塞之间等都有机械摩擦，因此，必定有一部分机械功耗散为热能。对于产功设备，实际轴功小于可逆轴功

$$W_s<W_{s(R)}$$

对于耗功设备，实际轴功则大于可逆轴功（指绝对值）

$$|W_s|>|W_{s(R)}|$$

实际轴功与可逆轴功之比称机械效率 η_m。对于产功设备

$$\eta_m=\frac{W_s}{W_{s(R)}} \tag{4-28a}$$

对于耗功设备

$$\eta_m=\frac{W_{s(R)}}{W_s} \tag{4-28b}$$

各类设备的机械效率可以由实验测定。其值在 0～1 之间，一般在 0.6～0.8 之间。若已知 η_m 和 $W_{s(R)}$，就可以求出实际轴功。

【例 4-4】 某化工厂用蒸汽透平带动事故泵，动力装置流程如图 4-4 所示。水进入给水泵的压力为 0.09807MPa（绝），温度 15℃。水被加压到 0.687MPa（绝）后进入锅炉，将水加热成饱和水蒸气。水蒸气由锅炉进入透平，并在透平中进行膨胀作功。排出的水蒸气（称乏汽）压力为 0.09807MPa。水蒸气透平输出的功主要用于带动事故泵，有一小部分用于带动给水泵。若透平机和给水泵都是绝热、可逆操作的，问有百分之几的热能转化为功（即用于事故泵的功）？

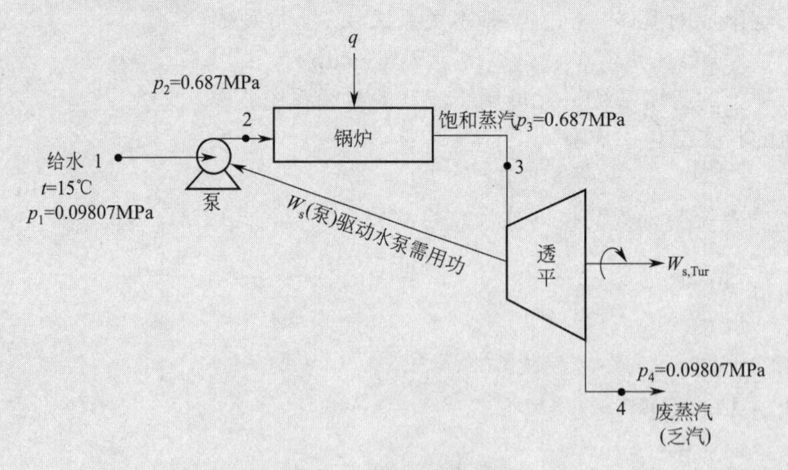

图 4-4　例 4-4 流程示意

解　计算基准取 1kg 水。

给水泵轴功可用式(4-27) 进行计算

$$-w_{s(R)}=v\Delta p$$

查附表 3（水蒸气表）可知 15℃水的饱和蒸气压为 1.7051kPa、比容为 0.001$m^3\cdot kg^{-1}$。因此

$$w_{s(泵)}=-v(p_2-p_1)=-0.001\times(0.687-0.09801)\times10^3\,\text{kJ}\cdot\text{kg}^{-1}=-0.5890\,\text{kJ}\cdot\text{kg}^{-1}$$

对给水泵作能量衡算可根据式(4-23a)

$$\Delta h=q-w_{s(泵)}$$

水泵绝热操作

$$q=0$$

因此

$$\Delta h=h_2-h_1=-w_{s(泵)}=0.5890\,\text{kJ}\cdot\text{kg}^{-1}$$

倘若知道进入水泵时水的焓 h_1，则可从上式求出 h_2，即进入锅炉的液体水的焓。15℃饱和水的焓 $h_{饱和水}$ 可以从水蒸气表中查到

$$h_{饱和水}=62.99\,\text{kJ}\cdot\text{kg}^{-1}$$

h_1 与 $h_{饱和水}$ 的关系为

$$h_1=h_{饱和水}+\int_{p_0}^{p_1}\left(\frac{\partial h}{\partial p}\right)_T\text{d}p \tag{A}$$

式中，$p_0=1.7051\text{kPa}$，$p_1=98.07\text{kPa}$。

根据式(3-9)，有

$$\left(\frac{\partial h}{\partial p}\right)_T=v-T\left(\frac{\partial v}{\partial T}\right)_p$$

用 p-V-T 数据进行积分计算表明，式(A) 右边积分项之值很小，可以忽略。因此

$$h_1\approx h_{饱和水}=62.99\,\text{kJ}\cdot\text{kg}^{-1}$$

$$h_2=62.99+0.5890=63.58\,\text{kJ}\cdot\text{kg}^{-1}$$

锅炉出口为 687kPa 的饱和水蒸气，从水蒸气表中查得

$$h_3=2763\,\text{kJ}\cdot\text{kg}^{-1}$$

$$s_3=6.70\,\text{kJ}\cdot\text{kg}^{-1}\cdot\text{K}^{-1}$$

可根据式(4-23) 对锅炉进行能量衡算

$$\Delta h=q-w_s$$

$$w_s=0$$

$$q=\Delta h=h_3-h_2=2763-63.58=2699\,\text{kJ}\cdot\text{kg}^{-1}$$

每千克水通过锅炉吸热 2699kJ。

按题意透平机是在绝热、可逆条件下操作的，因此是等熵过程

$$s_4=s_3=6.70\,\text{kJ}\cdot\text{kg}^{-1}\cdot\text{K}^{-1}$$

已知 $p_4=0.09807\text{MPa}$，根据 s_4 和 p_4 之值从水蒸气的焓熵图（Mollier 图）可查得

$$h_4=2425\,\text{kJ}\cdot\text{kg}^{-1}$$

根据式(4-23) 对透平机进行能量衡算

$$\Delta h=q-w_{s,\text{Tur}}$$

$$q=0(透平机绝热操作)$$

$$w_{s,\text{Tur}}=-\Delta h=h_3-h_4=2763-2425=338\,\text{kJ}\cdot\text{kg}^{-1}$$

其中有一部分轴功用于水泵，因而提供给事故泵的轴功为

$$w_s=338-0.5890=337.4\,\text{kJ}\cdot\text{kg}^{-1}$$

w_s 与 q 之比，称热效率 η_T

$$\eta_T=\frac{w_s}{q}=\frac{337.4}{2699}=0.1250=12.5\%$$

由此可见，只有12.5%的热转化为功，此功用于事故泵。

【例4-5】 人体心脏是化学能转化为机械能的器官，它消耗氧气，产生二氧化碳。已测得心肌氧耗量为$8.33\times10^{-8}m^3\cdot s^{-1}$，当量氧热值为$2.019\times10^4 kJ\cdot m^{-3}$（氧气）。人体的血流量约为$8.33\times10^{-5}m^3\cdot s^{-1}$，血液通过心脏血压升高13.33kPa。试求人体心脏能量转化（化学能转化为机械能）的效率。（心脏能量平衡示意如图4-5）

解 人体心脏能量平衡计算包括以下几项：

（1）泵送血液作机械功W_s；

（2）泵送血液时，心肌中贮存的化学能转化为机械能；

（3）由于化学能转化为机械能的效率小于1，因此有一部分化学能耗散为热量Q。

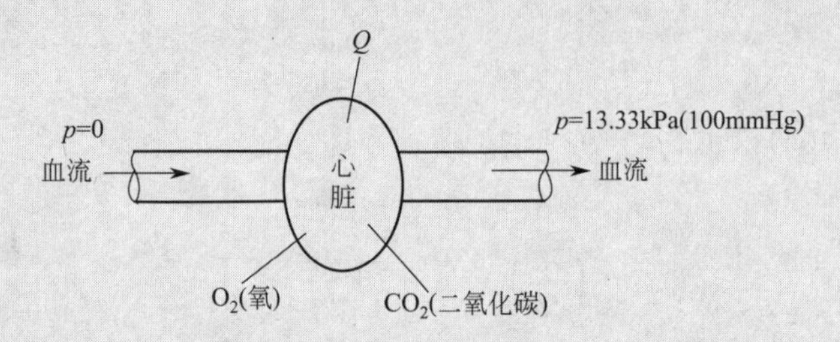

图4-5 心脏能量平衡示意

根据稳流过程热力学第一定律，即式(4-23)，有

$$\Delta H=Q-W_s \tag{4-23}$$

ΔH为系统（心脏）的焓变，它代表系统总能量的变化。对于心脏，假定温度不变，则总能量的变化就是化学能的变化ΔC，因此式(4-23)变成

$$\Delta C=Q-W_s \tag{A}$$

（－）（－）（＋）

式(A)中，Q为负值，W_s为正值，故ΔC必为负值。由此式可知，就绝对值而言，Q和W_s之和等于ΔC。

ΔC应是心肌氧耗量与当量氧热值之乘积

$$-\Delta C=(8.33\times10^{-8})(2.019\times10^4)=1.682\times10^{-3}kJ\cdot s^{-1}=1.682J\cdot s^{-1}$$

（1）假定泵送血液作机械功的过程是可逆的（无摩擦损耗），按式(4-27)，则有

$$W_s\approx W_{s(R)}=-V\Delta p=-(8.33\times10^{-5})(13.33\times10^3)=-1.111J\cdot s^{-1}$$

注意，上述计算式的系统是血液。对血液而言，此机械功应为负号，因血压升高需要外界对其作功。但对心脏而言，是对外作功，故在式(A)中W_s应取正值，即$1.111J\cdot s^{-1}$。

（2）心脏化学能转化为机械功的效率

$$\eta=\frac{|W_s|}{|\Delta C|}=\frac{1.111}{1.682}=0.6605=66.05\%$$

（3）根据能量衡算式(A)，可求得心脏化学能耗散为热量Q的数值

$$Q=\Delta C+W_s=-1.682+1.111=-0.571J\cdot s^{-1}$$

计算结果表明，人体心脏是一个十分有效的化学能-机械能转化器。由本例可知，热力学第一定律亦可用于生物系统。原则上，对人体每一个器官（子系统）的功能都可进行能量

分析。例如，心脏和肌肉作机械功；肝脏犹如一个化学反应器，在其中合成高能化合物；在胃酸腺中进行浓缩过程；在肾管中逆着浓度降输送物质等。完成这些任务的物理或化学过程中能量转化的形式各异，其转化效率也各不相同。

4.3.4 热量衡算

无轴功交换，仅有热交换过程的能量衡算称为热量衡算。稳流过程热量衡算的基本关系式为

$$\Delta H = Q \tag{4-25}$$

确定化工生产过程的工艺条件、设备尺寸、热载体用量、热损失以及热量分布等都需要进行热量衡算。由于不存在脱离物质的热量，因此热量衡算往往是在物料衡算的基础上进行的，或者两者相互交叉进行。物料衡算与热量衡算是生产技术管理的基础，为节能提供依据的前提。

（1）热量衡算的一般方法

热量衡算的实质是按能量守恒定律把各股物流所发生的各种热效应关联起来。分析化工生产过程各种热效应时，经常遇到的不外乎是几种基本热效应的迭加或综合。这些基本的热效应发生于

① 物流的温度变化（显热变化）；

② 物流的相变化（潜热变化）；

③ 两种或多种物流相互溶解；

④ 系统中的化学反应。

作热量衡算（物料衡算也同样）首先要取一个系统，此系统可以是一个设备，也可以是一组设备，甚至是生产过程全套设备。系统的选择视热量衡算的任务而定。系统确定之后，还要选取计算基准。系统和计算基准的选择十分重要，选得恰当，可以简化计算。工程上常用的计算基准有两种：

① 以单位质量、单位体积或单位摩尔数的产品或原料为计算基准。对于固体或液体常用单位质量（1000kg）；对气体常用单位体积（Nm^3 标准立方米）或单位摩尔数（1mol 或 1kmol）。

② 以单位时间产品或原料量为计算基准。例如以吨/昼夜、$kg \cdot h^{-1}$、$m^3 \cdot h^{-1}$、$kmol \cdot h^{-1}$ 为计算基准。

对于连续操作的设备用①、②两种皆可，对于间歇操作的设备宜用①。热量衡算有时还要选定基准温度，同时还要设计途径。为便于计算，往往将初态至终态的全过程分解为几个分过程，总焓变 ΔH 为各分过程焓变 ΔH_i 之和，即

$$\Delta H = \sum_i \Delta H_i \tag{4-29}$$

（2）热量衡算实例

可借助热量衡算来计算各种化工设备的热损失，如在图 4-6 中示出的换热器使热流体 A 温度自 T_{A1} 降至 T_{A2}，同时使冷流体 B 温度自 T_{B1} 升至 T_{B2}。热、冷流体均无相变化和化学反应发生，其压力也不变化，T_A 和 T_B 均高于大气（环境）的温度。已知热、冷流体的流量各为 m_A 和 m_B（$kmol \cdot h^{-1}$），在有关温度范围的平均等压热容为 C_{pmh}^{A}、C_{pmh}^{B}（$kJ \cdot kmol^{-1} \cdot K^{-1}$）。此换热器的热损失可作如下计算。

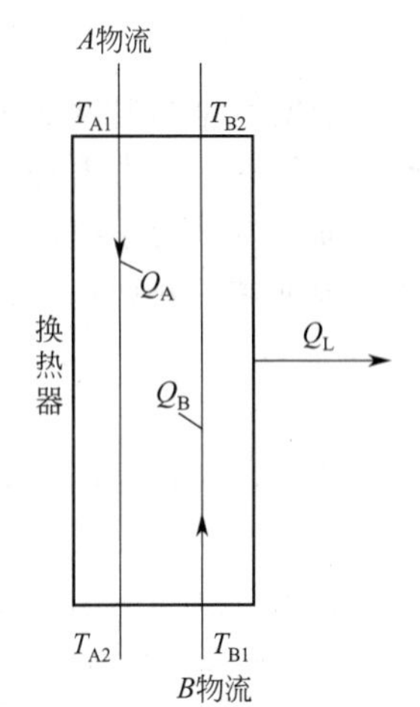

图 4-6 换热器的热量平衡示意

先画出换热器示意图（见图 4-6）。选定换热器为系统，以每小时为计算基准，以便进行热量衡算。根据热量衡算的基本式(4-25)，对于换热器有

$$\Delta H_{换热器}=Q_L \tag{4-30}$$

式中，$\Delta H_{换热器}$为热、冷流体通过换热器的焓变；Q_L 为热损失。

$$\Delta H_{换热器}=\Delta H_A+\Delta H_B \tag{4-31}$$

式中，ΔH_A 和 ΔH_B 分别为热、冷流体的焓变。已知有关温度范围内的平均等压热容，忽略压力变化，则有

$$\Delta H_A=m_A C_{pmh}^{A}(T_{A2}-T_{A1}) \tag{4-32a}$$

$$\Delta H_B=m_B C_{pmh}^{B}(T_{B2}-T_{B1}) \tag{4-32b}$$

将式(4-31)～式(4-32) 代入式(4-30)，可得

$$Q_L=m_A C_{pmh}^{A}(T_{A2}-T_{A1})+m_B C_{pmh}^{B}(T_{B2}-T_{B1}) \tag{4-33}$$

设热流体放出的热量为 Q_A，冷流体吸收的热量为 Q_B，则

$$Q_A=\Delta H_A \qquad Q_B=\Delta H_B$$

将上述两式代入式(4-31)，并再代回式(4-30)，可得热损失 Q_L 的计算值

$$Q_A+Q_B=Q_L \tag{4-34}$$

$$(-)\ (+)\ (-)$$

假如 Q_L 为已知数（工厂里可能有经验数据），则也可利用式(4-33) 或式(4-34) 求出其他未知的参数，如 T_{A1} 和 T_{A2}、T_{B1} 和 T_{B2}、m_A 和 m_B 等。总之，一个方程可解出一个未知数，此未知数视具体情况而定。

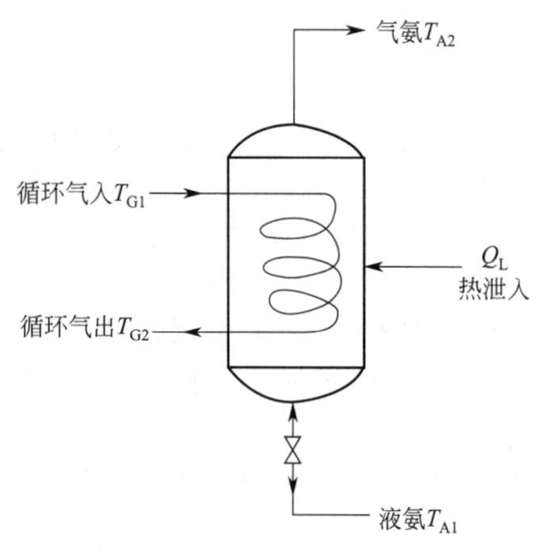

图 4-7　氨冷器热平衡

式(4-34) 为化工生产技术人员所常用，但该式出自热力学第一定律在开系稳流过程的应用，往往未受人注意。

又如合成氨厂的氨合成塔出口气体通常称为循环气。循环气中约含百分之十几的氨气。为了分离其中的氨，将其通过氨冷器，如图 4-7 所示，使循环气中的氨进行冷凝以分离出来。在氨冷器中循环气从蛇形盘管通过，其流量为 m_G，温度从 T_{G1} 降至 T_{G2}。蛇形管外部有液态氨进行汽化（从循环气吸热），其流量为 m_A。经过氨冷器的循环气温度从 T_{A1} 降至 T_{A2}。由于液氨汽化的温度低于大气环境的温度，故大气环境有热量 Q_L 泄入氨冷器。若对氨冷器作热量衡算，可求出 Q_L。

取氨冷器为系统，计算每小时内冷凝下来的氨量、汽化的液氨量和热泄入量。

根据热量衡算基本式(4-25)，对氨冷器有

$$\Delta H_{氨冷器}=Q_L \tag{4-35}$$

$$\Delta H_{氨冷器}=\Delta H_G+\Delta H_A \tag{4-36}$$

式中，ΔH_G 和 ΔH_A 分别为循环气和液氨的焓变；Q_L 为热泄入量。

$$\Delta H_G=m_G C_{pmh}^{G}(T_{G2}-T_{G1})+m_L\Delta h_L \tag{4-37a}$$

式中，C_{pmh}^{G}为循环气的平均等压热容；m_L 为循环气中冷凝下来的氨量；Δh_L 为单位质量氨冷凝焓变（负值）。

$$\Delta H_A=m_A C_{pmh}^{A}(T_{A2}-T_{A1})+m_A\Delta h_A \tag{4-37b}$$

式(4-37b) 右边第一项是液氨降温焓变，C_{pmh}^{A}为液氨的平均等压热容。第二项中 Δh_A 是单

位质量液氨在 T_{A2} 下的汽化焓变（正值），m_A 为汽化的液氨量。

将式(4-36)和式(4-37) 代入式(4-35) 得

$$Q_L = m_G C_{pmh}^G (T_{G2} - T_{G1}) + m_L \Delta h_L + m_A C_{pmh}^A (T_{A2} - T_{A1}) + m_A \Delta h_A \quad (4\text{-}38)$$

只要得到 C_{pmh}^G 和 C_{pmh}^A 以及 Δh_L 和 Δh_A 的数据，即可用上式求出 Q_L。如果 Q_L 已知，则也可从式(4-38) 求出其他参数。

【例 4-6】 用 20%过剩空气燃烧甲烷，甲烷和空气都在 25℃进入燃烧炉。试求燃烧所能达到的最高温度。

解 甲烷燃烧反应为

$$CH_4(g) + 2O_2(g) \longrightarrow CO_2(g) + 2H_2O(g)$$

根据附表 4 中标准生成热 $\Delta H_f^\ominus$ 数据，可以求得 25℃、0.10133MPa（1atm）下的化学反应焓变（标准反应热）$\Delta H_{298}^\ominus$，即

$$\Delta H_{298}^\ominus = -393510 + 2\times(-241830) - (-74850) = -802320\text{J}$$

假定燃烧过程是绝热的，热损失 $Q_L = 0$，则式(4-25) 可简化为

$$\Delta H = 0$$

为了求得反应物的最终温度，在初终态之间可设计任意途径。现在选择如图 4-8 所示的途径，取 1mol CH_4 作为计算基准。

理论需要 O_2 的物质的量（mol）＝2.0

过剩 O_2 物质的量（mol）＝0.2×2.0＝0.4

进入的 N_2 的物质的量（mol）＝2.4×（79/21）＝9.03

离开燃烧炉的气体包括 1mol CO_2、2mol H_2O（气）、0.4mol O_2 和 9.03mol N_2。

根据式(4-29)，有

$$\Delta H_{298}^\ominus + \Delta H_p^\ominus = \Delta H = 0$$

上式左边两项为

$$\Delta H_{298}^\ominus = -802320\text{J}$$

$$\Delta H_p^\ominus = (\sum n_i C_{pmh,i}^*)(T_2 - 298.15)$$

式中，$\sum$ 包括所有的气体产物。由于平均等压热容与终温 T_2 有关，故要用迭代法求出 T_2。上述三式联立可解出 T_2

$$T_2 = \frac{802320}{\sum n_i C_{pmh,i}^*} + 298.15 \quad \text{(A)}$$

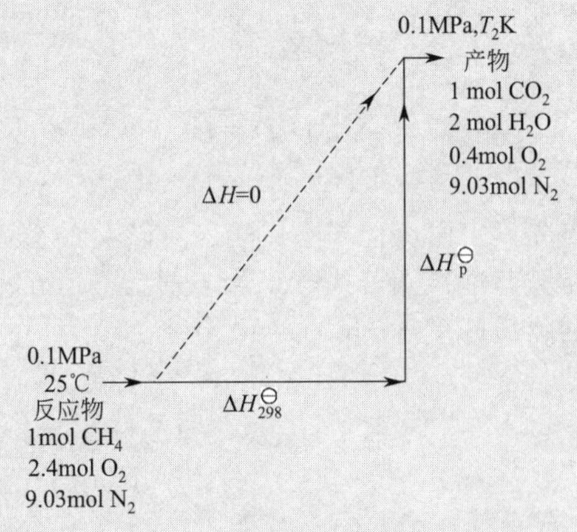

图 4-8 甲烷燃烧过程热衡算步骤

由附表 2 的数据可知，此燃烧过程气体产物热容即式(3-35) 中的 $C=0$，根据式(3-34e)，可得

$$\sum_i n_i C_{pmh,i}^* = R\left[\sum n_i A_i + (\sum n_i B_i) T_{am} + \frac{\sum n_i D_i}{T_1 T_2}\right]$$

用附表 2 的数据可求得

$$\sum_i n_i A_i = 1\times 5.457 + 2\times 3.470 + 0.4\times 3.639 + 9.03\times 3.280 = 43.489$$

同样

$$\sum_i n_i B_i = 9.502\times 10^{-3}$$

$$\sum_i n_i D_i = 0.645 \times 10^5$$

因而

$$\sum_i n_i C^*_{pmh,i} = 8.314\left(43.489 + 9.502 \times 10^{-3} T_{am} + \frac{-0.645 \times 10^5}{T_1 T_2}\right) \tag{B}$$

用 $T_1 = 298.15\text{K}$，$T_2 \geqslant 298.15\text{K}$ 的初值代入式(B) 求出 $\sum n_i C^*_{pmh,i}$，并以此值代回式(A) 求出 T_2。继续在式(A) 和式(B) 之间进行迭代，最后求得

$$T_2 = 2066\text{K} \text{ 即 } 1793℃$$

【例 4-7】 高温常压下用水蒸气催化转化甲烷，制造合成气（主要成分为 CO 和 H_2），其反应式为

$$CH_4(g) + H_2O(g) \longrightarrow CO(g) + 3H_2(g) \tag{A}$$

主要的副反应是水煤气的变换反应

$$CO(g) + H_2O(g) \longrightarrow CO_2(g) + H_2(g) \tag{B}$$

若水蒸气与甲烷的摩尔比为 2，反应时向转化炉供热使产物达到 1300K，则甲烷会完全转化。此时产物中 CO 的含量为 17.4%（摩尔百分数）。已知反应物预热到 600K 入炉，试求需要向转化炉提供的热量。

解 先求出两个反应的标准反应热。反应式(A) 的 $\Delta H^{\ominus}_{298} = 206160\text{J}$，反应式(B) 的 $\Delta H^{\ominus}_{298} = -41160\text{J}$。反应式(A) 加反应式(B) 可得反应式(C)，即

$$CH_4(g) + 2H_2O(g) \longrightarrow CO_2(g) + 4H_2(g) \tag{C}$$

反应式(C) 的 $\Delta H^{\ominus}_{298} = 165000\text{J}$。反应式(A)、反应式(B) 和反应式(C) 三个反应式中只有两个反应是独立的，第三个反应可以由其他两个反应组合而成。采用下列两个反应式计算较简便。

$$CH_4(g) + H_2O(g) \longrightarrow CO(g) + 3H_2(g) \quad \Delta H^{\ominus}_{298} = 206160\text{J} \tag{A}$$

$$CH_4(g) + 2H_2O(g) \longrightarrow CO_2(g) + 4H_2(g) \quad \Delta H^{\ominus}_{298} = 165000\text{J} \tag{C}$$

首先确定两反应式中甲烷各自转化的分率。以进入转化炉时 1mol 甲烷和 2mol 水蒸气为计算基准，倘若式(A) 反应掉 $x$mol 甲烷，则式(C) 反应掉 $(1-x)$ mol 甲烷。反应产物的物质的量（mol）如下。

$$\begin{aligned}
&CO: x \\
&H_2: 3x + 4(1-x) = 4 - x \\
&CO_2: 1 - x \\
&H_2O: 2 - x - 2(1-x) = x \\
\hline
&\text{合计}: 5\text{mol 反应产物}
\end{aligned}$$

已知产物中 CO 的含量为 $x/5 = 0.174$，则 $x = 0.870$。根据选择的计算基准，有 0.870mol 甲烷按式(A) 进行反应，0.130mol 甲烷按式(C) 进行反应。反应产物中各组分的量为

$$\text{CO 物质的量(mol)} = x = 0.870$$

$$H_2 \text{ 物质的量 (mol)} = 4 - x = 3.13$$

$$CO_2 \text{ 物质的量 (mol)} = 1 - x = 0.13$$

$$H_2O \text{ 物质的量 (mol)} = x = 0.870$$

为了便于计算，要设计一个从 600K 的反应物转化到 1300K 的产物的途径。25℃的标准反

应热是可以利用的数据，为此，设计如图 4-9 所示的计算途径。虚线代表实际途径，其焓变为 ΔH。

根据式(4-29)，有

$$\Delta H=\Delta H_{R}^{\ominus}+\Delta H_{298}^{\ominus}+H_{p}^{\ominus}$$

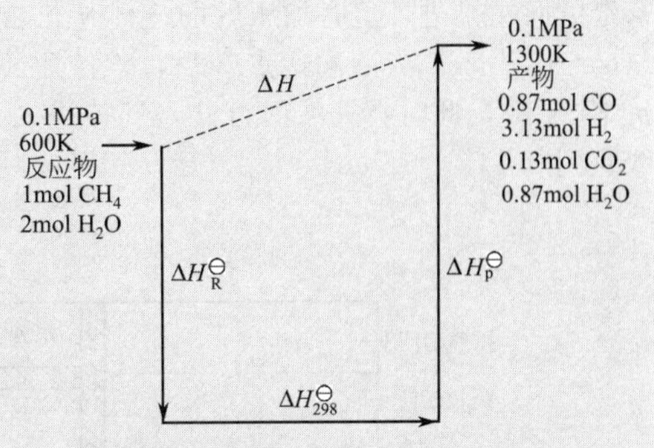

图 4-9 甲烷蒸气转化热量衡算步骤

反应式(A) 转化 0.87mol 甲烷，反应式(C) 转化 0.13mol 甲烷，所以

$$\Delta H_{298}^{\ominus}=0.87\times206160+0.13\times165000$$
$$=200809\text{J}$$

反应物从 600K 冷却到 298K 的焓变为

$$\Delta H_{p}^{\ominus}=\left(\sum_{i}n_{i}C_{pmh,i}^{*}\right)(298.15-600)$$

式中 $C_{pmh,i}^{*}$ 按式(3-34e) 计算。由此得

$$\Delta H_{R}^{\ominus}=(1\times\underset{CH_4}{44.026}+2\times\underset{H_2O}{34.826})(-301.85)=-34314\text{J}$$

同样，产物从 298K 加热到 1300K 的焓变为

$$\Delta H_{R}^{\ominus}=\left(\sum_{i}n_{i}C_{pmh,i}^{*}\right)(1300-298.15)$$

$$=\left(0.87\times\underset{CO}{31.702}+3.13\times\underset{H_2}{29.994}+0.13\times\underset{CO_2}{49.830}+0.87\times\underset{H_2O}{38.742}\right)\times1001.85$$

$$=161944\text{J}$$

所以

$$\Delta H=-34314+200809+161944=328439\text{J}=328.439\text{kJ}$$

根据式(4-25)，最后求得转化炉所需的热量为

$$Q=\Delta H=328.439\text{kJ}$$

4.4 气体压缩过程

化学工业广泛应用压缩机、鼓风机和送风机。许多生产过程，例如制冷工业，往往利用常温下的压缩气体急剧绝热膨胀得到低温，对于流体的输送和高压下进行的化学反应、分离等，也都需要预先对流体进行压缩或加压。

按压缩机运动机构来分，主要有往复式(活塞式) 及叶轮式两大类，叶轮式中最常见的是离心式，另外还有轴流式等。

压缩机的运行，无论是往复式还是叶轮式都要靠外界输入功，要用汽轮机、内燃机及其他原动机来带动它工作。离心式压缩机需要高转速，一般都用电动机或直接用汽轮机来带动。

4.4.1 压缩过程热力学分析

为简单起见，先就理想的压缩过程进行分析。所谓理想压缩过程，即为可逆的压缩过程。该过程不存在任何摩擦损耗，因此，输入的功都用于气体压缩，没有功耗散为热。另外，对于往复式的压缩机，还假定在排气时汽缸中的气体完全排除，不留余隙容积。

图 4-10 的左图示出了往复式压缩机汽缸的简单构造，右图是与压缩过程相对应的 p-V 图。开始时，活塞处于冲程最右端，汽缸里的气体体积为 V_1，压力为 p_1，对应于 p-V 图上的点 1；活塞的两个活门都关闭时向左推进，气体的压力不断增大，体积逐渐减小，直到排

出压力 p_2。若整个过程为恒温压缩，则连续地沿曲线 $1\rightarrow2a$ 变化；如果气体是理想气体，此曲线应服从 pV=常数的关系，即为理想气体恒温压缩过程。当气体压力达到 p_2 后，活塞继续向左推进，这时加压后的气体从汽缸的排气活门排出。这是等压过程，在 p-V 图上以 $2a\rightarrow3$ 表示。当活塞达点 3 后，汽缸里不再存有气体。当活塞向右返回时，压力立刻从 p_2 降到 p_1，此时吸气活门打开，气体进入汽缸，这也是等压过程，在 p-V 图上沿着 $4\rightarrow1$ 线直到点 1。

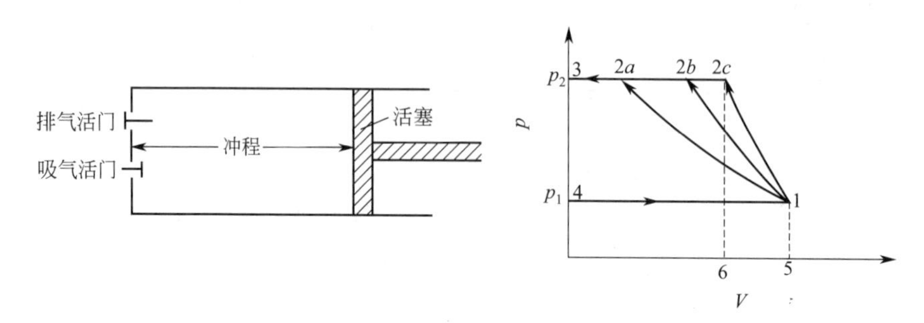

图 4-10　往复式压缩机压缩过程示意

根据式(4-23)，$\Delta H=Q-W_s$，对于理想气体等温压缩过程，$\Delta H=0$，则有

$$Q=W_s$$

$$(-)(-)$$

该式的含义是压缩过程加入的功全部转化为热。此热量必须及时排出，过程才能维持恒温。

另一极端情况是绝热压缩。假如其他条件相同，绝热压缩到 p_2 时气体的温度显然要高于等温压缩，其压力和等温过程相同，那么，绝热压缩终态的体积必定大于等温过程终态的体积。因此，绝热压缩沿 $1\rightarrow2c$ 曲线进行。此曲线应服从 pV^K=常数的关系，K 为绝热指数。

实际上，真正的等温和绝热压缩过程都不可能实现，真实压缩过程既非等温也非绝热，而是介于两者之间，称为多变压缩过程。其终点体积处在 $2a$ 和 $2c$ 之间，沿曲线 $1\rightarrow2b$ 进行。此曲线服从 pV^m=常数的关系，m 称为多变指数。

对于有水夹套的往复式压缩机，$1<m<K$，例如空气压缩机 $K=1.4$，$m=1.25$。离心式压缩机一般无水夹套，克服流动阻力所消耗的功全部转变为热，因此，终态温度比绝热过程还要高，此时 $m>K$。可以把等温压缩和绝热压缩视为多变压缩的特殊情况。当 $m=1$ 时，即为等温压缩；$m=K$ 时，为绝热压缩。多变压缩的终温与多变指数有关。显然，当 $1<m<K$ 时，终态温度高于等温压缩的终温，而低于绝热压缩的终温。

前已推导出可逆轴功的计算式(4-26)

$$w_{s(R)}=-\int_{p_1}^{p_2}v\mathrm{d}p \quad 或 \quad W_{s(R)}=-\int_{p_1}^{p_2}V\mathrm{d}p \tag{4-26}$$

在 p-V 图上可以看到，此功可用 12341 所围的面积来表示。显然，就功的绝对值而言，等温压缩的功最小，绝热压缩的功最大，多变压缩的功居中。因此，为减少功耗，实际压缩机都装有一套能够把压缩过程产生的热移走的冷却设备。一般是在缸的外围装水夹套，让冷却水不断从夹套中流过，吸取由汽缸壁传出的热量。比较小型的压缩机因产热量较少，只要在汽缸外壁装上有突出的肋片（风翼），就可以增加散热面积，让外界空气把热量带走。前者称水冷，后者称风冷。无论水冷或风冷都不可能将产生的热量全部移去。实际压缩应尽可能接近等温过程，但却无法实现等温压缩。

4.4.2　单级压缩机可逆轴功的计算

（1）等温压缩

根据式(4-23)，$\Delta H=Q-W_{s(R)}$，对于理想气体，$\Delta H=0$，则

$$W_{s(R)}=Q=-\int_{p_1}^{p_2}V\mathrm{d}p=-nRT_1\ln\frac{p_2}{p_1} \tag{4-39}$$

由此式可见，$W_{s(R)}$由初温T_1和压缩比p_2/p_1决定。计算求得的$W_{s(R)}$的单位取决于R的选择。显然，初温T_1越高，压缩比越大，压缩功耗也越大。

(2) 绝热压缩

根据式(4-23)，$Q=0$，则有

$$-W_{s(R)}=\Delta H=\int_{p_1}^{p_2}V\mathrm{d}p$$

对于理想气体，可将$pV^K=$常数的关系代入上式，积分后可得

$$-W_{s(R)}=\frac{K}{K-1}V_1p_1\left[\left(\frac{p_2}{p_1}\right)^{\frac{K-1}{K}}-1\right] \tag{4-40}$$

或

$$-W_{s(R)}=\frac{K}{K-1}nRT_1\left[\left(\frac{p_2}{p_1}\right)^{\frac{K-1}{K}}-1\right] \tag{4-40a}$$

此式的推导过程如下。

对于绝热过程，$pV^K=p_1V_1^K=p_2V_2^K=\cdots=$常数

因此有

$$V=p_1^{\frac{1}{K}}V_1p^{-\frac{1}{K}}$$

将上式代入式(4-26)，则有

$$W_s=-\int_{p_1}^{p_2}V\mathrm{d}p=-\int_{p_1}^{p_2}p_1^{\frac{1}{K}}V_1p^{-\frac{1}{K}}\mathrm{d}p=-p_1^{\frac{1}{K}}V_1\int_{p_1}^{p_2}\mathrm{d}\left[\frac{1}{\left(1-\frac{1}{K}\right)}\times p^{\left(1-\frac{1}{K}\right)}\right]$$

$$=-p_1^{\frac{1}{K}}V_1\left[\frac{K}{K-1}\left(p_2^{\frac{K-1}{K}}-p_1^{\frac{K-1}{K}}\right)\right]=-\frac{K}{K-1}p_1V_1\left[\left(\frac{p_2}{p_1}\right)^{\frac{K-1}{K}}-1\right]$$

或

$$=-\frac{K}{K-1}nRT_1\left[\left(\frac{p_2}{p_1}\right)^{\frac{K-1}{K}}-1\right]$$

绝热指数与气体的性质有关，严格地说与温度也有关。粗略计算时，理想气体的K值可取：

单原子气体，$K=1.667$

双原子气体，$K=1.40$

三原子气体，$K=1.333$

常压下一些气体的K值见表4-1。

表 4-1　某些气体的绝热指数

名　　称	$K=\frac{C_p^*}{C_V^*}$	名　　称	$K=\frac{C_p^*}{C_V^*}$	名　　称	$K=\frac{C_p^*}{C_V^*}$
氩	1.66	二氧化碳	1.30	空气	1.40
氢	1.407	二氧化硫	1.25	甲烷	1.308
氧	1.40	水蒸气 饱和水蒸气	1.135	乙烷	1.193
氮	1.40	水蒸气 过热水蒸气	1.3	丙烷	1.133
一氧化碳	1.40	氨	1.29		

混合气体的绝热指数K_m可按式(4-41)计算：

$$\frac{1}{K_m-1}=\sum_i\frac{y_i}{K_i-1} \tag{4-41}$$

式中，K_i 为混合气体中某组分的绝热指数；y_i 为混合气体中某组分的摩尔分数。

（3）多变压缩

对于理想气体，与绝热压缩相似，将 pV^m＝常数的关系代入式(4-26)，积分后得

$$-W_{s(R)}=\frac{m}{m-1}V_1p_1\left[\left(\frac{p_2}{p_1}\right)^{\frac{m-1}{m}}-1\right] \tag{4-42}$$

或

$$-W_{s(R)}=\frac{m}{m-1}nRT_1\left[\left(\frac{p_2}{p_1}\right)^{\frac{m-1}{m}}-1\right] \tag{4-42a}$$

（4）真实气体压缩功的计算

在工业生产中，若要将气体压缩到很高的压力（例如合成氨厂氢氮压缩机的高压段）或者对较易液化的气体进行压缩（如氨压缩机），不能按理想气体而应按真实气体求其压缩功。如果压缩机进出口压缩因子 Z 变化不很大，可取其平均值 $Z_m=(Z_{进}+Z_{出})/2$，用式(4-26)进行积分时 Z_m 可视为常数，则可导出下列近似计算式。

等温压缩：$-W_{s(R)}\approx Z_m nRT_1\ln\frac{p_2}{p_1}$ (4-43)

绝热压缩：$-W_{s(R)}\approx\frac{K}{K-1}Z_m nRT_1\left[\left(\frac{p_2}{p_1}\right)^{\frac{K-1}{K}}-1\right]$ (4-44)

多变压缩：$-W_{s(R)}\approx\frac{m}{m-1}Z_m nRT_1\left[\left(\frac{p_2}{p_1}\right)^{\frac{m-1}{m}}-1\right]$ (4-45)

对于易液化气体，在压缩过程中压缩因子变化很大，可用热力学图表进行计算。由式(4-23)、式(4-24)可知

多变压缩：$-W_{s(R)}=\Delta H-Q$（或 $-W_s=\Delta H-Q$） (4-23)

绝热压缩：$-W_{s(R)}=\Delta H$（或 $-W_s=\Delta H$） (4-24)

对于绝热压缩，若已知压缩机进出口的温度和压力，则可用第 5 章介绍的 T-S 图或 p-H 图，查得气体进出口的焓值，用式(4-24)计算。对于多变压缩，若又能求得压缩机汽缸夹套带走的热量，则可按式(4-23)直接求出 $W_{s(R)}$。计算绝热压缩功，通常只知道进口温度 T_1、压力 p_1 与出口压力 p_2，而出口温度 T_2 是未知的，这时就要用试差法。先假定一个终温 T_2，然后用第 2 章介绍的普遍化关联法求出压缩过程的熵变 ΔS。倘若 $\Delta S=0$，则原先假定的 T_2 即为可逆绝热压缩的终温。然后再根据初、终态的温度和压力用普遍化关联法求出压缩过程的焓变，此焓变的负值即为 $W_{s(R)}$。倘若假定的终温不满足 $\Delta S=0$，则还要重新试差。

【例 4-8】 设空气的初态压力为 0.10814MPa，温度为 15.6℃，今将 1kg 空气压缩至 $p_2=1.8424$MPa（绝压）。试比较可逆等温、绝热和多变压缩过程（$m=1.25$）的功耗和终点温度。

解 空气在压力较低时可视为理想气体。

（1）等温压缩。根据式(4-39)，有

$$-W_{s(R)}=R'T\ln\frac{p_2}{p_1}=\left(\frac{8.314}{29}\right)(273+15.6)\left(\ln\frac{1.8424}{0.10814}\right)=234.6\text{kJ}\cdot\text{kg}^{-1}$$

式中 $R'=\frac{R}{M_{air}}$，$M_{air}=29\text{kg}\cdot\text{kmol}^{-1}$。

（2）绝热压缩。从表 4-1 查得 $K=1.4$，根据式(4-40a)，有

$$-W_{s(R)}=\frac{1.4}{1.4-1}\times\frac{8.314}{29}\times(273+15.6)\left[\left(\frac{1.8424}{0.10814}\right)^{\frac{1.4-1}{1.4}}-1\right]$$

$$=\frac{1.4}{0.4}\times0.2867\times288.6\times(2.2481-1)$$

$$=361.44\text{kJ}\cdot\text{kg}^{-1}$$

(3) 多变压缩。根据式(4-42a)，有

$$-W_{s(R)}=\frac{1.25}{1.25-1}\times0.2867\times288.6\times\left[\left(\frac{1.8424}{0.10814}\right)^{\frac{1.25-1}{1.25}}-1\right]$$

$$=\frac{1.25}{0.25}\times0.2867\times288.6\times(1.7631-1)$$

$$=315.7\text{kJ}\cdot\text{kg}^{-1}$$

压缩过程终点的温度为

绝热压缩：$T_2=T_1\left(\frac{p_2}{p_1}\right)^{\frac{K-1}{K}}=288.6\left(\frac{1.8424}{0.10814}\right)^{\frac{1.4-1}{1.4}}=648.79\text{K}=375.79℃$

多变压缩：$T_2=T_1\left(\frac{p_2}{p_1}\right)^{\frac{m-1}{m}}=288.6\left(\frac{1.8424}{0.10814}\right)^{\frac{1.25-1}{1.25}}=508.83\text{K}=235.83℃$

计算结果列表如表 4-2。

表 4-2　例 4-8 计算结果

压缩过程	终温，t_2/℃	功耗，$-W_{s(R)}$/kJ·kg^{-1}	压缩过程	终温，t_2/℃	功耗，$-W_{s(R)}$/kJ·kg^{-1}
等温	15.6	234.6	绝热	375.79	361.44
多变	235.83	315.7			

从表 4-2 数据可见，在 $1<m<K$ 的条件下，当压缩比一定时，等温压缩功最小，终温最低；绝热压缩功最大，终温最高；多变压缩功和终温介于两者之间。

4.4.3　多级压缩功的计算

若要将气体从常压压缩到很高的压力，不能采用单级压缩。这是由于实际的压缩过程是接近绝热的，出口压力受到压缩后温度的限制，而终温必须低于压缩机润滑油的闪点。另一方面过高的温度会造成气体分解或聚合，这是工艺不允许的。另外，过高的温度还会造成管道、汽缸、活门等腐蚀和损坏。因此，必须采用多级压缩。具体过程是先将气体压缩到某一中间压力，然后通过一个中间冷却器，使其等压冷却，气体温度下降到原来进压缩机时的初态温度。依此进行多次压缩和冷却，使气体压力增大，而温度不至于升得过高。这样，整个压缩过程可向等温压缩过程趋近，还可以减少功耗，见图 4-11。

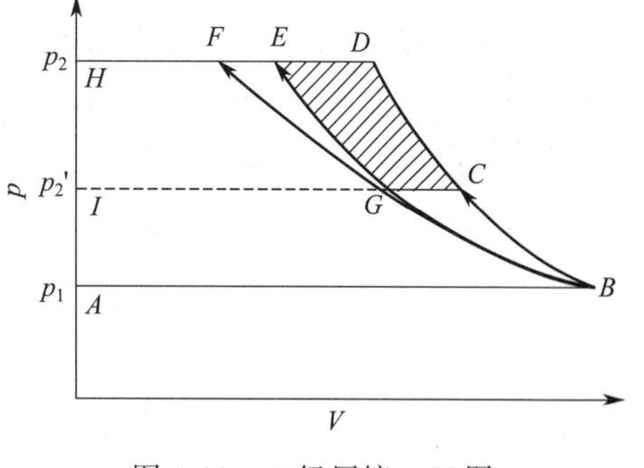

图 4-11　二级压缩 p-V 图

气体从 p_1 加压至 p_2，进行单级等温压缩，其功耗在 p-V 图上可以用曲线 $ABGFHA$ 所包围的面积表示。若进行单级绝热压缩，则是曲线 $ABCDHA$ 所包围的面积。现讨论二级压缩过程。先将气体绝热压缩到某中间压力 p_2'，此为第一级压缩，以曲线 BC 表示，所耗的功为曲线 $BCIAB$ 所包围的面积。然后将压缩气体导入中间冷却器，冷却至初温，此冷却过程以直线 CG 表示。第二级绝热压缩，沿曲线 GE 进行，所耗的功为曲线 $GEHIG$ 所包围的面积。显然，二级与单级绝热压缩相比较，节省的功为 $CDEGC$ 所包围的面积。

由以上分析可见，级数越多，越接近等温压缩线 BGF。但级数增加，造价也增大，而且经过阀门、中间冷却器的压降也越大。因此，超过一定的限度，节省的功有限，但设备费和压降猛增，也是不经济的。多级压缩一般不超过七级。

气体进行多级压缩，压缩比的选择是一个重要的问题。压缩比的确定应从节能和工艺要求两方面考虑。工艺要求各不相同，在此无法提出统一的要求。从节能角度考虑，最佳的压力分配是各级压缩比均相等，因为各级压缩比均相等时，总的压缩功耗最小。可证明如下：设某理想气体由 p_1 压缩至 p_3，中间压力为 p_2。按可逆多变压缩功计算，两级压缩功之和为

$$W_{s(R)}=\frac{m}{m-1}p_1V_1\left[1-\left(\frac{p_2}{p_1}\right)^{\frac{m-1}{m}}\right]+\frac{m}{m-1}p_2V_2\left[1-\left(\frac{p_3}{p_2}\right)^{\frac{m-1}{m}}\right] \tag{4-46}$$

使 $W_{s(R)}$ 绝对值最小的条件是它对中间压力 p_2 的一阶偏导数等于零，即

$$\left(\frac{\partial W_{s(R)}}{\partial p_2}\right)_{p_1,p_3,V_1}=0 \tag{4-47}$$

将 $p_2V_2=p_1V_1$（$=nRT_1$）代入式(4-46)，然后按式(4-47) 求导，可得

$$-\left(\frac{p_1}{p_2}\right)^{\frac{1}{m}}V_1+V_1p_1p_2^{\frac{1-2m}{m}}\cdot p_3^{\frac{m-1}{m}}=0$$

整理上式，则有

$$\frac{p_2}{p_1}=\frac{p_3}{p_2}\quad 或\quad p_2^2=p_1\cdot p_3$$

对于有 s 级的多级压缩，同样有

$$\frac{p_2}{p_1}=\frac{p_3}{p_2}=\frac{p_4}{p_3}=\cdots=\frac{p_{s+1}}{p_s}=r(压缩比) \tag{4-48}$$

由于

$$p_2=p_1r$$
$$p_3=p_2r$$
$$\cdots\cdots$$
$$p_{s+1}=p_sr=p_1r^s$$

所以

$$r=\sqrt[s]{\frac{p_{s+1}}{p_1}} \tag{4-49}$$

实际多级压缩因各级有水冷却器及油水分离器等，它们都存在压力降，因而实际压缩比的数值较式(4-49) 求得的 r 大约 1.1～1.5 倍。

多级压缩的可逆轴功可分级计算

$$-W_{s(R)}=\sum_{i=1}^{s}p_1V_1\frac{m}{m-1}\left[r^{\frac{m-1}{m}}-1\right] \tag{4-50}$$

或

$$-W_{s(R)}=\frac{sm}{m-1}p_1V_1\left[\left(\frac{p_{s+1}}{p_1}\right)^{\frac{m-1}{sm}}-1\right] \tag{4-50a}$$

4.4.4 气体压缩的实际功耗

以上介绍压缩功的计算都只适用于无任何摩擦损耗的可逆过程。实际过程都存在摩擦，必定有一部分功耗散为热。例如机内流体流动阻力、可能存在涡流、湍流以及气体泄漏等均造成部分损耗。另外，由于传动机械和轴承的机械摩擦，活塞与汽缸的摩擦等也要消耗一部分功。因此，实际需要的功 W_s 要比可逆轴功 $W_{s(R)}$ 大（指绝对值）。设 η_m 为考虑各种摩擦损耗因素的机械效率（此即为前面提及的机械效率的一种）。W_s 与 $W_{s(R)}$ 的关系如下所示：

$$W_s=\frac{W_{s(R)}}{\eta_m} \tag{4-28b}$$

η_m 值视压缩机类型以及实际情况而异，由实验测定。

4.4.5 叶轮式压缩机

叶轮式压缩机分为离心式和轴流式两种类型，其中较常见的是高速离心式压缩机。

往复式压缩机的最大缺点是排量不大。其原因是由于转速不高，间歇吸气与排气，以及有余隙容积的影响。叶轮式压缩机克服了这些缺点，它的转速比活塞式高几十倍，能连续不断地吸气和排气且没有余隙容积，所以它的机体不大而排量较大。但它也有缺点，即每级压缩比较小，若需要得到较高的压力，则需要很多级。另外因气体流速大，各部分的摩擦损失也较大，使 η_m 降低。在叶轮式压缩机中，机械能转变为高压势能是分两步进行的；第一步在叶轮中把机械能变为工质（气体）的动能；第二步工质的动能经扩压管转变成势能。由于要经过动能这一阶段，工质在这一阶段的速度相当高，这就增加了工质的内摩擦损耗。因此，对叶轮式压缩机的设计和制造技术水平要求甚高。

一般，要求气量大而压缩比不太大时采用叶轮式压缩机；反之，气量小而压缩比要求较高时则采用往复式压缩机。

习　题

4-1 已知水蒸气进入透平机时焓值 $h_1=3230\text{kJ}\cdot\text{kg}^{-1}$，流速 $u_1=50\text{m}\cdot\text{s}^{-1}$，离开透平机时焓值 $h_2=2300\text{kJ}\cdot\text{kg}^{-1}$，流速 $u_2=120\text{m}\cdot\text{s}^{-1}$。水蒸气出口管比进口管低 3m，水蒸气流量为 $10^4\text{kg}\cdot\text{h}^{-1}$。若忽略透平的散热损失，试求：(1) 透平机输出的功率；(2) 忽略进口、出口水蒸气的动能和位能变化，估计对输出功率计算值所产生的误差。

4-2 压力为 1500kPa，温度为 320℃ 的水蒸气通过一根 ϕ0.075m 的标准管，以 $3\text{m}\cdot\text{s}^{-1}$ 的速度进入透平机。由透平机出来的乏汽用 ϕ0.25m 的标准管引出，其压力为 35kPa、温度为 80℃。假定无热损失，试问透平机输出的功率为多少？

4-3 有一水泵每小时从水井抽出 1892kg 的水并泵入贮水槽内，水井深 61m，贮水槽的水位离地面 18.3m，水泵用功率为 3.7kW 的马达驱动，在泵送水的过程中，只耗用该马达功率的 45%。贮水槽的进、出水的质量流量完全相等，水槽内的水位维持不变，从而确保水作稳态流动。在冬天，井水温度为 4.5℃，为防止水槽输出管路发生冻结现象，在水的输入管路上安设一台加热器对水进行加热，使水温保持在 7.2℃，试计算此加热器所需净输入的热量。

4-4 某特定工艺过程每小时需要 0.138MPa，品质（干度）不低于 0.96、过热度不大于 7℃ 的水蒸气 450kg。现有的水蒸气压力为 1.794MPa、温度为 260℃。

(1) 为充分利用现有水蒸气，先用现有水蒸气驱动一蒸汽透平，而后将其乏汽用于上述特定工艺过程。已知透平机的热损失为 $5272\text{kJ}\cdot\text{h}^{-1}$，水蒸气流量为 $450\text{kg}\cdot\text{h}^{-1}$，试求透平机输出的最大功率为多少千瓦。

(2) 为了在透平机停工检修时工艺过程水蒸气不至于中断，有人建议将现有水蒸气经节流阀使其压力降至 0.138MPa，然后再经冷却就可得到工艺过程所要求的水蒸气。试计算从节流后的水蒸气需要移去的最少热量。

4-5 水蒸气流经内径为 ϕ0.0254m 的管道，在入口处水蒸气的压力为 1.62MPa，温度为 320℃，线速度为 $24\text{m}\cdot\text{s}^{-1}$。在管道出口处，压力为 0.415MPa。管道的热损失为 $117\text{kJ}\cdot\text{kg}^{-1}$（流过的水蒸气）。流出管道的水蒸气再进入一个绝热可逆的喷嘴，从喷嘴流出的水蒸气在大气压下为饱和状态。试求：(1) 进入喷嘴时水蒸气的温度；(2) 离开喷嘴时水蒸气的线速度。

4-6 CO_2 气体在 1.5MPa、30℃ 时稳流经过一个节流装置后减压至 0.10133MPa (1atm)。试求 CO_2 节流后的温度及节流过程的熵变。

4-7 2.5MPa、200℃ 的乙烷气体在透平中绝热膨胀到 0.2MPa。试求绝热可逆（等熵）膨胀至终压时乙烷的温度与膨胀过程产出的轴功。乙烷的热力学性质可分别用两种方法计算：(1) 理想气体方程；(2) 合适的普遍化方法。

4-8 某化工厂转化炉出口高温气体的流率为 $5160\text{Nm}^3\cdot\text{h}^{-1}$，温度为 1000℃，因工艺需要欲将其降温到

380℃。现用废热锅炉机组回收其余热。已知废热锅炉进水温度为54℃，产生3.73MPa、430℃的过热水蒸气。可以忽略锅炉热损失以及高温气体降温过程压力的变化。已知高温气体在有关温度范围的平均等压热容为36kJ·kmol^{-1}·K^{-1}，试求：(1) 每小时废热锅炉的产水蒸气量；(2) 水蒸气经过透平对外产功，透平输出的轴功率为多少？已知乏汽为饱和水蒸气，压力为0.1049MPa，可以忽略透平的热损失。

4-9 某合成氨厂甲烷蒸汽转化一段炉由天然气燃烧提供热量。设天然气组成为（体积百分比）：96% CH_4、1.5% C_2H_6、2.0% N_2、0.5% CO_2（忽略其他成分）。天然气进口温度为200℃，燃烧用空气进口温度为25℃，空气用量为理论用量的115%，已知热损失为入口焓值（以25℃为参考态）的4.5%，炉气出口温度为1000℃。燃烧天然气的用量为3200Nm^3·h^{-1}。求天然气燃烧过程向反应炉管所提供的热量。设空气组成为79% N_2、21% O_2，已知天然气进行燃烧的反应式为：

$$CH_4(g)+2O_2(g) \longrightarrow CO_2(g)+2H_2O(g) \tag{A}$$

$$C_2H_6(g)+3.5O_2(g) \longrightarrow 2CO_2(g)+3H_2O(g) \tag{B}$$

提示：(1) 建议计算基准取100kmol天然气；(2) 先求出天然气燃烧后气体的组成。

4-10 某厂高压压缩机一段吸气量为1000m^3·h^{-1}（操作状态）。吸入的气体为半水煤气，其组成（摩尔百分数）如下：

	CO	H_2	N_2	H_2O	CO_2
组成	28.3	33.6	19.45	11.57	7.06
绝热指数 K	1.40	1.41	1.41	1.31	1.30

吸入气体的温度为40℃，由20kPa（表压）压缩至294.2kPa（表压）。大气压为100kPa。试计算等温压缩、绝热压缩与多变压缩的可逆压缩功。半水煤气可视为理想气体，其多变指数$m=1.2$。

4-11 丙烷从0.1013MPa、60℃被压缩至4.25MPa。假定压缩过程为绝热可逆（等熵）压缩，试计算1kmol丙烷所需要的压缩功（丙烷在此状态下不能视为理想气体）。

参考文献

[1] Smith J M, Van Ness H C, Abott M M. Introduction to Chemical Engineering Thermodynamics 6th ed., New York: McGraw-Hill, 2001.

[2] Daubert T E. Chemical Engineering Thermodynamics, New York: McGraw-Hill, 1985.

[3] [美] S. I. 桑德勒著. 化学与工程热力学. 吴志高等译. 北京：化学工业出版社，1985.

[4] [原西德] H D贝尔著. 工程热力学——理论基础及工程应用. 杨东华等译. 北京：科学出版社，1983.

[5] [美] 黄福赐著. 工程热力学原理和应用. 谢益棠译. 北京：电力工业出版社，1982.

[6] 朱自强，徐汛合编. 化工热力学. 第二版. 北京：化学工业出版社，1991.

[7] 张联科主编. 化工热力学. 北京：化学工业出版社，1980.

第5章

热力循环——热力学第二定律及其应用

热力学第二定律及其应用是热力学的重要部分。发电厂、空分厂、冷冻装置、机动车等实际工程中热力循环（含动力循环与冷冻循环）过程的分析都基于热力学第二定律。因此，掌握热力学第二定律及其应用对绝大部分工程师来说都很重要，但对化学工程师显得特别重要，因为化学工程师要解决的三大问题都与其有密切关系。

（1）热力学分析。以热力学第一定律和第二定律为基础，导出各种关系式，从而对化工过程进行分析与评价，以求实现合理利用能源。

（2）相平衡关系计算。这对于传质设备的设计和操作是必不可少的。

（3）化学平衡状态计算。它是研究化学反应动力学以及设计反应器和操作分析计算的前提。

本章对热力学第二定律只作简要的介绍（“物理化学”教材中对此已有详尽的叙述），重点在于阐明熵的概念，建立开系的熵平衡式。至于它在工程上的主要应用将在第6章详述。本章第二部分内容涉及热力学图及其应用。第三部分主要是研究水蒸气动力循环与冷冻循环，并作简单的能量分析。

5.1 热力学第二定律

热力学第二定律对于不同的过程有不同的表述方式。对有关热流方向、循环过程和熵等方面可用不同语言的表述。虽然表述的方式很多，但各种表述方式所阐明的是同一客观规律，因此它们都是等效的。常用的表述有如下三种：

（1）有关热流方向的表述，常用的是 Clausius 的说法：热不可能自动地从低温物体传给高温物体。

（2）有关循环过程的表述，常用的是 Kelvin 的说法：不可能从单一热源吸热使之完全变成有用功，而不引起其他方面的变化。

（3）有关熵的表述，常用的是：孤立系统的熵只能增加，或者到达极限时保持恒定。其数学表达式为

$$\Delta S_t \geqslant 0 \tag{5-1}$$

式中，ΔS_t 为孤立系统的总熵变。式(5-1) 为孤立系统热力学第二定律的数学表达式。对于不可逆过程用不等号；可逆过程用等号。孤立系统的总熵变为封闭系统的熵变 ΔS_{sys} 与外界环境熵变 ΔS_{sur} 之和，即

$$\Delta S_t = \Delta S_{sys} + \Delta S_{sur} \tag{5-2}$$

将式(5-2) 代入式(5-1)，得

$$(\Delta S_{sys} + \Delta S_{sur}) \geqslant 0 \tag{5-3}$$

热力学第二定律各种表达方式都内含共同的实质，即有关热现象的各种实际宏观过程都是不可逆的。Clausius 的说法指出了热传导过程的不可逆性，Kelvin 的说法则指出了功转化为热过程的不可逆性。

热力学第二定律和热力学第一定律一样，也是从人类极广泛的经验中总结得出，它是大量实验事实的概括。虽然我们不能直接验证第二定律各种说法的正确性，但整个热力学的发展过程令人信服地表明了它的一切推论都符合于客观实际。因此可以肯定热力学第二定律是正确反映客观规律的真理。

为便于以后的讨论，先介绍几个辅助概念——热源、功源、热机、热效率。

热源——是一个具有很大热容量的物系。它既可作为取出热量的热源，又可以作为投入热量的热阱，并且向它放热或取热时温度不变，因此热源里进行的过程可视为可逆过程。地球周围的大气与天然水源在许多工程应用问题中都可以视为热源。

功源——是一种可以作出功或接受功的装置，例如可以是一个有活塞的汽缸。对它作功时汽缸里的气体被压缩，当气体膨胀时功源对外界作功。功源与外界只有功交换而无热量或质量交换。功源里进行的过程也可设想为可逆过程。根据式(5-1) 和式(5-2)，对于绝热而又是可逆的过程，$\Delta S_t=\Delta S_{功源}=0$（因绝热，$\Delta S_{sur}=0$），因此功源没有熵变。

热机——是一种产生功并将高温热源的热量传递给低温热源的一种机械装置。

热功率——表示热转化为功的效率，即过程获得的功除以投入此过程的热量，其数学表达式为

$$\eta_T=\frac{W_s}{Q} \tag{5-4}$$

5.2 熵

热力学第一定律确立了一个重要的宏观热力学性质——内能；热力学第二定律则确立了同样重要的宏观热力学性质——熵。内能是与系统内部微观粒子运动的能量发生联系的热力学性质；熵是与系统内部分子运动混乱程度发生联系的热力学性质。

关于熵的本质，从微观角度有两种解释。一种解释是针对巨量元素组成的系统而言的。认为熵是热力学概率的量度。Boltzmann 用下式把 S 和 Ω 联系起来，即

$$S=k\ln\Omega$$

式中，k 为 Boltzmann 常数，Ω 为热力学概率。由于熵与系统内部分子运动混乱程度有关，因此熵值较小的状态对应于比较有序的状态，熵值较大的状态对应于比较无序的状态。

另一种解释是针对随机事件而言的，按现代信息论的方法，把熵视为信息缺失的量度。

式(5-3) 的物理意义是：孤立系统的熵只能增加，永不减少，这就是熵增原理。可以用两个热源之间的传热现象（见图 5-1）来说明孤立系统的熵增与不可逆性的关系。设有一循环装置工作于两个热源之间，从温度为 T_1 的热源吸收热量 Q_1 向温度为 T_2 的热源放出热量 Q_2，且$|Q_1|=|Q_2|$。该循环装置为系统，两个热源为外界环境。根据热力学第一定律

$$\Delta H=Q_1+Q_2=0$$

根据第二定律

$$(\Delta S_{sys}+\Delta S_{sur})\geqslant 0 \tag{5-3}$$

式中

$$\Delta S_{sys}=0 \tag{5-3a}$$

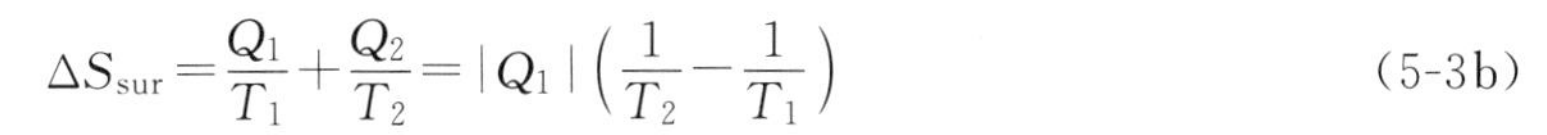

$$\Delta S_{sur}=\frac{Q_1}{T_1}+\frac{Q_2}{T_2}=|Q_1|\left(\frac{1}{T_2}-\frac{1}{T_1}\right) \tag{5-3b}$$

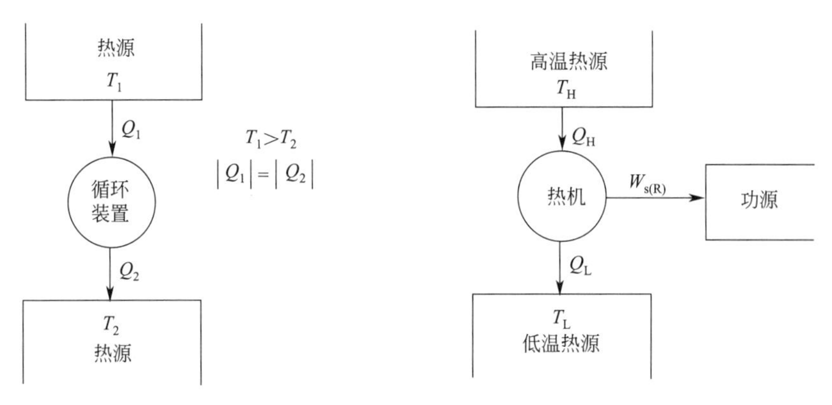

图 5-1　两个热源之间的传热　　　　图 5-2　工作于两个热源之间的热机

（对于两个热源而言，$Q_1<0$，$Q_2>0$），将式(5-3a) 和式(5-3b) 代入式(5-3)，得

$$|Q_1|\left(\frac{1}{T_2}-\frac{1}{T_1}\right)\geqslant 0 \tag{5-3c}$$

任何一个传热过程必须满足式(5-3c) 才有可能实现，而式(5-3c) 只有在 $T_2<T_1$ 的条件下才能成立。这表示热量只能自发地由高温热源传向低温热源，反方向是不可能的。此式证明了 Clausius 的叙述是正确的。从式(5-3c) 可见，传热温差 $\Delta T=(T_1-T_2)$ 越小，熵增也越小，即传热温差越小不可逆程度也越小，这必然导致传热过程进行缓慢。为保证传热速率，换热设备必须增大传热面积，这样，投资费用也势必增大。

假定能够将 T_1 降到仅仅略高于 T_2 才使传热过程接近可逆，从而孤立系统的总熵值就趋近于零。这是一种极限情况。

【例 5-1】 设有一热机，工作于温度为 T_H 的高温热源与温度为 T_L 的低温热源之间（见图 5-2）。若热机是可逆的，试推导出热机效率 η_T 的表达式。

解 取热机为系统，由热力学第一定律可得

$$W_{s(R)}=Q_H+Q_L \tag{A}$$

$$(+)\ (+)\ (-)$$

对于可逆过程，根据热力学第二定律有

$$(\Delta S_{sys}+\Delta S_{sur})=0 \tag{5-3}$$

循环过程应该是 $\Delta S_{sys}=0$。

因

$$\Delta S_{sur}=\Delta S_{高温源}+\Delta S_{低温源}+\Delta S_{功源} \tag{B}$$

式中

$$\Delta S_{高温源}=\frac{Q_H}{T_H} \tag{C}$$

$$\Delta S_{低温源}=\frac{Q_L}{T_L} \tag{D}$$

$$\Delta S_{功源}=0 \tag{E}$$

将式(C)、式(D) 和式(E) 代入式(B)，可得

$$\frac{Q_H}{T_H}+\frac{Q_L}{T_L}=0$$

即

$$\frac{Q_L}{Q_H}=-\frac{T_L}{T_H} \quad 或 \quad \frac{|Q_L|}{|Q_H|}=\frac{T_L}{T_H} \tag{F}$$

将式(A) 与式(F) 合并，则得可逆热机的热效率

$$\eta_{T(R)}=\frac{W_{s(R)}}{Q_H}=\frac{Q_H+Q_L}{Q_H}=1+\frac{Q_L}{Q_H}=1-\frac{T_L}{T_H} \tag{G}$$

可见，即使是可逆热机，也不可能有 100%的热效率，除非 $T_L=0K$ 或 $T_H=\infty K$，显然，这是不可能的，因此 $\eta_{T(R)}$ 永远小于 1。从“物理化学”中知道，式(G) 即为卡诺(Carnot) 循环（也是可逆热机）的热效率 η_C

$$\eta_C=\eta_{T(R)}=1-\frac{T_L}{T_H} \tag{5-5}$$

在推出式(G) 时并没有用到卡诺循环，因此，式(G) 不仅对卡诺循环，而且对一切可逆循环的热机都是正确的。

5.2.1 热力学第二定律用于闭系

由式(5-3) 可导出闭系热力学第二定律的数学表达式。先将式(5-3) 写成微分式

$$(dS_{sys}+dS_{sur})\geqslant 0 \tag{5-3}$$

式中，dS_{sys}为闭系的熵变，dS_{sur}为外界环境的熵变。而外界环境的熵变不外乎热源的熵变 $dS_{热源}$和功源的熵变 $dS_{功源}$，即

$$dS_{sur}=dS_{热源}+dS_{功源}$$

$$dS_{热源}=\frac{\delta Q_{sur}}{T_{sur}}=\frac{-\delta Q_{sys}}{T_{sur}}$$

式中，δQ_{sur}是热源与系统所交换的热；δQ_{sys}是系统与热源所交换的热。它们正好相差一个负号。T_{sur}是外界环境热源的温度。前已论及，功源的熵变为零，即

$$dS_{功源}=0$$

将以上三式代入式(5-3)，则得

$$dS_{sys}\geqslant\frac{\delta Q_{sys}}{T_{sur}}$$

上式通常写成

$$dS_{sys}\geqslant\frac{\delta Q}{T} \tag{5-6}$$

式(5-6) 为闭系热力学第二定律数学表达式，或称 Clausius 不等式。对于可逆过程用等号。式中 T 既是热源温度，也是闭系的温度（可逆传热两者温度相等）；对于不可逆过程式(5-6) 要用不等号，T 指热源的温度。对于相同的状态变化，可逆过程的热温熵$\frac{\delta Q_R}{T}$和不可逆过程的热温熵$\frac{\delta Q}{T}$是不相等的。

(1) 熵流

当闭系经历一可逆过程，从环境热源接受 δQ_R 热量时，其熵变为

$$dS_{sys}=\frac{\delta Q_R}{T}$$

系统接受 δQ_R 时，环境热源则失去 δQ_R 热量，故环境热源的熵变为

$$dS_{sur}=\frac{-\delta Q_R}{T}$$

由上述两式可见，若有 δQ_R 的热量流入系统，则必定伴有一股相应的熵流$\frac{\delta Q_R}{T}$流入系统，同

时有一股熵流$\frac{-\delta Q_R}{T}$从环境热源流出来。我们称$\frac{\delta Q_R}{T}$为随 δQ_R 热流产生的熵流

$$dS_f = \frac{\delta Q_R}{T} \tag{5-7}$$

式中，dS_f 表示由于传热 δQ_R 而引起系统熵的变化。系统与外界传递的热量可正（吸热）、可负（放热）、可为零（绝热），因此熵流 dS_f 亦可正、可负、也可为零。

要注意，功的传递不会引起熵的流动，这从熵的定义便可知道。前已论及，功源中没有熵变。但这样说并不意味着每当有功对系统输入或从系统输出功时，系统均无熵变，而只是说，这种熵变并不是功传递的直接结果。

（2）熵产

对于不可逆过程式(5-6) 要用大于号。为什么系统的熵变要大于热温熵呢？这是由于经历不可逆过程，有熵产生。熵产生的原因是有序能量（如机械能或电能）耗散为无序的热能，并被系统吸收，这样，必然导致系统熵的增加。例如不可逆的流体膨胀过程，由于流体分子存在内摩擦以及机械摩擦等，有一部分机械功耗散为热量，使实际膨胀产出的机械功比可逆膨胀过程要小，与此同时耗散的热能使流体温度上升，增加了内部熵。又如直流电通过电阻时，有序的电能也有一部分会耗散为热能，因此亦有熵产生。熵产不是系统的性质，而仅与过程的不可逆程度相联系。过程的不可逆程度越大，熵产生量 ΔS_g 也越大，只有可逆过程无熵产生。总之，有如下三种情况：

$\Delta S_g > 0$　为不可逆过程；

$\Delta S_g = 0$　为可逆过程；

$\Delta S_g < 0$　为不可能过程。

（3）闭系的熵平衡式

对于不可逆过程式(5-6) 为不等式，但为便于工程计算常将其变成等式。为此，将不可逆过程熵产生量 dS_g 引入式(5-6) 的右边，则有

$$dS_{sys} = \frac{\delta Q}{T} + dS_g \tag{5-8}$$

显然，对于不可逆过程，系统熵变大于传热引起的熵流 $dS_f = \frac{\delta Q}{T}$。系统的熵变可正、可负、也可为零，但不能由此造成误解，似乎系统放热时的熵变必然为负。从式(5-8) 可知，只要有 $dS_g > |dS_f|$，即使熵流为负，系统熵变也可以是正值。为此，搞清系统熵变 dS_{sys}、熵流 dS_f 和熵产 dS_g 三个不同的概念是非常必要的。

式(5-8) 写成积分式为

$$\Delta S_{sys} = \int_0^Q \frac{\delta Q}{T} + \Delta S_g \tag{5-9}$$

注意：式(5-8) 和式(5-9) 都为闭系熵平衡式；闭系可以是静止的，也可以是流动的。

5.2.2　孤立系统熵平衡式

将熵产 ΔS_g 引入式(5-3)，则可建立起孤立系统的熵平衡式，即

$$\Delta S_{sys} + \Delta S_{sur} = \Delta S_g \tag{5-10}$$

此式与式(5-2) 对照，可得

$$\Delta S_t = \Delta S_g \tag{5-11}$$

显然，熵产量等于孤立系统总熵变（即孤立系统的总熵增量）。由此可见，ΔS_g 应包括闭系与外界环境热源两部分产生的熵。倘若外界环境热源中进行的是可逆过程，那么外界环境热

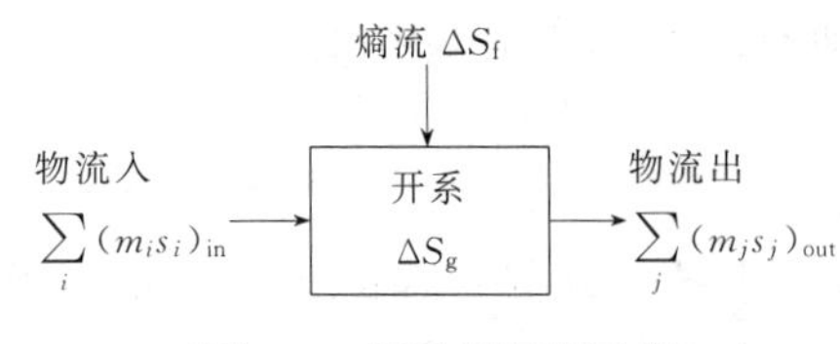

图 5-3　开系熵平衡示意

源的熵产量为零，这时 ΔS_g 即为闭系内部产生的熵。

5.2.3　开系熵平衡式

开系与外界有物质变换，这时有多股物流进入和离开系统。开系熵变除了与熵流和熵产有关以外，还与进入和离开的物流熵有关。图 5-3 是一个有多股物流进出的开系，其熵变$\left(\frac{dS_{opsys}}{dt}\right)$应写成

$$\frac{dS_{opsys}}{dt} = \Delta S_f + \Delta S_g + \sum_i (m_i s_i)_{in} - \sum_j (m_j s_j)_{out} \tag{5-12}$$

式中，ΔS_f 是开系与环境间由于传热引起的熵流。若有 K 股变温热流与开系交换，则

$$\Delta S_f = \sum_K \int_0^{Q_K} \frac{\delta Q_K}{T_K} \tag{5-13}$$

若有 K 股恒温热流与开系交换，则式(5-13) 可简化成

$$\Delta S_f = \sum_K \frac{Q_K}{T_K} \tag{5-14}$$

使用上述两式时要注意：开系放热 Q_K 为负值；吸热 Q_K 为正值。T_K 是与开系换热的热源的绝对温度。

式(5-12) 中 ΔS_g 为不可逆过程产生的熵，$\sum_i (m_i s_i)_{in}$ 为进入系统物流熵的总和，$\sum_j (m_j s_j)_{out}$ 为流出系统物流熵的总和。其中 m_i 与 m_j 分别为进入与流出系统物料的质量流量（$kg \cdot s^{-1}$），s_i 和 s_j 为比熵，即单位质量流体的熵（$kJ \cdot kg^{-1} \cdot K^{-1}$）。式(5-12) 则是开系的熵平衡式。

对于稳流过程，$\frac{dS_{opsys}}{dt}=0$，式(5-12) 变成

$$\Delta S_f + \sum_i (m_i s_i)_{in} - \sum_j (m_j s_j)_{out} + \Delta S_g = 0$$

或

$$\Delta S_g = \sum_j (m_j s_j)_{out} - \sum_i (m_i s_i)_{in} - \Delta S_f \tag{5-15}$$

此式为开系稳流过程熵平衡式。工程上常用此式来计算不可逆过程的熵产生量 ΔS_g。

对于绝热过程，$\Delta S_f=0$，式(5-15) 变成

$$\Delta S_g = \sum_j (m_j s_j)_{out} - \sum_i (m_i s_i)_{in} \tag{5-16}$$

譬如要计算流体通过节流阀产生的熵 ΔS_g，可按式(5-16) 进行。由于只有一股流体，$m_i = m_j = m$，故有

$$\Delta S_g = m(s_j - s_i) = m\Delta s = \Delta S$$

式中，ΔS 为流体经过节流阀时熵的变化。例 4-2 求出的丙烷气体经过节流装置的熵变 $\Delta S=23.80 J \cdot mol^{-1} \cdot K^{-1}$，即为节流过程产生的熵。由此可见，节流过程（$\Delta S_g>0$）为不可逆过程。节流时，压力降越大，产生的熵越多，不可逆程度就越大。压力差原来是作功的潜力，但流体经节流装置并没有作出机械功，实际上机械功已经耗散为热。此热由流体与阀门的摩擦而产生，并为流体本身所吸收，使流体熵增加。

对于不可逆绝热过程，$\Delta S_g>0$，由式(5-16) 可知，有

$$\sum_j (m_j s_j)_{out} > \sum_i (m_i s_i)_{in}$$

对于可逆绝热过程，$\Delta S_g=0$，则有

$$\sum_j (m_j s_j)_{\text{out}} = \sum_i (m_i s_i)_{\text{in}}$$

流出熵的总和等于流入熵的总和。倘若只有一股物流进、流出，此时 $m_i=m_j$，则有

$$s_j=s_i$$

即进、出流体的熵不变。因此可逆又绝热的稳流过程也称为等熵过程。例如，流体经透平机进行可逆、绝热膨胀，则进、出口流体的熵是相等的。

【例 5-2】 150℃的饱和水蒸气以 5kg·s^{-1}的流量通过一冷凝器，离开冷凝器是150℃的饱和水。冷凝热传给 20℃的大气。试求此冷凝过程产生的熵。冷凝过程如图 5-4 所示。

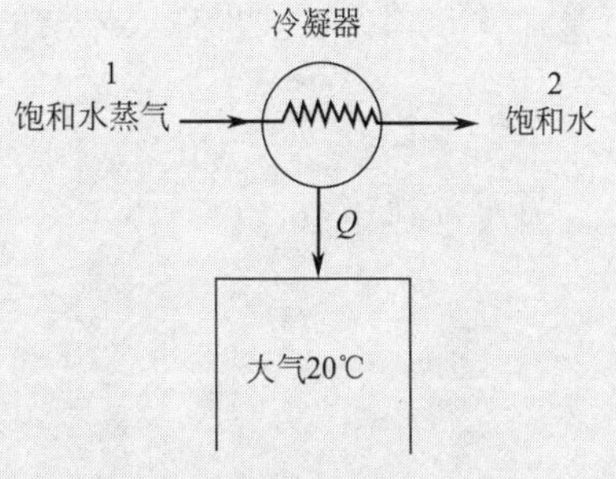

图 5-4 饱和水蒸气冷凝过程

解 取冷凝器为开系。根据热力学第一定律

$$Q=m(h_2-h_1)$$

按附表 3（水蒸气表）可查得

$$h_1=2746.5\text{kJ}\cdot\text{kg}^{-1} \quad h_2=632.20\text{kJ}\cdot\text{kg}^{-1}$$

$$Q=5\times(632.2-2746.5)=-10572\text{kJ}\cdot\text{s}^{-1}$$

根据式(5-14) 和式(5-15)，可得

$$\Delta S_{\text{g}} = m(s_2-s_1)-\frac{Q}{T} \qquad \text{(A)}$$

式中，$T=20+273=293\text{K}$，$Q=-10572\text{kJ}\cdot\text{s}^{-1}$

查水蒸气表得 $s_1=6.8379\text{kJ}\cdot\text{kg}^{-1}\cdot\text{K}^{-1}$

$$s_2=1.8418\text{kJ}\cdot\text{kg}^{-1}\cdot\text{K}^{-1}$$

将上述数据代入式 (A)，得

$$\Delta S_{\text{g}}=5(1.8418-6.8379)+\frac{10572}{293}=11.10\text{kJ}\cdot\text{K}^{-1}\cdot\text{s}^{-1}$$

$\Delta S_{\text{g}}>0$ 说明冷凝放热过程是不可逆过程。

由于水蒸气是在 150℃恒温下冷凝的，可以把它看做是一个 150℃的恒温热源。如果有一个卡诺热机工作于这一热源和 20℃的大气之间，便能从水蒸气的冷凝中得到如下数量的卡诺功

$$W_{\text{c}}=Q\left(1-\frac{T_{\text{L}}}{T_{\text{H}}}\right)=10572\left(1-\frac{293}{423}\right)=3249.1\text{kJ}\cdot\text{s}^{-1}=3249.1\text{kW}$$

然而实际过程并没有从水蒸气冷凝过程提取这部分卡诺功，而让其全部“损失”掉了。由上式可见，当环境温度 T_{L} 恒定时，冷凝温度越高，即 T_{H} 越高，W_{c} 也越大，这时损失掉的有用功也越多。可见传热过程损失的功与传热温差有关。只有可逆传热（无温差传热）即 $T_{\text{H}}\approx T_{\text{L}}$ 时，才没有功损失，此时 $W_{\text{c}}=0$。

【例 5-3】 设有温度 $T_1=500\text{K}$、压力 $p_1=0.1\text{MPa}$ 的空气，其质量流量为 $m_1=10\text{kg}\cdot\text{s}^{-1}$，与 $T_2=300\text{K}$，$p_2=0.1\text{MPa}$、$m_2=5\text{kg}\cdot\text{s}^{-1}$的空气流在绝热下相互混合，求混合过程的熵产生量。设在上述有关温度范围内，空气的平均等压热容都相等，而且 $C^*_{p\text{ms}}\approx C^*_{p\text{mh}}=1.01\text{kJ}\cdot\text{kg}^{-1}\cdot\text{K}^{-1}$。空气稳流混合过程如图 5-5 所示。

m_1, T_1, p_1, s_1 → 混合器 → M, T_3, p_3, s_3

m_2, T_2, p_2, s_2 →

图 5-5 空气稳流混合过程

解 两股气流混合为绝热稳流过程，并且在有关温度、压力下的空气可视为理想气体。从质量守恒原理可得混合后质量流量

$$M=m_1+m_2=10+5=15\text{kg}\cdot\text{s}^{-1}$$

根据热力学第一定律，绝热混合过程 $Q=0$，又不作轴功，$W_s=0$，则有

$$\Delta H=0$$

因此

$$Mh=m_1h_1+m_2h_2$$

将第 3 章介绍的有关理想气体焓的计算式代入上式，整理后可求得混合后空气的温度 T_3

$$T_3\approx\frac{m_1C_{pmh}^*T_1+m_2C_{pmh}^*T_2}{MC_{pmh}^*}=\frac{m_1T_1+m_2T_2}{M}=\frac{10\times500+5\times300}{15}=433.3\text{K}$$

对于绝热稳流过程，按式(5-16) 可得

$$\begin{aligned}\Delta S_g&=\sum_j(m_js_j)_{出}-\sum_i(m_is_i)_{入}\\&=Ms_3-(m_1s_1+m_2s_2)\\&=(m_1+m_2)s_3-(m_1s_1+m_2s_2)\\&=m_1(s_3-s_1)+m_2(s_3-s_2)\\&=m_1C_{pms}^*\ln\frac{T_3}{T_1}+m_2C_{pms}^*\ln\frac{T_3}{T_2}\\&=10\times1.01\times\ln\frac{433.3}{500}+5\times1.01\times\ln\frac{433.3}{300}\\&=-1.446+1.857=0.411\text{kJ}\cdot\text{K}^{-1}\cdot\text{s}^{-1}\end{aligned}$$

从上述结果可知，对于绝热稳流混合过程，虽然开系的熵变为零，且无熵流，但由于混合过程是不可逆的，内部必然有熵产生，因此流出混合器物料熵的总和大于流入物料熵的总和。

5.3 热力学图表及其应用

化工过程进行热力学分析时需要流体热力学性质的信息，虽然用第 3 章介绍的一系列普遍化曲线图，可方便地进行一般计算外，在实际生产和设计中，常借助于热力学图表。人们对某些常用物质制作了综合的热力学性质图，由给定条件可直接从图中查到某些热力学性质，常用的热力学性质图有 T-S 图（温-熵图）、h-S 图（焓熵图）、p-h 图（压-焓图）等。这些热力学性质图都是根据实验所得的 p、V、T 数据、汽化潜热和热容数据，经过一系列微分、积分等运算绘制而成的。如果能够完全使用实验数据直接制作图线，当然是最精确的，但是实验数据往往是不完整的，这时可以通过状态方程等计算方法来进行补充和引申。对于完全没有实验数据的物质，也可以通过状态方程的计算来制作热力学性质图表。

为了用最简便的形式提供不同温度、压力下物质的热力学性质数据，可以用数据表格，也可以用图形。数据表格的形式较为精确，但使用时经常需要内插，比较麻烦，目前只有少数物质已经制成表格（如附表 3 的水蒸气表）。热力学性质图虽然读数不如表格准确，但使用却十分方便，而且容易看出其变化的趋势，因此进行过程热力学分析一般都使用热力学性质图。在这些图上，一般都有等压、等容、等熵、等焓等曲线。下面将以 T-S 图为例说明其构成、性质与应用。

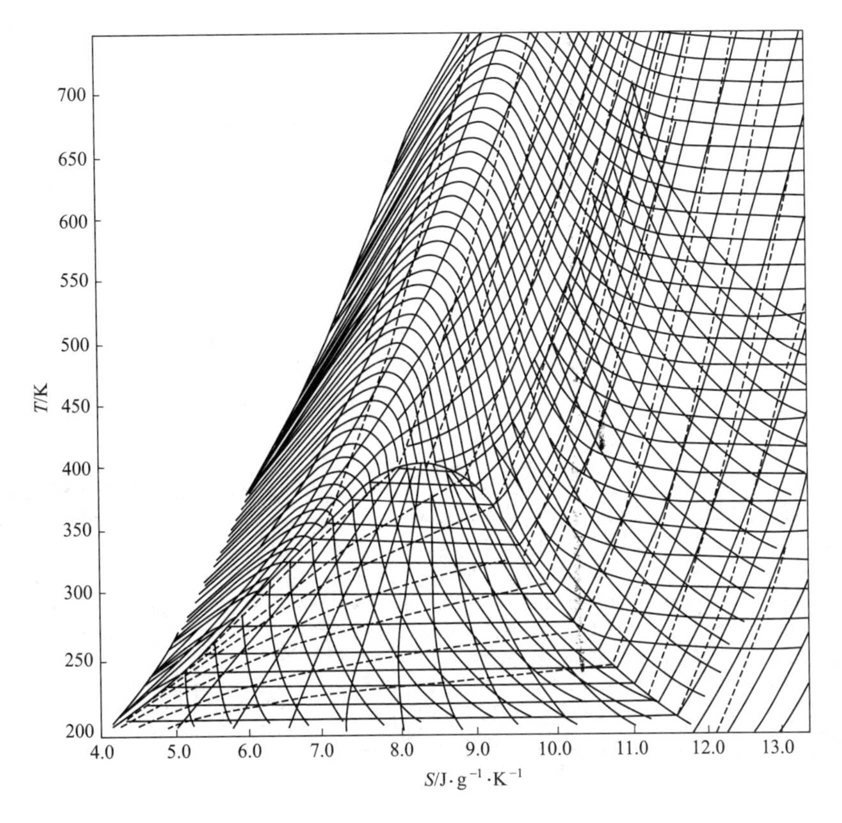

图 5-6(a) 氨的 T-S 图（温-熵图）

5.3.1 *T-S* 图的构成和性质

图 5-6 为氨的 T-S 图。图的左下方的拱形曲线为饱和曲线，该曲线的左半边为饱和液体曲线，右半边为饱和蒸气曲线。在示意的图 5-7 上，虚线 $C \rightarrow 2' \rightarrow 2 \rightarrow A$ 称饱和液体曲线；虚线 $C \rightarrow 3' \rightarrow 3 \rightarrow B$ 称饱和蒸气曲线。在相同温度下，气相和蒸气区的熵总是较液相为大，因此饱和蒸气曲线在熵值大的那半边。饱和蒸气和饱和液体两曲线的汇合点 C 为临界点。饱和液体曲线之左、临界温度以下的区域为液相区；饱和蒸气曲线之右、临界温度以下为蒸气区；临界温度以上的区域为气相区。

饱和曲线下面为汽液共存区，亦称为湿蒸气区。两相共存区中的水平线与汽、液饱和曲线的交点表示互成平衡的汽、液两个相，它们的温度、压力均相等。水平线的长度表示汽液相变化的熵变，此熵变与其绝对温度的乘积为汽化热。随着液体温度的升高，汽化热逐渐下降；直到临界点，汽化热等于零。汽液相平衡线（即图 5-7 中 23 线段）上的任何一点都为汽液混合物。汽液量之比可以根据杠杆规则求得。例如图 5-7 中两相区的 m 点，蒸气量/液体量$=2m$ 线段/$3m$ 线段。湿蒸气中所含饱和蒸气的质量百分数称为干度 x。有些 T-S 图上［如图 5-6(a)］标有等干度线，例如图 5-7 上的 x_1、x_2、x_3 等曲线。在等干度曲线上的湿蒸气具有相同的干度。

在 T-S 图上还标有一系列从左下角往右上角偏斜的近乎平行的曲线，为等压线。在饱和液体曲线左边、临界点以下的曲线为液体等压线，其他均为气体等压线。在两相区内等压线是水平的。高压线处于系列线的左边，低压线在右边。这是因为在同一温度下，高压下的熵值较低压下者为小。等压线由左往右偏斜，是因为压力一定时，随温度的升高气体和液体的熵值也随之增高。

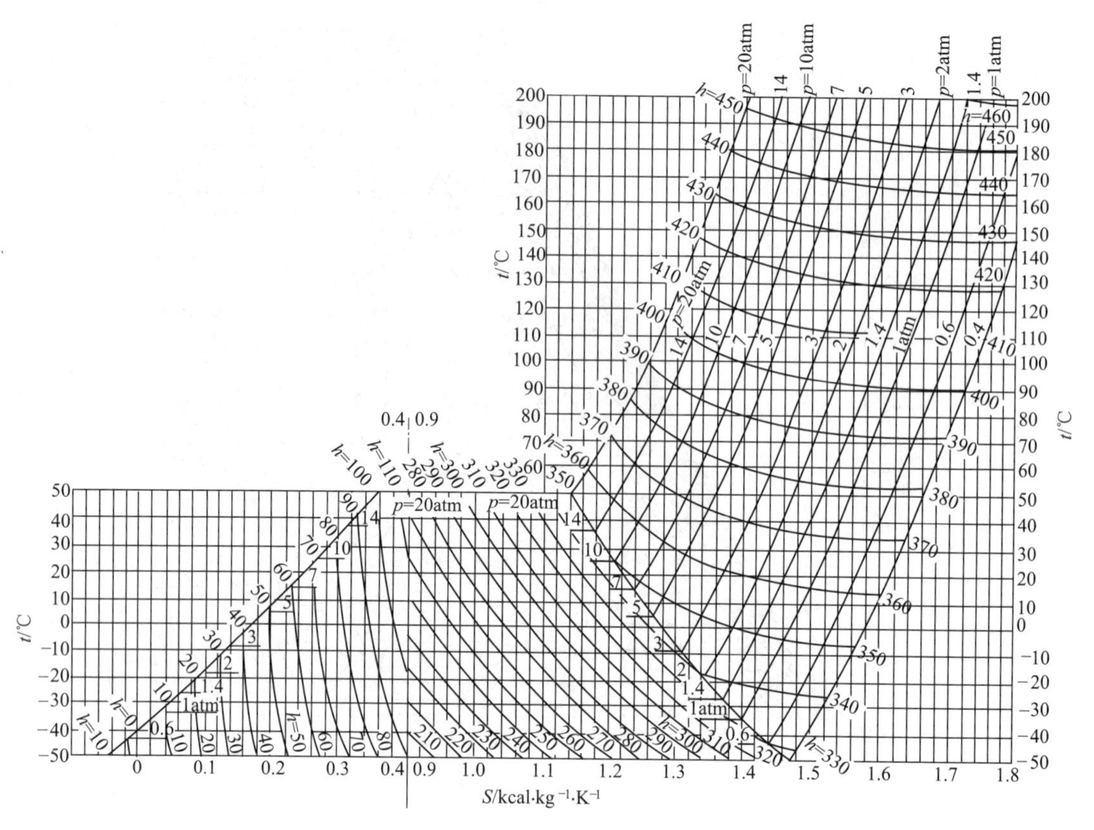

图 5-6(b) 氨的 T-S 图（可供查用）

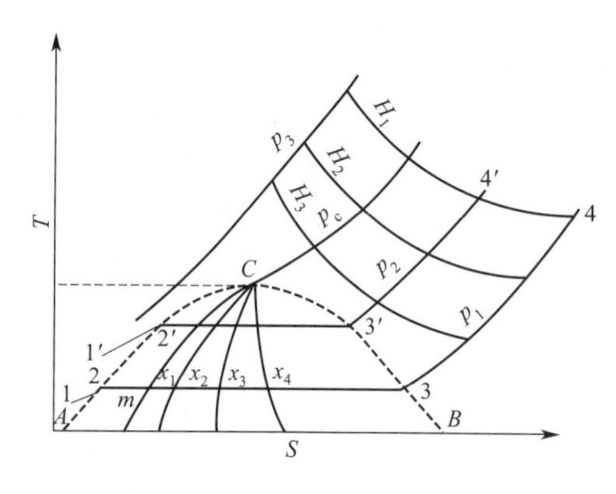

图 5-7 T-S 示意图

在等压线之间有一系列等焓线。它们是由各等压线上焓值相等的点联结起来所成的。湿蒸气的焓可以根据等焓线求出，也可以由湿蒸气中所含饱和蒸气与饱和液体的焓值按它们的含量百分数加和求得，即

$$h_m = h_g x + (1-x) h_l \quad (5\text{-}17)$$

式中，h_m 为湿蒸气的比焓（每 1kg 物料的焓），h_g 和 h_l 分别为组成湿蒸气的饱和蒸气和饱和液体的比焓，x 为湿蒸气的干度。同样，对于湿蒸气的熵也可按下式计算

$$s_m = s_g x + (1-x) s_l \quad (5\text{-}18)$$

当压力恒定时，温度越高，焓值越大，所以焓值大的等焓线在上面，小的在下面。压力不太高时，在同一温度下，高压下的焓一般较低压下者为小，因此在压力不太高时等焓线从左上方往右下方偏斜。但当压力很高时，分子间以排斥力为主，等焓线就从左下方向右上方偏斜［见图 5-6(a)］。

有些 T-S 图上还标有等比容线［见图 5-6(a) 中的虚线］。在两相区，等比容线是斜的，这是因为饱和蒸气的比容比饱和液体的大。

T-S 图概括了物质性质的变化规律。当物质状态确定后，其热力学性质均可从 T-S 图上查得。对于单组分物系，根据相律，给定两个参数后，其性质就完全确定，因此，该状态在 T-S 图中的位置亦就确定。对单组分两相共存物质，因其自由度为一，确定状态只需给

定一个参数，它是饱和曲线上的一点。倘若还要确定两相共存物系中汽液相对量，此即确定在汽液平衡线上的位置，就还需规定一个容量性质的独立参数，因为强度性质 T 和 p 二者之间只有一个为独立参数。若已知汽液相对量及另一独立参数，则该物系在 T-S 图中的位置随之而定。反之，若已知某物系在两相区的位置，则可以利用 T-S 图求出汽液相对量。

既然 T-S 图给出了物质热力学性质的变化规律，状态一旦确定，则 p、T、h 和 S 等均为定值。无论过程可逆与否，只要已知物系变化的途径和初终状态，其过程均可用 T-S 图来描述，同时这些状态函数的变化值也可直接从 T-S 图上求得。

（1）等压加热和冷却过程

如图 5-8 所示，某物系在压力 p_1 下由 T_1 加热到 T_2，此过程在等压线上由线段 1→2 表示。这时物系与外界所交换的热量 Q_p 应为

$$Q_p = \Delta H = \int_{S_1}^{S_2} T\mathrm{d}S \text{（积分值可用 12341 所围面积来表示）}$$

若是等压冷却，积分也沿同一等压线，只是方向相反。

（2）节流膨胀过程

节流膨胀是等焓过程，所以节流过程可在等焓线上表示出来，如图 5-9 所示。状态 1（p_1，T_1）的高压气体节流至低压 p_2 时，将沿等焓线进行，直至与 p_2 等压线相交，其过程由线段 1→2 表示。膨胀后气体的温度降至 T_2，可直接从图上读出。由于节流过程与外界无热和功交换，$\Delta S_{sur}=0$，根据式(5-12) 或式(5-16)，有

$$\Delta s_g = \Delta s_t = \Delta s_{sys} = s_2 - s_1$$

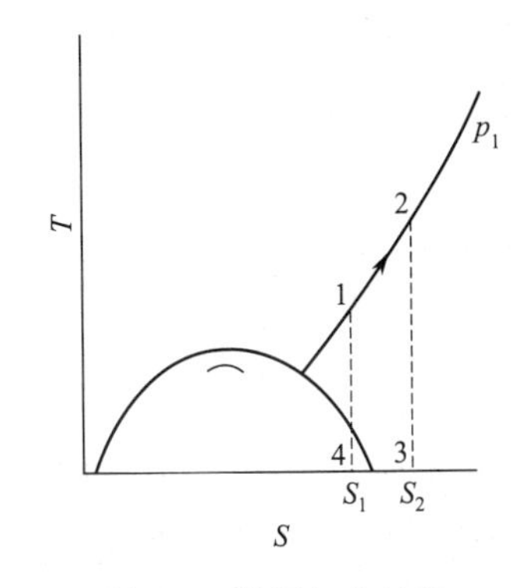

图 5-8 等压加热过程

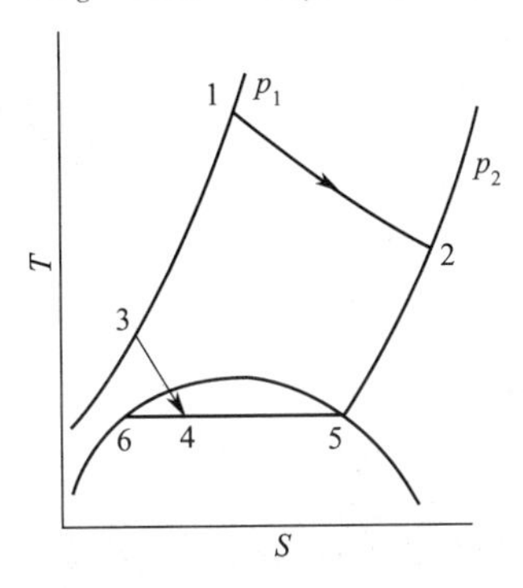

图 5-9 节流膨胀过程

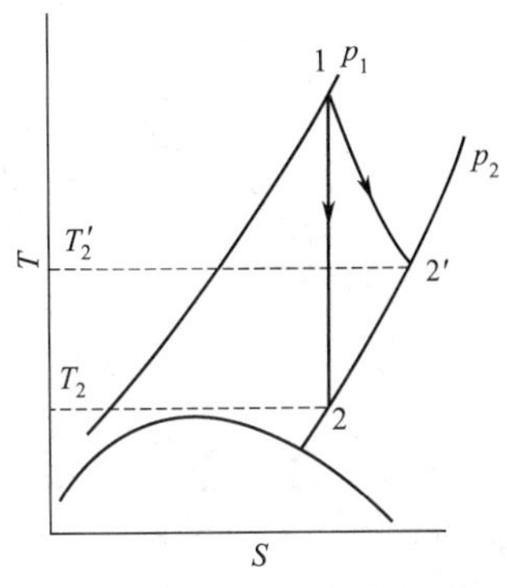

图 5-10 等熵膨胀过程

由图可见节流后，$s_2>s_1$，说明节流过程确实是一个不可逆过程。若膨胀前物流温度较低，如图 5-9 上的 3 点，则等焓膨胀至低压 p_2 后，状态点位于 4，处在两相区，这时它就自动分离为汽、液两相。汽液比可按杠杆规则求得，汽/液$=\overline{46}/\overline{54}$。

（3）等熵膨胀或压缩过程

可逆、绝热膨胀过程是等熵过程，在 T-S 图上可用垂直于横坐标的线段表示，如图 5-10 所示。物系由状态 1（T_1，p_1）等熵膨胀至 p_2，垂直线段 12 与 p_2 等压线的交点 2 即为过程的终态。这时可以直接读出膨胀后物系的温度 T_2。根据热力学第一定律，可逆绝热膨胀功 $W_{s(R)}$ 为

$$W_{s(R)} = -(\Delta H)_s = H_1 - H_2$$

或

$$w_{s(R)} = -(\Delta h)_s = h_1 - h_2$$

不可逆绝热膨胀功 W_s 为

$$W_s = H_1 - H_{2'} \quad \text{或} \quad w_s = h_1 - h_{2'}$$

一般情况下，膨胀后的温度是未知的，因此无法直接用焓差求出不可逆膨胀功。通常利用等

熵膨胀效率 η_s 求出 W_s。η_s 的定义式为

$$\eta_s=\frac{W_s}{W_{s(R)}}=\frac{-\Delta H_{1\to2'}}{-\Delta H_{1\to2}}=\frac{H_1-H_{2'}}{H_1-H_2}$$

或

$$\eta_s=\frac{w_s}{w_{s(R)}}=\frac{h_1-h_{2'}}{h_1-h_2} \tag{5-19}$$

η_s 值可由实验测定，其值通常在 0.6～0.8 之间，已知 $w_{s(R)}$ 和 η_s 就可以求出 w_s，即

$$w_s=\eta_s\times w_{s(R)} \quad 或 \quad W_s=\eta_s\times W_{s(R)} \tag{5-19a}$$

由于绝热膨胀过程是不可逆的，一部分机械功耗散为热，并被流体本身吸收，因此膨胀后流体的温度 $T_{2'}$ 比 T_2 为高，况且流体的熵 $s_{2'}$ 也大于 s_2，即不可逆绝热膨胀过程内部有熵产生。

等熵压缩与等熵膨胀是类似的，同样可以用等熵线表示，但其方向相反，如图 5-11 所示。1→2 为可逆绝热压缩过程；1→2′为不可逆绝热压缩过程。压缩过程的等熵效率为

$$\eta_s=\frac{w_{s(R)}}{w_s}=\frac{h_1-h_2}{h_1-h_{2'}} \tag{5-20}$$

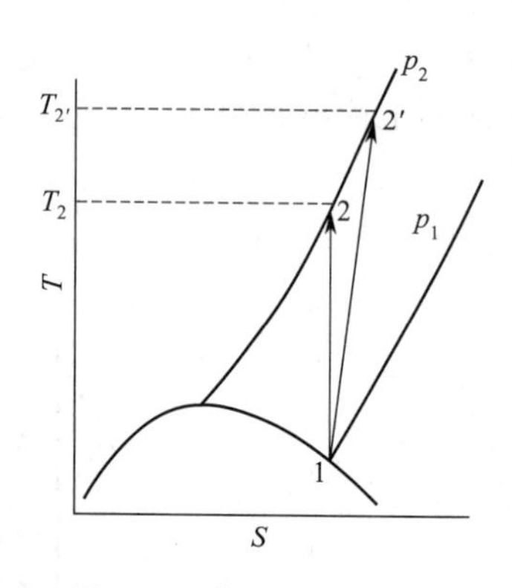

图 5-11　等熵压缩过程

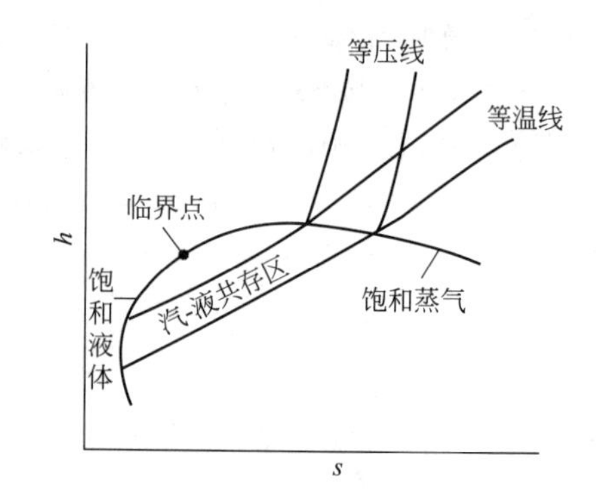

图 5-12（a）　h-s 示意图

【例 5-4】 氨气体压缩机入口温度为−8℃，压力为 0.30399MPa（3atm），绝热压缩后终压为 1.4186MPa（14atm）。已知压缩机的等熵效率为 0.80，试求：（1）每千克氨气的可逆绝热压缩功；（2）每千克氨气的不可逆绝热压缩功；（3）每千克氨气经不可逆绝热压缩产生的熵。

解　查图 5-6(b)，得 $h_1=1443.5\text{kJ}\cdot\text{kg}^{-1}$，$s_1=s_2=5.5438\text{kJ}\cdot\text{kg}^{-1}\cdot\text{K}^{-1}$

$$h_2=1665.2\text{kJ}\cdot\text{kg}^{-1}$$

（1）根据热力学第一定律，可逆、绝热压缩功耗为

$$w_{s(R)}=-\Delta h_{1\to2}=h_1-h_2=1443.5-1665.2=-221.7\text{kJ}\cdot\text{kg}^{-1}$$

（2）根据压缩过程 η_s 的定义式(5-20)，得

$$w_s=\frac{w_{s(R)}}{\eta_s}=\frac{-221.7}{0.8}=-277.1\text{kJ}\cdot\text{kg}^{-1}$$

（3）求熵产生量。先要求出不可逆压缩至终态时的熵 s_2，由式(5-20)

$$\eta_s=\frac{h_1-h_2}{h_1-h_{2'}}$$

以及已知的 η_s、h_1、h_2 值，立即求得

$$h_{2'}=1720.9\text{kJ}\cdot\text{kg}^{-1}$$

根据 $h_{2'}$ 和 p_2 从图 5-6(b) 可查得

$$s_{2'}=5.6484\text{kJ}\cdot\text{kg}^{-1}\cdot\text{K}^{-1},\quad T_{2'}=401.15\text{K}$$

根据式(5-16)，绝热稳流过程产生的熵 Δs_g 为

$$\Delta s_g=s_{2'}-s_2=5.6484-5.5438=0.1046\text{kJ}\cdot\text{kg}^{-1}\cdot\text{K}^{-1}$$

由计算结果可见，不可逆绝热压缩功耗比可逆绝热压缩功耗大。另外从图 5-6(b) 查到，可逆绝热压缩至终压时，T_2 为 382.15K，而不可逆绝热压缩到终压时 $T_{2'}$ 为 401.15K，$T_{2'}>T_2$。这是由于不可逆过程有一部分机械功耗散为热，此热量被氨气本身吸收，导致氨气温度上升，熵值增大。

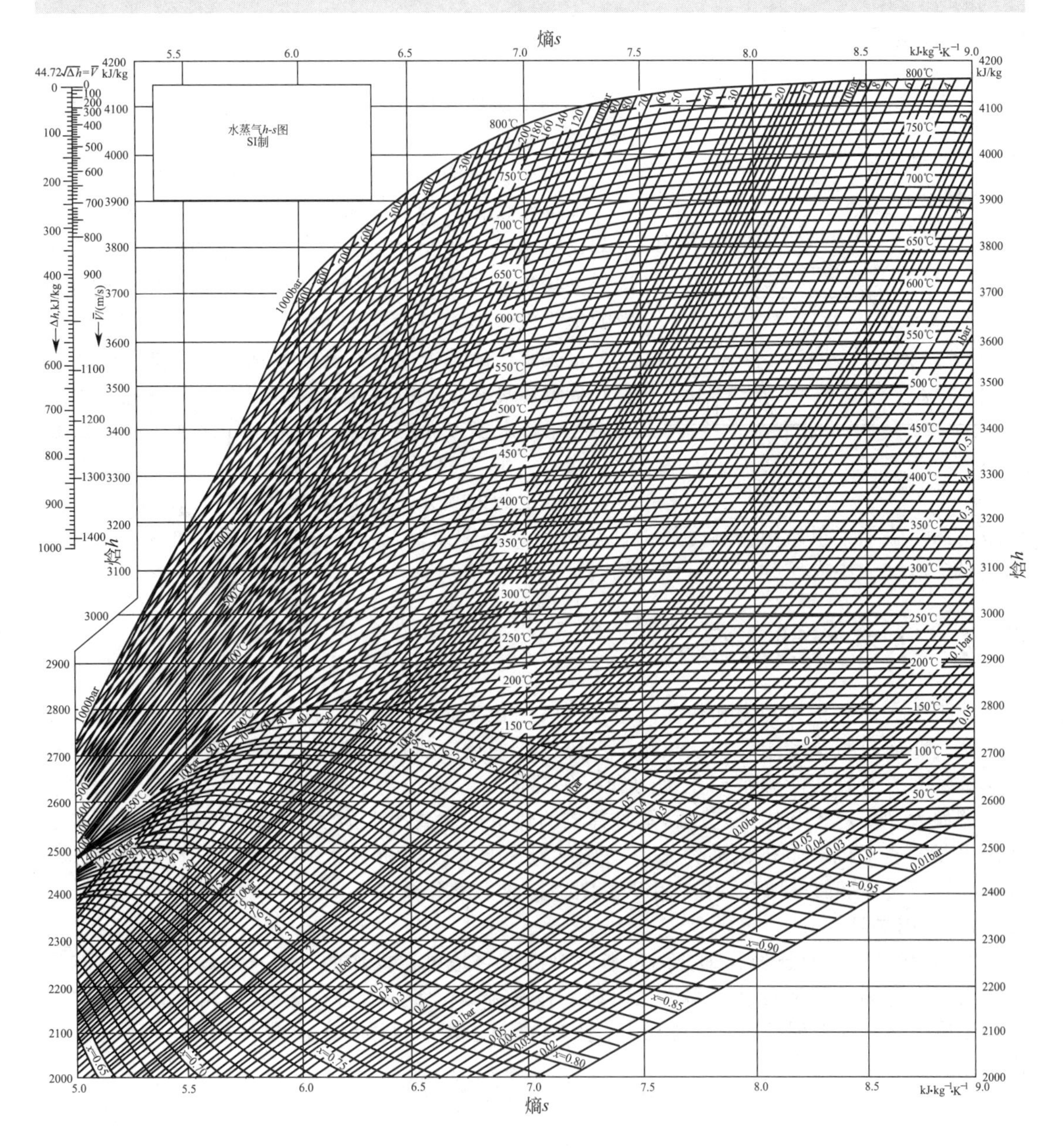

图 5-12(b) 水蒸气的 h-s 图

单位换算：1bar＝0.1MPa

5.3.2 焓熵图（h-s 图）

焓熵图即莫理耳图（Mollier 图），这是为了纪念该图的创制人而命名的。图 5-12(a) 为 h-s 示意图。构成 h-s 图和构成 T-S 图所使用的数据是相同的。图中有饱和曲线（包括饱和液体和饱和蒸气曲线）、等温线和等压线。等温线和等压线在两相区内是倾斜的，而在 T-S 图上是水平的。这是因为前者纵坐标是焓，饱和蒸气的焓大于饱和液体的焓；h-s 图与 T-S 图十分相似，它包含的数据也是工程计算、分析最常用的，且应用也很广泛。从它查得的焓的数据较 T-S 图更为准确。尤其对于等熵过程和等焓过程，应用 h-s 图最为方便。因此它对喷管、扩压管、压缩机、透平机以及换热器等设备的计算分析都很实用。图 5-12(b) 为水蒸气的 h-s 图。

5.3.3 压焓图（p-h 图）

图 5-13 为 p-h 的示意图。在制冷循环的设计和操作中很有用，因为制冷循环中各个理想过程均可以用线段表示。两相区内水平线的长度表示汽化热的数据。由于汽化潜热随着压力增高而变小，所以当趋近临界点时，这些水平线变得越来越短。

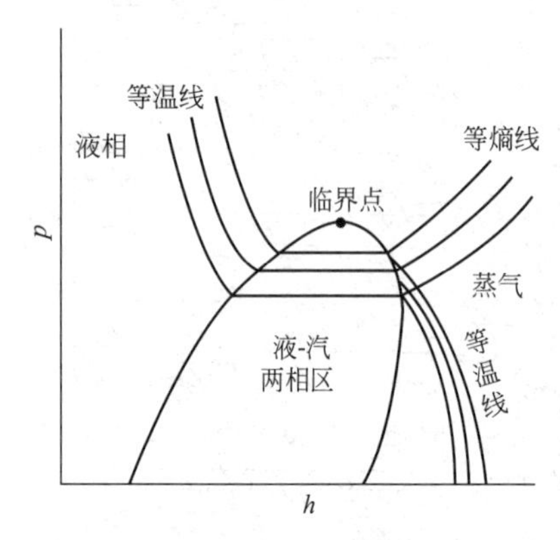

图 5-13 p-h 示意

在液相区内等温线几乎是垂直的，这是因为压力对焓的影响很小。在过热蒸气区，等温线陡峭下降，在低压区又接近于垂直，这同样是由于压力对稀薄蒸气焓的影响很小的缘故。

过去常用的制冷剂是氟氯碳类化合物，或称氟里昂，它们会破坏臭氧层，并使全球气候暖化，给生态环境和人类健康带来多方面的危害。现采用环保制冷剂，如 R-134a（1,1,1,2-四氟乙烷，$CH_2F—CF_3$）来代替氟里昂。较早出版的《化工热力学》中介绍的大都是氟里昂的 p-h 图，鉴于氟里昂用作制冷剂正日益减少，故应介绍 R-134a 的 p-h 图。这在本章最后的文献［2，6］中有所刊印，可供参阅。

5.4 水蒸气动力循环

化工生产需要机械动力和热能。通常，大型化工企业是用矿物燃料燃烧作为热源产生高压水蒸气，或者直接利用某些放热化学反应系统的反应热作为热源，利用它们的“余热”作为水蒸气动力装置的能源来产生动力和提供热能，对于节约能源和降低成本具有重大的意义。譬如大型氨厂，利用工艺过程本身释放的热量产生高压水蒸气，可以直接用于过程加热或用水蒸气透平机产生机械动力来驱动压缩机、泵、发电机等。本节介绍水蒸气动力循环（steam power cycle）过程，并应用 T-S 图进行热力学分析。

5.4.1 卡诺循环

“物理化学”教材已经详细介绍过卡诺热机，它是可逆操作的、效率最高的热机。卡诺热机由两个等温过程和两个等熵过程组成。在高温 T_H 等温过程中，有 $|Q_H|$ 热量被热机循环工质吸收；在低温 T_L 等温过程中有 $|Q_L|$ 热量被热机循环工质排放出去。循环过程作出的净功 W_N 为

$$\underset{(+)}{W_N}=\underset{(+)}{W_{s,Tur}}+\underset{(-)}{W_{s,pump}} \tag{5-21}$$

根据热力学第一定律，取热机为开系，则有

$$\Delta H=Q-W_N$$

循环过程的 $\Delta H=0$，故

$$W_N=Q=Q_H+Q_L=|Q_H|-|Q_L| \tag{5-22}$$

（+）　（+）（−）

从例 5-1 知，卡诺循环的热效率 η_c 为

$$\eta_c=\frac{W_H}{Q_H}=\frac{Q_H+Q_L}{Q_H}=1+\frac{Q_L}{Q_H} \tag{A}$$

又从该例中知，对于可逆热机有

$$\frac{Q_L}{Q_H}=-\frac{T_L}{T_H} \tag{F}$$

将式（F）代入式（A），则得

$$\eta_c=1-\frac{T_L}{T_H} \tag{5-5}$$

从此式可见，卡诺热机的效率与循环工质的性质无关，只与吸热温度（高温源温度 T_H）和排热温度（低温源温度 T_L）有关。

显然，当 T_H 升高，T_L 降低时，η_c 增大。虽然实际热机各过程均不可逆，但其效率仍然与平均的吸热和排热温度有关。当平均吸热温度升高，平均放热温度降低时，热效率增大。

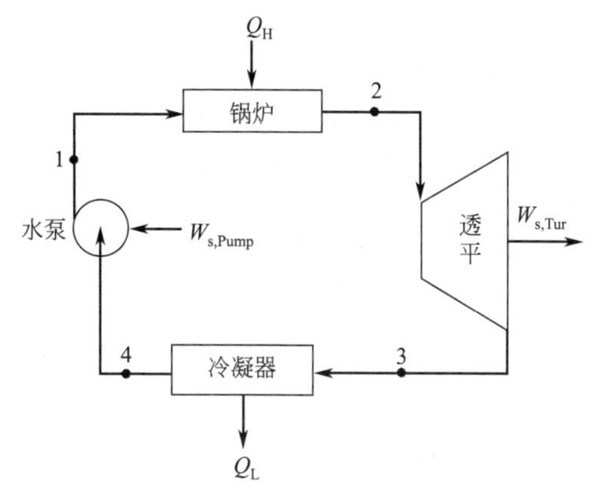

图 5-14　简单的蒸汽动力装置

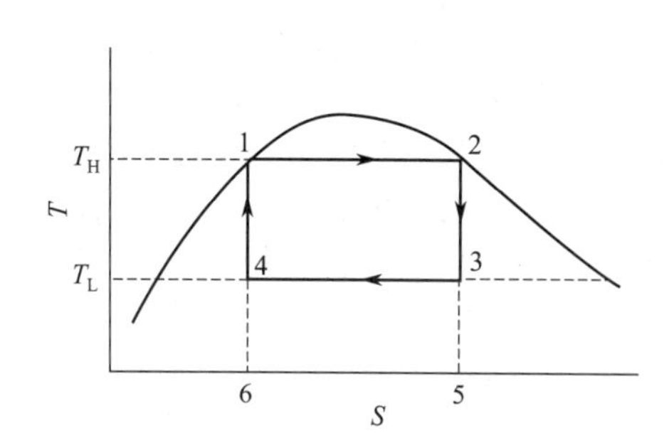

图 5-15　T-S 图上的卡诺循环

图 5-14 表示一个最简单的水蒸气动力装置。目前，广泛应用的蒸气动力装置的工作介质（简称工质）是水。水在锅炉中产生高压水蒸气；高压蒸气在透平中进行接近于绝热的膨胀，对外产功；从透平排出的水蒸气（称乏汽）经冷凝器凝结为液态水，由水泵送回锅炉。透平产出的功 $W_{s,Tur}$ 要比水泵所需要的功 $W_{s,Pump}$ 大得多。整个动力装置产出的净功 W_N 是锅炉吸收的热 $|Q_H|$ 与冷凝器排放的热 $|Q_L|$ 的绝对值之差（代数值之和），即为式(5-22)。水经过每个设备的性质变化可以用 T-S 图来表示。图 5-15 为卡诺循环在 T-S 图上的表现，四条路径组成循环过程。卡诺循环是一个特殊的循环，它的每一个过程都是可逆过程。步骤 1→2 表示在 T_H 温度下等温吸热，在 T-S 图上用水平线表示，由饱和液体变成饱和蒸气，该过程也为恒压过程。步骤 2→3 是饱和蒸气的可逆、绝热膨胀过程，即等熵过程，在 T-S 图上用垂直于横坐标的线段表示。此过程的终温为 T_L，终态点 3 的相态为湿蒸气。步骤 3→4 是在 T_L 温度下的等温排热过程，在 T-S 图上用水平线表示。这是冷凝过程，其终点为点 4。由图 5-15 可见，冷凝尚未完全，要直到与饱和液体曲线相交时，冷凝才算结束。步骤 4→1 是泵送过程，属可逆、绝热过程（等熵过程），用垂直线表示。

水在锅炉中吸收的热量 Q_H 在 T-S 图中用 12561 所围矩形面积表示；乏汽在冷凝器中排

放的热量 Q_L 用 35643 所围矩形面积表示。根据式(5-22)，12341 所围的矩形面积即为循环过程产出的净功 W_N。因此卡诺效率 η_c 亦可用有关的面积表示，即：

$$\eta_c = 1 - \frac{T_L}{T_H} = \frac{W_N}{Q_H} = \frac{12341\text{ 所围面积}}{12561\text{ 所围面积}}$$

由图 5-15 可见，当 T_L 降低时，12341 所围面积增大，而 12561 所围面积不变，因此 η_c 必然增大，当 T_H 增高时，两个矩形面积较原来的都增大了相同的面积，显然，其比值亦变大，因此 η_c 也随之增大。

5.4.2 朗肯（Rankine）循环

卡诺循环虽然是效率最高的循环，但却不能付诸实施。首先，困难在于步骤 2→3 和 4→1 两个过程。点 3 对应于透平出口点，湿蒸气中所含的饱和水较多将使透平发生浸蚀现象。实践表明，透平带水不得超过 10%。另外，点 4 也在两相区（此点为水泵入口），显然，水蒸气和水的混合物不能泵送锅炉。因此卡诺热机是一个理想的、不能实现的热机，但其效率可以为实际热机效率提供一个作比较用的最高标准。

第一个具有实践意义的水蒸气动力循环是朗肯循环，它也由四个步骤组成，见图 5-16。朗肯循环与卡诺循环主要的区别有两点：其一是加热步骤 1→2，水在汽化后继续加热，使之成为过热蒸气，这样在进入透平膨胀后不至于产生过多的饱和水；其二是冷凝步骤 3→4 进行完全的冷凝，这样进入水泵时全部是饱和液体水。

1→2 为水在锅炉中恒压加热。该过程由三个分步骤组成：先将水加热到沸点，然后在恒温、恒压下汽化，最后再将饱和水蒸气加热变成温度较高的过热水蒸气。

2→3 为过热水蒸气在透平中进行可逆绝热膨胀至冷凝压力。通常，此膨胀路线要跨越饱和蒸气曲线，即膨胀后的乏汽为湿蒸气。由于 1→2 步骤已经进行了过热处理，故膨胀过程的垂直线右移，使膨胀后湿的乏汽含水量不至于太多。

3→4 为乏汽在冷凝器中进行恒压、恒温冷凝，工质成为饱和液体（对应于点 4）。

4→1 为冷凝水在水泵中进行可逆、绝热压缩至锅炉的操作压力。在 *T-S* 图上表示该过程的垂直线段实际是很短的（在图 5-16 中已将其夸大），这是由于液态水的不可压缩性所致，即压力增加很多而温度上升甚微。

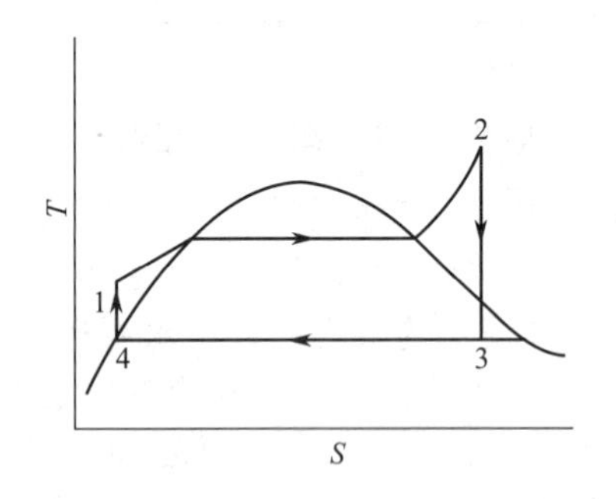

图 5-16 *T-S* 图上的朗肯循环

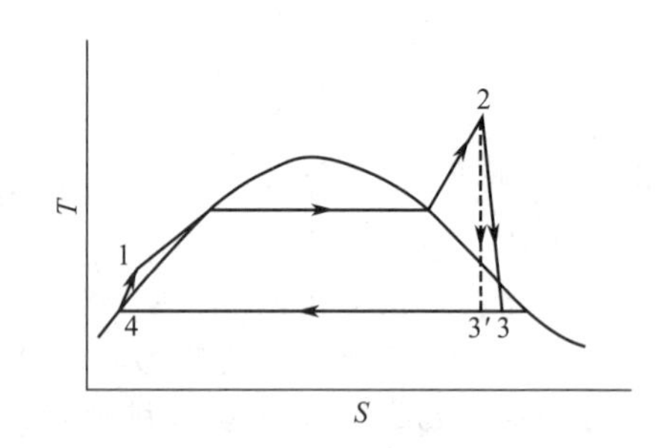

图 5-17 简单的实际动力循环

由式(5-22) 可知，图 5-16 中 12341 所包围的面积代表朗肯循环提供的净功 W_N。

上述介绍的是理想的朗肯循环，真正付诸实践的水蒸气动力装置与理想朗肯循环的差别仅在于产功和耗功步骤（2→3 和 4→1）是不可逆的，在 *T-S* 图上与之对应的不是垂直线而是向熵增大方向倾斜的线段，见图 5-17。通常透平出口的乏汽仍然是湿蒸气，但其干度要大于 90%（湿含量小于 10%），这样，腐蚀与磨损问题并不严重。在冷凝时往往稍有过冷现象，但这无关紧要。

在整个循环过程中，锅炉将燃料燃烧的热量传递给循环工质，而冷凝器将循环工质的热量传递给周围自然环境（天然水源）。若忽略动能和位能的变化，根据式(4-9）和式(4-17)，上述两种情况下能量的关系可简化为

$$Q=\Delta H+W_s \tag{5-23}$$

或

$$q=\Delta h+w_s \tag{5-24}$$

若已知等熵效率，则可用式(5-19a）计算透平产出的功

$$W_{s,Tur}=\eta_s \cdot W_{s(R)} \tag{5-19a}$$

对于水泵，可用式(4-27）求出可逆轴功。若已知其等熵效率 η_s，则水泵的实际功为

$$-W_{s,Pump}=V\Delta P/\eta_s \tag{5-25}$$

【例 5-5】 某水蒸气动力装置产生的过热水蒸气压力为 8600kPa、温度为 500℃。此水蒸气进入透平绝热膨胀作功，透平排出的乏汽压力为 10kPa。乏汽进入冷凝器全部冷凝成为饱和液态水，然后泵入锅炉。试求：(1）理想的朗肯循环的热效率；(2）已知透平和水泵的 η_s 都为 0.75，试求在上述条件下实际动力循环的热效率；(3）设计要求实际动力循环输出的轴功率为 80000kW，试求水蒸气流量以及锅炉和冷凝器的传热速率。

解 从附表 3（水蒸气表）可查得 8600kPa、500℃的过热水蒸气的焓 h_2 和熵 s_2（对应于图 5-17）之值为 $h_2=3390.9\text{kJ}\cdot\text{kg}^{-1}$，$s_2=6.6858\text{kJ}\cdot\text{kg}^{-1}\cdot\text{K}^{-1}$

(1）过热水蒸气在透平中的膨胀为等熵过程，膨胀终点 3′的熵 $s_{3'}$ 为

$$s_{3'}=s_2=6.6858\text{kJ}\cdot\text{kg}^{-1}\cdot\text{K}^{-1}$$

点 3′状态为湿蒸汽，由式(5-18）得

$$s_{3'}=s_g x_{3'}+(1-x_{3'})s_l$$

查饱和水蒸气压力表，压力为 10kPa、饱和温度为 45.83℃，这时有

$$s_l=0.6493\text{kJ}\cdot\text{kg}^{-1}\cdot\text{K}^{-1} \quad h_l=191.83\text{kJ}\cdot\text{kg}^{-1}$$

$$s_g=8.1502\text{kJ}\cdot\text{kg}^{-1}\cdot\text{K}^{-1} \quad h_g=2584.7\text{kJ}\cdot\text{kg}^{-1}$$

将上述 $s_{3'}$、s_l、s_g 的数值代入式(5-18）得

$$\begin{aligned}6.6858&=8.1502x_{3'}+(1-x_{3'})\times0.6493\\&=0.6493+x_{3'}(8.1511-0.6493)\end{aligned}$$

由此求得

$$x_{3'}=0.80467$$

根据式(5-17）可以求出 $h_{3'}$

$$\begin{aligned}h_{3'}&=h_g x_{3'}+(1-x_{3'})h_l\\&=2584.7\times0.80467+(1-0.80467)\times191.83=2117.3\text{kJ}\cdot\text{kg}^{-1}\end{aligned}$$

透平等熵膨胀产出的轴功 $w_{s(R)}$ 为

$$w_{s(R)}=-(\Delta h)_s=h_2-h_{3'}=3390.9-2117.3=1273.6\text{kJ}\cdot\text{kg}^{-1}$$

$$h_4=h_l=191.83\text{kJ}\cdot\text{kg}^{-1}$$

冷凝过程传热量 q_L 为

$$q_L=h_4-h_{3'}=191.83-2117.3=-1925.5\text{kJ}\cdot\text{kg}^{-1}$$

负号表示工质放热。水泵的可逆轴功 $w_{s(R),Pump}$ 为

$$w_{s(R),Pump}=-v_4(p_1-p_4)$$

由已知的 $p_1=8600\text{kPa}$ 和 $p_4=10\text{kPa}$ 查饱和水蒸气表得 $v_4=1.010\times10^{-3}\text{m}^3\cdot\text{kg}^{-1}$，将上述已知数据代入式(4-27)，得

$$\begin{aligned}w_{s(R),Pump}&=-1.010\times10^{-3}(8600-10)\times10^3=-8.676\times10^3\text{J}\cdot\text{kg}^{-1}\\&=-8.676\text{kJ}\cdot\text{kg}^{-1}\end{aligned}$$

根据热力学第一定律，则有

$$h_1=h_4-w_{s(R),Pump}=191.83+8.676=200.5kJ\cdot kg^{-1}$$

锅炉吸热量 q_H 为

$$q_H=h_2-h_1=3390.9-200.5=3190.4kJ\cdot kg^{-1}$$

朗肯循环提供的净功 w_N 为透平产功与水泵耗功之代数和，即

$$w_N=1273.6-8.676=1264.9kJ\cdot kg^{-1}$$

另外，根据式(5-22) 也可求得 w_N，即

$$w_N=q_H+q_L=3190.4-1925.5=1264.9kJ\cdot kg^{-1}$$

朗肯循环的热效率为

$$\eta_T=\frac{w_N}{q_H}=\frac{1264.9}{3190.4}=0.3965$$

(2) 已知透平的 $\eta_s=0.75$，则透平产功 w_s 为

$$w_s=-\Delta h=-\eta_s(\Delta h)_s=0.75\times1273.6=955.2kJ\cdot kg^{-1}$$

$$h_3=h_2+\Delta h=3390.9-955.2=2435.7kJ\cdot kg^{-1}$$

冷凝器放出的热量 q_L 为

$$q_L=h_4-h_3=191.83-2435.7=-2243.87kJ\cdot kg^{-1}$$

水泵所耗的功为

$$W_{s,Pump}=h_4-h_1=\frac{W_{s(R),Pump}}{0.75}=\frac{-8.676}{0.75}=-11.57kJ\cdot kg^{-1}$$

$$h_1=h_4-W_{s,Pump}=191.83+11.57=203.4kJ\cdot kg^{-1}$$

锅炉吸收的热 q_H 为

$$q_H=h_2-h_1=3390.9-203.4=3187.5kJ\cdot kg^{-1}$$

$$w_N=q_H+q_L=3187.5-2243.87=943.36kJ\cdot kg^{-1}$$

或

$$w_N=w_s+w_{s,Pump}=955.2-11.57=943.36kJ\cdot kg^{-1}$$

实际循环的热效率

$$\eta_T=\frac{w_N}{q_H}=\frac{943.36}{3187.5}=0.2960$$

显然，此效率低于理想朗肯循环的效率。这是由于透平不可逆操作所致。水泵耗功要比透平产功小得多，因此水泵对效率的影响并不重要。

(3) 设计要求实际循环提供的轴功率为 80000kW，则其水蒸气流量 m 应为

$$m=\frac{80000}{w_N}=\frac{80000}{943.36}=84.779kg\cdot s^{-1}$$

$$Q_H=mq_H=84.779\times3187.5=270233kJ\cdot s^{-1}$$

$$Q_L=mq_L=84.779\times(-2243.87)=-190233kJ\cdot s^{-1}$$

Q_H 和 Q_L 分别为锅炉和冷凝器的传热速率，显然 $Q_H+Q_L=80000kW$。

5.4.3 朗肯循环的改进

将朗肯循环与卡诺循环进行比较可知：卡诺循环的工质是在高温热源的温度 T_H 下吸热，在低温热源的温度 T_L 下排热，这两个传热过程都是无温度差的可逆传热过程；朗肯循环吸热和排热都是在有温差的情况下进行的不可逆传热过程。朗肯循环的吸热过程是在不同

温度下分三个阶段进行的，如图 5-16 所示，三个阶段的吸热温度都比高温燃烧气的温度低得多，其中以冷凝水加热至沸点最为突出。整个吸热过程的平均温度与高温燃烧气温度相差很大，这是朗肯循环最主要的问题。因此，提高朗肯循环热效率的主要措施是设法减小传热的温差。当然，降低冷凝温度（即排热温度）也可以提高朗肯循环的热效率，但这受到冷却水温（天然水源的温度）以及冷凝器合理尺寸的限制。由上述分析可知，提高朗肯循环热效率的关键是设法提高吸热过程的平均温度。下面就此问题阐明应采取的措施。

（1）提高水蒸气的过热温度

在水蒸气压力恒定的条件下，提高水蒸气的过热温度可使平均吸热温度提高。从图 5-18 可见，表示功 W_N 的面积随着过热温度的升高而增大，同时还可以提高乏汽的干度。但是，水蒸气的过热温度受到金属材料性能的限制，一般不能超过 600℃。虽然现在有些抗蠕变的特种合金钢材能耐更高的温度，可以用来制造过热器和透平机，但其价格十分昂贵，将导致投资费猛增，因此从经济上考虑，过热温度不宜过高。

（2）提高水蒸气的压力

当过热温度恒定时，提高水蒸气压力，水的沸腾温度必然升高，这使得整个过程的平均吸热温度也会提高。

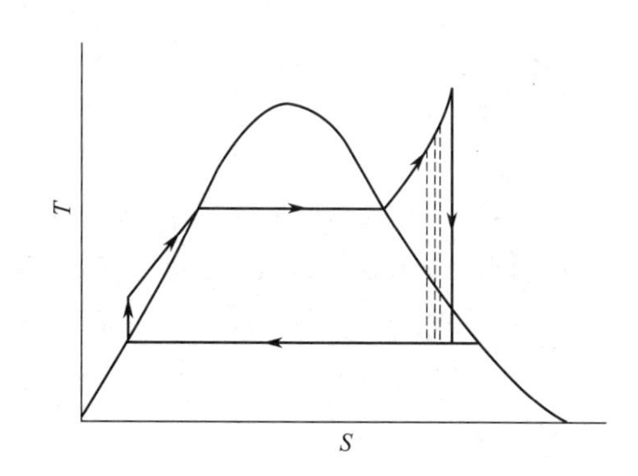

图 5-18　提高过热温度对热效率的影响

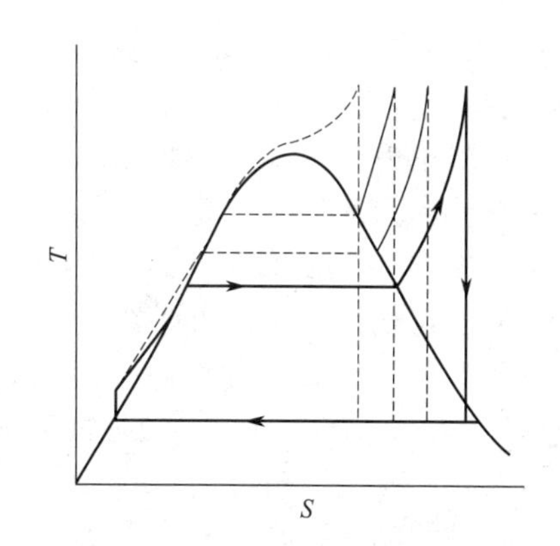

图 5-19　提高水蒸气压力对热效率的影响

从图 5-19 上可以看出，当水蒸气压力提高时，表示功 W_N 的面积略有增加，但当压力接近水的临界压力时，其影响就越来越小。因此，仅靠提高水蒸气压力而不同时提高其过热温度，不能使热效率有更大的提高。另外，随着水蒸气压力的提高，对锅炉、透平的材料和结构的要求也相应提高，这会导致造价大幅度增加。

此外，从图 5-19 还可见，随着水蒸气压力的提高，乏汽干度的下降，将使透平寿命缩短，因此使用高压水蒸气必须设法减少乏汽的湿含量。

（3）采用再热循环

再热循环是使高压的过热水蒸气先在高压透平中膨胀到某一中间压力，然后全部引入锅炉中特设的再热器进行加热，水蒸气温度升高后再进入低压透平膨胀到一定的排气压力（见图 5-20a）。这样就可以避免乏汽湿含量过高的缺点。上述过程示于图 5-20(b)。高压过热水蒸气由状态 2 等熵膨胀到某一中间压力的饱和状态 3（点 3 也可处于过热区），产生的功为 W_{SH}。饱和水蒸气在再热器中吸收了燃烧气的热量 Q_{RH} 后温度升高，其状态沿等压线由点 3 变到点 4（点 4 温度与点 2 温度可以相同，也可不同），最后再等熵膨胀到某排气压力，此时乏汽处于湿水蒸气区的点 8。由图 5-20(b) 可见，干度 x_8 大于 x_7，即再热膨胀后，乏汽的湿含量明显减少。低压透平产出的功为 W_{SL}，因此，再热循环的热效率为

$$\eta_T=\frac{\sum W_s}{\sum Q}=\frac{W_{SH}+W_{SL}+W_{s,Pump}}{Q_H+Q_{RH}} \tag{5-26}$$

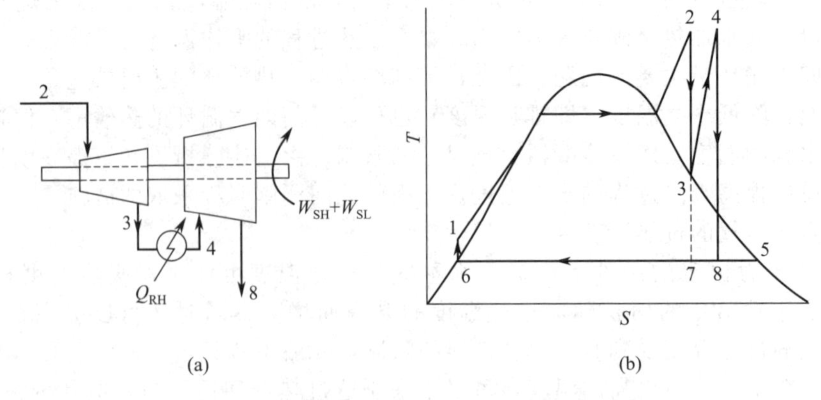

图 5-20　再热循环及其在 T-S 图上的表示

式中，W_{SH} 和 W_{SL} 分别为过热水蒸气在高压透平和低压透平中产出的功；$W_{s,Pump}$ 为冷凝水泵的功耗；Q_H 为水在锅炉和过热器中所吸收的热；Q_{RH} 为高压透平的乏汽在再热器中吸收的热量。

【例 5-6】 例 5-5 中的过热蒸气（8600kPa、500℃）进入高压透平时等熵膨胀到饱和状态［即图 5-20(b) 中的点 3］，饱和蒸气由再热器等压加热到 500℃后进入低压透平等熵膨胀到冷凝压力（10kPa）。假设冷凝水在水泵中的升压过程也是等熵过程，试求此再热循环的热效率和乏汽的干度。

解 由例 5-5 已知点 2 过热水蒸气的 $h_2=3390.9\text{kJ}\cdot\text{kg}^{-1}$，$s_2=s_3=6.6858\text{kJ}\cdot\text{kg}^{-1}\cdot\text{K}^{-1}$，根据点 3 饱和水蒸气的熵 s_3 之值，可以从附表 3（饱和水蒸气表）中查到对应的饱和水蒸气压 $p_3=747.64\text{kPa}$，$h_3=2766.3\text{kJ}\cdot\text{kg}^{-1}$。再从附表 3（过热蒸气表）查到点 4（747.64kPa、500℃）的焓和熵值，即 $h_4=3481.2\text{kJ}\cdot\text{kg}^{-1}$，$s_4=7.9026\text{kJ}\cdot\text{kg}^{-1}$，$\text{K}^{-1}$。

因低压透平的膨胀为等熵过程，故

$$s_8=s_4=7.9026\text{kJ}\cdot\text{kg}^{-1}\cdot\text{K}^{-1}$$

根据式(5-18)

$$s_8=s_g x_8+(1-x_8)s_1$$

再从附表 3（饱和水蒸气表）查饱和压力为 10kPa 时的饱和蒸气与饱和液体的熵 s_g 与 s_1 值，并将其代入上式，可求出 x_8

$$x_8=0.96699\approx0.9670$$

显然，x_8 比 x_7（$=0.80467$，即例 5-5 中的 $x_{3'}$）大得多。

根据式(5-17)，得

$$h_8=h_g x_8+(1-x_8)h_1$$

从附表 3（饱和水蒸气表）查饱和压力为 10kPa 时的饱和水蒸气与饱和液体的焓 h_g 与 h_1 值，并将其代入上式，可求出 h_8

$$h_8=(2884.7)(0.96699)+(1-0.96699)(191.83)=2505.7\text{kJ}\cdot\text{kg}^{-1}\cdot\text{K}^{-1}$$

再热循环产出的净功为

$$w_{SH}+w_{SL}+w_{s,Pump}=(h_2-h_3)+(h_4-h_8)+w_{s,Pump}=(3390.9-2766.3)+(3481.2-2505.7)-8.676=1591.4\text{kJ}\cdot\text{kg}^{-1}$$

该再热循环工质吸收的总热量为

$$(h_2-h_1)+(h_4-h_3)=(3390.9-200.5)+(3481.2-2766.3)=3905.3\text{kJ}\cdot\text{kg}^{-1}$$

因此，其热效率为

$$\eta_T=\frac{1591.4}{3905.3}=0.4075$$

该值与例5-5(a)中求得的$\eta_T(=0.3965)$相比，说明再热循环的η_T有所提高。

现代水蒸气动力装置大都采用改进的朗肯循环并结合锅炉给水预热。从冷凝器出来的冷凝水并非立即送回锅炉而是先与透平排出的乏汽进行换热，待冷凝水温度上升后再送入锅炉以减小锅炉的传热温差。

锅炉吸热温度的提高，除了受到锅炉机组的材料和结构安全性的限制外，还受到水的临界温度（$T_c=374.15$℃）和临界压力（$p_c=22.05$MPa）的限制。超过了水的临界温度，水的汽液两相不再存在，所以锅炉实际的操作温度一般是在350℃以下。由此看来，若要进一步提高η_T，探索新的工质是有价值的。理想工质的临界温度应在600℃以上，临界压力不要太高，环境温度附近的蒸气压不比水的蒸气压低。实际上，符合这样要求的流体并不存在，为了提高循环的热效率，目前有人采用混合工质，例如氨和水的混合物或者水银、二苯基衍生物、钾与溴化银等混合工质，有关这方面的研究已经取得了一定的成效。

5.5 制冷

使物系的温度降到低于周围环境物质（大气或天然水源）的温度的过程称为制冷（refrigeration）过程。

大气和天然水源是自然界所能得到的最大量的低温源。将物系的温度降到大气或天然水源的温度，根据热力学第二定律（Clausius的说法），这是一个自动的过程，无需消耗外功。但是，若要将物系的温度降到低于大气或天然水源温度，就必须将热量从被冷冻的低温物系传至温度较高的大气或天然水源。根据热力学第二定律，热不能自动地从低温物体传至高温物体，要实现此过程必须消耗外功。因此，制冷过程的实质就是利用外功将热从低温物体传给高温环境介质。

制冷广泛用于空气调节、食品冷藏等，在工业上用于制冰、气体脱水干燥等。在化工生产中，不少过程都需要制冷，例如盐类结晶、低温下气液混合物的分离等。在石油化工中润滑油的净化、低温反应以及挥发性烃类的分离等，另外像合成橡胶、煤气、人造纤维与制药等均需要制冷。

本节只对制冷过程进行热力学分析，至于制冷设备的结构和设计则不作讨论，有关这方面的内容有专著介绍。

工业上实现制冷的方法有蒸气压缩制冷、吸收制冷和喷射制冷。其中蒸气压缩制冷和吸收制冷是目前广泛应用的主要制冷方法。

5.5.1 制冷原理与逆卡诺循环

制冷过程需要工质在低温下连续不断地吸热，通常是用稳定流动的液态工质汽化来实现的。形成的蒸气通过压缩和冷凝过程向自然环境（大气或天然水）放热，此时工质变成常温的高压液体，然后该液体经绝热膨胀又回到原来的低温状态，重新汽化吸热并开始新的循环。

在制冷循环中，获得低温的方法通常是用高压、常温的流体进行绝热膨胀来实现的。绝热膨胀有节流膨胀（流体经节流装置）和作功膨胀（流体经膨胀机）两种方式。

从热力学角度分析，作功膨胀的降温效应适用于任何条件下的流体；而节流膨胀降温效应则有一定的温度和压力的范围（参见“物理化学”教材有关内容）。另外，作功的膨胀还可以回收轴功，对节能有利。节流膨胀的优点是结构简单、调节方便，而作功膨胀的结构较复杂，且不允许气体在膨胀机中液化。同时，低温下润滑也有困难。

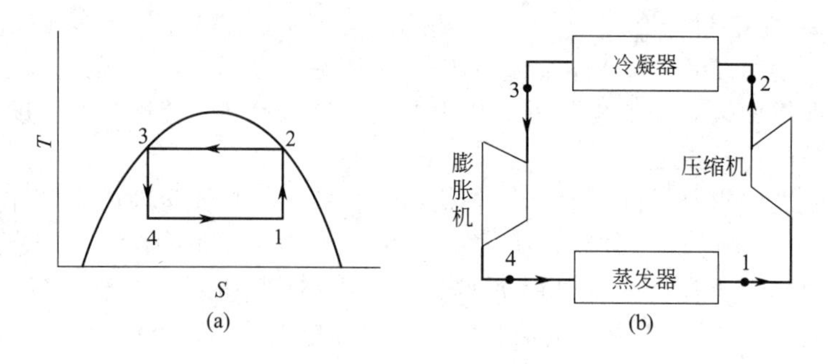

图 5-21　逆卡诺循环

为进一步了解制冷原理，下面先介绍理想的制冷循环。连续的制冷过程是在低温下吸热，在高温下排热（至自然环境），因此制冷循环就是逆方向的热机循环。理想制冷循环（可逆制冷）即为逆卡诺循环，同样由两个等熵和两个等温的过程组成，在低温 T_L 吸热 Q_L；在高温 T_H 排热 Q_H，见图 5-21。循环过程的 $\Delta H=0$，循环过程需要的净功为 W_N，根据热力学第一定律，应有

$$W_N=Q_H+Q_L$$
$$(-)\ (-)\ (+) \tag{5-27}$$

或

$$|W_N|=|Q_H|-|Q_L| \tag{5-27a}$$

衡量制冷机效能的参数称制冷系数（效能系数）ξ，其定义为

$$\xi=\frac{\text{在低温下吸收的热}}{\text{消耗的净功}}=\frac{|Q_L|}{|W_N|} \tag{5-28}$$

式中，Q_L 称为制冷量，它表示制冷机的制冷能力；ξ 表示制冷机的效能，代表制冷循环运行的经济指标。

式(5-27) 除以 $|Q_L|$，得

$$\frac{|W_N|}{|Q_L|}=\frac{|Q_H|}{|Q_L|}-1 \tag{A}$$

对于逆卡诺循环，将例 5-1 中的式（F）

$$\frac{|Q_L|}{|Q_H|}=\frac{T_L}{T_H} \tag{F}$$

代入式（A），则得

$$\frac{|W_N|}{|Q_L|}=\frac{T_H}{T_L}-1=\frac{T_H-T_L}{T_L}$$

因而

$$\xi=\frac{|Q_L|}{|W_N|}=\frac{T_L}{T_H-T_L} \tag{5-29}$$

式(5-29) 表明，逆卡诺循环的制冷系数仅是工质工作温度的函数，与工质的性质无关。在 T_H 与 T_L 两个温度之间操作的任何制冷循环，唯有逆卡诺循环的制冷系数最大，它是相同温度范围内最有效的循环。由式(5-29) 可见，每单位功耗得到的制冷量随着 T_L 下降或 T_H 上升而减少。倘若制冷温度为 5℃，环境温度为 30℃，则逆卡诺循环的制冷系数为

$$\xi=\frac{5+273.15}{(30+273.15)-(5+273.15)}=11.13$$

在此两个温度之间，任何实际循环的制冷系数都要比 11.13 小。

5.5.2 蒸气压缩制冷循环

逆卡诺循环压缩机进口与透平出口均为汽液两相，这是不实际的。实际循环如图 5-22 所示，蒸发器出口点 1 在饱和蒸气线上，压缩机出口点处于过热蒸气区。$1\rightarrow2'$是实际的压缩过程（$1\rightarrow2$ 为可逆绝热压缩过程）；$2'\rightarrow3$ 是冷却、冷凝过程；$3\rightarrow4$ 是节流膨胀过程（即等焓过程）；$4\rightarrow1$ 是蒸发过程。

由于点 4 处于两相区，用膨胀机操作有困难，一般用节流阀进行等焓膨胀。因为流体与节流阀之间有摩擦损耗，故此过程为不可逆过程，有熵产生，由图 5-22(a) 可见，$s_4>s_3$。

单位质量工质在蒸发器中吸收的热量为

$$q_L=\Delta \underset{4\rightarrow1}{h}=h_1-h_4$$

冷凝器中排放的热量为

$$q_H=\Delta \underset{2'\rightarrow3}{h}=h_3-h_{2'}$$

压缩机所需要的压缩功 w_s 为

$$w_s=-\Delta \underset{1\rightarrow2'}{h}=h_1-h_{2'}$$

因此，实际循环的制冷系数 ξ 为

$$\xi=\frac{|q_L|}{|w_s|}=\frac{h_1-h_4}{h_1-h_{2'}} \tag{5-30}$$

由上式可见，实际循环的制冷系数除了与操作温度有关外，还与制冷工质的性质有关。

若已知压缩机的等熵效率 η_s，则根据式（5-20）由压缩机进出口的压力可求出 $h_{2'}$。

设计蒸发器、冷凝器、压缩机以及有关辅助设备需要有制冷工质循环速率 m 的数据。m 可通过蒸发器的热量衡算求出，即

$$m=\frac{Q_L}{h_1-h_4} \tag{5-31}$$

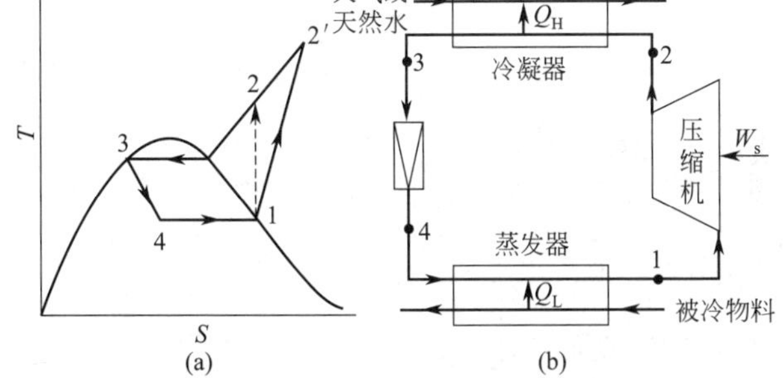

图 5-22 实际的蒸气压缩制冷循环

图 5-23 蒸气压缩循环在 p-h 图上的表示

图 5-22 实际蒸气压缩制冷循环也可用 p-h 图（压焓图）来表示，见图 5-23。由于 p-h 图的横坐标是焓，可以直接给出过程的焓变，此焓变的读数比 T-S 图准确。对于蒸发与冷凝过程，虽然流体因摩擦损失有微小的压力降，但基本上可视为恒压过程。常用的制冷工质如氨、二氧化碳等都有现成的 p-h 图供查用。

【例 5-7】 某空气调节装置的制冷能力（制冷量）为 $4.180\times10^4\,kJ\cdot h^{-1}$，采用氨蒸气压缩制冷循环。夏天室内温度维持在 15℃，冷却水温度为 35℃。蒸发器与冷凝器的传热温差均为 5℃。已知压缩机的等熵效率为 0.80。试求：(1) 逆卡诺循环的制冷系数；

(2) 假定压缩为等熵过程，工质的循环速率、压缩功率、冷凝器放热量和制冷系数；(3) 压缩为非等熵过程时的上述各参数。

解 (1) 循环工质氨在冷凝器中的冷凝温度 T_H 为

$$T_H = 35 + 5 + 273.15 = 313.5\text{K}$$

氨在蒸发器内蒸发温度 T_L 为

$$T_L = 15 - 5 + 273.15 = 283.15\text{K}$$

逆卡诺循环的制冷系数为

$$\xi = \frac{T_L}{T_H - T_L} = \frac{283.15}{313.15 - 283.15} = 9.44$$

(2) 从图 5-6(b) 查得对应于图 5-22 中 1、2、3、4 各点的焓值分别为

$$h_1 = 1452\text{kJ} \cdot \text{kg}^{-1}$$

$$h_2 = 1573\text{kJ} \cdot \text{kg}^{-1}$$

$$h_3 = h_4 = 368.2\text{kJ} \cdot \text{kg}^{-1}$$

氨的循环速率 $m = \dfrac{4.180 \times 10^4}{h_1 - h_4} = \dfrac{4.180 \times 10^4}{1452 - 368.2} = 38.57\text{kg} \cdot \text{h}^{-1} = 1.0714 \times 10^{-2}\text{kg} \cdot \text{s}^{-1}$

压缩机的功率 $W_s = m(h_1 - h_2) = 1.0714 \times 10^{-2}(1452 - 1573) = -1.296\text{kW}$

冷凝器放热量 $Q_H = m(h_3 - h_2) = 1.0714 \times 10^{-2}(368.2 - 1573) = -12.91\text{kJ} \cdot \text{s}^{-1}$

制冷系数 $\xi = \dfrac{h_1 - h_4}{h_2 - h_1} = \dfrac{1452 - 368.2}{1573 - 1452} = \dfrac{1083.8}{121} = 8.957$

(3) 利用压缩机的 η_s 可求出不可逆绝热压缩终态的焓，即图 5-22 中点 2′的焓。根据式(5-20)

$$\eta_s = \frac{h_1 - h_2}{h_1 - h_{2'}}$$

将已知数据代入上式，则得

$$0.80 = \frac{1452 - 1573}{1452 - h_{2'}}$$

$$h_{2'} = 1603\text{kJ} \cdot \text{kg}^{-1}$$

按计算方法 (2) 即得氨的循环速率 $m = 1.0714 \times 10^{-2}\text{kg} \cdot \text{s}^{-1}$

压缩机功率 $w_s = 1.0714 \times 10^{-2}(1452 - 1603) = -1.618\text{kW}$

冷凝器放热量 $Q_H = 1.0714 \times 10^{-2}(368.2 - 1603) = -13.23\text{kJ} \cdot \text{s}^{-1}$

制冷系数 $\xi = \dfrac{h_1 - h_4}{h_{2'} - h_1} = \dfrac{1452 - 368.2}{1603 - 1452} = \dfrac{1083.8}{151} = 7.177$

可见，不可逆的压缩过程就会引起功耗增加，制冷系数减小。

若要获得较低的温度，蒸气蒸发压力必须较低，则蒸气的压缩比就要增大。这种情况下，单级压缩不但不经济，甚至是不可能的。采用多级压缩可以克服这个困难。用氨作制冷工质，蒸发温度若低于－30℃，可采用两级压缩，若低于－45℃，则要采用三级压缩。

多级压缩通常与多级膨胀相结合。多级压缩制冷循环不仅可以节约功耗，并能获得多种不同的制冷温度。

制冷系数与制冷工质的性质有关，不同的工质有不同的制冷系数，但影响制冷系数的主要因素是循环工质的冷凝温度和蒸发温度。图 5-24 中，1→2→3→4→1 为原有制冷循环，当冷凝温度由 T_3 降到 $T_{3'}$ 时，形成了新的循环，即 1→2′→3′→4′→1。显然，新循环不仅使

压缩机所消耗的功减少了（$h_2-h_{2'}$），而且制冷量还增加了 $h_4-h_{4'}$，因而制冷系数得到提高。在制冷装置中，冷凝温度取决于冷却介质即环境物质（大气或天然水源）的温度。因受到当地自然环境的限制，其温度不能随意降低。此外，在设计或操作过程中，要尽可能减小冷凝器的传热温差。

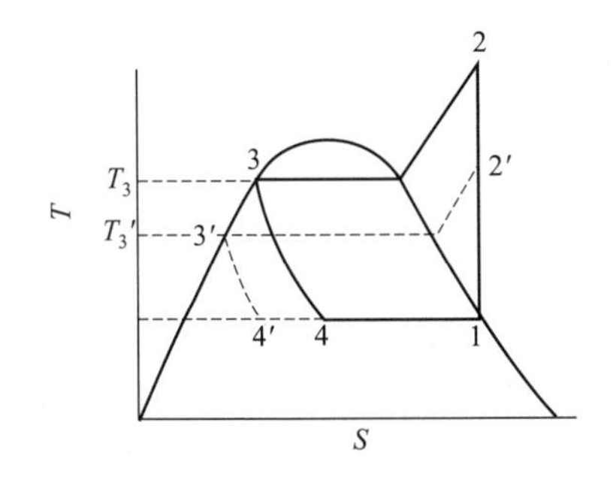

图 5-24　冷凝温度对冷冻系数 ξ 的影响

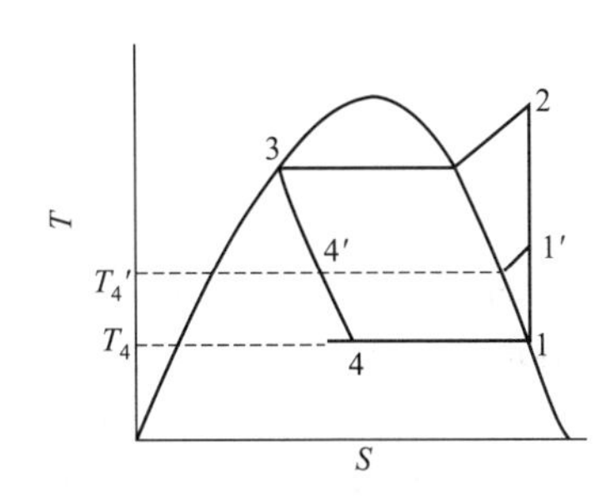

图 5-25　蒸发温度对冷冻系数 ξ 的影响

如图 5-25 所示，制冷循环 1→2→3→4→1 的蒸发温度由 T_4 升高到 $T_{4'}$ 时，由于压缩功减少了（$h_{1'}-h_1$），制冷量增加了（$h_{1'}-h_{4'}$）−（h_1-h_4），因而也可以提高制冷系数。蒸发温度主要由制冷的要求确定，因此在能够满足需要的条件下，应尽可能采用较高的蒸发温度。同时在设计和操作过程中应尽可能降低蒸发器的传热温差。

除冷凝温度与蒸发温度外，制冷工质的过冷温度对于制冷系数也有直接的影响。实际制冷循环中，制冷工质的蒸气通过冷凝器变为饱和液体后，还将进一步冷却，使其成为过冷液体，如图 5-26 中的 3′点所示。从图可见，压缩机耗功量未变，但制冷量增大了（$h_4-h_{4'}$），因而也提高了制冷系数。显然，过冷温度越低，制冷系数越大。但是过冷温度也不能任意降低，同样受到环境温度的限制。

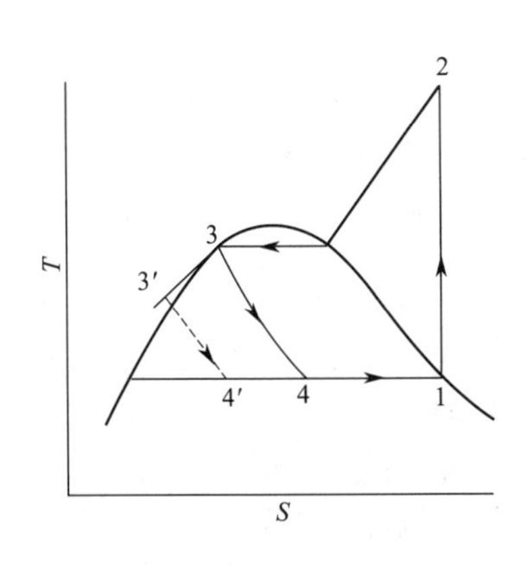

图 5-26　过冷温度对冷冻系数 ξ 的影响

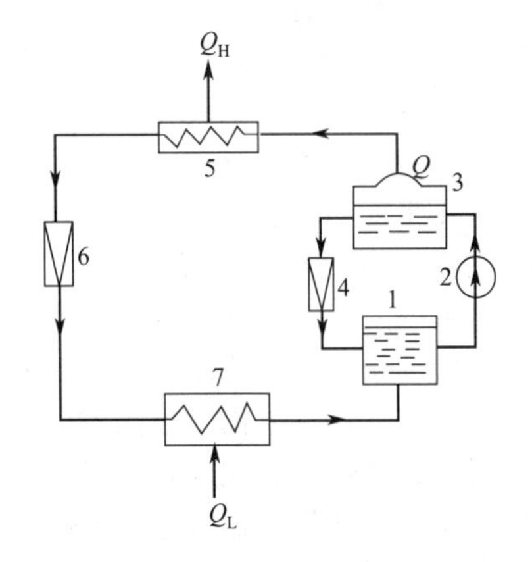

图 5-27　吸收式制冷装置

1—吸收器；2—氨水泵；3—解吸器；4—减压阀；5—冷凝器；6—节流阀；7—蒸发器

5.5.3　吸收式制冷循环

这是一种不用机械功、依靠热能取得制冷效果的装置。同样可用氨作为制冷工质。它的工作原理与蒸气压缩制冷的区别只是在气体的压缩方式上。图 5-27 为吸收式制冷循环的示意图，它利用溶液吸收原理，以水为“吸收剂”由图中 1、2、3、4 四个设备组成所谓“化学泵”，相当于蒸气压缩循环中的压缩机。从蒸发器来的低压氨气被“吸收器”

内的稀氨水溶液所吸收，成为浓氨水溶液。在此过程中放出的热量由冷却水带走。形成的浓氨水溶液通过氨水泵送入压力较高的“解吸器”中，在此加入热量 Q（可通过水蒸气盘管加热，图中未示出），于是溶解在水中的氨又被释放出来，送往制冷系统中的冷凝器。在此设备中高压氨气冷凝为液氨，经节流阀膨胀为液氨与其蒸气的混合物，温度下降，即入蒸发器内，液氨蒸发，产生制冷效果，形成的低压氨气又进入吸收器，完成吸收式制冷的循环。

吸收式制冷装置运行的经济指标称为热力系数 ε，ε 的定义为

$$\varepsilon=\frac{Q_L}{Q} \tag{5-32}$$

式中，Q_L 为吸收制冷装置的制冷量；Q 为解吸器中提供的热量。

吸收制冷是一种以热为代价的制冷方式，其优点是可以利用低温热能，特别是可以直接利用工业生产中的余热或废热。通常制冷能力可达每小时几百万千焦。另一方面，制冷系统中除溶液泵外，无其他传动设备，耗电量很少。缺点是热力系数 ε 较低，一般为 0.3～0.5；设备比压缩制冷循环庞大，灵活性较小。

吸收式制冷循环的工质除了氨与水外，常用的还有水（制冷剂）和溴化锂（吸收剂）。由于溴化锂本身不挥发，解吸器不需要精馏塔形式，只要简单的解吸器就行。此外，热力系数也较高。但溴化锂有较大的腐蚀性，设备需用不锈钢制造。由于用水作制冷剂，故制冷温度不能低于 0℃。通常用于大型空调系统。

近年来太阳能的利用越来越广泛，因此若条件许可，可设计一种太阳能制冷设备。它的原理是把吸收式制冷设备中的解吸器改成“太阳能吸热器”，利用太阳的辐射热使氨水中的氨气化。这种装置在南方炎热地带最为经济，因为夏季最热的时期也是最需要制冷的时期，恰好可以利用炽热的阳光来创造凉爽的室内工作环境。

5.5.4 制冷工质的选择

实际制冷循环的制冷能力、压缩机功耗，各设备的操作压力、结构尺寸、使用的材料等都与制冷工质的性质有密切的关系。工业上应用比较广泛的制冷工质有氨、二氧化碳、二氧化硫、乙烷、乙烯等十几种，其中以氨的应用最为广泛。

从工作原理和生产上的安全性、经济性等方面考虑，对制冷工质的性质提出如下要求。

（1）汽化潜热要大。潜热大则制冷量也大，因此对于一定制冷能力的制冷机所需要的制冷工质的循环量就小。这样可以降低功率消耗，提高经济效益。氨在此方面占绝对优势，它的潜热要比氟里昂大 10 倍左右。

（2）有关温度下的蒸气压要合适。冷凝压力不能过高，蒸发压力不要过低。因为冷凝压力过高将会增加压缩机和冷凝器的设备费用；蒸发压力过低，就会有空气漏入真空操作，系统操作不易稳定。在这方面氨作为制冷工质也是比较理想的。

（3）制冷工质应具有化学稳定性。制冷工质对于循环经过的设备的任何部分不能有显著的腐蚀破坏作用。此外，制冷工质常有漏失，漏到大气中的制冷工质蒸气对操作人员的身体健康不应有毒害或强烈的刺激作用。在这方面，氨和二氧化硫均有刺激人体器官的作用，倘若吸入过多，对人身健康还会产生永久性损害。

（4）为了安全操作，制冷工质不应有易燃性和爆炸性。

（5）价格要低。

目前，还没有一种制冷工质能完全满足上述要求，因此在实际选择时只要利大于弊即可。氨作为工质，其优点多于缺点，故在工业上被广泛应用。自 20 世纪 30～40 年代以来，小型的家用制冷机大都用氟里昂类化合物作为工质，但氟里昂等皆会破坏臭氧层，使全球气候变暖，导致破坏生态，现已采用 R134a（1,1,1,2-四氟乙烷等所谓环保制冷工质）代替。

5.6 热泵

热泵（heat pump）的工作原理与制冷机完全相同，但其工作目的却不相同。制冷机的工作目的是制冷；热泵的工作目的是制热。热泵是一种节能的设备，20 世纪 70 年代能源危机发生以后在世界各国得到广泛应用。

人们在生活和生产上都需要直接利用热能。用燃料的化学能或电能转化为热能，以热力学的观点，从有效利用能量的角度看，这两种方法都不经济，也不合理。

在自然界，例如地球内部，大气以及天然水源中蕴藏着巨大的能量，某些工业生产中也排放出大量的余热，但这些热量的温度水平比人们所需要的为低，因此难以直接利用。热泵可以使低温热变成高温热。热泵相当于一种能源采掘机械，消耗一部分高质量的能量（机械能、电能或高温热能等）为代价，通过热力循环，把自然环境介质（水、空气、土地）中或生产排放的余热中贮存的能量加以挖掘，进行利用。热泵从自然环境介质中或生产排放的余热中吸取热量，并将它输送到人们所需要的较高温度的物质系统中去。

在蒸发器中循环工质蒸发吸取环境介质中的热量，经压缩后的工质在冷凝器中放出热量直接加热房间，或加热供热系统的用水，然后由循环泵送到用户，作采暖或热水供应等。工质凝结成饱和液体，经节流阀降温后进入蒸发器，重新蒸发吸热汽化为干饱和蒸气，从而完成一个循环。

工业热泵用于工业过程废热的回收。以消耗少量机械能为代价回收利用低温热能，尤其适宜于那些温度低于 80℃的大量温热水热量的回收利用。目前工业热泵输出的最高温度约为 150℃，此温度正好满足奶品、罐头、肉类等食品加工使用。此外，也可以供电镀、油漆干燥、橡胶制造等工艺的需用。估计今后热泵输出温度可达 250～300℃，这将可以满足更多行业供热的需要。目前，在国外热泵还广泛应用于化工生产，如热泵蒸馏、热泵蒸发、热泵干燥等。

热泵的操作费用取决于驱动压缩机的机械能或者电能的费用，因此热泵的经济性能是以消耗单位功量 W_s 所得到的供热量来衡量，称为制热系数 ω，即

$$\omega=\frac{|Q_H|}{|W_s|} \tag{5-33}$$

可逆热泵（逆卡诺循环）的制热系数为

$$\omega=\frac{T_H}{T_H-T_L} \tag{5-34}$$

式(5-34) 的推导方法与式(5-29) 相同。可逆热泵的制热系数只与两个温源的温度有关，与工质性质无关。

根据式(5-27a) 可以导出制热系数与制冷系数的关系式，即

$$\omega=\frac{|Q_H|}{|W_s|}=\frac{|Q_L|+|W_s|}{|W_s|}=\frac{|Q_L|}{|W_s|}+1=\xi+1 \tag{5-35}$$

由上式可知，若制冷系数为 4 的热泵，其制热系数应为 5。这就是说供热量 Q_H 是压缩机消耗功量 W_s 的 5 倍。若改用电加热，则它得到的供热量与消耗的电量是相等的。因此，热泵是一种比较合理的供热装置。

经过合理设计，可使装置在不同的温差范围内运行，热泵也可以用作制冷机。因此，用户可使用同一套装置在夏季用作制冷机，使室内气温低于室外；冬季作为热泵使室内气温高于室外，做到一机两用。

【例 5-8】 某热泵功率为 10kW，周围自然环境（大气）的温度为 0℃。用户要求供热的温度为 90℃。求此热泵最大的供热量以及热泵从环境吸热量。

解 热泵提供的最大热量，应按逆卡诺循环运行，按式(5-34) 可求制热系数

$$\omega=\frac{T_H}{T_H-T_L}=\frac{273.15+90}{90-0}=\frac{363.15}{90}=4.035$$

按式(5-33)，最大的供热量 Q_H 为

$$|Q_H|=\omega(|W_s|)=4.035\times10=40.35\text{kJ}\cdot\text{s}^{-1}=1.453\times10^5\text{kJ}\cdot\text{h}^{-1}$$

根据式(5-27a)，热泵从周围环境吸热量 Q_L 为

$$|Q_L|=|Q_H|-|W_s|=40.35-10=30.35\text{kJ}\cdot\text{s}^{-1}=1.0926\times10^5\text{kJ}\cdot\text{h}^{-1}$$

$$\frac{|Q_L|}{|Q_H|}=\frac{1.0926\times10^6}{1.453\times10^6}=0.752$$

由计算结果可见，供热量中有 75.2%是从周围自然环境中提取的，因此这种供热方式是经济的。

习　　题

5-1 某封闭系统经历一可逆过程。系统所作的功和排出的热量分别为 15kJ 和 5kJ。试问系统的熵变：
(1) 是正？(2) 是负？(3) 可正可负？

5-2 某封闭系统经历一不可逆过程。系统所作的功为 15kJ，排出的热量为 5kJ。试问系统的熵变：
(1) 是正？(2) 是负？(3) 可正可负？

5-3 一个 50Ω（欧姆）的电阻器，载有 20 安培的恒定直流电流，并保持 100℃的恒定温度。电阻器放出的热量由外界空气带走，而空气仍保持 25℃的恒定温度。试问经历 2h 后，孤立系统产生的熵是多少？(以 $\text{J}\cdot\text{K}^{-1}$计)

5-4 某流体在稳流装置内经历一个不可逆绝热过程。装置所产生的功为 24kJ，试问流体的熵变：
(1) 是正？(2) 是负？(3) 可正可负？

5-5 某流体在稳流装置内经历一个不可逆过程。加给装置的功是 25kJ，从装置带走的热量（即流体吸热）是 10kJ。试问流体的熵变：
(1) 是正？(2) 是负？(3) 可正可负？

5-6 某理想气体经一节流装置（锐孔），压力从 1.96MPa 绝热膨胀到 0.09807MPa。求此过程产生的熵。此过程是否可逆？

5-7 设有一股温度为 90℃、流量为 $20\text{kg}\cdot\text{s}^{-1}$的热水与另一股温度为 50℃、流量为 $30\text{kg}\cdot\text{s}^{-1}$的温水绝热混合。试求此过程产生的熵。此绝热混合过程是否可逆？

5-8 试在 *T-S* 图上指出气体、蒸气、液体和汽液共存四个区的位置，并示意表达下述过程：
(1) 气体等压冷却、冷凝成过冷液体；
(2) 气体绝热可逆膨胀与绝热不可逆膨胀过程；
(3) 饱和蒸气绝热可逆压缩与绝热不可逆压缩过程；
(4) 饱和液体等焓膨胀与可逆绝热膨胀过程。

5-9 由氨的 *T-S* 图求 1kg 氨由 0.828MPa (8.17atm) 的饱和液体节流膨胀至 0.0689MPa (0.68atm) 时的下述数据：
(1) 膨胀后有多少液氨汽化？
(2) 膨胀后的温度为多少？
(3) 若将氨蒸气分离出来后送入压缩机进行绝热可逆压缩至 0.552MPa (5.45atm)，问此时温度为多少？

5-10 某热机每分钟耗费 1000kJ 的热量并提供 74kW 的功率。试问热机的热效率是多少？热机排出的热量为多少？

5-11 某热机按某一循环工作，在 T_H 下由高温热源接受热量，在 T_L 下向低温热源排放热量，如图 5-28 所示。试问下列诸情况下，该热机工作过程是可逆的，不可逆的，还是不可能的。

(1) $Q_H=1000J$，$W_N=900J$；

(2) $Q_H=2000J$，$|Q_L|=300J$；

(3) $W_N=1500J$，$|Q_L|=500J$。

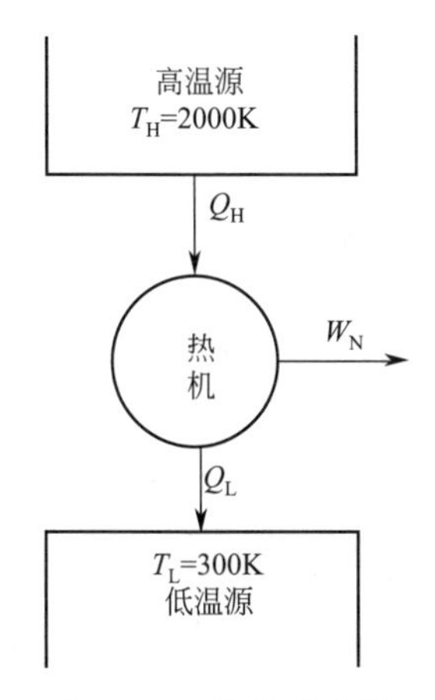

图 5-28 热机示意图

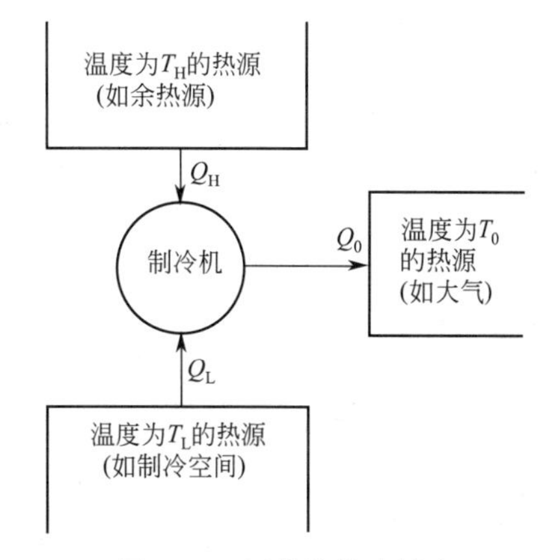

图 5-29 用热代替功制冷

5-12 某朗肯循环以水为工质，运行于 14MPa 和 0.007MPa 之间，循环最高温度为 540℃，试求：

(1) 循环的热效率；

(2) 水泵功与透平功之比；

(3) 提供 1kW 电的蒸气循环量。

5-13 用热效率为 30%的热机来拖动制冷系数为 4 的制冷机，试问制冷机从被冷物料每带走 1kJ 热量需要向热机输入多少热量？

5-14 某蒸气压缩制冷循环用氨作工质，工作于冷凝器压力 1.2MPa 和蒸发器压力 0.14MPa 之间。工质进入压缩机时为饱和蒸气，进入节流阀时为饱和液体，压缩机等熵效率为 80%，制冷量为 $1.394\times10^4 kJ\cdot h^{-1}$。试求：

(1) 制冷系数；

(2) 氨的循环速率；

(3) 压缩机功率；

(4) 冷凝器的放热量；

(5) 逆卡诺循环的制冷系数。

5-15 图 5-29 所示的制冷系统可视作为由一台热机拖动一台制冷机所组成的系统。制冷机工作于 T_L 和 T_0 之间，而热机工作于 T_H 和 T_0 之间。试求在下列设计条件下动力-制冷系统的 Q_L/Q_H 之值。

(1) $T_H=118℃$

$T_0=21℃$

$T_L=6℃$；

(2) 热机的热效率为工作于同一温度界限的卡诺热机的 60%；

(3) 制冷机的制冷系数为工作于同一温度界限的逆卡诺制冷机的 20%。

5-16 动力-热泵联合系统中热泵工作于 100℃和 20℃之间，热机工作于 1000℃和 20℃之间。假设热机热泵均为可逆的，试问在 1000℃下供给单位热量所产生的加工工艺用热量（100℃下得到的热量）是多少？

参考文献

[1] Huang F F. Engineering Thermodynamics Fundamentals and Applications. New York: Macmillan, 1976.

[2] Smith J M, Van Ness H C, Abbott M M. Introduction to Chemical Engineering Thermodynamics, 6th ed., New York: McGraw-Hill, 2001.
[3] Bett K E, Rowlinson J S, Saville G. Thermodynamics for Chemical Engineers, Published by the Athlone Press University of London, 1975.
[4] Richard E B, Michael R S et al. Chemical Engineering Thermodynamics, New Jersey: Prentice-Hall, Inc Englewood Cliffs, 1972.
[5] 朱自强，徐汛合编. 化工热力学. 第2版. 北京：化学工业出版社，1991.
[6] 曹德胜，史琳. 制冷剂使用手册. 北京：冶金工业出版社，2004.

第6章

化工过程热力学分析

从最原始的含义来说，热力学是研究能量的科学。安全、可靠地供应能量和高效、清洁地利用能量是实现社会经济发展的基本保证。在进入21世纪初的今天，随着世界上化石能源的日益枯竭和能源消费的急剧增加，能源的供给危机加剧，用热力学原理认识能量，了解能量，在生产实践中指导人们合理地使用能量、节约能量是现代热力学的一项重要任务，也是人类社会和国民经济可持续发展的迫切要求。所谓过程热力学分析，就是用热力学的方法分析过程中能量供应、转化、传递、使用、回收、损耗、排弃等情况，揭示能量消耗的大小、原因和部位，为改进和创新过程工艺、提高能量的利用效率等指出方向和方法。近二三十年来，过程热力学分析得到了广泛的应用和迅速的发展，现在已经跨出热力、深冷等经典的应用领域，深入到化工、炼油、冶金、轻工及建材等生产过程。从热力学分析的应用规模来说，也已从分析和评价单一产品生产过程的具体能耗，跨越发展到考察整个工厂或生产集团内部全部产品生产过程中的总体能量使用和消耗情况，即所谓能量集成利用的过程系统工程；更宽泛地，热力学分析法甚至可应用于考察各个工业部门乃至整个国家的能源转化、使用和损耗等情况。化学工业是耗能大户，其能耗约占全部产业能耗的1/4。因此，用热力学分析法有针对性地分析各种化工过程的用能情况，对发展化工生产和搞好化工节能降耗等具有重大而深远的意义。

6.1 基础理论

6.1.1 能量的级别

从能量观点看，化工生产过程就是能量利用、转化和消耗的过程。化工厂利用各种原料经过一系列加工制成产品。除原料外，还要消耗各种形式的能源，如燃料、电力和水蒸气等。也有一些生产过程在得到产品的同时还可以提供能量。这些能量既可作为副产输出厂外，也可用于厂内其他工序。现代大型化工厂既要求原料综合利用，也力求能量综合利用。

化工生产涉及的能量主要有以下几种形式：

（1）热能　许多化工单元操作都消耗热能。例如精馏、蒸发、干燥以及吸收剂或吸附剂的再生等均属此类。对于吸热的化学反应，或非吸热但要求在一定温度下进行的反应，也需要热能。这些过程需要的热量通常利用燃料的燃烧热，因此燃料是化工厂消耗的主要能源之一。

（2）机械能　在物理学上称之为功。化工生产需要的机械能主要用于流体的输送和压缩。消耗机械能的设备有泵、压缩机、鼓风机、真空泵等。此外，离心机、过滤机以及固体物料的输送、粉碎、提升等也要消耗机械能。过去都是用电机驱动上述耗功设备，近年来，不少化工厂利用生产过程自身的余热产生高温、高压蒸汽作为机械能的来源（例如将蒸汽透平和压缩机的轴直接相连），节能效果显著。

（3）电能　电能具有便于输送、调节、自动化等一系列优点，故广泛地应用于化工生产。化工厂的电能主要用来提供机械能。另外，如电解、电镀、电热等设备的应用也较为普遍，以用于获得化学能和热能等。

机械能和电能就是通常所谓的动力能源。

（4）化学能　由于物质化学结构变化提供或消耗的能量称为化学能。放热的化学反应，由化学能转化为热能；吸热的化学反应，则由热能转化为化学能。化学反应若能在电池中进行，则物质的化学能可以直接转化为电能。燃料的燃烧就是将燃料的化学能转化为燃烧气的热能。化工厂燃料的化学能就是先经燃烧变成热能，而后再经蒸汽轮机或燃气轮机变成机械能，最后通过发电机再将机械能转化为电能。如果能通过燃料电池将燃料的化学能直接转化为电能，省去化学能——热能——机械能——电能的中间转化环节，则可以大幅度地提高化学能的利用率。燃料电池的效率理论上是一般蒸汽发电站的两倍多。因此，燃料电池是一种具有划时代意义的化学能转化和利用技术。事实上，燃料电池已经成功地应用于宇宙飞船等尖端行业，其技术也日臻成熟，有望在不久的将来可大规模地应用于汽车、电力等与日常生活密切相关的工业部门中。

化工生产一般都需要消耗能量，这些能量常取之于煤、石油、天然气和核能。目前的用能结构是将这些能源中贮备的能量先转化为热能，然后再转化为功供工业生产使用。因此，热量成为能量转化过程的必经之道，使得热功转化在能量利用的问题上有其特别重要的地位。

功可以全部转化为热，而热通过热机只能部分变成功，这说明热功转化的过程是不可逆的，它存在明显的方向和限度。最大的热机效率是可逆热机的效率，卡诺热机就是可逆热机的一种，其效率 η_c 为：

$$\eta_c=\frac{W_c}{Q_H}=1-\frac{T_L}{T_H} \tag{5-5}$$

式中，W_c 为卡诺热机所作的功（即 W_N，参见 5.5.1）；Q_H 为卡诺热机向高温源吸收的热量。

第 5 章已论及，η_c 永远小于 1，W_c 恒小于 Q_H。即使是可逆热机也不能将热全部转化为功。这是为什么？从微观上看，功是分子有序运动的体现，譬如在膨胀机中，高压下的流体分子作定向有序运动才能作出轴功；又如电子作定向有序运动才能作出电功，热则是分子无序运动的体现。功属于高质量的能量，热则是低品位的能量。功转化为热是分子定向有序运动转化为非定向无序运动，不受任何条件限制；热转化为功则是分子非定向无序运动转化为定向有序运动，受到一定条件的限制。这就是热功转化不可逆性的实质。由此可知，能量不仅有数量，还有质量（品位）。对于 1kJ 功和 1kJ 热，从热力学第一定律考察，它们的数量是相等的，但从热力学第二定律看，它们的质量不相当，功的质量高于热。

自然界的能量可分大三大类：高级能量、低级能量和僵态能量。理论上完全可以转化为功的能量称为高级能量，如机械能、电能、水力能和风力能等；理论上不能全部转化为功的能量称为低级能量，如热能、内能和焓等；完全不能转化为功的能量称为僵态能量，如大气、大地、天然水源具有的内能。

由高质量的能量变成低质量的能量称为能量的贬质。能量贬质就意味着作功能力的损耗。在化工生产中，能量贬质现象是普遍存在的，如最常见的传热过程和节流过程就是实例，前者由高温热源变成低温热源；后者由高压流体变成低压流体。两者都有作功能力的损耗。

所谓合理用能就是要注意对能量质量的保护和管理，尽可能减少能量贬质，或避免不必要的贬质。

6.1.2 理想功 W_{id}

当状态变化时，产功过程存在一个最大功，耗功过程存在一个最小功。无论是产功还是耗功，就功的代数值而言，都是最大的，而且此功在技术上可以利用，故称为最大有用功，或者称其为理想功。它是一个理论的极限值，代表一个生产过程可能提供的最大功，是一切实际过程产功或耗功大小的比较标准。通过理想功与实际功的比较可为生产改革提供依据。

要获得理想功，状态变化必须在完全可逆的条件下进行。完全可逆的条件是，非但系统内部所有的变化都是可逆的，而且系统和周围自然环境之间的换热也可逆。周围自然环境是指大气、天然水源、大地等，其温度为 T_0、压力为 p_0（0.10133MPa）。

6.1.2.1 稳流过程的理想功

为了形象地阐明稳流过程理想功的概念，设想有如图 6-1 所示的稳流过程，流体在其温度、压力、焓和熵值分别为 T_1、p_1、H_1 和 S_1 时进入设备装置，在可逆的稳流过程（即无流体分子内摩擦损耗）中，膨胀作功 $W_{s(R)}$，同时排出热量 Q，因而流体的温度和压力都下降。最后流体以其温度、压力、焓和熵分别为 T_2、p_2、H_2 和 S_2 的状态离开了设备装置。

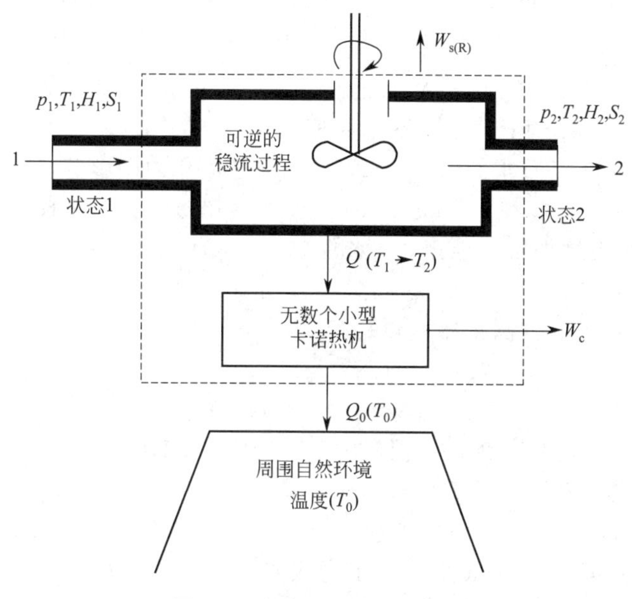

图 6-1 稳流过程 W_{id} 示意图

$W_{id}=W_{s(R)}+W_c$

为了对排出的热量 Q 进行充分利用，设置卡诺热机将一部分热量转化为功，同时实现可逆传热。卡诺热机作出的轴功称卡诺功 W_c。作功后，有温度为 T_0 的热量 Q_0 排到自然环境。外界自然环境即为卡诺热机的低温热源。

流体在稳流过程中是变温的（温度由 T_1 降至 T_2），传出的热量 Q 也是随温度变化的，但卡诺热机要求恒温热源，因此可以设想安排无数个小型的卡诺热机进行连续操作，每个小卡诺热机向高温热源吸收微量热，作出微量的卡诺功。由于小卡诺热机的高温源温度变化极微小，可近似地视其为恒温热源，无数个小卡诺热机向高温源吸收的总热量为 Q，作出总的卡诺功为 W_c，向外界环境排放的总热量为 Q_0。

根据理想功就是最大功的定义，在上述稳流过程中，理想功应是可逆轴功和卡诺功之和

$$W_{id}=W_{s(R)}+W_c \tag{6-1}$$

把包括卡诺热机在内的设备装置，即图 6-1 虚线包围的部分作为开系，根据开系稳流过程的

熵平衡式［式(5-15)］，对于可逆过程应有

$$\frac{Q_0}{T_0}+S_1-S_2=0 \tag{6-2}$$

令 $\Delta S=S_2-S_1$，即得

$$Q_0=T_0\Delta S \tag{6-3}$$

式中，ΔS 是物流经过设备装置的熵变。

根据稳流过程热力学第一定律的表达式，对于此敞开系统则有

$$H_2-H_1=Q_0-(W_{s(R)}+W_c) \tag{6-4}$$

令 $\Delta H=H_2-H_1$，并将式(6-1)、式(6-3) 代入上式可得

$$W_{id}=-\Delta H+T_0\Delta S \tag{6-5}$$

式中，ΔH 是物流经过设备装置的焓变。

式(6-5) 为稳流过程理想功的计算式，它是热力学第一定律和第二定律联合应用的产物。由式(6-5) 可见，稳流过程的理想功只与状态变化有关，它仅取决于流体的初态和终态以及自然环境的温度 T_0，而和状态变化的具体途径无关。式(6-5) 中的焓变 ΔH 和熵变 ΔS 的计算方法详见第 3 章有关内容。一般 T_0 是指大气或天然水源的温度。

系统对外作功，理想功为正值；外界对系统作功，理想功为负值。

【例 6-1】 试求 25℃、0.10133MPa 水变为 0℃、0.10133MPa 冰的理想功。已知 0℃ 冰的熔解焓变为 334.7kJ·kg^{-1}。设环境温度（1）为 25℃；（2）为－25℃。

解 从附表 3 查得 25℃水的焓 h_1 和熵 s_1 值（忽略压力的影响）为

$$h_1=104.89\text{kJ}\cdot\text{kg}^{-1} \qquad s_1=0.3674\text{kJ}\cdot\text{kg}^{-1}\cdot\text{K}^{-1}$$

根据 0℃冰的熔解焓变数据可以推算 0℃冰的 h_2 与 s_2 为

$$h_2=-334.7\text{kJ}\cdot\text{kg}^{-1} \qquad s_2=h_2/T_2=-334.7/273=-1.2260\text{kJ}\cdot\text{kg}^{-1}\cdot\text{K}^{-1}$$

（1）环境温度为 25℃（高于冰点）时：

$$\begin{aligned} w_{id}&=-(-334.7-104.89)+298\times(-1.2260-0.3674) \\ &=439.59-474.83=-35.24\text{kJ}\cdot\text{kg}^{-1} \end{aligned}$$

欲使水变为冰，需用制冷机，理论上消耗的最小功为 35.24kJ·kg^{-1}。

（2）环境温度为－25℃（低于冰点）时，

$$w_{id}=-(-334.7-104.89)+248\times(-1.2260-0.3674)=44.43\text{kJ}\cdot\text{kg}^{-1}$$

当环境温度低于冰点时，w_{id} 为正值。当水变成冰时，不仅不需要消耗功，理论上还可以回收功，其最大的功为 44.43kJ·kg^{-1}。

由此例可见，理想功的数值不仅与初、终状态还与环境温度有关。

6.1.2.2 稳定流动化学反应过程理想功的计算

化学反应过程理想功的计算对于化工过程的开发、设计具有重要意义。某化学反应，如果其理想功为正值，说明在可逆条件下实现此化学反应可以向外供能；如果理想功为负值，则说明实现此化学反应需要耗能。根据 W_{id} 的数值可以知道在可逆条件下提供或消耗的能量的数量。

通过化学反应过程 W_{id} 的计算，可以对化学反应过程进行热力学分析，以实现合理用能。譬如对于耗能的反应，设法使供给的能量降到最低限度；对伴有能量输出的化学反应，尽量使释放的能量得到最大限度的利用。

在标准状态（25℃，0.10133MPa）下，稳定流动化学反应过程理想功的计算式为：

$$W_{id}=-\Delta H^{\ominus}+T_0\Delta S^{\ominus} \tag{6-6}$$

式中，$\Delta H^{\ominus}$ 是在标准状态下化学反应过程的焓变，即标准反应热，可以用产物与反应

物的标准生成焓 $\Delta H_f^{\ominus}$ 计算。

$$\Delta H^{\ominus} = \sum_p \nu_p (\Delta H_f^{\ominus})_p - \sum_R \nu_R (\Delta H_f^{\ominus})_R \tag{6-6a}$$

式中，ν_p 和 ν_R 分别为化学反应方程式中产物和反应物的计量系数；$(\Delta H_f^{\ominus})_p$ 和 $(\Delta H_f^{\ominus})_R$ 分别为产物和反应物的标准生成焓。有关物质的 $\Delta H_f^{\ominus}$ 值列于附表 4。

式(6-6) 中的 $\Delta S^{\ominus}$ 为在标准状态下化学反应过程的熵变，可以用产物和反应物的标准熵值来计算

$$\Delta S^{\ominus} = \sum_p \nu_p S_p^{\ominus} - \sum_R \nu_R S_R^{\ominus} \tag{6-6b}$$

式中，$S_p^{\ominus}$ 和 $S_R^{\ominus}$ 分别为产物和反应物的标准熵。有关物质的标准熵值列于附表 4。

根据热力学基本定义式 $G \equiv H - TS$，在标准状态下，恒温 T_0 时，有

$$\Delta G^{\ominus} = \Delta H^{\ominus} - T_0 S^{\ominus}$$

式中，$\Delta G^{\ominus}$ 为标准状态下自由焓的变化。由上式可知，式(6-6) 中的理想功即为反应过程物流标准自由焓的减少量，即

$$W_{id} = -(\Delta H^{\ominus} - T_0 \Delta S^{\ominus}) = -\Delta G^{\ominus} \tag{6-7}$$

由式(6-7) 可见，在标准状态下进行化学反应，能回收的最大功（W_{id}）是标准自由焓的减少量，而不是标准反应热，这一点务必注意。

式(6-7) 中的 $\Delta G^{\ominus}$ 可以用反应物与产物的标准生成自由焓来计算，即

$$W_{id} = -\Delta G^{\ominus} = \sum_R \nu_R (\Delta G_f^{\ominus})_R - \sum \nu_p (\Delta G_f^{\ominus})_p \tag{6-7a}$$

式中，$(\Delta G_f^{\ominus})_R$ 与 $(\Delta G_f^{\ominus})_p$ 分别为反应物与产物的标准生成自由焓。

化学反应时若组分的压力不是 0.10133MPa（1atm），则对于查得的标准生成焓和标准熵以及标准生成自由焓值都要进行压力校正。倘若反应物与生成物均为理想气体，则只要对标准熵与标准生成自由焓之值进行压力校正。

【例 6-2】 在 25℃，0.10133MPa（1atm）下，在氢燃料电池的阴、阳极分别发生 O_2 和燃料气 H_2 的电化学反应，O_2 在阴极得到电子变成 O^{2-}，O^{2-} 通过电池中的固体氧化物电解质传输到阳极，并在阳极富集后与失去电子的 H_2 化合生成气态水。试求此燃料电池化学反应过程的理想功。

解 O_2 和燃料气 H_2 在燃料电池的阴、阳极分别发生电化学反应

阴极 $0.5O_2 + 2e \longrightarrow O^{2-}$

阳极 $H_2 + O^{2-} \longrightarrow H_2O(g) - 2e$

燃料电池的总化学反应式为

$$H_2 + 0.5O_2 \longrightarrow H_2O(g)$$

此反应过程与 H_2 在 O_2 中的燃烧过程完全相当。

从附表 4 查得有关数据列于下表：

组分	$\Delta H_f^{\ominus}$/kJ·kmol^{-1}	$S_i^{\ominus}$/kJ·kmol^{-1}·K^{-1}	组分	$\Delta H_f^{\ominus}$/kJ·kmol^{-1}	$S_i^{\ominus}$/kJ·kmol^{-1}·K^{-1}
H_2(g)	0	130.59	H_2O(g)	−241830	188.72
O_2(g)	0	205.03			

根据式(6-6a) 与式(6-6b)，有：

$$\Delta H^{\ominus} = \sum_p \nu_p (\Delta H_f^{\ominus})_p - \sum_R \nu_R (\Delta H_f^{\ominus})_R$$
$$= -241830 - (0+0) = -241830 \text{kJ} \cdot \text{kmol}^{-1}$$

$$\Delta S^{\ominus} = \sum_p \nu_p S_p^{\ominus} - \sum_R \nu_R S_R^{\ominus}$$

$$= 188.72 - (130.59 + 0.5 \times 205.03) = -44.385 \text{kJ} \cdot \text{kmol}^{-1} \cdot \text{K}^{-1}$$

因 O_2 和 H_2 分别在阴、阳极发生电化学反应，它们不互相混合，无需考虑混合熵变，则

$$W_{id} = -\Delta H^{\ominus} + T_0 \Delta S^{\ominus} = 241830 - 298 \times 44.385 = 241830 - 13227$$
$$= 228603 \text{kJ} \cdot \text{kmol}^{-1}$$

式中，$\Delta H^{\ominus}$是 H_2 在标准态下氧化反应后释放的热量，其数值为 241830kJ·kmol^{-1}，扣除不能利用的僵态能（即 $T_0\Delta S^{\ominus}$）13227kJ·kmol^{-1}，余下 228603kJ·kmol^{-1}是理论上可能提供的最大功。

倘若在上述燃料电池反应中加入气体氮，氮并不参与反应，其温度和压力与原反应物相同，并假定反应前后各组分都不相互混合，此反应过程的理想功是否与上述无氮参与时的理想功相同？其反应式为

$$H_2 + 0.5O_2 + 1.881N_2 \longrightarrow H_2O + 1.881N_2$$

反应式中 O_2 和 N_2 的比例为空气中两者之比。由于反应前后各组分都不相互混合，氮又不参与反应，且其温度和压力均无变化，故此反应过程氮无焓变和熵变。所以该反应过程的理想功与无氮参与时的值相同。

若上述燃料电池是热力学可逆过程，即电极反应能将理想功全部转化为电能，则按照电化学中的能斯特（Nerst）方程，该燃料电池的输出电压为

$$\varepsilon = W_{id}/(nF) = 228603/(2 \times 96500) = 1.18\text{V}$$

实际燃料电池由于存在不可逆性以及电极反应在高温下进行，其输出电压要比以上理论值为低。然后，由于燃料电池是从化学能直接转换成电能的装置，避免了其他诸如热能和机械能等能量环节的转换，其效率（可高达 60%）要比燃烧 H_2 的内燃发电装置（约 15%）高得多。

【例 6-3】 将例 6-2 的 H_2 燃料电池反应过程改换成 H_2 在容器中的燃烧过程，加入氮气，且反应物与产物都为混合态（实际的化学反应过程是反应物可混合也可不混合，但生成的产物总是相互混合的），反应前后物系的总压为 0.101133MPa，温度仍为 25℃，试求此反应过程的理想功。

解 由于反应前后各组分都进行了混合，气体混合物的总压为 0.10133MPa（1atm），那么各组分的分压必定小于总压。此物系在标准态下可视为理想气体的混合物，压力不影响焓值，但影响熵值。因此，对查得的标准熵值要进行压力校正。根据理想气体熵变计算式的积分式，即

$$S_2^* - S_1^* = \int_{T_1}^{T_2} \frac{C_p^*}{T} dT - R\ln\frac{p_2}{p_1}$$

可得压力校正后的熵 S_i 与标准 $S_i^{\ominus}$ 的关系式

$$S_i = S_i^{\ominus} - R\ln\frac{p_i}{p_0} \tag{A}$$

式中，p_0 为标准态压力 0.10133MPa（1atm），p_i 为混合气体中 i 组分的分压。各反应物的分压分别为

$$p_{H_2} = y_{H_2} p = \frac{1}{1+0.5+1.881} \times 0.10133 = 0.2958 \times 0.10133 = 0.02997\text{MPa}$$

$$p_{O_2}=y_{O_2}p=\frac{0.5}{1+0.5+1.881}\times0.10133=0.1479\times0.10133=0.01499\text{MPa}$$

$$p_{N_2}=y_{N_2}p=\frac{1.881}{1+0.5+1.881}\times0.10133=0.5563\times0.10133=0.05637\text{MPa}$$

查附表 4 得氮的标准熵 $S_{N_2}^{\ominus}=191.49\text{kJ}\cdot\text{kmol}^{-1}\cdot\text{K}^{-1}$。

由式(A) 可以求出反应物压力校正后的熵值：

$$S_{H_2}=130.59-8.314\times\ln0.2958=140.717\text{kJ}\cdot\text{kmol}^{-1}\cdot\text{K}^{-1}$$

$$S_{O_2}=205.3-8.314\times\ln0.1479=221.19\text{kJ}\cdot\text{kmol}^{-1}\cdot\text{K}^{-1}$$

$$S_{N_2}=191.49-8.314\times\ln0.5563=196.37\text{kJ}\cdot\text{kmol}^{-1}\cdot\text{K}^{-1}$$

根据式(A) 还可求出产物压力校正后的熵值：

$$S_{H_2O}=188.72-8.314\times\ln\frac{1}{1+1.881}=197.52\text{kJ}\cdot\text{kmol}^{-1}\cdot\text{K}^{-1}$$

$$S'_{N_2}=191.49-8.314\times\ln\frac{1.881}{1+1.881}=195.03\text{kJ}\cdot\text{kmol}^{-1}\cdot\text{K}^{-1}$$

反应过程物系的熵变 ΔS 为：

$$\begin{aligned}\Delta S&=(S_{H_2O}+1.881S'_{N_2})-(S_{H_2}+0.5S_{O_2}+1.881S_{N_2})\\&=(197.52+1.881\times195.03)-(140.717+\\&\quad 0.5\times221.19+1.881\times196.37)\\&=-56.312\text{kJ}\cdot\text{kmol}^{-1}\cdot\text{K}^{-1}\end{aligned}$$

$$\Delta H=-241830\text{kJ}\cdot\text{kmol}^{-1}\text{（与例 6-2 相同）}$$

因此，燃烧过程的理想功为：

$$W_{id}=-\Delta H+T_0\Delta S=241830-298\times56.312=241830-16781=225049\text{kJ}\cdot\text{kmol}^{-1}$$

可见，反应物和产物各自进行混合，其理想功之值小于不进行混合时的理想功值。

【例 6-4】 试求以碳、水和空气为原料生产合成氨的理想功。已知其反应总式为

$$0.883C+1.5H_2O(l)+0.133O_2+0.5N_2\longrightarrow NH_3(g)+0.883CO_2(g)$$

解 查附表 4，可得 $(\Delta G_f^{\ominus})_{H_2O(l)}=-237.19\text{kJ}\cdot\text{mol}^{-1}$

$$(\Delta G_f^{\ominus})_{NH_3(g)}=-16.63\text{kJ}\cdot\text{mol}^{-1}$$

$$(\Delta G_f^{\ominus})_{CO_2(g)}=-394.38\text{kJ}\cdot\text{mol}^{-1}$$

单质碳、氮与氧的标准生成自由焓为零。根据式(6-7a) 可求出理想功：

$$\begin{aligned}W_{id}&=\sum_R\nu_R(\Delta G_f^{\ominus})_R-\sum_p\nu_p(\Delta G_f^{\ominus})_p=1.5(\Delta G_f^{\ominus})_{H_2O(l)}-(\Delta G_f^{\ominus})_{NH_3(g)}-\\&\quad 0.883(\Delta G_f^{\ominus})_{CO_2(g)}\\&=1.5\times(-237.19)-(-16.63)-0.883\times(-394.38)\\&=9.0825\text{kJ}\cdot\text{mol}_{NH_3(g)}^{-1}\\&=5.3426\times10^5\text{kJ}\cdot(t_{NH_3})^{-1}\\&=148.4\text{kW}\cdot\text{h}(t_{NH_3})^{-1}\end{aligned}$$

由以上计算可知，以碳、水和空气为原料生产合成氨理论上可以回收的最大功为 $5.3426\times10^5\text{kJ}(t_{NH_3})^{-1}$。实际生产中由于种种不可逆因素存在，反而需外供能量。以类似的计算结果为依据，国外有些先进的联合企业由于合理地利用了生产过程释放的余热，已经做到非

但不需外供能量，还可向外输送蒸汽或动力，既生产了产品，还副产动力。这对节能和降低成本具有重要的意义。

6.1.2.3 热力学效率 η_a

理想功是确定的状态变化所能提供的最大功。要获得理想功，过程要在完全可逆的条件下进行。由于一切实际的宏观过程都是不可逆的，因此实际过程提供的功 W_s 必定小于理想功。两者之比称为热力学效率。

产功过程
$$\eta_a=\frac{W_s}{W_{id}} \tag{6-8}$$

耗功过程
$$\eta_a=\frac{W_{id}}{W_s} \tag{6-9}$$

对于可逆过程 η_a 为 1，不可逆过程 η_a 恒小于 1。热力学效率是过程热力学完善性的尺度，它反映过程可逆的程度，因此有人称其为可逆度。它代表以热力学第二定律衡量的效率。由上述两式可见，η_a 是高级能量的利用率。

【例 6-5】 某合成氨厂甲烷蒸气转化工段转化气量为 $5160\text{Nm}^3(t_{NH_3})^{-1}$，因工艺需要，将其温度从 1000℃降至 380℃。现有废热锅炉机组回收余热，已知通过蒸汽透平回收到的实际功为 $283\text{kW}\cdot\text{h}(t_{NH_3})^{-1}$。试求（1）转化气降温过程的理想功；（2）余热利用动力装置的热效率；（3）此余热利用过程的热力学效率。已知大气温度为 30℃，设转化气降温过程压力不变，在 380～1000℃温度范围平均等压热容 $C_{pmh}\approx C_{pms}=36\text{kJ}\cdot\text{kmol}^{-1}\cdot\text{K}^{-1}$，废热锅炉和透平的热损失可忽略不计，透平乏汽直接排入大气。

解 计算以每吨氨为基准。

（1）求转化气降温过程的理想功。由式(6-5)可知，理想功为：

$$W_{id}=-\Delta H+T_0\Delta S$$

式中，ΔH 和 ΔS 是转化气降温过程的焓变和熵变。每吨氨转化气的千摩尔数 m 为：

$$m=\frac{5160}{22.4}=230.4\text{kmol}\cdot(t_{NH_3})^{-1}$$

$$\begin{aligned}\Delta H&=mC_{pmh}\Delta T=230.4\times36\times(380-1000)=-5.1425\times10^6\text{kJ}(t_{NH_3})^{-1}\\&=-1428.5\text{kW}\cdot\text{h}(t_{NH_3})^{-1}\end{aligned}$$

按题意废热锅炉热损失忽略不计，故转化气降温过程的焓变即为向废热锅炉提供的热量。

$$T_0\Delta S=T_0mC_{pms}\ln\frac{T_2}{T_1}=303\times230.4\times36\times\left(\ln\frac{653}{1273}\right)=-466.03\text{kW}\cdot\text{h}(t_{NH_3})^{-1}$$

$$W_{id}=-\Delta H+T_0\Delta S=1428.5-466.03=962.5\text{kW}\cdot\text{h}(t_{NH_3})^{-1}$$

由上述计算可知，转化气降温过程释放的热量为 $1428.5\text{kW}\cdot\text{h}\ (t_{NH_3})^{-1}$，其中有 $466.03\text{kW}\cdot\text{h}(t_{NH_3})^{-1}$ 是不能利用的僵态能，余下 $962.5\text{kW}\cdot\text{h}(t_{NH_3})^{-1}$ 是可提供的理想功。

（2）求余热利用动力装置的热效率 η_T

按题意此过程得到的实际功为 $283\text{kW}\cdot\text{h}(t_{NH_3})^{-1}$，转化气降温向锅炉烘热 $1428.5\text{kW}\cdot\text{h}(t_{NH_3})^{-1}$，故其热效率为

$$\eta_T=\frac{283}{1428.5}=0.1981$$

(3) 求热力学效率 η_a

$$\eta_a = \frac{W_s}{W_{id}} = \frac{283}{962.5} = 0.2940$$

η_a 代表高级能量的利用率，分子分母为同品质的能量；热效率为热量的利用率，分子分母不是同品质的能量。两者的物理概念是不相同的。

6.1.3 不可逆过程的损耗功 W_L

前已述及，实际过程都是不可逆的，实际功必定小于理想功，理想功与实际功之差称为损耗功

$$W_L = W_{id} - W_s \tag{6-10}$$

以某恒质量流体作为计算基准（即流动的封闭物系），式(6-5) 可写成

$$W_{id} = T_0 \Delta S_{sys} - \Delta H_{sys}$$

式中，ΔS_{sys} 与 ΔH_{sys} 为流体的熵变和焓变。根据热力学第一定律，稳流过程能量平衡式 (4-23)

$$W_s = Q - \Delta H_{sys} \tag{4-23}$$

以上两式相减可得

$$W_{id} - W_s = T_0 \Delta S_{sys} - Q \tag{6-11}$$

式中，Q 是实际不可逆过程中恒质量流体（闭系）与温度为 T_0 的周围自然环境所交换的热。周围自然环境（大气或天然水源）可视为热容量无限大的恒温（T_0）热源，故环境的熵变 ΔS_{sur} 为

$$\Delta S_{sur} = \frac{Q_{sur}}{T_0} = \frac{-Q}{T_0}$$

即

$$-Q = T_0 \Delta S_{sur}$$

将此式代入式(6-11)，得

$$W_{id} - W_s = T_0 \Delta S_{sys} + T_0 \Delta S_{sur} \tag{6-12}$$

结合式(6-10)，得

$$W_L = T_0 \Delta S_{sys} + T_0 \Delta S_{sur} \tag{6-13}$$

或

$$W_L = T_0 \Delta S_t \quad 或 \quad W_L = T_0 \Delta S_g \tag{6-13a}$$

式(6-13) 是著名的高乌-斯托多拉 (Gouy-Stodola) 公式，在化工过程热力学分析中应用极广。由式(6-13) 可见，不可逆过程的损耗功与孤立系统总熵增（或熵产）成正比关系，其比例系数为环境温度 T_0。对于可逆过程，$\Delta S_t = 0$（$\Delta S_g = 0$），$W_L = 0$，没有功损耗。任何不可逆过程都有 $\Delta S_t > 0$（$\Delta S_g > 0$），$W_L > 0$，都有功损耗，且随着过程不可逆程度的增加（ΔS_t 增大），损耗功也随之增大。

若要计算有多股物流进出的敞开系统的损耗功，用式(6-13) 有困难，要使用式(6-13a)，并且以单位时间为计算基准，即

$$W_L = T_0 \Delta S_g \tag{6-13a}$$

式中 ΔS_g 用式(5-15) 求得

$$\Delta S_g = \sum_j (m_j s_j)_{out} - \sum_i (m_i s_i)_{in} - \Delta S_f$$

在用式(6-10) 求损耗功时，对于非绝热过程，既有功交换又有热交换，实际功 W_s 项中，除功以外，还应计入热流的作功能力 $Q\left(1 - \frac{T_0}{T}\right)$。

在使用式(6-8) 和式(6-9) 求 η_a 时，若无法求出实际功，也可以通过理想功与损耗功来计算 η_a

产功
$$\eta_a=\frac{W_{id}-W_L}{W_{id}} \tag{6-14}$$

耗功
$$\eta_a=\frac{W_{id}}{W_{id}-W_L} \tag{6-15}$$

由上述诸式可见，过程不可逆程度越大，W_L 增加，η_a 减小；反之，过程不可逆程度减小，W_L 也减小，η_a 增大。这就是热力学第二定律在用能问题上的指导思想。

【例 6-6】 水蒸气在管道中常会由于保温不良而发生冷凝，水蒸气具有作功的能力，在冷凝成水的过程中将水蒸气的作功能力损耗掉。试计算 1kg 水蒸气处于 0.4154MPa、145℃下冷凝成同样压力和温度的水时的热损失与损耗功。已知大气温度为 25℃。

解 查附表 3（饱和水蒸气温度表）可得 145℃饱和水蒸气的焓和熵为

$$h_1=2740.3\text{kJ}\cdot\text{kg}^{-1} \quad s_1=6.8833\text{kJ}\cdot\text{kg}^{-1}\cdot\text{K}^{-1}$$

145℃饱和水的焓和熵为

$$h_2=610.63\text{kJ}\cdot\text{kg}^{-1} \quad s_2=1.7907\text{kJ}\cdot\text{kg}^{-1}\cdot\text{K}^{-1}$$

(1) 求水蒸气冷凝过程的热损失 $q_{损}$：

根据式(4-23a)

$$\Delta h=q_{损}-\dot{w}_s$$
$$\dot{w}_s=0$$
$$q_{损}=\Delta h=h_2-h_1=610.63-2740.3=-2129.7\text{kJ}\cdot\text{kg}^{-1}$$

(2) 求水蒸气冷凝过程的损耗功 W_L：

根据式(6-13) [也可用式(6-13a)]

$$W_L=T_0(\Delta s_{sys}+\Delta s_{sur})=298\times\left[(s_2-s_1)+\frac{-\Delta h}{T_0}\right]$$
$$=298\times\left[(1.7907-6.8833)+\frac{2129.7}{298}\right]=298\times2.0540=612.10\text{kJ}\cdot\text{kg}^{-1}$$

在管道中每输送 1kg 水蒸气，若保温不良，则其热损失为 2129.7kJ，功损耗为 612.10kJ，这就是说，2129.7kJ 的热量通过卡诺热机可提供 612.10kJ 的功。此冷凝过程的理想功也为 612.10kJ，验算如下

$$W_{id}=-\Delta h+T_0\Delta s=(h_1-h_2)+T_0(s_2-s_1)$$
$$=(2740.3-610.63)+298\times(1.7907-6.8833)=2129.7-1517.6=612.10\text{kJ}\cdot\text{kg}^{-1}$$

由此可知，水蒸气管道要加强保温措施，以减少热损失与由热损失造成的功损失。

【例 6-7】 设有两股理想气体在混合器中进行等温（T_0）混合。混合前两股物流的流量各为 n_1 与 n_2（$\text{mol}\cdot\text{h}^{-1}$），压力各为 p，混合后压力仍为 p，试求混合过程的损耗功 W_L 与理想功 W_{id}。(理想气体稳定流动混合过程如图 6-2)

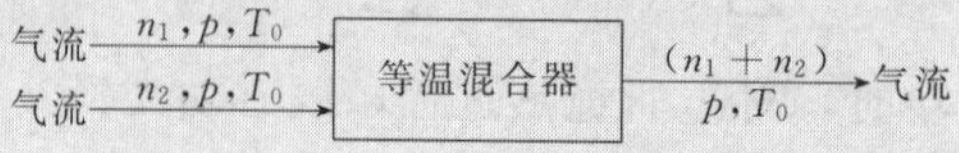

图 6-2 理想气体稳定流动混合过程

解 混合前两股气体的压力均为 p，混合后其分压分别降至 y_1p 与 y_2p。y_1 和 y_2 分别为两种气体的摩尔分数，即

$$y_1=\frac{n_1}{n_1+n_2},y_2=\frac{n_2}{n_1+n_2}$$

根据开系稳流过程熵产生的计算式(5-15)，可得等温混合过程的熵产为

$$\Delta S_g=\sum_j(m_js_j)_{out}-\sum_i(m_is_i)_{in}-\Delta S_f \tag{5-15}$$

根据热力学第一定律

$$\Delta H=Q-W_s$$

对于理想气体等温混合过程 $\Delta H=0$，$W_s=0$，因此

$$Q=0$$

即

$$\Delta S_f=0$$

$$\begin{aligned}\Delta S_g&=\sum_j(m_js_j)_{out}-\sum_i(m_is_i)_{in}=[(S_{1out}-S_{1in})+(S_{2out}-S_{2in})]=\Delta S_1+\Delta S_2\\&=-n_1R\ln\frac{y_1p}{p}-n_2R\ln\frac{y_2p}{p}\\&=-n_1\ln y_1-n_2\ln y_2\end{aligned}$$

若有 i 股气体进行等温混合，则上式变成

$$\Delta S_g=-R\sum_i n_i\ln y_i \tag{6-16}$$

式中，$y_i<1$，故 $\Delta S_g>0$，说明混合过程必有熵产生。此混合过程的损耗功为

$$W_L=-T_0R\sum_i n_i\ln y_i \tag{6-17}$$

对 1mol 混合物，因每个组分 i 的摩尔数为 y_i，故有

$$W_L=-T_0R\sum_i y_i\ln y_i \tag{6-17a}$$

由于理想气体等温混合过程焓值不变，与外界又无轴功交换，故过程是绝热的，因此，稳定流动绝热混合过程物流的熵变即为熵产量，且稳流等温混合过程的理想功与损耗功相等

$$W_{id}=W_L=-T_0R\sum_i n_i\ln y_i \tag{6-18}$$

分离过程是混合过程的逆过程，理想气体在 T_0 环境温度下进行稳定流动分离过程的理想功为

$$W_{id(sep)}=T_0R\sum_i n_i\ln y_i \tag{6-19}$$

同样，对于 1mol 要分离的物料，其分离过程理想功为

$$W_{id(sep)}=T_0R\sum_i y_i\ln y_i \tag{6-19a}$$

等温混合过程对于每个组分而言，是等温膨胀过程；反之，等温分离过程对于每个组分而言，是等温压缩过程。混合过程是自发过程，理想功大于零；分离过程是非自发过程，理想功小于零。

【例 6-8】 欲将 0.10133MPa (1atm)、25℃的空气分离成相同温度、压力下的纯氮和纯氧，至少需要消耗多少功？

解 设空气中氮的摩尔分数为0.79，氧的摩尔分数为0.21，根据式(6-19a)，1kmol空气分离所需的最小功为

$$
\begin{aligned}
W_{id(sep)} &= RT_0(0.79\ln 0.79+0.21\ln 0.21)=8.314\times 298\times(-0.5139)\\
&=-1273\text{kJ}\cdot\text{kmol}
\end{aligned}
$$

6.2 化工单元过程的热力学分析

由前面的讨论可知，功的损耗来源于过程的不可逆性。众所周知，完全可逆的过程是推动力无限小、速度无限慢的理想过程，在实际生产中是无法实现的。一切实际过程总是在一定的温度差、压力差、浓度差和化学位差等推动力的作用下进行，因此实际过程功的损耗是不可避免的。从热力学角度考虑，节能旨在尽量减小损失，避免不必要的损耗。分析各种不可逆因素引起功损耗的原因和大小，其目的在于找到能量利用不合理的薄弱环节，改进生产，提高过程热力学完善性程度，从而提高能量利用率。

6.2.1 流体流动过程

当流体流过管道和设备时，由于流体与设备（或管道）之间，以及流体分子之间的摩擦和扰动，使流体的一部分机械能耗散为热能，导致熵产生与不可逆的功损耗。为此，在确定了某工序（或设备）的操作压力后，要求流体进入此工序（或设备）的入口压力要高一些以克服阻力。其结果是增加了压缩机、鼓风机或泵的功耗。至于高压流体经过节流装置减压，更是明显地损失了作功的能力。化工厂消耗的动力大都直接用于弥补这些损耗。

根据热力学基本原理也可证明，和外界无热、功交换但有压力降的流动过程必定有功损耗。联立式(3-2)和稳流过程能量平衡式(4-23)的微分式，即

$$dH=TdS+Vdp \tag{3-2}$$

$$dH=\delta Q-\delta W_s=0 \tag{4-23}$$

可立即解得

$$dS=-\frac{V}{T}dp$$

或

$$\Delta S=\int_{p_1}^{p_2}-\frac{V}{T}dp$$

式中，ΔS为物流的熵变。根据式(5-16)，对于和外界无热交换的稳流过程，物流的熵变即为过程熵产量，故流动过程的损耗功为

$$W_L=T_0\Delta S_g=T_0\Delta S=T_0\int_{p_1}^{p_2}-\frac{V}{T}dp \tag{6-20}$$

式中，V和T分别是流体的体积和温度。不论液体或气体，在流动过程中，温度及比容均无太大的变化，因此上式可以简化为

$$W_L=\frac{T_0}{T}V(p_1-p_2) \tag{6-21}$$

流体的压力差（p_1-p_2）大致与流速成平方关系，因而流动过程的损耗功大体与流速的平方成正比。但是降低流速要加大管道或设备的直径，投资费用要增加，为解决能耗费与设备投资费用的矛盾问题，必须合理选择经济的流速，谋求最佳的管道（或设备）直径。为了减小流体流动过程的不可逆损耗，添加减阻剂或抛光管道内表面以减小阻力，都不失为行之有效的办法。

由式(6-21) 可见，当压力差恒定时，W_L 也与$\frac{T_0}{T}$成正比关系。流体温度越低，W_L 越大，因此对于深冷工业，尤其要注意减小流动阻力引起的功损耗。

节流过程是流体流动过程的特例，式(6-20) 与式(6-21) 也适用于节流过程。前已述及，流体节流压力下降，焓值不变，但流体的熵增大，因此节流是明显的不可逆过程，有功损耗。在工厂生产中，应尽可能减少这种损失，要利用流体的压力作功。

由式(6-21) 还可见，W_L 与流体体积（即比容）成正比。显然，气体节流的 W_L 要比液体节流的大得多。因此，对于气体更要注意减少节流损失。目前从国外引进的现代制冷装置，气体节流都已用膨胀机（透平）代替，而仍然保留液体的节流阀。

6.2.2 传热过程

传热过程的不可逆损耗功来自温差。具体表现为设备保温不善而散热于大气中，或者低于常温的冷损失（漏热损失），此类损失直接增加了制冷机的功耗。更严重的是在换热设备中由于流体的温差分布不合理，引起较大的传热温差而导致功损耗。

设某换热器的换热量为 Q，若不计换热器的散热损失，根据热力学第一定律，高温流体给出的热量 Q_H 即为低温流体得到的热量 Q_L

$$|Q_H| = |Q_L| = Q$$

设高温流体和低温流体的温度分别为 T_H 和 T_L（$T_H > T_L$），T_H 和 T_L 可以是常量也可以是变量。在传热前，热量 Q_H（取绝对值）的最大作功能力为 $Q_H\left(1-\frac{T_0}{T_H}\right)$；在传热后，热量 Q_L 的最大作功能力降至 $Q_L\left(1-\frac{T_0}{T_L}\right)$。显然，传热过程的损耗功应是

$$W_L = Q_H\left(1-\frac{T_0}{T_H}\right) - Q_L\left(1-\frac{T_0}{T_L}\right) = \frac{T_0}{T_H \cdot T_L}(T_H - T_L)Q \tag{6-22}$$

式中，Q 取绝对值。倘若流体的温度都为变量，那么上式中的 T_H 和 T_L 都要用热力学平均温度 T_{Hm}和 T_{Lm}来代替，于是上式写成

$$W_L = \frac{T_0}{T_{Hm} \cdot T_{Lm}}(T_{Hm} - T_{Lm})Q \tag{6-22a}$$

热力学平均温度 T_m 可用下式计算[1]

$$T_m = \frac{T_2 - T_1}{\ln T_2/T_1} \tag{6-22b}$$

式中，T_1 和 T_2 分别为流体的初温和终温。

式(6-22) 表明，换热设备即使没有散热损失，热量在数量上完全回收，仍然有功损耗。当环境温度 T_0、传热量 Q 和传热温度之积（$T_H \cdot T_L$）恒定时，损耗功与传热温差（$T_H - T_L$）成正比关系。就是说，能耗费随传热温差减小而降低。但是，对于一定的传热量，为减小温差必须增加传热面，因而导致设备投资费用增大。这里存在能耗费与投资费用的矛盾，也有经济最佳化的问题。然而，投资费用是一次性的，而能耗费则是经常性的。目前，由于能源价格急剧上涨，因此减小温差节约的能耗费常在一定期限内就可以抵偿投资费用的增加。

由式(6-22) 可见，在传热温差与传热量 Q 相同时，W_L 与流体的传热温度之积（$T_H \cdot T_L$）成反比。显然，低温传热的 W_L 要比高温传热的大，例如 60K 级冷交换器的 W_L 是 600K 级热交换器的 100 倍。假如要求 W_L 值恒定，则高温传热允许有较大的传热温差，低

[1] 推导过程参见附录二。

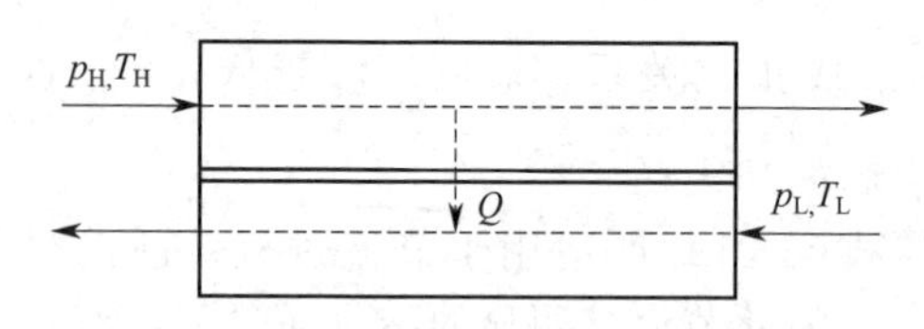

图 6-3　逆流换热器中的体积微元

温传热允许的温差较小。深冷工业换热设备的温差有时只有 1～2℃，就是这个缘故。

冷、热流体在换热器中换热时，除换热的功损耗外，也伴有流体流动过程的功损耗。图 6-3 为逆流换热器的一个体积微元，在稳流条件下，根据式(6-22a) 和 (6-20)，有

$$W_L=\frac{T_0}{T_{Hm}T_{Lm}}(T_{Hm}-T_{Lm})Q-T_0\left(\int_{p_{H1}}^{p_{H2}}\frac{V_H}{T_H}\mathrm{d}p_H+\int_{p_{L1}}^{p_{L2}}\frac{V_L}{T_L}\mathrm{d}p_L\right) \tag{6-22c}$$

式中，两个积分项分别来自冷、热流体在换热器中流动时的功损耗。

换热过程节能的主要方向应是减小传热温差，尽量做到温位匹配。减小传热温差，除可通过采用逆流换热和增加传热面积来实现外，还能通过增大流体流速以强化传热的方法来获得。流体流速增大可提高对流传热的给热系数，且给热系数大致与流速的 0.8 次方成正比。但是，流体在换热器中的流动阻力（导致压力降）也会随流速的 1.75 次方而迅速增加，按式(6-22c) 可知，其流动功损耗必然增大。因此，在换热过程的节能优化设计中，必须兼顾传热与流动的功损耗，兼顾节能与投资，慎重进行技术经济比较。值得一提的是，当前换热设备和换热过程的节能研究与工业实践中，强化传热（减小传热阻力）得到了极大的重视。在不过分增大流体流速的基础上，强化传热技术主要采用了改进传热设备的结构和形态等措施来提高传热系数，减小实际需要供给的传热温差，从而实现过程高效、节能的目的。传热设备结构和形态的改进措施有很多，如采用诸如折流栅、螺旋隔板、扰流器、螺旋和波纹换热管等能高效改变流体流向的结构部件，其特点是改变器壁附近流体的层流特性，增强流体与器壁的湍动，以达成增大传热系数和过程强化的目的。

换热过程的热力学效率为（当 T_L 和 T_H 均大于 T_0 时）

$$\eta_a=\frac{Q_L\left(1-\dfrac{T_0}{T_L}\right)}{Q_H\left(1-\dfrac{T_0}{T_H}\right)}=\frac{|W_{id低}|}{|W_{id高}|} \tag{6-23}$$

式中，Q_L 与 Q_H 均取其绝对值。对于变温过程，T_L 和 T_H 要用热力学平均温度来代替，$W_{id高}$ 和 $W_{id低}$ 分别为高温流体和低温流体的理想功。由式(6-22) 可知，两者绝对值之差即为损耗功，因此上式也可写成

$$\eta_a=\frac{W_{id高}-W_L}{W_{id高}} \tag{6-24}$$

对可逆的无温差的传热过程，若无散热损失，则 $|W_{id高}|$ 与 $|W_{id低}|$ 两者相等，$\eta_a=1$；对不可逆有温差的传热过程，$|W_{id高}|>|W_{id低}|$，$\eta_a<1$。

【例 6-9】 某换热器有高温流体以 150kg・h^{-1}的流量通过其中，进入时为 150℃，离开时为 35℃；低温流体进入时为 25℃，离开时为 110℃。已知高温流体和低温流体在有关温度范围的平均等压热容分别为 4.35kJ・kg^{-1}・K^{-1}（高）和 4.69kJ・kg^{-1}・K^{-1}（低），且 $C_{pmh}\approx C_{pms}$。散热损失忽略不计，试求此换热器的损耗功与热力学效率。已知大气温度为 25℃。

解　计算以每小时为基准。先求出低温流体的流量 m（kg・h^{-1}）。根据热量衡算式(4-25)，对换热器有

$$\Delta H_{换}=\Delta H_{高}+\Delta H_{低}=Q_L=0 \quad 即 \quad \Delta H_{高}=-\Delta H_{低}$$

式中，$\Delta H_{高}$ 和 $\Delta H_{低}$ 分别为高温流体和低温流体的焓变，Q_L 为换热器散热损失。

$$150\times4.35\times(35-150)=-m\times4.69\times(110-25)$$

$$m=188.229\text{kg}\cdot\text{h}^{-1}$$

$$W_{\text{id低}}=-\Delta H_{\text{低}}+T_0\Delta S_{\text{低}}=-188.229\times4.69\times(110-25)+298\times188.229\times4.69\ln\frac{383}{298}$$

$$=-75037.5+66015.8=-9021.67\text{kJ}\cdot\text{h}^{-1}$$

$$W_{\text{id高}}=-\Delta H_{\text{高}}+T_0\Delta S_{\text{高}}=-150\times4.35\times(35-150)+298\times150\times4.35\ln\frac{308}{423}$$

$$=75037.5-61692.03=13345.5\text{kJ}\cdot\text{h}^{-1}$$

由上面的计算式可知，$|W_{\text{id低}}|=Q\left(1-\frac{T_0}{T_{\text{Lm}}}\right)$，$|W_{\text{id高}}|=Q\left(1-\frac{T_0}{T_{\text{Hm}}}\right)$

式中，$Q=\Delta H_{\text{低}}=-\Delta H_{\text{高}}=75037.5\text{kJ}\cdot\text{h}^{-1}$，$W_L=|W_{\text{id高}}|-|W_{\text{id低}}|=13345.5-9021.67=4323.8\text{kJ}\cdot\text{h}^{-1}$

或

$$W_L=T_0\Delta S_g=T_0(S_{\text{出,高}}+S_{\text{出,低}})-T_0(S_{\text{入,高}}+S_{\text{入,低}})=T_0[(S_{\text{出,高}}-S_{\text{入,高}})+(S_{\text{出,低}}-S_{\text{入低}})]$$

$$=T_0(\Delta S_{\text{高}}+\Delta S_{\text{低}})=298\left[(150\times4.35)\ln\frac{308}{423}+(188.229\times4.69)\ln\frac{383}{298}\right]$$

$$=298(-207.02+221.52)=4323.8\text{kJ}\cdot\text{h}^{-1}$$

$$\eta_a=\frac{|W_{\text{id低}}|}{|W_{\text{id高}}|}=\frac{9021.67}{13345.5}=0.676$$

6.2.3 分离过程

化工生产中的提纯、净化、分离等操作都涉及传质过程，均要消耗能量。从节能角度考虑，传质的推动力并不是越大越好，因而对传质设备的选型和设计提出了新的课题。现以化工厂应用较为普遍的分离过程为例进行热力学分析。

把水和乙醇混合成为溶液是自发的过程，无需消耗能量；反之，把乙醇水溶液重新分离为纯水和乙醇，则不能自发进行，必须耗费能量。因此，能量的合理利用在分离过程中占有十分重要的地位。化工厂有相当多的工序都属分离过程，有些工厂如石油炼制，溶剂生产，几乎从头到尾都是分离操作或为分离操作准备条件。

从热力学角度分析，机械分离（沉降、过滤、离心等）不需要理论能耗，这里我们只讨论物系的传质分离，即气体混合物或液体溶液的分离，常见的有精馏、吸收、萃取、蒸发、结晶、吸附等过程。

前已导出在 T_0 温度下，分离的理想功或称分离最小功为

$$W_{\text{id}}=T_0R\sum_i y_i\ln y_i \tag{6-19a}$$

对于液体溶液也可使用上式求出分离最小功，即理想溶液的分离最小功（对 1mol 溶液）

$$W_{\text{id}}=T_0R\sum_i x_i\ln x_i \tag{6-19b}$$

式中，x_i 为溶液中 i 组分的摩尔分数。此式表明，理想溶液的分离最小功只与组分的组成有关，而和各组分的物性无关。

对于非理想溶液，其分离最小功为

$$W_{\text{id}}=\Delta H_m\left(1-\frac{T_0}{T}\right)+RT_0\sum_i x_i\ln\gamma_i x_i \tag{6-25}$$

式中，ΔH_m 为混合热效应（即混合焓变）；γ_i 为 i 组分的活度系数。

如果分离程度不完全，产品为非纯态物质，此时理想功的计算可分两步。第一步，原溶液分离为纯组分；第二步，纯组分按不同比例混合成为最终产品。两步之和即为所求。

实际分离过程由于种种不可逆因素的存在，消耗的能量大大超过理想功，两者之比相差几十倍屡见不鲜。

一般分离过程消耗的能量是热能，例如精馏塔底有蒸馏釜，盐类溶液浓缩用蒸发器，吸收或吸附剂用加热方法再生等。也有的分离过程，例如气体分离，用低温分凝的方法。低温来自制冷机，而制冷机消耗的是电能或机械能。无论是热能、电能、机械能都应以其所包含的高级能量，即实际功耗作为评价能量利用优劣的标准。但目前习惯上往往是用热耗或汽耗作为指标，而又未说明热量的温度，其不合理性是显而易见的。

【例 6-10】 试写出如图 6-4 所示绝热精馏塔操作过程损耗功的计算式。图中 f、d 与 b 分别为原料、馏出物与残液的流率。h_f、s_f、h_d、s_d、h_b、s_b 分别为原料、馏出物和残液的比焓和比熵。Q_c 为在冷凝温度 T_c 下单位时间放出的热量，Q_R 为在再沸温度 T_R 下单位时间输入的热量。可以假定，原料、馏出物和残液的温度基本相同。

解 根据式(6-13)，其损耗功为

$$W_L = T_0 \Delta S_g = T_0 \left[(ds_d + bs_b) - fs_f - \left(\frac{Q_R}{T_R} + \frac{Q_c}{T_c} \right) \right] \tag{A}$$

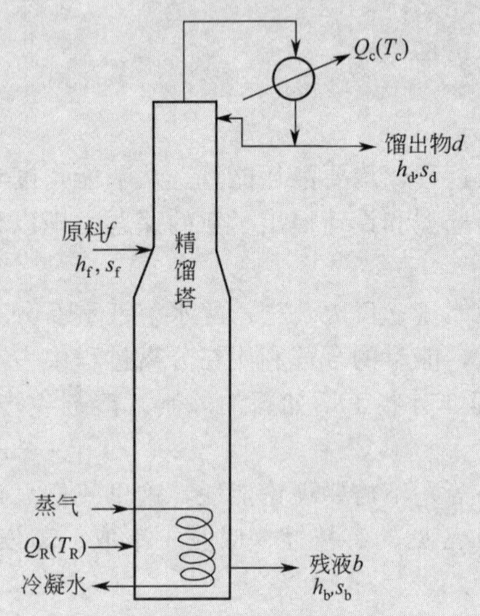

根据热力学第一定律，即式(4-25)

$$\Delta H_{精馏塔} = Q_R + Q_c + Q_L \tag{B}$$

对于绝热精馏塔，$Q_L = 0$。按题意进料与出料温度大致相同，又都为液态，则有

$$fh_f \approx dh_d + bh_b$$

因此

$$\Delta H_{精馏塔} = (dh_d + bh_b) - fh_f \approx 0 \tag{C}$$

将式(C) 代入式(B)，得

$$Q_R + Q_c \approx 0$$
$$(+)\ (-)$$

对精馏塔而言，Q_R 是吸热量，取正号；Q_c 是放热量，取负号，因此有

$$|Q_R| \approx |Q_c| \tag{D}$$

将式(D) 代入式(A)，得

$$W_L \approx T_0 [(ds_d + bs_b) - fs_f] + T_0 Q_R \left(\frac{1}{T_c} - \frac{1}{T_R} \right) \tag{E}$$

图 6-4 精馏塔操作示意

式中，s_d、s_b、s_f 和 T_c、T_R 都取决于物性（若再沸器和冷凝器无传热温差，则 T_R 为残液 b 的沸点，T_c 为馏出物 d 的沸点），基本不变。由式(E) 可见，精馏塔操作的不可逆损耗主要取决于再沸器输入的热量 Q_R，而 Q_R 又取决于回流比。因此，回流比就成为控制精馏塔损耗功的主要因素。回流比与产品的纯度密切相关，产品纯度高，回流比就要加大，故过高的产品纯度，会增加能耗。为此，在操作时既要控制好回流比，保证一定的产品纯度，又不宜进行过度的分离。总之，减小回流比可以减小功损耗。另外，利用热泵将冷凝器放出的低温热 Q_c 升级作为再沸器的热源 Q_R，即所谓的热泵精馏，在国内外正受到越来越大的重视，并已有工业应用。

6.2.4 化学反应过程

化学反应引起物质结构的改变要比物理变化深入一层，因此，其能量变化也大得多。

在可逆条件下进行化学反应没有功损耗，但设备体积要无限增大，这显然是不现实的。对于反应过程，同样存在着能耗费与投资费用的矛盾，需要权衡轻重。与传质设备相反，大多数工业反应器是可以向外供能的。如原电池提供电能，燃料燃烧提供热能，或再转化为机械能或电能。也有一些化学反应是消耗能量的，有的要吸热，有的需要耗电（电解）或动力（加压）。不少反应一方面需要耗能，如预热、压缩等，但在反应过程中或反应后又可向外供能。对于放热的化学反应，传统的利用方法是用反应放出的热量去加热入口气体，以维持反应所需要的温度，称之为“自热”维持。然而，由于传热温差太大，反应热降退为低温热，不但无法进一步加以利用，反而要消耗冷却水将余热移去。若在工艺和设备允许的条件下，先将入口气体预热一下，就既能够减小传热温差，又可以做到“自热”维持，而且反应热还能够进一步加以利用。如通常用废热锅炉和透平将反应热转化成机械功，这样就可以将“自热”式的反应器变成“自力式”的反应器。这是目前化学反应过程节能的中心任务之一。

【例 6-11】 随着绿色化学的兴起和深入发展，H_2 燃料电池作为新一代供电设备日益得到重视并成熟起来，但却受制于 H_2 的储存、供给、运输和灌装等方面所存在的技术瓶颈。解决这些问题的有效办法之一，就是通过催化转化具有高能量密度的液体燃料即时产生 H_2。乙醇就是这样具有高能密度的、绿色环保并可再生的液体燃料。现有两种乙醇制氢方案：蒸气重整（方案 1）和部分氧化-蒸气重整（方案 2）。两种方案的化学反应式为

方案 1：$CH_3CH_2OH(l)+3H_2O(l) \rightarrow 6H_2(g)+2CO_2(g)$

方案 2：$CH_3CH_2OH(l)+1.78H_2O(l)+0.61O_2(g) \rightarrow 4.78H_2(g)+2CO_2(g)$

假定反应在 298K，0.10133MPa 下进行，液体原料 100%转化，忽略液体原料和生成气各自混合过程的能量损失，试分析两种方案的节能前景。

解 首先分别求算两种方案的理想功。根据式(6-7a) 有

$$W_{id} = \sum_R \nu_R (\Delta G_f^\ominus)_R - \sum_p \nu_p (\Delta G_f^\ominus)_p$$

从附表 4 查得原料和生成物各自的生成自由焓，则

方案 1：$W_{id} = (-174.76)+3\times(-237.19)-6\times0-2\times(-394.38)$

$= -97.57 kJ \cdot mol^{-1}$

方案 2：$W_{id} = (-174.76)+1.78\times(-237.19)+0.61\times0-4.78\times0-2\times(-394.38)$

$= 191.80 kJ \cdot mol^{-1}$

计算结果表明，方案 1 不能自发进行，需要由外界提供至少 97.57kJ·mol^{-1} 的理想功，反应才能进行下去；方案 2 能自发进行，且能向外界提供 191.80kJ·mol^{-1} 的理想功。

其次，计算 2 种方案的标准反应焓变。根据式（6-7a）有

$$\Delta H^\ominus = \sum_p \nu_p (\Delta H_f^\ominus)_p - \sum_R \nu_R (\Delta H_f^\ominus)_R$$

从附表 4 查得原料和生成物各自的标准生成焓，则

方案 1：$\Delta H^\ominus = 2\times(-393.51)+6\times0-(-277.63)-3\times(-285.84) = 348.13 kJ \cdot mol^{-1}$

方案 2：$\Delta H^\ominus = 2\times(-393.51)+4.78\times0-(-277.63)-1.78\times(-285.84)-0.61\times0$

$= -0.60 kJ \cdot mol^{-1}$

由计算结果可知，方案 1 是强吸热过程，需要外界提供大量的热能以维持反应的进行，有较高的产氢量（6.0mol H_2/mol 乙醇）；方案 2 的反应热几乎为零，是自热过程，不需要外界提供热量，但产氢量较低（4.78mol H_2/mol 乙醇）。

由以上理想功和反应焓变两方面的计算可知，两种方案的能量利用情况差异很大。事实上，两种方案的实际过程都在高温（600～900K）下进行，前一种需要外界提供大量的热能以维持反应温度和提供理想功，高温热能的生产、热功转换以及与催化剂填充床的换热等都存在热效率问题，所以实际需提供的热能要比理论计算值大很多，此外催化剂填充床换热时的效果（床层内的热量传递）也是一个技术挑战。相反，方案 2 不需要外界提供热能，理论上还能向外界提供理想功，反应温度由氧化即时产生的部分 H_2（6－4.78＝1.22mol H_2/mol 乙醇）得以自热维持。尽管方案 2 产氢量略低，但极大地提升了能量利用，是一个比方案 1 更节能的反应过程。

【例 6-12】 1 摩尔甲烷和理论空气量进行绝热燃烧反应。物料与能量平衡结果如图 6-5 所示，求该反应过程的损耗功。设大气温度为 25℃。

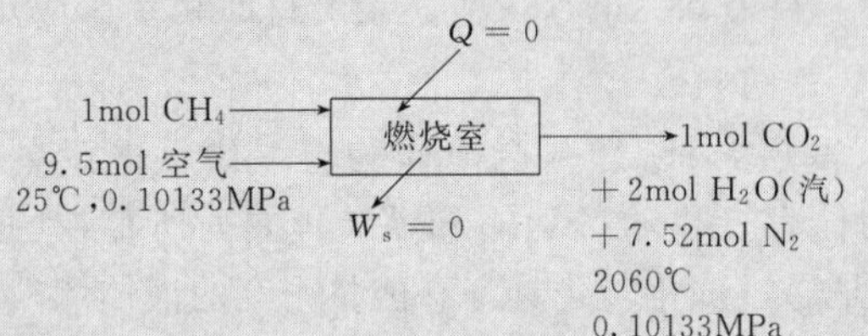

图 6-5 甲烷绝热燃烧过程

解 根据式(6-13a)

$$W_L = T_0 \Delta S_g$$

对于绝热的稳流过程，按式(5-16) 有

$$\Delta S_g = \sum_j (m_j s_j)_{out} - \sum_i (m_i s_i)_{in}$$

式中，$\sum_j (m_j s_j)_{out} = 1.0S_{CO_2} + 2.0S_{H_2O} + 7.52S'_{N_2}$，各组分的熵应按产物温度 2060℃、总压 0.10133MPa（1atm）计算；$\sum_i (m_i s_i)_{in} = 1.0S_{CH_4} + 2.0S_{O_2} + 7.52S_{N_2}$，各组分的熵应按反应物入口状态（25℃、0.10133MPa）计算。

按式(3-13)，反应物的熵为

$$s_i = s_{oi}^* + C_{pmsi}^* \ln \frac{T_0}{T_0} - R\ln \frac{p_i}{p_0} = S_{oi}^* + 0 - R\ln \frac{p_i}{p_0} \tag{3-33a}$$

产物的熵为

$$s_i = s_{oi}^* + C_{pmsi}^* \ln \frac{T}{T_0} - R\ln \frac{p_i}{p_0} \tag{3-33a}$$

式中，T_0＝298K，T＝2333K，p_0＝0.10133MPa，p_i 为组分 i 的分压。根据附表 2 和式(3-34f) 以及附表 4 求出有关组分的 C_{pmsi}^* 和标准熵 $s_i^\ominus$ 数据列于下表：

组 分	CH_4	O_2	N_2	CO_2	$H_2O(g)$
C_{pmsi}^*/J·mol^{-1}·K^{-1}			32.21	52.23	40.95
$s_i^\ominus$/J·mol^{-1}·K^{-1}	186.19	205.03	191.49	213.64	188.72

反应物甲烷 CH_4 和空气不进行混合，产物 CO_2、$H_2O(g)$ 和 N_2 是相互混合的，要用（3-33a）计算各组分的摩尔熵。为此，须先求出反应物与生成物中各组分的分压。

对于反应物

$$p_{CH_4} = 0.10133\text{MPa}$$

$$p_{O_2} = 0.21 \times 0.10133 = 0.02128\text{MPa}$$

$$p_{N_2} = 0.79 \times 0.10133 = 0.08005\text{MPa}$$

对于产物

$$p_{CO_2} = \left(\frac{1}{1+2+7.52}\right) \times 0.10133 = 0.009632\text{MPa}$$

$$p_{H_2O}=\left(\frac{2}{1+2+7.52}\right)\times 0.10133=0.01926\text{MPa}$$

$$p'_{N_2}=\left(\frac{7.52}{1+2+7.52}\right)\times 0.10133=0.07244\text{MPa}$$

用式(3-33a) 求出反应物与产物中各组分的熵。

反应物

$$S_{CH_4}=186.19+0-8.314\times\ln\frac{0.10133}{0.10133}=186.19\text{J}\cdot\text{mol}^{-1}\cdot\text{K}^{-1}$$

$$S_{O_2}=205.3+0-8.314\times\ln\frac{0.02128}{0.10133}=218.27\text{J}\cdot\text{mol}^{-1}\cdot\text{K}^{-1}$$

$$S_{N_2}=191.49+0-8.314\times\ln\frac{0.08005}{0.10133}=193.45\text{J}\cdot\text{mol}^{-1}\cdot\text{K}^{-1}$$

产物

$$S_{CO_2}=213.64+52.23\ln\frac{2333}{298}-8.314\ln\frac{0.009632}{0.10133}=340.68\text{J}\cdot\text{mol}^{-1}\cdot\text{K}^{-1}$$

$$S_{H_2O}=188.72+40.95\ln\frac{2333}{298}-8.314\ln\frac{0.01926}{0.10133}=286.79\text{J}\cdot\text{mol}^{-1}\cdot\text{K}^{-1}$$

$$S'_{N_2}=191.49+32.21\ln\frac{2333}{298}-8.314\ln\frac{0.07244}{0.10133}=260.56\text{J}\cdot\text{mol}^{-1}\cdot\text{K}^{-1}$$

$$\Delta S_g=\sum_j(m_js_j)_{out}-\sum_i(m_is_i)_{in}=(1.0S_{CO_2}+2.0S_{H_2O}+7.52S'_{N_2})-(1.0S_{CH_4}+2.0S_{O_2}+7.52S'_{N_2})=(340.68+2\times286.79+7.52\times260.56)-(186.19+2\times218.27+7.52\times193.45)$$

$$=2873.67-2077.47=796.20\text{J}\cdot\text{mol}^{-1}\cdot\text{K}^{-1}$$

燃烧过程的损耗功 W_L 为

$$W_L=T_0\Delta S_g=298\times796.20=237267.6\text{J}\cdot\text{mol}^{-1}=237.27\text{kJ}\cdot\text{mol}^{-1}$$

化学反应过程是化工生产的核心，其反应路线、工艺、装置水平以及反应的进行程度在很大程度上决定着整个反应过程的能耗水平。尽量提高原料的转化率和产品产率，或按绿色化学中的原子经济性原则（反应物中所有的原子能尽可能多地体现在所要求的产物中）来设计反应路线和工艺，将会大大节省后续分离等工序的能耗，并降低原料消耗。当前在化学反应过程领域中的节能创新正方兴未艾，除有效利用化学反应热外，其他措施包括：反应装置的改进和革新以减小反应过程中物料的流动、传热和传质阻力；高效催化剂的开发和利用以降低反应温度或活化能从而降低所需提供能量的品位或数量；以及反应与反应或反应与分离过程偶合以降低反应温度、充分利用反应热和提高反应转化率等。这些都是十分有力的节能方案，应得到高度重视，并广泛地进行应用研究开发。

6.3 三种常规的过程热力学分析法

6.3.1 㶲与𬙊

6.3.1.1 㶲（有效能）E_X

理想功是系统在状态变化时所能提供的最大功。但在实际节能工作中经常要知道系统处于某状态时的最大作功能力。如 1MPa 压力、500℃温度的过热水蒸气最大的作功能力为多少，一吨煤的最大作功能力为多少，诸如此类。此外，根据热力学第二定律，因一切不可逆过程都存在功的损耗或能量贬质，也需要有一个衡量不同过程、不同能量可利用程度的统一指标（能量品质指标）。

为了表达系统处于某状态的作功能力，先要确定一个基准态，并定义在基准态时系统的作功能力为零，这如同评价处于不同位高的水的作功能力时，要以海平面为基准一样。由于系统总是处在围绕其四周的环境（大气、天然水源、大地）之中，一切变化都是在环境中进行，因此当系统的状态变到和周围环境状态完全平衡时，系统便不再具有作功能力了。所谓基准态就是与周围环境达到热力学平衡的状态，即热平衡（温度相同）、力平衡（压力相同）和化学平衡（化学组成相同）的状态。热力学定义的周围环境是指其温度 T_0、压力 p_0 以及构成环境的物质浓度保持恒定，且物质之间不发生化学反应，彼此间处于热力学平衡。任何系统凡与环境处于热力学不平衡的状态均具有作功能力，系统与环境的状态差距越大，则其作功能力也越大。

为了度量能量的品质及其可利用程度，或者比较不同状态下系统的作功能力大小，凯南（J. H. Keenen）提出了有效能（Available Energy）的概念。有效能也被称为可用能（Utilizable Energy）或㶲（Exergy），并用符号 E_X 表示。

由系统所处状态变化到基准态这一过程所提供的理想功即为系统处于该状态的㶲。

系统和环境仅有热平衡和力平衡而未达到化学平衡时，称为约束性平衡。此时，系统和环境具有物理界限分隔，两者相互不混合，也不发生化学反应，但系统的温度和压力与环境的温度 T_0 和压力 p_0 相等。相反，若系统和环境达到热力学平衡，则称为达到非约束性平衡。此时，系统与环境除温度、压力相等外，为了进一步达成化学平衡，系统的组成物质还与环境物质相互混合或者发生化学反应。混合或化学反应的结果，就是使得系统的化学组成（化学物质的结构与浓度）变成与环境物质（称为基准物）相一致。只有系统和环境之间达到热力学平衡状态，构成系统或环境的物质的㶲才能确定为零。

单位能量所含的㶲称为能级 Ω（或㶲浓度）。能级是衡量能量质量的指标。能级的大小代表系统能量品质的优劣。能级 Ω 数值处于零与 1 之间，即

$$0\leqslant\Omega\leqslant1$$

理论上能全部转化为功的能量其能级为 1，如电能、机械能等。前面提及的高级能量即为㶲。完全不能转化为功的能量其能级为零，如大气、天然水源或大地含有的内能，僵态能的能级为零。低级能量的能级大于零小于 1。

6.3.1.2 㶲的组成

已知开系稳流过程的热力学第一定律，即式(4-16) 为

$$m\Delta h+mg\Delta z+\frac{1}{2}m\Delta u^2=Q-W_s$$

该式涉及多种能量形式，包括物流的焓、位能和动能，以及流动中的热和功（简称为热流和功流）。热力学第一定律涉及的这些能量都有其㶲值，它们分别是位能㶲E_{XP}、动能㶲E_{XK}、物理㶲E_{XPh}、化学㶲E_{XC}、热流㶲（也称热量㶲）E_{XQ}和功流㶲W_s。其中，物理㶲和化学㶲都与焓这种能量形式相对应，这是因为物流的焓变可经由物理状态变化或化学组成变化而产生。显而易见，所有能全部用于作功的能量，如轴功、电能、机械能、动能、位能等，其能级为 1，能量本身即为㶲，故功流㶲也可直接表示成 W_s。

将系统由所处的状态经过物理变化到达与环境成约束性平衡态时所提供的理想功定义为该系统的物理㶲，即系统因温度和压力与环境的温度和压力不同所具有的㶲；将物系与环境由约束性平衡状态经过化学反应和（或）物理扩散过程到达非约束性平衡状态所提供的理想功定义为该系统的化学㶲，即系统由于其化学组成（包括化学物质结构和浓度）和环境组成不同所具有的㶲。化学反应是将原系统中的物质转化成环境物质（基准物），而物理扩散是指原系统中的物质（或经化学反应后的生成物）浓度变到与环境中基准物浓度相同的过程。

与式(4-16)的左边相对应，稳流过程的物流具有的总㶲值可表示为

$$E_X = E_{XK} + E_{XP} + E_{XPh} + E_{XC} \tag{6-26}$$

一般地，E_{XP}和E_{XK}之值要比E_{XPh}和E_{XC}小得多，往往可以忽略不计。特殊情况下，如在水蒸气喷射泵的出口处，水蒸气动能㶲较大，则不能忽略。

由于位能㶲、动能㶲和功流㶲都很容易理解和计算，下面具体介绍物理㶲、化学㶲和热流㶲的计算。

6.3.1.3 物理㶲的计算

按物理㶲和理想功的定义，稳流过程的物系从状态（T，p）变化到环境基准态（T_0，p_0）所提供的理想功，即物理㶲为

$$E_{XPh} = -(H_0 - H) + T_0(S_0 - S) = (H - H_0) - T_0(S - S_0) \tag{6-27}$$

式中，H和S是流体处于某状态的焓和熵；H_0、S_0是流体在环境态（T_0, p_0）时的焓和熵。若有热力学图表，如温熵图、焓熵图或压焓图等，则物质的焓和熵值可直接从图或表中查得。若无图表可查，或者对于混合物，焓和熵要按第3章介绍的方法计算。

理想气体混合物的摩尔物理㶲E_{XPh}^*为各组分纯态物理㶲与其摩尔分数y_i的乘积之和，即

$$E_{XPh}^* = \sum_i y_i[(H_i^* - H_{oi}^*) - T_0(S_i^* - S_{oi}^*)] \tag{6-28}$$

根据式(3-12)和式(3-13)以及式(3-34a)和式(3-34b)可得

$$H_i^* - H_{oi}^* = \int_{T_0}^{T} C_{pi}^* \mathrm{d}T = C_{pmhi}^*(T - T_0)$$

$$S_i^* - S_{oi}^* = \int_{T_0}^{T} \frac{C_{pi}^*}{T}\mathrm{d}T - R\ln\frac{p_i}{p_0} = C_{pmsi}^*\ln\frac{T}{T_0} - R\ln\frac{p_i}{p_0}$$

设p为系统总压，对于理想气体，i组分的分压p_i为

$$p_i = p y_i$$

将上述三式代入式(6-28)，得

$$E_{XPh}^* = \sum_i y_i[C_{pmhi}^*(T - T_0) - T_0 C_{pmsi}^*\ln\frac{T}{T_0} + T_0 R\ln y_i] + T_0 R\ln\frac{p}{p_0} \tag{6-29}$$

根据物理㶲是状态变量的特性，有人已对一些常用的纯态工质，例如水蒸气、空气、氢、氮、氨等的物理㶲进行计算并作成㶲状态图，如㶲焓图或㶲熵图，以便查用。在动力循环或低温气体液化循环中，由于工质通常都是纯态物质，使用这些图十分方便。

【例6-13】 试计算以下四种状态下稳流过程水蒸气的㶲，设环境温度T_0为25℃。

p/MPa	10.00	1.00	10.00	1.00
t/℃	500	500	400	179.91

解 一般以25℃、0.10133MPa（1atm）液态水为基准态，但是为查水蒸气表方便起见，亦可取25℃、3.169kPa（饱和蒸气压）时的液态水为基准态，本例取后者。

查附表3，按式(6-27)分别求出上述四种状态的焓、熵与㶲之值并列于下表：

项目	p/MPa	t/℃	h/kJ·kg^{-1}	s/kJ·kg^{-1}·K^{-1}	E_{XPh}/kJ·kg^{-1}	$\frac{E_{XPh}}{h-h_0}\times100\%$
饱和蒸汽	3.169×10^{-3}	25	104.89	0.3674	0	—
过热蒸汽	10.00	500	3373.7	6.5966	1412.52	43.21
过热蒸汽	1.00	500	3478.5	7.7622	1169.96	34.68
过热蒸汽	10.00	400	3096.4	6.2120	1249.83	41.78
饱和蒸汽	1.00	179.91	2778.1	6.5865	819.92	30.67

由表可见，相同温度不同压力下的过热蒸汽，压力高焓值反而略小，但㶲值及潜热转化为功的效率都较大，所以单以焓值大小来评价蒸汽的价值是不全面的。压力相同，温度高的蒸汽㶲值大，故其作功本领也较大。温度相同，高压蒸汽的焓值反较低压蒸汽小，因此作为工艺加热之用，通常总是用低压（0.1～1.0MPa）饱和蒸汽，以减少设备费用。

6.3.1.4 化学㶲的计算

（1）环境模型

由化学㶲的定义可知，计算物质的化学㶲需要确定环境中基准物的热力学状态（包括温度、压力及物态）和浓度。但由于实际环境中基准物的热力学状态和浓度等参数都会随时间、空间和地点波动，需要建立热力学上一致的环境模型。环境模型的指定有人为因素和实际考量，不同学者和不用国家提出或采用的环境模型不一样，化学㶲的计算结果也就存在差异，实际计算、引用或比较数据时要注明采用的环境模型标准。

影响力比较大的环境模型有两个，分别是波兰学者斯蔡古特（J. Szargut）提出的环境模型，及日本学者龟山秀雄和吉田邦夫提出的龟山-吉田模型，前者理论严密、系统，后者偏重实用。龟山-吉田模型的主要内容有：

① 环境温度 $T_0=298.15\mathrm{K}(25℃)$，压力 $p_0=0.10133\mathrm{MPa}$（1atm）。

② 环境由若干基准物构成，每一种化学元素都有与其对应的基准物，且每种基准物也仅作为一种元素的环境态。首先规定大气物质所含 6 种化学元素（He、Ne、Ar、C、N、O）的基准物分别为饱和湿空气中的对应气态成分，其浓度与实际空气组成的平均值相当，如表 6-1 所示。其他元素均以在 T_0、p_0 下最稳定的纯态物质为基准物，若基准物为凝聚态（液体和固体），则其浓度为方便起见均规定为 1，表 6-1 也同时给出了部分其他元素的基准物。

虽然环境模型规定的状态与实际环境状态存在一定的偏差，但是化学㶲的计算结果误差较小，最大不超过百分之几，因此以环境模型规定的状态代替实际状态是可行的。

表 6-1 龟山-吉田模型中部分元素的基准物及其指定浓度[*]

元素	基准物	摩尔分数 y_i	元素	基准物	摩尔分数 y_i
Ar	湿空气/Ar	9.2×10^{-3}	Ca	$CaCO_3(s)$	1
He	湿空气/He	5.24×10^{-6}	Cl	$NaCl(s)$	1
Ne	湿空气/Ne	1.8×10^{-5}	Na	$NaNO_3(s)$	1
C	湿空气/CO_2	3.0×10^{-4}	H	$H_2O(l)$	1
N	湿空气/N_2	0.7557	Fe	$Fe_2O_3(s)$	1
O	湿空气/O_2	0.2034	S	$CaSO_4\cdot2H_2O(s)$	1

注：更多元素的基准物参见附表 5。

（2）元素的标准化学㶲

用环境模型计算的物质化学㶲称为标准化学㶲$E_{\mathrm{XC},i}^{\ominus}$。

对于纯态基准物，环境模型规定其标准化学㶲为零。对于非纯态基准物，如饱和湿空气中所含的 O_2、CO_2、Ar、He、Ne 和 N_2 等气体，由于其和环境模型所规定状态的浓度不同（纯态与混合态的区别），存在物质浓度的物理扩散过程，则该气体的标准化学㶲不为零，其数值即为由 T_0 和 p_0 下的纯态气体等温膨胀到该气体在饱和湿空气中相应分压 p_i（$=p_0y_i$）时所作的理想功。故

$$\begin{cases} E_{\mathrm{XC},i}^{\ominus}=0 & (i=\text{纯态基准物}) \\ E_{\mathrm{XC},j}^{\ominus}=-298.15R\ln\dfrac{p_i}{p_0} & (j=\text{非纯态基准物}) \end{cases} \tag{6-30}$$

由于规定了基准物的标准化学㶲，则元素的标准化学㶲由两部分组成：第一部分是元素和环境基准物质进行化学反应变成另一基准物所提供的理想功，第二部分是生成的基准物和参与反应的基准物所具有的标准化学㶲的代数和，即

$$E^{\ominus}_{XC,元素}=-\Delta G^{\ominus}+\Delta E^{\ominus}_{XC,基准物} \tag{6-31}$$

式中，右边第一项是化学反应过程的理想功［参见式(6-7)］。

【例 6-14】 试求碳（石墨）的标准化学㶲（用龟山-吉田模型计算）。

解 根据龟山-吉田环境模型，碳元素在环境中的稳定形式是 CO_2，其浓度为 0.0003（摩尔分数）。碳与环境中 O_2 进行的化学反应为

$$C(石墨)+O_2 \longrightarrow CO_2$$

从附表 4 查得 C、O_2、CO_2 的标准生成自由焓 $\Delta G^{\ominus}_f$ 分别为 0.0、0.0 和 -394.38kJ·mol^{-1}，则

$$\Delta G^{\ominus}=-394.38-0-0=-394.38\text{kJ}\cdot\text{mol}^{-1}$$

由于龟山-吉田模型规定 O_2 和 CO_2 为非纯态基准物，其浓度 y_i 分别为 0.2034 和 0.0003，则

$$\Delta E^{\ominus}_{XC,基准物}=-298.15R\left(\ln\frac{0.0003p_0}{p_0}-\ln\frac{0.2034p_0}{p_0}\right)$$
$$=16160\text{J}\cdot\text{mol}^{-1}=16.16\text{kJ}\cdot\text{mol}^{-1}$$

将上述数据代入式(6-31)，得

$$E^{\ominus}_{XC,C}=-(-394.38)+16.16=410.54\text{kJ}\cdot\text{mol}^{-1}$$

为了便于查用，本书已将用龟山-吉田环境模型计算的元素标准化学㶲列于附表 5。表中各元素化学㶲之值是在环境温度 $T_0=298.15$K、$p_0=0.10133$MPa 的环境状态下求出来的。倘若环境温度不为 298.15K，则元素的化学㶲应引入温度修正系数 ξ（此值已列于附表 5 中），并进行如下修正

$$E_{XC,元素}=E^{\ominus}_{XC,元素}+\xi(T'_0-298.15) \tag{6-32}$$

式中，$E^{\ominus}_{XC,元素}$ 为用 298.15K 计算的元素标准化学㶲，T'_0 为当地的环境温度。

（3）纯态化合物的标准化学㶲

由式(6-7) 可知，单质在 298.15K、0.10133MPa 下生成化合物时，提供的理想功为标准生成自由焓下降之值，即

$$W_{id}=-(\Delta G^{\ominus}_f)_i \tag{6-7}$$

为此，化合物的标准摩尔化学㶲应是组成化合物的单质标准摩尔化学㶲之和减去生成反应过程的理想功

$$E^{\ominus}_{XC,i}=\sum_j \nu_j E^{\ominus}_{XC,j}-W_{id}=\sum_j \nu_j E^{\ominus}_{XC,j}+(\Delta G^{\ominus}_f)_i \tag{6-33}$$

式中，$E^{\ominus}_{XC,i}$ 为化合物 i 的标准摩尔化学㶲；$(\Delta G^{\ominus}_f)_i$ 为化合物 i 的标准生成自由焓；$E^{\ominus}_{XC,j}$ 为单质 j 的标准摩尔化学㶲；ν_j 为生成反应方程式中单质 j 的计量系数。

【例 6-15】 试求 CH_4 气体的标准摩尔化学㶲（用龟山-吉田模型计算）。

解 CH_4 的生成反应方程式为

$$C+2H_2 \longrightarrow CH_4$$

根据式(6-33)，CH_4 的标准摩尔化学㶲为

$$E^{\ominus}_{XC,CH_4}=E^{\ominus}_{XC,C}+2E^{\ominus}_{XC,H_2}+(\Delta G^{\ominus}_f)_{CH_4} \tag{A}$$

由附表 5 查到，$E^{\ominus}_{XC,C}=410.54\text{kJ}\cdot\text{mol}^{-1}$；$E^{\ominus}_{XC,H_2}=235.22\text{kJ}\cdot\text{mol}^{-1}$。

由附表 4 查到，$(\Delta G_f^{\ominus})_{CH_4}=-50.79\text{kJ}\cdot\text{mol}^{-1}$，将上述数据代入式(A)，得

$$E^{\ominus}_{XC,CH_4}=410.54+2\times235.22+(-50.79)=830.19\text{kJ}\cdot\text{mol}^{-1}$$

为了便于查用，已经有人将常用的无机和有机化合物的标准化学㶲进行计算，所有计算结果均列于附表 6。表中 ξ 为化合物化学㶲的温度修正系数。若环境温度不为 298.15K，其校正式为

$$E_{XC,化合物}=E^{\ominus}_{XC,化合物}+\xi(T_0'-298.15) \tag{6-34}$$

式中，$E^{\ominus}_{XC,化合物}$ 为用 298.15K 环境温度计算的标准摩尔化学㶲；T_0' 为当地的环境温度。

(4) 混合物的标准化学㶲

对于理想气体混合物，其标准摩尔化学㶲$E^{\ominus}_{X,m}$可以用各纯组分的标准摩尔化学㶲以及其组成来确定

$$E^{\ominus}_{X,m}=\sum_i y_i E^{\ominus}_{XC,i}+RT_0\sum_i y_i\ln y_i \tag{6-35}$$

由于混合过程有功损耗，混合物的标准摩尔化学㶲等于各纯组分的摩尔标准化学㶲乘以各组分的摩尔分数 y_i 之和减去混合过程损耗功。对于液体混合物，若物系为理想溶液，式(6-35) 仍然适用。若物系为非理想溶液，则其标准摩尔化学㶲为

$$E^{\ominus}_{X,m}=\sum_i x_i E^{\ominus}_{XC,i}+RT_0\sum_i x_i\ln(\gamma_i x_i) \tag{6-36}$$

式中，x_i 为组分的摩尔分数；γ_i 为组分的活度系数。

6.3.1.5 热流㶲的计算

热量相对于平衡环境态所具有的最大作功能力称为热量㶲或热流㶲E_{XQ}。可以设想将此热量可逆地加给一个以环境为低温热源的可逆卡诺热机，此可逆卡诺热机所能作出的有用功就是该热量的㶲。根据卡诺热机效率

$$\eta_C=\frac{E_{XQ}}{Q_H}=\frac{T_H-T_0}{T_H}$$

对于恒温热源，其热流㶲为

$$E_{XQ}=Q\left(1-\frac{T_0}{T}\right) \tag{6-37}$$

对于变温热源，其热流㶲为

$$E_{XQ}=Q\left(1-\frac{T_0}{T_m}\right) \tag{6-38}$$

式中，T_m 是热力学平均温度。

6.3.1.6 㶲与理想功

物质的㶲是状态函数，它取决于给定的状态和基准态。它既是系统的状态函数又和周围自然环境参数 T_0、p_0 以及环境物质的浓度有关，所以有人认为㶲是复合的状态函数。

各种形式能量含有的㶲，在热力学上都是等价的，其根据就是各种㶲的理论作功能力相等。

理想功是对状态变化而言，或者说是对某一过程而言的，它是两个状态的函数。对于某过程，例如传热过程、制冷过程、化学反应过程、分离过程等应该计算其理想功；而对系统

处于某状态，例如化工原料、燃料和产品应该计算其㶲为多少。计算㶲必须确定基准态，而计算理想功只需确定环境温度 T_0。㶲实际上是理想功的特例。对于理想功，其初态与终态不受任何限制，而㶲的终态必须是基准态。

某物系处于状态 1 和状态 2 时，其物理㶲分别为 E_{X_1} 和 E_{X_2}，即

$$E_{X_1}=-(H_0-H_1)+T_0(S_0-S_1)$$

$$E_{X_2}=-(H_0-H_2)+T_0(S_0-S_2)$$

物系从状态 1 变到状态 2 时，其物理㶲的变化量 ΔE_X 为

$$\Delta E_X=E_{X_2}-E_{X_1}=(H_2-H_1)-T_0(S_2-S_1)=-W_{\underset{1\to2}{\text{id}}}$$

或

$$W_{\text{id}}=-\Delta E_X \tag{6-39}$$

式(6-39) 也适用于化学变化过程。对于某化学反应，若已知反应物与产物的㶲，则用式(6-39) 求反应过程的理想功是很方便的。

6.3.1.7 𫳵（无效能）A_N

在给定环境下，能量可转变为有用功的部分称为㶲；余下不能转变为有用功的部分称为𫳵。能量由㶲与𫳵两个部分组成。

恒温热源的热量㶲为

$$E_{XQ}=Q\left(1-\frac{T_0}{T}\right)=Q-Q\frac{T_0}{T} \tag{6-37}$$

Q 为总能量。由式(6-37) 可知，热量𫳵A_{NQ}为

$$A_{NQ}=Q\frac{T_0}{T} \tag{6-40}$$

因此式(6-40) 又可写成

$$Q=E_{XQ}+A_{NQ} \tag{6-41}$$

当热量 Q 的温度降至环境温度 T_0 时，由式(6-40) 可知，全部热量都变成了𫳵，这时有

$$E_{XQ}=Q\left(1-\frac{T_0}{T_0}\right)=0$$

$$A_{NQ}=Q$$

由以上讨论可知，㶲为高级能量，𫳵即为僵态能量。

根据式(6-27)，对于稳流过程，物系的物理㶲为

$$E_X=-(H_0-H)+T_0(S_0-S)=H-[H_0+T_0(S-S_0)]$$

式中，H 代表流动物系的总能量。由上式可知，其𫳵为 $[H_0+T_0(S-S_0)]$。在计算焓值时，若取 $H_0=0$，即将环境态（T_0、p_0）作为焓的起算点（参考态），上式中 $T_0(S-S_0)$ 即为𫳵。

在理想功的计算式(6-5) 中，$T_0\Delta S$ 项是物系状态变化时𫳵的增量（请读者自证）。

总之，能量可分为㶲与𫳵两个部分。㶲是能量的有用部分，是宝贵的，得花一定的代价才能得到；𫳵则到处都有，比比皆是。因此，节能的正确含义就是节㶲。所谓能源危机，实为㶲危机。

根据热力学第一定律，总能量是守恒的，即

$$d(E_X+A_N)=0 \tag{6-42}$$

但按热力学第二定律，不可逆过程都有功损耗，功损耗也就是㶲的损失，因此不可逆过程㶲减少，$dE_X<0$。由于总能量守恒，㶲减少则𫳵必定增加，$dA_N>0$。𫳵的增加量等于㶲的减少量

$$-dE_X=dA_N$$

损耗功就是不可逆过程中㶲转化为𬉼的量，故视其为能量贬质的量度。对于可逆过程，没有功损耗，㶲是守恒的。

由前面讨论可以将用能过程的热力学第二定律表述为：

① 在一切不可逆过程中，㶲转化为𬉼；

② 只有可逆过程，㶲才守恒；

③ 由𬉼转化为㶲是不可能的。

热力学第二定律意指：能量只能沿着一个方向即耗散的方向转化。也就是说，能量贬质消耗的过程是不可逆的，因此有人称热力学第二定律为能量降级定律。推而广之，自然界发生任何事情，都有一定数量的㶲转化成𬉼，而这些𬉼却成了环境的“垃圾”。

自从㶲概念提出后，关于能量的概念发生了革命性的变化。能量不仅有数量，而且还有质量；能量消耗的过程是不可逆的。这个由热力学第一定律和第二定律共同确立的观点，已经被世人所公认。因此，对能量系统进行㶲分析在最近几十年受到了极大的重视和发展。

6.3.2 两种损失和两种效率

6.3.2.1 两种损失

讨论了㶲与𬉼概念后，可以看出，能量损失和㶲损失是完全不同的热力学问题。能量包含㶲和𬉼两项，且永远守恒。笼统地说能量损失非但违反热力学第一定律，而且无意义。所谓能量损失，通常指通过各种途径由系统排到环境中去的未能利用的能量。

㶲的损失可分成两部分。一部分称为内部损失，是由系统内部各种不可逆因素造成的㶲损失。例如有温差的传热过程、有压差的流动过程、有浓度差的传质过程以及有化学位差的化学反应过程等都会导致㶲损失。这种㶲损失均属内部损失。另一部分称为外部损失，即系统向环境排出的能量中所包含的㶲损失。由于这种损失发生在系统之外，环境之中，故称外部损失，例如化工生产中的废气、废液和废渣等直接排入环境，其中具有的㶲全部散失在环境之中。烟囱排烟、透平排汽则属此例。

6.3.2.2 两种效率——第一定律效率与第二定律效率

过程热力学分析的重要内容是要确定过程中能量或者㶲的利用率，即效率，并以它来评价过程。效率的基本定义是收益量与消耗量之比

$$\text{效率}\ \eta=\frac{\text{收益量}}{\text{消耗量}} \tag{6-43}$$

式中分子与分母应是具有相同量纲的可比量。

工程上有各种不同的效率，从能量利用观点分析可分为第一定律效率和第二定律效率两种。

(1) 第一定律效率 η_{I}。它是以热力学第一定律为基础，用于确定过程总能量的利用率。其定义是过程所期望的能量与为实现期望所消耗的能量之比，即

$$\eta_{\mathrm{I}}=\frac{E_{\mathrm{N}}}{E_{\mathrm{A}}} \tag{6-44}$$

式中，E_{N} 是过程所期望的能量，即收益量；E_{A} 是为达到期望所消耗的能量。E_{N} 与 E_{A} 可以是能量、能量差或能流。

第一定律效率有多种形式，因过程的特性而异，基本上可分为两类，热效率和性能系数。热效率最早应用于热机，故也称其为热机效率。经典的热机效率是系统输出净的有用功与输入系统的热量之比

$$\eta_{\mathrm{T}}=\frac{\text{系统输出的功}\ W_{\mathrm{N}}}{\text{输入系统的热}\ Q_{\mathrm{H}}} \tag{6-45}$$

现在热效率已广泛用于各种热力过程，例如热功转化、热量传递、流体输送以及各种生产过

程。这类过程的特点是过程期望的能量小于实现期望所消耗的能量。因此，一般热效率小于1。在极限情况下，当过程没有能量损失（无排出能量）时，热效率为1。对于不同过程，热效率有不同的形式。对于热功转化过程，其效率表达式为(6-45)；对于传热过程，其热效率表述为

$$\eta_T=\frac{低温流体得到的热量|Q_{低}|}{高温流体给出的热量|Q_{高}|}=\frac{Q_{高}-Q_L}{Q_{高}} \tag{6-46}$$

式中，Q_L 为换热器的热损失。

对于复杂的生产过程，其热效率为

$$\eta_T=\frac{E_{产品}+E_{蒸汽(出)}+E_{电(出)}+E_{有用物料}}{E_{原料}+E_{燃料}+E_{电(入)}+E_{蒸汽(入)}} \tag{6-47}$$

式中，分母各项代表投入过程的能量，包括原料、燃料、电和水蒸气等的能量；分子各项代表过程给出的能量，包括产品、水蒸气、电和有用物料的能量等。

另一种表征第一定律效率的是性能系数。例如制冷系数与制热系数。性能系数之值一般大于1。也有些人认为，性能系数不应包括在第一定律效率之内。

求得第一定律效率比较方便，只要通过能量衡算即可。第一定律效率的分子与分母可以是不同能级的能量。它只反映过程所需要能量 E_A 在数量上的利用情况，却不反映不同质的能量的利用情况，即没有反映㶲的利用情况。节能的正确含义应是节㶲，而 η_I 没有反映㶲的利用率，这是重大的缺陷。因此 η_I 的应用有其局限性，不能作为衡量过程热力学完善性的指标。例如，对于传热过程，按式(6-46)

$$\eta_I=\frac{Q_{高}-Q_L}{Q_{高}}$$

η_I （$=\eta_T$）仅取决于 Q_L，倘若 $Q_L=0$，则 $\eta_I=1$。显然没有计入传热过程不可逆因素即传热温差造成的㶲损失。为此，必须引入能表征过程热力学完善性的热力学第二定律效率。

(2) 第二定律效率 η_{II}。它以热力学第一与第二定律为基础，用于确定过程中㶲的利用率。其定义是过程期望的㶲E_{XN}与实现期望所消耗的㶲E_{XA}之比，即

$$\eta_{II}=\frac{E_{XN}}{E_{XA}} \tag{6-48}$$

式中，E_{XN}与 E_{XA}可以是㶲、㶲差或㶲流。由于过程的性质、目的不同，过程中物流㶲、能流㶲的回收与利用情况存在差别，η_{II} 的表达形式很多，目前使用较多的有以下两种，并分别加以介绍。

① 普遍㶲效率

$$\eta_E=\frac{\sum E_X^-}{\sum E_X^+} \tag{6-49}$$

式中，$\sum E_X^-$ 与$\sum E_X^+$ 分别表示离开与进入系统的各种㶲流总量。

$$\sum E_X^+=\sum E_{X,i}^+ +\sum E_{XQ,i}^+ +\sum E_{XW,i}^+ \tag{6-50}$$

$$\sum E_X^-=\sum E_{X,i}^- +\sum E_{XQ,i}^- +\sum E_{XW,i}^- \tag{6-51}$$

式中，E_X、E_{XQ}、E_{XW}分别表示物流㶲、热流㶲和功流㶲。由以上三式可知，要计算㶲效率必须先求出进入与离开系统各㶲流之值。

② 热力学效率 η_a。前已论及，对产功、耗功以及传热过程其表达式各为

产功 $$\eta_a=\frac{W_s}{W_{id}} \tag{6-8}$$

耗功 $$\eta_a=\frac{W_{id}}{W_s} \tag{6-9}$$

传热
$$\eta_a=\frac{|W_{id低}|}{|W_{id高}|}=\frac{|\Delta E_{X低}|}{|\Delta E_{X高}|} \tag{6-52}$$

式中，$\Delta E_{X低}$为传热过程中低温流体获得的㶲；$\Delta E_{X高}$为高温流体给出的㶲。式(6-52)也可以写成

$$\eta_a=\frac{|Q_{低}|\left(1-\frac{T_0}{T_L}\right)}{|Q_{高}|\left(1-\frac{T_0}{T_H}\right)}=\eta_I\times\frac{1-\frac{T_0}{T_L}}{1-\frac{T_0}{T_H}} \tag{6-53}$$

由式(6-53)可见，代表第二定律的效率非但与η_I有关，还与传热的温度T_L和T_H有关，两者温度差越大，则η_a越小。第二定律效率反映了㶲的利用率，是衡量过程热力学完善性的量度。

在式(6-49)中，由于$\sum E_X^+$与$\sum E_X^-$之差等于过程总的损耗功W_L，因此又有

$$\eta_E=\frac{\sum E_X^-}{\sum E_X^+}=\frac{\sum E_X^+-W_L}{\sum E_X^+} \tag{6-54}$$

无论是η_E或η_a，对于可逆过程$W_L=0$，若又无外部㶲损失，则其效率为1。对于不可逆过程，$W_L>0$，η_E或η_a恒小于1。

6.3.3 三种常规的热力学分析法汇总

前已论述，用热力学的基本原理来分析和评价过程，称之为过程热力学分析。热力学分析的基本任务是确定过程中能量或㶲损失的大小、原因及其分布情况，确定过程的效率，为制定节能措施，实现过程最佳化提供依据。

迄今为止，常规的热力学分析大致可分为能量衡算法、熵分析法与㶲分析法三种。下面分别介绍。

6.3.3.1 能量衡算法

能量衡算法是通过物料与能量衡算，确定过程的排出能量与能量利用率η_I。基于热力学第一定律的普遍适用性，可由此求出许多有用的结果，如设备的散热损失、理论热负荷、可回收的余热量和电力损失的发热量等。

能量衡算及效率计算的顺序一般是先从单体设备或称为子系统开始，而后逐渐扩大波及整个系统。

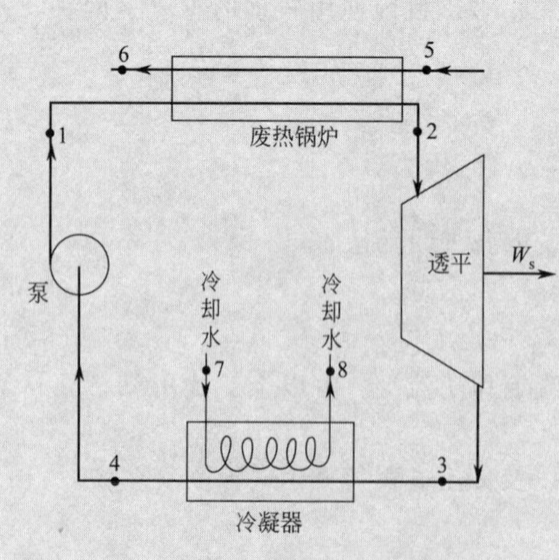

图 6-6 转化气余热利用装置

【例 6-16】 设有合成氨厂二段炉出口高温转化气余热利用装置，如图6-6所示。转化气进入废热锅炉的温度为1000℃，离开时为380℃。其流量为5160Nm^3 (t_{NH_3})$^{-1}$。可以忽略降温过程压力变化。废热锅炉产生4MPa、430℃的过热蒸汽，蒸汽通过透平作功。离开透平乏汽的压力为0.01235MPa，其干度为0.9853。转化气在有关温度范围的平均等压热容$C_{pmh}\approx C_{pms}=36\text{kJ}\cdot\text{kmol}^{-1}\cdot\text{K}^{-1}$。乏汽进入冷凝器用30℃的冷却水冷凝，冷凝水用水泵打入锅炉。进入锅炉的水温为50℃。试用能量衡算法计算此余热利用装置的热效率η_T。

解 由附表3（水蒸气表）查得各状态点的有关参数如下：

状　态　点	压力/MPa	温度/℃	h/kJ・kg^{-1}	s/kJ・kg^{-1}・K^{-1}
1	0.01235	50	209.33	0.70380
2	4.0000	430	3283.6	6.8694
3*	0.01235	50	2557.0	7.9679
4	0.01235	50	209.33	0.70380
7	0.10133	30	125.79	0.43690

*：状态3是汽液混合物，$h=xh^V+(1-x)h^L$，$s=xs^V+(1-x)s^L$，x为干度，h^V、h^L、s^V和s^L分别是饱和蒸气和饱和液体的比焓和比熵（可由附表3查得）。

计算以每吨氨为基准。为简化计算，忽略系统中有关设备的热损失和驱动水泵所消耗的轴功。

(1) 求产汽量G(kg)（转化气余热回收能量衡算数据如表6-2）

对废热锅炉进行能量衡算，忽略热损失Q_L，则有

$$\Delta H=Q_L-W_s \tag{A}$$

$$Q_L=0,\ W_s=0$$

$$\Delta H=\Delta H_{水}+\Delta H_{转}=0 \tag{B}$$

式中，$\Delta H_{水}$与$\Delta H_{转}$分别为水与转化气的焓变。

$$\Delta H_{转}=mC_{pmh}(T_6-T_5)=\frac{5160}{22.4}\times 36\times(380-1000)=230.36\times 36\times(-620)$$

$$=-5.1416\times 10^6\text{kJ} \tag{C}$$

式中，m为转化气的千摩尔数。

$$\Delta H_{水}=G(h_2-h_1)=G(3283.6-209.33) \tag{D}$$

将式(C)和式(D)代入式(B)，则可求出G

$$G=\frac{-\Delta H_{转}}{h_2-h_1}=\frac{-(-5.1416\times 10^6)}{3283.6-209.33}=1672.4\text{kg}$$

水汽化吸热$Q=\Delta H_{水}=5.1416\times 10^6$kJ

(2) 计算透平作的功W_s

对透平作能量衡算，忽略热损失，则有

$$W_s=-\Delta H_{Tur}=-G(h_3-h_2)=-1672.4(2557-3283.6)=1.2152\times 10^6\text{kJ}$$

(3) 求冷却水吸收的热（即其焓变），忽略冷凝器的热损失，则有

$$\Delta H_{冷却水}=-\Delta H_{冷凝}=-G(h_4-h_3)=-1672.4(209.33-2557)=3.9262\times 10^6\text{kJ}$$

式中，$\Delta H_{冷却水}$与$\Delta H_{冷凝}$分别为冷却水吸热与乏汽冷凝过程的焓变。

(4) 计算热效率η_T

$$\eta_T=\frac{W_s}{Q}=\frac{1.2152\times 10^6}{5.1416\times 10^6}=0.2363$$

表6-2　转化气余热回收装置能量衡算表

项目	输入/kJ・$(t_{NH_3})^{-1}$	%	输出/kJ・$(t_{NH_3})^{-1}$	%
高温气余热	5.1416×10^6	100		
透平作功W_s			1.2152×10^6	23.63
冷却水带热			3.9262×10^6	76.37
合计	5.1416×10^6	100	5.1414×10^6	100.00

由表6-2可见，输入与输出的能量基本相等（工程计算允许有微小的偏差）。在输出的能量中，有76.37%的热量被冷却水带走。因此，根据单纯的能量衡算结果分析，节能的重点在于设法降低这部分损失。

由上例分析可知，能量衡算法只能反映能量损失，不能反映㶲损失，因而不能真实地反映能源消耗的根本原因。仅根据能量衡算结果来制订节能措施，常会导致舍本逐末的错误。上例的单纯能量衡算表明，能量消耗的主要原因是由冷却水带出的热量，节能的重点在于回收这部分热量。但由于这些是能级很低的热能，回收利用比较困难。实际上，这部分低品位热能是由输入系统的高级能量（㶲）转化而来的。过程㶲损失越大，则㶲转化为𬍡的量也越大，排出系统的低品位热能当然越多。所以节能的重点，首先要通过各种技术措施，把㶲转化为𬍡的损失减小到最低限度，这样才能大大减少排出系统的低品位热能，达到节能的目的。

6.3.3.2　熵分析法

熵分析法是通过计算不可逆过程熵产生量，确定过程的㶲损失和热力学效率。具体地说是以热力学第一定律与第二定律为基础，通过物料和能量衡算，计算理想功和损耗功，求出过程热力学效率 η_a。

【例 6-17】 对例 6-16 中转化气的余热回收装置用熵分析法评价其能量利用情况。

解　以每吨氨为计算基准。

（1）物料与能量衡算。由例 6-16 得

$$m=230.36\text{kmol}$$
$$\Delta H_{转}=-5.1416\times10^6\text{kJ}$$
$$G=1672.4\text{kg}$$
$$W_s=1.2152\times10^6\text{kJ}$$

（2）求转化气降温放热过程的理想功

$$W_{id}=-\Delta H_{转}+T_0\Delta S_{转} \tag{A}$$

式中，T_0 为冷却水的温度，即 30℃；$\Delta S_{转}$ 为转化气降温过程的熵变。按题意可忽略其压力变化，则有

$$\Delta S_{转}=mC_{pms}\ln\frac{T_6}{T_5} \tag{B}$$

将式(B) 代入式(A)，可得

$$\begin{aligned}W_{id}&=-\Delta H_{转}+T_0\Delta S_{转}=-(-5.1416\times10^6)+303\times230.36\times36\times\ln\frac{653}{1273}\\&=5.1416\times10^6-1.6774\times10^6\\&=3.464\times10^6\text{kJ}\end{aligned}$$

（3）求损耗功，即㶲损失。取整个装置为研究的系统，不计热损失，由式(6-13a) 可得：

$$\begin{aligned}W_{L,总}&=T_0\Delta S_g=T_0\left[\sum_j(m_js_j)_{out}-\sum_i(m_is_i)_{in}\right]=T_0[(S_6+S_8)-(S_5+S_7)]\\&=T_0[(S_6-S_5)+(S_8-S_7)]=T_0(\Delta S_{转}+\Delta S_{冷却水})\\&=T_0\left(mC_{pms}\ln\frac{T_6}{T_5}+\frac{\Delta H_{冷却水}}{T_0}\right)\\&=303\times230.36\times36\times\ln\frac{653}{1273}+3.9262\times10^6\\&=2.2488\times10^6\text{kJ}\approx2.249\times10^6\text{kJ}\end{aligned}$$

式中，$\Delta S_{冷却水}$ 和 $\Delta H_{冷却水}$ 分别为冷却水的熵变和焓变。各设备的损耗功（㶲损失）也可以用式(6-13a) 求出。

$$W_{L,废}=T_0\Delta S_g=T_0[\sum_j(m_js_j)_{out}-\sum_i(m_is_i)_{in}]=T_0[(S_6+S_2)-(S_5+S_1)]$$

$$=T_0[(S_6-S_5)+(S_2-S_1)]=T_0(\Delta S_{转}+\Delta S_{\underset{1\to2}{水}})=T_0\Delta S_{转}+T_0\ \Delta S_{\underset{1\to2}{水}}$$

$$=-1.6774\times10^6+303\times G(s_2-s_1)=-1.678\times10^6+303\times1672.4\times(6.8694-0.7038)$$

$$=1.4469\times10^6\text{kJ}\approx1.447\times10^6\text{kJ}$$

$$W_{L,Tur}=T_0\Delta S_g=T_0G(s_3-s_2)=303\times1672.4\times(7.9679-6.8694)=5.567\times10^5\text{kJ}$$

$$W_{L,冷}=T_0\Delta S_g=T_0[(S_8+S_4)-(S_7+S_3)]=T_0[(S_4-S_3)+(S_8-S_7)]$$

$$=T_0[\Delta S_{汽}+\Delta S_{冷却水}]=T_0G(s_4-s_3)+\Delta H_{冷却水}$$

$$=303\times1672.4\times(0.7038-7.9679)+3.9262\times10^6$$

$$=2.452\times10^5\text{kJ}$$

(4) 求热力学效率 η_a（整个装置）

$$\eta_a=\frac{W_s}{W_{id}}=\frac{1.215\times10^6}{3.464\times10^6}=0.3508\approx0.3510$$

(5) 转化气余热回收装置熵分析结果（㶲平衡）如表 6-3 所示

表 6-3 㶲平衡情况

项目	输入		输出	
	$\text{kJ}\cdot(t_{NH_3})^{-1}$	%	$\text{kJ}\cdot(t_{NH_3})^{-1}$	%
理想功	3.464×10^6	100		
输出功 W_s			1.215×10^6	35.1
损耗功 $W_{L,废}$			1.447×10^6	41.8
损耗功 $W_{L,透平}$			0.5567×10^6	16.1
损耗功 $W_{L,冷}$			0.2452×10^6	7.1
损耗功 小计			2.249×10^6	64.9
总计	3.464×10^6	100	3.464×10^6	100

(6) 单体设备的热力学效率与全系统㶲损失分布。

前已求出各单体设备的损耗功，现在只要计算流体经各单体设备的理想功，则可按式(6-14) 求出它们的 η_a。

对废热锅炉，高温转化气降温放热过程提供的理想功为

$$W_{id}=3.464\times10^6\text{kJ}$$

$$\eta_{a,废}=1-\frac{W_{L,废}}{W_{id}}=1-\frac{1.447\times10^6}{3.464\times10^6}=0.582$$

水蒸气经透平的理想功为

$$W_{id,Tur}=-\Delta H_{汽}+T_0\Delta S_{汽}$$

$$=G[-(h_3-h_2)+T_0(s_3-s_2)]$$

$$=1672.4[-(2557-3283.6)+303(7.9679-6.8694)]$$

$$=1.772\times10^6\text{kJ}$$

$$\eta_{a,Tur}=1-\frac{W_{L,Tur}}{W_{id,Tur}}=1-\frac{5.567\times10^5}{1.772\times10^6}=0.686$$

乏汽冷凝过程的理想功为

$$W_{id,冷}=-\Delta H_{汽}+T_0\Delta S_{汽}$$

$$=G[-(h_4-h_3)+T_0(s_4-s_3)]$$

$$=1672.3[-(209.33-2557)+303(0.7038-7.9679)]$$

$$=2.452\times10^5\text{kJ}$$

$$\eta_{a,冷}=1-\frac{W_{L,冷}}{W_{id,冷}}=1-\frac{2.452\times10^5}{2.452\times10^5}=0$$

可见，冷凝过程的理想功未被利用，全部损失掉了。

现将计算结果汇总在表 6-4 中（㶲损失的分布情况）。

表 6-4 㶲损失的分布

单体设备	热力学效率 η_a	$W_L/kJ\cdot(t_{NH_3})^{-1}$	%	单体设备	热力学效率 η_a	$W_L/kJ\cdot(t_{NH_3})^{-1}$	%
废热锅炉	0.582	1.447×10^6	64.3	冷凝器	0	0.2452×10^6	10.9
透平	0.686	0.5567×10^6	24.8	总和		2.249×10^6	100.0

熵分析的结果表明，该过程能耗的主要原因是不可逆因素造成的㶲损失，节能的重点应在于降低过程的不可逆损耗。

从单体设备的热力学效率看，冷凝器的 $\eta_{a,冷}$ 等于零，似乎节能潜力最大，实际上其㶲的损失仅占总㶲损失的 10.9%。主要的㶲损失在废热锅炉中，节能的主攻方向应设法减小其㶲的损失以提高废热锅炉的热力学效率上。可行的措施包括降低传热的温差，提高水蒸气吸热过程的平均温度，提高废热锅炉进水温度，提高水蒸气参数，及采用各种改进的朗肯循环等。

熵分析法的缺陷是只能求出系统内部不可逆㶲损失，无法求出排出系统的物流㶲。此缺陷用㶲分析法可以避免。

6.3.3.3 㶲分析法

㶲分析法是通过㶲平衡以确定过程的㶲损失和㶲效率。

㶲分析法的主要内容有：

① 确定出入系统的各种物流量、热流量和功流量以及各物流的状态参数；

② 求出物流㶲和热流㶲；

③ 由㶲平衡方程确定过程的㶲损失；

④ 确定㶲效率。

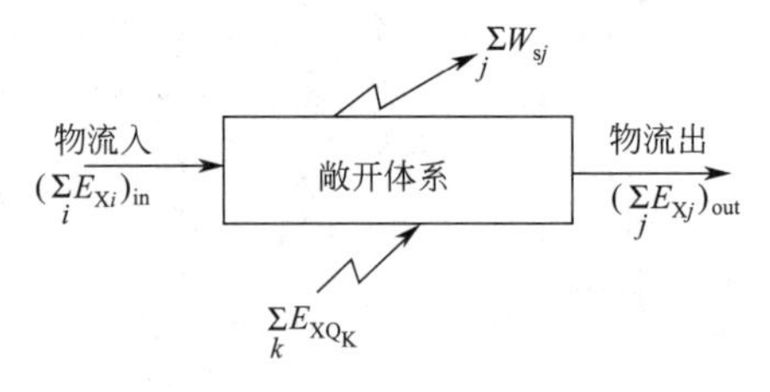

图 6-7 开系稳流过程㶲平衡示意

先要建立开系稳流过程㶲平衡方程。设有如图 6-7 所示的具有多股物流进出的、和外界有热、功交换的开系稳流过程。进入系统的物流㶲为 $\sum\limits_i(E_{Xi})_{in}$；离开系统的物流㶲为 $\sum\limits_j(E_{Xj})_{out}$。进入系统的热流㶲（热量㶲）为 $\sum\limits_k E_{XQ_k}$（E_{XQ}中的 Q 可正也可负）；离开系统的功流为 $\sum\limits_j W_{sj}$（W_s 可正也可负）。

对于可逆过程，系统内部无㶲损失，损耗功为零，$\sum\limits_i W_{Li}=0$，㶲是守恒的。因此㶲平衡方程为

$$\sum_i(E_{Xi})_{in}+\sum_k E_{XQ_k}=\sum_j(E_{Xj})_{out}+\sum_j W_{sj} \tag{6-55a}$$

对于不可逆过程，系统内部有㶲损耗，损耗功大于零，$\sum\limits_i W_{Li}>0$，㶲减少，炕增加。其㶲平衡方程为

$$\sum_i(E_{Xi})_{in}+\sum_k E_{XQ_k}=\sum_j(E_{Xj})_{out}+\sum_j W_{sj}+\sum_i W_{Li} \tag{6-55b}$$

式(6-55b) 即为不可逆稳流过程的㶲平衡方程。㶲平衡方程的主要用途是确定系统（系列设

备或单体设备）的内部㶲损失（W_L）。式(6-55b）移项后即为内部㶲损失的计算式

$$\sum_i W_{Li} = \sum_k E_{XQ_k} + (\sum_i E_{Xi})_{in} - (\sum_j E_{Xj})_{out} - \sum_j W_{sj} \tag{6-56}$$

上式右边各项㶲值可以根据可测参数（如温度、压力、流量、组成、电压和电流等）直接求得；而 $\sum_i W_{Li}$ 只能用㶲平衡式(6-55b）求出。

对于有动能、位能和组成变化的稳流过程，物料㶲应包括动能㶲、位能㶲、物理㶲和化学㶲。

对于恒组成稳流过程，物流的化学㶲无变化，物流㶲中不必计入化学㶲（进出系统的化学㶲相等，可以相消）。式(6-56）可以写成

$$\sum_i W_{Li} = \sum_k E_{XQ_k} - \sum_l \Delta H_l + T_0 \sum_l \Delta S_l - \sum_l m_l \left(\frac{\Delta u_l^2}{2} + g\Delta z_l\right) - \sum_j W_{sj} \tag{6-57}$$

式中，ΔH_l、ΔS_l、Δu_l、Δz_l 分别为出入开系的第 l 种流体的焓变、熵变、线速度变化和位高的变化，m_l 为质量流量。其中

$$\Delta H_l = m_l[(h_l)_{out} - (h_l)_{in}] \tag{6-58a}$$

$$\Delta S_l = m_l[(s_l)_{out} - (s_l)_{in}] \tag{6-58b}$$

式中，h_l 和 s_l 分别为比焓和比熵（单位质量流体的焓和熵）。

式(6-57）适用于无化学变化的各种物理过程。具体应用时，根据不同的情况有下述几种简化形式：

（1）对于大多数化工过程，流体的流速 u 和位高 z 变化不大，由式(6-39）可知，$-\Delta H_l + T_0\Delta S_l = -\Delta E_{Xl}$，则式(6-57）可简化为

$$\sum_i W_{Li} = \sum_k E_{XQ_k} - \sum_l \Delta E_{Xl} - \sum_j W_{sj} \tag{6-59}$$

式中，ΔE_{Xl} 为开系的第 l 种流体㶲值的变化，即

$$\Delta E_{Xl} = m_l[(e_X)_{out} - (e_X)_{in}] \tag{6-60}$$

式中，$(e_X)_{out}$ 与 $(e_X)_{in}$ 分别为离开与进入开系的比㶲（单位质量流体的㶲）。

（2）绝热有功交换的过程——绝热压缩、绝热膨胀过程。此时 $\sum_k E_{XQ_k} = 0$，$\sum_j W_{sj} \neq 0$。对于单位设备，式(6-59）中的 $\sum_i W_{Li} = W_L$，$\sum_j W_{sj} = W_s$，式(6-59）变成

$$W_L = -W_s - \sum \Delta E_{Xl} \tag{6-61}$$

这类过程涉及的设备有离心式的压缩机、蒸汽透平、涡轮式膨胀机、鼓风机和泵等。

（3）有热交换无功交换过程。式(6-59）变成

$$\sum_i W_{Li} = \sum_k E_{XQ_k} - \sum_l \Delta E_{Xl} \tag{6-62}$$

相应的设备为有热损失的换热器、混合器等。

（4）绝热又无功交换的过程。由于 $\sum_j W_{sj} = 0$，$\sum_k E_{XQ_k} = 0$，式(6-59）变成

$$\sum_i W_{Li} = -\sum_l \Delta E_{Xl} \tag{6-63}$$

相应的设备有忽略热损失的换热器、混合器等。

对于化学反应器，只要在式(6-62）与式(6-63）中的 $\sum_l \Delta E_{Xl}$ 项内，除物理㶲外，再计入化学㶲，则也可以用式(6-62）计算有热损失的反应器的损耗功，用式(6-63）计算忽略热损失反应器的损耗功。

对于精馏塔、无化学反应的吸收塔等分离过程设备，虽然进出口物料的组成有变化，但

因塔内无化学反应，化学㶲可以相消，因此直接可以用式(6-62)或式(6-63)计算损耗功。但此时要注意，在 $\sum_l \Delta E_{Xl}$ 项中的物理㶲，对于混合物，要额外引入混合过程㶲损失（混合过程损耗功）。

由式(6-63)可见，对于绝热无功交换的过程，系统内部㶲损失就等于进出系统物流㶲的减少量。

(5) 对于循环过程，若系统内仅包括循环工质，因循环工质的 $\sum_l \Delta E_{Xl}=0$，则式(6-59)变成

$$\sum_i W_{Li}=\sum_k E_{XQ_k}-\sum_j W_{sj} \tag{6-64}$$

因此可由过程的热流㶲和功流㶲计算 $\sum_i W_{Li}$。

【例 6-18】 对例 6-16 中的转化气余热回收装置，用㶲分析法评价其能量利用的情况。

解 以每吨氨为计算基准。

(1) 物料与能量衡算同例 6-16。

(2) 计算各物流的物理㶲。取 $p_0=0.10133\text{MPa}$，$T_0=303\text{K}$。计算的结果见表 6-5。

表 6-5 各物流的物理㶲

序号	状 态	温度/℃	压力/MPa	$h/\text{kJ}\cdot\text{kg}^{-1}$	$s/\text{kJ}\cdot\text{kg}^{-1}\cdot\text{K}^{-1}$	$e_X/\text{kJ}\cdot\text{kg}^{-1}$
1	液态水	50	0.01235	209.33	0.70380	2.699
2	过热蒸汽	430	4.0000	3283.6	6.8694	1209
3	湿蒸汽	50	0.01235	2557.0	7.9679	149.3
4	饱和水	50	0.01235	209.33	0.70380	2.699
0	基准态水	30	0.10133	125.79	0.4369	0

上表计算中，无论是水、水蒸气均按式(6-27)计算物理㶲。转化气的物理㶲计算如下(不考虑压降)

$$E_X=m[(H-H_0)-T_0(S-S_0)]=m\left[C_{pmh}(T-T_0)-T_0 C_{pms}\ln\frac{T}{T_0}\right]$$

式中，$C_{pmh}\approx C_{pms}\approx 36\text{kJ}\cdot\text{kmol}^{-1}\cdot\text{K}^{-1}$，$m=230.36\text{kmol}(t_{NH_3})^{-1}$

$$E_{X5}=230.36\times\left[36\times(1273-303)-303\times36\times\ln\frac{1273}{303}\right]=4.437\times10^6\text{kJ}$$

$$E_{X6}=230.36\times\left[36\times(653-303)-303\times36\times\ln\frac{653}{303}\right]=0.9731\times10^6\text{kJ}$$

(3) 求总的㶲损失。取整个装置为研究对象，由式(6-56)或式(6-59)得

$$\sum_i W_{Li}=W_{L,总}=\sum_k E_{XQ_k}-W_s+E_{X5}-E_{X6}$$

忽略各设备散热损失，$\sum_k E_{XQ_k}=0$，又因冷凝器出口的冷却水所携带的㶲一般不能利用，可以忽略，因此上式变成

$$\begin{aligned}W_{L,总}&=E_{X5}-E_{X6}-W_s=4.437\times10^6-0.9731\times10^6-1.215\times10^6\\&=2.249\times10^6\text{kJ}\end{aligned}$$

此数据与例 6-17 熵分析的结果完全相符。

(4) 各设备的㶲损失

① 求 $W_{L,废}$。对废热锅炉作㶲衡算时忽略热损失，$E_{XQ}=0$，又因无功效换热，$W_s=0$，

由式(6-63) 得

$$W_{L,废} = -\sum_l \Delta E_{X1} = E_{X1} - E_{X2} + E_{X5} - E_{X6}$$

$$= 1672.4\times(2.699-1209)+(4.437-0.9731)\times10^6 = 1.447\times10^6\,\text{kJ}$$

② 求 $W_{L,Tur}$。对透平作㶲衡算，$E_{XQ}=0$，由式(6-61)

$$W_{L,Tur} = -\sum_j W_{sj} - \sum_l \Delta E_{Xl}$$

$$= -W_s + E_{X2} - E_{X3}$$

$$= -1.2152\times10^6 + 1672.4\times(1208.8-149.3)$$

$$= 5.567\times10^5\,\text{kJ}$$

③ 求 $W_{L,冷}$。对冷凝器作㶲衡算时由于 $E_{XQ}=0$，$W_s=0$，由式(6-63) 得

$$W_{L,冷} = -\sum \Delta E_{X1} = E_{X3} - E_{X4} = 1672.3\times(149.3-2.699) = 2.452\times10^5\,\text{kJ}$$

各设备的 W_L 计算结果与例 6-17 熵分析计算结果完全相符。

(5) 求整个装置的热力学效率 η_a 和㶲效率 η_E

$$\eta_a = \frac{W_s}{W_{id}} = \frac{W_s}{E_{X5}-E_{X6}} = \frac{1.215\times10^6}{(4.437-0.9731)\times10^6} = \frac{1.215\times10^6}{3.464\times10^6} = 0.351$$

$$\eta_E = \frac{\sum E_X^-}{\sum E_X^+} = \frac{E_{X6}+W_s}{E_{X5}} = \frac{(0.9731+1.215)\times10^6}{4.437\times10^6} = 0.493$$

(6) 㶲衡算结果如表 6-6：

表 6-6　转化气余热回收装置㶲衡算表（㶲分析法）

项目		输入		输出	
		㶲/kJ·(t_{NH_3})$^{-1}$	%	㶲/kJ·(t_{NH_3})$^{-1}$	%
进口转化气		4.437×10^6	100	—	—
透平作功		—	—	1.215×10^6	27.38
出口转化气		—	—	0.9731×10^6	21.93
不可逆损耗	$W_{L,废}$	—	—	1.447×10^6	32.61
	$W_{L,透}$	—	—	0.5567×10^6	12.55
	$W_{L,冷}$	—	—	0.2452×10^6	5.53
	小计	—	—	2.249×10^6	50.69
总和		4.437×10^6	100	4.437×10^6	100

(7) 各单体设备的㶲效率

废热锅炉

$$\eta_{E,废} = \frac{E_{X6}+E_{X2}}{E_{X5}+E_{X1}} = \frac{0.9731\times10^6+1672.4\times1209}{4.437\times10^6+1672.4\times2.699} = 0.668$$

透平

$$\eta_{E,Tur} = \frac{E_{X3}+W_s}{E_{X2}} = \frac{1672.4\times149.3+1.215\times10^6}{1672.4\times1208.8} = 0.725$$

冷凝器

$$\eta_{E,冷} = \frac{E_{X4}+E_{X8}}{E_{X3}+E_{X7}} = \frac{1672.4\times2.699}{1672.4\times149.3} = 0.0181$$

式中，E_{X7} 与 E_{X8} 分别为冷却水进、出口的㶲值。E_{X7} 值为零，虽然出口水温大于进口水温（303K），其㶲值并非为零，但此处之㶲并没有进行利用，属外部损失，因此在冷凝器㶲效率计算式中也将其视为零。

6.3.3.4　三种热力学分析方法的比较

由前面的讨论可知，三种分析方法中，以能量衡算法最简单，熵分析次之，㶲分析法计算工作量最大。熵分析和㶲分析的结果是一致的。

能量衡算法提供的过程评价指标是第一定律效率，对热功转化过程可提供热效率。能量衡算法只能求出能量的排出损失，不能得到由不可逆因素引起的㶲损失的信息。实际上，有重要意义的是㶲损失，所以不能单凭能量衡算的结果制订节能措施。譬如例6-16，从单纯的能量衡算结果看，最大的能量损失是在冷凝器中冷却水带走的热量，但从例6-17或例6-18中熵或㶲分析结果看，最大的㶲损失在废热锅炉中，而冷凝器的㶲损失是最小的。

熵或㶲分析可求出过程㶲损失的大小、原因和它的分布情况，还能从单体设备的㶲损失与热力学效率或㶲效率判断它们的热力学完善性程度和节能潜力，便于制订正确有效的节能措施。

对于只利用热能为主的场合，例如对供暖、工业用加热炉、熔解炉的热力学分析，可以只用热量衡算进行评价；对于热过程中存在能量转化的场合，例如蒸汽透平、锅炉、热泵、制冷机、换热过程、化学反应过程、分离过程等的热力学分析，应该以㶲（或熵）分析为主以能量衡算为辅的方法为好。

例6-18（或例6-17）是一个典型的现行过程系统的㶲（或熵）分析。根据现行过程系统的现场实测数据（包括温度、压力、流量、组成等），先进行物料、能量衡算，然后再进行㶲（或熵）分析，最后捕捉㶲利用不合理的薄弱环节，确定节能改造的措施。节能改造工作可以从简单地更换一个部件（设备），到增添一个完整的辅助体系。对改进后的系统再进行㶲分析，并与改进前的比较。

由于改进后㶲损失减少，可以直接降低能源费用。对改进效果进行总评价时，既要看节约的能耗费，又要结合整个使用期其他费用，如维护费、资金费、折旧费及投资回收周期等统一考虑。倘若不改变设备结构，例如只改变操作参数，那么，一个简单的经济评价便可决定此项改革是否合理。

设计工作要对新的能量系统进行分析，一般是先做能量衡算，再加㶲（或熵）分析。当然，最佳工艺流程与工艺条件的确定要考虑许多因素，但目前由于能源费急剧上涨，减少㶲损失，提高㶲的利用率应成为一项重要的优化目标函数，这是毫无疑义的。

无论如何，经㶲（或熵）分析确定的最优参数比单纯能量衡算确定的最优参数要合理得多。总之，化工过程㶲（或熵）分析是评价生产装置能量利用合理程度，探索降低能耗的有力工具。

6.4　节能理论进展和合理用能

6.4.1　㶲分析法的理论进展

常规㶲分析法克服了热力学第一定律的局限性，既能分析能量数量上的损失，也能分析能量质量的降低。但是，常规㶲分析法是以无驱动力的理想过程为基准来分析实际过程（实际过程均是有势差驱动下的不可逆过程），常常导致以下缺陷：只指出了过程特性改进的潜力或可能性，并不能指出这些可能的改进是否可行；能分析实际能量系统与理想可逆过程的差距，但因以可逆过程为基准，得出实际过程无驱动力和设备尺寸无穷大的结论，无法进行用能系统的优化；以没有势差的可逆过程为基准，过程进行得无限缓慢，过程的输出功率趋于零等。因此，在常规㶲分析法的基础上又发展了可避免㶲损失和不可避免㶲损失、热经济学、有限时间热力学等各种改良的方法。

任何实际过程都需要一定的驱动力如温差、压差、化学势差等来使过程进行。驱动力越大，过程进行的速度越快，㶲损失也就越大。要使过程进行，就不可避免要有一些㶲损失，且不可避免的㶲损失随过程的不同而不同，也受制于当前的技术和经济条件。例如，锅炉的㶲效率达到66%已属不可能，而蒸汽透平的㶲效率达到80%还有改进的余地。因此，将技术或经济上因要求提供驱动力等原因而不可避免的最少㶲损失定义为不可避免㶲损失。可避免㶲损失即为总㶲损失与不可避免㶲损失两者之间的差值。如果一个过程的㶲损失小于其不可避免㶲损失，要么在当前技术上无法实现，要么经济上不可行。如果能够确定一个过程各部位的不可避免㶲损失，也即确定了哪里的可避免㶲损失较大，从而为过程的可能改进指明方向。

热经济学（thermoeconomics），也称㶲经济学（exergoeconomics），是一门将热力学分析和经济优化理论相结合的专门学科。其特征是在一个合适的热力学指标如㶲效率与过程的建设投资和运行费用间找到适当的平衡，以达到㶲的单位成本最小。例如，对于仅有一种能量输入（㶲的数量为 E_X^+，单位成本为 c_{in}，都是已知值）和一种能量产品输出（㶲的数量为 E_X^-，㶲的单位成本为 c_{out}）的系统，其成本方程，即热经济学分析的目标函数为

$$E_X^- c_{out} = C + E_X^+ c_{in} \tag{6-65a}$$

或

$$c_{out} = C/E_X^- + c_{in}/\eta_E \tag{6-65b}$$

式中，η_E 是㶲效率，$\eta_E = E_X^-/E_X^+$；C 是年度化了的设备折旧和运行总费用。㶲经济学通过寻求式(6-65b) 中 c_{out} 的最小值，以获得系统设备参数或操作参数的优化值。因此，㶲经济学克服了常规㶲分析法的缺点，在经济分析中突出了能量的有效利用问题，能用于用能系统的过程优化，也可用于计算或评价各种用能系统的经济效益。

由于可逆过程进行得无限慢，过程的输出功率趋于零，无法满足工程实际的需要。有限热力学认为过程应在有限时间内进行，势差并不是越小越好，而是有一个最佳值，以使过程的“输出功率”最大。以卡诺循环为例，已知卡诺循环的最大效率为

$$\eta_C = 1 - T_L/T_H \tag{5-5}$$

但在该效率下过程进行得无限缓慢，输出功率为0。为求最大功率输出时的效率 η_C'，假定两个等熵过程（绝热压缩和膨胀）可逆，而两个等温过程的吸、放热量正比于热源和工质之间的温差，即

$$Q_H = \alpha_H (T_H - T_{W,H}) t_H \tag{6-66a}$$

$$Q_L = -\alpha_L (T_L - T_{W,L}) t_L \tag{6-66b}$$

式中，α 是传热系数，T_W 为工质温度，t 是等温过程持续的时间，负号表示放热，下标H和L分别表示高温和低温源。由于绝热过程可逆，有

$$Q_H/Q_L = -T_{W,H}/T_{W,L} \tag{6-67}$$

则卡诺热机输出功率 P 的表达式为

$$P = (Q_H + Q_L)/[(t_H + t_L)\gamma] \tag{6-68}$$

式中，$(t_H + t_L)\gamma$ 是完成卡诺循环的时间，γ 是时间校正系数（以计及两个等熵过程）。用式(6-66a) 和式(6-66b) 消去上式中的 $(t_H + t_L)$，求 P 对吸热和放热过程温差，$(T_H - T_{W,H})$ 或 $(T_L - T_{W,L})$ 的偏导数，并令该两个偏导数为零，就可以求得对应最大热机功率的效率为[1]

$$\eta_C' = 1 - (T_L/T_H)^{0.5} \tag{6-69}$$

显然式(6-69) 得出的效率比式(5-5) 的为小，但在该效率下可输出最大的过程功率。

以上简要介绍了可避免㶲损失和不可避免㶲损失、热经济学、有限时间热力学等基本概念，它们都属常规㶲分析法的理论改进。除此之外，还发展了综合考虑资源利用和环境影响

[1] Curzon F. L., Ahlborn B., Am. J. Physics, 1975, 43 (1): 22-24.

的㶲分析、能值分析等方法。有兴趣的读者可一并参考近年的有关文献。

*6.4.2 非平衡热力学分析法简介

(1) 非平衡热力学与经典热力学

前面介绍的三种热力学分析法，即能量衡算法、熵分析法和㶲分析法，都属于经典热力学的范畴。经典热力学是以由大量粒子组成的宏观系统为研究对象，通过对现象的归纳而得出系统理论，有高度的可靠性和普遍性。由于经典热力学所考虑的过程是无限缓慢的，通常假设研究对象处于平衡状态，其公式中也不包括时间变量，这也是经典热力学常被称为平衡热力学的缘由。

经典热力学存在局限性，也即其适用范围是有限度的。首先，它不适用于由少量粒子构成的微观系统。与由大量粒子构成的宏观系统相比，微观系统的粒子少，运动自由度少，粒子运动是时间可逆的，而复杂系统的宏观运动总是不可逆的。因此，经典热力学的结论不能套用于由少量粒子构成的系统。其次，经典热力学也不能解释无限大系统的运动状态。例如，热力学第二定律指出，一个初始温度或浓度分布不均匀的系统总是不可逆地趋向于均匀分布的状态，即熵取极大值的平衡状态。当把这一结论不适当地推广至整个宇宙，认为宇宙的熵总在不断地增加，最后也会达到熵取极大值的热动平衡态，一个除了分子热运动外没有任何宏观差别和宏观运动的死寂状态，这显然是错误的。

此外，经典热力学也不能解释自然界中所有的有序结构。自然界存在两类有序结构。第一类是像晶体中出现的那种在分子水平上的有序，可以在孤立环境和平衡条件下维持，不需要外界任何物质和能量的补充。第二类是宏观范围的时空有序，只有在非平衡条件下通过与外界环境的物质和能量交换才能维持，生物体在分子、细胞、组织、个体、群体等各级水平上的时空有序以及非生物体的自组织现象（由不可逆过程自发形成某种有序状态）等都是典型例子。生物界在演变过程中，物种从单一到繁多，结构从简单到复杂，无不反映出从无序向有序的变化。非生物界自发形成有序结构的例子也很多，如鱼鳞状规整排列的云层、岩石中富集的高纯度矿产、化学反应系统中的浓度花纹、激光器中发出的频率和相位都十分有序的光束等。

经典热力学是通过 Hemholtz 自由焓概念来成功解释第一类有序结构的起因。对于恒温、恒容条件下的封闭系统，有 $A \equiv (U-TS) \leqslant 0$，即系统的平衡态是由 Hemholtz 自由焓的极小值来定义的，因而平衡态不一定对应最无序的状态，而是由内能 U 和熵 S 两个因素竞争的结果。温度降低时，分子排列的某种有序化所引起的内能下降对 A 的贡献，大于相应的熵下降对 A 的贡献，使系统处于一个低内能和低熵的有序状态，如液态和固态；相反，温度升高时，熵因素对 A 的贡献迅速增加，系统将处于某种无序的高熵状态，如气态。由于第一类有序结构在平衡条件下形成、并可在平衡条件下维持，故常被称为平衡结构。

经典热力学不能很好地解释第二类的宏观时空有序结构。这是因为第二类有序结构是在开放和远离平衡条件下、在与外界环境交换物质和能量的不可逆过程中，通过能量耗散和内部的非线性动力学机制来形成和维持的。Prigogine 将之称为耗散结构。耗散结构的存在表明，非平衡的不可逆过程虽以环境更为无序为代价，但使系统变得有序，成为有序之源。

解释耗散结构现象及其起因便是非平衡热力学的任务。非平衡热力学并不违反经典热力学，而是补充、丰富和发展了热力学，使人们对自然界的发展过程有了更全面、深入的认识。在非平衡热力学继承和发展经典热力学的过程中，首先遇到的问题是如何描述非平衡态以及如何定义非平衡态的热力学函数，特别是那些通过平衡态来定义的热力学变量，如温度 T、压力 p、熵 S 以及由熵演化而来的各种热力学函数如 Hemholtz 自由焓 A 和 Gibbs 自由焓 G 等等。为了继续保持这些热力学变量的含义并绕过定义非平衡态热力学变量的困难，非平衡热力学引入了局部平衡假设，其核心思想为：

① 宏观系统可划分成许多小体积元，小体积元在宏观上足够小，以致它的性质可由体积元内部的一个点的性质来代表；但同时体积元在微观上又足够大，包含足够多的分子，仍能满足统计处理的要求。

② 假设在 t 时刻，每个小体积元与环境隔离，经 δt 时间间隔后体积元内分子从非平衡状态达到平衡状态，于是在 $t+\delta t$ 时刻可按经典热力学方法定义每个小体积元内的热力学变量，如温度、压力和熵等。

③ 假设 δt 与系统的整个宏观变化时间标度相比无限小，则 t 时刻任何小体积元内的热力学变量，可以认为与 $t+\delta t$ 时刻达到平衡的相应小体积元内的热力学变量近似，因此经典热力学公式皆可应用。

局部平衡假设是连接非平衡热力学和经典热力学的桥梁，也是非平衡热力学分析和处理不可逆过程熵产的基石。由于篇幅所限，本书不便更详细地介绍非平衡热力学的内容，有兴趣的读者可参看非平衡热力学的专著。

(2) 不可逆过程的熵产率及昂萨格（Onsager）倒易关系

经典热力学第二定律表明，封闭系统的熵变是外部熵流和内部熵产两部分贡献之和，即

$$dS_{sys}=\delta Q/T+dS_g=dS_f+dS_g \tag{5-8}$$

熵产 dS_g 是由系统内部不可逆过程引起，其值永远大于零，只有当过程可逆时，$dS_g=0$，$dS_{sys}=dS_f=\delta Q/T$。因此，关于过程不可逆的判据为：熵产 $dS_g>0$，或耗散 $TdS_g>0$。

在非平衡热力学中，第二定律又称为熵产定律。该定律针对不可逆过程的特点，广泛利用熵产或耗散概念来研究实际过程，以找出熵产或耗散与实际过程之间的普遍联系。熵产是不可逆过程进行的内因。

熵产定律在分析不可逆过程时总结出如下规律：不可逆过程是由于系统中存在各种能引起流（如热流、物流、化学反应进度等）的力或势（如热动力、扩散动力、反应动力等）而自发进行，故不可逆过程的单位体积熵产率 σ，即单位时间单位体积内的熵产，可表达成广义流 J_k 和引起该种广义流的广义力 X_k 乘积之和的形式，即

$$\sigma=\frac{dS_g}{dVdt}=\sum_k J_k X_k \tag{6-70}$$

式中的$\sum$表示遍及所有的广义力和流。随着不可逆过程进行，这些力逐渐消耗，内熵逐步产生，直至达到极大值时，过程停止进行。

对于由单一动力作用而产生流的不可逆过程，如孤立系统内两个分系统之间的传热或传质及一个封闭系统内的单个化学反应过程，式(6-70) 可写出具体的公式，即

传热：
$$\sigma=\frac{\delta Q}{dVdt}\left(\frac{1}{T_1}-\frac{1}{T_2}\right)=\frac{\delta Q}{dVdt}\Delta\left(\frac{1}{T}\right) \tag{6-70a}$$

传质：
$$\sigma=\sum_i\left(\frac{\mu_{1,i}}{T_1}-\frac{\mu_{2,i}}{T_2}\right)\frac{dn_{1,i}}{dVdt}=\sum_i\frac{dn_{1,i}}{dVdt}\Delta\left(\frac{\mu}{T}\right) \tag{6-70b}$$

反应：
$$\sigma=-\sum_i\frac{\mu_i}{T}\frac{dn_i}{dVdt}=-\sum_i\frac{\mu_i}{T}\frac{\nu_i d\varepsilon}{dVdt}=\frac{d\varepsilon}{dVdt}\frac{\Delta A}{T} \tag{6-70c}$$

式中，下标 1、2 指分系统的序号，下标 i 表示第 i 组分，δQ 是微分传热量，n 为摩尔数，μ 是化学势，ε 是反应进度，ν_i 为反应方程中 i 组分的计量系数，$\Delta A=-\sum_i\mu_i\nu_i$。由式(6-70a) 可见，传热过程的熵产率即为热流通量$\left(\frac{\delta Q}{dVdt}\right)$与引起该流的温度势差（也称为热动力）$\Delta\left(\frac{1}{T}\right)$的乘积。同理，传质过程的熵产率是扩散流通量$\frac{dn_{1,i}}{dVdt}$与扩散动力 $\Delta\left(\frac{\mu}{T}\right)$的乘积；单个反应过程的熵产率则是反应流通量$\frac{d\varepsilon}{dVdt}$与反应动力 $\Delta\left(\frac{A}{T}\right)$的乘积。若系统同时经

历传热、传质和反应三种不可逆过程，则系统的总熵产率应是式(6-70a)～式(6-70c) 三式右边各项的加和。

描述系统的不可逆过程可任意选择一组力和相应的流，但应满足

$$\sigma = \sum_k J_k X_k = \sum_k J'_k X'_k \tag{6-71}$$

即系统的熵产率不随所选择的力和流的形式不同而改变。但是，选择力和流的形式对实际过程分析却是重要的，这是因为当选择的力和流相当于那些实验上可以测定的变量时，不但使用方便，意义明了，而且还可得到许多宏观性质之间的有用关系。

不可逆过程的各种力与其共轭的流之间存在一定的内在联系。一般地，一种流 J_k 是系统各种力 X_j $(j=1,2,\cdots,m)$ 的函数，即

$$J_k = J_k(X_1, X_2, \cdots, X_m)$$

将此函数以平衡态为参考态作 Taylor 展开，并截至线性项，有

$$J_k = J_k^{(0)} + \sum_j \left(\frac{\partial J_k}{\partial X_j}\right)_0 X_j = \sum_j L_{kj} X_j \tag{6-72}$$

式中，$L_{kj} = \left(\frac{\partial J_k}{\partial X_j}\right)_0$，是一个标量，称为唯象系数，用以表示流随力变化的速率；且由于平衡态时既不存在力，也不产生流，故 $J_k^{(0)}=0$。式(6-72) 仅在不可逆过程的推动力 X_j 都很小，也即系统十分接近平衡态时才成立。满足式(6-72) 的非平衡态称为非平衡态的线性区域。若不可逆过程只存在一种力时，在现实中可以找到许多力与流呈线性关系的例子，表 6-7 列出了常见的几种。

表 6-7 力与流的线性规律

流 J_k	力 X_j	线性规律	唯象系数
热流	温度势，$\Delta(1/T)$	傅里叶定律	热导率
扩散流	扩散势，$\Delta(\mu/T)$	费克定律	扩散系数
反应速率	反应动力，$\Delta(A/T)$	一级反应动力学	速率常数
电流	电势，U	欧姆定律	电导

若不可逆过程存在两种以上力时，力与流的线性规律的一般形式是

$$\left.\begin{aligned} J_1 &= L_{11}X_1 + L_{12}X_2 + \cdots + L_{1m}X_m \\ J_2 &= L_{21}X_1 + L_{22}X_2 + \cdots + L_{2m}X_m \\ &\cdots \\ J_m &= L_{m1}X_1 + L_{m2}X_2 + \cdots + L_{mm}X_m \end{aligned}\right\} \tag{6-73}$$

式中，L_{11}，L_{22}，…，L_{mm} 称为自唯象系数，它关联了力与对应的共轭流；L_{12}，L_{21}，…，L_{kj} 称为交叉唯象系数，它反映了各种不同的不可逆过程间的交叉偶合效应。

Onsager 指出，线性唯象系数具有对称性，即存在如下关系

$$L_{kj} = L_{kj} \tag{6-74}$$

其物理意义是，当第 k 个不可逆过程的流 J_k 受到第 j 个过程的力 X_j 的影响时，第 j 个过程的流 J_j 也必然受到第 k 个过程的力 X_k 的影响，并且表征这两种相互影响的耦合系数相同。这种关系即为 Onsager 倒易关系。Onsager 倒易关系是非平衡热力学中最有特色的成果，在不可逆过程的热力学理论发展中起着极为重要的作用。

唯象系数除了满足 Onsager 倒易关系以外，还应受到热力学第二定律的约束，即

$$\sigma = \sum_k J_k X_k = \sum_k \sum_j L_{kj} X_j X_k \geqslant 0 \tag{6-75}$$

该式表示了热力学第二定律对唯象系数 L_{kj} 强加的限制，即 L_{kj} 的取值不是任意的，因此各

种不可逆过程间的耦合也不是任意的。

（3）非平衡热力学分析法及其应用举例

非平衡热力学分析法就是以非平衡热力学原理特别是熵产定律来计算和分析过程的力和流以及由此产生的熵产率的大小，详细揭示造成能量损耗的原因、部位和机制，并将之与具体过程设备的结构和操作方式进行关联，以有效指导过程流程改进、操作方式升级、节能设备的开发和设计等。与㶲分析法相比，非平衡热力学分析法虽也是求算过程的熵产，但各自的意义不同：前者的熵产是宏观上的、“黑箱”的值，不能揭示过程熵产的原因和机制；而后者是一个局部的值、是“白箱”的，可以明确给出造成能量损耗的大小、原因、部位和机制。非平衡热力学分析法已经越来越多地应用于化学反应、传质分离、热传导、动电和热电效应、生物能力评价等过程，随着非平衡热力学分析法在理论和实践上的不断完善和发展，应用前景必将更加广阔。以下介绍两个与化工过程相关的应用实例，以加深读者的理解。

【例 6-19】 $(CH_3O)_2CO$（碳酸二甲酯）是一种重要绿色化学品，其绿色合成是当前研究的热点，其中以 CO_2 和甲醇为原料直接合成的方法受到极大的关注，其反应方程式为

$$2CH_3OH + CO_2 \longrightarrow (CH_3O)_2CO + H_2O \tag{A}$$

但该反应在温度 0～800℃、压力 0～1MPa 范围内的 $\Delta G > 0$，反应不能进行。为了减少温室气体 CO_2 的排放，促进环境保护及充分利用廉价的碳资源，研究者利用化学反应偶合这一新概念，在反应体系中加入 $(CH_2)_2O$（环氧乙烷），设计了如下的反应途径

$$2CH_3OH + CO_2 + (CH_2)_2O \longrightarrow (CH_3O)_2CO + HOCH_2CH_2OH \tag{B}$$

试用非平衡热力学分析法解释偶合反应进行的缘由。

解 根据式(6-70c) 表达的熵产率的公式，当系统中有两个以上的反应同时进行时，有

$$\frac{dS_g}{dt} = \sigma dV = \sum_j \frac{d\varepsilon_j}{dt}\frac{\Delta A_j}{T} > 0 \tag{C}$$

式中，$\Delta A_j / T$ 是第 j 个反应的广义力，$R_j = d\varepsilon_j / dt$ 是第 j 个反应的反应速率。式(C) 表明，当系统中多个反应同时进行时，各反应的力和流的乘积之和必须大于零，但没有要求每一项都大于零。实际上有些项可以是负的，只要各项的总和符合式(C) 即可。针对本例，反应式(B) 是反应（A）和下面的环氧乙烷水合反应式(D) 的偶合

$$H_2O + (CH_2)_2O \longrightarrow HOCH_2CH_2OH \tag{D}$$

对反应式(A) 有 $\Delta A_1 R_1 < 0$，反应式(D) 出现 $\Delta A_2 R_2 > 0$，总的结果是使反应式(B) 出现 $\Delta A_1 R_1 + \Delta A_2 R_2 > 0$，也即反应(D) 的正熵抵偿反应(A) 的负熵，使反应(A) 的顺利进行成为可能。偶合反应中必有一种物质是两个反应同时涉及的，该物质称为偶合物质。在本例中，水即为偶合物质。

化学反应偶合作为过程节能、强化和绿色化改造的一种重要手段，在科学研究和生产实践上已经引起了广泛的重视，其例子也是不胜枚举。在本章的例 6-11 中乙醇的部分氧化-蒸汽重整（方案 2）也可以看成化学反应偶合过程，它是乙醇蒸气重整（方案 1）与 $H_2 + O_2 \equiv H_2O$ 这一氧化反应的偶合，H_2 既是产物，也是偶合物质。

第二个例子是关于非平衡热力学分析法在节能型精馏分离过程中的应用。精馏是汽液两相逐级流动和错流接触进行热量和质量传递、并实现混合物分离纯化的典型单元操作过程，是当代化学工业应用最成熟和广泛的技术之一，也是用能和耗能大户。如何使产品达到高纯度分离的同时又尽可能地降低能耗是精馏过程研究和应用的主要着眼点。非平衡热力学分析法已成功地应用于大型精馏过程的节能分析。

由于精馏过程只涉及传热和传质两种不可逆过程，对二元混合物分离系统，从熵产定律的基本式(6-70a)和式(6-70b)出发，结合传质过程理论（如双膜理论），经过一系列假设和简化处理，针对精馏塔中任意一块大型塔板（塔径>0.8m）上的一个体积微元 j（微元内的汽相和液相假设成各自以全混状态存在，故又称为混合池），可推导得到熵产率的计算公式为[1]

$$\Theta_j=\frac{dS_g}{dt}=\Theta_{ht}+\Theta_{mt} \tag{6-76a}$$

$$\Theta_{ht}=\frac{\lambda^V G+\lambda^L L}{T^2}\left[\left(\frac{\Delta T_{ver}}{\Delta h_f}\right)^2+\left(\frac{\Delta T_{hor}}{\Delta l_f}\right)^2\right] \tag{6-76b}$$

$$\Theta_{mt}=-\frac{c^V x_l \Delta\mu_l}{T}\left[\frac{K_l^V a(m_l x_l-y_l)}{x_l}-\frac{K_h^V a(m_h x_h-y_h)}{x_h}\right] \tag{6-76c}$$

式中，下标 ht、mt 分别表示传热和传质项；下标 l 和 h 分别是轻、重组分；上标 L 和 V 分别标记为液相和汽相；λ 是热导率，G 和 L 分别为塔板上的汽、液相流量；h_f 和 l_f 分别是塔板上混合池的泡沫层高度和混合池距离液流入口的长度；T_{ver} 和 T_{hor} 分别是混合池垂直（沿汽流）和水平（沿液流）方向上的温度，故式(6-76b)右边方括号中的值即为塔板上混合池沿汽流和液流方向上温度梯度的平方和。c 是系统的体积摩尔浓度，x、y 分别表示液相和汽相摩尔分数，m（$=y/x$）是相平衡常数，K 为传质系数，a 是传质面积。汽相总传质系数 $K^V a$ 与混合池的点分离效率或板效率相关，因此是塔设备参数（如溢流堰高和堰长、塔板开孔面积）与操作参数（如汽、液流量）的函数，既可实验测定，也可用各种文献上已有的关联式计算。图 6-8 给出了塔板上泡沫层体积微元（混合池）、塔内件及部分符号变量的示意图。

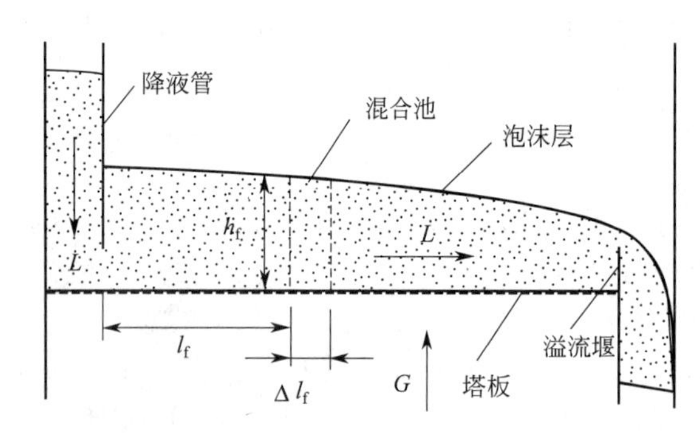

图 6-8　分离塔板上的汽、液流动情况与混合池示意图

一块大型塔板可以看成是由 n 个沿液流方向上的混合池构成，则整个塔板的熵产率为

$$\Theta=\sum_{j=1}^{n}\Theta_j \tag{6-77}$$

利用式(6-76)和式(6-77)即可计算一个精馏塔分离二元混合物时每块塔板上的熵产率。以苯-甲苯二元系的精馏分离为例，精馏塔的塔径为 2.6m，由 48 块塔板构成，含苯 0.44 摩尔分数的混合物在离塔顶的第 23 块板进料，要求塔顶馏出液和塔底出料中苯的摩尔分数分别大于 0.98 和小于 0.02。塔板开孔面积、溢流堰高和堰长、塔板上液体流型（n 的取值）、板上传质元件（筛孔或浮阀）等都是可选的设备结构参数。计算时，首先需要用化工模拟的方法获得每块精馏塔塔板上的汽液流量、温度、浓度、压力分布情况后，再计算熵产率。计算结果表明：

[1] Liang Y. C., Zhou Z., Wu Y. T., Geng J., Zhang Z. B., AIChE J., 2006, 52 (12): 4229-4239.

① 在不考虑塔板向大气环境传热的情况下，塔板内部传热引起的熵产率与由传质引起的熵产率相比非常小，可以忽略不计。因此精馏分离的节能重点在于改善不可逆传质过程。

② 当固定塔板结构参数，如选定开孔面积、溢流堰高和堰长、平推流（即$n=\infty$）及筛板的情况下，如图6-9所示，与㶲分析法的计算结果相比，非平衡热力学分析法得到的熵产率在各塔板上的分布趋势相同，但具体数值普遍要小，且在不同的塔板位置两者的差异程度不同，即从塔顶一直到第33块板非平衡热力学分析法计算的熵产率比㶲分析法的小得多，但在靠近塔底的第35～40板上两者的数值又非常接近。这说明由于㶲分析法不具体分析过程推动力和流，而计及所有可能的熵产潜力，不能如非平衡热力学分析法那样精细地指明节能的部位、潜力和原因。

③ 当改变塔板结构参数时，非平衡热力学分析法计算出的熵产率分布随结构参数的改变而改变，从而可为塔板结构参数的优化和节能设计提供具体的指导。譬如，当塔板上的液体流型从全混流（$n=1$）增大到平推流（$n=\infty$）的过程中，塔板上熵产率的变化如图6-10所示。可见，即使当塔板上有比较粗略的导流设置时（$n=5$），其熵产率分布已经和平推流时的分布接近，且平推流代表最节能的情况，因此，对大型分离塔板，适当的液体导流设计是必须的。

此外，非平衡热力学分析法也能分析由操作参数如塔顶回流比、进料热状况、中间冷凝或中间再沸器换热等改变而引起熵产率分布的变化，从而用于指导精馏分离操作的优化。由于篇幅所限，有兴趣的读者可参见原始文献[1][2]。

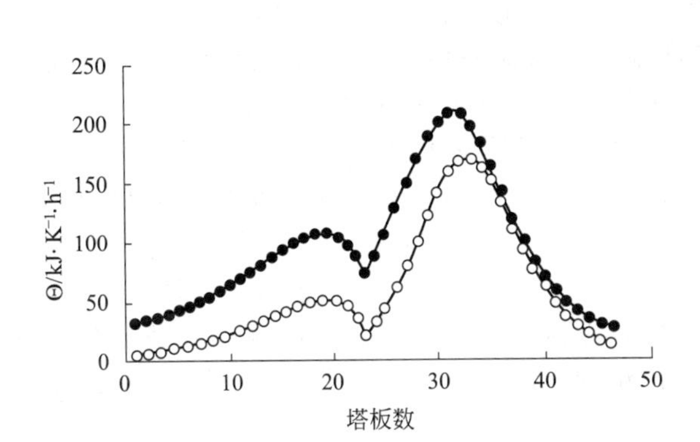

图6-9 精馏塔板上的熵产率分布
● 㶲分析法；○ 非平衡热力学分析法

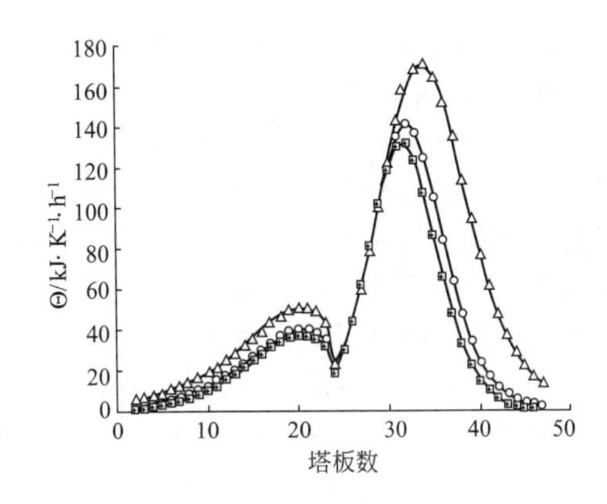

图6-10 液体流型改变时精馏塔板上的熵产率分布
（△）$n=1$（全混流）；（○）$n=5$；
（□）$n=100$；（+）$n=\infty$（平推流）

6.4.3 过程系统节能的夹点技术简介

当今的节能工作已经从单个流股、单个设备发展到多流股、多设备的过程系统，过程集成成为热点话题。过程集成中目前最实用的是夹点技术。

（1）温-焓图与流股的复合曲线

如果一股物流从供给温度T_1被加热或冷却到目标温度T_2，则传热量Q为

$$Q=\int_{T_1}^{T_2}C_p\,\mathrm{d}T=C_p(T_2-T_1)=\Delta H \tag{6-78}$$

式中物流的热容C_p作常数处理。式(6-78)意味着物流的热特性可以方便地用温-焓图（T-H图）上的线段表示，如图6-11所示的A或B。图中的热物流B被冷却，其线段走向

❶ Liang Y. C., Zhou Z., Wu Y. T., Geng J., Zhang Z. B., AIChE J., 2006, 52 (12): 4229-4239.
❷ Liu Q. L., Li P., Xiao J., Zhang Z. B., Ind. Eng. Chem. Res., 2002, 41: 285-292.

是由 T_1 指向 T_2；冷物流 A 被加热，线段由 T_2 指向 T_1。物流的传热量由线段两端点横坐标的距离表示（如图中 Q_A 或 Q_B），线段的斜率即为 C_p 值的倒数。当物流线段在 T-H 图上左右平移时，并不影响物流的温位和传热量。

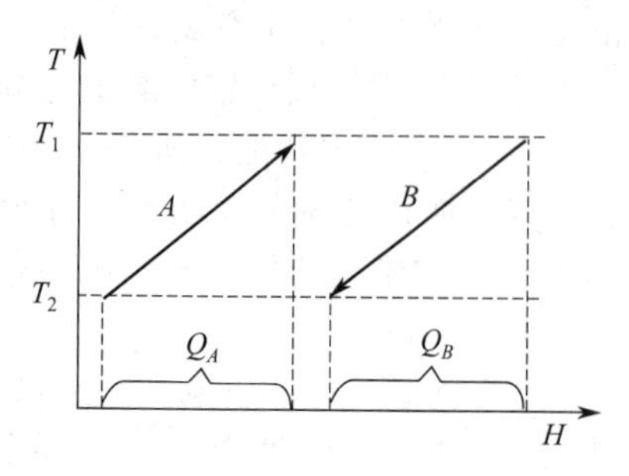

图 6-11　T-H 图上的被加热或冷却物流

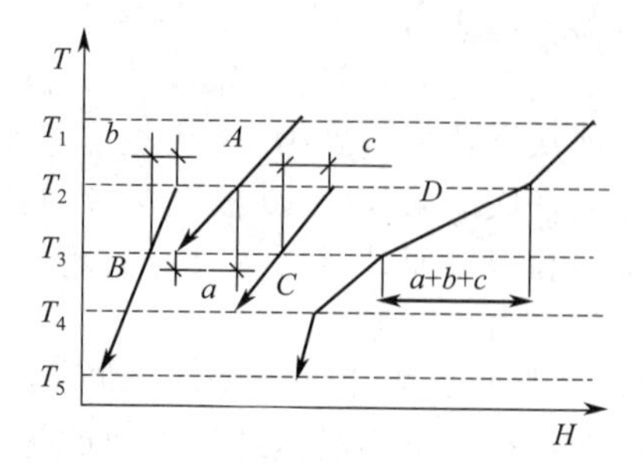

图 6-12　T-H 图上的多股热物流及其热复合曲线

在过程工业的实际生产系统中，通常有多股冷物流需要被加热，也有多股热物流需要被冷却。对于多股热物流，可以将它们在 T-H 图上合成一根热复合曲线；同理，对多股冷物流，也可以合成一根冷复合曲线。图 6-12 表示了 3 股热物流 A、B、C 以及将它们合成后的一根热复合曲线 D。复合曲线合成的原理是：3 股物流涉及从 T_1 到 T_5 共 5 个温位，形成 4 个温度区间（简称温区），在每一个温区，全部涉及物流需要被冷却的总传热量为

$$\Delta H_i = \sum_j C_{p,j}(T_i - T_{i+1}) \tag{6-79}$$

式中，j 是 i 温区的物流序号。式(6-79) 意味着复合曲线在该温区线段的温位不变（即纵坐标不变），但两个端点横坐标的距离是所有在该温区涉及流股横坐标距离的迭加。譬如，在从 T_2 到 T_3 的第二温区，3 个流股都有贡献，它们各自在 H 轴上的投影分别为 a、b、c（见图 6-12），那么该温区复合后的物流线在 H 轴上的投影必然等于 $(a+b+c)$。照此方法，在作出每个温区的复合线段后，即可得到整根热复合曲线。用同样的原理，也可在 T-H 图上合成多股冷物流的冷复合曲线。

（2）夹点的形成及其意义

当将由所有热流股合成的热复合曲线与由所有冷流股合成的冷复合曲线一起表示在 T-H 图上时，热、冷复合曲线会出现三种不同的相对位置，如图 6-13、图 6-14、图 6-15 所示。

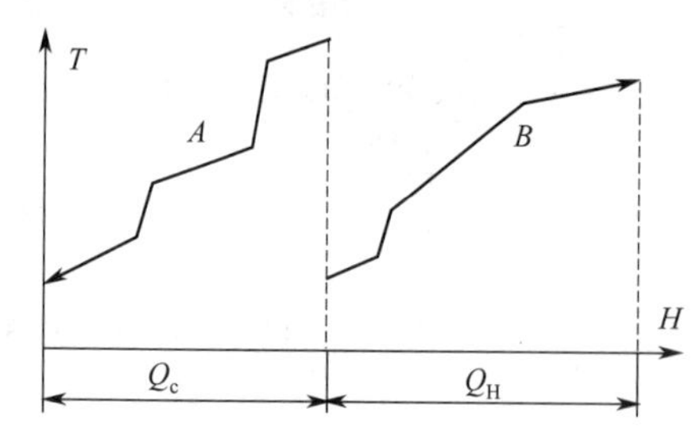

图 6-13　没有热回收的换热系统

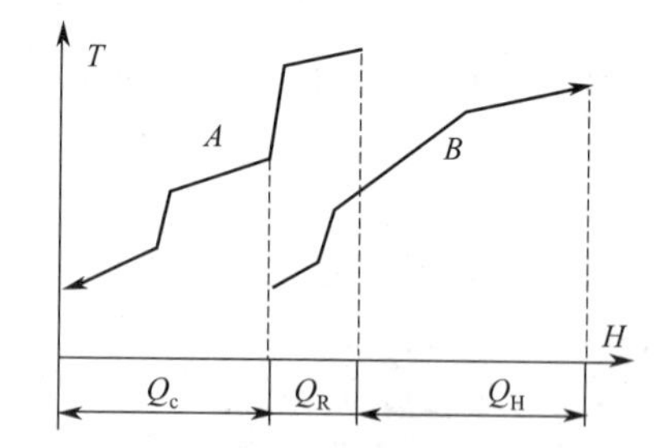

图 6-14　部分热回收的换热系统

图 6-13 的情形表示热、冷复合曲线在 H 轴上的投影完全没有重合，过程中的热量全部没有回收，全部冷流由加热公用工程加热，全部热流由冷却公用工程冷却，此时加热公用工程所提供的热量 Q_H、冷却公用工程所提供的冷却量 Q_c 都为最大。图 6-14 的情形是将图 6-13 中的冷复合曲线 B 左移得到，此时冷、热复合曲线在 H 轴上的投影有部分重合，表示热物流放出的一部分热量 Q_R 可以用来加热冷流，所以加热公用工程所提供的热量 Q_H、冷却公用工程所提供的冷却量 Q_c 均相应减少，回收利用的余热为 Q_R。但由于此时是以最高温度的热流加热最低温度的冷流，传热温差很大，可回收利用的余热量 Q_R 也有限。如果继

续左移冷复合曲线 B，则得到图 6-15 中的情形，此时冷、热复合曲线在某点重合，所回收的热量 Q_R 达到最大，加热、冷却公用工程所提供的加热量 Q_H 和冷却量 Q_c 均为最小。冷、热复合曲线在某点重合时系统内部换热达到极限，重合点的传热温差为零，该点即为理论上的夹点。

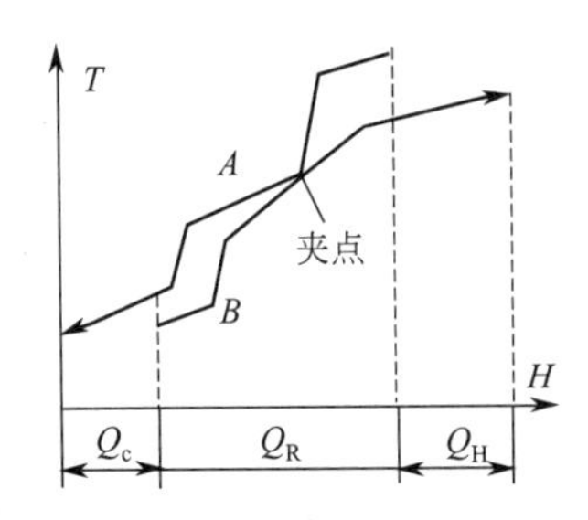

图 6-15　有最大热回收的换热系统

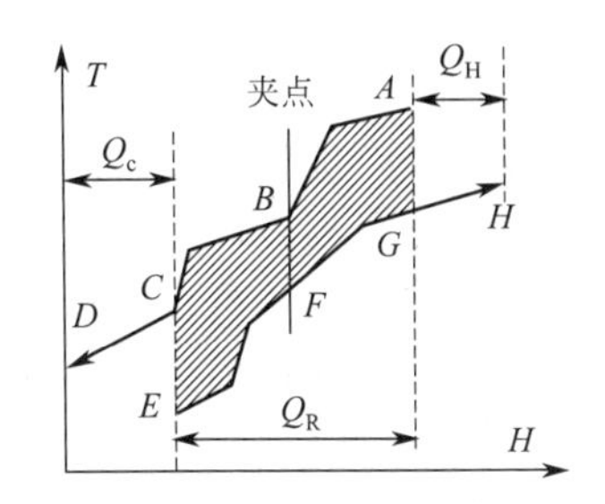

图 6-16　真实换热系统的热集成

但是夹点温差为零时，换热系统操作需要无限大的传热面积，是不现实的。不过，可以通过技术经济评价以确定系统最小的传热温差，即夹点温差。因此，夹点可定义为冷、热复合曲线上传热温差最小的地方。确定了夹点温差之后的冷热复合曲线如图 6-16 所示。图中冷、热复合曲线的重叠部分，即图中的 $ABCEFG$ 阴影部分，为过程内部多股冷、热流体的换热区，物流的焓变全部通过换热器来实现；冷复合曲线上端的剩余部分 GH 线，已没有合适的热物流与之换热，需要公用工程加热器使该部分冷流升高到目标温度，GH 线在 H 轴上的投影即为该夹点温差下所需的最小加热公用工程加热量 $Q_{H,min}$；同理，热复合曲线下端剩余部分 CD 线，也没有合适的冷流与之换热，需要公用工程冷却器使该部分热流降低到目标温度，CD 线在 H 轴上的投影即为该夹点温差下所需的冷却公用工程冷却量 $Q_{c,min}$。

夹点的出现将整个换热网络分成两个部分：夹点之上的热端和夹点之下的冷端。热端只有换热和加热公用工程，没有任何热量流出，可看成是一个净热阱；冷端只有换热和冷却公用工程，没有任何热量流入，可看成是一个净热源；在夹点处，热流量为零。

若在夹点之上的热阱子系统中设置冷却器，或在夹点之下的热源子系统中设置加热器，或者发生跨越夹点的热量传递，当这些加热、冷却或传递的热量值都为 Q_0 时，则不难想象，冷却和加热公用工程的加热量和冷却量都会相应增加 Q_0，是不经济的。因此夹点方法的设计原则是：①夹点之上不应设置任何公用工程冷却器；②夹点之下不应设置任何公用工程加热器；③不应有跨越夹点的传热。

夹点是制约整个系统能量性能的“瓶颈”，它的存在限制了进一步回收热量的可能。如果有可能通过调整工艺改变夹点处物流的热特性，使夹点处热物流温度升高或使夹点处冷物流温度降低，就有可能把冷复合曲线进一步左移，以增加回收的热量。

此外，由上面的介绍还可以看出，夹点技术既包含了按热力学第一定律确定的热量回收，也朴素地隐含了按热力学第二定律确定的对能量品位的要求（温位匹配），是一种先进的用能系统分析和优化工具。

（3）夹点技术的应用范围及其发展

过程工业生产系统，即从原料到产品的整个生产过程，始终伴随着能量的供应、转换、利用、回收、生产、排弃等环节。从系统工程的角度，可以将这些不同的环节归类到 3 个相互联系的子系统中，即工艺过程子系统、热回收换热网络子系统及蒸汽动力公用子系统。工艺过程子系统是指由反应器、分离器等单元设备构成的由原料到产品的生产流程，是过程工业生产系统的主体。热回收换热网络子系统是指在生产过程中由换热器、加热器、冷却器等组成的系统，目的在于把冷、热物流加热或冷却到目标温度，并回收利用热物流的热量。蒸汽动力公用子系统是指为生产过程提供各种级别的蒸汽和动力的子系统，包括锅炉、透平、废热锅炉、给水泵、蒸汽管网等设备。

夹点技术最初源于热回收换热网络的优化集成。目前该技术已经成功扩展应用到蒸汽动力公用工程子系统，而后又进一步发展成为包括热回收换热网络和蒸汽动力公用工程两个子系统的总能系统。此外，夹点技术也已成功地应用于工艺过程子系统中分离设备的节能与过程集成。事实上，夹点技术原则上适用于过程工业的整个生产系统的优化设计和节能改造，即三个子系统的联合优化，尽管这十分困难，但应是技术的发展方向。

此外，在优化目标方面，夹点技术从最初的以能量为系统的目标，发展到以总费用为目标。总费用目标中甚至还可包括过程系统的安全性、可操作性、对不同工况的适应性和对环境的影响等非定量工程目标。更详细的夹点技术应用与发展可参见本章参考文献[8]。

6.4.4 合理用能基本原则

合理用能总的原则是“按质用能、按需供能”，也即要按照能源的质量来使用它，要按照用户所需要能量的数量和质量来供给它。在用能过程中要注意以下几点。

(1) 要能尽其用，防止能量无偿降级

用高温热源加热低温物料，或者将高压水蒸气节流降温、降压使用，或者设备保温不良而造成热损失（或冷损失）等均属能量无偿降级现象，要尽可能避免。

(2) 要采用最佳推动力的设计原则

任何过程的速率等于推动力除以阻力。推动力越大，过程进行的速率也越大，设备投资费用可以减少，但内部㶲损失增大，能耗费用增加；反之，减小推动力，可减少㶲损失，但为了保证一定的产能只有增大设备，使投资费用增大。所谓采用最佳推动力的设计原则，就是确定过程最佳的推动力，谋求合理解决这一矛盾，使总费用为最小。这就要求改变传统的、用增大推动力来强化过程的作法。适当减小推动力，乃是节能的需要。推动力减小后，若不增大设备，而又要保证必要的过程速率，还可通过设法降低过程的阻力来补偿。研制新型高效的化工设备（如各种强化传热换热器），在操作管理和设备维修上注意防腐和防垢等，都可有效降低阻力，从而避免需要过大的实际推动力。

(3) 要合理组织能量的梯级利用，采用能量优化利用的方案

化工厂许多化学反应都是放热反应。放出的热量不仅数量大而且温度较高，是化工过程宝贵的余热资源，应合理利用。高温反应热应通过废热锅炉产生高压水蒸气，将高压水蒸气先通过蒸汽透平作功或发电后，再作为背压蒸汽使用。总之，先用功后用热。对热量也要按其能级高低梯级回收利用，例如用高温热源加热高温物料，用中温热源加热中温物料，用低温热源加热低温物料，还可采用夹点技术方案以优化换热网络。这样就构成按能量级别高低综合利用的总能体系。这种体系，㶲的内、外部损失都将大为减小，可达到很高的能量利用率。

总之，按质用能、按需供能是一项指导原则。

习　题

6-1 某水蒸气动力装置，进入水蒸气透平的水蒸气流量为 $1680kg \cdot h^{-1}$，温度为 430℃，压力为 3.727MPa。水蒸气经透平绝热膨胀对外做功。产功后的乏汽分别为：(1) 0.1049MPa 的饱和水蒸气；(2) 0.0147MPa、60℃的水蒸气。试求此两种情况下，水蒸气经透平的理想功与热力学效率。已知大气温度为 25℃。

6-2 以煤、空气和水为原料制取合成甲醇的反应按下式进行

$$2C + 2H_2O(l) + 2.381(0.78N_2 + 0.21O_2) \longrightarrow CH_3OH(l) + CO_2(g) + 1.857N_2(g)$$

此反应在标准态下进行，反应物与产物都不相互混合，试求此反应过程的理想功。

6-3　某厂有输送90℃热水的管道，由于保温不良，到使用单位时，水温已降至70℃。试求水温降低过程的热损失与损耗功。大气温度为25℃。

6-4　为远程输送天然气，采用压缩液化法。若天然气按甲烷计算，将1kg天然气自0.09807MPa、27℃绝热压缩到6.669MPa，并经冷凝器冷却至27℃。已知压缩机实际的功耗为1021kJ·kg^{-1}，冷却水温为27℃。试求冷凝器应移走的热量，压缩、液化过程的理想功、损耗功与热力学效率。已知甲烷的焓和熵值如下：

压力/MPa	温度/℃	h/kJ·kg^{-1}	s/kJ·kg^{-1}·K^{-1}
0.09807	27	953.1	7.067
6.667	27	886.2	4.717

6-5　1kg水在1.378MPa压力下，从20℃恒压加热到沸点，然后在此压力下全部汽化。环境温度为10℃。问水吸收的热量最多有百分之几能转化为功？水加热汽化过程所需要的热由1200℃的燃烧气供给，假定加热过程燃烧气温度不变。求加热过程的损耗功。

6-6　有一理想气体经一锐孔从1.96MPa绝热膨胀到0.09807MPa。动能、位能的变化可忽略不计。求绝热膨胀过程的理想功与损耗功。大气温度为25℃。

6-7　设在用烟道气预热空气的预热器中，通过的烟道气和空气的压力均为常压，其流量分别为45000kg·h^{-1}和42000kg·h^{-1}。烟道气进入时的温度为315℃，出口温度为200℃。设在此温度范围内，$C_{pmh}^{*} \approx C_{pms}^{*} = 1.090$kJ·kg^{-1}·K^{-1}。空气进口温度为38℃，设在有关温度范围内，$C_{pmh}^{*} \approx C_{pms}^{*} = 1.005$kJ·kg^{-1}·K^{-1}。试计算此预热器的损耗功与热力学效率。已知大气温度为25℃。预热器完全保温。

6-8　求由空气制取氧和氮的最小功（W_{id}）。设空气的组成为79% N_2和21% O_2。环境状态为25℃、0.10133MPa。(1) 产品是纯氮和纯氧；(2) 产品是98%氮气和50%富氧空气。

6-9　乙烯气体在25℃、0.10133MPa下和理论上完全燃烧所需空气的400%混合。送入燃烧炉内燃烧后的烟道气经过冷却也在25℃、0.10133MPa下排出。求燃烧过程的理想功。

6-10　在6-9题中，若燃烧过程在绝热条件下进行，试求燃烧过程的损耗功。已知在绝热条件下，生成物的温度为748.5℃。

6-11　10kg水由15℃加热到60℃。试求加热过程需要的热量和理想功以及上述热量中的㶲与炁。若此热量分别由0.6865MPa和0.3432MPa的饱和水蒸气加热（利用相变热），求加热过程的㶲损失。大气温度为25℃。

6-12　试求H_2(g)、NH_3(g)、和CH_3OH(l)的标准摩尔化学㶲。

6-13　有一股温度为90℃、流量为72000kg·h^{-1}的热水和另一股温度为50℃、流量为108000kg·h^{-1}的水绝热混合。试分别用熵分析和㶲分析法计算混合过程的㶲损失。大气温度为25℃。问此混合过程用哪个分析法求㶲损失较简便？为什么？

6-14　某厂因生产需要，设有过热水蒸气降温装置，将120℃的热水2×10^5kg·h^{-1}和0.7MPa、300℃的水蒸气5×10^5kg·h^{-1}等压绝热混合。大气温度为15℃。求绝热混合过程的㶲损失。

6-15　试分别用能量衡算法、熵分析法和㶲分析法评价下述蒸汽动力循环装置的能量利用情况。已知操作条件为：燃料为焦炭（以纯碳计），用20%过剩空气使之完全燃烧成二氧化碳；锅炉产生的水蒸气压力为3.447MPa（绝），温度为482℃，透平的等熵效率为75%。乏汽是压力为6.90kPa的饱和水蒸气；假定在冷凝器中冷凝水不发生过冷现象，冷凝水直接用水泵送入锅炉；水泵功耗很小，可以忽略；由燃烧炉出来的烟道气的温度为260℃，冷却水温为25℃，流程如图6-17所示。

提示：可用1kmol燃烧的碳作为计算基准。供给燃烧炉的空气含1.2kmol O_2、4.51kmol N_2。烟道气含1kmol CO_2、0.2kmol O_2和4.51kmol N_2。烟道气总的千摩尔数为5.71。已知烟道气在有关温度的平均等压热容$C_{pmh}^{*} \approx C_{pms}^{*} = 31.38$kJ·kmol^{-1}·K^{-1}。

6-16　某核动力厂的操作如图6-18所示。空气从点1进入压缩机绝热压缩至点2，点2至点3是空气在核反应堆中进行恒压加热。然后，在透平中进行绝热膨胀，点4为透平出口点。各点给定的温度和压力数据：

点1：$t_1 = 20$℃，$p_1 = 0.1$MPa；点2：$p_2 = 0.4$MPa；点3：$t_3 = 540$℃，$p_3 = 0.4$MPa；点4：$p_4 = 0.1$MPa；

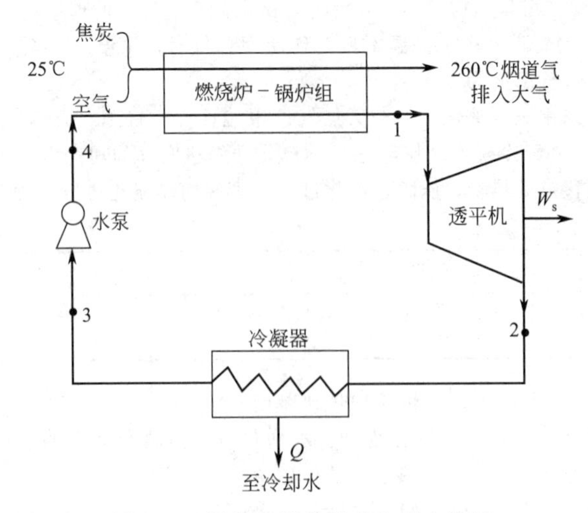

图 6-17　用焦炭燃烧的蒸汽动力装置

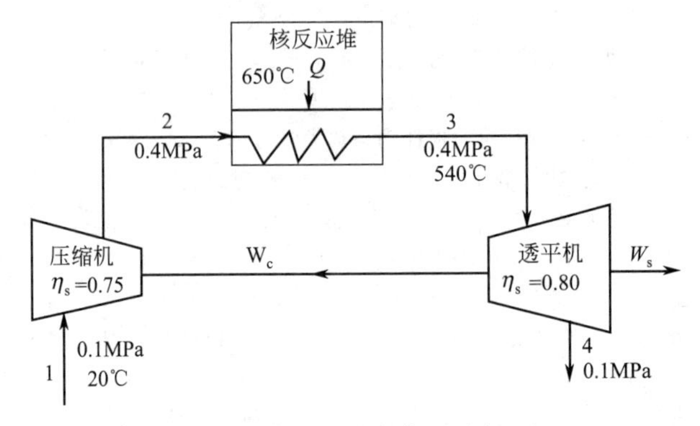

图 6-18　核动力装置示意

驱动压缩机的功 W_c 来自透平，动力厂输出的净功为 W_s。透平和压缩机的等熵效率分别为 0.80 和 0.75。假定空气为理想气体，其 $C_p=(7/2)R$。可以将核反应堆视为 650℃ 的恒温热源。环境温度 $T_0=20℃$。试对此装置进行热力学分析，即求出各设备的㶲损失以及整个装置的热效率和㶲的利用率。

参考文献

[1] 袁一，胡德生编著．化工过程热力学分析法．北京：化学工业出版社，1985.

[2] 骆赞椿，徐汛编著．化工节能热力学原理．北京：烃加工出版社，1989.

[3] [原西德] Baehr，H. D. 著．工程热力学——理论基础及工程应用．杨东华等译．北京：科学出版社，1982.

[4] 杨东华著．㶲分析和能级分析．北京：科学出版社，1986.

[5] Smith J M and Van Ness H C，Abbott M M. Introduction to Chemical Engineering Thermodynamics，7th ed.，McGraw-Hill，New York，2005.

[6] 朱明善著．能量系统的㶲分析．北京：清华大学出版社，1988.

[7] 党洁修，涂敏端编著．化工节能基础．成都：成都科技大学出版社，1987.

[8] 冯霄著．化工节能原理与技术．第 2 版．北京：化学工业出版社，2004.

[9] 李如生著．非平衡态热力学和耗散结构．北京：清华大学出版社，1986.

[10] 陈新志，蔡振云，胡望明编著．化工热力学．第 2 版．北京：化学工业出版社，2005.

[11] 杨东华著．热经济学．上海：华东化工学院出版社，1990.

[12] Forland K S，Forland T，Ratkje S K. Irreversible Thermoolynamics，Theory and Applications，John Wiley & Sons，New York，1994.

[13] 朱自强，徐汛合编．化工热力学．第 2 版．北京：化学工业出版社，1991.

第7章

溶液热力学基础

溶液是一种均相系统，至少由两种组分混合而成，故又称为均相混合物。按混合物所处状态的不同，可分为气体溶液、液体溶液及固体溶液（固熔体）。对于液体的混合物，一般称含量多的组分为溶剂，含量少的组分为溶质。若由气体组分和液体组分或由固体组分和液体组分形成溶液时，则把液体组分称为该溶液的溶剂。从热力学的观点看，溶液中所有的组分是等价的，并非一定要把溶液的组分分为溶质和溶剂。

在化工、冶金、能源、材料、医药、资源利用及生物技术等工业生产过程中，经常涉及气体或液体的多组分溶液，其组成常因为质量传递或化学反应而发生变化。因此，在运用热力学原理来描述这类系统时必须考虑组成对系统性质的影响，并正确把握溶液性质与构成此溶液的组分性质之间的关系，由此发展了溶液热力学这一专门的分支学科。溶液的形成是溶质溶解于溶剂的混合过程，除系统性质变化外，往往伴随着相态的变化以及组分在不同相态之间的分配，如气体组分溶解后由气相进入液相并在汽、液两相间进行分配。由研究溶液的性质变化出发，进而描述构成溶液的组分在不同相间平衡分配的规律，即所谓的流体相平衡原理，则是溶液热力学的又一个重要内容。本章着重学习溶液的热力学性质及性质间的关系，流体相平衡的内容将在第8章展开。

溶液热力学因与扩散分离过程以及流体的物性学有着密切的联系，其工程应用十分广泛，如天然气和石油开采、烃一水体系及其水合物研究、石油产品深加工、煤的液化与固体燃料的化学加工、气体净化和提纯、复杂矿物的化学处理、湿法冶金过程的开发、聚合物的合成和加工以及生物技术等各领域中都要和溶液的热力学性质发生联系。可以说，凡是有溶液存在的及伴有热和能量交换的过程中，都是溶液热力学的研究对象。

7.1 溶液的热力学性质

7.1.1 均相敞开系统的热力学关系式和化学位

在第3章中阐述了均相纯组分或固定组成的封闭系统的热力学关系，涉及八个经常出现的热力学变量（p、T、V、S、U、H、A 和 G）。若给定八个变量中的任何两个，即确定该系统的热力学状态，例如 $U=U(S,V)$，表示摩尔内能是摩尔熵和摩尔体积的函数。

溶液可以是固定组成的封闭系统，但当它与周围环境进行物质和能量交换时即转变为组成可变的敞开系统。因此，必须将适用于封闭系统的热力学关系式普适化，以应用于敞开系统的热力学描述。

敞开系统相比于封闭系统的最大特点是系统的组成也是状态的变量。因此，只须进一步追加考虑组成的影响，即可相当直接地将适用于封闭系统的热力学关系普适化。对于一个含有 N 个组分的均相敞开系统，其总内能 nU[1] 可写成

$$nU=U_t=U(nS^{❶},nV^{❶},n_1,n_2,\cdots,n_N) \tag{7-1}$$

式中，n 为总物质的量，下标 t 表示溶液总的热力学性质，$n_1,n_2,\cdots,n_N$ 分别为组分 1，2，…，N 的物质的量。式(7-1) 表示敞开系统的总内能是总熵、总体积以及各组分组成的函数。nU 的全微分为

$$\mathrm{d}(nU)=\left[\frac{\partial(nU)}{\partial(nS)}\right]_{nV,n}\mathrm{d}(nS)+\left[\frac{\partial(nU)}{\partial(nV)}\right]_{nS,n}\mathrm{d}(nV)+\sum_i\left[\frac{\partial(nU)}{\partial(n_i)}\right]_{nS,nV,n_j}\mathrm{d}n_i \tag{7-2}$$

式中，下标 n 指所有组分的物质的量恒定，加和号 $\sum$ 表示遍及系统内所有的组分，下标 n_j 表示除了 i 组分外的其余组分的物质的量恒定。因为式(7-2) 右边的第一和第二项偏导数保持组成恒定，代表的是封闭系统的偏导数，故按第 3 章封闭系统的基本热力学关系式有

$$\left[\frac{\partial(nU)}{\partial(nS)}\right]_{nV,n}=\left[\frac{\partial U_t}{\partial S_t}\right]_{V_t,n}=T \tag{7-3}$$

$$\left[\frac{\partial(nU)}{\partial(nV)}\right]_{nS,n}=\left[\frac{\partial U_t}{\partial V_t}\right]_{S_t,n}=-p \tag{7-4}$$

再将第三项的系数定义为 μ_i，即

$$\mu_i=\left[\frac{\partial(nU)}{\partial n_i}\right]_{nV,nS,n_j}=\left[\frac{\partial U_t}{\partial n_i}\right]_{V_t,S_t,n_j} \tag{7-5}$$

把式(7-3)～式(7-5) 代入式(7-2)，得

$$\mathrm{d}U_t=\mathrm{d}(nU)=T\mathrm{d}(nS)-p\mathrm{d}(nV)+\sum_i\mu_i\mathrm{d}n_i \tag{7-6}$$

式中，μ_i 称为 i 组分的化学位。这个热力学函数是由吉布斯（Gibbs）引进的。其定义如下：若将无限小量的物质 i 加到溶液（均相系统）中，而相仍保持均匀，同时系统的熵和体积又保持不变，则系统内能的变化除以所加入物质 i 的量，就是物质 i 在所处相中的势。化学位具有与温度和压力相类似的功能。温度差决定热传导的趋向，压力差决定物体运动的趋向，而化学位之差则决定化学反应或物质在相间传递的趋向。因此，化学位在相平衡和化学反应平衡的研究中占重要地位。它也和温度、压力一样，是个强度性质。

同理，将式(7-6) 的推导过程应用于 H_t、A_t 和 G_t 可以写出

$$\mathrm{d}H_t=\mathrm{d}(nH)=T\mathrm{d}(nS)+(nV)\mathrm{d}p+\sum_i\mu_i\mathrm{d}n_i \tag{7-7}$$

$$\mathrm{d}A_t=\mathrm{d}(nA)=-(nS)\mathrm{d}T-p\mathrm{d}(nV)+\sum_i\mu_i\mathrm{d}n_i \tag{7-8}$$

$$\mathrm{d}G_t=\mathrm{d}(nG)=-(nS)\mathrm{d}T+(nV)\mathrm{d}p+\sum_i\mu_i\mathrm{d}n_i \tag{7-9}$$

当 $\mathrm{d}n_i=0$ 时，式(7-6)～式(7-9) 就回复到封闭系统的微分能量表达式。式(7-6)～式(7-9) 即为既适用于封闭系统也适用于敞开系统的普遍化热力学关系式。

根据上述 4 个基本关系式，化学位的相应表达式为

$$\begin{aligned}\mu_i&=\left[\frac{\partial(nU)}{\partial n_i}\right]_{nS,nV,n_j}=\left[\frac{\partial(nH)}{\partial n_i}\right]_{nS,p,n_j}\\&=\left[\frac{\partial(nA)}{\partial n_i}\right]_{nV,T,n_j}=\left[\frac{\partial(nG)}{\partial n_i}\right]_{T,p,n_j}\end{aligned} \tag{7-10}$$

式(7-2) 中的偏导数是开系的偏导数，如闭系中所采用的方法那样，希望把任一偏导数都化成只包含 p、V、T、S、C_p 或 C_V、n_i 以及仅有 p、V、T、n_i 导数的函数形式。其原因在

[1] U、S、V、…、M 表示混合物（溶液）的摩尔内能、熵、体积、…、泛指的摩尔热力学性质等，本应写作 U_m、S_m、V_m、…、M_m，为书写方便，把下标 m 删去，下同。纯物质的泛指摩尔热力学性质用 M_i 表示。

于流体的 p、V、T、C_p 或 C_V 和组成可以直接测量，熵也能通过热容和 p、V、T 的数据求出。通过这些偏导数式间的关系式，就可用易于实测的某些数据来代替或计算那些难于实测的物理量。例如从式(7-9) 按推导 Maxwell 关系式(3-6) 同样的方法就可导出

$$\left(\frac{\partial \mu_i}{\partial T}\right)_{p,n} = -\left[\frac{\partial (nS)}{\partial n_i}\right]_{T,p,n_j} = -\left[\frac{\partial S_t}{\partial n_i}\right]_{T,p,n_j} \tag{7-11}$$

$$\left(\frac{\partial \mu_i}{\partial P}\right)_{T,n} = -\left[\frac{\partial (nV)}{\partial n_i}\right]_{T,p,n_j} = \left[\frac{\partial V_t}{\partial n_i}\right]_{T,p,n_j} \tag{7-12}$$

由上二式可以看出，温度或压力对化学位的影响可分别从组分变化对该系统的总熵变化或总体积变化（T，p，n_j 保持不变）来计算。

7.1.2 偏摩尔性质

式(7-6)～式(7-9) 作为普遍化热力学关系式表述了敞开系统与环境间能量和物质传递的规律，而化学位则表达了不同条件下组成对系统性质的影响。在式(7-10) 所定义的四个化学位表达式中，以 T、p 和 n_j 不变条件下的 $\left[\frac{\partial (nG)}{\partial n_i}\right]_{T,p,n_j}$ 最有意义，称为偏摩尔 Gibbs 自由焓，用 $\bar{G}_i$ 表示。

若用 M 和 M_t 表示摩尔和总的泛指热力学性质，则将偏导数 $\left[\frac{\partial (nM)}{\partial n_i}\right]_{T,p,n_j}$ 定义为偏摩尔性质，用 $\bar{M}_i$ 表示。偏摩尔性质的物理意义是指在给定的 T、p 和除 i 组分外所有其他物质的量不变时，向含有组分 i 的无限多的溶液中加 1mol 的组分 i 所引起的热力学性质的变化。据此，$\bar{M}_i$ 可写为

$$\bar{M}_i = \left[\frac{\partial (nM)}{\partial n_i}\right]_{T,p,n_j} = \left(\frac{\partial M_t}{\partial n_i}\right)_{T,p,n_j} \tag{7-13}$$

由偏摩尔性质的定义可知，偏摩尔 Gibbs 自由焓就是化学位，即 $\bar{G}_i=\mu_i$。但是式(7-10) 中所定义的其他三个化学位的表达式却并不是偏摩尔性质，这点需要特别强调。由于大部分溶液的性质是在恒温和恒压的条件下测定，且后面章节中将重点介绍的相平衡和化学反应平衡也常在恒温和恒压的条件下考察，故式(7-9)、偏摩尔 Gibbs 自由焓或其他偏摩尔性质特别有用，它们表达了一定温度和压力下溶液性质与组成之间的关系，为推导许多热力学关系式奠定了基础。

在等温和等压条件下，若构成此系统的所有组分的质量都增加 α 倍，系统的强度性质不会变化，广度性质却也要增加 α 倍。在数学上，前者称零阶齐次函数，后者称一阶齐次函数。对变量为 Z_1、Z_2、…的 m 阶齐次函数 F 可写出

$$F(\alpha Z_1, \alpha Z_2, \cdots) = \alpha^m F(Z_1, Z_2, \cdots) \tag{7-14}$$

欧拉（Euler）定理把齐次函数和该函数的偏导数联系起来

$$mF = \sum_i Z_i \left(\frac{\partial F}{\partial Z_i}\right)_{Z_j} \tag{7-15}$$

对于强度性质 M，因是零阶齐次函数，$m=0$，按式(7-15) 得

$$\sum_i n_i \left(\frac{\partial M}{\partial n_i}\right)_{n_j} = 0 \quad (T, p\ 为常数) \tag{7-16}$$

对于广度性质 M_t，因是一阶齐次函数，$m=1$，按式(7-15) 得

$$\sum_i n_i \left(\frac{\partial M_t}{\partial n_i}\right)_{n_j,T,p} = \sum_i n_i \left[\frac{\partial (nM)}{\partial n_i}\right]_{n_j,T,p} = nM \tag{7-17}$$

把偏摩尔性质的定义式(7-13) 代入上式，得

$$nM = \sum_i n_i \bar{M}_i \tag{7-17a}$$

或

$$M = \sum_i x_i \overline{M}_i \tag{7-17b}$$

式(7-13) 规定了溶液性质如何在各组分之间分配，而式(7-17) 则表明了溶液性质与各组分的偏摩尔性质之间成线性加和关系。式(7-17) 也表明，纯组分系统的摩尔性质和偏摩尔性质是相同的，即当 $x_i \rightarrow 1$ 时，$\overline{M}_i \rightarrow M_i$。

在第 2 章的 Amagat 定律和 Kay 混合规则中假定了固定组成混合物的摩尔性质与组成间的关系，如 Amagat 定律提出了混合物体积服从摩尔体积加和性的假设，即 $nV = \sum n_i V_i$。事实上，Amagat 定律只严格适用于理想气体或液体混合物（理想溶液），其对实际溶液的性质的计算常存在偏差，甚至达到荒谬的地步。由此可见，只有式(7-17) 才是热力学上严格的溶液性质与组成间的关系式，Amagat 定律只是特例。此外，通过比较 Amagat 定律与式(7-17) 可知，由式(7-17) 来计算溶液的性质，如同用纯组分的摩尔性质来计算理想溶液的性质一样，可见偏摩尔性质在多元溶液热力学性质研究中的重要性。

在溶液热力学中有三类性质，即溶液的摩尔性质 M、纯组分的摩尔性质 M_i 及溶液中组分的偏摩尔性质 $\overline{M}_i$。需要指出的是，$\overline{M}_i$ 与 M 或 M_i 表现出热力学关系式在形式上的相似性，如表 7-1 中列出了部分对应关系式。表中的偏摩尔性质的关系式可以很容易由其定义式(7-13) 推导出来。

表 7-1　偏摩尔性质关系式与摩尔性质关系式在形式上的相似性

摩尔性质关系式	偏摩尔性质关系式	摩尔性质关系式	偏摩尔性质关系式
$H=U+pV$	$\overline{H}_i=\overline{U}_i+p\overline{V}_i$	$\left(\frac{\partial H}{\partial p}\right)_T=V-T\left(\frac{\partial V}{\partial T}\right)_p$	$\left(\frac{\partial \overline{H}_i}{\partial p}\right)_T=\overline{V}_i-T\left(\frac{\partial \overline{V}_i}{\partial T}\right)_p$
$A=U-TS$	$\overline{A}_i=\overline{U}_i-T\overline{S}_i$	$C_p=\left(\frac{\partial H}{\partial T}\right)_p$	$\overline{C}_{p,i}=\left(\frac{\partial \overline{H}_i}{\partial T}\right)_p$
$G=H-TS$	$\overline{G}_i=\overline{H}_i-T\overline{S}_i$	……	……

7.1.3　偏摩尔性质的计算

既然偏摩尔性质在溶液热力学中很重要，必须阐明它们的计算方法。若已知组分的偏摩尔性质，从式(7-17b) 可求算溶液性质。反之，若已知溶液性质就必须用其他的方法方能求出组分的偏摩尔性质。为简便计，以二元溶液的偏摩尔体积为例进行说明。若已知溶液的摩尔体积随组分摩尔分数变化的数据，将其作成曲线（图 7-1），曲线 DGI 代表不同浓度溶液的摩尔体积。直线$\overline{bf}$是在浓度 x_2 时曲线 $V \sim x$ 的切线。按图所示，需证明：(1) 纵轴高度$\overline{ab}=\overline{V}_1$，即组分 1 在浓度 x_2 时的偏摩尔体积；(2) 纵轴高度$\overline{df}=\overline{V}_2$，即组分 2 在浓度 x_2 时的偏摩尔体积。从图可知：

$$\overline{ab}=\overline{ac}-\overline{bc}$$

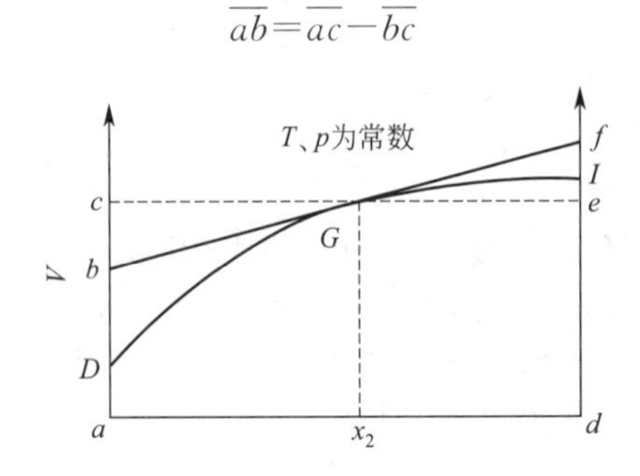

图 7-1　截距法计算偏摩尔体积

$\overline{ac}=V$（浓度为 x_2 时溶液的摩尔体积）

$$\overline{bc}=x_2\frac{dV}{dx_2}=x_2\left(\frac{\partial V}{\partial x_2}\right)_{T,p}$$

$$\overline{ab}=V-x_2\frac{dV}{dx_2} \tag{7-18}$$

若能证得

$$\bar{V}_1=V-x_2\frac{dV}{dx_2}=V-x_2\left(\frac{\partial V}{\partial x_2}\right)_{T,p} \tag{7-18a}$$

则比较式(7-18) 和式(7-18a)，即得 $\bar{V}_1=\overline{ab}$。

由摩尔体积的定义知

$$V=\frac{V_t}{n}=\frac{V_t}{n_1+n_2}$$

微分得

$$dV=\frac{dV_t}{n_1+n_2}-\frac{V_t dn_1}{(n_1+n_2)^2}\quad（n_2\text{ 为定值}）$$

又

$$x_2=\frac{n_2}{n_1+n_2}$$

则

$$dx_2=\frac{-n_2 dn_1}{(n_1+n_2)^2}\quad（n_2\text{ 为定值}）$$

当 T、p 为常数时

$$x_2\frac{dV}{dx_2}=-\frac{n_1+n_2}{dn_1}\left[\frac{dV_t}{n_1+n_2}-\frac{V_t dn_1}{(n_1+n_2)^2}\right]=-\frac{dV_t}{dn_1}+\frac{V_t}{n_1+n_2}=-\bar{V}_1+V$$

或

$$\bar{V}_1=V-x_2\frac{dV}{dx_2}=V-x_2\left(\frac{\partial V}{\partial x_2}\right)_{T,p}$$

同样可以证明

$$\bar{V}_2=V+x_1\left(\frac{\partial V}{\partial x_2}\right)_{T,p}$$

对其他的热力学性质，也可作同样的处理，得出摩尔性质与偏摩尔性质间的关系

$$\bar{M}_1=M-x_2\left(\frac{\partial M}{\partial x_2}\right)_{T,p} \tag{7-19}$$

或

$$\bar{M}_1=M+x_2\left(\frac{\partial M}{\partial x_1}\right)_{T,p} \tag{7-19a}$$

$$\bar{M}_2=M-x_1\left(\frac{\partial M}{\partial x_1}\right)_{T,p} \tag{7-20}$$

或

$$\bar{M}_2=M+x_1\left(\frac{\partial M}{\partial x_2}\right)_{T,p} \tag{7-20a}$$

任何偏摩尔性质都可从溶液的广度热力学性质的实验数据求得。由于上法是用切线的截距计算，故称为截距法。

事实上，对于含 N 个组分的多元溶液，从偏摩尔性质的定义式(7-13) 出发，可以推导出由溶液摩尔性质计算组分偏摩尔性质的更一般关系式，称为广义截距法公式，即

$$\bar{M}_i=M-\sum_{k\neq i}\left[x_k\left(\frac{\partial M}{\partial x_k}\right)_{T,p,x_{j\neq i,k}}\right] \tag{7-21}$$

式中，i 为所讨论的组分，k 为不包括 i 在内的其他组分，j 指不包括 i 及 k 的组分。当溶液的组分数 $N=2$ 时，式(7-21) 便简化为式(7-19) 和式(7-20)。

【例 7-1】 已知碘乙烷（1）和乙酸乙酯（2）系统的浓度和摩尔体积间的关系，所得数据列在表 7-2 中的第一栏和第二栏中，试求在不同浓度下两个组分的偏摩尔体积。

解 根据上面的讨论，从表列数据中的第一栏和第二栏可以做出 $x_1 \sim V$ 的曲线，在不同的浓度 x_1 时，作出曲线的切线，与 $x_1=0$ 和 $x_1=1$ 的纵轴相交，从截距可以求得两组分的偏摩尔体积。作图法的物理概念明确，但繁琐又不够准确。因此，现推荐用数值微分法，即用拉格朗日（Lagrange）微分式求出 $\frac{\partial V}{\partial x_1}$，列在表 7-2 中的第三栏，然后根据式(7-19a）和式(7-20）可求出 $\bar{V}_1$ 和 $\bar{V}_2$，列在表 7-2 中的第四栏和第五栏。由表 7-2 可见，用数值微分的方法易于得到较准确的结果。

由表 7-2 还可以看出，纯组分 1 和 2 的摩尔体积 V_1 和 V_2 分别为 83.63 和 102.09mL・mol^{-1}，都比计算得到的不同浓度下的 $\bar{V}_1$ 和 $\bar{V}_2$ 值小，说明两种组分的混合过程导致溶液体积增大，$V \sim x$ 曲线形状向上凸，并对 Amagat 定律形成正偏差。

表 7-2 碘乙烷（1)-乙酸乙酯（2）体系的偏摩尔体积

x_1	V /ml・mol^{-1}	$\partial V/\partial x_1$	$\bar{V}_1$ /ml・mol^{-1}	$\bar{V}_2$ /ml・mol^{-1}	x_1	V /ml・mol^{-1}	$\partial V/\partial x_1$	$\bar{V}_1$ /ml・mol^{-1}	$\bar{V}_2$ /ml・mol^{-1}
0.0000	102.0895	−14.9730	87.12	102.09	0.6235	91.3477	−18.8900	84.24	103.13
0.1176	100.2749	−15.8880	86.26	102.14	0.7310	89.2606	−19.9400	83.90	103.84
0.2333	98.3846	−16.7880	85.51	102.30	0.8219	87.4077	−20.8280	83.70	104.53
0.3565	96.2870	−17.7310	84.88	102.61	0.9143	85.4777	−21.2110	83.66	104.87
0.4560	94.5025	−18.1380	84.64	102.77	1.0000	83.6342	−21.8110	83.63	105.45
0.5516	92.7498	−18.5290	84.44	102.97					

【例 7-2】 在恒定 T 和 p 下，现有用热力学模型表达的二元溶液的焓方程为

$$H=ax_1+bx_2+cx_1x_2(1+dx_2) \tag{A}$$

式中，a、b、c、d 为与组成无关的常数，试求：(1）纯组分的摩尔焓 H_i；(2）溶液中组分的偏摩尔焓 $\bar{H}_i$；(3）无限稀释下的偏摩尔焓 $\bar{H}_i^{\infty}$。

解 (1）当 $x_1 \to 1$，$x_2 \to 0$，或当 $x_1 \to 0$，$x_2 \to 1$ 时，组分 1 或 2 趋向纯态，代入式(A)，可得到纯组分的摩尔焓 H_1 和 H_2

$$H_1=a \quad H_2=b$$

(2）因 $x_1=1-x_2$，代入式(A)，将 H 化简为 x_2 的函数

$$H=a+(b-a+c)x_2+(cd-c)x_2^2-cdx_2^3 \tag{B}$$

$$(\partial H/\partial x_2)_{T,p}=(b-a+c)+2(cd-c)x_2-3cdx_2^2$$

根据式(7-19)，当 $M=H$，有

$$\bar{H}_1=H-x_2(\partial H/\partial x_2)_{T,p}=a-(cd-c)x_2^2+2cdx_2^3 \tag{C}$$

同理，将 H 化简为 x_1 的函数，且根据（7-20)，有

$$H=b+(a-b+c+cd)x_1-(2cd+c)x_1^2+cd\,x_1^3$$

$$(\partial H/\partial x_1)_{T,p}=(a-b+c+cd)-2(2cd+c)x_1+3cdx_1^2$$

$$\bar{H}_2=H-x_1(\partial H/\partial x_1)_{T,p}=b+(2cd+c)x_1^2-2cd\,x_1^3 \tag{D}$$

(3）在无限稀释下，$x_1 \to 0$，或 $x_2 \to 0$，代入式(C）或式（D)，得

$$\bar{H}_1^{\infty}=a-(cd-c)+2cd=a+c+cd$$

$$\bar{H}_2^{\infty}=b+(2cd+c)-2cd=b+c$$

7.2 逸度和逸度系数

7.2.1 定义

从热力学基本定律可导出许多严格的关系式，把某些热力学性质和可测量的热力学变量联系起来。在恒温条件下，对 1mol 纯组分系统（组成恒定为 1），从式(7-9）出发，有

$$dG \equiv d\mu = Vdp \tag{7-22a}$$

假定系统的状态从理想气体的（T，p_0）变化到真实系统的（T，p），积分上式，得

$$\Delta G \equiv \Delta\mu = G(T,p) - G^*(T,p_0) = \int_{p_0}^{p} Vdp \tag{7-22b}$$

式中，上标 * 表示理想气体。式(7-22a）和式(7-22b）是两个严格的热力学关系式，但应用不便。假定真实状态（T，p）也是理想气体，把理想气体状态方程 $V=RT/p$ 代入上式，得

$$\Delta G^* = G^*(T,p) - G^*(T,p_0) = RT\ln\frac{p}{p_0} \tag{7-23}$$

式(7-23）虽可进行计算，但其结果却是近似的，仅在压力相当低时才与实际情况相符。在石油和化学工业中，许多高压流程的设计和计算必须用真实气体的状态方程。但直到目前为止，还未寻找出一个既简单又正确且应用范围广泛的状态方程。为了使热力学关系式既保持其严格性和正确性，又不使形式过分复杂而难于处理，路易斯（Lewis）提出了逸度的概念，对纯物质，逸度 f 用下式来定义：

$$\mu \equiv RT\ln f + \lambda(T) \tag{7-24a}$$

或

$$dG = RTd\ln f = Vdp, T=\text{常数} \tag{7-24b}$$

若选择一个参比态，式(7-24a）中的 $\lambda(T)$ 可被消去。参比态的压力是任意选定的，但温度却和系统的温度相一致。令 μ^* 和 f^* 为参比态的化学位和逸度，则

$$\mu^* = RT\ln f^* + \lambda(T) \tag{7-25}$$

式(7-24a）减去式(7-25)，得

$$\mu - \mu^* = RT\ln\frac{f}{f^*} \tag{7-26}$$

式(7-26）确定了比值$\frac{f}{f^*}$，但还不能确定 f 的绝对值。为此，还需有附加条件。在压力很低时，所有的气体皆成为理想气体，其逸度等于压力。因此，必须以

$$\left.\begin{aligned} &\text{当 } p \to 0, \frac{f}{p} \to 1 \\ &\text{或} \quad \text{当 } p \to 0, \frac{fV}{RT} \to 1 \end{aligned}\right\} \tag{7-27}$$

为附加条件。对于真实气体

$$\frac{f}{p} = \phi, \frac{fV}{pT} = \phi' \tag{7-28}$$

式中，ϕ 称为逸度系数，是 T 和 p 的函数。若已知 ϕ，通过 $f=\phi p$ 来计算纯物质的逸度。ϕ 用来衡量真实气体偏离理想的程度，ϕ 越接近于 1，气体越接近理想气体。

由式(7-27）知，理想气体的逸度等于其压力，故逸度的量纲应和压力相同。对于真实气体，从式(7-28）知，可把逸度看作校正的压力，或"有效"压力。所谓"有效"，是指无论气体的实际压力有多么大，其效应却只有 f 那么大。既然逸度和气体压力（对液体、固体应该是它们的蒸气压）的关系那么密切，而气体的压力、液体和固体的蒸气压却是用来表

征该物质的逃逸趋势，故逸度也是表征体系逃逸趋势的，逸度因此而得名。以上也就是逸度的物理意义。

在工程上有不少例子是用校正因子的方法来处理问题的，逸度系数的提出就是其中之一。在研究其他问题时也常采用这样的思想方法。

式(7-24a) 和式(7-27) 所规定的边界条件一起构成了逸度的完整定义，采用的是积分形式。若用式(7-24b) 代替式(7-24a)，则变成微分形式的逸度定义。不管是积分还是微分形式的定义，两者完全等价。事实上，若回顾3.3节的偏离函数（或剩余函数）概念，逸度的定义式(7-24a) 以及边界条件式(7-27) 很容易统一到偏离自由焓的概念之下。注意到式(7-22b) 中的 $G(T,p)-G^*(T,p_0)$ 即为偏离Gibbs自由焓，对式(7-24b) 两边积分，积分的路径和式(7-22b) 的处理手法保持一致，可得

$$\int_{G^*(T,p_0)}^{G(T,p)} \mathrm{d}G = \int_{\ln p_0}^{\ln f} RT\,\mathrm{d}\ln f$$

即

$$G(T,p)-G^*(T,p_0)=RT\ln\frac{f}{p_0} \tag{7-24c}$$

若取 $p_0=1$，上式定义的是 f；若取 $p_0=p$，上式即定义了 ϕ。

另外，需要指出的是，以上的逸度和逸度系数的定义不仅适用于纯物质，也适用于溶液及溶液中的组分。对纯组分 i，逸度和逸度系数用 f_i 和 ϕ_i 表示；对溶液的总逸度 f 和总逸度系数 ϕ，可将固定组成的混合物整体看成一个虚拟的纯组分，宜用微分形式的式(7-24b) 和式(7-27) 来定义。

7.2.2 纯气体逸度

计算纯气体逸度的方法不少，择要介绍如下：

(1) 从状态方程计算逸度系数

对于理想气体，在恒温条件下，式(7-24b) 可写成

$$RT\mathrm{d}\ln p=V\mathrm{d}p=\frac{RT}{p}\mathrm{d}p \tag{7-29}$$

将式(7-24b) 减去式(7-29)，则得

$$RT\mathrm{d}(\ln f-\ln p)=\left(V-\frac{RT}{p}\right)\mathrm{d}p$$

积分得

$$\ln\phi=\ln\frac{f}{p}=\frac{1}{RT}\int_{p_0}^{p}\left(V-\frac{RT}{p}\right)\mathrm{d}p=\frac{1}{RT}\int_{p_0}^{p}V\mathrm{d}p-\int_{\ln p_0}^{\ln p}\mathrm{d}\ln p \tag{7-30}$$

式(7-30) 右边第一项用下式表达

$$\int_{p_0}^{p}V\mathrm{d}p=\int_{p_0V_0}^{pV}\mathrm{d}(pV)-\int_{V_0}^{V}p\mathrm{d}V \tag{7-31}$$

将式(7-31) 代入式(7-30)，则

$$\ln\frac{f}{p}=\frac{pV-p_0V_0}{RT}-\frac{1}{RT}\int_{V_0}^{V}p\mathrm{d}V-\ln\frac{p}{p_0} \tag{7-32}$$

因为 $pV=ZRT$，$p_0V_0=RT$，$\frac{p}{p_0}=\frac{ZV_0}{V}$，代入式(7-32)，有

$$\begin{aligned}\ln\phi=\ln\frac{f}{p}&=Z-1-\ln Z-\frac{1}{RT}\int_{V_0}^{V}p\mathrm{d}V+\ln\frac{V}{V_0}\\&=Z-1-\ln Z-\frac{1}{RT}\int_{V_0}^{V}p\mathrm{d}V+\frac{1}{RT}\int_{V_0}^{V}RT\,\mathrm{d}(\ln V)\\&=Z-1-\ln Z+\frac{1}{RT}\int_{V_0}^{V}\left(\frac{RT}{V}-p\right)\mathrm{d}V\end{aligned} \tag{7-33}$$

式(7-30)和式(7-33)是两个由状态方程求算纯物质逸度和逸度系数的重要的基本方程。只要知道物质的状态方程，或有足够多的从低压开始的等温 p-V-T 数据，就可以由这两个基本方程或直接积分或采用图解积分的方法计算得到物质的逸度和逸度系数。显然，式(7-30)更适合于以 T、p 为自变量的状态方程，而式(7-33)则更适合于以 T、V 为自变量的状态方程。

现以RK状态方程为例讨论具体的逸度和逸度系数计算式的推导过程。将RK方程代入式(7-33)，则

$$\ln\frac{f}{p}=Z-1-\ln Z+\frac{1}{RT}\int_{V_0}^{V}\left(\frac{RT}{V}-\frac{RT}{V-b}+\frac{a}{T^{0.5}}\frac{1}{V(V+b)}\right)\mathrm{d}V$$

$$=Z-1-\ln\frac{pV}{p_0V_0}+\ln\frac{V}{V_0}-\ln\frac{V-b}{V_0-b}+\frac{a}{bRT^{1.5}}\ln\left(\frac{V}{V_0}\times\frac{V_0+b}{V+b}\right)$$

$$=Z-1-\ln\frac{pV-pb}{p_0V_0-p_0b}+\frac{a}{bRT^{1.5}}\ln\left(\frac{V}{V_0}\times\frac{V_0+b}{V+b}\right)$$

因 $p_0V_0=RT$，当 $p_0\to 0$ 时，$p_0V_0-p_0b=RT-p_0b\to RT$，$(V_0+b)/V_0\to 1$，则上式可写成

$$\ln\frac{f}{p}=Z-1-\ln\left(Z-\frac{pb}{RT}\right)-\frac{a}{bRT^{1.5}}\ln\left(1+\frac{b}{V}\right)$$

由于

$$\frac{pb}{RT}=Bp,\frac{b}{V}=\frac{Bp}{Z},\frac{a}{bRT^{1.5}}=\frac{A^2}{B}$$

上式就可写成

$$\ln\frac{f}{p}=Z-1-\ln(Z-Bp)-\frac{A^2}{B}\ln\left(1+\frac{Bp}{Z}\right)\tag{7-34}$$

式(7-34)给出了纯气体或定常组成的气体混合物的逸度系数计算式，使 $\frac{f}{p}$ 成为 Z、Bp 和 $\frac{A^2}{B}$ 的函数，而 Z 本来就可从状态方程计算。

当采用其他的气体状态方程，逸度和逸度系数计算式的推导过程很类似，此处不再重复。为了便于使用，表7-3中列出了常用状态方程的纯组分逸度系数计算式。

表7-3　常用状态方程的纯组分逸度系数表达式

方程	表达式
维里方程，式(2-5)：	$\ln\phi=\frac{2B}{V}+\frac{1.5C}{V^2}-\ln Z$
维里方程，式(2-7)：	$\ln\phi=\frac{Bp}{RT}$
RK方程，式(2-10)：	$\ln\phi=Z-1-\ln\frac{p(V-b)}{RT}-\frac{a}{bRT^{1.5}}\ln(1+b/V)$
SRK方程，式(2-17)	$\ln\phi=Z-1-\ln\frac{p(V-b)}{RT}-\frac{a}{bRT}\ln(1+b/V)$
PR方程，式(2-18)：	$\ln\phi=Z-1-\ln\frac{p(V-b)}{RT}-\frac{a}{2\sqrt{2}bRT}\ln\frac{V+(\sqrt{2}+1)b}{V-(\sqrt{2}-1)b}$

(2) 从对应态原理计算逸度系数

从式(7-30)知

$$\ln\frac{f}{p}=\frac{1}{RT}\int_{p_0}^{p}\left(\frac{ZRT}{p}-\frac{RT}{p}\right)\mathrm{d}p=\int_{P_0}^{p}(Z-1)\frac{\mathrm{d}p}{p}\tag{7-35}$$

将其写成对比压力的形式

$$\ln\phi=\ln\frac{f}{p}=\int_{(p_0)_r}^{p_r}\frac{Z-1}{p_r}\mathrm{d}p_r\tag{7-35a}$$

上式表明，ϕ 是 p_r 和 Z 的函数，而 Z 的普遍计算中有两参数法和三参数法。

① 两参数法

根据式(7-35a) 当 T_r 值一定时，做出$\dfrac{f}{p}$对 p_r 的曲线，不同的 T_r 值有不同的曲线（图7-2）。只要有给定的 T_r 和 p_r 值，查图可读出$\dfrac{f}{p}$的数值，从而计算出逸度。计算误差一般在10%之内。

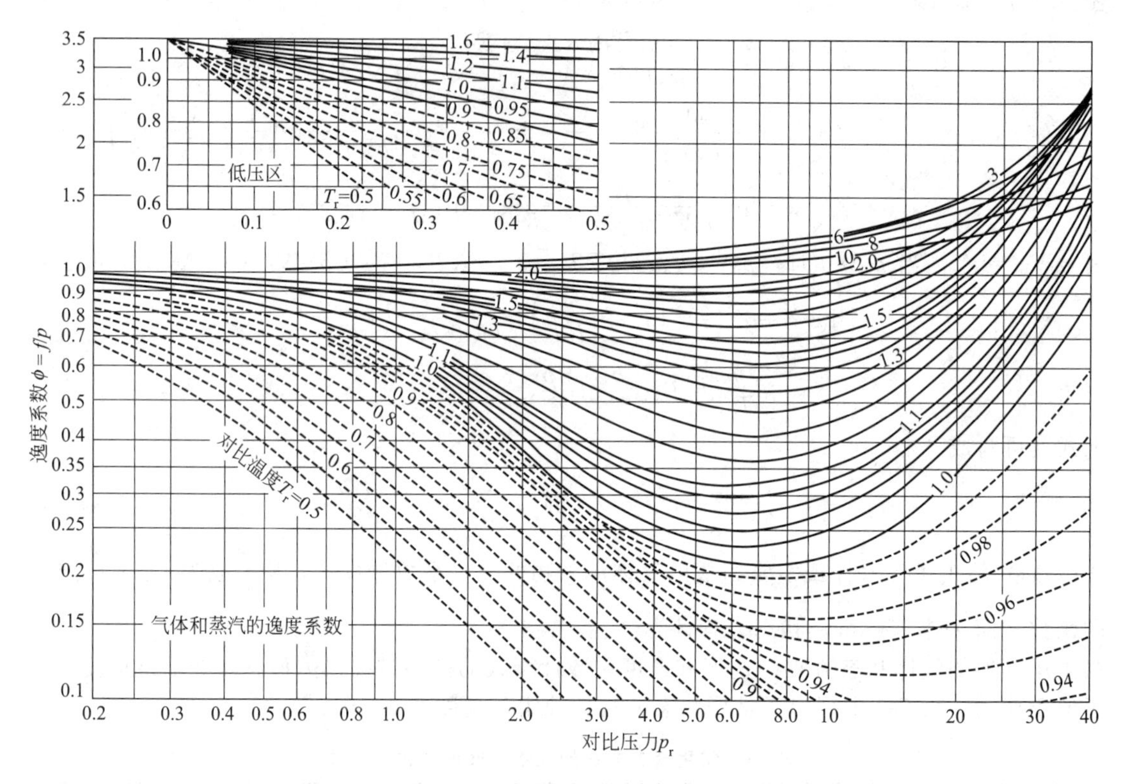

图 7-2 气体的逸度系数

② 三参数法

为了提高气体普遍化逸度系数的计算精度，引进了第三参数 Z_c，对不同的 Z_c 值可作成一幅幅如图 7-2 那样的曲线图，也可以作成表，用来求算气体的逸度系数。更有效的是把 ω 作为第三参数，像处理压缩因子一样，逸度系数的对数值也能写成 ω 的线性方程

$$\ln\phi=\ln\phi^0+\omega\ln\phi^1 \tag{7-36a}$$

或

$$\phi=\phi^0\times(\phi^1)^{\omega} \tag{7-36b}$$

式中，ϕ^0 和 ϕ^1 分别为简单流体的普遍化逸度系数和普遍化逸度系数的校正函数。图 7-3～图 7-6 示出了它们的普遍化关联曲线。若要得更精确的数值，参见附表 7。

将式(7-36a) 和式(7-35) 比较，得

$$\ln\phi^0\equiv\int_{(p_0)_r}^{p_r}(Z^0-1)\frac{\mathrm{d}p_r}{p_r} \tag{7-37}$$

$$\ln\phi^1\equiv\int_{(p_0)_r}^{p_r}Z^1\frac{\mathrm{d}p_r}{p_r} \tag{7-38}$$

若可应用维里方程，则可写出：

$$Z-1=\frac{Bp}{RT}$$

将此代入式(7-35a)，并令 $(p_0)_r=0$，则

$$\ln\phi=\int_0^p \frac{Bp}{RT}\frac{\mathrm{d}p}{p}=\frac{Bp}{RT}$$

因 $B=(B^0+\omega B^1)\dfrac{RT_c}{p_c}$，并代入上式，得

$$\ln\phi=(B^0+\omega B^1)\frac{p_r}{T_r} \tag{7-39}$$

式(7-39)既可用于纯气体的逸度系数计算，也能用于气体混合物中组分的逸度系数计算。

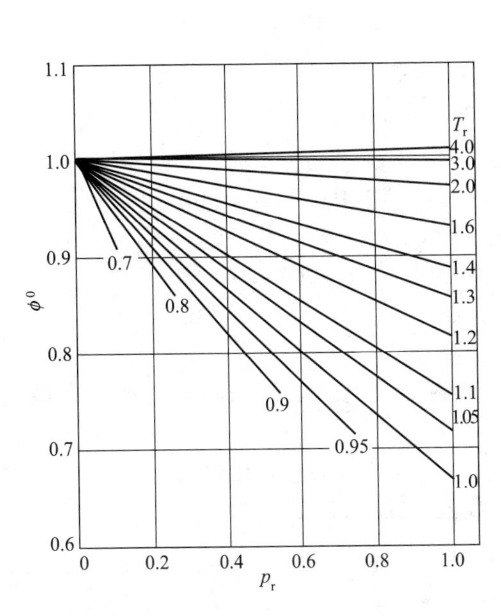

图 7-3 ϕ^0 的普遍化关联（$p_r<1.0$）

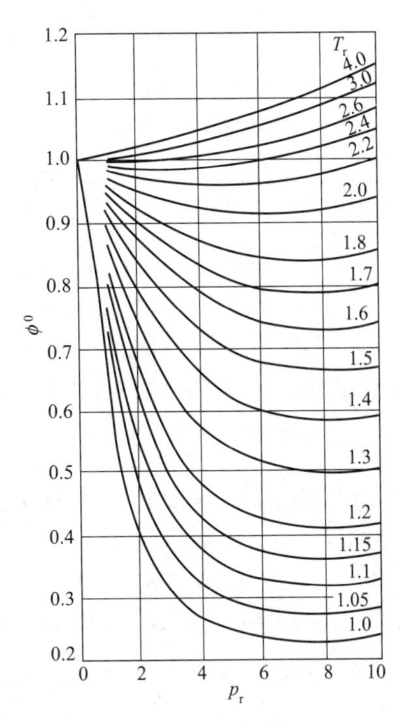

图 7-4 ϕ^0 的普遍化关联（$p_r>1.0$）

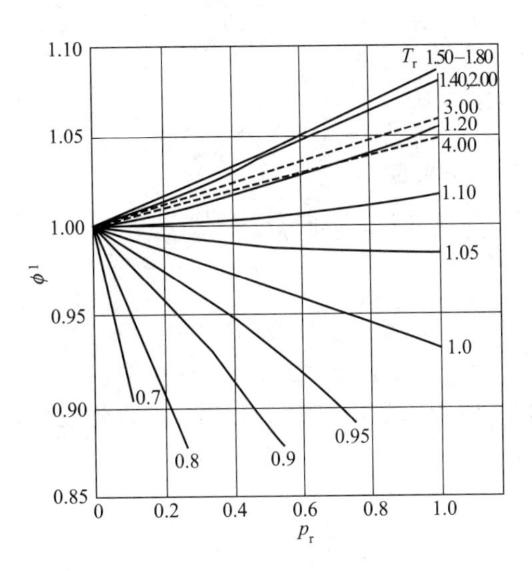

图 7-5 ϕ^1 的普遍化关联（$p_r<1.0$）

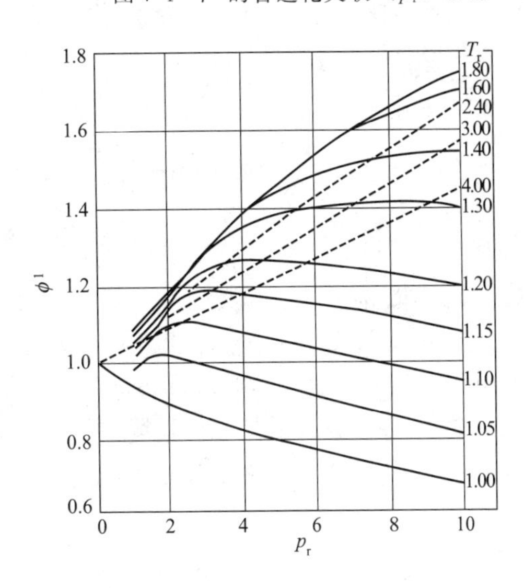

图 7-6 ϕ^1 的普遍化关联（$p_r>1.0$）

【例 7-3】 用下列方法求算 10.203MPa 和 133.8℃时气态丙烷的逸度。

（1）设丙烷为理想气体；

（2）用 PR 方程；

（3）用普遍化的两参数法；

（4）用普遍化的三参数法；

解 （1）若设在此条件下的丙烷是理想气体，则在 10.203MPa 和 133.8℃的逸度为 10.203MPa。

（2）从附表 1 查得丙烷的物性数据

$$p_c=4.25\text{MPa},\ V_c=203\times10^{-6}\text{m}^3\cdot\text{mol}^{-1},\ T_c=369.8\text{K}$$

$$Z_c=0.281,\ \omega=0.152$$

$T_r=(133.8+273.2)/369.8=1.1006$

$\alpha^{0.5}=1+(0.37646+1.54226\omega-0.26992\omega^2)(1-T_r^{0.5})$

$=1+0.604647\times(1-1.1006^{0.5})=0.970315$

$a_c=0.457235R^2T_c^2/p_c=0.457235\times8.314^2\times369.8^2/4.25$

$=1.017\times10^6\text{MPa}\cdot\text{cm}^6\cdot\text{mol}^{-2}$

$a=a_c\alpha=1.017\times10^6\times0.970315^2=0.9575\times10^6\text{MPa}\cdot\text{cm}^6\cdot\text{mol}^{-2}$

$b=0.077796RT_c/p_c=0.077796\times8.314\times369.8/4.25=56.279\text{cm}^3\cdot\text{mol}^{-1}$

因 V 未知，须由 PR 状态方程迭代计算，将 PR 方程改写成迭代形式

$$V=\frac{RT}{p}+b-\frac{a(V-b)}{pV(V+b)+pb(V-b)}$$

以理想气体的 $V^*=RT/p=331.647\text{cm}^3\cdot\text{mol}^{-1}$ 为初值，代入上式右边，经过多次迭代，解得 $V=144.23\text{cm}^3\cdot\text{mol}^{-1}$。

$$Z=pV/RT=10.203\times144.23/(8.314\times407)=0.4349$$

将以上数据结果代入表 7-3 中的 PR 方程逸度系数表达式，得

$$\ln\phi=Z-1-\ln\frac{p(V-b)}{RT}-\frac{a}{2\sqrt{2}bRT}\ln\frac{V+(\sqrt{2}+1)b}{V-(\sqrt{2}-1)b}$$

$$=0.4349-1-\ln\frac{144.23-56.279}{331.647}-\frac{0.9575\times10^6}{2.828\times8.314\times407}\ln\frac{144.23+2.414\times56.279}{144.23-0.414\times56.279}$$

$$=0.4349-1+1.3273-1.4932=-0.731$$

$\phi=0.4814,\ f=p\phi=10.203\times0.4814=4.912\ \text{MPa}$

（3）
$$p_r=\frac{10.203}{4.25}=2.403,\ T_r=\frac{407}{369.8}=1.101$$

由图 7-2 查得 $\dfrac{f}{p}=0.452,\ f=0.452\times10.203=4.612\text{MPa}$

（4）以 ω 为第三参数

已知 $T_r=1.101$ 和 $p_r=2.403$，从图 7-4 和图 7-6 查得 $\phi^0=0.489$，$\phi^1=1.06$

从式(7-36b)，$\phi=(0.489)(1.06)^{0.152}=0.4938$，$f=0.4938\times10.203=5.038\text{MPa}$

从文献[1]知，10.203MPa 和 133.8℃时过热丙烷气体的逸度系数为 0.4934，所以逸度应为 $0.4934\times10.203=5.034\text{MPa}$。

[1] Canjar, L. N., manning, F. S., "Thermodynamic Properties and Reduced Correlations for Gases", Gulf Pub. Co. Houston, 1967.

现将几种方法计算结果比较如下：

误差 \ 方法	理想气体定律	PR 方程	两参数法	三参数法
				ω
$100\%\times\dfrac{\text{文献值}-\text{计算值}}{\text{文献值}}$	−102.6%	+2.42%	+8.39%	0.81%

由上表知，理想气体方程根本不能应用，三参数法比两参数法精确，其中尤以 ω 法为佳。用 PR 方程计算的结果也令人满意。

7.2.3 凝聚态物质的逸度

凝聚态物质的逸度定义仍用式(7-24) 表示，只是式中的 μ 及 f 分别代表凝聚态物质的化学位和逸度。在定温和定压下，当纯物质达到相平衡时，该物质在Ⅰ、Ⅱ两相中的化学位应相等

$$\lambda(T)+RT\ln f^{\mathrm{I}}=\lambda(T)+RT\ln f^{\mathrm{II}}$$

即

$$f^{\mathrm{I}}=f^{\mathrm{II}} \tag{7-40}$$

上式说明，当该物质在两相中的逃逸趋势相同时，才能达到相平衡。运用上述原则，可根据凝聚相与气相间的平衡关系来计算凝聚态物质的逸度。

【例 7-4】 用下列方法计算 38.8℃和 6.890MPa 时丙烷的逸度。已知在 38.8℃时丙烷的蒸气压为 1.312MPa。从 1.312MPa 到 6.890MPa 间液体丙烷的平均比容为 $2.06\mathrm{cm^3\cdot g^{-1}}$。

（1）两参数法；

（2）临界压缩因子法；

（3）偏心因子法。

解 （1）有关丙烷的临界数据和偏心因子值见例 7-3。

在 38.8℃和 6.890MPa 时丙烷呈液态。先求 1.312MPa 下的逸度。

$$p_{\mathrm{r}}=\frac{1.312}{4.25}=0.308,\quad T_{\mathrm{r}}=\frac{38.8+273.2}{369.8}=0.844$$

从图 7-2 查得 $\phi=0.81$，故

$$\frac{f^{\mathrm{V}}}{p}=0.81$$

$$f^{\mathrm{V}}=0.81\times1.312=1.062\mathrm{MPa}$$

在 38.8℃、1.312MPa 时，丙烷液体和蒸气达到平衡态，根据凝聚态物质逸度计算的原则，在上述条件下，液态丙烷的逸度也为 1.062MPa。

压力对液态物质的逸度有影响，因

$$RT\mathrm{d}\ln f^{\mathrm{L}}=V^{\mathrm{L}}\mathrm{d}p$$

积分得

$$\ln\frac{f_2^{\mathrm{L}}}{f_1^{\mathrm{L}}}=\frac{1}{RT}\int_1^2 V^{\mathrm{L}}\mathrm{d}p$$

压力对液体比容的影响不大，故 V^{L} 可视为常数，将有关数据代入上式

$$\ln\frac{f_2^{\mathrm{L}}}{1.062}=\frac{44.06\times2.06}{312\times8.314}(6.890-1.312)=0.195$$

$$\frac{f_2^{\mathrm{L}}}{1.062}=1.215,\quad f_2^{\mathrm{L}}=1.062\times1.215=1.290\mathrm{MPa}$$

（2）从文献[1]的表中查得：当 $p_{\mathrm{r}}=\dfrac{6.890}{4.25}=1.62$，$T_{\mathrm{r}}=\dfrac{38.8+273.2}{369.8}=0.844$，$Z_{\mathrm{c}}=0.28$ 时，$\phi^{\mathrm{L}}=0.188$

[1] Reid，R. C.，Sherwood，T. K，“The Properties of Gases and Liquids” 2nd ed，p. 587，Mc Graw-Hill，New York，1996.

则
$$f^{\mathrm{L}}=0.188\times6.890=1.295\mathrm{MPa}$$

（3）当 $p_{\mathrm{r}}=1.62$，$T_{\mathrm{r}}=0.844$，$\omega=0.145$

由附表 7 分别查得

$$\left[\lg\left(\frac{f}{p}\right)^0\right]=-0.671,\quad \left[\lg\left(\frac{f}{p}\right)^1\right]=-0.38$$

由式(7-36a) 知

$$\lg\phi^{\mathrm{L}}=-0.671+0.152(-0.38)=-0.7287$$

$$\phi^{\mathrm{L}}=0.187,\quad f^{\mathrm{L}}=0.187\times6.890=1.287\mathrm{MPa}$$

从丙烷的 p-V-T 数据，用剩余体积图解积分算得在给定条件下液体丙烷的逸度为1.276MPa。从上述计算结果知，所用三种方法都有一定的精度。特别是偏心因子法，不但简捷，而且精度也较好，比较可取，并对气、液相的逸度都可以计算。临界压缩因子法求 ϕ 时，表不够详尽，只能用 $Z_c=0.28$ 代替 0.281，会引起一些误差，但并不严重。此外，从所得结果看出，压力对液体的逸度影响不大，当压力升高近 5.58MPa 时，液体丙烷的逸度却只改变 1.290－1.062＝0.228MPa。

7.2.4 混合物中组分的逸度和逸度系数

对于溶液中的组分 i 的逸度 $\hat{f}_i$ 和逸度系数 $\hat{\phi}_i$，因为需要额外考虑组成变化的影响，必须用偏摩尔性质代替摩尔性质，故式(7-24b) 的定义过程须改变为

$$\mathrm{d}\bar{G}_i=RT\mathrm{d}\ln\hat{f}_i=\bar{V}_i\mathrm{d}p,\quad T=\text{常数} \tag{7-41}$$

对于理想气体混合物，组分 i 的逸度等于其相应的分压，故边界条件为

$$\lim_{p\to0}\frac{\hat{f}_i}{p_i}=\lim_{p\to0}\frac{\hat{f}_i}{py_i}=\lim_{p\to0}\hat{\phi}_i=1 \tag{7-42}$$

式中，p 是混合物的总压，p_i 为组分 i 的分压；y_i 代表气体组分 i 的摩尔分数。当式(7-42) 针对液体混合物应用时，只需将 y_i 改成液相的 x_i 即可。

前文已经定义了混合物的总逸度 f，混合物中组分的逸度 $\hat{f}_i$ 和总逸度 f 之间存在必然的联系。按照引入了偏离自由焓的逸度定义式(7-24c)，对混合物的总逸度有

$$G(T,p)-G^*(T,p)=RT\ln f-RT\ln p$$

将上式两边同时乘以 n mol，并在恒定 T、p 以及 n_j 的条件下对 n_i 微分，有

$$\left[\frac{\partial(nG)}{\partial n_i}\right]_{T,p,n_j}-\left[\frac{\partial(nG^*)}{\partial n_i}\right]_{T,p,n_j}=RT\left[\frac{\partial(n\ln f)}{\partial n_i}\right]_{T,p,n_j}-RT\ln p$$

根据偏摩尔性质的定义，上式可直接写成

$$\bar{G}_i-\bar{G}_i^*=RT\left[\frac{\partial(n\ln f)}{\partial n_i}\right]_{T,p,n_j}-RT\ln p \tag{7-43a}$$

直接积分组分逸度 $\hat{f}_i$ 的定义式(7-41)，积分路径为从理想气体状态（T，p）变化到真实气体状态（T，p），则

$$\bar{G}_i-\bar{G}_i^*=RT\ln\hat{f}_i-RT\ln\hat{f}_i^*$$

因理想气体的 $\hat{f}_i^*=p_i=py_i$，故

$$\bar{G}_i-\bar{G}_i^*=RT\ln\frac{\hat{f}_i}{y_i}-RT\ln p \tag{7-43b}$$

比较式(7-43a) 和 (7-43b)，得

$$\ln\frac{\hat{f}_i}{y_i}=\left[\frac{\partial(n\ln f)}{\partial n_i}\right]_{T,p,n_j} \tag{7-44}$$

式(7-44) 减去数学恒等式 $\ln p \equiv \left[\frac{\partial(n\ln p)}{\partial n_i}\right]_{T,p,n_j}$，并根据逸度系数的定义，有

$$\ln\hat{\phi}_i = \left[\frac{\partial(n\ln\phi)}{\partial n_i}\right]_{T,p,n_j} \tag{7-45}$$

由式(7-44) 和式(7-45) 可以看出，$\ln(\hat{f}_i/y_i)$ 和 $\ln\hat{\phi}_i$ 都分别是混合物总性质 $n\ln f$、$n\ln\phi$ 的偏摩尔性质，而 $\hat{f}_i$ 和 $\hat{\phi}_i$ 却不是。若由某些状态方程先求出混合物的逸度 f 或逸度系数 ϕ 的表达式，则运用式(7-44) 和式(7-45) 就可以求出混合物中组分的逸度和逸度系数。

混合物的非理想性既可由纯物质本身的性质所引起，也可由组分间的混合而产生。特别是混合物中组分的逸度在热力学中占有十分重要的地位，它不仅表征系统中组分的非理想性，而且在相平衡计算中也是关键所在。可以说，若对组分逸度系数掌握牢固，则不少汽液平衡计算可迎刃而解。$\hat{f}_i$ 和 $\hat{\phi}_i$ 无法实测，通常所谓它们的实验数据，也是通过定常组成下的容积性质计算而得。因此必须拥有 $\hat{\phi}_i$ 和实测容积性质间的关系式。这些关系式的形式[1]为

$$RT\ln\hat{\phi}_i = \int_0^p \left[\left(\frac{\partial V_t}{\partial n_i}\right)_{T,p,n_j} - \frac{RT}{p}\right]\mathrm{d}p \tag{7-46}$$

和

$$RT\ln\hat{\phi}_i = \int_{V_t}^{\infty} \left[\left(\frac{\partial p}{\partial n_i}\right)_{T,V,n_j} - \left(\frac{RT}{V_t}\right)\right]\mathrm{d}V_t - RT\ln Z \tag{7-47}$$

上述两式对汽相组分逸度系数 $\hat{\phi}_i^{\mathrm{V}}$ 和液相组分逸度系数 $\hat{\phi}_i^{\mathrm{L}}$ 的计算均适用，只是 V_t 和 Z 分别用汽相混合物的总体积和压缩因子（计算 $\hat{\phi}_i^{\mathrm{V}}$）以及用液相混合物的总体积和压缩因子（计算 $\hat{\phi}_i^{\mathrm{L}}$）代入，同时用上两式的计算会涉及混合规则，在计算 $\hat{\phi}_i^{\mathrm{V}}$ 时用汽相摩尔分数 y_i，在计算 $\hat{\phi}_i^{\mathrm{L}}$ 时，用液相摩尔分数 x_i。在一般书籍中常介绍式(7-46)，在实际计算中却以式(7-47) 更为方便，因为更多的状态方程是用 V_t 来作自变量之故。下面对 $\hat{\phi}_i^{\mathrm{V}}$ 的具体计算作些讨论。

(1) 路易斯-兰德尔（Lewis-Randall）逸度规则

从式(7-46) 和式(7-30) 可分别得出气体混合物中组分的逸度系数和纯气体的逸度系数，两者之差为

$$\ln\left(\frac{\hat{\phi}_i^{\mathrm{V}}}{\phi_i^{\mathrm{V}}}\right) = \frac{1}{RT}\int_0^p \left(\bar{V}_i - \frac{RT}{p} + \frac{RT}{p} - V_i\right)\mathrm{d}p = \frac{1}{RT}\int_0^p (\bar{V}_i - V_i)\mathrm{d}p \tag{7-48}$$

把逸度系数的定义

$$\hat{\phi}_i^{\mathrm{V}} = \frac{\hat{f}_i^{\mathrm{V}}}{y_i p},\quad \phi_i^{\mathrm{V}} = \frac{f_i^{\mathrm{V}}}{p}$$

代入上式，得

$$\ln\frac{\hat{f}_i^{\mathrm{V}}}{f_i^{\mathrm{V}} y_i} = \frac{1}{RT}\int_0^{p_0} (\bar{V}_i - V_i)\mathrm{d}p \tag{7-49}$$

式(7-49) 表达了在同温和同压下组分逸度和纯物质逸度间的关系。若拥有偏摩尔体积的数据，可直接代入上式进行计算。但 $\bar{V}_i$ 的数据缺乏，假设此混合物为理想溶液，则 $\bar{V}_i = V_i$，因此，式(7-49) 的右边等于零，则

$$(\hat{f}_i^{\mathrm{id}})^{\mathrm{V}} = f_i^{\mathrm{V}} y_i \tag{7-50}$$

---

[1] 有关这些方程的推导参见附录三。

式(7-50) 称为路易斯-兰德尔逸度规则，$(\hat{f}_i^{id})^V$ 直接和该组分的摩尔分数成比例。同样，该规则也能用于液相溶液。

（2）从第二维里系数计算

在讨论纯气体逸度系数时，曾写出

$$\ln\phi=\frac{Bp}{RT} \tag{7-51}$$

此方程仍适用于计算恒定组成的气体混合物的总逸度系数，只是式内的 B 是组成的函数。在低压和中压下，B 和组成的关系可以用下式表示，即

$$B=\sum_i\sum_j y_i y_j B_{ij} \tag{7-52}$$

式中，y 表示气体混合物中组分的摩尔分数；i 和 j 是混合物中存在的组分；B_{ij} 为两分子间的交叉维里系数；加和号计及所有可能的两分子相互作用，B_{ij} 应和 B_{ji} 相等。

对于二元系，$i=1$，2 和 $j=1$，2，则式(7-52) 可展开为

$$B=y_1^2B_{11}+2y_1y_2B_{12}+y_2^2B_{22} \tag{7-53}$$

式中的 B_{11}、B_{22} 和 B_{12} 均只是温度的函数。下面拟寻求 $\hat{\phi}_1$ 和 $\hat{\phi}_2$ 与维里系数的关系。

用 n 乘式(7-51)，得

$$n\ln\phi=\frac{(nB)p}{RT}$$

对 n_1 进行微分，给出

$$\left[\frac{\partial(n\ln\phi)}{\partial n_1}\right]_{T,p,n_2}=\frac{p}{RT}\left[\frac{\partial(nB)}{\partial n_1}\right]_{T,n_2}$$

根据偏摩尔性质的定义，上式等号的左边可用 $\ln\hat{\phi}_1$ 表示，故上式可写为

$$\ln\hat{\phi}_1=\frac{p}{RT}\left[\frac{\partial(nB)}{\partial n_1}\right]_{T,n_2} \tag{7-54}$$

由式(7-53) 可得

$$\begin{aligned}B&=y_1(1-y_2)B_{11}+2y_1y_2B_{12}+y_2(1-y_1)B_{22}\\&=y_1B_{11}-y_1y_2B_{11}+2y_1y_2B_{12}+y_2B_{22}-y_1y_2B_{22}\end{aligned}$$

令

$$\delta_{12}=2B_{12}-B_{11}-B_{22}$$

则上式可写成

$$B=y_1B_{11}+y_2B_{22}+y_1y_2\delta_{12}$$

因

$$y_i=\frac{n_i}{n}$$

则

$$nB=n_1B_{11}+n_2B_{22}+\frac{n_1n_2}{n}\delta_{12}$$

对上式微分，给出

$$\begin{aligned}\left[\frac{\partial(nB)}{\partial n_1}\right]_{T,n_2}&=B_{11}+\left(\frac{1}{n}-\frac{n_1}{n^2}\right)n_2\delta_{12}\\&=B_{11}+(1-y_1)y_2\delta_{12}=B_{11}+y_2^2\delta_{12}\end{aligned}$$

故

$$\ln\hat{\phi}_1=\frac{p}{RT}(B_{11}+y_2^2\delta_{12}) \tag{7-55a}$$

同样可得

$$\ln\hat{\phi}_2=\frac{p}{RT}(B_{22}+y_1^2\delta_{12}) \tag{7-55b}$$

若将此推广到多元系，则可写出通式为

$$\ln\hat{\phi}_i=\frac{p}{RT}\left[B_{ii}+\frac{1}{2}\sum_j\sum_k y_j y_k(2\delta_{ji}-\delta_{jk})\right] \tag{7-56}$$

式中

$$\delta_{ji}=2B_{ji}-B_{jj}-B_{ii}$$

$$\delta_{jk}=2B_{jk}-B_{jj}-B_{kk}$$

而且

$$\delta_{jj}=0，\delta_{kk}=0 \text{ 和 } \delta_{ij}=\delta_{ji}$$

纯物质的 B_{kk}、B_{ii} 等可以从普遍化关联式求得，而交叉维里系数 B_{ik}、B_{ij} 可通过式(7-53) 和相应的混合规则进行求算

$$B_{ij}=\frac{RT_{c_{ij}}}{p_{c_{ij}}}(B^0+\omega_{ij}B^1) \tag{7-57}$$

普劳斯尼茨推荐用如下的混合规则来计算 ω_{ij}、$T_{c_{ij}}$ 和 $p_{c_{ij}}$ 等

$$\omega_{ij}=\frac{\omega_i+\omega_j}{2} \tag{7-58}$$

$$T_{c_{ij}}=(T_{c_i}T_{c_j})^{1/2}(1-k_{ij}) \tag{7-59}$$

$$p_{c_{ij}}=\frac{Z_{c_{ij}}RT_{c_{ij}}}{V_{c_{ij}}} \tag{7-60}$$

$$Z_{c_{ij}}=\frac{Z_{c_i}+Z_{c_j}}{2} \tag{7-61}$$

$$V_{c_{ij}}=\left(\frac{V_{c_i}^{1/3}+V_{c_j}^{1/3}}{2}\right)^3 \tag{7-62}$$

式中的 k_{ij} 是经验参数，称为相互作用参数，可由少数的 p-V-T 数据拟合求得。若缺乏数据时，特别对 i 和 j 是分子相似时，则可取为零。

【例 7-5】 试计算 310K，0.2MPa 时由摩尔分数 60%的季戊烷（1）和摩尔分数 40%的 CO_2（2）构成的气体混合物的维里系数、摩尔体积、以及两个组分的逸度系数。

解 本例题可以很方便地用 Microsoft Excel 工作表计算组分的维里系数 B_{ij}。计算结果见表 7-4。

表 7-4 用 Excel 工作表计算组分的维里系数 B_{ij}

	B	C	D	E	F	G	H	I
3 4	T(K)=310		p(MPa)=0.2				$k_{ij}=0$	
5	组分	T_c/K	p_c/MPa	ω	V_c/(cm³/mol)	Z_c	T_r	p_r
6	季戊烷(1)	433.8	3.200	0.197	306.0	0.269	0.7146	0.0625
7	CO_2(2)	304.2	7.375	0.225	94.0	0.274	1.0191	0.0271
8	(1)-(2)	363.3	4.564	0.211	179.7	0.272	0.8534	0.0438
9								
10	组分	B^0	B'	$B^0+\omega B'$	B_{ij}(cm³/mol)			
11	季戊烷(1)	−0.639	−0.566	−0.751	−846.4			
12	CO_2(2)	−0.326	−0.020	−0.331	−113.5			
13	(1)-(2)	−0.461	−0.196	−0.502	−332.3			

计算顺序为：查附表 1 得到如表 7-4 虚线框中的纯组分临界参数——计算 H6、H7、I6、I7 单元格——计算 C8、E8、F8、G8 单元格后再计算 D8、H8 和 I8 单元格——按照式(2-31a) 和式(2-31b) 计算 C11～C13 和 D11～D13 单元格——按式(7-57) 计算 E11～E13 和 F11～13 单元格。

由式(7-53) 计算混合物的 B

$$B=(0.6)^2(-846.4)+2(0.6)(0.4)(-332.3)+(0.4)^2(-113.5)=-482.4\text{cm}^3\cdot\text{mol}^{-1}$$

按维里状态方程计算混合物的摩尔体积 V

$$V=RT/p+B=8.314\times310/0.2-482.4=12404.3\ \mathrm{cm^3\cdot mol^{-1}}$$

从式(7-55a) 和式(7-55b) 计算组分的逸度系数

$$\ln\hat{\phi}_1=[B_{11}+y_2^2(2B_{12}-B_{11}-B_{22})]p/(RT)$$
$$=[-846.4+(0.4)^2(-2\times332.3+846.4+113.5)]\times0.2/(8.314\times310)=-0.0620$$

$$\ln\hat{\phi}_2=[B_{22}+y_1^2(2B_{12}-B_{11}-B_{22})]p/RT$$
$$=[-113.5+(0.6)^2(-2\times332.3+846.4+113.5)]\times0.2/(8.314\times310)$$
$$=-5.58\times10^{-4}$$

故 $\hat{\phi}_1=0.9399$，$\hat{\phi}_2=0.9994$

(3) 从状态方程计算

当气体混合物的密度接近或超过临界值时，维里方程不再适用，而要用状态方程来计算逸度系数。由于是计算气体混合物中组分的 $\hat{\phi}_i$，故需考虑状态方程中纯组分的参数和组成的关系，从而求算混合物的参数，应该指出，混合规则对组分逸度系数的计算相当敏感，而且即使状态方程不变，但混合规则不同时，组分逸度系数的表达形式也有所改变，这点在进行具体计算中务必加以注意。

以 V 为自变数的状态方程和其相应的混合规则代入式(7-47) 后可以得出组分的逸度系数计算式，表 7-5 列出了与一些常用的状态方程和混合规则所对应的组分逸度系数表达式。

表 7-5 组分逸度系数表达式

状态方程形式	混合规则*	组分逸度系数表达式
范德瓦耳斯方程 $p=\dfrac{RT}{V-b}-\dfrac{a}{V^2}$	$a=(\sum y_i\sqrt{a_i})^2$ $b=\sum y_ib_i$	$\ln\hat{\phi}_i=\dfrac{b_i}{V-b}-\ln\left[Z\left(1-\dfrac{b}{V}\right)\right]-\dfrac{2\sqrt{aa_i}}{RTb}$
RK 方程 $p=\dfrac{RT}{V-b}-\dfrac{a}{\sqrt{T}V(V+b)}$	$a=(\sum y_i\sqrt{a_i})^2$ $b=\sum y_ib_i$	$\ln\hat{\phi}_i=\dfrac{b_i(Z-1)}{b}-\ln\left[Z\left(1-\dfrac{b}{V}\right)\right]+\dfrac{ab_i/b-2\sqrt{aa_i}}{bRT^{1.5}}\ln(1+b/V)$
RK 方程 $p=\dfrac{RT}{V-b}-\dfrac{a}{\sqrt{T}V(V+b)}$	$a=\sum\sum y_iy_ja_{ij}$ $b=\sum y_ib_i$	$\ln\hat{\phi}_i=\dfrac{b_i(Z-1)}{b}-\ln\left[Z\left(1-\dfrac{b}{V}\right)\right]+\dfrac{ab_i/b-2\sum y_ja_{ij}}{bRT^{1.5}}\ln(1+b/V)$
SRK 方程 $p=\dfrac{RT}{V-b}-\dfrac{a}{V(V+b)}$	$a=\sum\sum y_iy_ja_{ij}$ $b=\sum y_ib_i$	$\ln\hat{\phi}_i=\dfrac{b_i(Z-1)}{b}-\ln\left[Z\left(1-\dfrac{b}{V}\right)\right]+\dfrac{ab_i/b-2\sum y_ja_{ij}}{bRT}\ln(1+b/V)$
PR 方程 $p=\dfrac{RT}{V-b}-\dfrac{a}{V(V+b)+b(V-b)}$	$a=\sum\sum y_iy_ja_{ij}$ $b=\sum y_ib_i$	$\ln\hat{\phi}_i=\dfrac{b_i(Z-1)}{b}-\ln\left[Z\left(1-\dfrac{b}{V}\right)\right]+\dfrac{ab_i/b-2\sum y_ja_{ij}}{2\sqrt{2}bRT}\ln\dfrac{V+2.4142b}{V-0.4142b}$

* $a_{ij}=(1-k_{ij})\sqrt{a_ia_j}$，是一个最常用的交叉相互作用表达式，称为组合规则。称 k_{ij} 为相互作用参数，由实验数据拟合得到，一般 $k_{ij}=k_{ji}$，$k_{jj}=0$。

从上表可清楚地看出，状态方程相同，混合规则不同，$\hat{\phi}_i^V$ 的表达式是不同的；混合规则相同，而状态方程不同，$\hat{\phi}_i^V$ 的表达式也是不同的。因此，在应用 $\hat{\phi}_i^V$ 的时候，必须同时计及状态方程和混合规则。

有人曾用 RK 方程计算正丁烷 (1)-二氧化碳 (2) 系的汽相组分逸度系数随压力的变化，并和实验结果做了比较，示于图 7-7。当采用路易斯-兰德尔逸度规则时，计算值和实验数据完全不符。若取 $T_{c_{ij}}$ 为 T_{c_i} 和 T_{c_j} 的几何平均值，$k_{ij}=0$ 时，在 $\hat{\phi}_2^V \sim p$ 的曲线上，虽能出现极大值，但仍难与实验数据相符。当取 $k_{ij}=0.18$ 时，$\hat{\phi}_2^V$ 的计算值和实验数据符合良好。由此可见，在计算混合物中组分的汽相逸度系数时，状态方程和混合规则的选择，二元相互作用参数的选用等都会影响其计算的精度。

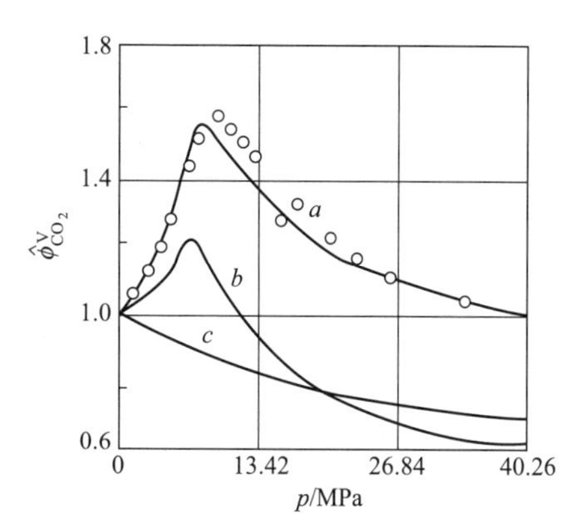

图 7-7　171.1℃时正丁烷（1）-二氧化碳（2）系 CO_2 的逸度系数（$y_1=0.85$）
○—实验数据；a—$k_{ij}=0.18$；b—$k_{ij}=0$；c—路易斯-兰德尔逸度规则

需要指出的是，由于范德瓦耳斯方程和原型的 RK 方程（各种修正的 RK 方程除外）都只能适用于气（汽）相 p-V-T 性质的计算，计算液相 p-V-T 性质时效果常常很差，故表 7-5 中与其对应的组分逸度系数表达式更多地用于气（汽）相。与之相反，由于 SRK 和 PR 方程都还能比较精确地代表非极性、弱极性或一些简单液相系统的 p-V-T 性质，故这两个方程的组分逸度系数表达式常同时应用于气（汽）、液两相，它们是下章将要介绍的用状态方程法计算汽（气）液平衡的基础。

【例 7-6】 试用 PR 方程计算 CO_2(1)-正丁烷（2）液相系统在 $T=273.2K$，$p=1.061MPa$，$x_1=0.2$ 时组分的逸度系数及混合物的总逸度系数。(已知 $k_{ij}=0.12$)。

解 计算过程为：查组分的临界参数——计算 PR 方程中的 a_{ij}，b_i——计算混合物的 a，b——计算混合物的 V 和 Z——计算组分的 $\hat{\phi}_i$ 和混合物的 ϕ。前两步的计算可方便地由 Microsoft Excel 工作表来完成，计算结果见表 7-6。

表 7-6　用 Excel 工作表计算 PR 方程中的 a_{ij}，b_i

	B	C	D	E	F	G	H	I
3	T(K)=273.2		p(MPa)=1.061					
4	$x_1=0.2$		$k_{ij}=0.12$					
5	组分对	T_c/K	p_c/MPa	ω	T_r	$\alpha^{0.5}$	a_c	a_{ij}	b_i
6	(1)-(1)	304.2	7.375	0.225	0.8981	1.0371	3.966E+05	4.266E+05	26.68
7	(2)-(2)	425.2	3.800	0.193	0.6425	1.1318	1.504E+06	1.926E+06	72.37
8	(1)-(2)							7.977E+05	

注：表中虚线框中数据从附表 1 查得；$a_{ii}=a_c\alpha$；$a_{ij}=(1-k_{ij})\sqrt{a_{ii}a_{jj}}$；$a$ 和 b 的单位分别为 $MPa\cdot cm^6\cdot mol^{-2}$ 和 $cm^3\cdot mol^{-1}$。

按照混合规则计算 a 和 b

$$a=0.2\times0.2\times4.266\times10^5+2\times0.2\times0.8\times7.977\times10^5+0.8\times0.8\times1.926\times10^6$$
$$=1.505\times10^6 MPa\cdot cm^6\cdot mol^{-2}$$
$$b=0.2\times26.68+0.8\times72.37=63.23cm^3\cdot mol^{-1}$$

从 PR 方程本身迭代计算液相的 V，得

$$V=83.43cm^3\cdot mol^{-1}$$
$$Z=pV/(RT)=1.061\times83.43/(8.314\times273.2)=0.03897$$

将以上数据结果代入表 7-5 中 PR 方程的组分逸度系数表达式，有

$$\ln\hat{\phi}_1=\frac{26.68(0.03897-1)}{63.23}-\ln\left[0.03897\left(1-\frac{63.23}{83.43}\right)\right]+$$

$$\frac{15.05\times26.68/63.23-2\times(0.2\times4.266+0.8\times7.977)}{2.8284\times63.23\times8.314\times273.2}\times10^5\times$$

$$\ln\frac{83.43+2.4142\times63.23}{83.43-0.4142\times63.23}=-0.4055+4.6633+\frac{6.3504-14.4696}{4.0621}\times\ln\frac{236.08}{57.24}$$

$$=1.426$$

同理 $$\ln\hat{\phi}_2=-2.290$$

混合物的总逸度系数按式(7-17b) 计算

$$\ln\phi=x_1\ln\hat{\phi}_1+x_2\ln\hat{\phi}_2=0.2\times1.426+0.8\times(-2.290)=-1.547$$

故 $$\hat{\phi}_1=4.162,\ \hat{\phi}_2=0.1013,\ \phi=0.2129$$

7.2.5 温度和压力对逸度的影响

逸度虽不属热力学八大函数之一，但在实际应用中却异常重要，为此应该分析温度和压力对它的影响。先写出逸度与温度和压力关系的全微分式为

$$\mathrm{d}\ln f=\left(\frac{\partial\ln f}{\partial T}\right)_p\mathrm{d}T+\left(\frac{\partial\ln f}{\partial p}\right)_T\mathrm{d}p \tag{7-63}$$

在等压下，将式(7-24a) 对 T 求导，得

$$\left(\frac{\partial\ln f}{\partial T}\right)_p=\frac{1}{R}\left[\frac{\partial\left(\frac{\mu}{T}\right)}{\partial T}\right]_p-\frac{1}{R}\left[\frac{\mathrm{d}\left(\frac{\lambda(T)}{T}\right)}{\mathrm{d}T}\right] \tag{7-64}$$

根据$\left(\frac{\partial G}{\partial T}\right)_p=-S$，$(\mathrm{d}G)_T=(\mathrm{d}\mu)_T$ 和自由焓的定义，上式右边部分的第一项可写为

$$\frac{1}{R}\left[\frac{\partial\left(\frac{\mu}{T}\right)}{\partial T}\right]_p=\frac{1}{RT}\left(\frac{\partial\mu}{\partial T}\right)_p-\frac{\mu}{RT^2}=-\frac{S}{RT}-\frac{1}{RT^2}(H-TS)=-\frac{H}{RT^2} \tag{7-65}$$

在同一系统的参比条件下，式(7-64) 可写成

$$\left(\frac{\partial\ln f^*}{\partial T}\right)_{p=p_0}=\frac{1}{R}\left[\frac{\partial\left(\frac{\mu^*}{T}\right)}{\partial T}\right]_{p=p_0}-\frac{1}{R}\left[\frac{\mathrm{d}\left(\frac{\lambda(T)}{T}\right)}{\mathrm{d}T}\right] \tag{7-66}$$

因 $p_0\to0$，$f^*=p_0$，故式(7-66) 的左边项等于零，根据式(7-65)，上式可写成

$$\frac{1}{R}\left[\frac{\partial\left(\frac{\mu^*}{T}\right)}{\partial T}\right]_{p=p_0}=\frac{1}{R}\left[\frac{\mathrm{d}\left(\frac{\lambda(T)}{T}\right)}{\mathrm{d}T}\right]=-\frac{H^*}{RT^2} \tag{7-67}$$

将式(7-65) 和式(7-67) 代入式(7-64)，得

$$\left(\frac{\partial\ln f}{\partial T}\right)_p=-\frac{H-H^*}{RT^2} \tag{7-68}$$

式(7-68) 是纯流体的逸度随温度变化的微分式，用普遍化焓差图或状态方程就能计算定压下温度对逸度的影响。若能设法求出混合物的焓差，则式(7-68) 也完全可用于计算温度对给定组成的混合物逸度的影响。事实上，式(7-68) 也可从引入了偏离函数（或剩余函数）的逸度定义式(7-24a) 更简洁地推导出来（请读者自证）。

在等温下，将式(7-24a) 对 p 求导，得

$$\left(\frac{\partial\ln f}{\partial p}\right)_T=\frac{1}{R}\left(\frac{\partial\left(\frac{\mu}{T}\right)}{\partial p}\right)_T=\frac{1}{RT}\left(\frac{\partial\mu}{\partial p}\right)_T=\frac{V}{RT} \tag{7-69}$$

显然，只要有普遍化压缩因子图或相应的状态方程，就不难求出压力对纯组分逸度的影响。同样，也可将此式用于对给定组成的混合物的逸度受压力影响的计算。

将式(7-68) 和式(7-69) 代入式(7-63)，$\ln f$ 的全微分式将为

$$\mathrm{d}\ln f=-\left[\frac{(H-H^{*})}{RT^{2}}\right]\mathrm{d}T+\left(\frac{V}{RT}\right)\mathrm{d}p \tag{7-70}$$

式(7-68)～式(7-70) 适用于纯物质逸度或溶液总逸度的计算。按照摩尔性质关系式与偏摩尔性质关系式之间的相似性（参见表 7-1)，对于温度和压力对溶液中组分逸度的影响，不难推导得到下列三个基本关系式：

$$\left(\frac{\partial\ln(\hat{f}_i/x_i)}{\partial T}\right)_p=-\frac{\overline{H}_i-\overline{H}_i^{*}}{RT^{2}} \tag{7-71}$$

$$\left(\frac{\partial\ln(\hat{f}_i/x_i)}{\partial p}\right)_T=\frac{\overline{V}_i}{RT^{2}} \tag{7-72}$$

$$\mathrm{d}\ln\frac{\hat{f}_i}{x_i}=-\frac{\overline{H}_i-\overline{H}_i^{*}}{RT^{2}}\mathrm{d}T+\frac{\overline{V}_i}{RT}\mathrm{d}p \tag{7-73}$$

7.3 理想溶液和标准态

在化工热力学的学习和研究过程中，曾遇到过不少理想模型，如孤立系统、理想气体、绝热过程、可逆过程等。理想模型的建立可简化研究对象，能比较容易地发现事物（原型）的近似规律，而且可为原型提供一个比较的标准。对于复杂的对象，可先研究其理想模型，然后将所得结果加以适当的修正，就可得出此事物的某些特征或近似规律，这是热力学中广泛采用的一种重要方法。在溶液热力学的发展和深化过程中，理想溶液模型也和其他理想模型一样发挥了很大的作用。以理想溶液为演绎推理的基础，将普遍原理和逻辑方法用于此，可以得出不少结论、公式，成为溶液热力学的重要组成部分。为了定量处理真实溶液，应首先熟悉和掌握理想溶液的性质。

如前所述，理想溶液应服从路易斯-兰德尔规则，对于液相溶液：

$$\hat{f}_i^{\mathrm{id}}=f_i x_i \tag{7-74}$$

根据纯组分和混合物中组分的逸度定义，在恒定的温度时，可得

$$\mathrm{d}G_i=RT\mathrm{d}\ln f_i \tag{7-24b}$$

和

$$\mathrm{d}\overline{G}_i=RT\mathrm{d}\ln\hat{f}_i \tag{7-41}$$

若当 p 和 T 不变时，状态变化从纯组分变为溶液，在此条件下积分

$$\overline{G}_i-G_i=RT\ln\frac{\hat{f}_i}{f_i} \tag{7-75}$$

将此式用于理想溶液，把式(7-74) 代入上式，得

$$\overline{G}_i^{\mathrm{id}}-G_i=RT\ln\frac{x_i f_i}{f_i}=RT\ln x_i \tag{7-76a}$$

或

$$\Delta\overline{G}_i^{\mathrm{id}}=\overline{G}_i^{\mathrm{id}}-G_i=RT\ln x_i \tag{7-76b}$$

式中，$\Delta\overline{G}_i^{\mathrm{id}}$ 称为理想溶液中组分 i 的偏摩尔混合自由焓，$\overline{G}_i^{\mathrm{id}}$ 称为理想溶液中组分 i 的偏摩尔自由焓。运用偏摩尔性质和溶液性质间的关系，得

$$\Delta G^{\mathrm{id}}=\sum_i x_i\Delta\overline{G}_i^{\mathrm{id}}=RT\sum_i x_i\ln x_i \tag{7-77}$$

鉴于真实溶液的摩尔性质和构成此溶液的纯组分摩尔性质间的线性加和有差异，需用校

正项即混合性质来加以弥补。用 M 表示泛指的热力学性质，则混合性质和溶液性质间的关系式应为

$$M=\sum_i x_i M_i+\Delta M \tag{7-78}$$

对理想溶液的自由焓，则为

$$G^{id}=\sum_i x_i G_i+\Delta G^{id}=\sum_i x_i G_i+RT\sum_i x_i \ln x_i \tag{7-79}$$

在等温和定常组成条件下，将式(7-76) 对 p 微分

$$\left[\frac{\partial \bar{G}_i^{id}}{\partial p}-\frac{\partial G_i}{\partial p}\right]_{T,x_i}=0 \tag{7-80}$$

将马克思韦尔（Maxwell）关系式代入上式，有

$$\bar{V}_i^{id}-V_i=\Delta\bar{V}_i^{id}=0$$

按溶液性质和偏摩尔性质间的关系，从上式可写出

$$\Delta V^{id}=\sum_i x_i \Delta\bar{V}_i^{id}=0 \tag{7-81}$$

故

$$V^{id}=\sum_i x_i V_i \tag{7-82}$$

式(7-82) 表明理想溶液的摩尔体积等于其纯组分摩尔体积的线性加和。

将式(7-76b) 对 T 微分，得

$$\frac{\partial \Delta\bar{G}^{id}}{\partial T}=-\Delta\bar{S}_i^{id}=R\ln x_i \tag{7-83}$$

类似地可写出

$$\Delta S^{id}=\sum_i x_i \Delta\bar{S}_i^{id}=-R\sum_i x_i \ln x_i \tag{7-84}$$

在等温条件下，$\Delta\bar{H}_i^{id}$ 和 $\Delta\bar{G}_i^{id}$、$\Delta\bar{S}_i^{id}$ 间的关系式为

$$\Delta\bar{H}_i^{id}=\bar{H}_i^{id}-H_i=\Delta\bar{G}_i^{id}+T\Delta\bar{S}_i^{id}$$

把式(7-76) 和式(7-84) 代入上式，化简得

$$\Delta\bar{H}_i^{id}=0$$

按此可写出

$$\Delta H^{id}=\sum_i x_i \Delta\bar{H}_i^{id}=0 \tag{7-85}$$

从式(7-81) 和式(7-85) 知，理想溶液的混合体积和混合焓都等于零，而理想溶液的 ΔG^{id} 却永远呈负值 [式(7-77)]，ΔS^{id} 永远呈正值 [式(7-84)]。根据这些理想溶液的特征，不难写出

$$\bar{C}_{p_i}^{id}=C_{p_i} \tag{7-86}$$

$$\bar{C}_{V_i}^{id}=C_{V_i} \tag{7-87}$$

$$\bar{U}_i^{id}=U_i \tag{7-88}$$

$$\Delta\bar{A}_i^{id}=\Delta\bar{G}_i^{id} \tag{7-89}$$

对理想溶液性质的考察，为以后对溶液过量性质的研究提供了基础和方便，显示出理想模型在实际原型中起到了一个比较的标准。

理想气体混合物是理想溶液的一个特例。式(7-76) 将可写为

$$\bar{G}^{*}=G_i^{*}+RT\ln y_i$$

因此，对理想气体混合物，也可写出相应的 $\bar{S}_i^{*}$、$\bar{V}_i^{*}$、$\bar{H}_i^{*}$ 和 S_i^{*}、V_i^{*}、H_i^{*} 之间的表达式，这些都为真实气体混合物的剩余性质计算和测量提供了基础。

式(7-74) 是一种理想溶液的定义式，说明在整个浓度区间内，理想溶液中每一个组分

的逸度都和它的摩尔分数成正比，比例系数 f_i 称组分 i 的标准态逸度。从式(7-74) 可知，当 $x_i=1$ 时 $\hat{f}_i^{id}=f_i$。因此，f_i 可看作是纯组分 i 在溶液的温度和压力下的逸度。按这样的意义，溶液中 i 组分的标准态就是纯 i 组分在溶液的温度和压力下的状态。这个状态可以是纯 i 的真实状态，也可以是假想状态，但其温度必须与溶液的温度相同。

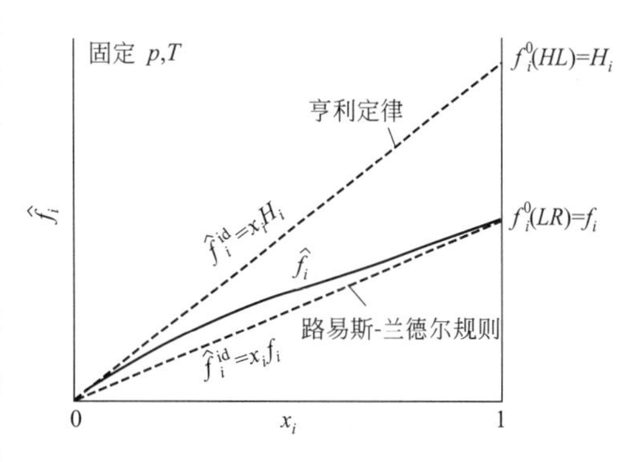

图 7-8　溶液中组分 i 的逸度与组成的关系

应该指出式(7-74) 具有两种作用。第一种作用是按此计算实际溶液中组分逸度的近似值，在低压条件下尚可应用，在高压情况下适用性就很差；第二种用法是按此得到 $\hat{f}_i^{id}$，作为标准态来对实际值 $\hat{f}_i$ 进行比较。在非电解质溶液热力学的研究中，有两种标准态是经常应用的，一种是以路易斯-兰德尔规则为基础，另一种却以亨利定律为基础。图 7-8 给出了在 T 和 p 为常数时组分 i 的 $\hat{f}_i \sim x_i$ 曲线。当 $x_i \to 1$ 时曲线的切线由式(7-90) 表示

$$\hat{f}_i=x_i f_i^0(LR) \quad 或 \quad \lim_{x_i\to 1}\frac{\hat{f}_i}{x_i}=f_i \tag{7-90}$$

式中，$f_i^0(LR)$ 为 $x_i=1$ 时的逸度，也是纯组分 i 的逸度，这就是路易斯-兰德尔规则。在溶液的 T 和 p 下，纯组分能以与溶液相同的物态稳定存在，说明这种标准态是物质的实际状态。其标准态逸度 f_i 只与 i 组分的性质有关。组分都是液相时，通常都采用以路易斯-兰德尔规则为基础的标准态。此时溶质和溶剂都可以采用这类标准态。图 7-8 中 $\hat{f}_i \sim x_i$ 曲线在 x_i 的低浓度段却是另一番情景。当 $x_i \to 0$ 时，曲线可用斜率为 H_i 的切线来近似，数学上可表示为

$$\lim_{x_i\to 0}\frac{\hat{f}_i}{x_i}=H_i \tag{7-91}$$

式(7-91) 称为亨利定律，H_i 称为亨利常数。说明在溶液的 T、p 下，纯组分 i 不能以稳定的液态存在，$f_i^0(HL)$ 是一种虚假的状态，它是在溶液的 T 和 p 下纯 i 组分的假想状态的逸度。$f_i^0(HL)$ 与 $f_i^0(LR)$ 不同，$f_i^0(HL)$ 不仅与组分 i 的性质有关，而且也和溶剂的性质有关。这种标准态常用于在液体溶剂中溶解度很小的溶质，并称符合亨利定律的溶液为理想稀溶液。如上所述，溶剂的标准态逸度常用 $f_i^0(LR)$，当溶解度很小的溶质溶于液体溶剂时，溶质和溶剂的标准态却是互不相同的。

前已指出，标准态的温度必须和溶液的温度相一致，但压力却不尽如此，在英国的许多热力学书籍中，标准态的温度和压力与溶液的温度和压力全都一致，但在美国的一部分热力学书籍中，温度仍保持一致，但压力却可以不同，有时采用 101.13kPa，有的采用零压。这意味着先把标准态压力规定为某一固定值，然后再计算压力的影响。

7.4　流体均相混合时的性质变化

上节讨论了理想溶液的一些混合性质，本节将研究真实溶液的某些重要混合性质，而且这些性质都是可以通过实验进行测量的。根据溶液性质和偏摩尔性质的关系，可写出

$$M=\sum_i x_i \bar{M}_i \tag{7-17b}$$

又从混合性质的定义

$$\Delta M = M - \sum_i x_i M_i \tag{7-78}$$

ΔM 指的是在等温和等压条件下，由纯组分混合而形成 1mol 溶液时性质的变化。使用偏摩尔性质的定义，则

$$\Delta M = \sum_i x_i \Delta \overline{M}_i \tag{7-92}$$

比较式(7-17b) 和式(7-78)，得

$$\Delta M = \sum_i (\overline{M}_i - M_i) x_i \tag{7-93}$$

比较式(7-92) 和式(7-93) 得

$$\Delta \overline{M}_i = \overline{M}_i - M_i \tag{7-94}$$

$\Delta \overline{M}_i$ 表示在等温和等压条件下，1mol 的组分 i 和其他组分混合，导致该组分性质的变化，并称此为 i 组分的偏摩尔混合性质变化。以上所述是指流体混合性质方面的一些共同问题，下面对一些具体的热力学函数进行讨论。

7.4.1 混合体积变化

有机化合物的摩尔体积一般在 100cm³ 左右，而混合体积变化 ΔV 却在 1cm³ 以下。在一般情况下，ΔV 不会超过液体混合物体积的 0.3%。因此，要有相当精度的仪器来测定。可以用膨胀计进行直接测定，也可以用密度计进行间接测定。

对二元系，按式(7-78)，混合体积变化 ΔV 可写为

$$\Delta V = V - x_1 V_1 - x_2 V_2 \tag{7-78a}$$

上式实际上包含着标准态的选择。组分 1 和组分 2 的标准态都是以路易斯-兰德尔规则为基础。若组分 1 和组分 2 的标准态都以亨利定律为基础，则溶液体积 V 可表达为

$$V = x_1 \overline{V}_1^{\infty} + x_2 \overline{V}_2^{\infty} + \Delta V^* \tag{7-95}$$

式中，$\overline{V}_1^{\infty}$ 和 $\overline{V}_2^{\infty}$ 分别为组分 1 和组分 2 在无限稀释条件下的偏摩尔体积，其温度和压力与溶液的 T、p 相同；* 表示这类混合体积变化和第一类标准态下的混合体积变化有别。若组分 1 的标准态以亨利定律为基础，组分 2 的标准态以路易斯-兰德尔规则为基础，则 V 的表达式为

$$V = x_1 \overline{V}_1^{\infty} + x_2 V_2 + \Delta V^{*1} \tag{7-96}$$

式中，ΔV^{*1} 表示组分 1 的标准态以亨利定律为基础时的混合体积变化。若组分 2 的标准态以亨利定律为基础，而组分 1 的标准态却以路易斯-兰德尔规则为基础，则 V 的表达式为

$$V = x_1 V_1 + x_2 \overline{V}_2^{\infty} + \Delta V^{*2} \tag{7-97}$$

以上四种不同的混合体积变化是因标准态选用不同所致，但是在计算溶液体积时，这四个方程却是等价的。为了更醒目一些，在图 7-9 中画出了 30℃ 时环己烷 (1)-四氯化碳 (2) 系统的 ΔV、ΔV^*、ΔV^{*1} 和 ΔV^{*2} 等。应该指出，在许多液相混合体积变化的研究中，都是应用式(7-78a)。主要原因在于 ΔV 易于测定，V_i 的数据十分丰富，而用式(7-95) 或式(7-97) 时，一方面带有 * 的混合体积变化不易测定，另一方面 $\overline{V}_i^{\infty}$ 的数据也很稀缺。但是应该注意，在相同的温度下，由于组分的标准态选取各异会导致混合体积变化表达式的不同。

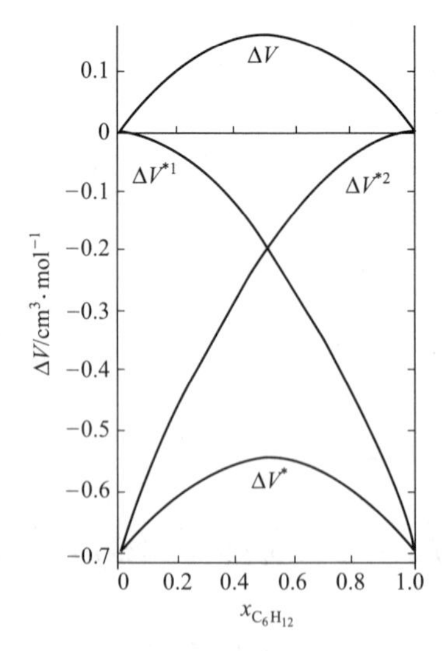

图 7-9 几种不同标准态为基础的混合体积变化 [环己烷 (1)-四氯化碳 (2) 系统]

7.4.2 混合过程的焓变和焓浓图

当两个或更多的纯组分形成溶液时，通常有焓变发生。若在定压下分批进行混合过程，其总的焓变即为其热效应。若混合是在稳态流动过程中进行，且没有轴功产生和忽略动能和势能的变化，其热效应也等于总的焓变。混合热（焓）的定义是在定温和定压下，由两个或更多的纯液体物质在其标准态下混合成 1mol 溶液时的焓变，按式(7-78) 可写出

$$\Delta H = H - \sum x_i H_i$$

对于二元溶液，上式可写为

$$\Delta H = H - x_1 H_1 - x_2 H_2 \tag{7-78b}$$

与在讨论混合体积变化时相似，式(7-78b) 中组分的标准态也是以路易斯-兰德尔规则为基础的。混合热由实验测得，所用的方法是溶液量热法。混合焓不仅是组成的函数，而且也是温度的函数。图 7-10 中画出了在不同温度条件下乙醇 (1)-水 (2) 系统的 $\Delta H \sim x_1$ 曲线。随着温度的升高，混合焓（定组成）值也在提高，30℃时，在该系统的全浓度范围内，ΔH 呈负值，是放热的；而当温度达 110℃时，全浓度范围内的 ΔH 却都是正值，变成了吸热。另外，$\Delta H \sim x_1$ 曲线是非对称型的，同一系统，由于组成的不同，ΔH 值也会有正有负。用溶液理论来预测这类非理想性很强的系统的混合焓尚有相当的难度，目前较多的方法还是先建立半经验半理论的模型，用实验数据拟合出模型参数，以供关联或推算之用。

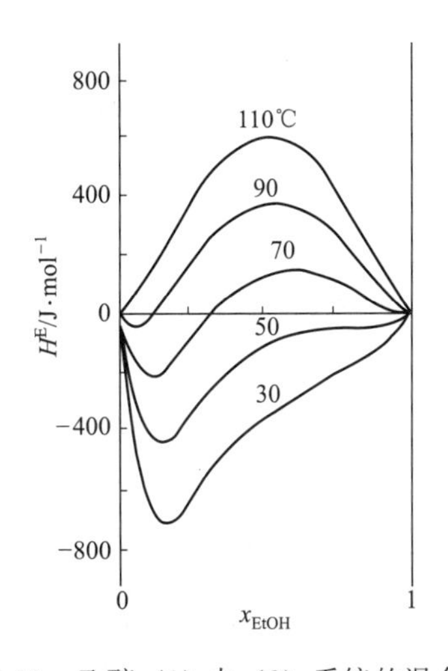

图 7-10 乙醇 (1)-水 (2) 系统的混合焓

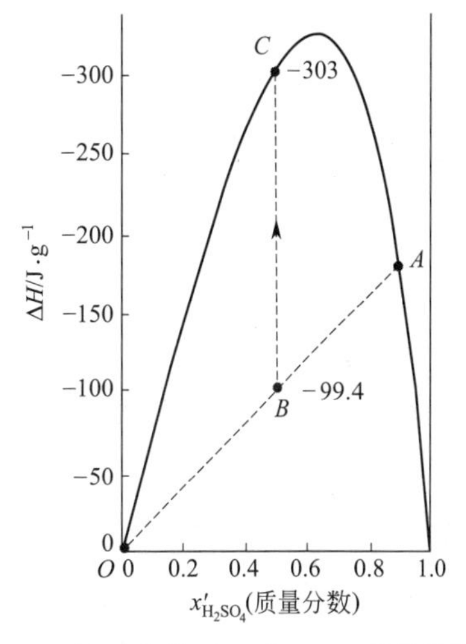

图 7-11 25℃时硫酸 (1)-水 (2) 系统的混合热

【例 7-7】 图 7-11 画出了 25℃时硫酸 (1)-水 (2) 系统的 $\Delta H \sim x_1'$ 曲线。用纯水来稀释质量分数为 0.90 的硫酸溶液，最后硫酸的浓度为 0.50。若初态是 25℃，试计算需要移去多少热量方能使终态也保持在 25℃。

解 由式(7-78b) 知，对此系统（用质量分数）同样可以写出

$$\Delta H = H - x_1' H_1 - x_2' H_2$$

因标准态是纯液体，随意取 $H_1 = H_2 = 0$，则

$$\Delta H = H$$

在 $H \sim x_1'$ 的图上，绝热混合可用直线表示，而等温混合却要有两个步骤：第一步是绝热混合，第二步是在等组成条件下进行冷却或加热，使系统温度回复到初态时的值。利用图 7-11 中的曲线，先作 OA 线，表示由纯水和 $x_1'=0.90$ 的硫酸溶液进行绝热混合，与 $x_1'=0.5$ 的虚线相交于 B 点，可以从纵坐标读出为 $-99.7\text{J}\cdot\text{g}^{-1}$。此点不应落在 $\Delta H \sim x_1'$ 的曲

线上，因为在绝热混合后，体系温度不再保持为25℃。由 B 点垂直延伸，与 $\Delta H \sim x_1'$ 曲线相交于 C 点，可读出 ΔH 值为 $-303\mathrm{J \cdot g^{-1}}$。在等压下，这是因冷却而导致的热效应，故总的需要移走的热量 Q 为

$$Q = -303 - (-99.4) = -203.6\mathrm{J \cdot g^{-1}}$$

答案应是每形成1g的 $x_1' = 0.5$ 的硫酸溶液，应从溶液中移去203.6J的热量方能保持25℃的恒温混合过程。

固体、液体或气体在溶剂中转变成溶液时的焓变也称为溶解热或溶解焓。溶解热还可分为积分溶解热和微分溶解热。1mol物质溶解在某定量的纯溶剂中所发生的焓变称积分溶解热。1mol溶质进入无限大量的溶液中所发生的焓变称为微分溶解热，在此过程中溶液的浓度不变，更准确地说，浓度只增加无限小的量，可以忽略。积分溶解热又可分为第一积分溶解热和完全积分溶解热，前者指的是1mol物质溶解于无限大量的纯溶剂中所发生的焓变；后者指的是1mol物质溶解于一定量的溶剂中，而正好形成饱和溶液时所发生的焓变。众所周知这两种积分溶解热的值可以相差很大，有时甚至其符号也有差别。溶质的溶解度越大，这两种积分溶解热的差值也越大。对于溶解度很小的溶质，它们却往往很接近。

稀释热指的是给定浓度的溶液和纯溶剂之间相互作用而发生的焓变。若含有1mol溶质的溶液，从某一初始浓度稀释到某一最终浓度（不是无限稀释）时所发生的焓变称稀释热或中间稀释热。若最终的稀释状态是无限稀释，其焓变则称为积分稀释热。若把1mol的纯溶剂加到无限大量的溶液中去，所发生的焓变称为微分稀释热。在这方面名词众多，在各种溶解热和稀释热之间理应有内在的联系，并能用数学方式加以表达。例如积分溶解热就可通过下式由微分溶解热来计算

$$\Delta H_{\mathrm{int}} = m\int_m^{\infty} \frac{\Delta H_{\mathrm{dif}}}{m^2}\mathrm{d}m \tag{7-98}$$

式中，ΔH_{int} 代表当1mol溶质溶解在 $m$mol的溶剂中的焓变，即积分溶解热，ΔH_{dif} 代表微分溶解热。

【例 7-8】 已知在不同的 NO_2 质量分数时液体 NO_2 在 HNO_3-NO_2 溶液中的微分溶解热，试求在不同 NO_2 质量分数时的积分溶解热。

NO_2 的质量/%	1.26	1.88	4.47	7.24	9.9	12.3	21.3	24.9	28.4	36.5	39.4	42.8	46.1	49.1
$-\Delta H_{\mathrm{dif}}/\mathrm{J \cdot mol^{-1}}$	11300	10880	10790	10420	9920	9410	7320	6490	5270	3543	2870	1983	0.854	0.757

解 以 NO_2 的质量百分数为1.88为例进行计算。NO_2 和 HNO_3 的分子量分别为46和63。

$$m = \frac{(100-1.88)/63}{1.88/46} = 38.10$$

$$-\frac{\Delta H_{\mathrm{dif}}}{m^2} = \frac{10880}{38.10^2} = 7.495$$

用图解积分的方法，即用 $\frac{\Delta H_{\mathrm{dif}}}{m^2}$ 对 m 作图，再计算面积，或用数值积分法求得 $\int_m^{\infty} \frac{\Delta H_{\mathrm{dif}}}{m^2}\mathrm{d}m = 297$

$$-\Delta H_{\mathrm{int}} = m \times \int_m^{\infty} \frac{\Delta H_{\mathrm{dif}}}{m^2}\mathrm{d}m = 38.10 \times 297 = 11300\mathrm{J \cdot mol^{-1}}$$

用同样的方法可以求得在其他 NO_2 的质量百分数时的积分溶解热。并把所得结果列于下表。

NO_2 质量/%	$\frac{m\text{molHNO}_3}{1\text{molNO}_2}$	$-\Delta H_{dif}$ /J·mol^{-1}	$-\frac{\Delta H_{dif}}{m^2}$	$\int_m^{\infty}\frac{\Delta H_{dif}}{m^2}dm$	$-\Delta H_{int}$ /J·mol^{-1}
1.26	57.21	11300	3.453	197	11300
1.88	38.10	10880	7.495	297	11300
4.47	15.60	10790	44.338	724	11300
7.24	9.35	10420	119.191	1155	10790
9.90	6.65	9920	224.32	1611	10710
12.3	5.21	9410	346.67	2025	10540
21.3	2.70	7320	1004.1	3640	9791
24.9	2.20	6490	1340.9	4222	9289
28.4	1.84	5270	1556.6	4744	8745
36.5	1.27	3543	2195.7	5983	7615
39.4	1.12	2870	2287.9	6485	7280
42.8	0.976	1983	2081.7	7238	7071
46.1	0.854	1385	1899.0	7573	6485
49.1	0.757	870	1518.2	7908	5983

图 7-12 所示出的是焓浓图，这是表示溶液的焓数据最方便的方法。这类图以温度作为参数，把二元溶液的焓作为组成的函数，组成可用摩尔分数或质量分数表示。压力是恒定的，一般为 101.33kPa。焓值的基准是每摩尔溶液或单位质量溶液。由式(7-78b)知，溶液的焓 H 不仅和 ΔH 有关，而且还和 H_1 和 H_2 有关。但溶液的 T 和 p 是给定的，在此 T 和 p 时纯物质的 H_1 和 H_2 也已决定，虽不能知道纯物质的焓的绝对值，但可随意选择其零点。一旦选定后，在整个计算过程中不要再更改。图 7-12 给出了 $NaOH-H_2O$ 系的焓浓图。二元系统的焓浓图在工程上应用很广，许多单元操作，如蒸发、蒸馏和吸收的计算中都可用上。

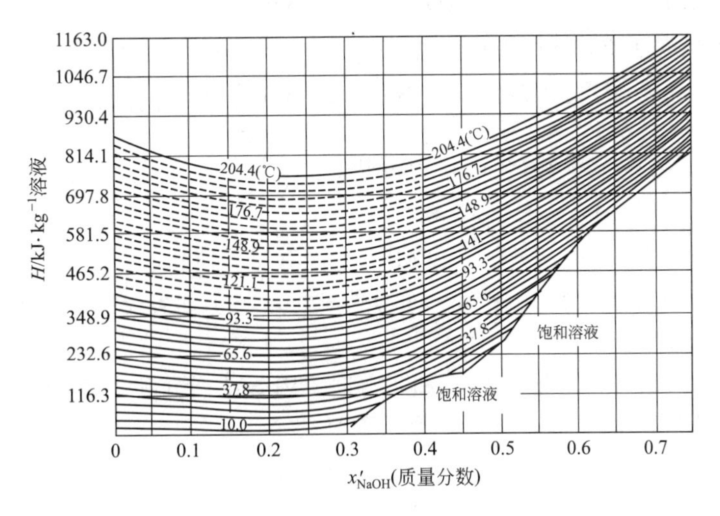

图 7-12 $NaOH-H_2O$ 系的焓浓图

【例 7-9】 一单效蒸发器，将 5000kg·h^{-1}的 10%NaOH 溶液浓缩为 50%。加料温度为 20℃，蒸发操作压力为 10.133kPa。在这种条件下 50%NaOH 溶液的沸点为 361K。设计该蒸发器时应采用多大的传热速率？(蒸发过程如图 7-13)

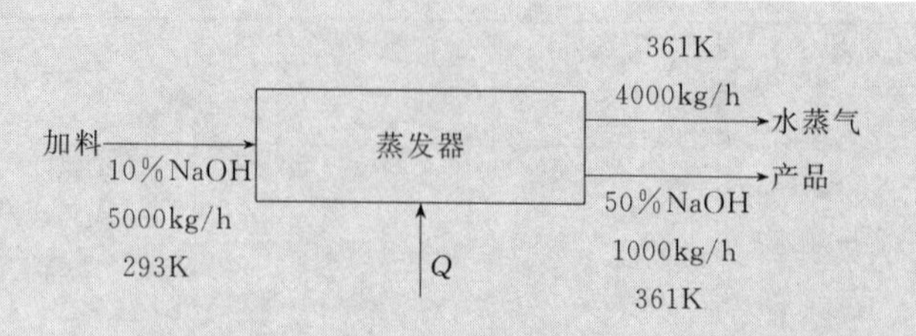

图 7-13　蒸发过程

解　蒸发水量$=5000\times\left(\frac{90}{10}-\frac{50}{50}\right)\times0.1=4000\text{kg}\cdot\text{h}^{-1}$

水分蒸发后成为 10.133kPa、361K 的过热蒸汽。因是恒压蒸发，$\Delta H=Q_p$。查图 7-12，得 10%NaOH 溶液在 293K 时的焓值为 $79\text{kJ}\cdot\text{kg}^{-1}$，50%NaOH 溶液在 361K 时的焓值为 $499\text{kJ}\cdot\text{kg}^{-1}$。再由蒸汽表查得 10.133kPa 和 361K 时过热蒸汽的焓值为 $2660\text{kJ}\cdot\text{kg}^{-1}$。故传热速率为

$$Q=\Delta H=4000\times2660+1000\times499-5000\times79=10744000\text{kJ}\cdot\text{h}^{-1}$$

7.4.3　过量热力学性质

理想溶液在理论上的研究比较成熟，又可直接从纯组分的性质来推算。因此，讨论真实溶液和理想溶液间性质的差别是有现实意义的。把真实溶液的热力学性质和假想该溶液是理想时的热力学性质之差定义为过量热力学性质

$$M^{\text{E}}=M-M^{\text{id}} \tag{7-99}$$

同样可写出其他类似的形式，如

$$\overline{M}_i^{\text{E}}=\overline{M}_i-\overline{M}_i^{\text{id}} \tag{7-100}$$

$$\Delta M^{\text{E}}=\Delta M-\Delta M^{\text{id}} \tag{7-101}$$

$$\Delta\overline{M}_i^{\text{E}}=\Delta\overline{M}_i-\Delta\overline{M}_i^{\text{id}} \tag{7-102}$$

应该指出，对于强度性质，式(7-99)～式(7-102) 并非都是独立的，由式(7-99) 知

$$\begin{aligned}M^{\text{E}}&=\left[M-\sum_i(x_iM_i)\right]-\left[M^{\text{id}}-\sum_i(x_iM_i)\right]\\&=\Delta M-\Delta M^{\text{id}}=\Delta M^{\text{E}}\end{aligned} \tag{7-103}$$

同样可以导出

$$\overline{M}_i^{\text{E}}=\Delta\overline{M}_i^{\text{E}} \tag{7-104}$$

实际上过量热力学性质只有两大类，即 M^{E} 和 $\overline{M}_i^{\text{E}}$。前者表征真实溶液的性质，后者表征真实溶液中组分的性质。

当 M 代表 V、H、C_V、C_p、U、α 和 Z 等时，因 $\Delta\overline{M}_i^{\text{id}}=0$ 和 $\Delta M^{\text{id}}=0$，从式(7-101) 和式(7-103) 以及式(7-102) 和式(7-104) 知

$$\Delta M^{\text{E}}=\Delta M=M^{\text{E}} \tag{7-105}$$

$$\Delta\overline{M}_i^{\text{E}}=\Delta\overline{M}_i=\overline{M}_i^{\text{E}} \tag{7-106}$$

对于上列诸热力学性质，系统的过量性质和混合性质是一致的。对过量性质并不赋以新的含义，因此混合焓变即过量焓，混合体积变化即过量体积等。所以，V^{E}、H^{E} 等也是可以从实验测定的。

若 M 代表 S、A 和 G 时，因 ΔM^{id} 和 $\Delta\overline{M}_i^{\text{id}}$ 不等于零，则它们的过量性质与其混合性质

有别。

$$S^{E}=\Delta S^{E}=\Delta S-\Delta S^{id}=\Delta S+R\sum_{i}x_{i}\ln x_{i} \tag{7-107}$$

$$\bar{S}_{i}^{E}=\Delta\bar{S}_{i}^{E}=\Delta\bar{S}_{i}-\Delta\bar{S}_{i}^{id}=\Delta\bar{S}_{i}+R\ln x_{i} \tag{7-108}$$

$$A^{E}=\Delta A^{E}=\Delta A-\Delta A^{id}=\Delta A-RT\sum_{i}x_{i}\ln x_{i} \tag{7-109}$$

$$\bar{A}_{i}^{E}=\Delta\bar{A}_{i}^{E}=\Delta\bar{A}_{i}-\Delta\bar{A}_{i}^{id}=\Delta\bar{A}_{i}-RT\ln x_{i} \tag{7-110}$$

$$G^{E}=\Delta G^{E}=\Delta G-\Delta G^{id}=\Delta G-RT\sum_{i}x_{i}\ln x_{i} \tag{7-111}$$

$$\bar{G}_{i}^{E}=\Delta\bar{G}_{i}^{E}=\Delta\bar{G}_{i}-\Delta\bar{G}_{i}^{id}=\Delta\bar{G}_{i}-RT\ln x_{i} \tag{7-112}$$

G^{E} 是个非常有用的热力学量，它将会和组分的活度系数相联系，在相平衡的计算中常有涉及，可以说它是溶液理论和相平衡计算以及实测量间的桥梁。只要具备与溶液同温、同压的纯组分数据，很容易把溶液的实验数据换算成过量性质，也很容易由过量性质计算混合性质变化，故过量性质的研究很受重视。

由于 G^{E}（通过汽液平衡数据）、H^{E} 和 V^{E} 都可用实验测量，它们又都是表征溶液非理想性的函数，为使数据系列化，或由易测量的数据出发，通过推算来获得难以测量的数据，甚至去推算并不属于热力学范围的化工传递数据，如溶液的黏度等，因此，近年来在过量性质间相互推算的研究工作也在不断地进行着。表 7-7 列出某些等摩尔分数二元系统的过量性质。

表 7-7　等摩尔分数二元系统的过量性质

二元系统的名称	温度/℃	G^{E}/J·mol^{-1}	H^{E}/J·mol^{-1}	S^{E}/J·mol^{-1}·K^{-1}
丙酮-癸烷	65	1000	1980	−2.90
乙酸甲酯-环己烷	30	959	1770	−2.68
二噁烷-庚烷	40	838	1639	−2.56
二噁烷-庚烷	45	838	1632	−2.50
2-丁酮-正十二烷	25	934	1647	−2.39
苯-庚烷	50	297	867	−1.77
2-丁酮-庚烷	25	860	1338	−1.60
2-丁酮-己烷	25	830	1252	−1.42
环己烷-二噁烷	25	1069	1445	−1.24
二氯甲烷-呋喃	30	−6.7	16.9	−0.08
环庚烷-环戊烷	25	−4.5	3.9	−0.03
二氯乙烷-甲醇	45	1114	957	0.49
二氯甲烷-丙酮	30	−404	−887	1.59
1-丙醇-庚烷	30	1291	660	2.08
二甲亚砜-二溴甲烷	35	−208	−889	2.21
二甲亚砜-二溴甲烷	25	−157	−959	2.69
水-乙醇	50	821	−121	2.92
水-乙醇	90	901	378	1.44

【例 7-10】 在定温和定压下，二元系统的焓值可用 $H=200x_1+300x_2+H^E$ 表示，式中的 $H^E=x_1x_2(20x_1+10x_2)$，H 和 H^E 的量纲为 $J\cdot mol^{-1}$。试求 $\overline{H}_1$ 和 $\overline{H}_2$ 的表达式，纯物质的焓 H_1 和 H_2，在无限稀释条件下的偏摩尔焓 $\overline{H}_1^{\infty}$ 和 $\overline{H}_2^{\infty}$ 以及 $\overline{H}_1^E$ 和 $\overline{H}_2^E$ 的表达式等。

解 由题意知，该题和例 7-2 的式(A) 内容相仿，可以直接得到例 7-2 中参数 $a=200J\cdot mol^{-1}$，$b=300J\cdot mol^{-1}$。进一步将本题 H^E 的表达式改写为

$$H^E=x_1x_2(20x_1+10x_2)=20x_1x_2(x_1+x_2-0.5x_2)=20x_1x_2(1-0.5x_2)$$

由此可知，例 7-2 式(A) 中的参数 $c=20J\cdot mol^{-1}$，$d=-0.5$。

将例 7-2 推导出的公式直接应用，可得

(1) $H_1=a=200J\cdot mol^{-1}$，$H_2=b=300J\cdot mol^{-1}$

(2) $\overline{H}_1=a-(cd-c)x_2^2+2cdx_2^3=200+30x_2^2-20x_2^3$

$\overline{H}_2=b+(2cd+c)x_1^2-2cdx_1^3=300+20x_1^3$

(3) $\overline{H}_1^{\infty}=a+c+cd=210J\cdot mol^{-1}$，$\overline{H}_2^{\infty}=b+c=320J\cdot mol^{-1}$。

(4) 由式(7-100) 知，

$$\overline{H}_1^E=\overline{H}_1-\overline{H}_1^{id}=\overline{H}_1-H_1=30x_2^2-20x_2^3$$

$$\overline{H}_2^E=\overline{H}_2-\overline{H}_2^{id}=\overline{H}_2-H_2=20x_1^3$$

有了以上两式，就不难求出 $(\overline{H}_1^E)^{\infty}$ 和 $(\overline{H}_2^E)^{\infty}$，它们分别为 $10J\cdot mol^{-1}$ 和 $20J\cdot mol^{-1}$。通过此例的演算，可以进一步了解并把握各种不同情况下焓之间的关系。

7.5 活度和活度系数

逸度和逸度系数常用于处理气态混合物，当然也可以用来计算液态混合物中组分的逃逸趋势，如用状态方程通过式(7-46) 或式(7-47) 来计算液体混合物的逸度和逸度系数。然而，由于这两个基本关系式中的积分项是从 $p=0$ 或 $V=\infty$ 的理想气体状态直至所研究的液体状态，得到这种能同时精确地描述气态和液体的状态方程实属不易。前文已指出，虽然 SRK 和 PR 等状态方程已能用于非极性或弱极性液相溶液的逸度计算，但对更复杂混合物，同时适用于汽(气)、液相的状态方程仍很缺乏。为了解决一般液相溶液组分逸度的计算问题，在溶液热力学的研究和实践中成功发展了另一种常用的方法，即引入并采用另一种热力学函数——活度。

7.5.1 定义

为了使热力学原理在化学和化工中发挥作用，应该把抽象的概念，如化学位和可实测的性质联系起来。路易斯在这方面有很大的贡献，如

$$\left(\frac{\partial \mu_i}{\partial p}\right)_T=V_i$$

就是把 μ_i 和可测性质 V_i 关联在一起。在定温条件下，对理想气体，压力从 $p_i^{\ominus}$ 变化到 p_i，上式可积分得

$$\mu_i^*-\mu_i^{*\ominus}=RT\ln\frac{p_i}{p_i^{\ominus}} \tag{7-113}$$

对于真实流体的混合物，应该用逸度来代替压力，和式(7-113) 相对应的方程可写为

$$\mu_i-\mu_i^{\ominus}=RT\ln\frac{\hat{f}_i}{f_i^0}=RT\ln\hat{a}_i \tag{7-114}$$

上式中引进了新的热力学函数——组分 i 的活度 $\hat{a}_i$。它的定义是

$$\hat{a}_i=\frac{\hat{f}_i}{f_i^0} \tag{7-115}$$

活度的物理意义是对其标准态来说，它活泼到怎样的程度。若 i 组分的逸度和其标准态相同，则其活度 $\hat{a}_i$ 等于 1。因此，组分 i 的活度表达了在研究状态下与标准状态下 i 组分化学位的差别。从另一个角度来看，也可把 $\hat{a}_i$ 视为真实溶液中该组分的有效浓度，其与 x_i 之比为

$$\gamma_i=\frac{\hat{a}_i}{x_i} \tag{7-116}$$

式中，γ_i 称为 i 组分的活度系数。当 $\gamma_i=1$ 时，$\hat{a}_i=x_i$，此时溶液成为理想溶液。当 $\gamma_i\neq 1$，则 $\hat{a}_i\neq x_i$，说明 γ_i 是可用来表征溶液的非理想性。

7.5.2　标准态和归一化

式(7-114) 通过 $\mu_i^{\ominus}$和 f_i^0 把 μ_i 和 $\hat{f}_i$ 联系起来。但式(7-115) 示出的 $\hat{a}_i$ 是个比值，不是个绝对值，因为 f_i^0 也是个未定值。要解决这个问题，必须决定标准态。只有当标准态规定后，活度才有一定值，才能便于比较。$\mu_i^{\ominus}$和 f_i^0 都可以任意选择其标准态，可是两者必须相适应。若一旦将 i 组分化学位的标准态选定了，f_i^0 的标准态也就被规定了。反之也如此。

要决定标准态，还须规定参比状态，即 $\gamma_i=1$ 的状态，称此为归一化。在讨论逸度定义时，就提到过参比态。对纯组分逸度来说，什么时候 f 等于 p？应是 p 接近零的时候，故其参比态是理想气体。目前所要寻求的参比态应是 i 组分的活度等于其浓度的条件。根据的事实是当溶剂的浓度 $x_1\rightarrow 1$，或溶质的浓度 x_2，$x_3\cdots\rightarrow 0$ 时，真实溶液就接近理想溶液。下面介绍最常用的两种规定。

规定 1

$$\left.\begin{array}{l}\mu_i=\mu_i^{\ominus}+RT\ln\gamma_i x_i\\ x_i\rightarrow 1\text{ 时},\gamma_i\rightarrow 1\end{array}\right\} \tag{7-117}$$

以和溶液同温度和压力下的纯液体为标准态，当 $x_i\rightarrow 1$ 时 $\gamma_i\rightarrow 1$，意味着采用此规定时，参比态就是标准态。按此规定，无论是溶质还是溶剂，在溶液的温度和压力下 μ_i^0 都等于 1mol 纯 i 的自由焓，并称此为对称的归一化。此归一化用于在溶液的温度和压力下所有组分呈液态的情况。按式(7-117) 很容易理解，这是以路易斯-兰德尔规则为基础的。溶剂和溶质的标准态逸度都是真实存在的。文献中常用 $f_i^0(LR)$ 表示，且 $f_i^0(LR)=f_i$。

规定 2

$$\left.\begin{array}{lll}\text{对于溶剂} & \mu_s=\mu_s^{\ominus}+RT\ln\gamma_s x_s & \text{当 } x_s\rightarrow 1,\ \gamma_s\rightarrow 1\\ \text{对于溶质} & \mu_i=\mu_i^{\ominus}+RT\ln\gamma_i^* x_i & \text{当 } x_i\rightarrow 0,\ \gamma_i^*\rightarrow 1\end{array}\right\} \tag{7-118}$$

这个规定通常用在某一温度和压力下，溶液中某些组分是气体或固体的溶质。对于溶剂，和规定 1 相同；对溶质，却在无限稀释时，它们的活度系数才趋近于 1，说明是以极稀溶液为参比态。由于溶剂和溶质的参比态各不相同，因此称为非对称归一化。对于溶质，在亨利定律范围内，溶液是理想的，即 $\hat{a}_i=x_i$，也可表示为

$$\lim_{x_i\rightarrow 0}\frac{\hat{a}_i}{x_i}=\lim_{x_i\rightarrow 0}\frac{\hat{f}_i}{f_i^0 x_i}=\lim_{x_i\rightarrow 0}\gamma_i^*=1 \tag{7-119}$$

根据亨利定律知，当把它用于真实溶液时，可写为

$$\lim_{x_i\rightarrow 0}\frac{\hat{f}_i}{H_i x_i}=1 \tag{7-91}$$

比较上列两式，可得

$$f_i^0 = H_i \tag{7-120}$$

按此规定，溶质的标准态逸度等于其亨利常数，常用 $f_i^0(HL)$ 表示，且 $f_i^0(HL)=H_i$。

以上标准态的讨论对活度和活度系数的理解和应用是很重要的。从活度的定义知，可将其视为相对逸度。因此，和 7.3 中有关图 7-8 的分析是完全一致的。目前的阐述不仅加强了真实溶液和理想溶液的联系，而且更有助于深化理解标准态的作用和归一化的含义。

7.5.3 温度和压力对活度系数的影响

根据式(7-117) 和式(7-118)，很容易得到活度系数的对数值和温度、压力的关系。但不同的规定有不同的表达式，如

$$\left(\frac{\partial \ln \gamma_i}{\partial p}\right)_{T,x} = \frac{\bar{V}_i - V_i}{RT} \text{（规定 1）} \tag{7-121}$$

$$\left(\frac{\partial \ln \gamma_i^*}{\partial p}\right)_{T,x} = \frac{\bar{V}_i - \bar{V}_i^\infty}{RT} \text{（规定 2）} \tag{7-122}$$

$$\left(\frac{\partial \ln \gamma_i}{\partial T}\right)_{p,x} = -\frac{\bar{H}_i - H_i}{RT^2} \text{（规定 1）} \tag{7-123}$$

$$\left(\frac{\partial \ln \gamma_i^*}{\partial T}\right)_{p,x} = -\frac{\bar{H}_i - \bar{H}_i^\infty}{RT^2} \text{（规定 2）} \tag{7-124}$$

式中，$\bar{V}_i$、V_i 和 $\bar{V}_i^\infty$ 分别为 i 组分的偏摩尔体积、摩尔体积和无限稀释下的偏摩尔体积；$\bar{H}_i$、H_i 和 $\bar{H}_i^\infty$ 则为 i 组分的偏摩尔焓、摩尔焓和无限稀释下的偏摩尔焓。对于液相混合物中组分的活度系数，温度的影响特别重要，因此需要各种类型的焓，如 $\bar{H}_i$、H_i 和 $\bar{H}_i^\infty$ 等，例 7-10 的内容提供了一种基本的计算途径。与此相似，还可写出亨利常数 H_i 和温度、压力的关系式

$$\left(\frac{\partial \ln H_i}{\partial p}\right)_{T,x} = \frac{\bar{V}_i^\infty}{RT} \tag{7-125}$$

$$\left(\frac{\partial \ln H_i}{\partial T}\right)_{p,x} = -\frac{\bar{H}_i^\infty - H_i^*}{RT^2} \tag{7-126}$$

式中，H_i^* 是当 i 组分为理想气体时的摩尔焓。

【例 7-11】 对于恒定 T、p 下的液体混合物，若溶质组分 i 能以液相存在，试推导两种不同归一化下的活度系数之间的关系。

解 逸度是一种溶液性质，其数值是不会因为所采用活度系数归一化方法的不同而不同。由式(7-114)、式(7-115) 和式(7-116) 可得活度系数对称归一化时的逸度表达式为

$$\hat{f}_i = f_i^0 \gamma_i x_i \tag{7-127}$$

同理，由式(7-91)、式(7-119) 和式(7-120) 可得活度系数非对称归一化时的逸度表达式为

$$\hat{f}_i = H_i \gamma_i^* x_i \tag{7-128}$$

合并以上两式，得

$$\frac{\gamma_i}{\gamma_i^*} = \frac{H_i}{f_i^0} \tag{7-129}$$

对于液相溶液，式(7-129) 右边的比值是一个常数，仅与溶剂、溶质的性质及 T、p 状态有关，与溶液浓度无关，故当 $x_i \to 0$ 时，其比值不变。由于有 $\lim\limits_{x_i \to 0} \gamma_i = \gamma_i^\infty$（称为无限稀释活度系数，可以实验测定），且由式(7-118) 知 $\lim\limits_{x_i \to 0} \gamma_i^* = 1$，所以

$$\frac{H_i}{f_i^0} = \lim_{x_i \to 0} \frac{\gamma_i}{\gamma_i^*} = \frac{\lim\limits_{x_i \to 0} \gamma_i}{\lim\limits_{x_i \to 0} \gamma_i^*} = \gamma_i^\infty \tag{7-130}$$

将式(7-130)代入式(7-129)，得

$$\ln\gamma_i^* = \ln\gamma_i - \ln\gamma_i^\infty \tag{7-131}$$

式(7-131)即为两种不同归一化活度系数之间的关系。在恒定 T、p 下，$\ln\gamma_i^\infty$ 是一个常数，$\ln\gamma_i^* \sim x_i$ 与 $\ln\gamma_i \sim x_i$ 曲线形状一致，仅平移了 $\ln\gamma_i^\infty$ 的距离。

7.6 吉布斯-杜亥姆（Gibbs-Duhem）方程

把式(7-17a)用于自由焓，得

$$nG = \sum_i n_i \bar{G}_i$$

在定温和定压下，将上式微分，得

$$d(nG) = n_1 d\bar{G}_1 + \bar{G}_1 dn_1 + n_2 d\bar{G}_2 + \bar{G}_2 dn_2 + \cdots + n_i d\bar{G}_i + \bar{G}_i dn_i + \cdots \tag{7-132}$$

又因

$$nG = f(p, T, n_1, n_2, \cdots, n_i, \cdots)$$

微分后

$$d(nG) = \left[\frac{\partial(nG)}{\partial n_1}\right]_{p,T,n_j/j\neq1} dn_1 + \left[\frac{\partial(nG)}{\partial n_2}\right]_{p,T,n_j/j\neq2} dn_2 + \cdots + \left[\frac{\partial(nG)}{\partial n_i}\right]_{p,T,n_j/j\neq i} dn_i + \cdots + \left[\frac{\partial(nG)}{\partial p}\right]_{T,n_j} dp + \left[\frac{\partial(nG)}{\partial T}\right]_{p,n_j} dT$$

在定温和定压时再用偏摩尔量的定义，上式可写成

$$d(nG) = \bar{G}_1 dn_1 + \bar{G}_2 dn_2 + \cdots + \bar{G}_i dn_i + \cdots \tag{7-133}$$

比较式(7-132)和式(7-133)得

$$n_1 d\bar{G}_1 + n_2 d\bar{G}_2 + \cdots + n_i d\bar{G}_i + \cdots = 0 \quad 或 \quad \sum_i n_i d\bar{G}_i = 0$$

上式也可写为

$$\sum_i x_i d\bar{G}_i = 0 \tag{7-134}$$

式(7-134)称为吉布斯-杜亥姆方程。但这只是一种常见的形式，而此方程可写成多种形式，基本上可以分为三类。第一类用强度性质表示，对多元系，其通式可写为

$$\sum_i x_i (d\ln I_i)_{T,p} = 0 \tag{7-135}$$

式中，$\ln I_i$ 为 i 组分的泛指强度性质，如 $\ln\hat{f}_i$、$\ln p_i$、$\ln\hat{\phi}_i$ 和 $\ln\gamma_i$ 等。

第二类是用容量性质的偏摩尔量来表示，其通式为

$$\sum_i n_i (d\bar{M}_i)_{T,p} = 0 \tag{7-136a}$$

或

$$\sum_i x_i (d\bar{M}_i)_{T,p} = 0 \tag{7-136b}$$

式中，$\bar{M}_i$ 为 i 组分的泛指容量性质的偏摩尔量，如 $\bar{G}_i$、$\bar{H}_i$、$\bar{V}_i$、$\bar{A}_i$ 等。式(7-134)为式(7-136b)的特例。

第三类用偏摩尔过量性质来表示，通式可写为

$$\sum_i x_i (d\bar{M}_i^E)_{T,p} = 0 \tag{7-137}$$

由此可见，在定温和定压下吉布斯-杜亥姆方程形式众多，它使组成和强度性质、偏摩尔性质、过量性质间有着广泛的联系。因此，它在溶液热力学的研究中有其重要意义。

当温度和压力都变化时，可相应地写出

$$\left(\frac{\partial M}{\partial T}\right)_{p,x}\mathrm{d}T+\left(\frac{\partial M}{\partial p}\right)_{T,x}\mathrm{d}p-\sum_i x_i\mathrm{d}\overline{M}_i=0 \tag{7-138}$$

这是一个更为普遍的吉布斯-杜亥姆方程。如果用 H 代表 M，则上式可表达为

$$C_p\mathrm{d}T+\left[V-T\left(\frac{\partial V}{\partial T}\right)_p\right]\mathrm{d}p-\sum_i x_i\mathrm{d}\overline{H}_i=0 \tag{7-138a}$$

若用 G^{E}/RT 代表 M，则式(7-138) 变成

$$-\frac{H^{\mathrm{E}}}{RT^2}\mathrm{d}T+\frac{V^{\mathrm{E}}}{RT}\mathrm{d}p-\sum_i x_i\mathrm{d}\left(\frac{\overline{G}_i^{\mathrm{E}}}{RT}\right)=0 \tag{7-138b}$$

后面将会提到，偏摩尔性质 $\overline{G}_i^{\mathrm{E}}/RT$ 即为 $\ln\gamma_i$，所以这是一个在流体相平衡中十分有用的吉布斯-杜亥姆方程。

【例 7-12】 某二元系统组分 1 的偏摩尔性质 $\overline{M}_1$ 的表达式为

$$\overline{M}_1=M_1+Ax_2^2$$

试推导出组分 2 的偏摩尔性质 $\overline{M}_2$ 和溶液性质 M 的表达式。

解 由式(7-136a) 知，对二元系统可写为

$$x_1\mathrm{d}\overline{M}_1+x_2\mathrm{d}\overline{M}_2=0\ （T，p\ 为定值）$$

$$\mathrm{d}\overline{M}_2=-\frac{x_1}{x_2}\mathrm{d}\overline{M}_1$$

上式也可写为

$$\mathrm{d}\overline{M}_2=-\mathrm{d}\left(\frac{x_1}{x_2}\overline{M}_1\right)+\overline{M}_1\mathrm{d}\left(\frac{x_1}{x_2}\right)$$

因 $x_1+x_2=1$，$\mathrm{d}x_1=-\mathrm{d}x_2$，则上式可写成

$$\mathrm{d}\overline{M}_2=-\mathrm{d}\left(\frac{x_1}{x_2}\overline{M}_1\right)-\frac{\overline{M}_1}{x_2^2}\mathrm{d}x_2$$

将上式积分

$$\int_{x_2=1}^{x_2}\mathrm{d}\overline{M}_2=-\int_{x_2=1}^{x_2}\mathrm{d}\left(\frac{x_1}{x_2}\overline{M}_1\right)-\int_{x_2=1}^{x_2}\frac{\overline{M}_1}{x_2^2}\mathrm{d}x_2$$

或

$$\overline{M}_2=M_2-\frac{x_1}{x_2}\overline{M}_1-\int_{x_2=1}^{x_2}\frac{\overline{M}_1}{x_2^2}\mathrm{d}x_2 \tag{A}$$

因

$$\overline{M}_1=M_1+Ax_2^2$$

代入式(A)，得

$$\overline{M}_2=M_2-\frac{x_1}{x_2}(M_1+Ax_2^2)+\int_{x_2}^{x_2=1}\frac{M_1+Ax_2^2}{x_2^2}\mathrm{d}x_2$$

化简得

$$\overline{M}_2=M_2+Ax_1^2$$

$$\begin{aligned}M&=x_1\overline{M}_1+x_2\overline{M}_2=(M_1+Ax_2^2)x_1+(M_2+Ax_1^2)x_2\\&=x_1M_1+x_2M_2+Ax_1x_2\end{aligned}$$

【例 7-13】 试用 Gibbs-Duhem 方程证明：在恒定 T、p 条件下，若二元溶液的一个组分逸度符合 Lewis-Randall 规则，那么另一个组分的逸度必定符合 Henry 定律。

解 由式(7-135) 表达的 Gibbs-Duhem 方程知，对于二元溶液，有

$$x_1\mathrm{d}\ln\hat{f}_1+x_2\mathrm{d}\ln\hat{f}_2=0$$

假设组分 1 符合 Lewis-Randall 规则，将式(7-90) 代入上式，有

$$x_1\mathrm{d}\ln(f_1^0x_1)+x_2\mathrm{d}\ln\hat{f}_2=x_1\mathrm{d}\ln f_1^0+x_1\mathrm{d}\ln x_1+x_2\mathrm{d}\ln\hat{f}_2=0$$

考虑到恒定 T、p 条件下的 f_1^0 是个常数，故上式变成

$$x_1 \mathrm{d}\ln x_1 + x_2 \mathrm{d}\ln \hat{f}_2 = \mathrm{d}x_1 + x_2 \mathrm{d}\ln \hat{f}_2 = 0$$

因为 $x_1 + x_2 = 1$，$\mathrm{d}x_1 = -\mathrm{d}x_2$，所以上式变成

$$\mathrm{d}\ln \hat{f}_2 = \mathrm{d}x_2 / x_2 = \mathrm{d}\ln x_2$$

积分上式，得到

$$\ln \hat{f}_2 = \ln x_2 + C = \ln(e^C x_2)$$

令积分常数 e^C 等于 Henry 常数 H_2，则上式即说明组分 2 符合 Henry 定律。

7.7 活度系数模型

7.7.1 非理想溶液的过量自由焓与活度系数

在本节之前，我们介绍了溶液的逸度和逸度系数、混合性质和过量性质、理想溶液和标准态、及活度和活度系数等概念。这些概念的最主要的目的之一就是为了表征真实溶液性质是如何偏离理想溶液性质的，并通过对已知的理想溶液性质的“校正”而最终获得真实溶液的性质。因此，它们之间存在必然的联系，其中过量自由焓和活度系数之间的关系尤其有用，它们是计算其他热力学性质、构建溶液理论模型等的基础。

从活度的定义式(7-114) 出发，注意到化学位即为偏摩尔 Gibbs 自由焓，将式(7-114) 改写为

$$\bar{G}_i - G_i^0 \equiv \mu_i - \mu_i^0 = RT\ln \frac{\hat{f}_i}{f_i^0} = RT\ln \hat{a}_i \tag{7-114a}$$

式中，上标 0 表示标准态。因为标准态是纯物质 i（可以是假想的，如 Henry 定律规定的假想纯态），故标准态的化学位 μ_i^0 即为标准态时的摩尔自由焓 G_i^0。上式也适用于理想溶液，并应用 Lewis-Randall 规则［式(7-90)］，有

$$\bar{G}_i^{\mathrm{id}} - G_i^0 = RT\ln \frac{f_i^0 x_i}{f_i^0} = RT\ln x_i \tag{7-76a}$$

式(7-114a) 减去式(7-76a)，得

$$\bar{G}_i - \bar{G}_i^{\mathrm{id}} = RT\ln \frac{\hat{a}_i}{x_i} \tag{7-139}$$

注意到式(7-139) 的左边即为 $\bar{G}_i^{\mathrm{E}}$，而右边项中的比值即是活度系数，所以式(7-139) 可改写为：

$$\ln\gamma_i = \frac{\bar{G}_i^{\mathrm{E}}}{RT} = \left[\frac{\partial(nG^{\mathrm{E}}/RT)}{n_i}\right]_{T,p,n_j} \tag{7-140}$$

式(7-140) 中的第二个等式应用了偏摩尔性质的定义。由此可见，$\ln\gamma_i$ 是摩尔性质函数 G^{E}/RT 的偏摩尔性质。按照溶液摩尔性质与组分偏摩尔性质之间的关系式(7-17b)，不难写出

$$\frac{G^{\mathrm{E}}}{RT} = \sum x_i \ln\gamma_i \tag{7-141}$$

此外，Gibbs-Duhem 方程式(7-138b) 可改写为

$$-\frac{H^{\mathrm{E}}}{RT^2}\mathrm{d}T + \frac{V^{\mathrm{E}}}{RT}\mathrm{d}p - \sum_i x_i \mathrm{d}\ln\gamma_i = 0 \tag{7-138c}$$

以上的推导过程将溶液的逸度和逸度系数、混合性质和过量性质、理想溶液和标准态、及活度和活度系数等概念密切地联系在一起，并且得出组分活度系数可以从 G^{E} 函数导出的结论。因此，只要确切知道 G^{E} 随组成变化的函数关系（称为 G^{E} 模型），则通过式(7-140)

或式(7-138c)，就可以得出活度系数与组成的关系式，故 G^E 模型又被称为活度系数模型。

溶液的过量性质不仅是温度和压力的函数，而且也是溶液组成的函数。这些函数的形式众多，有的由经验方法归纳得出，有的则由理论或半理论推导而来。评价 G^E 模型有多种指标，如形式简单、参数有较明确的物理意义并能利用纯组分性质或少量实验数据估值、能广泛地表达溶液的非理想性等。本节将介绍在工程中已被广泛应用的一些活度系数模型。

【例 7-14】 利用甲醇 (1)-水 (2) 系统在 0.1013MPa 下的汽液平衡数据求算该系统的过量自由焓。

解

$$G^E = \sum_i x_i \bar{G}_i^E$$

因为 $\bar{G}_i^E/RT$ 即为 $\ln\gamma_i$，对二元系统，有

$$G^E = x_1 RT\ln\gamma_1 + x_2 RT\ln\gamma_2$$

例如当 $x_1=0.30$ 时，由表 8-4 知 $\gamma_1=1.344$，$\gamma_2=1.109$

$$G^E=(0.30\times\ln 1.344+0.70\times\ln 1.109)\times 8.314\times 351.05=470.24\text{J}\cdot\text{mol}^{-1}$$

同样可以计算在其他组成下溶液的过量自由焓，结果示于表 7-8。

表 7-8　甲醇 (1)-水 (2) 系统的过量自由焓 (0.1013MPa)

x_1	T	γ_1	γ_2	G^E /J·mol⁻¹	x_1	T	γ_1	γ_2	G^E /J·mol⁻¹
0.000	373.15	—	1.000	0.000	0.400	348.51	1.203	1.183	506.62
0.050	365.54	2.304	1.005	121.42	0.500	346.31	1.118	1.261	494.07
0.100	360.68	1.826	1.018	226.10	0.600	344.44	1.058	1.354	443.82
0.150	357.16	1.682	1.033	314.03	0.700	342.73	1.019	1.457	360.08
0.200	354.63	1.548	1.053	381.02	0.900	339.29	1.001	1.618	133.98
0.300	351.05	1.344	1.109	470.24	1.000	337.66	1.000	—	0.000

由计算过程和结果可知，汽液平衡结果不仅能获得系统中组分的活度系数，还能求算系统的 G^E，并按普遍的热力学关系式可获得诸如 H^E、S^E 等热力学性质。此外，该系统中所有的 $\gamma_i>1$，$G^E>0$，标志着溶液对 Raoult 定律呈正偏差。

7.7.2　正规溶液理论

所谓正规溶液，Hildebrand 定义为："当极少量的一个组分从理想溶液迁移到相同组成的真实溶液时，如果系统的熵和总体积不变，则称此真实溶液为正规溶液"。可见，正规溶液的 $S^E=0$，$V^E=0$，和理想溶液一致，但因 $H^E\neq 0$，故正规溶液不是理想溶液。根据正规溶液的特点，在恒压下，有

$$G^E=H^E=U^E \tag{7-142}$$

根据 $S^E=0$，不难导出

$$RT\ln\gamma_i=\text{常数}\quad\text{或}\quad \ln\gamma_i\propto\frac{1}{T} \tag{7-143}$$

式(7-143) 常用来从某温度下的已知活度系数去求其他温度下的未知活度系数，但仅限于正规溶液或很接近于正规溶液的系统。

(1) 范拉尔 (van Laar) 方程

采用与状态方程的混合规则相类似的方法来得到液体混合物的汽化内能变化 $U-U^*$

$$U-U^* = \Delta U = -\rho\sum_i\sum_j x_i x_j a_{ij} \tag{7-144}$$

式中，a_{ij} 为组分对相互作用能，ρ 是混合物的密度。由于正规溶液的 $V^E=0$，$1/\rho=V=\sum_i x_i V_i$，且式(7-144) 也应适用于纯液体组分 i 的汽化内能变化 ΔU_i，再根据 $U^E=\Delta U-$

$\sum_i x_i \Delta U_i$，对于二元溶液，有

$$G^{\mathrm{E}}=U^{\mathrm{E}}=\frac{x_1 x_2 V_1 V_2}{x_1 V_1+x_2 V_2}\left(\frac{a_{11}}{V_1^2}+\frac{a_{22}}{V_2^2}-2\frac{a_{12}}{V_1 V_2}\right)=\frac{x_1 x_2 V_1 V_2}{x_1 V_1+x_2 V_2}Q \tag{7-145}$$

令 $A_{12}=\frac{QV_1}{RT}$，$A_{21}=\frac{QV_2}{RT}$，$\frac{A_{12}}{A_{21}}=\frac{V_1}{V_2}$，得

$$\frac{G^{\mathrm{E}}}{RT}=\frac{A_{12}A_{21}x_1x_2}{x_1A_{12}+x_2A_{21}} \tag{7-146}$$

根据式(7-140)，对 n_i 偏微分，有

$$\ln\gamma_1=A_{12}\left(\frac{A_{21}x_2}{x_1A_{12}+x_2A_{21}}\right)^2 \tag{7-147a}$$

$$\ln\gamma_2=A_{21}\left(\frac{A_{12}x_1}{x_1A_{12}+x_2A_{21}}\right)^2 \tag{7-147b}$$

式(7-146) 和式(7-147a,b) 即为范拉尔方程。

（2）Scatchard-Hildebrand（SH）正规溶液模型

回到方程（7-145），并采用状态方程中的组合规则，即令 $a_{12}=\sqrt{a_1a_2}(1-k_{12})$，并假定 $k_{12}=0$，则方程（7-145）可改写为

$$G^{\mathrm{E}}=U^{\mathrm{E}}=\frac{x_1x_2V_1V_2}{x_1V_1+x_2V_2}\left(\frac{\sqrt{a_{11}}}{V_1}-\frac{\sqrt{a_{22}}}{V_2^2}\right)^2 \tag{7-148}$$

Scatchard 和 Hildebrand 认识到上式括号中的两项和纯组分的性质密切相关，并定义其为溶解度参数 δ，再引入体积分数 Φ，有

$$\delta_i\equiv\sqrt{a_{ii}}/V_i,\quad \Phi_i\equiv x_iV_i/\sum x_iV_i$$

$$G^{\mathrm{E}}=U^{\mathrm{E}}=\Phi_1\Phi_2(\delta_1-\delta_2)^2(x_1V_1+x_2V_2) \tag{7-149}$$

按式(7-140) 对 n_i 偏微分，可得活度系数方程为

$$RT\ln\gamma_1=V_1\Phi_2^2(\delta_1-\delta_2)^2 \tag{7-150a}$$

$$RT\ln\gamma_2=V_2\Phi_1^2(\delta_1-\delta_2)^2 \tag{7-150b}$$

可见，只要知道纯组分的摩尔体积、溶解度参数（或汽化内能变化），即可由式(7-150) 表达的模型方程预测溶液中组分的活度系数。另外，需要指出的是，若令 $V_1(\delta_1-\delta_2)^2=A_{12}RT$，$V_2(\delta_1-\delta_2)^2=A_{21}RT$，则 SH 正规溶液方程式(7-150) 回复到范拉尔方程。

在式(7-150) 中，$(\delta_1-\delta_2)^2=\delta_1^2-2\delta_1\delta_2+\delta_2^2$，可见交叉参数取 δ_1^2 和 δ_2^2 的几何平均值，即 $C_{12}=\sqrt{\delta_1^2\delta_2^2}$。为提高数据关联精度，把交叉参数改进为 $C_{12}=(1-l_{12})\sqrt{\delta_1^2\delta_2^2}$，代入式(7-150)，可得

$$RT\ln\gamma_1=V_1\Phi_2^2[(\delta_1-\delta_2)^2+2l_{12}\delta_1\delta_2] \tag{7-151a}$$

$$RT\ln\gamma_2=V_2\Phi_1^2[(\delta_1-\delta_2)^2+2l_{12}\delta_1\delta_2] \tag{7-151b}$$

式中，l_{12}是经验常数，可由实验数据拟合得到。式(7-151) 即为修正的 SH 模型。

此外，经过比较繁琐的数学推导，可将 SH 正规溶液模型推广到多元混合物，得到特别简单的活度系数公式为

$$RT\ln\gamma_i=V_i(\delta_i-\bar{\delta})^2 \tag{7-152}$$

式中，$\bar{\delta}$ 为按照组分体积分数平均的混合物溶解度参数，$\bar{\delta}=\sum_j \Phi_j\delta_j$。

SH 正规溶液模型的主要优点在于其参数可以直接计算，无需求助于活度系数的实际测量，但这样得到的参数不及由实验数据拟合得到的精确。其另一个特点是只存在对理想溶液的正偏差，难以预测对拉乌尔（Raoult）定律呈负偏差溶液的性质。

7.7.3 Wohl 型方程

根据对不同大小分子群中不同分子间相互作用大小的考察，认为分子间相互作用的贡献与分子群形成的相对频率以及反映该分子群相互作用的强度因子成比例。Wohl（伍尔）用各组分有效体积分数的乘积来表征给定分子群随机形成的相对频率，总结出 G^{E} 的通式为

$$G^{E}=(RT\sum_{i}q_{i}x_{i})(\sum_{i,j}z_{i}z_{j}a_{ij}+\sum_{i,j,k}z_{i}z_{j}z_{k}a_{ijk}+\sum_{i,j,k,l}z_{i}z_{j}z_{k}z_{l}a_{ijkl}+\cdots) \quad (7\text{-}153)$$

式中，q_i 是组分 i 的有效摩尔体积；z_i 为组分 i 的有效体积分数，$z_i=q_ix_i/\sum_{j}q_jx_j$；$a_{ij}$、$a_{ijk}$、$a_{ijkl}$ 分别为 ij 两分子、ijk 三分子、$ijkl$ 四分子间相互作用参数，描述不同分子群相互作用的强度，且相同分子群的作用参数为零，即 $a_{ii}=a_{iii}=a_{iiii}=\cdots=0$。式(7-153) 写到四组分配对相互作用为止，称此为四阶伍尔型方程。方程阶数越高，越能反映真实溶液的性质，但参数更多，需用更多的实验数据来求取，计算也愈繁琐。对于二元溶液，截取到三分子相互作用项，式(7-153) 可化简为

$$G^{E}=RT(q_1x_1+q_2x_2)(2z_1z_2a_{12}+3z_1^2z_2a_{112}+3z_2^2z_1a_{122}) \quad (7\text{-}154)$$

若令 $A=q_1(2a_{12}+3a_{122})$ 及 $B=q_2(2a_{12}+3a_{112})$，代入上式，得

$$\frac{G^{E}}{RT}=\left(\frac{q_2}{q_1}Ax_2+\frac{q_1}{q_2}Bx_1\right)z_1z_2 \quad (7\text{-}155)$$

将式(7-155) 对 n_i 偏微分，可得活度系数方程为

$$\ln\gamma_1=[A+2z_1(Bq_1/q_2-A)]z_2^2 \quad (7\text{-}156a)$$

$$\ln\gamma_2=[B+2z_2(Aq_2/q_1-B)]z_1^2 \quad (7\text{-}156b)$$

由上可见，式(7-155) 和式(7-156) 是截取至三阶的二元溶液伍尔型方程通式，含有三个参数，A、B 及 q_1/q_2。对这三个参数经过不同的处理，可以导出一些知名的模型方程，如：当 $q_1/q_2=A/B$ 时，式(7-155) 和式(7-156) 回复到范拉尔方程；当 $q_1/q_2=1$ 时，$z_i=x_i$，得到三尾标马居尔（Margules）方程；当 $q_1/q_2=1$，且 $B=A$ 时，得到二尾标马居尔方程；当 $q_1=V_1^L$，$q_2=V_2^L$，即 q_i 用组分的液体摩尔体积代替时，$z_i=\Phi_i$，得到斯卡查得-哈默（Scatchard-Hamer）方程。表 7-9 总结并给出了作为伍尔型方程特例的 G^{E} 和活度系数表达式。

表 7-9 伍尔型方程的某些表达式

名称	G^E	参数	$\ln\gamma_1$ 和 $\ln\gamma_2$
二尾标马居尔方程	$G^E=Ax_1x_2$	A	$RT\ln\gamma_1=Ax_2^2$ $RT\ln\gamma_2=Ax_1^2$
三尾标马居尔方程	$G^E=x_1x_2[A+B(x_1-x_2)]$	A,B	$RT\ln\gamma_1=(A+3B)x_2^2-4Bx_2^3$ $RT\ln\gamma_2=(A-3B)x_1^2+4Bx_1^3$
范拉尔方程	$G^E=\frac{ABx_1x_2}{Ax_1+Bx_2}$	A,B	$RT\ln\gamma_1=A\left(\frac{Bx_2}{Ax_1+Bx_2}\right)^2$ $RT\ln\gamma_2=B\left(\frac{Ax_1}{Ax_1+Bx_2}\right)^2$
四尾标马居尔方程	$G^E=x_1x_2[A+B(x_1-x_2)+C(x_1-x_2)^2]$	A,B,C	$RT\ln\gamma_1=(A+3B+5C)x_2^2-4(B+4C)x_2^3+12Cx_2^4$ $RT\ln\gamma_2=(A-3B+5C)x_1^2+4(B-4C)x_1^3+12Cx_1^4$
斯卡查得-哈默方程	$\frac{G^E}{RT}=\left(\frac{V_2}{V_1}Ax_2+\frac{V_1}{V_2}Bx_1\right)\Phi_1\Phi_2$	A,B	$\ln\gamma_1=[A+2\Phi_1(BV_1/V_2-A)]\Phi_2^2$ $\ln\gamma_2=[B+2\Phi_2(AV_2/V_1-B)]\Phi_1^2$

伍尔型方程在溶液热力学发展的早期被广泛用来表示活度系数数据，迄今仍在应用。其优点是计算比较简单，缺点是不能用二元溶液数据直接推算多元溶液的相平衡，而必须要用多元系统的参数。此外，对于含有强极性组分，非理想性很高的系统，伍尔型方程也往往难以发挥作用。

7.7.4 聚合物溶液的似晶格理论（Quasi-Lattice Theory）

混合自由焓由混合焓和混合熵两部分组成。对于相似尺寸分子组成的混合物，正规溶液理论假设其混合熵等于理想溶液的混合熵，而将注意力集中在混合焓上；但是，当分子尺寸截然不同的组分构成溶液时，却可假设混合焓为零，而将注意力集中在混合熵上，以此来构筑理论模型。与正规溶液相对应，称混合焓为零的溶液为无热溶液。无热溶液是对由分子大小不同而化学性质相似组分构成的溶液的一个近似。Flory 和 Huggins 分别基于无热溶液概念，借助于似晶格理论，运用统计热力学的方法推导出聚合物溶液的混合熵，Flory-Huggins 理论是聚合物溶液热力学的奠基石。

所谓‘似晶格’，是相对于‘似气体’而言的。由于液体介于气体和固体之间，在液体理论中出现了两类方法。第一种方法认为液体类似于气体状态，将液体视为稠密的高度非理想气体，其性质可以用某些状态方程表示，如范德瓦耳斯、SRK 及 PR 方程等，称为基于状态方程的理论模型。第二种方法认为液体类似于固体状态，分子不像在气体中那样完全杂乱地移动，而是倾向于停留在一个小的区域，围绕空间中大致固定的一点振动。假设液体分子处于类似于固体晶格的规则列阵之中，称为似晶格。基于该种简化模型的液体或其混合物的理论则被称为似晶格模型。

Flory 和 Huggins 按似晶格模型推导出的混合熵表达式为

$$\Delta S = -R\sum_i x_i \ln\Phi_i \tag{7-157a}$$

式中，Φ_i 为体积分数。该式形式上类似于理想气体或理想溶液的混合熵，只是对数项中的摩尔分数用体积分数取代。事实上，若引进自由体积（free volume）的概念，可更好地帮助我们理解该理论。由于分子占有一定的体积，其他分子不能进入该体积单元，系统的总体积减去所有分子紧密堆积时所占有的最小体积，就是任意一个分子能够自由移动的场所，称该差值部分为自由体积。假设任意一种液体的自由体积分数为 λ，且液体混合后，其自由体积分数不变，则组分 i 的总自由体积 V_f 从混合前（纯态）的 $n_iV_i\lambda$ 变成混合后的 $\sum n_jV_j\lambda$。鉴于熵是混乱度的度量，一个分子能自由移动的场所越大，其混乱度就成比例地增大，故组分 i 从纯态变成混合物后所增加的摩尔熵值（$\bar{S}_i - S_i$）为

$$\bar{S}_i - S_i = R\ln\frac{V_{f,\text{后}}}{V_{f,\text{前}}} = R\ln\frac{\sum n_jV_j\lambda}{n_iV_i\lambda} = -R\ln\Phi_i \tag{7-157b}$$

式(7-157b) 和式(7-157a) 在热力学上完全等价，尽管推导过程与基于的原理不同（一个是似晶格理论，一个基于自由体积概念）。

将式(7-157a) 减去理想溶液的混合熵，即为过量熵，有

$$S^E = \Delta S - \Delta S^{id} = -R\sum_i x_i\ln(\Phi_i/x_i) \tag{7-158}$$

按照无热溶液的假设，系统的过量自由焓为

$$G^E = H^E - TS^E = 0 - TS^E = RT\sum_i x_i\ln(\Phi_i/x_i) \tag{7-159}$$

从式(7-159) 可导出无热溶液的 Flory-Huggins 活度系数表达式。但是，由于真实聚合物溶液很少接近无热条件，Flory 和 Huggins 为此采用类似正规溶液理论的做法引进了混合焓，则对二元溶液，最终的 Flory-Huggins 模型为

$$G^E = RT[x_1\ln(\Phi_1/x_1) + x_2\ln(\Phi_2/x_2)] + \Phi_1\Phi_2(x_1 + x_2 r)\chi RT \tag{7-160a}$$

$$\ln\gamma_1 = \ln(\Phi_1/x_1) + (1-\Phi_1/x_1) + \chi\Phi_2^2 \tag{7-160b}$$

$$\ln\gamma_2 = \ln(\Phi_2/x_2) + (1-\Phi_2/x_2) + r\chi\Phi_1^2 \tag{7-160c}$$

式中，$r = V_2/V_1$，χ 是 Flory-Huggins 相互作用参数，且当 $\chi = 0$，式(7-160a) 就回到

无热溶液的式(7-159)。Flory-Huggins 的二元溶液模型也很容易推广到多元混合物。此外，若令 $\chi \equiv V_1(\delta_1-\delta_2)^2/(RT)$，则称此为 Flory-Huggins-Scatchard-Hildebrand 模型（简称 FHSH 方程），是一个完全由纯组分性质预测组分活度系数的模型。

值得一提的是，Hildebrand 指出，Flory-Huggins 式(7-157a) 给出了混合熵的上限，理想溶液的混合熵是下限，真正的混合熵介于两者之间。为此，基于似晶格理论或自由体积概念，文献上提出了许多无热溶液过量熵的表达式，其中比较著名的 Guggenheim 方程式为

$$\left(\frac{G^{\mathrm{E}}}{RT}\right)_{1/T=0}=\sum_i x_i\ln\frac{\Phi_i}{x_i}+\frac{z}{2}\sum_i x_i q_i\ln\frac{\theta_i}{\Phi_i} \tag{7-161}$$

式中，下标‘$1/T=0$’表示高温下为无热溶液，z 为配位数，q_i 是纯组分的面积参数，与分子结构形状有关，θ_i 是面积分率，$\theta_i=x_iq_i/\sum\limits_j x_jq_j$。此方程已成为许多后来开发的活度系数模型的基础。

7.7.5 局部组成型方程

正规溶液假设混合物分子间的相互作用彼此独立，且符合如状态方程中的四极混合规则［式(7-144)］所示的关系，混合规则中的交叉项 a_{ij} 与组成无关，故以此为基础推导的模型统称为随机模型，或叫做平均场理论。然而，真实溶液中组分分子对间的作用力强弱不同，分子分布并非随机，而是体现出有规律的不均匀性。如此，不同种分子对间的交叉作用参数 a_{ij} 也与组成有关。为此，需要引进局部组成的概念。

（1）局部组成（Local Compositions）

图 7-14 示出了 15 个分子 1 和 15 个分子 2 混合后的情形。用 X_{ij} 表示局部摩尔分数，意为 i 分子紧邻在中心分子 j 周围的几率。对于二元溶液，以分子 2 为中心分子，显然有 $X_{12}+X_{22}=1$。同理，以分子 1 为中心分子，有 $X_{21}+X_{11}=1$。仔细观察图 7-14 中所划圈的局部范围，可以看出 $X_{21}\neq X_{11}\neq 0.5$，而是 $X_{21}\approx 5/8$，$X_{11}\approx 3/8$，由此说明分子 1-2 间的吸引力大于分子 1-1 间的吸引力，中心分子周围的局部组成 X_{ij} 不同于体相组成 x_i。为了联系局部组成与体相组成间的关系，Wilson 引入了权重因子 $\exp[-(g_{ij}-g_{jj})/(RT)]$(称为 Boltzmann 因子)，则

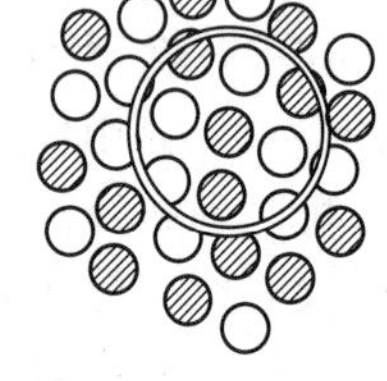

图 7-14 局部摩尔分数概念

$$\frac{X_{21}}{X_{11}}=\frac{x_2}{x_1}\exp\left[-\frac{(g_{21}-g_{11})}{RT}\right],\quad \frac{X_{12}}{X_{22}}=\frac{x_1}{x_2}\exp\left[-\frac{(g_{12}-g_{22})}{RT}\right] \tag{7-162}$$

式中，g_{ij} 是分子 i 与分子 j 间的相互作用能，且 $g_{ij}=g_{ji}$。若 $g_{12}=g_{21}=g_{11}=g_{22}$，局部组成等同于体相组成；反之，若 $g_{12}=g_{21}\neq g_{11}\neq g_{22}$，局部组就不同于体相组成。

（2）局部组成型模型

Wilson 进一步引入了局部体积分数 ξ_{ij} 的概念，并定义为

$$\frac{\xi_{ij}}{\xi_{jj}}=\frac{\Phi_i}{\Phi_j}\exp\left[-\frac{(g_{ij}-g_{jj})}{RT}\right],\quad \frac{\xi_{ji}}{\xi_{ii}}=\frac{\Phi_j}{\Phi_i}\exp\left[-\frac{(g_{ji}-g_{ii})}{RT}\right] \tag{7-163}$$

Wilson 作了一个大胆的假设，认为应该用局部体积分率 ξ_{jj} 表达 Flory-Huggins 式(7-159) 中的 Φ_j 来获得 G^{E}，再由式(7-140) 获得活度系数方程，对二元溶液，有

$$\left.\begin{aligned}\ln\gamma_1&=-\ln(x_1+x_2\Lambda_{12})+x_2\left(\frac{\Lambda_{12}}{x_1+x_2\Lambda_{12}}-\frac{\Lambda_{21}}{x_1\Lambda_{21}+x_2}\right)\\ \ln\gamma_2&=-\ln(x_1\Lambda_{21}+x_2)+x_1\left(\frac{\Lambda_{21}}{x_2+x_1\Lambda_{21}}-\frac{\Lambda_{12}}{x_2\Lambda_{12}+x_1}\right)\end{aligned}\right\} \tag{7-164}$$

式中，Λ_{ij} 是 Wilson 参数，可表示为 $\Lambda_{ij}=(V_i/V_j)\exp[-(\lambda_{ij}-\lambda_{jj})/(RT)]$，其中 V_i、V_j 是系统温度下的纯液体摩尔体积，$(\lambda_{ij}-\lambda_{jj})$ 称为能量参数。在计算等温条件下的活度系数时，可直接用 Λ_{ij} 作为模型参数，此时不需要液相摩尔体积数据；在其他情况下，一般

用 ($\lambda_{ij}-\lambda_{jj}$) 作为与温度无关的模型参数，以使活度系数关系式能体现温度的影响。

虽然 Wilson 用局部体积分数表达 Flory-Huggins 理论中体积分数的原始做法是从假设出发，获得的首个局部组成模型的理论基础较弱，但经后来的研究者证明[1]，Wilson 模型确可从局部组成观点出发按照严格的热力学关系式完整推导出来。Wilson 模型之后出现的另两个著名的局部组成模型，NRTL (Non-Random-Two-Liquid) 方程[2] 和 UNIQUAC (UNIversal QUAsi-Chemical) 方程[3]，就是采用似晶格理论并结合局部组成概念推导出来的。对于二元溶液，NRTL 模型的活度系数表达式为

$$\left.\begin{aligned}\ln\gamma_1&=x_2^2\left(\frac{\tau_{21}G_{21}^2}{(x_1+x_2G_{21})^2}+\frac{\tau_{12}G_{12}}{(x_2+x_1G_{12})^2}\right)\\ \ln\gamma_2&=x_1^2\left(\frac{\tau_{12}G_{12}^2}{(x_2+x_1G_{12})^2}+\frac{\tau_{21}G_{21}}{(x_1+x_2G_{21})^2}\right)\end{aligned}\right\}\qquad(7\text{-}165)$$

式中，$\tau_{12}=(g_{12}-g_{22})/(RT)$，$\tau_{21}=(g_{21}-g_{11})/(RT)$，$G_{12}=\exp(-\alpha_{12}\tau_{12})$，$G_{21}=\exp(-\alpha_{12}\tau_{21})$，其中 ($g_{12}-g_{22}$)，($g_{21}-g_{11}$) 和 α_{12} 是三个模型参数，通常从混合物的相平衡数据拟合得到。α_{12} 是 NRTL 模型中的有序参数，可以不作为可调参数，而通常固定在 0.1～0.47 的某个值。

局部组成模型可以很方便地从二元直接推向多元系统。为了便于使用，表 7-10 给出了多元溶液的 Wilson、NRTL 和 UNIQUAC 模型的活度系数表达式。二元溶液 UNIQUAC

表 7-10　仅用纯组分参数和二元模型参数来推算组分活度系数的局部组成型模型

名称	二元模型参数	G^E 和活度系数表达式
Wilson	$(\lambda_{ij}-\lambda_{jj})$ 和 $(\lambda_{ji}-\lambda_{ii})$	$\frac{G^E}{RT}=-\sum_i x_i\ln(\sum_j x_j\Lambda_{ij})$ $\ln\gamma_i=-\ln(\sum_j x_j\Lambda_{ij})+1-\sum_k\frac{x_k\Lambda_{ki}}{\sum_j x_j\Lambda_{kj}}$ $\Lambda_{ij}=(V_i/V_j)\exp[-(\lambda_{ij}-\lambda_{jj})/(RT)]$
NRTL	$(g_{ij}-g_{jj})$、$(g_{ji}-g_{ii})$ 和 α_{ij}	$\frac{G^E}{RT}=\sum_i x_i\frac{\sum_j\tau_{ji}G_{ji}x_j}{\sum_k G_{ki}x_k}$ $\ln\gamma_i=\frac{\sum_j\tau_{ji}G_{ji}x_j}{\sum_k G_{ki}x_k}+\sum_j\frac{G_{ij}x_j}{\sum_k G_{kj}x_k}\left(\tau_{ij}-\frac{\sum_l\tau_{lj}G_{lj}x_l}{\sum_k G_{kj}x_k}\right)$ $\tau_{ij}=(g_{ij}-g_{jj})/(RT),\tau_{ji}=(g_{ji}-g_{ii})/(RT)$ $G_{ij}=\exp(-\alpha_{ij}\tau_{ij}),G_{ji}=\exp(-\alpha_{ij}\tau_{ji})$
UNIQUAC	a_{ij} 和 a_{ji}	$\frac{G^E}{RT}=\sum_i x_i\ln(\Phi_i/x_i)+0.5z\sum_i q_ix_i\ln(\theta_i/\Phi_i)-\sum_i q_ix_i\ln(\sum_j\theta_j\tau_{ji})$ $\ln\gamma_i=\ln\gamma_i^C+\ln\gamma_i^R$ $\ln\gamma_i^C=\ln(\Phi_i/x_i)+0.5zq_i\ln(\theta_i/\Phi_i)+l_i-(\Phi_i/x_i)\sum_j x_jl_j$ $\ln\gamma_i^R=q_i-q_i\ln(\sum_j\theta_j\tau_{ji})-q_i\sum_j\frac{\theta_j\tau_{ij}}{\sum_k\theta_k\tau_{kj}}$ $l_j=0.5z(r_i-q_i)-(r_i-1),z=10,\tau_{ji}=\exp(-a_{ji}/T)$ $\Phi_j=x_jr_j/\sum_k x_kr_k,\theta_j=x_jq_j/\sum_k x_kq_k$

注：纯组分参数分别是：Wilson 模型中的 V_j；UNIQUAC 中的 r_j（体积参数）和 q_j（面积参数）。NRTL 模型没有纯组分参数。

[1] Mollerup，J. A. Fluid Phase Equilibria，1981，7：121-138.
[2] Renon，H.，Prausnitz，J. M.，AIChE J.，1968，14：135.
[3] Abrams，D. S.，Prausnitz，J. M.，AIChE J.，1975，21：116.

方程的活度系数关系式可很方便地从表7-10中的多元系统表达式化简得到，在此不再赘述。需要指出的是，局部组成型方程一般只需二元系统的模型参数，就能达到推算多元系统的相平衡数据。

*7.8 电解质溶液热力学简介

有关电解质溶液理论和实验研究的文献很丰富，但将非电解质溶液的热力学观点扩展到电解质溶液却并不是一个容易的任务，这是由电解质溶液的特殊性决定的。这些特性包括：电解质在水溶液中通过解离反应全部或部分变成阴阳离子，且保持溶液整体的电中性；解离反应使溶液的物种增多，但阴阳离子又不能实际单独存在；电解质溶液中除溶剂和未解离的溶质分子外，还存在带电荷的阴阳离子，离子-离子、分子-分子及离子-分子间的相互作用强烈，使溶液的非理想性更为明显；电解质水溶液的组成除用摩尔分数表示外，更习惯于用体积摩尔浓度（molarity）c 或质量摩尔浓度（molality）m 表示等。为了兼顾这些特性，电解质溶液热力学在继承非电解质溶液理论的基础上，必须作适当的改变，并发展出一些特殊的概念和关系式，特别是平均离子活度或活度系数、溶剂的渗透系数等概念和关系式的引进。

7.8.1 活度、活度系数和标准态

电解质在水溶液中的解离平衡式是 $M_{v+}X_{v-} \Leftrightarrow v_+ M^{z+} + v_- X^{z-}$，其中，$v_+$、$v_-$ 是一个电解质分子解离成正、负离子的个数，$v = v_+ + v_-$；z_+、z_- 是正、负离子的价数。按非电解质溶液类似的方法来定义正离子、负离子及电解质“分子”（以符号 MX 表示）的化学位和活度，则

$$\mu_+ = \mu_+^{\ominus} + RT\ln a_+ \text{、} \mu_- = \mu_-^{\ominus} + RT\ln a_- \text{、} \mu_{MX} = \mu_{MX}^{\ominus} + RT\ln a_{MX}$$

电离平衡意味着存在 $\mu_{MX} = v_+\mu_+ + v_-\mu_-$，故

$$\mu_{MX} = \mu_{MX}^{\ominus} + RT\ln a_{MX} = (v_+\mu_+^{\ominus} + v_-\mu_-^{\ominus}) + RT\ln a_+^{v_+} a_-^{v_-} \tag{7-166}$$

由式(7-166)可知，电解质的活度可用各离子的活度表示，但由于溶液电中性，不存在只含正离子或只含负离子的溶液，也无法实验测定单个离子的活度。电解质溶液的热力学性质都是正、负离子贡献的平均结果，合理的方法是引入可实验测定的平均离子活度 $a_\pm$，并定义相应的平均离子活度系数 $\gamma_\pm$ 和平均离子浓度 $\xi_\pm$（$\xi = x$，c 或 m，是泛指的浓度；若在下标中，则指浓度标度；下同），则

$$a_{\pm,\xi} = a_{MX,\xi}^{1/v} = a_{+,\xi}^{v_+/v} a_{-,\xi}^{v_-/v} = \xi_\pm \gamma_{\pm,\xi} \tag{7-167a}$$

$$\xi_\pm = \xi_+^{v_+/v} \xi_-^{v_-/v}, \quad \gamma_{\pm,\xi} = \gamma_{+,\xi}^{v_+/v} \gamma_{-,\xi}^{v_-/v} \tag{7-167b}$$

其中，以质量摩尔浓度表示的平均离子活度 $a_{\pm,m}$ 和平均离子活度系数 $\gamma_{\pm,m}$ 最为常用。至此，以三种不同组成标度表示的组分化学位可统一地表示为

$$\mu_i = \mu_{i,\xi}^{\ominus} + RT\ln a_{i,\xi} = \mu_{i,\xi}^{\ominus} + RT\ln \gamma_{i,\xi}\xi_i \tag{7-168}$$

式中，$\mu_{i,\xi}^{\ominus}$（$\xi = x$，c 或 m）分别为三种不同浓度标度下的标准态化学位，下标 i 是电解质组分（作为整体处理）或溶剂组分。对于溶剂，一般选择体系温度、压力下的纯溶剂为标准态。对于溶质，因为电解质往往是固体，需要选择一个理想溶液为标准态。该标准态必须满足：在体系温度、压力下，i 组分浓度为单位浓度时，有 $\gamma_{i,\xi} = 1$，此时 $\ln a_{i,\xi} = 0$，化学位即为标准态化学位 $\mu_i = \mu_{i,\xi}^{\ominus}$。对三种不同浓度标度，单位浓度分别是 $x_i = 1$，$c_i = 1$，$m_i = 1$。因为只有无限稀释下的真实溶液才非常接近理想溶液，即当 $\xi_i \to 0$ 时，$\gamma_{i,\xi} \to 1$，因此以上定义的标准态是一个假想的溶液，尽管它有较高的溶质浓度（$c_i = 1$ 或 $m_i = 1$），却有无限稀释溶液的活度系数值。以上标准态的选择表明，电解质溶液中的无限稀释状态不是标准态，因为尽管无限稀释时 $\gamma_{i,\xi} \to 1$，但此时 $\ln a_{i,\xi} \to -\infty$，且 $\mu_i \to -\infty$，而不是 $\mu_i \to \mu_{i,\xi}^{\ominus}$。此外，

须指出，正是上述标准态的定义，使得式(7-168) 中的 ξ_i 是相对于标准态浓度而言的，是相对浓度，没有浓度单位（如 mol·kg^{-1}之类的单位），故有些参考书也将此写成 $\xi_i/\xi_i^{\ominus}$，其中 $\xi_i^{\ominus}$是单位浓度。

7.8.2 渗透系数和过量自由焓

电解质稀溶液中存在大量的溶剂，因其活度系数接近于 1，不能显著地反映真实溶液与理想溶液的偏离程度，故引进渗透系数 ϕ 的概念，其从溶剂化学位 μ_s 出发的定义式为

$$\mu_s=\mu_s^{\ominus}+RT\ln a_s=\mu_s^{\ominus}+RT\phi\ln a_{s,m}^{id} \tag{7-169}$$

式中，a_s 为真实溶液中的溶剂活度，$a_{s,m}^{id}$表示质量摩尔浓度标度下的理想溶液的溶剂活度。假设每个电解质分子 MX 全部解离成 v 个离子，因理想溶液的 $\phi=1$，$a_s=x_s$，将该边界条件代入式(7-169)，有

$$\ln a_{s,m}^{id}=\ln x_s=\ln\frac{1/M_s}{1/M_s+mv}=-\ln(1+M_s mv)\approx-M_s mv \tag{7-170}$$

式中，M_s 为溶剂的摩尔质量，kg·mol^{-1}，m 是电解质作为整体考虑时的质量摩尔浓度（省略了下标 MX）。将式(7-170) 代入式(7-169)，不难得到

$$\phi=\ln a_s/\ln a_{s,m}^{id}=-\ln a_s/(M_s mv) \tag{7-171}$$

由于电解质溶液上方的蒸气压比纯溶剂上方的蒸气压低，该蒸气压的差值即为渗透压 π，定义为

$$\pi=-(RT/V_s)\ln a_s \tag{7-172}$$

式中，V_s 为纯溶剂的摩尔体积，因此，比较式(7-171) 和式(7-172)，不难得出

$$\phi=\ln a_s/\ln a_{s,m}^{id}=\pi/\pi^{id} \tag{7-173}$$

可见，渗透系数是真实溶液与理想溶液渗透压间的比值，渗透系数因此而得名。

电解质溶液的偏摩尔性质间的关系应符合 Gibbs-Duhem 方程，对二元溶液，有

$$x_s\mathrm{d}\ln a_s+x_{MX}\mathrm{d}\ln a_{MX}=0 \tag{7-174}$$

式中，$x_{MX}=m/(1/M_s+mv)$，是电解质的摩尔分数；$x_s=(1/M_s)/(1/M_s+mv)$，是溶剂摩尔分数；$x_s+vx_{MX}=1$。将 $a_{\pm,m}$、$\gamma_{\pm,m}$、ϕ 的定义式代入上式，经整理，有

$$\mathrm{d}\ln\gamma_{\pm,m}=\mathrm{d}\phi+(\phi-1)\mathrm{d}m/m \quad 或 \quad \mathrm{d}[m(\phi-1)]=m\mathrm{d}\ln\gamma_{\pm,m} \tag{7-175}$$

注意，因为 $m_\pm$ 和 m 间仅差一个常数，上式中应用了 $\mathrm{d}\ln m_\pm=\mathrm{d}\ln m$。上式的边界条件是：当 $m\to0$ 时，$\gamma_{\pm,m}\to1$，$\phi\to1$，因此对式(7-175) 积分，得

$$\ln\gamma_{\pm,m}=\phi-1+\int_0^m[(\phi-1)/m]\mathrm{d}m \quad 或 \quad \phi=1+(1/m)\int_0^m m\mathrm{d}\ln\gamma_{\pm,m} \tag{7-176}$$

式(7-176) 是由 $\gamma_{\pm,m}$求算 ϕ、或由 ϕ 求算 $\gamma_{\pm,m}$的重要方程。

对于 1kg 溶剂中含 m mol 盐 MX 的二元溶液，溶剂的物质的量 $n_s=1/M_s$，溶质的摩尔数 $n_{MX}=m$，$n=n_s+n_{MX}$，则溶液的总自由焓 nG 为

$$\begin{aligned}nG&=n_{MX}\mu_{MX}+n_s\mu_s\\&=n_{MX}\mu_{MX}^{\ominus}+vn_{MX}RT\ln(m_\pm\gamma_{\pm,m})+n_s(\mu_s^{\ominus}-vmRTM_s\phi)\end{aligned} \tag{7-177}$$

上式第二个等式中应用了平均离子活度和渗透系数的定义式。对于理想溶液，有 $\gamma_{\pm,m}=\phi=1$，将之代入式(7-177) 可获得 nG^{id}，再根据 $nG^E=nG-nG^{id}$，经整理得

$$nG^E=vn_{MX}RT(\ln\gamma_{\pm,m}+1-\phi) \tag{7-178}$$

再应用偏摩尔性质的定义，不难推导出

$$\phi-1=-\frac{1}{vmM_sRT}\left(\frac{\partial nG^E}{\partial n_s}\right)_{T,p,n_{MX}} \quad 和 \quad \ln\gamma_{\pm,m}=\frac{1}{vRT}\left(\frac{\partial nG^E}{\partial n_{MX}}\right)_{T,p,n_s} \tag{7-179}$$

此式表明，电解质溶液的平均离子活度系数和渗透系数表达式同样也可从 G^E 模型推导。

7.8.3 电解质溶液的活度系数模型

Debye 和 Hückel 应用经典静电学建立的概念，推导了在离子强度 $I=0.5\sum_j m_j z_j^2$ 的稀溶液中，离子组分 i 的极限活度系数表达式为

$$\ln\gamma_{i,m}=-A_\gamma z_i^2/I^{1/2} \tag{7-180}$$

式中，A_γ 是一个依赖于温度的常数，对 25℃、0.10133MPa 下水溶液，$A_\gamma=1.174\text{kg}^{0.5}\cdot\text{mol}^{-0.5}$。此式的推导过程在物理化学教科书中已有涉及，这里不再赘述。应用平均离子活度系数概念和电中性条件，有

$$\ln\gamma_{\pm,m}=-A_\gamma|z_+z_-|I^{1/2} \tag{7-181a}$$

相应的，可得渗透系数方程为

$$\phi-1=-A_\phi|z_+z_-|I^{1/2} \tag{7-181b}$$

式中，$A_\phi=A_\gamma/3$，也是 Debye-Hückel 常数。Debye-Hückel 极限公式仅在溶液很稀时（$I\leqslant 0.01\text{mol}\cdot\text{kg}^{-1}$），才与实验数据符合良好。为了扩展应用范围，在 Debye-Hückel 极限公式的基础上，已提出的一个重要的经验方程为

$$\ln\gamma_{\pm,m}=-A_\gamma|z_+z_-|I^{1/2}/(1+I^{1/2})+bI \tag{7-182}$$

式中，b 是一个经验可调常数，若 $b=0$，式(7-182) 可应用于 $I\leqslant 0.1\ \text{mol}\cdot\text{kg}^{-1}$ 的盐水溶液；若 $b\neq 0$，式(7-182) 可应用于 $I\leqslant 1.0\text{mol}\cdot\text{kg}^{-1}$ 的盐水溶液。

Debye-Hückel 公式推导中仅仅考虑了粒子间的长程静电力，而忽略了短程相互作用力，因此不能正确反映高浓度电解质溶液的本性。为此，Pitzer❶ 提出了用包括静电项在内的渗透维里多项式来表示电解质溶液的过量自由焓，并导出了迄今在工程中应用最广泛的 Pitzer 模型，可应用于 I 高达 $6.0\text{mol}\cdot\text{kg}^{-1}$ 的盐水溶液。其方程形式为

$$\ln\gamma_{\pm,m}=|z_+z_-|f^\gamma+m(2v_+v_-/v)B_{MX}^\gamma+m^2(2v_+^{1.5}v_-^{1.5}/v)C_{MX}^\gamma \tag{7-183}$$

$$\phi-1=|z_+z_-|f^\phi+m(2v_+v_-/v)B_{MX}^\phi+m^2(2v_+^{1.5}v_-^{1.5}/v)C_{MX}^\phi \tag{7-184}$$

式中，$f^\gamma=-A_\phi[I^{1/2}/(1+bI^{1/2})+(2/b)\ln(1+bI^{1/2})]$，$f^\phi=-A_\phi I^{1/2}/(1+bI^{1/2})$，$B_{MX}^\gamma=2\beta_{MX}^{(0)}+2\beta_{MX}^{(1)}[1-(1+\alpha I^{1/2}-\alpha^2 I/2)\exp(-\alpha I^{1/2})]/(\alpha^2 I)$，$C_{MX}^\gamma=(3/2)C_{MX}^\phi$，$B_{MX}^\phi=\beta_{MX}^{(0)}+\beta_{MX}^{(1)}\exp(-\alpha I^{1/2})$，其中，$\beta_{MX}^{(0)}$、$\beta_{MX}^{(1)}$ 和 C_{MX}^ϕ 是三个对每个电解质都是特征化的二元可调参数，由二元系统平均离子活度系数和渗透系数的实验值拟合得到；$b=1.2\text{kg}^{1/2}\cdot\text{mol}^{-1/2}$，是一个从大量实验数据总结出来的固定参数；$\alpha$ 为另外一个固定参数，对于大多数电解质（2-2 型的除外），其值等于 $2.0\text{kg}^{1/2}\cdot\text{mol}^{-1/2}$。

除 Pitzer 模型外，还有一些重要且工程应用广泛的模型，如电解质溶液的局部组成模型、离子水化模型等，具体可参看与电解质溶液热力学有关的专著❷。

【例 7-15】 已知 25℃时 AgCl 的溶度积常数 $K_{sp}=1.72\times10^{-10}\text{mol}^2\cdot\text{kg}^{-2}$，试求：(1) 其在 $0.05\ \text{mol}\cdot\text{kg}^{-1}$ $NaNO_3$ 溶液中的溶解度；(2) 其在 $0.05\text{mol}\cdot\text{kg}^{-1}$ NaCl 溶液中的溶解度；(3) 其在纯水中的溶解度。

解 (1) 因 AgCl 的溶解度很小，溶液的离子强度 I 由 $NaNO_3$ 的浓度决定，故

$$I=0.5\times(0.05\times1+0.05\times1)=0.05\text{mol}\cdot\text{kg}^{-1}$$

按式(7-182) 计算 AgCl 的平均离子活度系数，且式中 b 的取值为 0，则

---

❶ (a) Pitzer, K. S. J. Phys. Chem., 1973, 77: 268; (b) Pitzer, K. S. (Ed.) Activity Coefficients in Electrolyte Solutions, 2nd Ed., Boca Raton, CRC Press, 1991.

❷ (a) Chen, C. -C., Britt, H. I., Boston, J. F., Evans, L. B. AIChE J., 1982, 28: 588.; (b) Chen, C. -C., Evans, L. B. AIChE J., 1986, 32: 444; (c) Liu, Y., Harvey, A. H., Prausnitz, J. M., Chem. Eng. Comm., 1989, 77: 43; (d) Stokes, R. H., Robinson, R. A., J. Solution Chem., 1973, 2: 173.

$$\ln\gamma_{\pm,m}=-A_\gamma|z_+z_-|I^{1/2}/(1+I^{1/2})$$
$$=-1.174\times1\times1\times0.05/(1+0.05^{0.5})=-0.04797$$

故 $\gamma_{\pm,m}=0.953$。假设 AgCl 的溶解度为 m，按照溶度积的定义，有

$$K_{sp}=m^2\gamma_{\pm,m}^2=0.953^2\times m^2=1.72\times10^{-10}$$

求解得 $m=1.38\times10^{-5}\ mol\cdot kg^{-1}$。

(2) 同情形 (1) 类似，AgCl 的平均离子活度系数 $\gamma_{\pm,m}$ 仍为 0.953。由于溶液中存在大量的 Cl^- 离子，AgCl 的溶解度 m 因同离子效应而大大下降，但溶度积不变，且 Cl^- 离子的浓度由 NaCl 的浓度决定，Ag^+ 离子的浓度为 m，故

$$K_{sp}=m\times0.05\times\gamma_{\pm,m}^2=m\times0.05\times0.953^2=1.72\times10^{-10}$$

解得 $m=3.79\times10^{-9}mol\cdot kg^{-1}$。

(3) 因纯水本身的离子强度为零，且溶解的 AgCl 对离子强度的贡献很小，溶液可看成是无限稀释溶液，$\gamma_{\pm,m}\approx1$，故 AgCl 的溶解度 $m=K_{sp}^{0.5}=1.31\times10^{-5}mol\cdot kg^{-1}$。

习　　题

7-1　试从 $M=x_1\overline{M}_1+x_2\overline{M}_2$ 出发，推导出组分 1 和组分 2 的偏摩尔量的表达式(7-19) 和式(7-20)。

7-2　某酒厂用 96%（质量百分数）的食用酒精配酒，酒中的乙醇含量为 56%（质量百分数）。现决定用 1t 食用酒精进行配制，问需加多少水才能配成所需的产品？所得酒有多少 m^3？已知在 25℃ 和 101.33kPa 时水和乙醇的偏摩尔体积如下表所示：

偏摩尔体积	在 96%(质量百分数)食用酒精中	在产品酒中
$\overline{V}_{H_2O}/cm^3\cdot g^{-1}$	0.816	0.953
$\overline{V}_{EtOH}/cm^3\cdot g^{-1}$	1.273	1.243

25℃时水的比容为 $1.003cm^3\cdot g^{-1}$。

7-3　在 30℃和 101.33kPa 下，苯 (1) 和环己烷 (2) 的液体混合物的容积数据可用 $V=(109.4-16.8x_1-2.64x_1^2)\times10^{-6}$ 表示。式中：x_1 为苯的摩尔分数；V 的单位是 $m^3\cdot mol^{-1}$。已知苯和环己烷在 30℃时的比重分别为 0.870 和 0.757。求算 30℃和 101.33kPa 下 $\overline{V}_1$、$\overline{V}_2$、ΔV 的表达式。

7-4　在 T、p 为常数时，曾有人推荐用下面一对方程来表达某二元系统的偏摩尔体积数据：

$$\overline{V}_1-V_1=a+(b-a)x_1+bx_1^2$$
$$\overline{V}_2-V_2=a+(b-a)x_2+bx_2^2$$

式中：a、b 只是温度和压力的函数，试问从热力学角度考虑，上述方程是否合理？

7-5　雾是由许多微小球形水滴组成，其直径约为 10^{-6}m。由于表面张力的作用，在水滴内的压力比其外压要大，其间的压差可用 $\Delta p=\frac{2\sigma}{r}$ 表示，式中 σ 代表水的表面张力，r 为液滴的半径。25℃时水的表面张力为 $0.0694N\cdot m^{-1}$。由于水滴内的压力大，会使雾滴不稳定而消失。问：

(1) 要使雾滴稳定，滴内的温度应比表面水低多少度？

(2) 雾滴在大气中形成，水的逸度也会因含有杂质而降低，至少有多少杂质溶解方能在 25℃时雾滴不再消失？(设其服从路易斯-兰德尔规则)。

7-6　用 PR 方程计算 100℃时正戊烷的饱和蒸气压。在该温度下的饱和蒸气压实验值为 0.5938MPa。并将计算值和实验值作比较。

7-7　若维里方程用 $Z=1+\frac{B}{V}+\frac{C}{V^2}$ 表达，B 和 C 与组成的关系分别作如下表达：

$$B=\sum_i\sum_j y_iy_jB_{ij}\text{；}C=\sum_i\sum_j\sum_k y_iy_jy_kC_{ijk}$$

试导出组分 i 的逸度系数 $\ln\hat{\phi}_i=\dfrac{2}{V}\sum_j y_jB_{ij}+\dfrac{3}{2V^2}\sum_j\sum_k y_jy_kC_{ijk}-\ln Z$

7-8 估算 110℃和 27.5MPa 的液体丙酮的逸度。已知 110℃时丙酮的蒸气压为 0.436MPa，饱和液体丙酮的摩尔体积为 $73\text{cm}^3\cdot\text{mol}^{-1}$。

7-9 试计算等摩尔乙烯和氨的混合物在 350K 和 3.0MPa 时两个组分的逸度系数。所拟用的状态方程为

(1) vdW 方程；

(2) PR 方程；

(3) 维里方程

7-10 试证明 $\dfrac{\overline{G}_i^{\mathrm{E}}}{RT}$ 和 $\ln\gamma_i$ 既是 $\dfrac{G^{\mathrm{E}}}{RT}$ 的偏摩尔量，又是 $\Delta\ln\phi$ 的偏摩尔量，还是 $\Delta\ln f$ 的偏摩尔量。

7-11 在阐明汽液平衡时，经常运用关系式 $\hat{f}_i^{\mathrm{V}}=\hat{f}_i^{\mathrm{L}}$。试问在平衡时，液相混合物的逸度是否和汽相混合物的逸度相等？

7-12 试用图和方程来表达 ΔH、$\Delta\overline{H}_1$、$\Delta\overline{H}_2$、H、H_1、H_2、$\overline{H}_1$、$\overline{H}_2$、$\Delta\overline{H}_1^{\infty}$、$\Delta\overline{H}_2^{\infty}$ 间的相互关系。

7-13 某二元系 G^{E} 的表达式为 $G^{\mathrm{E}}/RT=x_1x_2[A+B(1-2x_1)]$，试推导 $\overline{G}_i^{\mathrm{E}}$，$\overline{H}_i^{\mathrm{E}}$ 和 $\overline{S}_i^{\mathrm{E}}$ 的表达式，假定 A 和 B 是与温度和组成无关的常数。

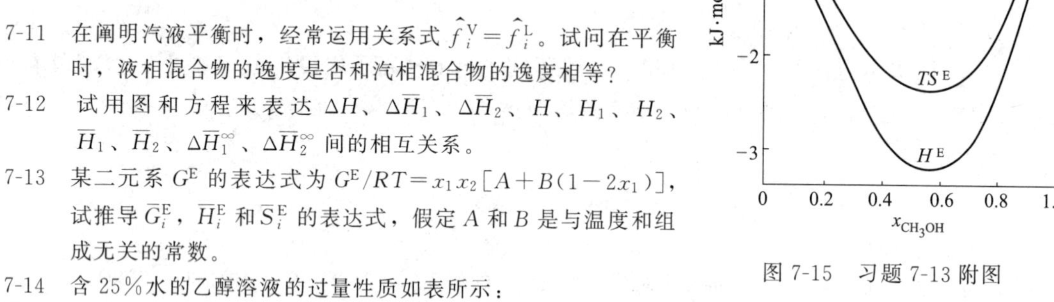

图 7-15 习题 7-13 附图

7-14 含 25%水的乙醇溶液的过量性质如表所示：

温度/℃	$G^{\mathrm{E}}/\mathrm{J\cdot mol^{-1}}$	$H^{\mathrm{E}}/\mathrm{J\cdot mol^{-1}}$	温度/℃	$G^{\mathrm{E}}/\mathrm{J\cdot mol^{-1}}$	$H^{\mathrm{E}}/\mathrm{J\cdot mol^{-1}}$
30	497.5	−211.0	70	565.8	111.7
50	536.2	−48.3	90	584.0	289.7

试问这些数据是否符合如下式所示的吉布斯-亥姆荷茨（Gibbs-Helmholtz）方程？

$$T\left(\frac{\partial G^{\mathrm{E}}}{\partial T}\right)+H^{\mathrm{E}}=G^{\mathrm{E}}$$

7-15 试用图 7-10 求算 0.80mol 水和 0.20mol 乙醇在绝热条件下混合后的溶液温度，两种纯物质的初始温度为 30℃。

7-16 25℃和 0.1013MPa 时某二元系统的混合焓和组成间的关系式为

$$\Delta H=x_1x_2(40x_1+20x_2)$$

式中：ΔH 的单位是 $\mathrm{J\cdot mol^{-1}}$。在同样温度和压力下纯液体的焓值 H_1 和 H_2 分别为 $400\mathrm{J\cdot mol^{-1}}$ 和 $600\mathrm{J\cdot mol^{-1}}$。试求 25℃和 0.1013MPa 下无限稀释时的偏摩尔焓。

7-17 已知在 25℃、2.0MPa 时二元系统中组分 1 的逸度表达式为

$$\hat{f}_1=5.0x_1-8.0x_1^2+4.0x_1^3$$

式中：$\hat{f}_1$ 的单位为 MPa。试计算在上述温度和压力下：

(1) 纯组分 1 的逸度；

(2) 纯组分 1 的逸度系数 $\hat{\phi}_1$；

(3) 组分 1 的亨利常数；

(4) 活度系数 γ_1 与 x_1 的关系式；

(5) 从已知温度和压力下的 $\hat{f}_1$ 表达式求算 $\hat{f}_2$ 的表达式；

(6) 已知 $\hat{f}_1$ 和 $\hat{f}_2$ 与 x_1 的关系式，求算在给定温度和压力下由组分 1 和组分 2 组成的混合物的逸度 f。

7-18 乙醇胺生产中，未反应的氨进入吸收塔用水吸收，为了利用这些稀氨水，须用液氨与其配成浓氨水，再进入缩合反应器与环氧乙烷反应。设在吸氨塔底得到的稀氨水浓度为 20%（质量百分数），液氨温度和稀氨水温度都是 20℃，试求：

（1）获得恒定压力为0.253MPa、303K进入反应器的氨水的最高浓度是多少？

（2）若混合过程是绝热的，混合后的温度和压力是多少？

（3）最终要得到0.253MPa、303K的浓氨水870kg，需移去多少热量？换热器的面积应多大？（$K=150$，冷却水上水温度25℃，下水温度30℃，浓氨水逆流流动）。

7-19 某胺类二元混合物的逸度符合下列关系式：

$$\ln f=A-Bx_1+Cx_1^2$$

式中的A、B、C均为温度和压力的函数。试证明：

（1）若按路易斯-兰德尔规则定标准态，则

$$G^E/RT=-Cx_1x_2;\ \ln\gamma_1=-Cx_2^2;\ \ln\gamma_2=-Cx_1^2$$

（2）若组分1按亨利定律定标准态，组分2按路易斯-兰德尔规则定标准态，则

$$G^E/RT=Cx_1^2;\ \ln\gamma_1=C\ (1-x_2^2);\ \ln\gamma_2=-Cx_1^2$$

7-20 某二元系统中组分1的活度系数用下式表示

$$\ln\gamma_1=a/(1+bx_1/x_2)^2$$

试求该系统的G^E表达式。

参考文献

［1］ Smith J M, Van Ness H C, Abbott M M. Introduction to Chemical Engineering Thermodynamics, 7th ed., McGraw-Hill, New York, 2005.

［2］ 朱自强，姚善泾，金彰礼编著. 流体相平衡及其应用. 杭州：浙江大学出版社，1990.

［3］ ［美］斯坦利M. 瓦拉斯著. 化工相平衡. 韩世钧等译. 北京：中国石化出版社，1991.

［4］ 陈新志，蔡振云，胡望明编著. 化工热力学. 第2版. 北京：化学工业出版社，2004.

［5］ Elliott J R, Lira C T. Introductory Chemical Engineering Thermodynamics, Prentice-Hall PTR, New York, 1999.

［6］ Prausnitz J M, Lichtenthaler R N, Azevedo E G. Molecular Thermodynamics of Fluid Phase Equilibria, 3rd ed., Prentice-Hall PTR, New Jersey, 1999.

［7］ 朱自强，徐汛合编. 化工热力学. 第2版. 北京：化学工业出版社，1991.

第8章

流体相平衡

"相"是指系统中的一个均匀空间，其性质和组成与其余部分有区别。每个相都是开放系统，能与相邻的相进行物质和能量交换。物质从一相交换进入另一相的过程又称为相迁移。从宏观上看，当物质的相迁移和能量交换都停止时，每个相的性质（如温度、压力、化学位等）和组成不再随时间而变化，达到此状态即处于相平衡。

相平衡不仅与人们的日常生活密切相关，也在许多工业和学科领域中扮演十分重要的角色，尤其是化学和化学工程领域，这是因为化学品或材料生产的几乎整个过程都基于或涉及相平衡问题。化工产品的生产过程通常由反应和分离两个主要部分构成。对于分离过程，其任务是完成反应原料和产品的净化、副产物的去除、及未反应原料分离后再循环等。由于两相或多相达到平衡时，各相中的组成通常有很大的不同，正是这种差别使人们可以利用相的接触操作来分离混合物。事实上，相平衡热力学是分离技术及分离设备开发、设计的理论基础，工程上广泛应用的分离技术如蒸馏、吸收、萃取、膜分离、结晶等就是分别以汽-液、气-液、液-液、气-固、液-固平衡为设计依据。对于反应过程，其主要任务是完成反应介质（溶剂）、温度、压力、催化剂、设备等条件的选择和优化，以最大程度地提高反应原料的转化率和反应产品的选择性。由于反应可以在均相特别是非均相条件下进行，反应物、产物、催化剂及溶剂形成均相的条件，或它们在不同相间分配、浓度变化及性质变化等的规律是了解反应过程机理的重要方面，也是反应条件特别是溶剂选择的理论依据。因此，反应过程也离不开相平衡热力学。此外，随着绿色化学化工的兴起，反应与分离过程的集成、传统分离过程的节能设计和改造、新型分离技术的设计和开发等都得到了大力提倡和发展，这些新出现的过程、产品和技术都会要求提供精确的流体相平衡数据和相平衡计算方法。

流体相平衡原理是溶液热力学的一个重要内容，其任务是在研究均相溶液性质时，定量地将描述两个或多个均相平衡状态的变量如温度、压力、相组成及热力学性质等联系起来，然后给定两相或多相中的一些平衡性质，去计算或预测各相的其他性质。因此，流体相平衡涉及相平衡性质数据的测定、关联和推算。精确相平衡数据的测定是验证关联和推算方法、开发新的相平衡热力学模型的基础。相反，关联和推算方法的改进，可以达到用易测量和测准的数据求解难以实验获得或测准的性质，从而更好地为过程提供设计数据和计算方法。

8.1 相平衡基础

8.1.1 相平衡的判据

由热力学第二定律知，在定温和定压且只做膨胀功时，封闭系统必然存在着

$$d(nG)_{T,p} \leqslant 0$$

当封闭系统内存在有 α 和 β 两相时

$$d(nG)_{T,p} = \sum_i \mu_i^\alpha dn_i^\alpha + \sum_i \mu_i^\beta dn_i^\beta \tag{8-1}$$

当 i 组分由 α 相向 β 相迁移时，则

$$dn_i^\alpha = -dn_i^\beta$$

因此，式(8-1) 可写成

$$\sum_i (\mu_i^\alpha - \mu_i^\beta) dn_i^\alpha \leqslant 0 \tag{8-2}$$

由于 dn_i^α 是负值，故

$$\mu_i^\alpha \geqslant \mu_i^\beta \tag{8-3}$$

式(8-3) 表明，当 μ_i^α 大于 μ_i^β 时，有物质转移发生，且这是个不可逆过程。当达到相平衡时，在宏观上不再有物质传递，因此

$$\mu_i^\alpha = \mu_i^\beta \tag{8-3a}$$

若有 π 个相，N 个组分，则上式可写成通式

$$\mu_i^\alpha = \mu_i^\beta = \cdots = \mu_i^\pi \quad (T,p\text{ 为常数}, i=1,2,\cdots,N) \tag{8-3b}$$

由此可得出重要的结论：在相平衡时，除了两（多）相的温度和压力必须相等外，各相中任一组分的化学位也必须相等，这就是相平衡的判据。式(8-3b) 极为重要，当知道 μ_i 随压力、温度和组成的变化规律时，该式就成为定量研究温度、压力和各相组成间相互依赖关系的基础，这也是多相多组分相平衡热力学的基本方程之一。为了便于计算，可用更直观的组分逸度来代替化学位。由于

$$d\mu_i = RT d\ln \hat{f}_i \tag{7-41}$$

选择相应的标准态，并把上式积分后，代入式(8-3b)，化简得

$$\hat{f}_i^\alpha = \hat{f}_i^\beta = \cdots = \hat{f}_i^\pi \quad (T,p\text{ 为常数}, i=1,2,\cdots,N) \tag{8-4}$$

式(8-4) 要求除各相的温度、压力相同外，处于平衡状态的多相平衡系统中每个组分在各相中的逸度必须相等。这是与式(8-3b) 相当的另一种形式的相平衡判据，也是解决相平衡问题最实用的公式。

8.1.2 Gibbs 相律

相律是多组分多相系统所共同遵守的普遍规律，由 Gibbs 于 1875 年提出。它揭示出平衡系统的自由度 F、组分数 C、相数 π 之间的关系。对于含有 C 个组分、形成 π 个相的无化学反应系统，其状态可以用强度变量如温度 T、压力 p 以及每相 $C-1$ 个摩尔分数来表征，共计 $[\pi(C-1)+2]$ 个相律变量。相质量和相体积因其不影响系统的强度性质而不是相律变量。因相律变量之间必须满足由相平衡判据式(8-3b) 或式(8-4) 规定的约束条件，共计 $C(\pi-1)$ 个独立的相平衡方程，则平衡系统可自由变动的独立强度变量数，即自由度 F 为

$$F = [\pi(C-1)+2] - C(\pi-1) = C - \pi + 2 \tag{8-5}$$

式(8-5) 即为 Gibbs 相律。

相律具有广泛的指导意义，常用于确定系统的自由度、最大自由度及可能共存的最大相数等。例如，25℃时的纯 CO_2 液体与其气相成平衡，系统的自由度 $F=1-2+2=1$，表明只能指定温度或压力中的一个作为系统的独立强度变量。再如，对于处于相平衡状态的水-正丁醇二元系统，$F=2-\pi+2=4-\pi$；因平衡必须是二相以上，故系统的最大自由度为 2，对应于汽-液、液-液或液-固平衡时的情形；因自由度可低至零，故可能共存的最大相数为 4，表明该系统在理论上有一个汽-液-液-固四相共存状态。

此外，根据Gibbs相律，只有确知 $C-\pi+2$ 个相律变量，系统的状态或者说所有的强度变量才能被确定，故多组分多相系统相平衡计算的基本问题是：应用相平衡方程式(8-4)，由 $C-\pi+2$ 个已知相律变量求解其余的 $C(\pi-1)$ 个未知相律变量。同理，在相平衡数据测定过程中，若不能、难以或不必测定系统所有的相律变量，则对系统的每一个状态点，至少需要测定 $C-\pi+2$ 个相律变量数据，相平衡数据才是可用的或可计算的。

8.1.3 状态方程法处理相平衡

以汽液平衡为例。根据式(8-4)的相平衡判据，有

$$\hat{f}_i^{\mathrm{V}}=\hat{f}_i^{\mathrm{L}} \tag{8-6}$$

将组分逸度系数的定义式(7-42)分别用于汽、液两相，则

$$\hat{\phi}_i^{\mathrm{V}} y_i p=\hat{\phi}_i^{\mathrm{L}} x_i p \tag{8-7a}$$

或

$$K_i=y_i/x_i=\hat{\phi}_i^{\mathrm{L}}/\hat{\phi}_i^{\mathrm{V}} \tag{8-7b}$$

式中，K 称为汽液平衡比或分配系数。式(8-7a)或式(8-7b)常用于高压流体-流体相平衡的计算，实际上也能用于计算中、低压或常压下的流体-流体相平衡。计算的关键是必须由状态方程先求算两相中各个组分的 $\hat{\phi}_i^{\mathrm{V}}$ 和 $\hat{\phi}_i^{\mathrm{L}}$。这里的流体-流体相平衡指的是汽-液平衡、气-气平衡（往往在高压且略高于重组分临界温度的条件下存在，如氩-氙二元系统）、气-液平衡、甚至于液-液平衡。尽管用状态方程法处理液-液平衡很少见也不实用，但理论上是可行的。

式(7-46)和式(7-47)是两个由状态方程计算 $\hat{\phi}_i^{\mathrm{V}}$ 或 $\hat{\phi}_i^{\mathrm{L}}$ 的基本方程。在应用时值得注意的是，首先要选用一个既适用于汽相又适用于液相的状态方程。当然，要选择得十分妥当也不容易，尤其在温度和压力区间很大时更是如此。表7-5中已列出了从一些常规状态方程推导而得的 $\hat{\phi}_i^{\mathrm{V}}$ 计算方程，相似地，也可写出相应的 $\hat{\phi}_i^{\mathrm{L}}$ 方程，两者形式完全一致。此外，$\hat{\phi}_i^{\mathrm{V}}$ 和 $\hat{\phi}_i^{\mathrm{L}}$ 不仅与状态方程形式有关，也随采用的混合规则而变，表7-5所列的 $\hat{\phi}_i^{\mathrm{V}}$ 计算方程就与同表所列的状态方程和混合规则形式一一对应。采用文献上给出的逸度系数表达式时，应注意其所对应的状态方程和混合规则形式，最好自行仔细推导，切勿盲目应用。

用状态方程法作汽液平衡的具体计算往往比较冗长，许多量需要迭代试差计算，因此常用计算机来完成，下面的例题给出了一个已知 T 和 x_i，用PR方程求算 p 和 y_i 的计算框图。另外，计算非理想性较强的系统，在混合规则中要引进相互作用参数 k_{ij}。它对汽液平衡的关联有着微妙的影响，有时稍有偏差就会造成关联精度明显下降。

【例 8-1】 试用PR方程计算甲醇(1)-水(2)系统在150℃、$x_1=0.01\sim0.99$ 范围内的汽液平衡，即计算系统的压力 p 和汽相组成 y_i。（试给出计算过程，不要求具体计算）

解 查得系统纯组分或组分间的 p_{ci}，T_{ci}，ω_i，k_{ij} 后，计算过程按图8-1的框图进行。由框图可见，计算过程需要内、外两层迭代，内层迭代 y_i，外层迭代 p，且内、外层迭代变量初值的估算都应用了Raoult（拉乌尔）定律。拉乌尔定律中的组分饱和蒸气压需要预先查得，或按2.3.3节的内容从偏心因子估算，即

$$p_i^{\mathrm{s}}=p_{ci}10^{7(1+\omega)(1-1/T_{ri})/3} \tag{A}$$

式中，p_{ci}、T_{ri} 是纯 i 组分的临界压力和对比温度。此外，计算框图中的误差 ε_1 和 ε_2 一般相等，且常取值为 $10^{-3}\sim10^{-5}$。

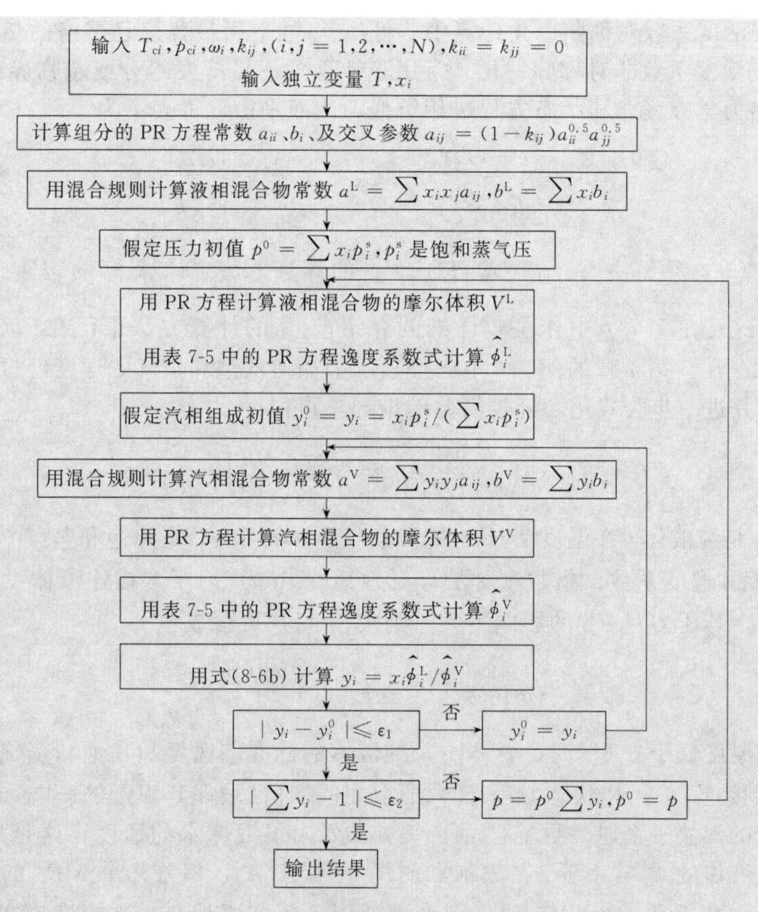

图 8-1　已知 T 和 x_i，用 PR 方程求算 p 和 y_i 的框图

图 8-2 示出了乙烷（1)-硫化氢（2）系统在 283.15K 时的汽液平衡数据。此系统对拉乌尔定律呈强烈的正偏差，且是具有最大压力的共沸混合物。乙烷和硫化氢化学结构不相似，混合物的非理想性高。当采用 SRK 方程时，取 $k_{12}=0$，关联结果和实验值相差甚远，连有共沸物也未能示出。当用同一方程，只是把 k_{12} 用 0.09 代入，计算结果就十分满意，不仅示出了有共沸物存在，而且计算值和实验值比较一致。由此可见，k_{ij} 实是至关重要，它的微小变化会显著影响汽液平衡计算的精度。可是，k_{ij} 却是个经验常数，需用汽液平衡数据来拟合。尚没有找出其和温度、压力变化的规律，需要做进一步的研究，或寻找新的途径来改进和补充。

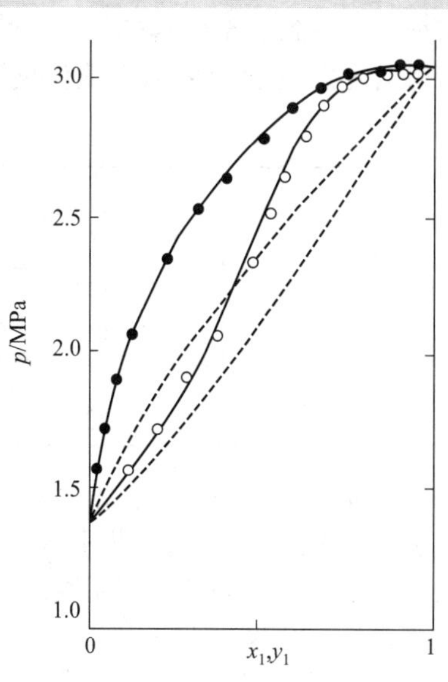

图 8-2　乙烷（1)-硫化氢（2）系统的汽液平衡（283.15K）

● 泡点　○ 露点

实线：由 SRK 方程计算，$k_{12}=0.09$

虚线：由 SRK 方程计算，$k_{12}=0$

8.1.4　活度系数法处理相平衡

从式(8-6) 出发，将组分逸度系数的定义式(7-42) 用于汽（气）相逸度的计算，液相逸度的计算按式(7-127) 或式(7-128) 进行，则

$$\hat{\phi}_i^V y_i p = f_i^{\ominus}\gamma_i x_i \tag{8-8a}$$

$$\hat{\phi}_i^V y_i p = H_i \gamma_i^* x_i \tag{8-8b}$$

式(8-8a) 是按活度系数对称归一化计算中、低压汽-液平衡最普遍且严格的热力学方程；而式(8-8b) 是按活度系数非对称归一化、常用于计算含不易挥发组分或超临界组分的汽-液或气-液平衡的热力学方程。和状态方程法相类似，汽液平衡比可表示为

$$K_i=\frac{y_i}{x_i}=\frac{f_i^{\ominus}\gamma_i}{\hat{\phi}_i^{\mathrm{V}}p} \quad 或 \quad K_i=\frac{y_i}{x_i}=\frac{H_i\gamma_i^*}{\hat{\phi}_i^{\mathrm{V}}p} \tag{8-9}$$

为了计算 K_i 值，必须解决 γ_i、$f_i^{\ominus}$(或 H_i)、$\hat{\phi}_i^{\mathrm{V}}$ 的计算方法。计算 γ_i 的表达式一般通过 G^{E} 模型来获得，这已在 7.7 节中作了较详细的介绍；$\hat{\phi}_i^{\mathrm{V}}$ 的计算方法也已在 7.2 中详细阐明。至于纯液体 i 的 $f_i^{\ominus}$，第 7 章的例 7-4 中已经显示了如何从饱和蒸气的逸度经过压力校正来计算的思路，将其进一步公式化，经过简单的推导，可得

$$f_i^{\ominus}=f_i^{\mathrm{s}}\exp\left(\int_{p_i^{\mathrm{s}}}^{p}\frac{V_i^{\mathrm{L}}}{RT}\mathrm{d}p\right)=p_i^{\mathrm{s}}\phi_i^{\mathrm{s}}\exp\left(\int_{p_i^{\mathrm{s}}}^{p}\frac{V_i^{\mathrm{L}}}{RT}\mathrm{d}p\right) \tag{8-10}$$

式中，p_i^{s} 是纯液体 i 在温度 T 下的饱和蒸气压；f_i^{s} 和 ϕ_i^{s} 是纯饱和蒸气 i 在温度 T、压力 p_i^{s} 下的逸度和逸度系数；指数项称坡印廷（Poynting）因子，描述液体发生压缩或膨胀时所受的影响。若压力对 V_i^{L} 的影响不大，则式(8-11) 可写成

$$f_i^{\ominus}(T,p,x_i=1)=p_i^{\mathrm{s}}\phi_i^{\mathrm{s}}\exp\left[\frac{V_i^{\mathrm{L}}(p-p_i^{\mathrm{s}})}{RT}\right] \tag{8-11}$$

在低温（对比温度低于 0.6）时，$f_i^{\ominus}\approx p_i^{\mathrm{s}}$，纯液体的标准态逸度和其饱和蒸气压相同。在高温时，ϕ_i^{s} 不再接近 1，需用状态方程计算，同时还要计及坡印廷因子的影响，在计算含有超临界组分系统的汽液平衡时，更需注意。表 8-1 列出了液体水的逸度，这是用式(8-11) 计算的。因为纯液体的 ϕ_i^{s} 常小于 1，故饱和时的 $f_i^{\ominus}$ 低于 p^{s}。相差几个 MPa 的压力，对液体 $f_i^{\ominus}$ 的影响不大；相差几十个 MPa 时，则玻因廷因子一定要计及。这些推论在审视表 8-1 时完全可以得到。至此式(8-9) 就可以计算了。因为本法运用了 γ_i 和 $\hat{\phi}_i$ 值，故在有的文献中称为活度系数-逸度系数法或活度系数—状态方程法。

表 8-1　液体水的逸度

温度/℃	$p^{\mathrm{s}}/10^{-1}$MPa	逸度，$f^{\ominus}/10^{-1}$MPa		
		饱和时	4.14MPa	34.5MPa
37.7	0.06544	0.0654	0.0674	0.0834
149	4.620	4.41	4.50	5.32
260	46.94	39.2	39.2	45.7
316	106.4	79.9	77.2	90.6

需要指出的是，式(8-8) 表达的处理方法除用于汽-液或气-液平衡外，还能适用于气-固平衡的情形，但用于液-液平衡却不是一个简洁的方法。这是因为液-液平衡涉及两个凝聚相，一个凝聚相采用逸度系数或状态方程计算，而另一个凝聚相却用活度系数表示，既没有必要，计算结果也不一定会好。因此，对于诸如液-液、液-固这种含有两个凝聚相的相平衡问题，两相均宜采用活度系数表示，则

$$f_i^{\mathrm{I}}\gamma_i^{\mathrm{I}}x_i^{\mathrm{I}}=f_i^{\mathrm{II}}\gamma_i^{\mathrm{II}}x_i^{\mathrm{II}} \quad 或 \quad H_i^{\mathrm{I}}\gamma_i^{*\mathrm{I}}x_i^{\mathrm{I}}=H_i^{\mathrm{II}}\gamma_i^{*\mathrm{II}}x_i^{\mathrm{II}} \tag{8-12}$$

式中，上标Ⅰ和Ⅱ分别表示两个不同的凝聚相。若两个相均为液相，采用的标准态均为系统温度、压力下的纯组分液体（或假想纯组分液体），两者的标准态逸度相等，则式

(8-12) 可写成

$$\gamma_i^{\mathrm{I}} x_i^{\mathrm{I}} = \gamma_i^{\mathrm{II}} x_i^{\mathrm{II}} \quad 或 \quad \gamma_i^{*\mathrm{I}} x_i^{\mathrm{I}} = \gamma_i^{*\mathrm{II}} x_i^{\mathrm{II}} \tag{8-13}$$

式(8-12) 又称为活度系数-活度系数处理相平衡方法。它和上面介绍的活度系数-逸度系数法一起常统称为活度系数法。

【例 8-2】 甲醇 (1)-水 (2) 系统在 0.1013MPa 下的汽液平衡数据列于表 8-2。试求甲醇和水的活度系数。(其中甲醇和水的饱和蒸气压如表 8-3)

表 8-2 甲醇 (1)-水 (2) 系统的等压汽液平衡数据和组分逸度系数

T/K	373.15	36.554	360.68	357.16	354.63	351.05	348.51	346.31	344.44	342.73	339.29	337.66
x_1	0.000	0.05	0.10	0.15	0.20	0.30	0.40	0.50	0.60	0.70	0.90	1.00
y_1	0.000	0.277	0.423	0.518	0.582	0.667	0.726	0.778	0.824	0.868	0.958	1.000
$\hat{\phi}_1$	0.973	0.971	0.969	0.967	0.966	0.964	0.963	0.962	0.961	0.960	0.958	0.957
$\hat{\phi}_2$	0.984	0.983	0.982	0.981	0.981	0.980	0.979	0.979	0.978	0.978	0.977	0.977

解 由式(8-9) 知

$$\gamma_i = \frac{p y_i \hat{\phi}_i}{x_i f_i^{\ominus}} = \frac{p y_i \hat{\phi}_i}{x_i p_i^{\mathrm{s}} \phi_i^{\mathrm{s}} \exp[V_i^{\mathrm{L}}(p - p_i^{\mathrm{s}})/RT]} \tag{A}$$

从题意知，压力不高，只有 0.1013MPa，坡印廷因子接近于 1，ϕ_i^{s} 也接近于 1，故式(A) 中的分母接近于 $x_i p_i^{\mathrm{s}}$。分子中的 $\hat{\phi}_i$ 与气相的非理想性有关，当压力不高，组分中又没有汽相缔合组分时，$\hat{\phi}_i$ 也将接近于 1，但也应是小于 1 的。如用维里系数的方法 [式(7-55a) 和 (7-55b)] 进行计算，结果示于表 8-2。从表知，无论 x_1 在从 0.000～1.000 的范围内如何变化，$\hat{\phi}_1$ 和 $\hat{\phi}_2$ 都接近于 1。因此，活度系数 γ_i 可用下式表示，既简化了计算，且不太会影响计算精度

$$\gamma_i = \frac{p y_i}{x_i p_i^{\mathrm{s}}} \tag{B}$$

式中的 p_i^{s} 已由表 8-3 给出，也可以用安妥因 (Antoine) 方程计算。

表 8-3 甲醇和水的饱和蒸气压

温度/K	375.15	365.54	360.68	357.16	354.63	351.05	348.51	346.31	344.44	342.73	339.29	337.66
p_1^{s}/MPa	0.3525	0.276	0.235	0.208	0.190	0.168	0.153	0.141	0.131	0.123	0.108	0.1013
p_2^{s}/MPa	0.1013	0.0767	0.0638	0.0556	0.0502	0.0435	0.0391	0.0357	0.0329	0.0305	0.0263	0.0244

把相应的 x_i、y_i、p_i^{s} 和 0.1013MPa 代入 (B) 式，就可求得在不同温度下的活度系数，结果示于表 8-4。

表 8-4 甲醇 (1)-水 (2) 系统中甲醇和水的活度系数 (0.1013MPa)

x_1	0.000	0.05	0.10	0.15	0.20	0.30	0.40	0.50	0.60	0.70	0.90	1.000
γ_1	—	2.034	1.826	1.682	1.548	1.344	1.203	1.118	1.058	1.019	1.001	1.000
γ_2	1.000	1.005	1.018	1.033	1.053	1.109	1.183	1.261	1.354	1.457	1.618	—

8.1.5 两类相平衡处理方法的比较

状态方程法和活度系数法的应用都比较广。表 8-5 对两种方法的优缺点作了比较。

表 8-5 状态方程法和活度系数法的比较

方法	优点	缺点
状态方程法	1. 不需要标准态 2. 只需要 $pVTN$ 数据，不需要相平衡数据 3. 容易应用对应态理论 4. 可以用在临界区	1. 没有一个状态方程能完全适用于所有的流体密度区间 2. 受混合规则影响很大 3. 对于含极性物质、大分子化合物和电解质系统的应用较困难
活度系数法	1. 简单的液体混合物模型已能满足要求 2. 温度的影响主要反映在 $f_i^{\ominus}$ 上，而不在 γ_i 上 3. 对于许多类型的混合物，包括聚合物、电解质的体系都能应用	1. 需用其他方法求算偏摩尔体积（在计算高压汽液平衡时常需此数据） 2. 对含有超临界组分的系统应用不便 3. 在临界区难以应用

以上的对比是 1977 年在第一次国际流体相平衡会议上做出的，至今仍有参考价值。时隔三十余年，各方面的工作都在进展，用状态方程法计算含聚合物系统的相平衡，盐-水、盐-醇溶液的蒸气压，盐-水-醇系统的相平衡都取得了成功，扩大了状态方程法在相平衡计算中的应用范围。此外，用活度系数法计算含超临界组分的高压汽液平衡也有相应的论文发表，显示出其新的应用前景，但其关联精度尚难超过状态方程法的精度。

8.2 汽液平衡

汽-液平衡是实际应用中涉及最多的相平衡，也是研究得最多、最成熟的一类相平衡。其他类型的相平衡原理与汽-液平衡有一定的相似性，本节将要介绍的汽-液平衡计算原理和方法可以为其他类型的相平衡提供方法论和基础。汽-液平衡计算的主要任务就是确定平衡状态。一旦平衡所处的状态确定后，各相的性质计算就属于均相性质的范畴，可以按第 3 章或第 7 章的内容进行。

8.2.1 相平衡处理方法的简化

分析实际生产操作或进行新过程设计时，手边常不能得到所需的汽液平衡数据。为此需用分散的数据或从其他条件下得到的少量实测数据进行关联，再作内插，以便得到所需条件下的平衡数据。式(8-8) 或式(8-9) 所表达的通用热力学方程，即为相平衡数据关联计算的依据。在不同的应用场合，通用方程还可作不同的简化处理，也可作严格推导，从而得到一系列的方程形式：

（1）最简单的方程——Raoult 定律：在低压至适度压力范围内，可由假设汽相为理想气体、液相为理想溶液得到。此时，$\hat{\phi}_i^{\mathrm{V}}=\phi_i^{\mathrm{s}}=1$，$\gamma_i=1$，Poynting 因子也可忽略，则得到如表 8-6 中序号 1 所示的方程。

（2）改进的 Raoult 定律：在低压至适度压力范围内，可由仅假设汽相为理想气体得到。此时，$\hat{\phi}_i^{\mathrm{V}}=\phi_i^{\mathrm{s}}=1$，Poynting 因子可忽略，得到如表 8-6 中序号 2 所示的方程。

（3）仅假设饱和蒸气为理想气体时得到的方程：此时，$\phi_i^{\mathrm{s}}=1$，Poynting 因子可忽略，得到表 8-6 中序号 3 所示方程。

（4）仅忽略 Poynting 因子时得到的方程：此时的方程一般适用于中、低压下的汽液平衡，如表 8-6 中序号 4 所示。

（5）假设液体的摩尔体积不随温度和压力变化时的方程：如表 8-6 中序号 5 所示。

(6) 假设液体的摩尔体积仅随温度变化时的方程：如表 8-6 中序号 6 所示。

(7) 假释汽、液相都是理想溶液时得到的方程：此时，$\hat{\phi}_i^V=\phi_i^V$（汽相混合物中组分的逸度系数等于纯组分的逸度系数），$\gamma_i=1$，则式(8-9) 变成

$$K_i=\frac{y_i}{x_i}=\frac{p_i^s\phi_i^s}{\phi_i^V p}\exp\left[\frac{V_i^L(p-p_i^s)}{RT}\right] \tag{8-14}$$

式(8-14) 中的 K 值与汽、液相组成无关，仅是温度和压力的函数。该式适用于临界温度以下适度压力范围内烃类等非极性系统的汽液平衡计算。

(8) 严格的热力学方程：由于活度系数也是压力的函数，将式(7-121) 积分，积分路径为从 p_i^s 到系统压力 p，并和 Poynting 因子合并，则

$$\phi_i^V p y_i=\gamma_i x_i p_i^s\phi_i^s\exp\left[\int_{p_i^s}^{p}(\overline{V}_i^L/RT)\mathrm{d}p\right] \tag{8-15}$$

式中，γ_i 为系统温度和 p_i^s 下的活度系数，可从溶液的 G^E 模型得到关联式；$\overline{V}_i^L$ 是 i 组分的液相偏摩尔体积，此项数据比较缺乏，且还要将其写成 p 的函数形式才能积分，这在实际应用中难以办到，故式(8-15) 仅是严格的理论式，不具有实用性。这也是为什么在高压汽-液平衡的计算中很少采用活度系数法，而更多地用状态方程法。因此，实际应用中，在中、低压范围内，常将表 8-6 中序号 5 和 6 的表达式认为是比较严格的热力学方程。

在乙醇-水系统的多效蒸馏中要推算在加压条件下该系统的恒沸组成。表 8-6 中也列出了用不同简化方程所得的计算值与实测数据的比较结果（表内列出的是平均值），其中，所用汽液平衡数据共 132 套，压力范围在 0.102～2.070MPa。

表 8-6　乙醇-水系统的汽液平衡关联结果汇总

序号	汽液平衡方程	$\overline{\Delta p}/p$/%	$\overline{\Delta y}$
1	$y_i p=x_i p_i^s$ 拉乌尔定律	22.24	0.1353
2	$y_i p=\gamma_i x_i p_i^s$	1.62	0.0148
3	$\hat{\phi}_i^V y_i p=\gamma_i x_i p_i^s$	10.23	0.0344
4	$\hat{\phi}_i^V y_i p=\gamma_i x_i \phi_i^s p_i^s$	1.50	0.0081
5	$\hat{\phi}_i^V y_i p=\gamma_i x_i \phi_i^s p_i^s \exp\left[\frac{V_i^L}{RT}(p-p_i^s)\right]$　V_i^L=定值	1.50	0.0077
6	$\hat{\phi}_i^V y_i p=\gamma_i x_i \phi_i^s p_i^s \exp\left[\frac{V_i^L}{RT}(p-p_i^s)\right]$　$V_i^L=F(T)$	1.48	0.0076

由表 8-6 可见，不同的汽液平衡关联方程具有不同的计算精度。序号 1，用拉乌尔定律，完全是推算，不需要用实验数据拟合模型参数，直接由 T、x 推算 p、y 或从 p、y 推算 T、x。但从表列数据可知，其计算精度甚差，根本不能用理想溶液的模型来处理非理想性强的醇-水系统。序号 2，在式中添加了活度系数，关联精度有很大提高。在此和以后各序号下，都用 UNIQUAC 方程来计算相应液相组成下的活度系数，所需的模型参数用已有的汽液平衡实验数据进行拟合。有了与 x_i 相对应的 γ_i，就能用序号 2～6 的方程由 T、x 计算 p、y。应该指出，通常汽相的非理想性由$\hat{\phi}_i^V$ 来表达，在此，$\hat{\phi}_i^V$ 等于 1，把压力的影响也包括在活度系数之中。因此，若用此式来外推压力的影响，可能不会很理想。序号 3，在方程式的左边又添加了一个校正系数$\hat{\phi}_i^V$，用 RK 方程进行计算。值得注意的是，引进了汽相非理想性校正后，反而降低了关联精度。究其原因，乃是液相组分逸度项内不是采用标准态逸度，而是以 p_i^s 来代替之故。序号 4，在 p_i^s 前又乘上了一个纯组分的逸度系数，结果却又有改进。

后两种情况，即序号5和6，用玻因廷因子来校正，关联结果又略有改进。后面三种情况的关联精度大致相同，但明显优于前面的三种情况。

表8-7　乙醇（1）-水（2）系统恒沸物的关联结果

温度/℃	x_1	p/MPa		y_1	
		实验值	计算值	实验值	计算值
78.3	0.894	0.101	0.101	0.894	0.901
112.6	0.882	0.345	0.340	0.882	0.887
136.7	0.874	0.690	0.693	0.872	0.877
164.2	0.862	1.379	1.398	0.862	0.863
182.6	0.852	2.068	2.068	0.852	0.851

表8-7的关联结果是用序号6的方程得到的。说明用热力学方法能成功地关联非理想性很高的乙醇-水系统，同时还显示了活度系数法在加压条件（到2.068MPa）下的应用也是可行的。所得恒沸点的组成和压力与实验值相差甚小，完全可供实际生产部门应用。某工厂通过较精确地计算所需工艺条件下乙醇-水系统的恒沸组成和压力，使乙醇回收塔的塔板数下降10%，节约了投资。表列值还说明了随着温度和压力的增加，恒沸组成向醇浓度减小的方向移动，证实了用加压蒸馏的方法是无法消除其恒沸点的，要用减压的方法才能使恒沸点消除，但趋势也相当缓慢。如果采用减压，还会导致塔径加大和增加能耗的弊病，为此在工业上要得到纯的乙醇，应采用特殊蒸馏或其他新型分离方法，诸如恒沸蒸馏、萃取蒸馏、加盐蒸馏或膜分离等。

8.2.2　二元汽液平衡相图

由相律知，二元系统在汽液平衡时自由度为2，其相图可用平面图表示。若规定压力p和低沸点组分的组成x_1后，则平衡温度T、液相中高沸点组分的组成x_2以及与液相成平衡的汽相组成y_1和y_2也都被确定下来。一般把温度为定值下的p-x_1-y_1关系称为等温汽液平衡，把p-x_1，p-y_1关系分别称为泡点线（饱和液相线）、露点线（饱和汽相线），泡点线和露点线所包围的区域为汽-液平衡区，其他两个区分别为不饱和液相和不饱和汽相，如图8-3(a)所示；把一定压力下的T-x_1-y_1关系称为等压汽液平衡，也有泡点线（T-x_1曲线）和露点线（T-y_1曲线），如图8-3(b)所示，此时，与p-x_1-y_1图相比较，不饱和汽相和液相的位置、泡点和露点线的位置都进行了对换，应特别注意。此外，二元汽液平衡还常用x_1-y_1关系来表示，如图8-3(c)所示。

由于理想溶液遵守Raoult定律，等温下在p-x_1-y_1图上的p-x_1线应是一条直线，如图8-3(a)中的虚线所示；而对于非理想溶液，由于组分的分子大小和分子间作用力的差异，使p-x_1线往往偏离Raoult定律，其偏离程度的不同构成不同形态的相图，通常分为以下几类。

（1）一般正偏差系统　此类溶液的泡点线位于理想溶液的泡点线上方，但不产生极值，溶液的沸点介于两纯组分的沸点之间且没有极值，且x_1-y_1曲线也位于用虚线表示的对角线上方，如图8-3(a,b,c)所示。此溶液的另一特点是各组分的$\gamma_i>1$。甲醇-水和丙酮-水等二元系统属于该类型。

（2）一般负偏差系统　此类溶液的泡点线位于理想溶液的泡点线下方，但不产生极值，溶液中各组分的$\gamma_i<1$，其余特点和一般正偏差系统相似，如图8-4(a,b,c)所示。氯仿-苯和四氯化碳-四氢呋喃等二元系统是此类的典型代表。

（3）最大压力共沸点系统　此类溶液的泡点线位于理想溶液的泡点线上方，但由于系统的非理想性强烈，泡点线上出现了极大值，称为共沸点。共沸点的压力均大于两纯组分的蒸

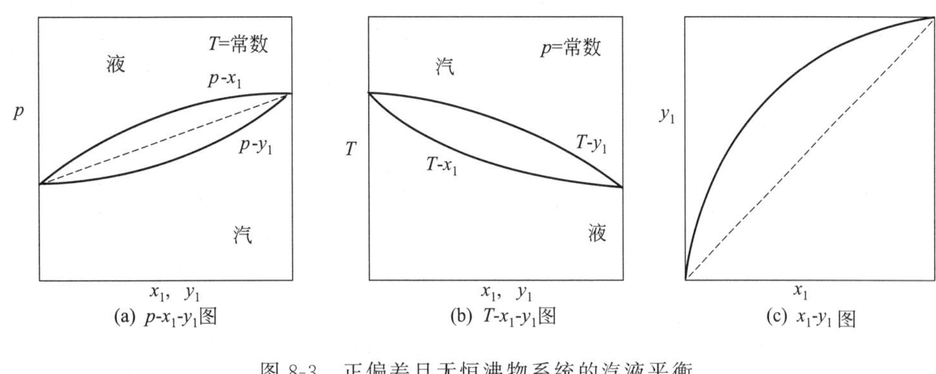

图 8-3　正偏差且无恒沸物系统的汽液平衡

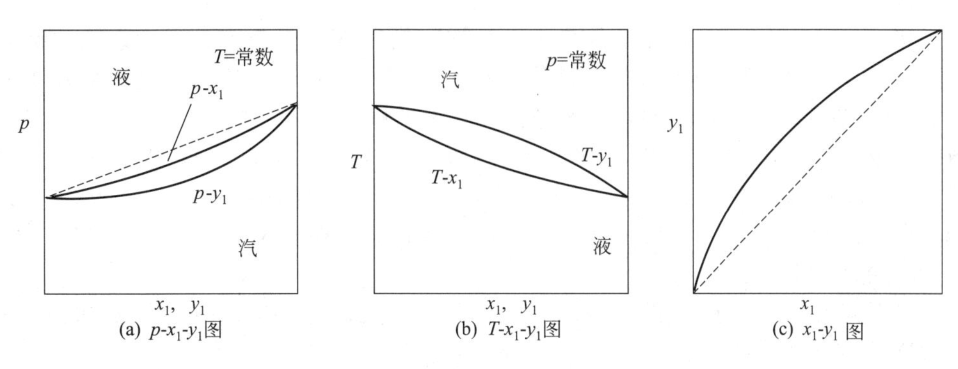

图 8-4　负偏差且无恒沸物系统的汽液平衡

气压，泡点线和露点线相切，且 $x_i=y_i$。相应的，在 T-x_1 曲线上有温度的最低点，x_1-y_1 曲线与对角线有交叉，如图 8-5(a,b,c) 所示。由于 $x_i=y_i$，故共沸点的混合物不能用简单蒸馏的方法分离。乙醇-水和乙醇-苯等二元系统都有典型的最大压力共沸点。

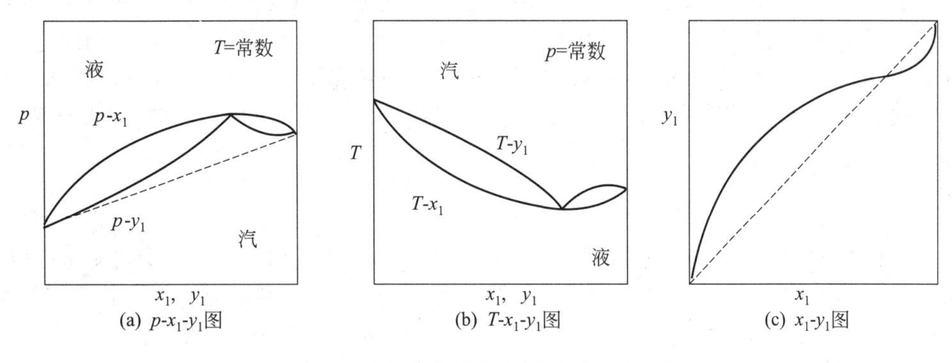

图 8-5　最大压力共沸点系统的汽液平衡

(4) 最低压力共沸点系统　此类溶液的泡点线位于理想溶液的泡点线下方，泡点线上有极小值，极值点的压力均小于两纯组分的蒸气压，在 T-x_1 曲线上有温度最高点，其他特点与最大压力共沸点系统类似，如图 8-6(a,b,c) 所示。氯仿-丙酮和氯仿-四氢呋喃系统是该类型的代表。

除上述四种基本类型以外，当同种分子间的相互作用大大超过异种分子间的相互作用时，汽-液平衡系统中的液相还会分裂成两个液相，此时称为汽-液-液平衡，将在本章的液-液平衡这一节中会有涉及。

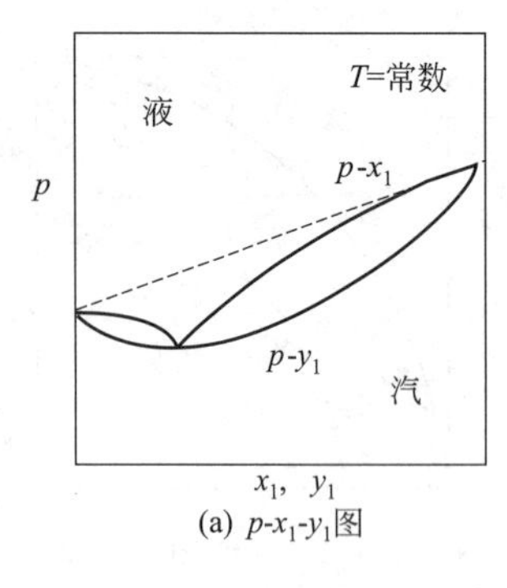

(a) p-x_1-y_1图

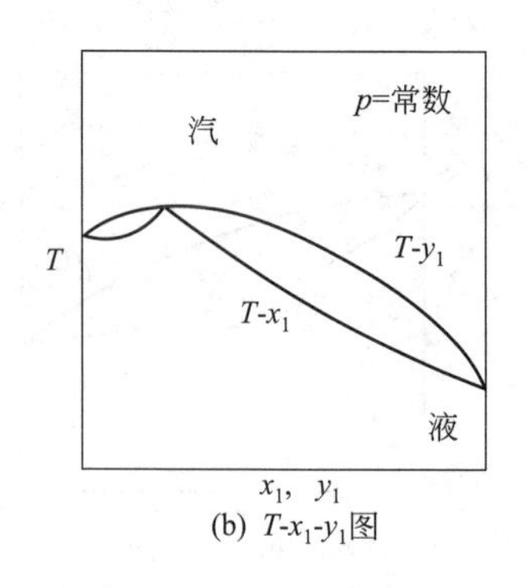

(b) T-x_1-y_1图

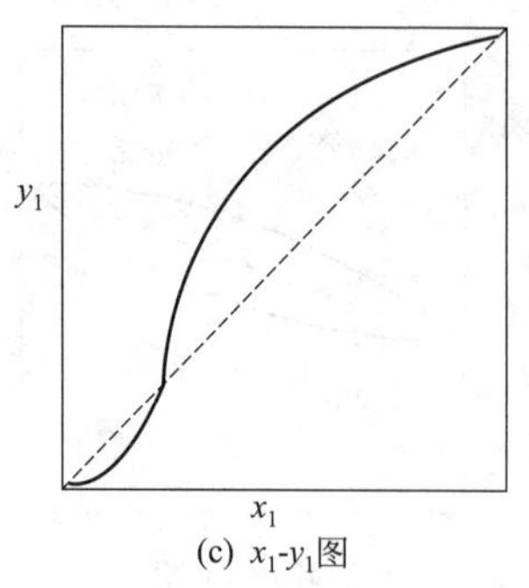

(c) x_1-y_1图

图 8-6　最低压力共沸点系统的汽液平衡

8.2.3　汽液平衡计算类型

由相律知，N 元汽-液平衡系统的自由度为 N，指定 N 个独立变量后，系统的状态即被唯一地确定。汽-液平衡计算的目的就是从指定的 N 个变量出发，确定其余的从属变量。按照指定 N 个独立变量的方案不同，汽液平衡的常见计算类型有 5 种。

(1) 等温泡点：已知泡点的 T 和 $z_i=x_i$ ($i=1, 2, \cdots, N-1$)，求 p 和 y_i ($i=1, 2, \cdots, N$) 共 $N+1$ 个变量。

(2) 等压泡点：已知泡点的 p 和 $z_i=x_i$ ($i=1, 2, \cdots, N-1$)，求 T 和 y_i ($i=1, 2, \cdots, N$) 共 $N+1$ 个变量。

(3) 等温露点：已知露点的 T 和 $z_i=y_i$ ($i=1, 2, \cdots, N-1$)，求 p 和 x_i ($i=1, 2, \cdots, N$) 共 $N+1$ 个变量。

(4) 等压露点：已知露点的 p 和 $z_i=y_i$ ($i=1, 2, \cdots, N-1$)，求 T 和 x_i ($i=1, 2, \cdots, N$) 共 $N+1$ 个变量。

(5) 等温闪蒸：已知 T、p 和 z_i ($i=1, 2, \cdots, N-1$)，求 x_i、y_i ($i=1, 2, \cdots, N$) 和 η 共 $2N+1$ 个变量；其中 z_i 是系统的总组成（即进料组成），η 是汽相分率。

在类型（1）和（2）的泡点计算中，由于泡点在饱和液相线上，与其平衡的汽相刚开始生成（仅有第一个汽泡，故称为泡点），汽相分率 $\eta=0$，进料组成 z_i 等于液相组成 x_i。此时，有 N 个相平衡方程［式(8-9)］和一个汽相组成归一化方程，即 $\sum y_i=1$，共 $N+1$ 个方程，可以求解一组 $N+1$ 个未知量。将相平衡方程代入归一化方程，可得到泡点计算时方程组有解的准则为

$$\sum y_i=\sum K_i x_i=1 \tag{8-16}$$

同理，在（3）和（4）的露点计算中，由于露点在饱和汽相线上，与其平衡的液相刚开始生成（仅有第一个露珠，故称为露点），汽相分率 $\eta=1$，进料组成 z_i 等于汽相组成 y_i。此时，也有 N 个相平衡方程［式(8-9)］和一个液相组成归一化方程，即 $\sum x_i=1$，共 $N+1$ 个方程，可以求解一组 $N+1$ 个未知量，从而得到露点计算的准则为

$$\sum x_i=\sum (y_i/K_i)=1 \tag{8-17}$$

相比于以上泡点和露点的计算，等温闪蒸计算要复杂得多。闪蒸的名称来源于节流装置，当液相流过节流阀时，由于压力突然降低而引起急剧蒸发，形成互为平衡的汽、液两相（也可以是汽相产生部分冷凝）。此时，进料组成位于泡点和露点之间，汽相分率 η 在 0 和 1 之间。等温闪蒸计算输入了 T、p 和 z_i ($i=1, 2, \cdots, N-1$) 共 $N+1$ 个强度性质，较相律规定的变量数多了一个（目的是为了计算方便），需要求解 x_i、y_i ($i=1, 2, \cdots, N$) 和 η 共 $2N+1$ 个变量。除 N 个相平衡方程和一个归一化方程（$\sum x_i=1$ 或 $\sum y_i=1$）外，还有

N 个物料平衡方程，即

$$z_i = x_i(1-\eta) + y_i\eta \quad (i=1,\ 2,\ \cdots,\ N) \tag{8-18}$$

共 $2N+1$ 个方程，可以求解一组 $2N+1$ 个变量的根。由于用 $\sum x_i = 1$ 或 $\sum y_i = 1$ 作为方程组有解的准则时，迭代计算过程的收敛性往往不好，一般将两个准则合并，并用相平衡方程代入物料恒算方程来表达 x_i 和 y_i，得到新的计算准则为

$$f(\eta) = \sum y_i - \sum x_i = \sum(y_i - x_i) = \sum \frac{z_i(K_i-1)}{1+\eta(K_i-1)} = 0 \tag{8-19a}$$

式中：$$y_i = z_iK_i/[1+\eta(K_i-1)] \quad 且 \quad x_i = z_i/[1+\eta(K_i-1)] \tag{8-19b}$$

式(8-19a) 称为 Richford-Rice 方程，有很好的收敛性。

在例 8-1 中用框图说明了如何进行等温泡点的计算，下面将用一个简单的例子说明如何进行等压泡点、等压露点和等温闪蒸计算。

【例 8-3】 在精馏塔顶的塔板上有一股由苯 (1)-甲苯 (2)-对二甲苯 (3) 组成的汽相，其组成为 $z_1 = 0.45$，$z_2 = 0.35$，$z_3 = 0.20$，试求：(1) 当塔顶压力为 0.10133MPa 时，同一塔板上与其成平衡的饱和液相温度和组成；(2) 当将其引入一个全凝器、并在 0.10133MPa 压力下全部冷凝为饱和液相时全凝器的操作温度；(3) 当将其引入一个部分冷凝器、并在 373.15K 和 0.10133MPa 压力下操作时，闪蒸后的汽相分率和汽、液相组成。[已知三个纯组分饱和蒸气压的 Antoine 方程为 $\ln p_1^s = 20.7936 - 2788.51/(T-52.36)$；$\ln p_2^s = 20.9065 - 3096.52/(T-53.67)$；$\ln p_3^s = 20.9891 - 3346.65/(T-57.84)$；单位分别为 Pa 和 K]

解 由于三个组分是同系物，分子大小和极性差别较小，可用 Raoult 定律近似表达相平衡，即

$$K_i = y_i/x_i = p_i^s/p \tag{A}$$

(1) 为等压露点计算情形，$y_i = z_i$，可用 Excel 工作表进行计算。计算过程为：设初值温度 $T_0 = 384$K，计算 p_i^s、按式(A) 计算 K_i、计算 $x_i = y_i/K_i$、计算并判断 $\sum y_i/K_i$ 是否等于 1、调整 T 并从头计算直至满足计算准则为止，结果见下表。表中给出了前二次的迭代结果，最后结果为 $T = 383.4$，$x_1 = 0.1935$，$x_2 = 0.3538$，$x_3 = 0.4526$。

		设 T(K)=?		384	设 T(K)=?		383
	$y_i = z_i$	p_i^s(MPa)	K_i	x_i	p_i^s	K_i	x_i
苯	0.45	0.2393	2.3613	0.1906	0.2333	2.3020	0.1955
甲苯	0.35	0.1020	1.0064	0.3478	0.0991	0.9781	0.3578
对二甲苯	0.2	0.0456	0.4503	0.4441	0.0442	0.4363	0.4584
$\sum y_i/K_i$				0.9825			1.0117

(2) 为等压泡点计算情形，$x_i = z_i$。计算过程与 (1) 类似，此时计算准则为 $\sum K_ix_i$ 是否等于 1，结果见下表。表中也给出了前两次的迭代结果，最后结果为 $T = 369.21$，$y_1 = 0.7177$，$y_2 = 0.2270$，$y_3 = 0.0553$。

		设 T(K)=?		369	设 T(K)=?		369.5
	$x_i = z_i$	p_i^s(MPa)	K_i	y_i	p_i^s	K_i	y_i
苯	0.45	0.1607	1.5855	0.7135	0.1629	1.6077	0.7235
甲苯	0.35	0.0653	0.6443	0.2255	0.0663	0.6544	0.2290
对二甲苯	0.2	0.0278	0.2746	0.0549	0.0283	0.2794	0.0559
$\sum K_ix_i$				0.9939			1.0084

(3) 为等温闪蒸计算情形。因 T 和 p 已知，计算过程为：计算 p_i^s、按式(A) 计算 K_i、假设汽化分率 $\eta=0.5$、按式(8-19a) 计算 (y_i-x_i) 和 $f(\eta)$、判断 $f(\eta)$ 是否等于0、若不满足则调整 η，直至满足计算准则、最后由式(8-19b) 计算 x_i 和 y_i，结果见下表。表中给出了三次迭代结果，最后一次迭代的 $\eta=0.326$ 满足准则要求。

T(K)=373.15				p(MPa)=0.10133				
				$\eta=$ 0.5	0.3	0.326		
	z_i	p_i^s(MPa)	K_i	(y_i-x_i)	(y_i-x_i)	(y_i-x_i)	y_i	x_i
苯	0.45	0.1800	1.7768	0.2518	0.2835	0.2789	0.6380	0.3591
甲苯	0.35	0.0742	0.7320	−0.1083	−0.1020	−0.1028	0.2807	0.3835
对二甲苯	0.2	0.0321	0.3164	−0.2077	−0.1720	−0.1759	0.0814	0.2574
$f(\eta)$				−0.0643	0.0095	0.0002		

由上例的计算过程说明，若 K_i 与 x_i 和 y_i 无关，只需迭代求解 T 或 η 即可；若用通用方程式(8-9) 来表达相平衡，由于 K_i 还与 x_i 或 y_i 有关，必须设计内外双层迭代过程，内层迭代计算 K_i 和 x_i (或 K_i 和 y_i)，外层迭代 T 或 η。有兴趣的读者可以自己尝试编写计算框图。

8.2.4 活度系数法计算汽液平衡

液相各组分的活度系数可从汽液平衡数据 (p、T、x_i、y_i) 由式(8-9) 计算得到。例 8-2 演示了二元系统活度系数的计算过程。这些活度系数值虽需计算得到，却是直接来自于汽液平衡实验数据，而不是 G^E 模型或理论。因此，仍称这些活度系数为实验值。由于 γ 与 x 的关系非线性强烈，要作出 γ-x 曲线需要大量的实验，工作量很大。目前已有不少半理论半经验的方程，如 7.7 节介绍的 G^E 模型，来关联 γ 与 x 的关系。对每一个二元系统，活度系数模型中往往存在 1～3 个待定模型参数，它们需要用适量有代表性的相平衡实验数据拟合确定。如此，通过模型＋适量相平衡数据的方法，先得到模型参数，再由模型计算的活度系数值反算相平衡，既减少了实验工作量，又能获得完整的汽液平衡数据，该法就称为相平衡的关联计算。

在《德海玛汽液平衡数据汇集》(DECHEMA Vapor-Liquid Equilibrium Data Collection) 中用了 5 种活度系数模型对大量数据进行了关联比较。《德海玛汽液平衡数据汇集》自 1977 年开始出版，到 1984 年止共出了 13 个分册，收集了 8000 个以上的二元和三元系统。在表 8-8 中列出了其中的 3563 个系统，涉及的化合物系列也如表中所示。由表中的数字可见，对含水有机物来说，其中有 40.3%的系统用 NRTL 方程关联效果最佳，而只有 7.1%的系统以范拉尔式最佳。说明对这类系统来说，在 5 种活度系数模型中，以 NRTL 最佳，并用“*”标出，范拉尔式则最差。从表还可看出，在所有这些类别化合物中，Wilson 方程效果最佳，拥有 4 个“*”号，并在平均值中也表达出这样的情况，在 3563 个系统中，有 30%的系统以 Wilson 方程的关联结果最好。当然还应指出，在《德海玛汽液平衡数据汇集》中用的是如表 7-10 所示的 UNIQUAC 方程原型，但在 1975 年以后，对 UNIQUAC 方程又有许多改进，提高了该方程的关联精度。

其次，不少研究者希望用构成二元系统的纯物质性质来求算组分的活度系数或溶液的过量自由焓。例如，用正规溶液理论可以完成此目的，但这只能对非理想程度不大、且对拉乌尔定律呈正偏差的溶液才适用。至于对许多非理想性强的溶液，目前尚难做到只由纯物质性质来求取混合物的性质，必须使用最低限度的实验数据，如汽液平衡数据、相互溶解度数据、恒沸数据或无限稀释活度系数等，先估算出所选用模型的参数值，再由模型计算的活度系数计算其他条件下或其他范围内的相平衡数据，称该法为相平衡的估算或(部分) 预测。

此外，第 7.7 节介绍的 G^E 模型都可以用于二元系统汽液平衡数据的关联和估算，但对

表 8-8 《德海玛汽液平衡数据汇集》中 5 种活度系数关联式的最优拟合频率

汇集的分册	数据数	马居尔方程	范拉尔方程	Wilson 方程	NRTL	UNIQUAC
1 含水有机物	504	0.143	0.071	0.240	0.403*	0.143
2A 醇类	574	0.166	0.085	0.395*	0.223	0.131
2B 醇类和酚类	480	0.213	0.119	0.342*	0.225	0.102
3/4 醇、酮、醚类	490	0.280*	0.167	0.243	0.155	0.155
6A C4～C6 烃类	587	0.172	0.133	0.365*	0.232	0.099
6B C7～C18 烃类	435	0.225	0.170	0.260*	0.209	0.136
7 芳烃	493	0.260*	0.187	0.225	0.160	0.172
总共 7 分册	3563	0.206	0.131	0.300*	0.230	0.133

三元以上的系统，有些模型，如 Van Laar 方程、Wohl 型方程等，除需要从构成三元系统的三个二元系统汽液平衡数据关联得到模型参数外，还需要部分三元系统的数据，这样的计算方法并不令人满意。一个简单而直观的方法是，由构成三元的 3 个二元系统的平衡数据关联得到模型参数，然后由这些模型参数表达的模型去计算三元系统在全浓度范围内的活度系数值，最后完成三元系统相平衡的计算，称这种方法为相平衡的推算。局部组成模型，如 Wilson、NRTL 及 UNIQUAC 方程等，就是能用于二元推算三元或四元以上系统相平衡的典型方程。

以威尔逊方程（参见表 7-10）为例，$(\lambda_{ij}-\lambda_{jj})$ 和 $(\lambda_{ji}-\lambda_{ii})$ 是 Wilson 方程中的一对二元系参数。若要计算三元系统的组分活度系数，必须要已知 3 个二元系统，即 6 个 Wilson 方程参数。荷尔姆斯（Holmes）等[1]曾用 Wilson 方程推算了 19 个三元系统，共 262 个数据点的汽液平衡。结果表明，有 92%的汽相组成 y_i 推算值与实验值的偏差在 0.02 摩尔分数以内，85%的温度推算值与实验值的偏差在 1℃之内。众所周知，组分越多，汽液平衡测定也越困难，分析方法也越复杂，工作量也就越大。现用推算的方法来解决多元系统的汽液平衡问题，可以大量节省人力和物力。由此也说明，为什么到目前为止，许多新发表的实验性论文，测定的大多数仍是二元系统汽液平衡数据的原因。当然，二元系统的数据一定要测准，否则去推算多元系统时，误差增大，而失去实用意义。在实际的分离过程设计、操作、调控和开发中，绝大多数情况下，要的是多元系统相平衡数据。而实验数据的积累却较多的是二元系统数据，需用热力学推算的方法来解决需要和来源之间的矛盾。这也是研究相平衡热力学的主要指导思想，即做最少量的实验，通过热力学原理的运用，以获得最大量或最系统的信息。

【例 8-4】 50℃时甲醇（1）-1,2-二氯乙烷（2）的部分汽液平衡数据如表 8-9 所示，试计算出全浓度范围内的 p-x-y 值，和实验值比较，并推算 60℃时该系统的 p-x-y 图。

解 为了进行内插，最好选用一个活度系数模型。今选用范拉尔模型进行关联。由表 7-9 知，G^E 的表达式为

$$G^E=ABx_1x_2/(Ax_1+Bx_2)$$

将上式改写为

$$RTx_1x_2/G^E=(RT/B-RT/A)x_1+RT/A \tag{A}$$

可见，以 RTx_1x_2/G^E 对 x_1 作图可得一根直线，并在 $x_1=0$ 和 $x_1=1$ 两端的截距得到 RT/A 和 RT/B 值。现先由表 8-9 中的汽液平衡数据按改进的 Raoult 定律（$py_i=p_i^s x_i\gamma_i$）计算出 γ_1 和 γ_2 的实验值，再计算 $G^E/RT=x_1\ln\gamma_1+x_2\ln\gamma_1$，最后计算出 RTx_1x_2/G^E，所得各类值列于表 8-10，并按表中数据作图，如图 8-7 所示。

[1] Holmes, M. J., and Van Winkle, M., Ind. Eng. Chem., 1970, 62: 21.

表 8-9 50℃时甲醇（1)-1,2-二氯乙烷（2）系统的汽液平衡实验数据

x_1	y_1	p/MPa
0.30	0.591	0.06450
0.40	0.602	0.06575
0.50	0.612	0.06665
0.70	0.657	0.06685
0.90	0.814	0.06262

表 8-10 50℃时甲醇（1)-1,2-二氯乙烷（2）系统的活度系数和 RTx_1x_2/G^E

x_1	γ_1	γ_2	RTx_1x_2/G^E
0.30	2.29	1.21	0.550
0.40	1.78	1.40	0.555
0.50	1.47	1.66	0.560
0.70	1.12	2.46	0.601
0.90	1.02	3.75	0.604

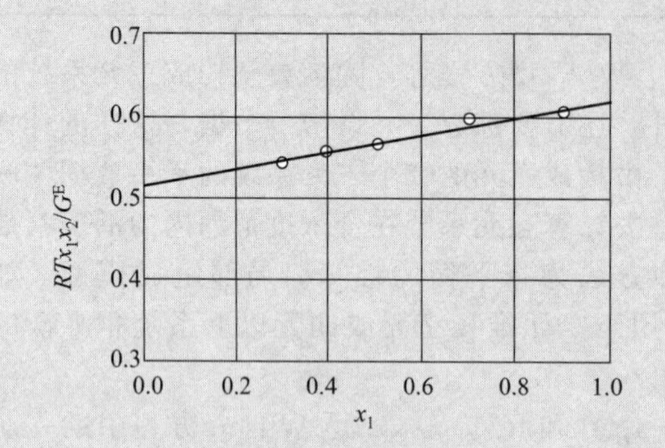

图 8-7 由甲醇（1)-1,2-二氯乙烷（2）系统的实验数据计算范拉尔参数

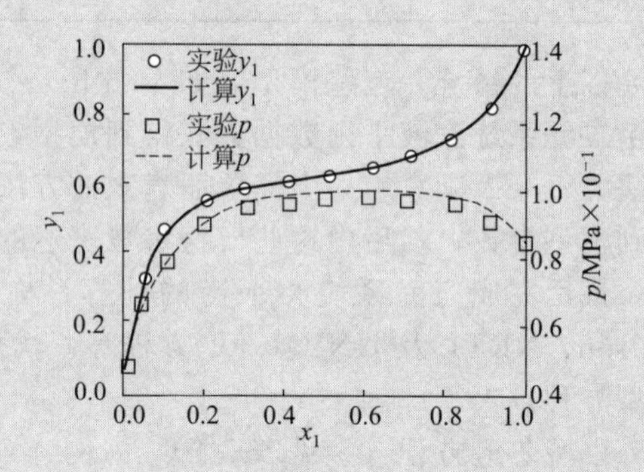

图 8-8 60℃甲醇（1)-1,2-二氯乙烷（2）系统的计算值与实验值比

由图可见，RTx_1x_2/G^E 与 x_1 的线性关系良好，说明用范拉尔方程关联内插该系统的实验数据是合适的。将作图拟合出的参数代入式(A）和范拉尔方程的活度系数表达式(参见表 7-9）后，可得

$$RTx_1x_2/G^E=0.106x_1+0.515 \tag{B}$$

$$\ln\gamma_1=1.94x_2^2/(1.20x_1+x_2)^2 \quad 和 \quad \ln\gamma_2=2.32x_1^2/(1.20x_1+x_2)^2 \tag{C}$$

由式(C）可以求出在任何液相组成下的组分活度系数，再根据改进的 Raoult 定律，先求出在给定 x_1 值下的总压 $p=p_1^s x_1\gamma_1+p_2^s x_2\gamma_2$，然后求出 y_1 和 y_2。依次求出后，就可构作出相应的表列值，示于表 8-11。由表 8-11 可知，50℃时该系统的汽相组成和总压的计算值与实验值符合良好。

60℃时此系统的 p-x-y 图如何构作？因无实验数据可利用，只能按题意要求推算。为此，须先解决 γ 的计算。假设此系统符合正规溶液理论，则按式(7-143)，有

$$\frac{\ln\gamma_i(60℃)}{\ln\gamma_i(50℃)}=\frac{273.15+50}{273.15+60} \tag{D}$$

50℃时的 γ 值已知，由式(D）求出 60℃时相应的 γ 值，也列入表 8-11 中。有了 60℃时的 γ，就能作与 50℃相类似的计算，分别算出在不同 x_1 时的 y_1、y_2 和 p 值，再和 60℃时的实验值比较，可以计算出 y 和 p 的误差 Δy 和 Δp。从表 8-11 和图 8-8 看出，Δy 并不大，应该说符合较好，但 Δp 却太大。说明用式(D）推算 γ 值并不十分合适，它也不是一个好的近似法。只有 y 和 p 两者的误差都在要求范围之内才能算推算成功，只有一个指标符合是不够的。必须坚持采用这样的观点来评价汽液平衡的关联和推算方法。

此外，从图和表都可以看出，此系统是有恒沸点的，用范拉尔方程进行关联和推算都能显示出恒沸点的存在。

表 8-11 50℃和 60℃时甲醇（1）-1,2-二氯乙烷（2）系统的汽液平衡计算

x_1	γ_1		γ_2		y_1		p/MPa		$100\Delta y$		$10^4\Delta p$/MPa	
	50℃	60℃	50℃	60℃	50℃	60℃	50℃	60℃	50℃	60℃	50℃	60℃
0.05	5.56	5.28	1.01	1.01	0.341	0.339	0.04528	0.06589				
0.10	4.53	4.33	1.02	1.02	0.469	0.468	0.05370	0.07830	−0.9	0.4	−1.9	1.5
0.20	3.15	3.04	1.09	1.09	0.564	0.565	0.06211	0.09102	0.2	0.9	11.6	20.5
0.40	1.82	1.79	1.37	1.36	0.613	0.621	0.06601	0.09752	1.1	2.2	2.6	26.4
0.60	1.28	1.27	1.95	1.91	0.638	0.650	0.06693	0.09914	1.3	1.5	−1.7	22.9
0.80	1.06	1.06	3.01	2.91	0.716	0.731	0.06585	0.09815	0.5	1.2	1.5	34.8
0.90	1.01	1.01	3.85	3.70	0.809	0.921	0.06249	0.09369	−0.5	−0.1	−1.3	30.3

【例 8-5】 在 64.3℃和 0.1013MPa 时，甲醇（1）和甲乙酮（2）形成恒沸物，恒沸组成 $x_1=0.842$，用此数据求算威尔逊方程的参数，再用此方程计算 0.1013MPa 时该系统的 T-x-y 数据。[已知 Antoine 方程为 $\lg p_1^s=7.87863-1474.110/(T+230.0)$；$\lg p_2^s=6.97421-1209.600/(T+216.0)$；单位分别为 mmHg 和℃]。

解 在 64.3℃时甲醇和甲乙酮的饱和蒸气压计算值分别为

$$p_1^s=736.94\text{mmHg}=0.0982\text{MPa},\quad p_2^s=455.86\text{mmHg}=0.06076\text{MPa}$$

若汽相混合物服从理想气体定律，在共沸点时，$x_1=y_1=0.842$，则

$$\gamma_1=py_1/(p_1^s x_1)=0.1013\times0.842/(0.0982\times0.842)=1.032$$

$$\gamma_2=py_2/(p_2^s x_2)=0.1013\times0.158/(0.06076\times0.158)=1.667$$

将 $x_1=0.842$、$x_2=0.158$、$\ln\gamma_1=0.03108$、$\ln\gamma_2=0.05110$ 代入二元 Wilson 方程式(7-164)，得非线性方程组为

$$\begin{cases} f=0.03108+\ln(0.842+0.158\Lambda_{12})-0.158\left(\dfrac{\Lambda_{12}}{0.842+0.158\Lambda_{12}}-\dfrac{\Lambda_{21}}{0.842\Lambda_{21}+0.158}\right)=0 \\ g=0.05110+\ln(0.842\Lambda_{21}+0.158)-0.842\left(\dfrac{\Lambda_{21}}{0.158+0.842\Lambda_{21}}-\dfrac{\Lambda_{12}}{0.158\Lambda_{12}+0.842}\right)=0 \end{cases}$$

采用 Newton-Raphson 迭代法求解两个参数，将函数 f 和 g 分别对两个参数求偏导数，有

$$A_1=\partial f/\partial\Lambda_{12}=0.158^2\Lambda_{12}/(0.842+0.158\Lambda_{12})^2,$$

$$A_2=\partial f/\partial\Lambda_{21}=0.158^2/(0.158+0.842\Lambda_{21})^2$$

$$B_1=\partial g/\partial\Lambda_{12}=0.842^2/(0.842+0.158\Lambda_{12})^2,$$

$$B_2=\partial g/\partial\Lambda_{21}=0.842^2\Lambda_{21}/(0.158+0.842\Lambda_{21})^2$$

Newton-Raphson 法对初始估算 $\Lambda_{12}^{(0)}$ 和 $\Lambda_{21}^{(0)}$ 的修正值 h 和 k 分别为

$$h=(A_2g-B_2f)/(A_1B_2-A_2B_1),\quad k=(B_1f-A_1g)/(A_1B_2-A_2B_1)$$

以初值 $\Lambda_{12}^{(0)}=1.0$、$\Lambda_{21}^{(0)}=0.4$ 开始迭代，每一次迭代都要计算 f、g、A_1、A_2、B_1、B_2、h、k，以 $\Lambda_{12}=\Lambda_{12}^{(0)}+0.6h$、$\Lambda_{21}=\Lambda_{21}^{(0)}+0.6k$ 进入下一次迭代（0.6 是阻尼系数），直至收敛，迭代过程可用 Excel 工作表进行，结果见下表。由表可见，共进行了 5 次迭代，得到参数值为 $\Lambda_{12}=1.2340$ 和 $\Lambda_{21}=0.3378$。

$x_1=0.842$			$x_2=0.158$						
Λ_{12}	Λ_{21}	f	g	A_1	A_2	B_1	B_2	h	k
1.0000	0.4000	0.0008	−0.1473	0.0250	0.1020	0.7090	1.1583	0.3679	−0.0980
1.2207	0.3412	0.0001	−0.0070	0.0285	0.1259	0.6620	1.2200	0.0194	−0.0048
1.2323	0.3383	0.0000	−0.0007	0.0286	0.1273	0.6596	1.2229	0.0024	−0.0007
1.2338	0.3379	0.0000	0.0000	0.0286	0.1275	0.6594	1.2234	0.0003	−0.0001
1.2340	0.3378	0.0000	0.0000	0.0286	0.1275	0.6593	1.2235	0.0000	0.0000

甲醇和甲乙酮的常压沸点分别为64.7℃和79.6℃，而恒沸物温度是64.3℃，温差不算大，可以忽略温度对Wilson参数Λ_{12}和Λ_{21}的影响。如此，已知x即可计算出γ，然后按等压泡点规则方程用试差法计算温度，即

$$\sum y_i = y_1 + y_2 = p_1^s x_1 \gamma_1 / p + p_2^s x_2 \gamma_2 / p = 1$$

得到温度后，即可求算y。下面的Excel工作表给出了当$p=0.1013$MPa，$x_1=0.498$时，试差计算T并最后计算y的过程。

$p=0.1013$		$\Lambda_{12}=1.234$			$\Lambda_{21}=0.3378$		
		设T(℃)=?		67	设T(℃)=?		66.5
组分	x_i	γ_i	p_i^s/MPa	K_i	y_i	p_i^s/MPa	K_i	y_i
1 甲醇	0.498	1.2096	0.1097	1.3095	0.6521	0.1076	1.2845	0.6397
2 甲乙酮	0.502	1.1065	0.0668	0.7297	0.3663	0.0657	0.7171	0.3600
$\sum K_i x_i$					1.0185			0.9997

只要改变上表中的x值，可以很方便获得一系列x下的T和y，并和实验比较，结果见表8-12。由表可见，计算值和实验值吻合尚可。

表8-12　甲醇(1)-甲乙酮(2)系统汽液平衡数据的计算值和实验值比较

x_1	y_1		T/℃	
	实验值	计算值	实验值	计算值
0.076	0.193	0.174	75.3	76.0
0.197	0.377	0.365	70.7	72.0
0.356	0.528	0.532	67.5	68.5
0.498	0.622	0.640	65.9	66.5
0.622	0.695	0.717	65.1	65.4
0.747	0.777	0.790	64.4	64.6
0.829	0.832	0.841	64.3	64.4
0.936	0.926	0.925	64.4	64.5

【例8-6】 实验测得甲醇(1)-水(2)系统的无限稀释活度系数分别为$\gamma_1^\infty=2.04$，$\gamma_2^\infty=1.57$，试求35℃时，与$x_1=0.3603$的液相成平衡的汽相组成及系统的总压。液相的活度系数用NRTL模型计算，且已知35℃时甲醇和水的饱和蒸气压分别为27.824kPa和5.634kPa。

解　无限稀释活度系数是指混合物中某组分在无限稀释条件下的活度系数，显然有

$$\gamma_i^\infty = \lim_{x_i \to 0} \gamma_i \tag{A}$$

对式(7-165)的二元NRTL方程右边求极限，可得

$$\begin{cases} \ln\gamma_1^\infty = \tau_{21} + \tau_{12}\exp(-\alpha\tau_{12}) \\ \ln\gamma_2^\infty = \tau_{12} + \tau_{21}\exp(-\alpha\tau_{21}) \end{cases} \tag{B}$$

取有序因子$\alpha=0.30$，将已知的无限稀释活度系数值代入式(B)，则

$$\begin{cases} \tau_{21} + \tau_{12}\exp(-0.3\times\tau_{12}) = 0.71295 \\ \tau_{12} + \tau_{21}\exp(-0.3\times\tau_{21}) = 0.45108 \end{cases}$$

解方程组得$\tau_{12}=-0.3268$，$\tau_{21}=1.0734$

有了二元 NRTL 方程的参数值，即可从式(7-165) 计算 $x_1=0.3603$，$x_2=0.6397$ 时的组分活度系数，即

$$G_{21}=\exp(-0.3\times1.0734)=0.72468, G_{12}=\exp[-0.3\times(-0.3268)]=1.103$$

$$\ln\gamma_1=0.6397^2\times\left[\frac{1.0734\times0.72468^2}{(0.3603+0.6397\times0.72468)^2}+\frac{-0.3268\times1.103}{(0.6397+0.3603\times1.103)^2}\right]=0.2027$$

$$\ln\gamma_2=0.3603^2\times\left[\frac{-0.3268\times1.103^2}{(0.6397+0.3603\times1.103)^2}+\frac{1.0734\times0.72468}{(0.3603+0.6397\times0.72468)^2}\right]=0.1008$$

故 $\gamma_1=1.225$，$\gamma_2=1.106$

用改进的 Raoult 定律表示汽液平衡，则

$$py_1=p_1^s\gamma_1x_1=27.824\times1.225\times0.3603=12.281\text{kPa}$$

$$py_2=p_2^s\gamma_2x_2=5.634\times1.106\times0.6397=3.986\text{kPa}$$

按照等温泡点准则方程 $\sum y_i=y_1+y_2=1$，得

$$p=py_1+py_2=12.281+3.986=16.27\text{kPa}$$

$$y_1=py_1/p=12.281/16.27=0.7548,\quad y_2=1-y_1=0.2452$$

实验测得 $p=16.39\text{kPa}$，$y_1=0.7559$，可见计算值和实验值符合得相当好。

【例 8-7】 在 0.1013MPa 时有一液体混合物，内含 0.047 乙醇 (1)、0.107 苯 (2) 和 0.845 甲基环戊烷 (3)。试用 UNIQUAC 二元模型参数，推算该三元系统的泡点温度和平衡汽相组成。

解 按等压泡点的准则方程，有

$$\sum_{i=1}^{3}K_ix_i=1 \tag{A}$$

$$K_i=\frac{y_i}{x_i}=\frac{p_i^s\phi_i^s\gamma_i}{\hat{\phi}_i^V p}\exp\left[\frac{V_i^L(p-p_i^s)}{RT}\right]\quad(i=1,2,3) \tag{B}$$

$\hat{\phi}_i^V$ 和 ϕ_i^s 用维里方程计算，则

$$\ln\hat{\phi}_i^V=\left(2\sum_{j=1}^{3}y_iB_{ij}-B\right)\frac{p}{RT} \tag{C}$$

$$\ln\phi_i^s=B_{ii}p_i^s/(RT) \tag{D}$$

式中，

$$B=\sum_{i=1}^{3}\sum_{j=1}^{3}y_iy_jB_{ij} \tag{E}$$

B_{ij} 仅是温度的函数，其计算方法和过程参见第 7 章中的例 7-5 和表 7-4。V_i^L 是温度的弱函数，其关系可从关联实验密度数据获得，或用式(2-49) 表达的 Rackett 方程估算。在此例中，假定 V_i^L 不随温度变化，并从有关文献查得 $V_1^L=61.1\text{cm}^3/\text{mol}$，$V_2^L=93.7\text{cm}^3/\text{mol}$，$V_3^L=118.0\text{cm}^3/\text{mol}$。

由于含水或醇的混合物具有较强的非理想性，表 7-10 中的原型 UNIQUAC 方程计算精度不是太高，在此采用改进的 UNIQUAC 方程[1]计算 γ_i。改进的 UNIQUAC 方程为活

[1] Prausnitz，J. M. 编著. 用计算机计算多元汽-液和液-液平衡. 陈川美，盛若瑜等译. 北京：化学工业出版社，1987.

度系数的剩余项（即表7-10中的$\ln\gamma_i^R$）引进了另一类纯组分面积参数q'，其取值与活度系数的组合项（即表7-10中的$\ln\gamma_i^c$）中的q有所不同。q'是通过分析和拟合大量有代表性的二元系统相平衡数据、并经综合调优而得出固定的值，不随该组分所在系统的不同而不同，因此它不是模型参数而仅是纯组分参数。表8-13给出了水和醇类的参数q'。

计算含水、醇类多元系统的改进UNIQUAC方程表达式为

$$\ln\gamma_i=\ln(\Phi_i/x_i)+0.5zq_i\ln(\theta_i/\Phi_i)+l_i-(\Phi_i/x_i)\sum_j x_jl_j+$$

$$q_i'-q_i'\ln\left(\sum_j\theta_j'\tau_{ji}\right)-q_i'\sum_j\frac{\theta_j'\tau_{ij}}{\sum_k\theta_k'\tau_{kj}} \tag{F}$$

式中，$l_j=0.5z(r_i-q_i)-(r_i-1)$　　$\Phi_j=x_jr_j/\sum_k x_kr_k$

$\theta_j=x_jq_j/\sum_k x_kq_k$　　$\theta_j'=x_jq_j'/\sum_k x_kq_k'$

式(F)中的r、q和UNIQUAC二元模型参数都可从文献[1]查得，并与q'一起汇总于表8-14和表8-15中。至此，如果T和x_i已知，则γ_i可由式(F)计算得到。

表8-13　水和醇类的q'值

物质	q'	物质	q'	物质	q'	物质	q'
水	1.00	乙醇	0.92	丁醇类	0.88	己醇类	1.78
甲醇	0.96	丙醇类	0.89	戊醇类	1.15	庚醇类	2.71

表8-14　纯组分参数

组分	r	q	q'
1	2.11	1.97	0.92
2	3.19	2.40	2.40
3	3.97	3.01	3.01

表8-15　二元模型参数

i	j	a_{ij},K	a_{ji},K
1	2	−128.9	997.4
1	3	−118.3	1384
2	3	−6.47	56.47

注：$\tau_{ij}=\exp\left(-\frac{a_{ij}}{T}\right)$，$\tau_{ji}=\exp\left(-\frac{a_{ji}}{T}\right)$

式(A)和式(B)代表4个方程，须求解4个未知数，即一个泡点温度T和三个组分的汽相浓度y，原则上有唯一解。但由于方程中的各个中间变量如p_i^s、$\hat{\phi}_i^V$、ϕ_i^s、γ_i等都是温度的非线性函数，且p_i^s还强烈依赖于T，及$\hat{\phi}_i^V$也额外地是y的弱函数。因此，方程组求解须用内、外双层迭代计算，内层迭代K_i，外层迭代T，且在计算中先假定T的初值（$T=T_0$）更显重要，$\hat{\phi}_i^V$的初值可取为1。p_i^s用Antoine方程计算。

用计算机计算等压泡点的框图如图8-9所示。最后得到泡点温度$T=335.99$K，在此温度下的第二维里系数为

$$B_{11}=-1155\text{cm}^3\cdot\text{mol}^{-1},\ B_{12}=B_{21}=-587\text{cm}^3\cdot\text{mol}^{-1}$$

$$B_{22}=-1086\text{cm}^3\cdot\text{mol}^{-1},\ B_{23}=B_{32}=-1134\text{cm}^3\cdot\text{mol}^{-1}$$

$$B_{33}=-1186\text{cm}^3\cdot\text{mol}^{-1},\ B_{31}=B_{13}=-618\text{cm}^3\cdot\text{mol}^{-1}$$

[1] Prausnitz，J. M. 编著. 用计算机计算多元汽-液和液-液平衡. 陈川美，盛若瑜等译. 北京：化学工业出版社，1987.

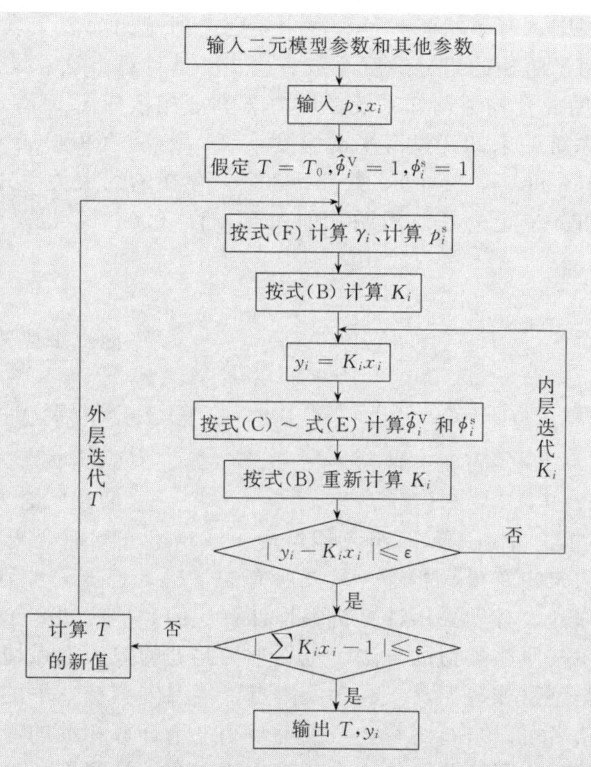

图 8-9 活度系数法计算泡点框图

y_i 和其他中间参数的计算值如表 8-16 所示。将 y_i 和 B_{ij} 代入式(E)，得 $B=-957.3\text{cm}^3\cdot\text{mol}^{-1}$。

对上述系统在 0.1013MPa 和 333.15～344.15K 范围内的 48 点数据进行了泡点和汽相组成的推算，泡点温度的平均误差为 0.25K，最大误差为 0.31K；y_1、y_2、y_3 的平均误差相应为 0.0051、0.0055 和 0.0035，它们的最大误差则是 −0.0303、0.0299 和 −0.0125。计算结果表明，对此特殊的系统，推算十分成功。这样的结果不是个别的，但遗憾的是并不能完全保证。不过一般说来，这类推算能够满足工程应用的要求。

表 8-16 乙醇 (1)-苯 (2)-甲基环戊烷 (3) 系统的汽液平衡推算结果

组分	γ_i	K_i	$\hat{\phi}_i^V$	y_i 计算值	y_i 实验值	T 计算值	T 实验值
1	10.58	5.55	0.980	0.261	0.258		
2	1.28	0.739	0.964	0.079	0.084	335.99	336.15
3	1.03	0.782	0.961	0.660	0.657		

*8.2.5 状态方程法计算汽液平衡

许多化学过程，包括化学反应和不少分离操作（如蒸馏、吸收），由于经济或过程技术本身原因需要在高压下进行。此外，诸如石油和天然气的钻探、燃气水合物形成的机理研究等也需要涉及高压或接近临界区域的相平衡计算。由于高压下压力对液相组分的标准态逸度 $f_i^{\ominus}$ 和活度系数 γ_i 的影响不能忽略，且近临界区域内的液相摩尔体积 V_i^L 也不能看成常数，活度系数法计算相平衡的方便性受到了挑战，此时宜采用状态方程法计算相平衡。

状态方程法的优点是不必计算活度，也无须确定标准态。其汽液平衡计算式(8-7a) 或(8-7b) 的推导是严密的，未作任何简化，公式本身具备热力学一致性。

状态方程法计算汽液平衡的关键是为所研究的混合物系统找到汽、液两相均适用的状态方程及其相应的混合规则。有了状态方程和混合规则，即能如 7.2.4 节介绍的方法和过程推导得到具体的、且适用于两相的组分逸度系数表达式。其计算方法总结后简述如下。

假定有 N 个组分的混合物，已知系统的压力 p 和液相组成 x_i，需要计算平衡温度 T 和汽相组成 y_i。此时，系统的未知变量有平衡温度 T（1 个）、汽相组成 y_i（N 个）及汽液两相的混合物摩尔体积 V^V 和 V^L（2 个），共 $N+3$ 个；存在的约束关系式有泡点准则方程（1 个）、组分的汽液平衡式(N 个）及汽液两相的状态方程（2 个），也是 $N+3$ 个，即存在下面的联立方程组

$$\begin{cases}\sum_{i=1}^{N} y_i = \sum_{i=1}^{N} K_i x_i = 1 & \text{（泡点准则方程）} \\ K_i = y_i/x_i = \hat{\varphi}_i^L / \hat{\varphi}_i^V \quad (i=1,2,\cdots,N) & \text{（汽液平衡式）} \\ p = f(T, V^V, \{y_i\}, \{k_{ij}\}) & \text{（汽相状态方程）} \\ p = f(T, V^L, \{x_i\}, \{k_{ij}\}) & \text{（液相状态方程）}\end{cases}$$

式中，$\{y_i\}$、$\{x_i\}$、$\{k_{ij}\}$ 分别表示一组汽相组成、液相组成和混合规则中组分间的交叉作用参数。独立方程数和未知变量数相等，只要所有的 $\{k_{ij}\}$ 已知，原则上可以求解。然而，由于方程组的非线性强烈，必须采用计算机编程计算。例 8-1 或图 8-1 中给出了用状态方程计算等温泡点的框图，按照相类似的方法，也不难为此处的等压泡点情形给出自身的计算框图。此外，其他计算类型（如等温露点、等压露点、等温闪蒸等）下的状态方程法计算框图也可类推，有兴趣的读者可以自行编写，或参考与相平衡计算相关的专著。

需要说明的是，状态方程法除了更适合于高压相平衡的计算外，也常用于中、低压下弱极性系统的汽液平衡计算，此时其计算精度往往和活度系数法相当，只是由于计算过程比活度系数法繁杂，以致早期的相平衡热力学工作者更愿意采用活度系数法。然而，随着当代计算机工业的飞速发展，状态方程法的计算繁杂性已不复存在，再加上从状态方程中还能获得除相平衡外更多的系统物性信息（如 p-V-T 性质），用状态方程法计算相平衡的例子已越来越多，并隐然成为趋势。

8.2.6 热力学一致性检验

在没有实验数据的条件下，目前尚不能只从热力学关系式普遍地推算出正确可靠的汽液平衡数据。热力学原理是普遍的规律，正因为它的普遍性，就不会具体化，就不能直接由此推算出具体系统的汽液平衡数据。反之，若某具体系统的汽液平衡关系已经测出，则该特殊情况应该符合热力学的普遍规律。若两者不相符合，肯定是汽液平衡的实验数据不够正确，在测温、测压、组成分析或是否真正达到平衡等方面存在着误差，必须重新检查并再次进行汽液平衡的实验，直至两者符合后方能认可。这种用热力学原理来校核实验结果可靠性的方法，称为汽液平衡数据的热力学一致性检验。

目前，一般在发表汽液平衡数据的论文时，都有热力学一致性检验的内容，以便向读者示出其所发表数据的可靠程度。在设计和科研工作中，在有关文献中常可以查到几组所需的二元汽液平衡数据，究竟如何选用、如何取舍，也要借助于热力学一致性检查。应该说，热力学一致性检验方法在实际工作中应用广泛。

热力学一致性检验的原理主要是吉布斯-杜亥姆方程

$$\frac{H^E}{RT^2}\mathrm{d}T - \frac{V^E}{RT}\mathrm{d}p + \sum_i x_i \mathrm{d}\ln\gamma_i = 0$$

对于在定温、定压下的二元系统，上式可写为

$$x_1 \mathrm{d}\ln\gamma_1 + x_2 \mathrm{d}\ln\gamma_2 = 0 \tag{8-20}$$

热力学一致性检验可分为两类，一类是积分式的总包校验；另一类是对每一数据点进行校

验。海林顿（Herington）法属第一类，对式(8-20)进行积分

$$\int_{x_1=a}^{x_1=b} x_1 \mathrm{d}\ln\gamma_1 + \int_{x_1=a}^{x_1=b} x_2 \mathrm{d}\ln\gamma_2 = 0 \tag{8-21}$$

因 $x_2=1-x_1$，积分极限是 $x_1=0$ 和 $x_1=1$，可写出

$$\int_{x_1=0}^{x_1=1} x_1 \mathrm{d}\ln\gamma_1 = (x_1\ln\gamma_1)_{x_1=0}^{x_1=1} - \int_0^1 \ln\gamma_1 \mathrm{d}x_1 \tag{8-22}$$

和

$$\int_{x_1=0}^{x_1=1} x_2 \mathrm{d}\ln\gamma_2 = (x_2\ln\gamma_2)_{x_2=1}^{x_2=0} + \int_0^1 \ln\gamma_2 \mathrm{d}x_1 \tag{8-23}$$

式(8-22) 和式(8-23) 中的右边第一项都等于零，合并式(8-21)～式(8-23)，得

$$\int_0^1 \ln\frac{\gamma_1}{\gamma_2}\mathrm{d}x_1 = 0 \tag{8-24}$$

式中的 γ_1 和 γ_2 从汽液平衡数据算得，即得到了组分 1 和组分 2 的活度系数实验值，自此计算 $\ln\frac{\gamma_1}{\gamma_2}$值，并对 x_1 作图，如图 8-10 所示。当 x 轴上的面积 A 和 x 轴下的面积 B 相等时，即符合热力学一致性。由于用面积来进行校验，故也称面积检验法。对实际数据进行检验时，不可能做到 A 和 B 完全相等，所以应该有一个合理的偏差值 D

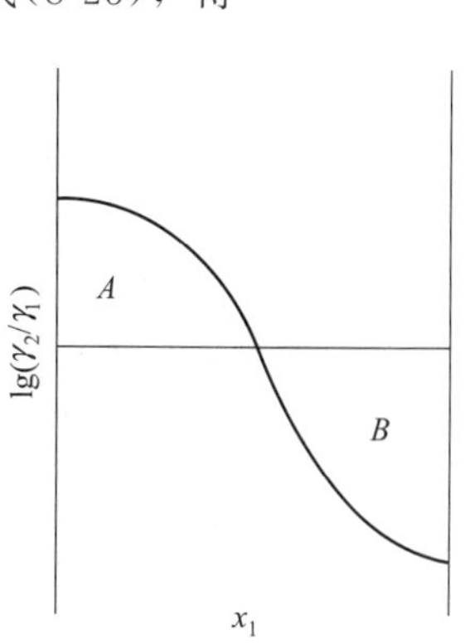

图 8-10　恒温汽液平衡数据面积检验图

$$D = 100\,\frac{A-B}{A+B}\% \tag{8-25}$$

这个偏差大小的决定，有时是比较随意的，但作为规则，一般不大于百分之几。应该指出，热力学一致性检验只是说明数据可靠性的必要条件，而不是充分条件。此外，面积法只对一组汽液平衡进行积分校验，并没有对每一点数据进行考虑。

同样可在恒压条件下，对吉布斯-杜亥姆方程进行积分

$$\int_0^1 \ln\frac{\gamma_1}{\gamma_2}\mathrm{d}x_1 = \int_{x_1=0}^{x_2=1} \frac{H^E}{RT^2}\mathrm{d}T \tag{8-26}$$

对于由化学结构相似的组分构成的系统和 H^E 值很小的系统，可近似地认为 $H^E\to 0$，或者系统组分间的沸点差很小，则式(8-26) 的右边项可认为等于零。这就和恒温条件完全相同。在一般情况下，右边项不能忽略，海林顿提出了一种半经验法估算此积分值

$$J = 150\,\frac{|\Delta T_{max}|}{T_{min}}\% \tag{8-27}$$

式中，T_{min}是在 $x_1=0$ 到 $x_1=1$ 区间内该系统的最小沸点，ΔT_{max}是恒压二元系统的最大温差。系数“150”是海林顿分析了有机溶液的典型混合热数据后得出的经验值。按式(8-25) 和式(8-27) 计算得到的 D 值和 J 值，若 $D<J$，则表示恒压汽液平衡数据是符合热力学一致性的；若 $D>J$，但大得不多，当

$$D-J<10\% \tag{8-28}$$

认为此恒压汽液平衡数据是可能符合热力学一致性的。

第二种热力学一致性检验法是对每一数据点进行校验，例如从恒温下的 p-x 或 x-y 数据来计算二元系统汽液平衡的其他数据。范内斯（Van Ness）和其同事[1]在这方面进行了研究。所用方法概述如下：

---

[1] Bayer，S. M. Gibbs，R. E. and Van Ness，H. C.，AIChE J.，19，238 (1973).

用四尾标马居尔方程进行数据处理

$$\frac{G^{E}}{RTx_1x_2}=A'x_2+B'x_1-D'x_1x_2 \tag{8-29}$$

表 8-17 和表 8-18 列出了他们的研究结果。表 8-17 中列出的数据说明，采用不同的数据来源，在 G^E 模型中的系数也不一样，而且计算值与实验值间的偏差也随数据来源不同而不同。表 8-18 中的第 1 行，数据来源是 p-x-y。此处未作任何推算，也不涉及热力学一致性检验，只是说明式(8-29) 对 60℃时吡啶-四氯乙烯系统汽液平衡数据的关联精度。第 2 行是由 x-y 数据来推算 p，故必须考察 p 的偏差，即 Δp；相似地可从第 3 行看出，这是由 p-x 来推算 y，因此必须考察 Δy。由于 p 比 y 容易测准，一般较多地采用 p-x 数据，此时 y 的 RMS 误差可能在实验误差范围内，但当采用 x-y 数据时，p 的 RMS 误差常会超过实验误差范围。

RMS 值系均方根误差，可用来评价热力学一致性。一般对 y 来说，若 $\Delta y<0.01$，认为是符合热力学一致性的数据。最好的方法是作 Δy（或 Δp）-x 的图。若各数据点是有正有负，并分散在零的附近，则是质量好的数据；若偏差值有明显的倾向性，都呈正值或负值，则这类数据是值得怀疑的。

表 8-17　60℃时吡啶-四氯乙烯系统的 G^E 模型［式(8-29)］的系数

系　　数	数据来源		
	从 p-x-y 数据	从 x-y 数据	从 p-x 数据
A'	0.93432	0.77882	0.82030
B'	0.84874	0.68925	0.77826
D'	0.48897	0.03721	0.09045

表 8-18　60℃时吡啶-四氯乙烯系统的偏差值

所用数据	Δy		$\Delta p\times10^2$ MPa	
	RMS	max	RMS	max
p-x-y	0.0058	0.0119	0.57	1.32
x-y	0.0018	0.0036	1.80	2.49
p-x	0.0054	0.0092	0.33	0.67

【例 8-8】 从文献中查得有两篇载有乙醇（1)-水（2）系统汽液平衡数据的论文。一篇是 25℃的数据，另一篇有两个温度，39.76℃和 54.81℃的数据，如表 8-19 所示。作图后发现数据间有矛盾。试用试力学一致性检验来回答，哪套数据可能正确些？

表 8-19　乙醇（1)-水（2）系统的等温汽液平衡数据

$t=25$℃			$t=39.76$℃			$t=54.81$℃		
x_1	y_1	p/kPa	x_1	y_1	p/kPa	x_1	y_1	p/kPa
0.122	0.474	5.573	0.000	0.000	7.239	0.000	0.000	15.545
0.163	0.531	6.026	0.0689	0.456	10.852	0.0916	0.4753	25.717
0.226	0.562	6.386	0.0803	0.473	11.292	0.1157	0.5036	27.223
0.320	0.582	6.759	0.0994	0.4923	12.065	0.2120	0.5727	30.517
0.337	0.589	6.799	0.1452	0.5431	13.252	0.2375	0.5828	29.850
0.437	0.620	7.026	0.1548	0.5516	13.491	0.2671	0.5888	31.637
0.440	0.619	7.039	0.1831	0.5719	13.918	0.3698	0.6151	32.997
0.579	0.685	7.306	0.2208	0.5874	14.305	0.4788	0.6554	34.210
0.830	0.849	7.786	0.2333	0.5876	14.478	0.6102	0.7102	35.276

续表

t=25℃			t=39.76℃			t=54.81℃		
x_1	y_1	p/kPa	x_1	y_1	p/kPa	x_1	y_1	p/kPa
			0.2681	0.6030	14.692	0.9145	0.9145	36.783
			0.3677	0.6341	15.425	1.000	1.000	36.690
			0.4431	0.6583	15.932			
			0.4808	0.6726	16.252			
			0.6089	0.7189	16.704			
			0.7796	0.8129	17.225			
			0.9390	0.9397	17.532			
			0.9552	0.9552	17.518			
			1.000	1.000	17.305			

解 将表 8-19 中的 x_1 和 y_1 作图，按理 39.76℃的数据应在 25℃和 54.81℃数据之间，但从图 8-11 可见，却是 54.81℃的数据介于 25℃和 39.76℃数据之间，出现了矛盾。系统的总压较低，假设汽相混合物服从理想气体定律，故活度系数按下式计算，以 25℃的第 1 点数据为例，计算如下：

$$\gamma_1=\frac{py_1}{p_1^s x_1}=\frac{5.573\times0.474}{7.839\times0.122}=2.762$$

$$\gamma_2=\frac{5.573\times0.526}{3.159\times0.878}=1.0566$$

$$\ln\frac{\gamma_2}{\gamma_1}=\ln\frac{1.0566}{2.762}=-0.961$$

按以上的方法，可以计算表 8-19 中的各数据点的 $\ln\frac{\gamma_2}{\gamma_1}$，列于表 8-20。再按此进行图解积分，结果列于表 8-21。

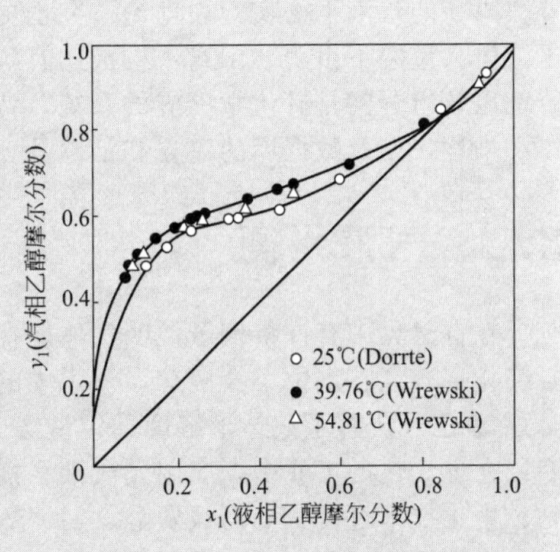

图 8-11 乙醇（1)-水（2）系统的 x_1-y_1 图

表 8-20 乙醇（1)-水（2）系统在不同温度下的 $\ln\frac{\gamma_2}{\gamma_1}$ 值

t=25℃		t=39.76℃		t=54.81℃	
x_1	$\ln\frac{\gamma_2}{\gamma_1}$	x_1	$\ln\frac{\gamma_2}{\gamma_1}$	x_1	$\ln\frac{\gamma_2}{\gamma_1}$
0.122	−0.961	0.0689	−1.556	0.0916	−1.337
0.163	−0.852	0.0803	−1.459	0.1157	−1.187
0.226	−0.572	0.0994	−1.302	0.2120	−0.747
0.320	−0.176	0.1452	−1.074	0.2375	−0.642
0.337	−0.128	0.1548	−1.033	0.2671	−0.510
0.437	0.116	0.1831	−0.914	0.3698	−0.143
0.440	0.425	0.2208	−0.743	0.4788	0.131
0.579	0.450	0.2333	−0.672	0.6102	0.411
0.830	0.767	0.2681	−0.551	0.9145	0.859
		0.3700	−0.220		
		0.4431	−0.013		
		0.4808	0.075		
		0.6089	0.375		
		0.7796	0.666		
		0.9390	0.859		
		0.9552	0.871		

表 8-21 图解积分的结果

数据组	$\int_0^1 \ln \frac{\gamma_2}{\gamma_1} dx_1$	$\int_0^1 \left\| \ln \frac{\gamma_2}{\gamma_1} \right\| dx_1$	$D/\%$
25℃的数据	0.0856	0.590	14.5
39.76℃的数据	−0.0254	0.620	−4.09
54.81℃的数据	−0.0299	0.653	−4.57

从表 8-21 知，25℃的数据不符合热力学一致性的检验，应该舍弃，而 39.76℃和 54.81℃的数据却比较好一些。

目前，中低压下常规系统的汽液平衡实验数据积累已较可观，关联和推算方法也已比较完善，现在的重点是向更多地实验测定或推算多元或高压系统的汽液平衡数据方向发展。此外，当前的汽液平衡实验和理论研究也更多地涉及含生物大分子、聚合物、超临界流体、离子液体（室温下由阴、阳离子构成的有机熔融盐）、高沸点化合物、热敏性物质、电解质系统，以及组分间具有化学反应的系统。特别值得注意的是，汽液平衡数据的收集、整理、评述和推荐，以及数据库的建立和汇总等工作也应予以高度重视。

8.3 气液平衡

在自然界中有许多例子说明气体能在液体中溶解。若氧在血液中不能溶解，人的生命就要终止；若氧在水中不会溶解，海水中的生物也难以生存。早在 20 世纪 50 年代本森（Bunsen）就已经进行了气体溶解度的定量实验。1960 年以来，气液平衡又重新进入一个兴旺时期。在现代化的工业中，应用到气液平衡的有煤的气化、天然气和合成气净化、环境污染控制、生化技术过程（如需氧发酵、污泥氧化和废水处理）等。除此以外，地球化学、生物物理和生物医药工程也要应用气体溶解度的理论和它的研究成果。由于不同气体在某种溶剂中的溶解度不同，才能运用吸收的方法把气体混合物分离。因此气液平衡是气体吸收分离的热力学基础。

气液平衡与前述汽液平衡的最主要区别在于系统中至少有一个组分在溶液所处的状态下是非凝性气体。此时，溶液的平衡温度高于系统中某一或某些轻组分的临界温度，轻组分不能再以纯的液态存在，也意味着不再有真实的纯液体逸度，常称这些在溶液温度下不可凝的轻组分为超临界组分。

8.3.1 含超临界组分系统的热力学

普劳斯尼茨根据相平衡的热力学原理，得出

$$\hat{f}_2^G = y_2 \hat{\phi}_2^G p = \gamma_2 x_2 f_2^\ominus = \gamma_2^* x_2 H_{2,1} \tag{8-30a}$$

或

$$\hat{f}_2^G / x_2 = \gamma_2 f_2^\ominus = \gamma_2^* H_{2,1} \tag{8-30b}$$

式中，γ_2^* 是按非对称归一化的溶质活度系数，其标准态的选择和按对称归一化规定的 γ_2 不同，而是选用当 $x_2 \to 0$ 时 $\gamma_2^* \to 1$。$H_{2,1}$ 是溶质 2 在溶剂 1 中的亨利常数，$f_2^\ominus$ 是假想的纯液态溶质的逸度。

根据亨利常数的定义，对式(8-30b) 求 $x_2 \to 0$ 时的极限，因 $\gamma_2^* \to 1$，则有

$$H_{2,1} \equiv \lim_{x_2 \to 0} (\hat{f}_2^G / x_2) = \gamma_2^\infty f_2^\ominus \tag{8-31}$$

式(8-31) 中的第一个等式即为亨利常数的定义式，而第二个等式则将亨利常数与无限稀释活度系数关联起来。由于溶质 2 是超临界组分，$f_2^\ominus$ 并不实际存在，也不能实验测定，式(8-31) 中的第二个等式不具实用性。但是由此式出发，假定溶质 2 在另一个参考溶剂 r 中的亨

利常数 $H_{2,r}$ 为已知，此时 $H_{2,r}$ 也符合式(8-31)，则可很容易导出

$$H_{2,1}=H_{2,r}\gamma_2^{\infty}/\gamma_{2,r}^{\infty} \tag{8-32}$$

式中，$\gamma_{2,r}^{\infty}$ 是溶质 2 在参考溶剂 r 中的无限稀释活度系数。由于无限稀释活度系数可由通用模型如 UNIFAC 计算（参见 8.6 节），式(8-32) 提供了由已知亨利常数来估算未知亨利常数的一个重要途径。

当亨利常数已知，且系统处于低压，由于超临界组分 2 在溶剂 1 中的溶解度很小，$x_2 \to 0$，$\gamma_2^* \to 1$，$\gamma_1 \to 1$，可假设溶剂组分符合拉乌尔定律，溶质组分符合亨利定律，低压气相可近似为理想气体，则气液平衡关系可简化为

$$\begin{cases} py_2=H_{2,1}x_2 & \text{（对溶质组分）} \\ p(1-y_2)=p_1^s(1-x_2) & \text{（对溶剂组分）} \end{cases} \tag{8-33}$$

只要 T、p 已知，即可按式(8-33) 非常方便地计算出 x_2 和 y_2。式(8-33) 是估算低压气体在液体中溶解度的一个重要方法。

亨利常数 $H_{2,1}$ 既是温度的函数，又与溶剂和溶质的性质有关。不仅如此，压力也有影响，在较低的系统压力下，其影响可以忽略，但在高压下，必须计及压力的影响。表 8-22 列出了 4 种气体在不同温度环氧乙烷中的亨利常数。从表中可见，N_2、Ar 在环氧乙烷中的亨利常数随温度增加而减小，说明其溶解度在上升；CH_4 的溶解度在此温度区间中变化不大；C_2H_6 却随温度上升而降低了溶解度。数据说明，温度确有影响，但对不同的溶质-溶剂系统，影响是不相同的。下面从热力学基本原理出发，以便定量地说明温度和压力对溶解度的影响。

表 8-22　4 种气体在环氧乙烷中的亨利常数

温度/℃	N_2	Ar	CH_4	C_2H_6
0	2837	1692	621	85.7
25	2209	1439	622	110
50	1844	1287	603	131

当纯溶质气体和溶液处于气液平衡时，由相平衡条件知

$$\overline{G_2}=G_2^G \tag{8-34}$$

式中，$\overline{G_2}$ 为液相中溶质的偏摩尔自由焓；G_2^G 为溶质气体的摩尔自由焓。因

$$\overline{G_2}-G_2^G=f(T,p,x_2)$$

在等压条件下，则

$$d(\overline{G_2}-G_2^G)=\left[\frac{\partial(\overline{G_2}-G_2^G)}{\partial T}\right]_{p,x_2}dT+\left[\frac{\partial(\overline{G_2}-G_2^G)}{\partial \ln x_2}\right]_{T,p}d\ln x_2 \tag{8-35}$$

在气液平衡时，式(8-35) 应写成

$$\left[\frac{\partial(\overline{G_2}-G_2^G)}{\partial T}\right]_{p,x_2}dT+\left[\frac{\partial(\overline{G_2}-G_2^G)}{\partial \ln x_2}\right]_{T,p}d\ln x_2=0$$

也可写为

$$\left[\frac{\partial(\overline{G_2}-G_2^G)}{\partial T}\right]_{p,x_2}+\left[\frac{\partial(\overline{G_2}-G_2^G)}{\partial \ln x_2}\right]_{T,p}\left(\frac{\partial \ln x_2}{\partial T}\right)_p=0 \tag{8-36}$$

因

$$\left(\frac{\partial \overline{G}}{\partial T}\right)_{p,x}=-\overline{S}$$

故

$$\left[\frac{\partial(\overline{G_2}-G_2^G)}{\partial T}\right]_{p,x_2}=-(\overline{S_2}-S_2^G) \tag{8-37}$$

把式(8-37)代入式(8-36)，得

$$(\overline{S_2}-S_2^G)=\left[\frac{\partial(\overline{G_2}-G_2^G)}{\partial \ln x_2}\right]_{T,p}\left(\frac{\partial \ln x_2}{\partial T}\right)_p \tag{8-38}$$

若把（$\overline{G_2}-G_2^G$）写成下列形式，即

$$(\overline{G_2}-G_2^G)=(\overline{G_2}-G_2^L)+(G_2^L-G_2^G)$$

根据活度和化学位的关系式

$$(\overline{G_2}-G_2^L)=(\mu_2-G_2^L)=RT\ln a_2$$

故

$$(\overline{G_2}-G_2^G)=RT\ln a_2+(G_2^L-G_2^G) \tag{8-39}$$

式(8-39)中的 $G_2^L-G_2^G$ 是纯溶质的液相自由焓和气相自由焓的差值，与组成无关。若将式(8-39)对 $\ln x_2$ 微分，则

$$\left[\frac{\partial(\overline{G_2}-G_2^G)}{\partial \ln x_2}\right]_{T,p}=RT\left[\frac{\partial \ln a_2}{\partial \ln x_2}\right]_{T,p} \tag{8-40}$$

由于超临界组分在液体中的溶解度很小，$x_2\rightarrow 0$，此时 $a_2=\gamma_2^* x_2\rightarrow x_2$，故

$$\left(\frac{\partial \ln a_2}{\partial \ln x_2}\right)=1 \tag{8-41}$$

把式(8-41)和式(8-40)代入式(8-38)，得

$$(\overline{S_2}-S_2^G)=RT\left(\frac{\partial \ln x_2}{\partial T}\right)_p=R\left(\frac{\partial \ln x_2}{\partial \ln T}\right)_p \tag{8-42}$$

式中，（$\overline{S_2}-S_2^G$）称为溶质气体的溶解熵。若已知气体的溶解熵，则可由式(8-42)求出温度对气体溶解度的影响；反之，若已知温度对气体溶解度影响的数据，可用 $\ln x_2$ 对 $\ln T$ 曲线的斜率乘以 R 求得溶质气体的溶解熵。

当温度变化范围较大时，也可用经验式表达，如

$$\ln x_2=a+b\ln T+\frac{c}{T} \tag{8-43}$$

$$\ln x_2=a+b\ln T+\frac{c}{T}+\mathrm{d}T \tag{8-44}$$

【例 8-9】 当 CO_2 的分压为 0.1013MPa 时，CO_2 在水中的溶解度与温度的关系可用下式表示

$$-\lg x_2=60.2702-18.4217\lg T-\frac{3421.115}{T} \tag{A}$$

试求在 5℃和 CO_2 分压为 0.1013MPa 时，CO_2 在水中的溶解度和溶解热。

解 （1）5℃时的溶解度

$$-\lg x_2=60.2702-18.4217\lg 278.15-\frac{3421.115}{278.15}=2.943$$

$$x_2=0.00114$$

（2）5℃时 CO_2 在水中的溶解热

$$(\overline{G_2}-G_2^G)=(\overline{H_2}-H_2^G)-T(\overline{S_2}-S_2^G)$$

在气液平衡时，（$\overline{G_2}-G_2^G$）应等于零，并把式(8-42)代入上式，得

$$(\overline{H_2}-H_2^G)=T(\overline{S_2}-S_2^G)=RT^2\left(\frac{\partial \ln x_2}{\partial T}\right)_p$$

将式(A)化为自然对数表达式，再对 T 求异，得

$$\left(\frac{\partial \ln x_2}{\partial T}\right)_p=\frac{18.4217}{T}-\frac{7878.82}{T^2}$$

$$(\overline{H_2}-H_2^G)=RT^2\left(\frac{18.4217}{T}-\frac{7878.82}{T^2}\right)=8.314(18.4217\times 278.15-7878.82)$$
$$=-22903\text{J}\cdot\text{mol}^{-1}$$

$(\overline{H_2}-H_2^G)$ 为负值，说明在所给条件下，CO_2 溶解于水时是放热的。

若有多种气体溶解在单一溶剂中，则用下标 i 来表示溶质，下标 1 代表溶剂。根据压力对亨利系数的影响，有

$$\left(\frac{\partial \ln H_{i,1}}{\partial p}\right)_T=\frac{\overline{V}_i^{\infty}}{RT} \tag{7-125}$$

式中，$\overline{V}_i^{\infty}$ 为无限稀释条件下，溶质 i 在液相中的偏摩尔体积。若对式(7-125)进行积分，上限和下限分别为 $x_i=0$ 和 $x_i=x_i$；与其相对应的应是 p_1^s 和 p。在积分过程中设 $\overline{V}_i^{\infty}$ 为常数，得

$$\ln H_{i,1}^{(p)}=\ln H_{i,1}^{(p_1^s)}+\frac{\overline{V}_i^{\infty}(p-p_1^s)}{RT} \tag{8-45}$$

式(8-45)称为克利巧夫斯基-卡萨诺夫斯基（Krichevsky-Kasarnovsky）方程。此式用于高压下难溶气体的溶解度计算有相当好的效果。如计算 25～75℃时 N_2 和 H_2 在水中的溶解度，直至高达 100MPa 时，仍有较好的精度。但用此式计算 N_2 在液氨中的溶解度时，却显示出另一种情况：在 0℃时，即使高达 100MPa 时，仍保持较好精度；但在 70℃时，当压力达 60MPa 时，就出现了偏差，随着压力的持续提高，偏差也不断扩大。在 70℃和 100MPa 时，N_2 在液氨中的溶解度已相当大，达 0.129 摩尔分数，不再是无限稀释的溶液，因此要计及活度系数。此外，$\overline{V_i}$ 也不再是常数。由于上述理由，再也不符合克利巧夫斯基-卡萨诺夫斯基方程的假设，从而导致该方程的计算偏差。为了改进上述方程，应考虑到其虽不是无限稀释溶液，但尚属稀溶液，假设溶剂的活度系数可用最简单的二尾标马居尔方程表达

$$\ln\gamma_1=\frac{A}{RT}x_2^2 \tag{8-46}$$

式中，A 是经验常数，它是温度的弱函数。根据吉布斯-杜亥姆方程，可以得到非对称归一化的溶质活度系数表达式

$$\ln\gamma_2^*=\frac{A}{RT}(x_1^2-1) \tag{8-47}$$

因
$$\hat{f}_2=H_{2,1}^{(p)}\gamma_2^* x_2$$
则

$$\ln\frac{\hat{f}_2}{x_2}=\ln H_{2,1}^{(p)}+\ln\gamma_2^*$$
$$=\ln H_{2,1}^{(p_1^s)}+\frac{\overline{V}_2^{\infty}(p-p_1^s)}{RT}+\frac{A}{RT}(x_1^2-1) \tag{8-48}$$

上式称克利巧夫斯基-伊琳斯卡娅（Krichevsky-Ilinskara）方程。因添加了新的参数，故其应用范围将比式(8-45)更为扩大。曾用此式计算在低温下，压力达 10MPa 时氢在各种溶剂

中的溶解度。即使氢的溶解度达 0.20 摩尔分数时，仍能用式(8-48) 表达。

8.3.2 用状态方程计算气液平衡

在高压下，气体在液相中的溶解度增加。因此，气液平衡和汽液平衡的计算更趋一致，8.1.3 和 8.2.5 节的讨论，也适用于气液平衡。应该指出的是在汽液平衡计算中，常是由 p-x 计算 T-y，或 T-x 计算 p-y。但在气液平衡计算中则常是用 T-p 来计算 x-y。

【例 8-10】 已知常压下 $CH_3C_6H_5$ (1) -CO_2 (2) 系统的亨利常数表达式[1]为

$$H_{2,1}=47.8-1.1309\times10^4/T \tag{A}$$

试用状态方程法计算 25℃时，高压下（达 5.066MPa）的气体溶解度。

解 选用 PR 方程

$$p=\frac{RT}{V-b}-\frac{a(T)}{V(V+b)+b(V-b)} \tag{B}$$

式中，a、b 为方程参数，令 $A=\frac{ap}{R^2T^2}$，$B=\frac{bp}{RT}$，$Z=\frac{pV}{RT}$

则式(B) 可写为

$$Z^3-(1-B)Z^2+(A-3B^2-2B)Z-(AB-B^2-B^3)=0 \tag{C}$$

导得纯组分逸度系数为

$$\ln\phi=Z-1-\ln(Z-B)-\frac{A}{2\sqrt{2}B}\ln\left[\frac{Z+(1+\sqrt{2})B}{Z+(1-\sqrt{2})B}\right] \tag{D}$$

a，b 的混合规则如下：

$$a=\sum_i\sum_j x_ix_ja_{ij} \tag{E}$$

$$a_{ij}=(1-\delta_{ij})a_{ii}^{1/2}a_{jj}^{1/2} \tag{F}$$

$$b=\sum_i x_ib_i \tag{G}$$

根据 PR 方程和上述混合规则，可导得组分逸度系数

$$\ln\frac{\hat{f}_i^{\mathrm{L}}}{x_ip}=\frac{b_i}{b}(Z-1)+\ln(Z-B)-\frac{A}{2\sqrt{2}B}\left(\frac{2\sum\limits_j x_ja_{ij}}{a}-\frac{b_i}{b}\right)\times\ln\left[\frac{Z+(1+\sqrt{2})B}{Z+(1-\sqrt{2})B}\right] \tag{H}$$

同样也可写出 $\ln\frac{\hat{f}_i^{\mathrm{G}}}{y_ip}$ 的表达式，有了气相和液相的逸度系数，就可用式(8-7a) 求气液平衡。

式(F) 中的 δ_{ij} 是二元相互作用参数，按题意可写作 δ_{12}，由低压下的亨利常数的数据进行拟合。目标函数式为

$$F=\sum_i\left[(\hat{f}_{1i}^{\mathrm{L}}-\hat{f}_{1i}^{\mathrm{G}})^2+(\hat{f}_{2i}^{\mathrm{L}}-\hat{f}_{2i}^{\mathrm{G}})^2\right]$$

用非线性最小二乘方法回归求取 δ_{12}。25℃时亨利常数用式(A) 计算。25℃时回归得出的 δ_{12} 为 0.1205。还计算了其他温度下的 δ_{12}，并把 δ_{12} 和 T 关联成下式

$$\delta_{12}=\frac{24.534}{T-94.863} \tag{I}$$

[1] 姚善泾，陈欢林，朱自强，燃料化学学报，13，(4)，297 (1985).

有了 δ_{12} 的值，就可以用来计算 $\hat{\varphi}_2^L$ 和 $\hat{\varphi}_2^G$。但在混合规则中要用 x、y 的具体数值，几乎方程中的每一项都含有 x_2 或 y_2。式(H) 又是一个关于 x 或 y 的高度非线性方程，因此，用 T、p 来计算 x 和 y 确实要比汽液平衡计算困难些。但是根据相律，在 T-p-x-y 中任选两个量为已知值，其余两个量必然已定。仍用非线性最小二乘原理进行计算，结果如表 8-23 所示[❶]。

表 8-23　25℃ 时 $C_6H_5CH_3$ (1)-CO_2 (2) 系统 x_2 的实验值和计算值比较

p/MPa	$x_{2(exp)}$	$x_{2(cal)}$	Δx_2
2.026	0.2161	0.2100	0.0061
3.040	0.3269	0.3191	0.0105
4.053	0.4260	0.4392	−0.0132
5.066	0.5288	0.5955	−0.0667
			$\Delta \bar{x}_2=0.0241$

由表 8-23 可见，随着压力的提高，CO_2 在甲苯中的溶解度急剧增加，当压力达 5.066MPa 时，x_2 的值已超过 0.50 摩尔分数，绝不再能用稀溶液的方法计算。因此克利巧夫斯基-伊琳斯卡娅方程恐也无能为力，而状态方程法却显出其成功之处。本题是用低压的溶解度数据来推算高压溶解度数据，总的说来，是比较成功的，但随着压力的升高 Δx 的值也在增加，说明压力外推应有一定的限度。对该系统在其他的温度下也作过类似计算。另外，我们还计算过乙烯-甲苯系统和烯烃-芳烃系统[❷]，结果也都比较满意。

超临界流体萃取是一项已有工业应用的绿色、高效分离技术，其在天然产物中有效成分的提取、热敏性物质的分离及微量杂质的脱除等方面应用广泛。当前，在超临界流体萃取技术的基础上，还发展了诸如超临界流体膨胀、抗溶剂结晶、表面清洗和干燥等多种新兴技术，统称为超临界流体过程技术[❸]。这些技术涉及有超临界组分，技术载体大多是高压相平衡系统，技术开发过程中极其需要气液平衡热力学的知识，尤其是气液平衡计算的状态方程法可在此领域发挥出巨大的作用。此外，随着当前对离子液体（一种室温下为液体的有机熔融盐，几乎没有蒸汽压）研究和开发的深入，将超临界 CO_2 流体和离子液体这两种绿色溶剂结合在一起来处理反应和（或）分离物系的思路业已提出[❹]，这既为高压气液平衡研究和应用提供新的切入点，也提出了新的挑战。

8.4　液液平衡

在低压下，所有气体可按任意比例混合而不分相，液体却不是这样。不少二元液体混合物，在一定的温度和压力下，其平衡态是两个不同组成的液相。一个均相的二元液体混合物在条件变化后，可能会出现两个液相，若不预先觉察，会给生产操作造成困难，如两相液体的输送要比单相困难得多，又如在蒸馏塔内出现两个液相，对产量和塔效率都有很不利的影响，而且还会出现不能操作的情况。

过程和设备设计中也利用了液体混合物部分互溶的特性，液液萃取就是以此为基础的；在蒸馏中，若塔顶产品在冷凝后发生分层，这种分层常有助于极大地提高塔顶冷凝器这一平

❶ 姚善泾，陈欢林，朱自强．燃料化学学报．13．(4)．297 (1985).
❷ 朱才铨，傅旭明，卢卫生，林金清，朱自强，化学工程，1987，(5)，48.
❸ 朱自强编著．超临界流体技术原理与应用，北京：化学工业出版社，2000.
❹ Blanchard，L. A.，Hancu，D.，Beckman，E. J.，et al. Nature，1999，399：28.

衡级上的分离选择性。在共沸蒸馏中，要添加第三组分来增加关键组分的相对挥发度，但此第三组分必须要和产品分开，故希望它和产品应是部分互溶的。不论在过程开发和设计中需要利用或避免液液间的部分互溶特性，最重要的是要从理论上来判断在给定条件下会不会发生液液的部分互溶或在什么操作条件才会发生上述现象。当然，进一步则需要定量计算。为此，就要依托于热力学原理的运用。

8.4.1　部分互溶系统的热力学

二元系统形成两液相的条件应服从热力学稳定性的原理。至于如何来判断溶液的稳定性，可以先以位能为例来说明物系稳定的概念。图 8-12 示出具有位能 E_p 的球处于平衡的三种状态。在不稳定平衡（a）时，球处于山之巅峰，虽可呈静止状态，若球的位置稍有移动，球所具有的位能将小于 E_p 值，向更稳定的状态变化。在可逆平衡（b）时，不论球的位置如何变化，E_p 却不会改变，总保持为一个定值。在稳定平衡（c）时，球处于山谷之底，也呈静止状态，当球的位置有所改变，位能有所增加，但最后总在谷底呈静止状态，以取得完全的稳定状态。因此，可用下列各式来表征这三种平衡：

（a）不稳定平衡　$\Delta E_p < 0$　(8-49)

（b）可逆平衡　$\Delta E_p = 0$　(8-50)

（c）稳定平衡　$\Delta E_p > 0$　(8-51)

当以 X 表示位置的变化时，对于上述三种平衡均可用式(8-52) 来表示

$$\left(\frac{\partial E_p}{\partial X}\right) = 0 \tag{8-52}$$

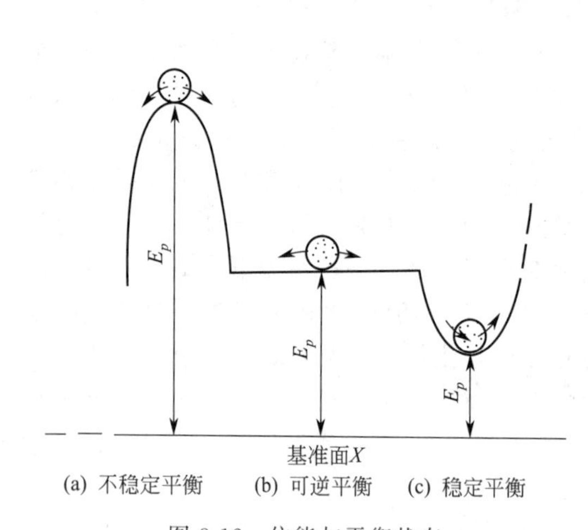

图 8-12　位能与平衡状态

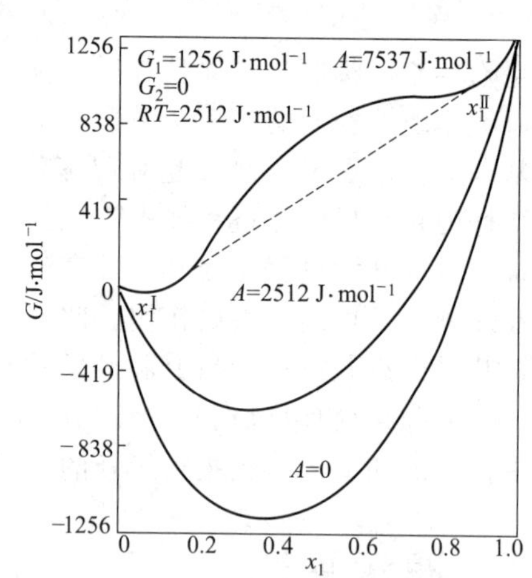

图 8-13　理想的（$A=0$）和非理想的（$A\neq0$）二元溶液的摩尔自由焓

——无相分离，……有相分离

为了区分上述三种不同的平衡，必须借助于二阶偏导数。即

（a）不稳定平衡　$\frac{\partial^2 E_p}{\partial X^2} < 0$　(8-53)

（b）可逆平衡　$\frac{\partial^2 E_p}{\partial X^2} = 0$　(8-54)

（c）稳定平衡　$\frac{\partial^2 E_p}{\partial X^2} > 0$　(8-55)

当将此概念用于多元液相物系的液液平衡时，相当于球位能的应是溶液的自由焓，相当于距离 X 的则是各组分的摩尔数 n_i 或摩尔分数 x_i。在恒温和恒压下，闭系的平衡判据应是

自由焓最小，即

$$\left(\frac{\partial G}{\partial x_1}\right)_{T,p}=0 \tag{8-56}$$

不论是形成均相或非均相都应符合式(8-56)，但如何区分均相和非均相呢？也可类似于式(8-53)～式(8-55)写出

$$\left(\frac{\partial^2 G}{\partial x_1^2}\right)_{T,p}<0 \quad 不稳定平衡——形成两相 \tag{8-57}$$

$$\left(\frac{\partial^2 G}{\partial x_1^2}\right)_{T,p}>0 \quad 稳定平衡——均相溶液 \tag{8-58}$$

而$\left(\frac{\partial^2 G}{\partial x_1^2}\right)_{T,p}=0$却是可逆平衡，是一种过渡情况。

为了进一步理解相分离的原因，研究混合物的自由焓和组成的曲线是重要的方法。对于二元理想溶液，其自由焓应为

$$G^{id}=x_1G_1+x_2G_2+RT(x_1\ln x_1+x_2\ln x_2)$$

上式中第三项呈负值，故理想溶液的自由焓总是小于每一组分的自由焓和其摩尔分数乘积的总和。对于真实溶液，还应加上过量自由焓，设该溶液的过量自由焓可用马居尔方程表达，则

$$G=x_1G_1+x_2G_2+RT(x_1\ln x_1+x_2\ln x_2)+Ax_1x_2 \tag{8-59}$$

式中，A为大于零的马居尔模型参数；Ax_1x_2为过量自由焓。给A赋予不同的值，在恒温、恒压下对x_1作曲线，见图8-13。

从图知随着A值的增大，意味着溶液的非理想性提高，相同组成的溶液的G值将随之而加大，当$A=7537\text{J}\cdot\text{mol}^{-1}$时，$G$-$x_1$曲线形式也有改变。对此曲线所示出的总组成在$x_1^{\text{I}}$和$x_1^{\text{II}}$之间的混合物，当混合物分成两相时，$G$值最小，其中一相组成是$x_1^{\text{I}}$，另一相的组成是$x_1^{\text{II}}$。在此种情况下，混合物的自由焓是两相自由焓的线性组合。混合物的摩尔自由焓与组成的关系应用虚线表示，而不能用实线表示。若组分1的浓度小于x_1^{I}或大于x_1^{II}，则仍是单相存在。此外，尚可看出，溶液之所以会分相，乃是其非理想性急剧提高所致，理想溶液是不会分相的。

x_1^{I}和x_1^{II}是两液相平衡共存时的组成，根据式(8-12)则应为

$$(\gamma_1x_1)^{\text{I}}=(\gamma_1x_1)^{\text{II}}$$

对于多元多相系统，则为

$$(\gamma_ix_i)^{\text{I}}=(\gamma_ix_i)^{\text{II}}=(\gamma_ix_i)^{\text{III}}=\cdots \quad i=1,2,3,\cdots \tag{8-60}$$

式中，i表示组分，Ⅰ、Ⅱ、…表示相。式(8-60)有个明显解，即

$$x_i^{\text{I}}=x_i^{\text{II}}=x_i^{\text{III}}=\cdots \tag{8-61}$$

若式(8-61)成立，意味着只有一相存在。故式(8-61)必然不是式(8-60)液液平衡的解。因此式(8-60)的求解就成为液液平衡研究的主要任务之一。此外，从相律知，当温度和压力给定后，最大的液相数应和系统中含有的组分数相等。因此，组分越多，可能形成的相数也在增加。多相和多元存在着相应的联系。

【例8-11】 试用热力学稳定性概念分析液液相分离的温度区间。

解 发生液液相分离的温度区间也就是临界溶解温度区间。可以有上临界溶解温度(UCST)和下临界溶解温度(LCST)。在UCST以上和LCST以下的温度时，溶液呈均相，不会分相；而在UCST和LCST之间则溶液会分相。在恒定的温度和压力下，根据稳定性判据，知

$$\text{当}\left(\frac{\partial^2 G}{\partial x_1^2}\right)_{T,p}>0，\text{单相是稳定的}$$

$$\text{当}\left(\frac{\partial^2 G}{\partial x_1^2}\right)_{T,p}<0，\text{两相是稳定的}$$

故当$\left(\frac{\partial^2 G}{\partial x_1^2}\right)_{T,p}=0$时在$G$-$x_1$曲线上是个拐点，也就是在给定温度下单相稳定性的极限。如果有这样一个温度T，在该温度时

$$\left(\frac{\partial^2 G}{\partial x_1^2}\right)_{T,p}\begin{cases}=0 & \text{对 } T=T_{UCS}\text{时的 } x_1 \text{ 值}\\ >0 & \text{对 } T>T_{UCS}\text{时的全部 } x_1 \text{ 值}\end{cases} \tag{A}$$

式中，T_{UCS}是上临界溶解温度，同样

$$\left(\frac{\partial^2 G}{\partial x_1^2}\right)_{T,p}\begin{cases}=0 & \text{对 } T=T_{LCS}\text{时的 } x_1 \text{ 值}\\ >0 & \text{对 } T<T_{LCS}\text{时的全部 } x_1 \text{ 值}\end{cases} \tag{B}$$

若溶液的过量自由焓用马居尔方程表示，即$G^E=Ax_1x_2$，则

$$\left(\frac{\partial^2 G}{\partial x_1^2}\right)_{T,p}=\frac{RT}{x_1x_2}-2A \tag{C}$$

因此，若

$$T>\frac{2Ax_1x_2}{R} \tag{D}$$

则$\left(\frac{\partial^2 G}{\partial x_1^2}\right)_{T,p}>0$，平衡态是单相；

若
$$T<\frac{2Ax_1x_2}{R} \tag{E}$$

则$\left(\frac{\partial^2 G}{\partial x_1^2}\right)_{T,p}<0$，平衡态是两相。

单相稳定的极限温度是

$$T=\frac{2Ax_1x_2}{R}=\frac{2Ax_1(1-x_1)}{R} \tag{F}$$

x_1x_2的最大值为0.25，则符合马居尔模型的混合物有相分离的最高温度即T_{UCS}应为

$$T_{UCS}=\frac{A}{2R} \tag{G}$$

马居尔方程没有下临界溶解温度，式(C)未有满足式(B)的解。因此，对符合马居尔模型的混合物来说，不能通过降低温度来使两个部分互溶的液相会溶在一起，而形成一个均相。当然，可以用其他过量自由焓模型，从而对相分离的判断也会有所不同。

8.4.2 液液平衡相图

按系统中组分数分类，液液平衡可分为二元、三元和四元系统等，三元以上的统称为多元系统。

二元液液平衡的最大自由度为2，但由于压力在通常条件下对液相的影响甚微，可作为等压条件处理，则系统的最大自由度为1，二元液液平衡数据也就可以表示成T-x图，即相互溶解度（简称为互溶度或溶解度）随温度变化的曲线。二元相图类型如图8-14所示。图中的实线即为互溶度曲线（也称为双结点曲线，binodal curve），某温度的水平线（图上的虚线）与互溶度曲线的两个交点表示该温度下两液相的平衡组成，连接两个交点的直线称为结线（tie line）。从理论上讲，大多数T-x图应表现为如图8-14(a)的形式，显示有上、下

临界溶解温度（UCST 和 LCST），且仅在溶解度曲线包围的范围内是两个平衡的液相，高于 UCST 或低于 LCST 的区域都仅有一个液相。如果两液相区与该混合物的冰点曲线相交，则不会出现 LCST，如图 8-14(b) 所示。如果两液相区与汽液平衡的泡点曲线相交，则不会出现 UCST，如图 8-14(c) 所示。图 8-14(d) 属于一种更特殊的情形，此时即没有 UCST 也无 LCST。目前所发现的二元液液平衡数据中约有 41％的系统属于图 8-14(b) 类型，约 53％的物系属于图 8-14(d) 类型，其他两种类型都较少见。

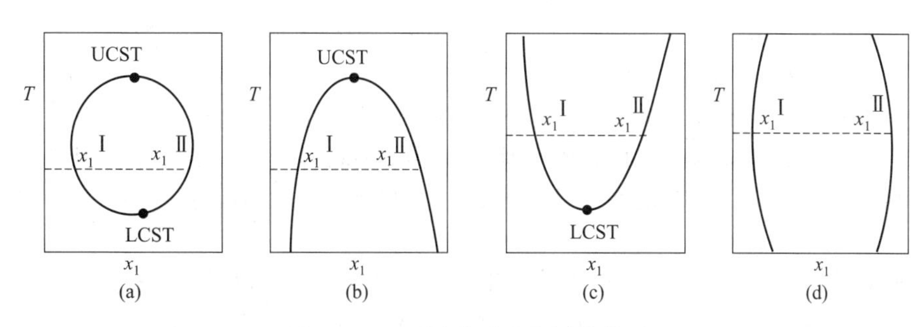

图 8-14　二元液液平衡相图的类型

三元液液平衡数据通常是在恒温下测定的结线数据，即两个共存液相的全部浓度数据，通常用三角形相图来表示三个组分的浓度，其三种基本类型如图 8-15 所示。第Ⅰ类相图的特点是由 1—3 组分构成的二元系统为部分互溶，而由 1—2 和 2—3 构成的两个二元系统为完全互溶，如图 8-15(a)。第Ⅱ类相图是由 2 个二元部分互溶和 1 个完全互溶系统构成，如图 8-15(b) 和图 8-15(c)。图 8-15(c) 是图 8-15(b) 的特殊情形，此时两个二元部分互溶区常因温度变动导致互溶度增加时，相互覆盖而合二为一。第Ⅲ类相图含有三对部分互溶的二元系统，常会出现三相区，如图 8-15(d)（图中 a、b、c 为三个相互平衡的液相）。在所有已知三元液液平衡物系中，Ⅰ类相图出现的概率约为 75％，Ⅱ类相图约占 20％，Ⅲ类相图出现的概率最小。

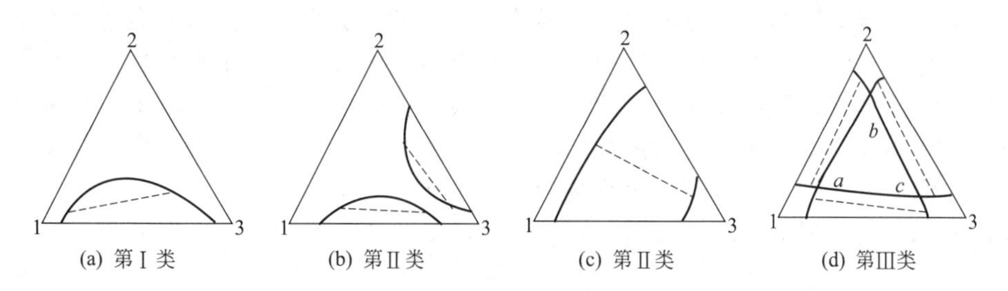

图 8-15　三元液液平衡相图类型（图中的实线为双结点曲线，虚线为结线）

8.4.3　液液平衡计算

在求算定温下二元系统共存的液相组成时，有 4 个未知数、x_1^{I}、x_2^{I}、x_1^{II}、x_2^{II} 等，要列出 4 个方程才能解得，这些方程是

$$\left.\begin{aligned} x_1^{\mathrm{I}}\gamma_1^{\mathrm{I}} &= x_1^{\mathrm{II}}\gamma_1^{\mathrm{II}} \\ x_2^{\mathrm{I}}\gamma_2^{\mathrm{I}} &= x_2^{\mathrm{II}}\gamma_2^{\mathrm{II}} \\ x_1^{\mathrm{I}}+x_2^{\mathrm{I}} &= 1 \\ x_1^{\mathrm{II}}+x_2^{\mathrm{II}} &= 1 \end{aligned}\right\} \tag{8-62}$$

若已选定活度系数模型并知该系统的模型参数，用式(8-62) 中的 4 个联立方程求解，即可得出所需的未知数。

同理，若某相中一个组分的组成已知，譬如 x_1^{I}，则同样可以利用式(8-62) 计算出平衡

温度 T 和其余三个组成 x_2^{I}，x_1^{II}，x_2^{II}。此外，若系统的进料组成 z_i 已知，则存在 2 个物料衡算方程，可与式(8-62) 中的前 2 个方程以及由式(8-62) 中的后 2 个方程简并后得到的闪蒸规则方程 $\sum_{i=1}^{2}(x_i^{\mathrm{I}}-x_i^{\mathrm{II}})=0$ 一起构成具有 5 个方程的方程组，如同汽液平衡中的等温闪蒸计算一样，原则上可以计算规定平衡温度 T 下的所有两相组成（x_1^{I}，x_2^{I}，x_1^{II}，x_2^{II}）和一个两相物质的量之比 η（其意义如同汽液平衡中的汽化分率）。

值得一提的是，当有液液互溶度的实验数据时，两相组成（x_1^{I}，x_2^{I}，x_1^{II}，x_2^{II}）为已知，此时可利用式(8-62) 计算出 γ_1^{I}、γ_2^{I}、γ_1^{II}、γ_2^{II}，再由选用的活度系数模型拟合出模型参数。这就是从液液互溶度数据求取活度系数模型参数的途径。获得的模型参数一般都能比较精确地用于汽液平衡的推算。相反，由汽液平衡数据关联得到的模型参数在用于液液平衡推算时，或者不成功，或者效果很差，其原因是由于液液平衡时的液相非理想性远较汽液平衡时的液相强烈的缘故。

活度系数模型已在 7.7 节作过介绍，能且常用于液液平衡计算的模型有马居斯方程、范拉尔方程、Flory-Huggins 方程（常用于含聚合物体系）、NRTL 方程、UNIQUAC 方程和 UNIFAC 方程（将在 8.6 节介绍）等。其中，马居尔方程、范拉尔方程只能用于二元系统的液液平衡计算，其特点是可用解析法求解两相平衡组成，计算比较简单；而用 NRTL、UNIQUAC 和 UNIFAC 等局部组成型方程时，既能用于二元系统，也能用于多元体系，但由于方程形式较复杂，必须用迭代法计算平衡组成。值得注意的是，由于 Wilson 方程的模型参数不能满足热力学稳定性条件而不能用于液液平衡的计算。液液平衡的迭代计算过程一般比汽液平衡的复杂得多，这是由于任一个平衡液相不再是理想溶液，两相中组分的活度系数对于组成微小变化的敏感程度也要比在汽液平衡中大得多。因此液液平衡的迭代计算中常存在不收敛的情况，此时可尝试改变迭代变量初值或采用更完善的算法来克服。

多元系统液液平衡的计算原则和二元系统相似，不过更为复杂。多元系统活度系数模型中的参数也是以二元系统的参数为基础的。虽然有时也能从二元系统数据定量地推算三元或多元系统的液液平衡，但这方面的成功率远较汽液平衡为低。在不少情况下，当推算三元系统液液平衡时不仅要用二元系统数据，同时还要用部分的三元系统的液液平衡数据，以求获得更合适的模型参数，从而提高三元系统的关联精度。

【例 8-12】 已知巴豆醛 (1)-水 (2) 二元系统的液液平衡数据，如表 8-24 所示。根据此实验数据，试求 NRTL 方程参数，并计算 0.1013MPa 时恒沸物的汽相组成。已知在 0.1013MPa 时该系统的恒沸温度为 85.1℃。还已知当水的含量很小时，84℃下水的活度系数的实测值分别为

$x_2=0.0210$，$\lg\gamma_2=0.7454$；$x_2=0.0225$，$\lg\gamma_2=0.7981$

试求 85.1℃时的端值（$\lim\limits_{x_2\to 0}\lg\gamma_2$），并和上述实测值进行比较。

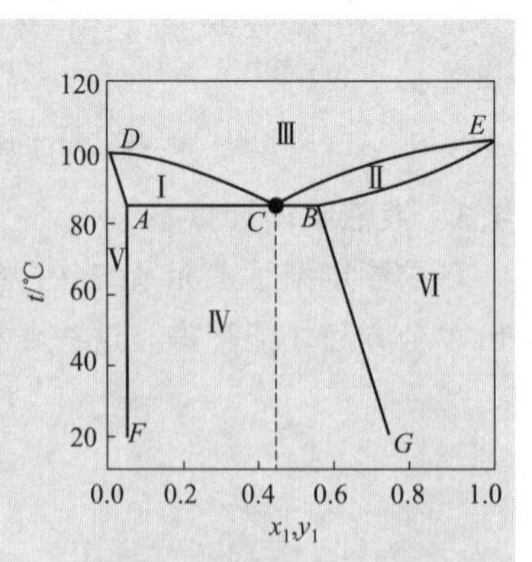

图 8-16 巴豆醛 (1) —水 (2) 二元系统的等压汽-液-液三相平衡

解 根据题意可以判定，85.1℃时的液液互溶度曲线已经和汽液平衡的泡点线相交，此时液液平衡系统没有最高临界溶解温度（UCST），而是生产了典型的汽-液-液三相平衡（VLLE）。图 8-16 示意了本题的汽液液三相平衡相图。图中 AF 线、BG 线

分别为成平衡的两个液相的溶解度曲线，ACB 线即为 85.1℃时的液液平衡结线，其中 C 点为汽液平衡的最低温度恒沸点。事实上，C 点并不是一个严格意义上的恒沸点，这是因为 C 点的汽相组成 y_1 同时与两个液相（A 点和 B 点）成汽液平衡。AD 和 CD 线分别为液相Ⅰ的泡点线和露点线，而 BE 和 CE 却分别是液相Ⅱ的泡点线和露点线。图上的各条曲线将相图分割成 6 个区，其中Ⅰ区是液相Ⅰ与汽相的平衡区，Ⅱ区是液相Ⅱ与汽相的平衡区，Ⅲ是纯汽相区，Ⅳ为液液平衡区，Ⅴ和Ⅵ却是单液相区。

将表 8-24 中的液液平衡数据化成摩尔分数标度，并通过式(8-62) 求算各温度下的 γ_1^{I}、γ_2^{I}、γ_1^{II}、γ_2^{II}。然后用式(7-165) 表达的二元系统 NRTL 方程拟合出参数 τ_{21} 和 τ_{12}，拟合时事先设定有序参数 $\alpha_{12}=0.4$。有了 τ_{21} 和 τ_{12} 值，即能计算出模型参数 $g_{21}-g_{11}$ 和 $g_{12}-g_{22}$。所有结果一并列在表 8-25 中。

表 8-24　不同温度下巴豆醛 (1)-水 (2) 系统的液液平衡数据

温度/℃	巴豆醛在水中的溶解度 Ⅰ相，质量百分数	水在巴豆醛中的溶解度 Ⅱ相，质量百分数	温度/℃	巴豆醛在水中的溶解度 Ⅰ相，质量百分数	水在巴豆醛中的溶解度 Ⅱ相，质量百分数
20	14.84	8.62	60	16.20	14.17
30	15.20	10.00	70	16.50	15.47
40	15.50	11.37	80	16.80	16.94
50	15.83	12.79	85.1	16.94	17.53

表 8-25　在不同温度下的 NRTL 方程参数（$\alpha_{12}=0.4$）

t/℃	T/K	$x_1^{\mathrm{I}}\times100$	$x_2^{\mathrm{II}}\times100$	τ_{21}	τ_{12}	$(g_{21}-g_{11})$/J·mol^{-1}	$(g_{12}-g_{22})$/J·mol^{-1}
20	293.15	4.283	26.86	2.875	1.585	7008	3863
30	303.15	4.399	30.02	2.869	1.471	7230	3707
40	313.15	4.499	33.31	2.880	1.320	7498	3436
50	323.15	4.608	36.35	2.885	1.205	7753	3237
60	333.15	4.729	39.12	2.880	1.120	7979	3102
70	343.15	4.829	41.60	2.880	1.020	8217	2910
80	353.15	4.930	44.26	2.900	0.940	8514	2760
85.1	358.25	4.977	45.28	2.900	0.900	8640	2681

得到不同的 t 下的 $g_{21}-g_{11}$ 和 $g_{12}-g_{22}$后，可以回归成方程

$$g_{21}-g_{11}=25.260t+6490.78 \tag{A}$$

$$g_{12}-g_{22}=-18.76t+4232.7 \tag{B}$$

根据式(A) 和式(B) 可以计算有关温度下的 $g_{21}-g_{11}$ 和 $g_{12}-g_{22}$值。现计算 85.1℃时的 τ_{21} 和 τ_{12}。

$$\tau_{21}=\frac{g_{21}-g_{11}}{RT}=\frac{25.26\times85.1+6490.78}{8.314\times358.25}=2.9007$$

$$\tau_{12}=\frac{g_{12}-g_{22}}{RT}=\frac{-18.76\times85.1+4232.7}{8.314\times358.25}=0.8850$$

$$G_{12}=\exp(-\alpha_{12}\tau_{12})=\exp(-0.4\times0.8850)=0.7020$$

$$G_{21}=\exp(-\alpha_{12}\tau_{21})=\exp(-0.4\times2.9007)=0.3135$$

根据 85.1℃巴豆醛-水系统的液液平衡数据，可以肯定当 $x_1=0.3$ 和 $x_1=0.4$ 时都在相分离的范围内。根据 NRTL 方程，代入上列参数可以求出相应的活度系数值。

当 $x_1=0.3$ 时，$\gamma_1=2.422$，$\gamma_2=1.426$

$x_1=0.4$ 时，$\gamma_1=1.794$，$\gamma_2=1.666$

总压 P 由下式求得

$$P=p_1^s x_1 \gamma_1+p_2^s x_2 \gamma_2$$

在 $t=85.1$℃时，由数据手册查得 $p_1^s=0.0600\text{MPa}$，$p_2^s=0.0580\text{MPa}$，故

当 $x_1=0.3$，$P=0.0600\times0.3\times2.422+0.0580\times0.7\times1.426=0.1010\text{MPa}$

当 $x_1=0.4$，$P=0.0600\times0.4\times1.794+0.0580\times0.6\times1.666=0.1008\text{MPa}$

当 $x_1=0.3$，$y_1=\dfrac{0.0600\times0.3\times2.422}{0.1010}=0.4287$

当 $x_1=0.4$，$y_1=\dfrac{0.0600\times0.4\times1.794}{0.1008}=0.4243$

$$\lim_{x_2\to0}\lg\gamma_2=\frac{\tau_{12}+\tau_{21}G_{21}}{2.303}=\frac{0.8850+2.9007\times0.3135}{2.303}=0.7791$$

若 $\alpha=0.3$，可以同样进行上述一系列计算，并把结果列在表 8-26 内。$(g_{21}-g_{11})$-t、$(g_{12}-g_{22})$-t 的关系用下式表示：

$$g_{21}-g_{11}=36.33t-6365.8 \tag{C}$$

$$g_{12}-g_{22}=-20.70t+2337.8 \tag{D}$$

表 8-26　不同温度下 NRTL 方程参数（$\alpha_{12}=0.3$）

T/K	τ_{21}	τ_{12}	$(g_{21}-g_{11})$ /J·mol^{-1}	$(g_{12}-g_{11})$ /J·mol^{-1}	T/K	τ_{21}	τ_{12}	$(g_{21}-g_{11})$ /J·mol^{-1}	$(g_{12}-g_{11})$ /J·mol^{-1}
293.15	2.91	0.79	7092	1925	333.15	3.08	0.38	8531	1053
303.15	2.96	0.67	7460	1689	343.15	3.115	0.315	8887	898.7
313.15	2.99	0.59	7782	1536	353.15	3.115	0.235	9263	689.9
323.15	3.04	0.48	8167	1290	358.25	3.18	0.200	9473	595.8

有了 NRTL 参数后，当 $\alpha_{12}=0.3$ 时，用和当 $\alpha_{12}=0.4$ 同样的方法去计算 85.1℃的总压、汽相组成和端值，一并列入表 8-27 中。从表 8-27 可见，$\alpha_{12}=0.4$ 的计算结果比 $\alpha_{12}=0.3$ 好。用 NRTL 方程来关联巴豆醛-水系统是成功的。此外，恒沸组成是在汽液平衡中讨论的问题，现用互溶度的数据拟合出的 NRTL 参数，推算结果相当满意。说明在液液平衡和汽液平衡间确也存在着内在的联系。在本例中结果十分满意的原因恐还在于运用了 Δg_{12} 和 Δg_{21} 与温度的关联式，而且推算的温度已在测定液液平衡的温度范围之内。从端值的计算也可看出，在 $\alpha_{12}=0.4$ 情况下是符合外推的情况的。说明从互溶度数据来推算全浓度范围内的相平衡也是值得注意的。

表 8-27　85.1℃时计算值和实验值的比较

项　目	计算值 $\alpha_{12}=0.3$	计算值 $\alpha_{12}=0.4$	实验值
总压 P,MPa			
$x_1=0.3$	0.0980	0.1010	
$x_1=0.4$	0.0977	0.1008	0.1013
恒沸组成			
$x_1=0.3$	0.4082	0.4287	
$x_1=0.4$	0.4002	0.4243	0.4391
端值 $\lim\limits_{x_2\to0}\lg\gamma_2$	0.6160	0.7791	0.7382($x_2=0.0225$) 0.7454($x_2=0.0210$)

*8.4.4 物质的萃取和分配——液液平衡的应用

利用溶质组分在两个液相间的不同分配关系，通过相间传质使组分从一个液相转移到另一个液相的分离过程称为液液萃取，其过程机理的依据即为液液平衡。因此，在液液萃取过程中，至少涉及3个组分，其中的2个成相物质（一个称为载体溶剂，一个是萃取剂）由于互溶度较小，构成原始的液液平衡系统，萃取剂浓度占优势的相称为萃取相，载体溶剂浓度占优势的相称为萃余相。除成相物质外，剩余的组分统称为溶质，它们在两个液相间因物理溶解度不同而产生不等分配，其摩尔分数标度下的分配系数（也称为液液平衡比）定义为

$$K_{x,i} \equiv \frac{x_i^{\mathrm{I}}}{x_i^{\mathrm{II}}} = \frac{\gamma_i^{\mathrm{II}}}{\gamma_i^{\mathrm{I}}} \tag{8-63}$$

式中的第一个等式是其定义式，第二个等式是按照液液平衡关系用两相活度系数的比值来表示。由式可见，当被分配的溶质的浓度很小时，溶质在两相中的活度系数都趋向于无限稀释活度系数 γ_i^{∞}，由于 γ_i^{∞} 与系统的组成无关，故此时可将分配系数看成是仅依赖于系统温度和溶剂、溶质性质的一个常数。众多的数据手册中常可以查到不同物质在正辛醇-水两相之间的分配系数的数据，这些数据都是在稀溶液条件下测定的，已作为一种重要的物性常数处理，就是这个道理。

油-水两相平衡是最早被发现并应用的液液萃取系统，至今仍在工业中广泛应用。由于很大一部分油、水两种成相物质的互溶度特别小（质量浓度通常小于1%），当溶质在两相中的浓度也不高时，可以认为每个液相都只由溶质和其中的一种成相物质构成，分配系数也可看成常数，此时单级液液萃取的工艺计算就变得十分简单。采用溶质对溶剂的摩尔比（X_i）取代摩尔分数（x_i）表示溶质的组成，溶质的物料衡算关系应为：进料中溶质的物质的量等于萃取相和萃余相中溶质的物质的量之和，即

$$FX_i^{\mathrm{F}} = SX_i^{\mathrm{E}} + FX_i^{\mathrm{R}} \tag{8-64}$$

式中，F 为进料中载体溶剂的摩尔流率，kmol·h^{-1}；S 为萃取溶剂的用量，kmol·h^{-1}，上标F、E、R分别表示进料、萃取相和萃余相。平衡状态下以摩尔比标度表示的分配系数 K_{D} 为

$$K_{\mathrm{D}} = X_i^{\mathrm{E}} / X_i^{\mathrm{R}} \tag{8-65}$$

将式(8-65) 代入式(8-64) 以消去 X_i^{E}，得到

$$X_i^{\mathrm{R}} / X_i^{\mathrm{F}} = 1/(1+E) \tag{8-66}$$

式中，$E=K_{\mathrm{D}}S/F$，称为萃取因子，是分配系数 K_{D} 与两液相溶剂摩尔流率比值（S/F）的乘积。K_{D} 或 S/F 的值越大，E 值越大，溶质的被萃取程度越大，残留在萃余相中的数量就越少。

当油-水两相的互溶度较大，或被分配的溶质浓度也较大时，萃取过程的工艺设计就必须基于严格的液液平衡计算。此外，以油-水液液平衡系统为基础的萃取过程按有无化学反应发生可分为物理萃取和化学萃取。物理萃取即为以上所述的溶质简单物理分配过程，已在石油化工产品、抗生素、天然产物及药物等的提取过程中得到了普遍应用。相反，化学萃取必须在系统中额外加入一种化学络合剂或配位剂，以和在水相中的目标溶质产生络合或配位反应，从而使溶质以更大的分配系数进入油相。化学萃取的典型应用场合即为贵重金属离子的提取和分离，它是当前湿法冶金工业的核心技术之一。

油-水两相平衡是传统的液液萃取系统，研究已较充分。20世纪七、八十年代以来，另一种刚开始时几乎专用于生物质萃取的液液平衡-双水相系统得到了重视和极大的发展。所谓双水相系统，就是由两种亲水的聚合物同时溶于水时因相互排斥而形成互不相溶的两个水相的系统，其中一种聚合物富含在上水相，而另一种聚合物富含在下水相，两个水相中的水的质量百分含量都很高，约占70%～90%，“双水相”因此而得名。图8-17给出了水-聚乙

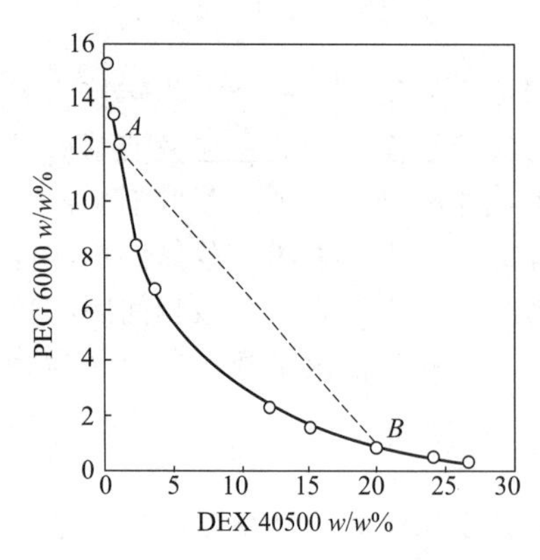

图 8-17 H_2O-PEG 6000-DEX 40500 双水相系统相图

二醇（PEG 6000）-葡聚糖（DEX 40500）双水相系统的相图（英文缩写后面的数字表示聚合物数均分子量）。图上的空心点是上相或下相平衡组成的实验值，实心线是系统的双结点曲线，连接上、下两相组成的虚线 AB 表示系统的一条结线。线段 AB 长度大，则两相组成的差别越大；当 AB 线段长度为零时，系统就退化为一个相，此时双结点曲线上的那一点是系统的临界点，称为褶点（Plait point）。除双聚合物双水相系统外，一种聚合物和一种无机盐同时溶于水时也常能形成双水相系统，此时聚合物常富集在上水相，盐则在下水相，常称此类系统为聚合物-盐双水相系统。

由于双水相系统具有水含量高，提供的环境条件温和，不易使生物分子的活性或空间构型遭到破坏，因此特别适宜于生物质的萃取和纯化。由于两相组成的差异导致两相物理微环境的差异，生物质在两相间就会产生不等分配，这构成了萃取和纯化生物质的基础。此外，为了调节生物质的分配系数或保持溶液的 pH 值，常在双水相中加入无机盐或用稀浓度的缓冲溶液代替纯水以构成含盐的双聚合物双水相系统。一方面，盐在双水相中也会不等分配，从而在两相间产生电势差，像蛋白质一类的荷电生物大分子在两相的分配就会额外地受到电势差的重大影响；另一方面，蛋白质的表面净电荷取值于溶液的 pH 值，当 pH 值改变时，也会显著改变蛋白质在两相的分配特性。此时，生物质在系统中的分配受到了静电场的影响，描述液液相平衡的两相组分的化学位相等就不再适用，而应用两相组分的电化学位（μ_i^{e}）相等代替，即

$$\begin{aligned}\mu_i^{e,\mathrm{I}} &= \mu_i^{\ominus} + RT\ln m_i^{\mathrm{I}} \gamma_i^{(m),\mathrm{I}} + Z_i F \varphi^{\mathrm{I}} \\ &= \mu_i^{\ominus} + RT\ln m_i^{\mathrm{II}} \gamma_i^{(m),\mathrm{II}} + Z_i F \varphi^{\mathrm{II}} = \mu_i^{e,\mathrm{II}}\end{aligned} \tag{8-67}$$

式中，$\mu_i^{\ominus}$是标准态化学位；m 为质量摩尔浓度；$\gamma^{(m)}$ 表示质量摩尔浓度标度下的组分活度系数；Z 是电荷数；F 为法拉第常数；φ 是静电势。由于两个液相Ⅰ和Ⅱ的标准态化学位（$\mu_i^{\ominus}$）相同，根据分配系数的定义，由式(8-67) 出发，对生物质分子 i，有

$$\ln K_{m,i} \equiv \ln \frac{m_i^{\mathrm{I}}}{m_i^{\mathrm{II}}} = \ln \frac{\gamma_i^{(m),\mathrm{II}}}{\gamma_i^{(m),\mathrm{I}}} + \frac{Z_i F(\varphi^{\mathrm{II}} - \varphi^{\mathrm{I}})}{RT} \tag{8-68}$$

式中，K_m 是质量摩尔浓度标度下的分配系数。式(8-68) 同时考虑了生物质的物理分配过程和静电场对分配系数的影响，它构成了用理论模型关联计算生物质分配系数的基础。

双水相系统中组分的性质千差万别，用热力学方法描述此类的液液平衡既是一种挑战，也是理论模型的原动力。目前双水相系统本身液液平衡的模型计算业已比较成熟，文献上相继推出了各种扩展了的局部组成模型，如修正的 NRTL 模型、修正的 Wilson 模型、扩展的 UNIQUAC 和 UNIFAC 模型等，极大地丰富了双水相系统的热力学。这些模型的最大特点是在原始局部组成概念和模型的基础上，额外引入了离子-离子之间的长程静电作用，并将分子-分子之间的短程作用表述为链段-链段间的相互作用，从而使得模型既能描述含高分子的系统，也能表述电解质溶液的主要特征。以上各种扩展的局部组成模型除了能较好地关联双水相系统的液液相平衡外，还具有推算的功能。笔者曾开发了修正的 NRTL 模型[1]，针

[1] Wu, Y. T., Lin, D. Q., Zhu, Z. Q., Fluid Phase Equilibria, 1998, 147: 25-43.

对 H_2O-PEG-DEX 三元双水相系统，先用 PEG-H_2O 和 DEX-H_2O 的二元汽液平衡数据分别关联得到两个聚合物与水之间的二对模型参数，再用规定聚合物分子量下的一个双水相系统中的二条结线数据关联得到剩余的一对属于 PEG-DEX 之间的参数，可以非常成功地推算其他聚合物分子量下的双水相系统的两个液相组成。此外，修正的 NRTL 模型应用于 H_2O-PEG-盐三元双水相系统的关联和推算也获得了成功。

当双聚合物双水相系统中再加入盐组分，则为四元系统，上述提及的扩展局部组成模型仍能很好地表述盐在双水相系统中的分配行为及盐组分对相平衡的影响，只是此时需要更多的汽液平衡或液液平衡数据，用以关联得到盐-水、盐-聚合物间的模型参数。若上述四元系统中再加入生物质，就是五元系统，局部组成模型的新增参数则更多，人们很难指望用少量生物质分配系数实验数据来获得所有新增的参数，此时模型的应用就受到了限制。为了缓解这种情形，文献上推出了另一种在渗透压概念上建立起来的模型—渗透维里方程来关联和推算生物质在双水相系统中的分配系数。液相的渗透维里方程和气体的维里状态方程一样，都用第二、第三维里系数分别描述二分子、三分子间的相互作用。由于盐和生物质在双水相系统中的浓度都不高，且盐在双水相中的分配离均匀分配不远，可合理地认为三分子间的相互作用可忽略，只需考虑生物质与两个聚合物、一个盐之间的第二维里系数，此时模型就大大简化，将由此导出的活度系数代入式(8-68)，即可获得仅含少量（2～3 个）模型参数的生物质分配系数计算方程[1]。

8.5 液固平衡和气（汽）固平衡

固体往往用作具有终极使用性能的材料。金属的湿法冶炼、无机盐或有机物从溶液中结晶析出、固体材料从溶解到重结晶提纯、甚至微米或纳米材料的沉积或湿法水热还原制备等都需要了解固体在液体中的溶解度，即液-固之间的平衡关系。可以说，液-固平衡是和材料的制备和加工过程紧密联系在一起的一种相平衡问题，意义重大。与此相类似，气体分离膜或渗透蒸发膜过程需要了解气（汽）体在固态无孔聚合物中的溶解度，从药材中超临界萃取固态有效成分或将药物在超临界 CO_2 协助下掺杂到固态聚合物中以构成药物缓释体系等也需要知道固体在高压气体或高压气体在固体中的溶解度，因此，气（汽）-固平衡又是和固体材料的加工和利用过程紧密联系在一起。随着当代材料科学的发展，在新型材料的制备、加工和利用过程中都会涉及大量的诸如此类的液-固或气（汽）-固平衡问题，这些都需要热力学来提供理论或方法论。

8.5.1 液固平衡及固体在液体中的溶解度

当系统的温度下降，液-液平衡的互溶度曲线开始和冰点（或称凝固点）曲线相交［参见图 8-14(b)］，此时液-液平衡系统不再具有 LCST，液-液平衡的情形也就转化为液-固平衡问题。

液体和固体之间的平衡分为溶解平衡和熔化（解）平衡。前者是不同化学物质的液体和固体之间的平衡，讨论的重点是固体在液体中的溶解度问题；而后者则是相同化学物质的液态和固态间的平衡。这里重点介绍溶解平衡，所得的方程同样适用于溶化平衡的某些场合（如生成不互溶固相的系统）。另外，与液-液平衡的情形类似，当压力不是很高时，也不必考虑压力对液-固平衡的影响。

对于在给定温度和压力下的 N 元液固平衡系统，用上标 L 和 S 分别表示液相和固相，按照式(8-12)，有

[1] Lin，D. Q.，Wu，Y. T.，Mei，L. H.，et al. Chem. Eng. Sci.，2003，58：2963.

$$f_i^{\mathrm{L}}\gamma_i^{\mathrm{L}}x_i=f_i^{\mathrm{s}}\gamma_i^{\mathrm{s}}z_i \tag{8-69a}$$

式中，x_i、z_i 分别表示 i 组分在液相和固相的摩尔分数，f_i^{L}、f_i^{s} 分别是纯 i 液体和纯 i 固体的逸度。令固、液相逸度的比值为 φ_i，即

$$\varphi_i=f_i^{\mathrm{s}}/f_i^{\mathrm{L}} \tag{8-70}$$

则式(8-69a) 可以改写为

$$\gamma_i^{\mathrm{L}}x_i=\varphi_i\gamma_i^{\mathrm{s}}z_i \tag{8-69b}$$

式(8-69b) 与描述液-液平衡的式(8-13) 相比，多了一个因子 φ_i。φ_i 只与纯组分 i 的本身性质有关，而与其他组分无关。可见，只要掌握溶质组分 φ_i 的计算，液-固平衡与液-液平衡的计算方法类同。

(1) φ_i 的计算

按照式(7-68)，在恒定压力 p 下，温度对纯 i 液体逸度的影响可表示为

$$\left(\frac{\partial \ln f_i^{\mathrm{L}}}{\partial T}\right)_p=-\frac{H_i^{\mathrm{L}}(T,p)-H_i^{*}(T,p)}{RT^2} \tag{8-71}$$

将上式从纯 i 液体的熔点 T_{mi} 积分到系统温度 T，可得

$$\ln f_i^{\mathrm{L}}(T,p)=\ln f_i^{\mathrm{L}}(T_{mi},p)-\int_{T_{mi}}^{T}\frac{H_i^{\mathrm{L}}(T,p)-H_i^{*}(T,p)}{RT^2}\mathrm{d}T \tag{8-72}$$

类似地，也可以得到纯 i 固体的计算公式为

$$\ln f_i^{\mathrm{s}}(T,p)=\ln f_i^{\mathrm{s}}(T_{mi},p)-\int_{T_{mi}}^{T}\frac{H_i^{\mathrm{s}}(T,p)-H_i^{*}(T,p)}{RT^2}\mathrm{d}T \tag{8-73}$$

由于熔点下的恒压熔化过程为平衡状态，有 $\ln f_i^{\mathrm{L}}(T_{mi},p)=\ln f_i^{\mathrm{s}}(T_{mi},p)$，将式(8-72) 和式(8-73) 代入式(8-70)，可得

$$\ln\varphi_i=\int_{T_{mi}}^{T}\frac{H_i^{\mathrm{L}}(T,p)-H_i^{\mathrm{s}}(T,p)}{RT^2}\mathrm{d}T=\int_{T_{mi}}^{T}\frac{\Delta H_{mi}(T,p)}{RT^2}\mathrm{d}T \tag{8-74}$$

忽略压力影响（熔化平衡下的压力和系统的压力不同），则从固体熔化为液体的焓变 $\Delta H_{mi}(T)$ 可表示为

$$\Delta H_{mi}(T)=\Delta H_{mi}(T_{mi})+\int_{T_{mi}}^{T}\Delta C_{pi}(T)\mathrm{d}T \tag{8-75}$$

式中，$\Delta H_{mi}(T_{mi})$ 为正常熔点温度下从固体到液体的焓变，也即熔化焓。$\Delta C_{pi}(T)=C_{pi}^{\mathrm{L}}-C_{pi}^{\mathrm{s}}$ 是从固体到液体的恒压热容变化，也是温度的函数，故有

$$\Delta C_{pi}(T)=\Delta C_{pi}(T_{mi})+\int_{T_{mi}}^{T}\left[\frac{\partial(\Delta C_{pi})}{\partial T}\right]_p\mathrm{d}T \tag{8-76}$$

式中，$\Delta C_{pi}(T_{mi})$ 是正常熔点温度下固体熔化为液体过程的热容变化。将式(8-76) 和式(8-75) 代入式(8-74) 并积分，有

$$\ln\varphi_i=\frac{\Delta H_{mi}(T_{mi})}{R}\left(\frac{1}{T_{mi}}-\frac{1}{T}\right)-\frac{\Delta C_{pi}(T_{mi})}{R}\left(\ln\frac{T_{mi}}{T}-\frac{T_{mi}}{T}+1\right)+I \tag{8-77}$$

式中，I 是一个三重积分式，代表次级贡献，通常可忽略。熔化热容变化 $\Delta C_{pi}(T_{mi})$ 是重要的，但不总是被采用。当式(8-77) 右边第二项的贡献很小（通常如此）并忽略时，φ_i 的计算式可进一步简化为

$$\ln\varphi_i=\frac{\Delta H_{mi}(T_{mi})}{R}\left(\frac{1}{T_{mi}}-\frac{1}{T}\right) \tag{8-78}$$

(2) 固体在液体中的溶解度

求解液-固平衡问题需要明晰活度系数 γ_i^{L} 和 γ_i^{s} 与温度和组成的依赖关系。对于液相溶液，γ_i^{L} 可以用 7.7 节已介绍过的各种液相活度系数模型表述；对于固相溶液的 γ_i^{s}，虽然其

方程形式可能与液相的行为类似，能一定程度上从适用于汽液或液液平衡的模型参数外推，但由于发表的实验活度系数数据很少，其正确性尚有待验证，计算过程也常是比较复杂的。所幸的是，对于大部分普通的有机物系，溶剂在固体中的溶解度很小，人们通常更关心的也只是固体在液体溶剂中的溶解度。此时，固相接近于纯固体溶质，对于液体溶剂（1）-固体溶质（2）的二元系统，$z_2\gamma_2^s\approx1$（纯固体的活度等于 1），将此近似式与式(8-78）一起代入式(8-69b)，可得

$$x_2=\frac{1}{\gamma_2^L}\exp\left[\frac{\Delta H_{m2}(T_{m2})}{R}\left(\frac{1}{T_{m2}}-\frac{1}{T}\right)\right] \tag{8-79}$$

式(8-79）即为计算固体（2）在液体（1）中溶解度的经典简化方程。对于混合溶剂场合，溶解度的计算式与式(8-79）是一样的，只是式中的 γ_2^L 是多元系统的活度系数，而不再是二元系统。

（3）液固平衡的两种极限情形

液固平衡的非理想性比汽液和液液平衡更强，其相图和计算过程都更复杂。然而，如同汽液平衡存在理想溶液和理想气体一样，液固平衡也存在两种极限情况，代表了液固平衡的两种最简单情形：液相和固相都是理想溶液、及液相为理想溶液而固相不互溶。

① 液相和固相均为理想溶液

按照理想溶液的定义可知，$\gamma_i^L=1$，$\gamma_i^s=1$。对二元系统，应用式(8-69b)，可得

$$\begin{cases}x_1=z_1\varphi_1\\x_2=z_2\varphi_2\end{cases} \tag{8-80}$$

因为 $x_2=1-x_1$ 和 $z_2=1-z_1$，由式(8-81）可解出 x_1 和 z_1

$$\begin{cases}x_1=\varphi_1(1-\varphi_2)/(\varphi_1-\varphi_2)\\z_1=(1-\varphi_2)/(\varphi_1-\varphi_2)\end{cases} \tag{8-81}$$

当 $T=T_{m1}$时，$x_1=z_1=1$，由式(8-78）还得到 $\varphi_1=1$；当 $T=T_{m2}$时，$x_1=z_1=0$，由式(8-78）还得到 $\varphi_2=1$。所以式(8-80）描述的系统呈现出如图 8-18 所示的透镜型液固平衡相图。图中，上曲线为凝固线，下曲线为熔化线；凝固线之上为液体溶液区，熔化线之下是固体溶液区，两线之间则为固液共存区。图 8-18 的液固平衡行为与汽液平衡的 Raoult 定律类似，且式(8-80）的形式也和 Raoult 定律表达式相仿。正如 Raoult 定律很少用来描述实际汽液平衡行为一样，此时的液固平衡极限情形也很少出现。但它是重要的，可以用作考察液固平衡的比较标准。

② 液相为理想溶液而固相不互溶

此时，$\gamma_i^L=1$，$z_i\gamma_i^s=1$。对于二元系统，式(8-69b）可以简化为

$$\begin{cases}x_1=\varphi_1\\x_2=\varphi_2\end{cases} \tag{8-82}$$

由式(8-78）知 φ_1 和 φ_2 都只是温度的函数，则 x_1 和 x_2 也仅与温度有关。图 8-19 给出了此种极限情形时的液固平衡相图。图上曲线 AE 是固体 2 的溶解度曲线，式(8-82）中的第二个方程单独适用；曲线 BE 是固体 1 的溶解度曲线，式(8-82）中的第一个方程单独适用；E 点为最低共熔点，是式(8-82）中的二个方程均能适用的一个特殊点，该点的温度 T_e 称为最低共熔温度，该点组成 x_e 称为最低共熔组成，可由 $x_1+x_2=\varphi_1+\varphi_2=1$ 求解出 T_e 和 x_e 值。曲线 AE 和 BE 之上是液体溶液区，E 点之下是两个不互熔的固相区，区域 AEC 和 BED 分别是固体 1 和固体 2 与液相的共存区。

实际系统的液固平衡往往偏离以上两种极限情形，液相和固相不可能是理想溶液，固相之间及固体与溶剂之间不同程度的可熔（或溶）性也都会出现，因此液固平衡较复杂。除化工中的有机物和无机物系统外，液固平衡还多在冶金、陶瓷、熔盐等工业领域内经常见到，

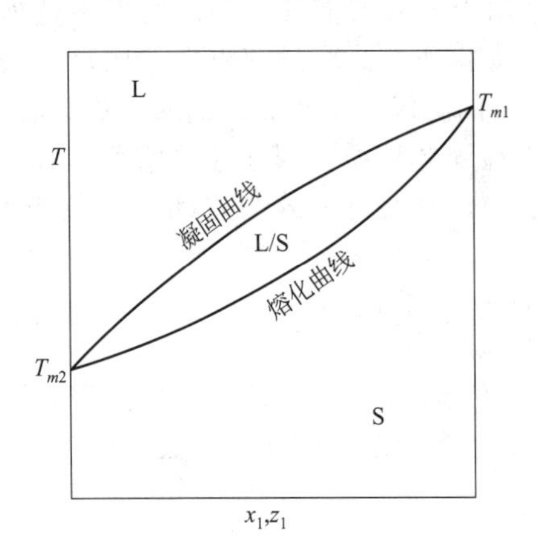

图 8-18 液固两相均为理想溶液时的液固平衡相图

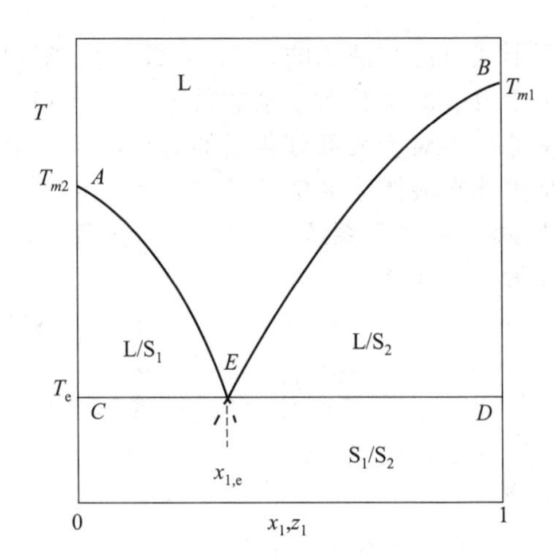

图 8-19 液相为理想溶液、而固相不互溶时的液固平衡相图

大多数物系的相图也极其复杂。美国的 Walas 教授在其专著中对液固平衡相图和计算问题都有比较深入的介绍，读者希望更深入了解液固平衡时可参看本章列出的参考文献［3］。

【例 8-13】 试求 16℃时萘在苯、正己烷及 10%乙醇-90%苯混合溶剂中的理想和实际溶解度（用正规溶液理论计算）。已知萘的熔化焓 $\Delta H_m = 19070\text{J}\cdot\text{mol}^{-1}$，熔点温度 $T_m = 353.4\text{K}$，各种物质的其他性质数据参见下表。

物质	萘	苯	正己烷	乙醇
溶解度参数 $\delta_i/\text{cal}\cdot\text{cm}^{-3}$	9.9	9.2	7.3	12.8
摩尔体积 $V_i/\text{cm}^3\cdot\text{mol}^{-1}$	111.5	89.4	131.6	58.7

解 （1）理想溶解度的计算

假设液相为理想溶液，对于溶剂（1）-萘（2）二元系统，$\gamma_2^L = 1$，由式(8-79)，有

$$x_2 = \exp\left[\frac{\Delta H_{m2}(T_{m2})}{R}\left(\frac{1}{T_{m2}} - \frac{1}{T}\right)\right] \tag{A}$$

将 $T = 289.2\text{K}$，$R = 1.987\text{cal}\cdot\text{mol}^{-1}\cdot\text{K}^{-1}$，及 ΔH_m 和 T_m 等数据代入，得 $x_2 = \exp(-1.4409) = 0.2367$。

由于理想溶解度仅与温度有关，萘在所有溶剂中的理想溶解度都是 $x_2 = 0.2367$。

（2）实际溶解度的计算

用正规溶液的活度系数表达式(7-152)，并将之代入式(8-79)，有

$$x_2 = \exp\left[-\frac{V_2(\delta_2 - \bar{\delta})^2}{RT} + \frac{\Delta H_{m2}(T_{m2})}{R}\left(\frac{1}{T_{m2}} - \frac{1}{T}\right)\right] \tag{B}$$

对于苯（1）-萘（2）二元系，将数据代入，有：

$$\delta_2 - \bar{\delta} = \delta_2 - (\phi_1\delta_1 + \phi_2\delta_2) = \phi_1(\delta_2 - \delta_1)$$

$$= \frac{(1-x_2)V_1(\delta_2 - \delta_1)}{(1-x_2)V_1 + x_2V_2} = \frac{0.7(1-x_2)}{(1-x_2) + 1.2472x_2}$$

$$x_2 = \exp\left[-\frac{0.09508(1-x_2)^2}{[(1-x_2)+1.2472x_2]^2} - 1.4409\right] \tag{C}$$

以理想溶解度 $x_2 = 0.2367$ 为初值，迭代式(C)，计算得到 $x_2 = 0.2249$。由文献得知 16℃萘在苯中的溶解度实验值为 0.217，可见计算结果与实验值很接近。

同理，对于正己烷（1）-萘（2）二元系，将数据代入，有

$$x_2=\exp\left[-\frac{1.3117(1-x_2)^2}{[(1-x_2)+0.8473x_2]^2}-1.4409\right] \quad \text{(D)}$$

以理想溶解度 $x_2=0.2367$ 为初值，迭代式(D)，计算得到 $x_2=0.0750$。

对于苯 (1)-萘 (2)-乙醇 (3) 三元系统，溶剂的摩尔分数用萘的溶解度表示，则

$$x_1=0.9(1-x_2) \quad 及 \quad x_3=0.1(1-x_2)$$

$$\bar{\delta}=\frac{\sum x_i V_i \delta_i}{\sum x_i V_i}=\frac{0.9\times 89.4\times(1-x_2)\times 9.2+111.5\times x_2\times 9.9+0.1\times 58.7\times(1-x_2)\times 12.8}{0.9\times 89.4\times(1-x_2)+111.5\times x_2+0.1\times 58.7\times(1-x_2)}$$

$$=\frac{815.37+288.48x_2}{86.33+25.17x_2}$$

萘在乙醇和苯的混合溶剂中的溶解度为

$$x_2=\exp\left[-\frac{111.5\times(9.9-\bar{\delta})^2}{1.987\times 289.2}-1.4409\right] \quad \text{(E)}$$

以理想溶解度 $x_2=0.2367$ 为初值，迭代式(E)，计算得到 $x_2=0.2318$。

【例 8-14】 间氯硝基苯 (1)-对氯硝基苯 (2) 系统形成固相不互溶的液-固平衡。试计算：(1) 两组分的相互溶解度曲线；(2) 最低共熔温度和组成；(3) $x_1=0.6$ 的溶液的凝固点，1mol 此混合物结晶后最多能得到多少纯的对氯硝基苯，温度应降低到多少？已知组分 1 和 2 的熔点分别为 44.4℃和 83.5℃，熔化焓分别是 $19.37\text{kJ}\cdot\text{mol}^{-1}$ 和 $20.77\text{kJ}\cdot\text{mol}^{-1}$。

解 (1) 两个组分性质相似（同分异构体），其溶液可看成理想溶液，$\gamma_i^L=1$，且由于固相不互溶，可按式(8-82) 计算间氯硝基苯在对氯硝基苯中的溶解度，即

$$x_1=\varphi_1=\exp\left[\frac{\Delta H_{m1}(T_{m1})}{R}\left(\frac{1}{T_{m1}}-\frac{1}{T}\right)\right]=\exp\left[\frac{19.37\times 1000}{8.314}\left(\frac{1}{273.2+44.4}-\frac{1}{T}\right)\right]$$

$$=\exp[7.336-2329.8/T] \quad \text{(A)}$$

式(A) 的适用范围为 ($x_{e1}\leqslant x_1\leqslant 1$，$T_e\leqslant T\leqslant T_{m1}$)。

同理，对氯硝基苯在间氯硝基苯中的溶解度为

$$x_2=\varphi_2=\exp\left[\frac{20.77\times 1000}{8.314}\left(\frac{1}{273.2+83.5}-\frac{1}{T}\right)\right]=\exp[7.004-2498.2/T] \quad \text{(B)}$$

式(B) 的适用范围为 ($1-x_{e1}\leqslant x_2\leqslant 1$，$T_e\leqslant T\leqslant T_{m2}$)。

(2) 最低共熔点是两条溶解度曲线的交点，因为 $x_1+x_2=1$，故

$$x_1+x_2=\exp[7.336-2329.8/T]+\exp[7.004-2498.2/T]=1$$

试差法求解，得 $T_e=303.3\text{K}$。将 T_e 值代入式(A) 或式(B)，得到 $x_{e1}=0.709$。

(3) 当 $x_1=0.6$ 时，应位于对氯硝基苯的溶解度曲线上，代入式(B)，得凝固点温度

$$T=2498.2/[7.004-\ln(1-x_1)]=315.4\text{K}$$

当降温至 $T=315.4$ K 时，应该析出对氯硝基苯。当温度降低到 $T_e=303.3\text{K}$ 时，应该析出最多的纯对氯硝基苯，设为 $w$mol，由对氯硝基苯的物料衡算

$$1\times(1-0.6)=w\times 1+(1-w)(1-x_{e1})$$

$$w=(0.4-1+0.709)/0.709=0.154\text{mol}$$

当物系中组分的性质差异大，不能按理想溶液处理时，则须考虑活度系数的影响。

*8.5.2 气(汽)固平衡及固体在气体中的溶解度

当温度低于三相点的温度时，纯固体也可蒸发，且常在 p-T 图上用升华曲线表示汽固平衡。汽固平衡时，与平衡温度相对应的平衡压力称作固体的饱和蒸气压。现考虑纯固体组分

2与含有组分1和2的二元蒸气混合物处于汽固两相平衡状态。由于汽(或气)体组分1在固体中的实际溶解度很小,固相往往假设为纯固相;而在蒸气相中,常称气体组分1为溶剂,称组分2为溶质,组分2在汽相中的摩尔分数 y_2 即为其在汽(或气)体溶剂中的溶解度。由于组分1假设为非分配组分(仅存在于汽相),所以系统只有一个相平衡方程,即

$$f_2^{\mathrm{s}}=\hat{f}_2^{\mathrm{V}} \tag{8-83}$$

纯固体组分 i 的逸度 f_i^{s} 可用与纯液体组分逸度方程式(8-11)相类似的方法推导,得到的方程形式相同,只是符号上略有不同,即

$$f_i^{\mathrm{s}}=p_i^{\mathrm{s}}\phi_i^{\mathrm{s}}\exp\left(\int_{p_i^{\mathrm{s}}}^{p}\frac{V_i^{\mathrm{s}}}{RT}\mathrm{d}p\right)\approx p_2^{\mathrm{s}}\phi_2^{\mathrm{s}}\exp\left[\frac{V_2^{\mathrm{s}}(p-p_2^{\mathrm{s}})}{RT}\right] \tag{8-84}$$

式中,p_2^{s} 为温度 T 下纯固体组分2的饱和蒸气压;ϕ_2^{s} 是纯固体组分2在温度 T 和压力 p_2^{s} 下的逸度系数;V_2^{s} 则为纯固体组分2的摩尔体积。组分2在汽相中的逸度为

$$\hat{f}_2^{\mathrm{V}}=\hat{\phi}_2^{\mathrm{V}}py_2 \tag{8-85}$$

联立方程式(8-83)～式(8-85),解出 y_2 为

$$y_2=p_2^{\mathrm{s}}E/p \tag{8-86a}$$

$$E=\frac{\phi_2^{\mathrm{s}}}{\hat{\phi}_2^{\mathrm{V}}}\exp\left[\frac{V_i^{\mathrm{s}}(p-p_2^{\mathrm{s}})}{RT}\right] \tag{8-86b}$$

式中,E 称为增强因子,是压力对固体在汽(气)体中溶解度增强程度的度量。当 $p\rightarrow p_2^{\mathrm{s}}$ 时,$E\rightarrow 1$。E 也是观察到的溶解度 y_2 对理想溶解度(p_2^{s}/p)的比值,是一个无纲量值。

E 中含有三个校正项:ϕ_2^{s} 考虑了纯固体饱和蒸汽压的非理想性;Poynting 因子[式(8-86b)中的指数项]校正给出了压力对纯固体逸度的影响;$\hat{\phi}_2^{\mathrm{V}}$ 则是高压气体混合物中固体组分的汽相逸度非理想性。在三个校正项中,由于固体蒸气压 p_2^{s} 通常很小($p_2^{\mathrm{s}}\ll p$),ϕ_2^{s} 也很接近于1(固体的饱和蒸气可看作理想气体);此外大多数固体在气体中的溶解度 y_2 都不大(除非 p 非常大),$\hat{\phi}_2^{\mathrm{V}}$ 可用溶质无限稀释的气相逸度系数 $\hat{\phi}_2^{\infty}$ 来近似,则 E 的表达式可简化为

$$E=\frac{1}{\hat{\phi}_2^{\infty}}\exp\left(\frac{V_i^{\mathrm{s}}p}{RT}\right) \tag{8-86c}$$

这是一个可以在工程中应用的表达式。在中、高压下,Poynting 因子不能忽略,但它很少使 E 值大于2或3,而通常更接近于1(因为 $V_2^{\mathrm{s}}p\ll RT$)。因此 E 值的大小更多地归因于逸度系数 $\hat{\phi}_2^{\infty}$,$\hat{\phi}_2^{\infty}$ 必须由适用于高压蒸汽混合物的 p-V-T 状态方程计算。由于汽相的非理想性,$\hat{\phi}_2^{\infty}$ 通常处于 $10^{-6}\sim10^{-3}$,甚至可低至 10^{-12},从而使 E 值远远大于1,连带使得固体的实测溶解度 y_2 远远高于理想溶解度(p_2^{s}/p),才使得固体的超临界萃取在工程上成为可能。在8.3节的气-液平衡中已经提及液体的超临界萃取,固体的超临界萃取与此类似,在此不再赘述。

*8.5.3 液体或气体在固态聚合物中的溶解度

当聚合物作为特定固体应用时,由于聚合物(如网状或交联聚合物)不在气相或液相溶解,此时人们关心的是液体或气体在聚合物中的溶解度。致密且无孔的聚合物膜材料即为此际的典型代表,如用反渗透膜净化水、渗透蒸发膜分离液体混合物、气体分离膜分离气体混合物等都涉及无孔聚合物膜,人们也提出了溶解-扩散机理来解释这些膜分离过程。溶解-扩散机理主要描述了气态或液态组分的传递,主要包括三个步骤:

① 液态或气态进料混合物中的组分被膜吸收,在进料混合物和膜之间的相界面上存在

热力学上的溶解平衡；

② 被膜吸收的组分按照 Fick 扩散定律从膜的进料一侧扩散通过膜，并进入膜的渗透物一侧；

③ 在膜与渗透物之间的相边界上释放出组分，同样假设组分在膜的渗透物一侧界面上达到热力学上的溶解平衡。

由此可见，只要确切知道气态或液态组分在聚合物中的溶解度，即可按照以上的溶解—扩散机理来分析或计算组分透过膜的传质通量。由于篇幅所限，这里仅简单介绍溶解度的计算方法，有关溶解扩散机理及其传质通量计算的更详细信息可参见与膜分离有关的专著。

对于组分 i 在液态混合物和溶胀的聚合物间成溶解平衡，按其在两相的化学位相等，有

$$\mu_i^{\mathrm{L}} \equiv \mu_i^{\ominus\mathrm{L}} + RT\ln(\gamma_i^{\mathrm{L}} x_i^{\mathrm{L}}) = \mu_i^{\ominus\mathrm{P}} + RT\ln(\gamma_i^{c,\mathrm{P}} c_i^{\mathrm{P}}) \equiv \mu_i^{\mathrm{P}} \tag{8-87}$$

式中，上标 L、P 分别表示液相和聚合物相，c 是体积摩尔浓度，γ^c 是体积摩尔浓度标度下的活度系数（在聚合物相中用体积摩尔浓度代替摩尔分数更方便，也符合传统）。由于液体组分 i 在液相和聚合物相的标准态化学位 $\mu_i^{\ominus\mathrm{L}}$ 和 $\mu_i^{\ominus\mathrm{P}}$ 相等，故有

$$\gamma_i^{\mathrm{L}} x_i^{\mathrm{L}} = \gamma_i^{c,\mathrm{P}} c_i^{\mathrm{P}} \tag{8-88}$$

进一步改写式(8-88)，得到

$$c_i^{\mathrm{P}} = (\gamma_i^{\mathrm{L}}/\gamma_i^{c,\mathrm{P}}) x_i^{\mathrm{L}} = S_i^{\mathrm{L}} x_i^{\mathrm{L}} \tag{8-89}$$

式中，S_i^{L} 是两相活度系数的比值，称为组分 i 的液体溶解度系数。

若组分 i 在气相混合物和聚合物相间达到溶解平衡，相类似地有

$$\mu_i^{\mathrm{G}} \equiv \mu_i^{\ominus\mathrm{G}} + RT\ln(\hat{\phi}_i^{\mathrm{G}} p_i) = \mu_i^{\ominus\mathrm{P}} + RT\ln(\gamma_i^{c,\mathrm{P}} c_i^{\mathrm{P}}) \equiv \mu_i^{\mathrm{P}} \tag{8-90}$$

式中，上标 G 表示汽相，p_i 是组分 i 的气相分压。进一步改写上式，得

$$\gamma_i^{c,\mathrm{P}} c_i^{\mathrm{P}} = \hat{\phi}_i^{\mathrm{G}} p_i \exp\left(\frac{\mu_i^{\ominus\mathrm{G}} - \mu_i^{\ominus\mathrm{P}}}{RT}\right) \tag{8-91}$$

或

$$c_i^{\mathrm{P}} = S_i^{\mathrm{G}} p_i \tag{8-92}$$

$$S_i^{\mathrm{G}} = \frac{\hat{\phi}_i^{\mathrm{G}}}{\gamma_i^{c,\mathrm{P}}} \exp\left(\frac{\mu_i^{\ominus\mathrm{G}} - \mu_i^{\ominus\mathrm{P}}}{RT}\right) \tag{8-93}$$

式中，S_i^{G} 是组分 i 的气体溶解度系数。

从形式上看，若 S_i^{L} 和 S_i^{G} 能作为常数处理，则式(8-89）和式(8-92）就分别和 Henry 定律相仿。此外，式(8-92）在形式上也与汽液平衡的表达式(8-8a）有相似之处，此时式(8-91）中的因子 $\exp\left(\frac{\mu_i^{\ominus\mathrm{G}} - \mu_i^{\ominus\mathrm{P}}}{RT}\right)$ 与式(8-8a）中的液相标准态逸度 $f_i^{\ominus}$ 是同一类型的物理量。由此可见，不管对于何种类型的相平衡问题，或者进一步简化时都能回复到那些简单的定律中去，或者在形式上有一定的相似性，说明这些相平衡问题都是相通的。

液体或气体在聚合物中的溶解度问题还和超临界聚合物合成与加工过程技术紧密联系在一起。在超临界流体中合成聚合物或加工含聚合物的材料，如超临界过程中的聚合物聚合、接枝、脱挥、分级、掺杂、染色、发泡、镀膜、平板印刷、塑化、制成微胶囊膜等，统称为超临界聚合物合成与加工过程技术，是当今一大类新兴且热门的超临界过程技术。了解气、液流体在聚合物中的溶解度对研究和开发这类过程也有重要的意义。

8.6 基团贡献法估算相平衡

文献上积累并汇编了大量的二元系统相平衡的实验数据。虽然多元（三元以上）的相平衡实验数据与二元系统的相比要少得多，但好在它们都是由二元系统组成，只要有精确的状态方程或活度系数模型，就能完成由二元推算多元系统相平衡的目的，所以实验测定多元系

统相平衡的紧迫性要弱得多。然而，目前仍有许多二元系统没有任何实验数据可供利用，或有些系统只有零碎的数据，此时用热力学的方法估算相平衡就显得相当重要。

8.6.1 相平衡的估算方法

相平衡估算的目的在于获得活度系数与系统组成之间的确切函数关系，其方法主要有三类：由纯物质性质估算、由最少量且可靠的实验数据估算以及由基团贡献法估算。

由纯物质性质估算相平衡的一条重要途径就是用正规溶液理论，如7.7节中介绍的SH方程式(7-150)以及FHSH方程式［式(7-160)中的$\chi \equiv V_1(\delta_1-\delta_2)^2/(RT)$］，来估算活度系数。由于方程中的溶解度参数和液体摩尔体积都是纯物质性质，由SH或FHSH方程计算的活度系数不依赖于任何实验相平衡数据，是一种完全意义上的估算。由此法可以估算非极性混合物的汽液平衡、气体在液体中的溶解度［式(8-48)中的活度系数用SH方程代替］及固体在液体中的溶解度（如例8-13所示）等。由于正规溶液理论的缺陷，以及方程本身的简单性，该法不能用于极性系统、也不能用于对Raoult定律呈负偏差的系统的相平衡估算。如果说Raoult定律仅给出了零级近似，那么该法至少是一级近似，对大部分非极性系统相平衡的估算通常能满足工程应用的要求。

由最少量且可靠的实验数据的估算方法与上述的由纯物质性质完全估算相比，其估算的正确性和精确度都可有极大地提高，适用的系统也几乎是全方位的（不仅仅是非极性系统）。事实上，从7.7节介绍的活度系数模型可以看出，各种模型仅含有1～2个（最多不超过3个）模型参数，只要能估算出模型参数，就能在全浓度范围内获得活度系数值。该法估算相平衡有多种途径，最常见的主要有三种。

① 通过无限稀释活度系数的实验值以获得模型参数，如本章的例8-6所示。无限稀释活度系数是混合物系统的一种重要性质数据，可以用多种实验手段方便获得，如微分沸点计法（differential ebulliometry）、气相色谱法以及气液相色谱的顶空分析法（head-space analysis）等。由于无限稀释活度系数提供了最有价值的实验信息，该法估算相平衡的可靠性也最高。

② 通过相平衡中的特殊点来估算模型参数。这些特殊点可以是共沸点（如例8-5所示）、共熔点（如例8-14中可由共熔点反过来计算活度系数）、临界点等。

③ 通过互溶度数据得到模型参数。若二元系统形成部分互溶混合物，则可由8.4.3节中介绍的方法先计算出活度系数实验值，再由此关联出模型参数。

若一个二元系统连最少量且可靠的实验数据也无法获得，则用基团贡献法来估算相平衡不失为一种简单可行的、一定程度上能满足工程设计应用的方法。

*8.6.2 基团贡献法估算相平衡

基团是化合物分子中具有相同的结构单位，如链烷烃中的甲基、醇类中的羟基等。不多的几种基团组成了各式各类的可区分的分子。这个简单的事实为研究基团对纯物质和混合物物性的影响提供了基础和推动力。基团贡献法的原理是把纯物质和混合物的物性看成是构成它们的基团对此物性贡献的加和。通过系统的实验测定、数据的收集和数据库的建立，从而拥有大量可供应用的数据；运用热力学的原理，可以推导出若干基团与纯物质、混合物物性间的关联式，根据已有数据和这些关联式拟合得到基团参数；再将上述关联式和相应的基团参数运用到要研究的分子体系中去，以推算它们的有关物性和平衡数据。基团贡献法大大扩展了已有数据的使用范围。在化工类型生产中会遇到很多化合物，由这些化合物组成的混合物数目更大，但构成这些化合物的基团只有数十个。因此从基团参数出发来推算混合物的物性具有应用广泛和灵活的特点，故其优点是显而易见的。在过程开发中，若手边缺乏可用的数据，常可用此法来进行所需混合物的物性推算。但此法不能用于同分异构物，否则就得把整个异构物分子作为基团，这时就失去了基团贡献的意义。应该说，目前基团贡献法正处在广泛应用的时期。

基团贡献法用得比较普遍的是 UNIFAC（Universal Quasichemical Functional Group Activity Coefficient）法。其特点可以归纳如下：

（1）理论上是以 UNIQUAC 方程为基础。

（2）基团参数基本上与温度无关。对于汽液平衡，已拥有 45 个基团，得出基团配偶参数 903 个，而实际在 300～425K 范围内应用的有 414 个参数。推算汽液平衡数据时，汽相摩尔分数的计算值和实验值的平均绝对偏差为 0.01，对含有两个相互作用强烈的基团的系统，偏差要大一些。

（3）此法可用在加压条件下汽液平衡数据的推算，压力应为 1MPa 以下。

（4）此法不仅能用于汽液平衡数据推算，还能用于液液平衡、气液平衡、无限稀释活度系数，过量焓和固液平衡等数据的推算。

UNIFAC 法计算液相活度系数方程简述如下

组分 i 的活度系数由两部分构成，即

$$\ln\gamma_i = \ln\gamma_i^{C} + \ln\gamma_i^{R} \tag{8-94}$$

式中，γ_i^{C} 为 i 组分的组合部分活度系数，γ_i^{R} 为 i 组分的剩余部分活度系数。γ_i^{C} 取决于分子的尺寸和形状，并可由分子中各种基团的形状和尺寸贡献来计算。在 UNIQUAC 模型中，r_i 和 q_i 分别与纯组分 i 的体积参数和面积参数有关；同样，在 UNIFAC 模型中，r_i 与 q_i 分别从基团体积参数 R_k 和基团面积参数 Q_k 的加和性来计算

$$r_i = \sum_k \nu_k^{(i)} R_k \tag{8-95}$$

$$q_i = \sum_k \nu_k^{(i)} Q_k \tag{8-96}$$

式中，$\nu_k^{(i)}$ 为分子 i 中基团 k 的数目。R_k 和 Q_k 可从文献[1]中查得，算出 r_i 和 q_i 后，可按表 7-10 中 UNIQUAC 模型中活度系数的组合部分的方程算出 γ_i^{C}。

基团间的相互作用由活度系数的剩余部分即 $\ln\gamma_i^{R}$ 来表达，UNIFAC 模型的提出者假设剩余部分是溶液中每个基团所起的作用减去其在纯组分中所起作用的总和，即

$$\ln\gamma_i^{R} = \sum_k \nu_k^{(i)} [\ln\Gamma_k - \ln\Gamma_k^{(i)}] \tag{8-97}$$

式中，Γ_k 和 $\Gamma_k^{(i)}$ 分别是基团 k 的活度系数和纯组分 i 中基团 k 的标准基团活度系数。其关联式为

$$\ln\Gamma_k = Q_k \left[1 - \ln\left(\sum_m \Theta_m \psi_{mk} \right) - \sum_m \frac{\Theta_m \psi_{km}}{\sum_n \Theta_m \psi_{nm}} \right] \tag{8-98}$$

式中，Θ_m 为基团 m 的面积分数，其定义为

$$\Theta_m = \frac{Q_m X_m}{\sum_n Q_n X_n} \tag{8-99}$$

式中，Q_m 为基团 m 的面积参数；X_m 为基团 m 在混合物中的摩尔分数，其表达式为

$$X_m = \frac{\sum_i x_i \nu_{mi}}{\sum_i x_i \sum_m \nu_{mi}} \tag{8-100}$$

[1] Fredenslund, Aa., Gmehling, J., and Rasmussen, P., "Vapor-Liquid Equilibria Using UNIFAC", Elsevier, Amsterdam, 1977.

ψ_{mn}、ψ_{nm} 为基团 m、n 间的基团配偶参数，取决于相互作用能：

$$\psi_{mn}=\exp\left(-\frac{u_{mn}-u_{nn}}{RT}\right)=\exp\left(-\frac{a_{mn}}{T}\right) \tag{8-101}$$

$$\psi_{nm}=\exp\left(-\frac{u_{nm}-u_{mm}}{RT}\right)=\exp\left(-\frac{a_{nm}}{T}\right) \tag{8-102}$$

式中，u_{nm}、u_{mm} 分别为基团 m 与 n 间和基团 m 与 m 间的相互作用能，a_{mn} 称为基团配偶能量参数，从相平衡实验数据拟合得到，且 $a_{mn}\neq a_{nm}$。它们也可从文献[1]中查得。a_{mn} 的单位是 K，本身与温度无关。

在计算中应注意，R、Q、a 等参数的查索，最好来自同一个文献来源，否则容易造成误差，因为自 1975 年以来，UNIFAC 参数经过数次修正和增补，来自不同时期的文献对同样一个基团参数有时会有不同的值。若所有参数都来自同一文献，应该说，计算误差容易抵消，有利于提高计算结果的精度。Γ_k^i 表示标准状态（纯组分 i 的状态）下的基团活度系数，也由式(8-98) 进行计算。基团 k 在 i 分子中的活度系数 [Γ_k^i] 与 k 在分子 i 中的定位有关。例如在乙醇中 COH 基团的 Γ_k^i 指的是在混合物的温度下存在着 50%CH_3 和 50%COH 的“溶液”。而在丁醇中 COH 基团的 Γ_k^i 指的是 25%COH、50%CH_2 和 25%CH_3 的“溶液”。用 UNIFAC 法计算活度系数比较复杂，有兴趣的读者可以参考有关文献。表 8-28 列出了用不同方法计算乙醇（1)-正己烷（2）系统在 0.1013MPa 和共沸点时的活度系数，并和实验值作了比较。

表 8-28 乙醇（1)-正己烷（2）系统的活度系数（0.1013MPa，共沸点）

	实验值	威尔逊方程	NRTL 方程	UNIQUAC 方程	UNIFAC 法
γ_1	2.348	2.35	2.563	2.436	2.71
γ_2	1.43	1.36	1.252	1.358	1.52

由上表可见，用表中 4 种方法来计算乙醇和正己烷的活度系数，以威尔逊方程最好，但前面三种方法是关联，UNIFAC 法却是推算。因此，UNIFAC 法还是具有相当好的推算精度，有相当广的应用范围。此外，和 UNIFAC 法可以比拟的另一种基团贡献法是 ASOG (Analytical Solution of Groups)，该法却是以威尔逊方程为基础的，但该法的应用没有 UNIFAC 广泛。

在本章行将结束时，想以下面的意见作为结束语。流体相平衡是个很大的课题，在化学及其相关工业中所遇到的混合物又是各式各样，品种繁多，热力学只能给出一个粗略但可靠的框架，详细的情况还要依托于物理和化学，最终还要靠实验来解决一些关键的问题。因此，要想得到可靠的相平衡系统信息，必须要有某些可靠的实验。特别是混合物的实验数据，因为到目前为止，只有一小部分的混合物性质可从纯物质性质来推算。关联可以提供一条比较容易获得所需数据的途径，但这应在最后去应用。第一步应是先找是否存在可靠的实验数据，这可以从文献中查得，也可从实验室中测得。有时一些比较简单的实验往往比大量计算还更有效些，这是因为许多推算还是要用关键的实验来进行验证，只有把原理和实验紧密结合时才能达到既省时、省钱，又有精确结果的目的。在挑选数学模型时，最好挑那些有物理基础的模型。模型宜简单，可调参数不能多。对可调参数多的模型，在应用时要注意，有时往往稍作外推跨出了这些参数拟合的实验数据范围而造成严重的失真。在处理实验数据时，要计及实验数据也有误差，并对那些确信无疑的数据予以加权。宁可取得量少而质佳的

[1] Fredenslund, Aa., Gmehling, J. and Rasmussen, P., “Vapor-Liquid Equilibria Using UNIFAC,” Elsevier, Amsterdam, 1977.

实验值，却不愿得到量多而质劣的实验值。在计算过程中，不能完全信赖于从计算机中出来的结果，而需要从物理意义上去考虑是否合理。作为一个设计工程师，只有深入掌握热力学的原理，才能在大量的化工过程操作、设计、开发中去提出、分析和解决相平衡的问题。

习　题

8-1 试证：(1) 对恒压、恒焓的闭系，其平衡判据为熵达到最大值；(2) 对恒温、恒容的闭系，其平衡判据为亥姆荷兹自由能达到最小值。

8-2 某二元系统的过量焓与组成和温度的关系可表达如下

$$H^E = x_1 x_2 (5024.2 + 837.4x_1 + 6.28x_1 T)\ \mathrm{J \cdot mol}$$

在 300K 时的无限稀释活度系数为 $\gamma_1^\infty = 6.00$ 和 $\gamma_2^\infty = 4.00$。在 400K 时的纯组分的蒸气压为 $p_1^s = 0.5344\mathrm{MPa}$ 和 $p_2^s = 0.3524\mathrm{MPa}$。若液相的过量体积等于零，对等摩尔比混合物，试求下列各项：(1) 偏摩尔过量焓和温度的关系式；(2) 如在 300K 时可用范拉尔方程，活度系数和温度的关系如何？(3) 若$\hat{\phi}_i^V = 0.95$ 和 $\phi_i = 0.98$，400K 时的泡点压力如何？

8-3 甲醇 (1)-乙腈 (2) 系统的威尔森方程参数和摩尔体积如下：

$$g_{12} - g_{11} = -2111.45\mathrm{J \cdot mol^{-1}} \qquad g_{21} - g_{22} = 823.75\mathrm{J \cdot mol^{-1}}$$

$$V_1 = 40.73\mathrm{cm^3 \cdot mol^{-1}} \qquad V_2 = 66.30\mathrm{cm^3 \cdot mol^{-1}}$$

纯物质的蒸气压分别为：

$$\ln p_1^s = 16.59381 - \frac{3644.297}{t + 239.765} \quad p_1^s\text{：kPa，}t\text{：℃}$$

$$\ln p_2^s = 14.72577 - \frac{3271.241}{t + 241.852} \quad p_2^s\text{：kPa，}t\text{：℃}$$

试求：(1) $x_1 = 0.73$ 和 $t = 70$℃时的泡点压力；(2) $y_1 = 0.73$ 和 $t = 70$℃时的露点压力；(3) $x_1 = 0.79$、$p = 101.33\mathrm{kPa}$ 时的泡点温度；(4) $y_1 = 0.63$、$p = 101.33\mathrm{kPa}$ 时的露点温度。

8-4 303.2K 时，组分 1 和组分 2 的蒸气压分别为 0.0373MPa 和 0.02266MPa。当 2 摩尔的组分 1 和 2 摩尔的组分 2 混合后，溶液上方的蒸气压为 0.05065MPa，汽相中组分 1 的摩尔分数为 0.60。试求：(1) 溶液中组分 1 和组分 2 的活度和活度系数；(2) 混合过程的自由焓；(3) 若此溶液是理想溶液时的混合自由焓；(4) 混合自由焓的符号说明什么？

8-5 总压为 0.1013MPa 和温度为 77.6℃时，苯和环己烷形成苯为 0.525 摩尔分数的恒沸物，假设此混合物气相符合理想气体定律，并已知在此温度下苯和环己烷的蒸气压分别是 0.0993MPa 和 0.09797MPa。试用范拉尔方程计算全浓度范围内苯和环己烷的活度系数，并用此数据绘出 77.6℃时平衡压力-液相组成曲线和汽相组成-液相组成曲线。

8-6 用威尔逊方程计算 0℃、$x_1 = x_2 = 0.5$ 时三氯甲烷 (1)-丙酮 (2) 系统的活度系数和汽相组成，已知：

$$g_{12} - g_{11} = -1390.98\mathrm{J \cdot mol^{-1}},\ V_1 = 71.48\mathrm{cm^3 \cdot mol^{-1}},\ p_1^s = 8.01\mathrm{kPa}$$

$$g_{21} - g_{22} = -302.29\mathrm{J \cdot mol^{-1}},\ V_2 = 78.22\mathrm{cm^3 \cdot mol^{-1}},\ p_2^s = 9.36\mathrm{kPa}$$

8-7 已知乙酸乙酯 (1)-乙醇 (2) 系统在 344.95K 和 0.1013MPa 时形成共沸物，共沸组成为 $x_1 = 0.539$。已知组分 1 和 2 的正常沸点分别为 350.21K 和 351.44K，它们在 344.95K 时的饱和蒸气压分别为 78.26kPa 和 84.79kPa，试求此系统的 NRTL 方程参数，并计算 T-x-y 相平衡数据。

8-8 由较相似的液体组成的二元系统，其过量自由焓的表达式为

$$\frac{G^E}{RT} = A x_1 x_2$$

式中，A 仅是温度的函数。对这类系统，纯组分的蒸气压之比在相当大的温度范围内基本上是一常数，设此值为 D，并假设汽相为理想气体。试将这类系统出现均相恒沸物的 A 值范围表示成 D 的函数。在什么条件下，会出现非均相（液相分为两层）的恒沸物？

8-9 已知某三元系统在 0.1013MPa 和 435.15K 时处于汽液平衡状态，平衡组成为 $x_1 = 0.2$，$x_2 = 0.5$，

$x_3=0.3$。用 NRTL 方程进行关联，已知相应的参数值为 $a_{12}=0.4$，$a_{13}=0.41$，$a_{23}=0.30$；$g_{12}-g_{22}=3012.5\text{J}\cdot\text{mol}^{-1}$，$g_{21}-g_{11}=-2092\text{J}\cdot\text{mol}^{-1}$，$g_{13}-g_{33}=3782.3\text{J}\cdot\text{mol}^{-1}$，$g_{31}-g_{11}=7740.4\text{J}\cdot\text{mol}^{-1}$，$g_{23}-g_{33}=6384\text{J}\cdot\text{mol}^{-1}$，$g_{32}-g_{22}=1949.7\text{J}\cdot\text{mol}^{-1}$。试求：(1) 平衡汽相组成 y_1、y_2 和 y_3。在该温度下，纯组分的饱和蒸气压为 $p_1^s=0.0857\text{MPa}$，$p_2^s=0.0804\text{MPa}$ 和 $p_3^s=0.04305\text{MPa}$，并设汽相为理想气体；(2) 画出计算机框图，说明算法。

8-10 曾测定苯 (1)-2,2,4-三甲基戊烷 (2) 系统的汽液平衡数据，下表内是 55℃时的汽液相组成和平衡总压的数据。

x_1	y_1	p/MPa	$G^E/\text{J}\cdot\text{mol}^{-1}$	x_1	y_1	p/MPa	$G^E/\text{J}\cdot\text{mol}^{-1}$
0.0819	0.1869	0.02689	83.68	0.5256	0.6786	0.03910	351.87
0.2192	0.4065	0.03157	203.34	0.8478	0.8741	0.04327	223.84
0.3584	0.5509	0.03546	294.14	0.9872	0.9863	0.04364	23.85
0.3831	0.5748	0.03610	306.69				

55℃时，纯苯和纯 2,3,4-三甲基戊烷的蒸气压分别为 0.04359MPa 和 0.01041MPa。(1) 试算每一实验点的活度和活度系数；(2) 用每一组分的活度对组成作图，并以虚线表示理想溶液；(3) 试讨论上述实验数据是否符合热力学一致性；(4) 试比较 G^E 的计算值和实验值。

8-11 若已知某系统的 $G^E\sim x_1$ 数据，现欲判断究竟用马居尔方程，还是用范拉尔方程关联为宜。所采用的方法是在给定温度下，作 $\frac{G^E/RT}{x_1x_2}\sim x_1$ 和 $\frac{x_1x_2}{G^E/RT}\sim x_1$ 的图形。在这两种描绘中，应按和哪一种直线接近来判断。若是前者的图形，则用两参数马居尔方程；若是后者，则用范拉尔方程。试证明之。对题 8-10 中的系统，应用何种方程为佳?

8-12 测得几个温度下液态氩 (1)-甲烷 (2) 系统的过量自由焓，表达式如下

$$\frac{G^E}{RT}=x_1(1-x_1)[A+B(1-2x_1)]$$

已知式中的参数为

T/K	A	B	T/K	A	B
109.0	0.3036	−0.0169	115.74	0.2804	0.0546
112.0	0.2944	0.0118			

试计算在 110.8K 和 $x_1=0.5$ 时氩和甲烷的活度系数。

8-13 近年来，实测无限稀释活度系数的方法应用比较广泛。不少二元系统中组分 i 的无限稀释活度系数 γ_i^∞ 可用下式表示

$$\lg\gamma_i^\infty=a+\varepsilon N_1+\frac{\zeta}{N_1}+\frac{\theta}{N_2}$$

式中，a、ε、ζ 和 θ 为经验参数，N_1 和 N_2 分别为组分 1 和组分 2 中的碳原子数。已知在 60℃时，上式可用于乙醇 (1)-水 (2) 系统。当 1 是溶质时，$a=-0.755$，$\varepsilon=0.583$，$\zeta=0.460$，$\theta=0$；当 2 为溶质时，$a=0.680$，$\varepsilon=\zeta=0$，$\theta=-0.440$。试求：(1) γ_1^∞ 和 γ_2^∞；(2) 用威尔森方程求出全浓度范围内的 $\gamma_1\sim x_1$ 关系，并作出相应的曲线。

8-14 甲苯 (1)-乙酸 (2) 系统在 0.1013MPa 和 $x_1=0.627$ 时形成最低恒沸物，恒沸温度为 105.4℃。今有下列蒸气压数据可供应用：

t/℃	p_i^s/MPa		t/℃	p_i^s/MPa	
	甲 苯	乙 酸		甲 苯	乙 酸
70	0.02698	0.01813	110	—	0.07742
80	0.03861	0.02696	110.7	0.1013	—
90	0.05393	0.03915	118.5	—	0.1013
100	0.07427	0.05560	120	—	0.1058

(1) 试拟合出马居尔（二参数）方程参数，并绘制 $\lg\gamma_1$、$\lg\gamma_2$ 与 x_1 的关系曲线；(2) 设在上述限定范围内，活度系数、马居尔方程参数都和温度无关，请作 $p=0.1013\text{MPa}$ 时的 x-y 曲线，并与理想

溶液的曲线比较；(3) 试问在恒沸点时，该系统的自由度等于几？

8-15 用 PR 方程和相应的混合规则估算二氧化碳 (1)-丙烷 (2) 系统在等摩尔比和 450K、16.0MPa 时的 $\hat{\phi}_1$ 和 $\hat{\phi}_2$ 值。

8-16 求 75℃和总压为 40.52MPa 时，CO_2 (2) 在水 (1) 中的溶解度。已知 $H_{2,1}=409.6\text{MPa}$，$\overline{V}_2^{\infty}=31.4\text{cm}^3\cdot\text{mol}^{-1}$，$T_{c2}=304.2\text{K}$，$p_{c2}=7.375\text{MPa}$，$Z_{c2}=0.274$。

8-17 25℃和甲烷分压为 0.1013MPa 时，甲烷 (2) 在甲醇 (1) 中的溶解度 $x_2=8.695\times10^{-4}$。同样条件下，溶解熵为 $-12.117\text{J/mol}\cdot\text{K}$。试求 18℃、甲烷分压为 1MPa 时的溶解度。已知实验值 $x_2=9.005\times10^{-4}$ 并比较计算值和实验值间的误差。

8-18 已知水 (1) -异丁醛(2) 系统在 323K 时的液液平衡数据：水在异丁醛中的含量 $x_1^{\text{I}}=0.1195$，异丁醛在水中的含量 $x_2^{\text{II}}=0.112$。试求范拉尔方程和二尾标马居尔方程的参数。

8-19 试证在三相点附近，固相和气相间的平衡曲线 $p_{s-g}(T)$ 比液相和气相间的平衡曲线 $p_{l-g}(T)$ 对温度坐标轴有更陡的斜度。

8-20 试用热力学稳定性概念分析 Flory-Huggins 方程式(7-160) 的液液相分离的温度区间。

8-21 今有摩尔分数为 $x_1=0.05$ 的萘 (1)-苯 (2) 二元液体混合物，假设液相为理想溶液，而在固相时二组分完全不互溶。现将该液体混合物在恒压下缓慢冷却，问在什么温度下出现固相？已知苯的熔点和熔化焓分别为 278.7K 和 $9843\text{J}\cdot\text{mol}^{-1}$，萘的熔点和熔化焓分别为 353.4K 和 $19070\text{J}\cdot\text{mol}^{-1}$。

8-22 试用 UNIFAC 法推算丙酮 (1)-甲醇 (2) 系统在 57.2℃和 $x_1=0.4$ 时丙酮的活度系数。已知实验值 $\gamma_1=1.248$。

参考文献

[1] Smith J M, Van Ness H C, Abbott M M. Introduction to Chemical Engineering Thermodynamics, 7th ed., McGraw-Hill, New York, 2005.
[2] 朱自强，姚善泾，金彰礼编著. 流体相平衡及其应用. 杭州：浙江大学出版社，1990.
[3] [美] 斯坦利 M. 瓦拉斯著. 化工相平衡. 韩世钧等译. 北京：中国石化出版社，1991.
[4] 陈新志，蔡振云，胡望明编著. 化工热力学. 第 2 版. 北京：化学工业出版社，2004.
[5] Elliott J R, Lira C T. Introductory Chemical Engineering Thermodynamics, Prentice-Hall PTR, New York, 1999.
[6] Prausnitz J M, Lichtenthaler R N, Azevedo E G. Molecular Thermodynamics of Fluid Phase Equilibria, 3rd ed., Prentice-Hall PTR, New Jersey, 1999.
[7] Reid R C, Prausnitz J M, Poling B E. The Properties of Gases and Liquids, 4th ed., McGraw-Hill, New York, 1987.
[8] Prausnitz J M. 等编著. 用计算机计算多元汽-液和液-液平衡. 陈川美，盛若瑜等译. 北京：化学工业出版社，1987.
[9] 许文编著. 高等化工热力学. 天津：天津大学出版社，2004.
[10] 刘家祺主编. 分离过程. 北京：化学工业出版社，2002.
[11] 朱自强，徐汛合编. 化工热力学. 第 2 版. 北京：化学工业出版社，1991.

第9章

化学反应平衡

通过化学反应把廉价易得的原料转变成价值更大的产品，这已成为化工类型生产的主要内容。20世纪70年代以来，石油化工蓬勃发展，煤的深加工利用方兴未艾，合成气化工前途广阔，作为高技术的生物化工备受重视，特别是20世纪90年代以来的绿色化工思潮及其实践活动一浪高过一浪，新产品、新工艺、新方法层出不穷。作为化学工程工作者要掌握已有反应设备的性能、操作和控制，还要设计、开发新的反应设备和系统，必须熟悉化学反应的类型、变化规律，及各种工艺因素对化学反应进程的影响。化学反应平衡是化学反应工程的前导和基础，虽然只有在少数反应器内能使反应接近平衡，但平衡转化率却表征能希望达到的最高值，所以它总是十分有价值的，为此要进行必要的讨论。

9.1 化学计量学和反应进度

没有核裂变存在时，化学反应中的元素是守恒的。当反应处于化学计量的平衡，就能达到上述的要求。当然，在这种情况下，整个系统的物质也是守恒的。

常用普通化学式法表达化学反应，如

$$CH_4(g)+H_2O(g) \rightleftharpoons 3H_2(g)+CO(g) \tag{Ⅰ}$$

更方便的是用代数式法

$$0=\nu_1 A_1(p_1)+\nu_1 A_2(p_2)+\nu_3 A_3(p_3)+\nu_4 A_4(p_4) \tag{9-1}$$

简单地可写为

$$0=\sum_i \nu_i A_i(p_i) \tag{9-2}$$

式中，ν 是化学计量系数或化学计量数（习惯上产品取正号，反应物取负号）；A 是化学分子式；p 是它们的物理状态；i 为组分序号。式(9-2) 中的化学计量系数必须满足物料平衡。以 $CO(g)$、$H_2(g)$、$H_2O(l)$ 和 $CH_3OH(l)$ 间的反应为例，按式(9-2) 可写为

$$0=\nu_1 CO(g)+\nu_2 H_2(g)+\nu_3 H_2O(l)+\nu_4 CH_3OH(l)$$

由元素平衡可写出三个方程

碳平衡 $$+\nu_1+\nu_4=0 \tag{9-3}$$

氧平衡 $$+\nu_1+\nu_3+\nu_4=0 \tag{9-4}$$

氢平衡 $$+2\nu_2+2\nu_3+4\nu_4=0 \tag{9-5}$$

在上列3个方程中有4个未知数，为了解出这4个未知数，应选出一个 ν_i 作为独立变量。现以 ν_1 为独立变量，则

$$\nu_2=2\nu_1,\nu_3=0,\nu_4=-\nu_1 \tag{9-6}$$

这说明水不参与反应，是惰性物质。故该反应可写为

$$0=\nu_1[CO(g)+2H_2(g)-CH_3OH(l)]$$

或

$$CH_3OH(l) \rightleftharpoons CO(g)+2H_2(g) \qquad (Ⅱ)$$

当反应按式(9-1) 进行时，各种物质的摩尔数改变 Δn 直接和化学计量系数有关。对反应（Ⅰ）来说

$$\frac{\Delta n_{H_2O}}{\Delta n_{CH_4}}=\frac{\nu_{H_2O}}{\nu_{CH_4}}=\frac{-1}{-1}=1$$

则

$$\Delta n_{H_2O}=\Delta n_{CH_4}$$

若 0.5mol 的甲烷在反应过程中消失，由于

$$\Delta n_{H_2O}=\Delta n_{CH_4}=-0.5$$

则必然有 0.5mol 的水消失。同样由于

$$\frac{\Delta n_{H_2}}{\Delta n_{CH_4}}=\frac{\nu_{H_2}}{\nu_{CH_4}}=\frac{3}{-1}=-3$$

则

$$\Delta n_{H_2}=-3\Delta n_{CH_4}$$

若 $\Delta n_{CH_4}=-0.5mol$，则 $\Delta n_{H_2}=1.5mol$，这就是在反应中生成的 H_2 的物质的量。若将此原理用在由式(9-1) 代表的反应中，并令其改变是微分量，则可写出

$$\frac{dn_2}{dn_1}=\frac{\nu_2}{\nu_1} \quad 或 \quad \frac{dn_2}{\nu_2}=\frac{dn_1}{\nu_1}$$

$$\frac{dn_3}{dn_1}=\frac{\nu_3}{\nu_1} \quad 或 \quad \frac{dn_3}{\nu_3}=\frac{dn_1}{\nu_1}$$

对于平衡系统中所有参与反应的物质，根据上述方程，可以写出

$$\frac{dn_1}{\nu_1}=\frac{dn_2}{\nu_2}=\frac{dn_3}{\nu_3}=\frac{dn_4}{\nu_4}=\cdots$$

上式中每一项都和反应的量有关。由于各项都相等，故可集中地用一个简单量 ε 来表示。$d\varepsilon$ 的定义为

$$\frac{dn_1}{\nu_1}=\frac{dn_2}{\nu_2}=\frac{dn_3}{\nu_3}=\frac{dn_4}{\nu_4}=\cdots=d\varepsilon \qquad (9\text{-}7)$$

化学物质物质的量的微分变化 dn_i 和 $d\varepsilon$ 间的普遍关系为

$$dn_i=\nu_i d\varepsilon \qquad (9\text{-}8)$$

式中，ε 称为反应进度，也称反应程度或反应坐标，它表征化学反应已经发生的程度。由此可以计算平衡转化率、平衡产率等。

【例 9-1】 开始时在系统内存在着 2molCH_4、1molH_2O、1molCO 和 4molH_2。当反应 $CH_4+H_2O \rightleftharpoons CO+3H_2$ 发生后，试以 ε 的函数式来表达物质的量 n_i 和摩尔分数 y_i。

解 对此给定方程，式(9-7) 可写为

$$\frac{dn_{CH_4}}{-1}=\frac{dn_{H_2O}}{-1}=\frac{dn_{CO}}{1}=\frac{dn_{H_2}}{3}=d\varepsilon$$

根据初态和反应进度，将以上等式对每种物质分别积分如下

$$\int_2^{n_{CH_4}} dn_{CH_4}=-\int_0^{\varepsilon} d\varepsilon, \int_1^{n_{CO}} dn_{CO}=\int_0^{\varepsilon} d\varepsilon$$

$$\int_1^{n_{H_2O}} dn_{H_2O}=-\int_0^{\varepsilon} d\varepsilon, \int_4^{n_{H_2}} dn_{H_2}=3\int_0^{\varepsilon} d\varepsilon$$

积分后得

$$\begin{aligned} n_{CH_4} &= 2-\varepsilon \\ n_{H_2O} &= 1-\varepsilon \\ n_{CO} &= 1+\varepsilon \\ n_{H_2} &= 4+3\varepsilon \\ \hline \sum n_i &= 8+2\varepsilon \end{aligned}$$

故

$$y_{CH_4}=\frac{2-\varepsilon}{8+2\varepsilon},\ y_{CO}=\frac{1+\varepsilon}{8+2\varepsilon}$$

$$y_{H_2O}=\frac{1-\varepsilon}{8+2\varepsilon},\ y_{H_2}=\frac{4+3\varepsilon}{8+2\varepsilon}$$

从式(9-8)可以看出，若 ν 的单位是 mol，则 ε 是个无量纲量，或 ε 的单位是 mol，则 ν 是个无量纲量。选择是完全随意的。若 $\Delta\varepsilon=1$，意味着反应已进行到这样的程度，即每个反应物已有 ν_i 被消耗掉，而每个产物已有 ν_i 生成。这就是反应进度的物理意义。

总结例 9-1 中的计算过程，设组分 i 的初始物质的量为 n_{i0}，则反应达到平衡时组分 i 的物质的量 n_i 和系统中总的物质的量 n_t 分别为

$$n_i=n_{i0}+\nu_i\varepsilon \tag{9-9}$$

$$n_t=\sum_i n_i=\sum_i n_{i0}+\varepsilon\sum_i \nu_i \tag{9-10}$$

或

$$n_t=n_0+\nu\varepsilon \tag{9-10a}$$

式中，$n_0=\sum\limits_i n_{i0}$，$\nu=\sum\limits_i \nu_i$。因此，组分 i 的摩尔分数 y_i 与反应进度 ε 的关系为：

$$y_i=\frac{n_i}{n_t}=\frac{n_{i0}+\nu_i\varepsilon}{n_0+\nu\varepsilon} \tag{9-11}$$

当有两个或两个以上的独立反应在系统内同时进行，每个 j 反应有其相对应的反应进度 ε_j。若有 r 个独立反应，用 ν_{ji} 代表第 j 反应的第 i 物质的化学计量系数。此处 $i=1,\ 2,\ 3,\ \cdots,\ N$，指的是物质；$j=1,\ 2,\ 3,\ \cdots,\ r$，指的是反应。对每一反应，式(9-2)可写为

$$\sum_i^N \nu_{ji}A_i=0(j=1,2,\cdots,r) \tag{9-12}$$

因为系统内某个给定物质的物质的量改变和在单一反应中改变不同，每个方程会涉及物质（A_i）的特殊组合，但不会包括系统中的所有物质。类似于式(9-8)的方程可写为

$$dn_i=\sum_j \nu_{ji}\,d\varepsilon_j\,(i=1,2,\cdots,N) \tag{9-13}$$

【例 9-2】 若系统内发生两个反应

$$CH_4+H_2O \rightleftharpoons CO+3H_2 \tag{A}$$

$$CH_4+2H_2O \rightleftharpoons CO_2+4H_2 \tag{B}$$

若在初始时存在着 2mol 的 CH_4 和 3mol 的 H_2O，试用 ε_1 和 ε_2 的函数式来表达 n_i 和 y_i。

解 将化学计量系数 ν_{ji} 列表如下：

j	CH_4	H_2O	CO	CO_2	H_2
1	−1	−1	1	0	3
2	−1	−2	0	1	4

将式(9-13) 用于每个物质，并再积分

$$\int_2^{n_{CH_4}} dn_{CH_4} = -\int_0^{\varepsilon_1} d\varepsilon_1 - \int_0^{\varepsilon_2} d\varepsilon_2$$

$$\int_3^{n_{H_2O}} dn_{H_2O} = -\int_0^{\varepsilon_1} d\varepsilon_1 - 2\int_0^{\varepsilon_2} d\varepsilon_2$$

$$\int_0^{n_{CO}} dn_{CO} = \int_0^{\varepsilon_1} d\varepsilon_1$$

$$\int_0^{n_{CO_2}} dn_{CO_2} = \int_0^{\varepsilon_2} d\varepsilon_2$$

$$\int_0^{n_{H_2}} dn_{H_2} = 3\int_0^{\varepsilon_1} d\varepsilon_1 + 4\int_0^{\varepsilon_2} d\varepsilon_2$$

即

$$n_{CH_4} = 2 - \varepsilon_1 - \varepsilon_2$$

$$n_{H_2O} = 3 - \varepsilon_1 - 2\varepsilon_2$$

$$n_{CO} = \varepsilon_1$$

$$n_{CO_2} = \varepsilon_2$$

$$n_{H_2} = 3\varepsilon_1 + 4\varepsilon_2$$

$$n_t = \sum n_i = 5 + 2\varepsilon_1 + 2\varepsilon_2$$

则

$$y_{CH_4} = \frac{2-\varepsilon_1-\varepsilon_2}{5+2\varepsilon_1+2\varepsilon_2}, \quad y_{CO_2} = \frac{\varepsilon_2}{5+2\varepsilon_1+2\varepsilon_2}$$

$$y_{H_2O} = \frac{3-\varepsilon_1-\varepsilon_2}{5+2\varepsilon_1+2\varepsilon_2}, \quad y_{H_2} = \frac{3\varepsilon_1+4\varepsilon_2}{5+2\varepsilon_1+2\varepsilon_2}$$

$$y_{CO} = \frac{\varepsilon_1}{5+2\varepsilon_1+2\varepsilon_2}$$

与式(9-9)～式(9-11) 相仿，也可以很方便地从例 9-2 中总结出含多个独立反应平衡系统的 n_i 和 y_i 的计算式

$$n_i = n_{i0} + \sum_j \nu_{ji}\varepsilon_j \tag{9-14}$$

$$n_t = \sum_i n_i = \sum_i n_{i0} + \sum_i \sum_j \nu_{ji}\varepsilon_j = n_0 + \sum_j \nu_j \varepsilon_j \tag{9-15}$$

$$y_i = \frac{n_i}{n_t} = \frac{n_{i0} + \sum_j \nu_{ji}\varepsilon_j}{n_0 + \sum_j \nu_j \varepsilon_j} \tag{9-16}$$

式中，$\nu_j = \sum_i \nu_{ji}$，是第 j 个反应的总计量系数和。

9.2 均相化学反应平衡

为了分析和设计工业反应装置，需要计算平衡转化率和平衡产率，它们的定义为：

平衡转化率＝平衡时所消耗的反应物物质的量/加料中初始的反应物物质的量

平衡产率＝平衡时转化成产物的物质的量/平衡时所消耗的反应物物质的量

由此可见，平衡转化率和平衡产率和平衡时系统中的组成相联系。而为了求解平衡时的组成，就必须了解化学反应平衡的判据和约束条件、平衡常数与组成之间的关系等内容。本节

将对此作必要的讨论和分析。

9.2.1 化学反应平衡的判据和约束条件

自由焓的变化是判断化学反应方向和反应平衡存在与否的基本依据，即

$$(\mathrm{d}G_t)_{T,p} \leqslant 0 \quad 或 \quad (\Delta G_t)_{T,p} \leqslant 0 \tag{9-17}$$

在恒温、恒压下，若总自由焓的微分变化 $\mathrm{d}G_t$ 或积分变化 ΔG_t 小于零，反应过程会自动进行下去。反之，若系统的反应进度从 ε 达到 $\varepsilon+\Delta\varepsilon$ 时（或从 ε 达到 $\varepsilon+\mathrm{d}\varepsilon$）时的自由焓的积分变化（或微分变化）等于零，意味着系统的自由焓不能再降低，系统达到自由焓为最低值的稳态，也即达到化学反应平衡。因此，化学反应平衡的判据为：系统的自由焓达到极小值，存在 $\mathrm{d}G_t/\mathrm{d}\varepsilon=0$（极值点的一阶导数等于零）。

依据式(7-9)，在恒温、恒压下，有

$$\mathrm{d}G_t = \sum_i \mu_i \mathrm{d}n_i$$

将式(9-8) 代入上式，并应用化学反应平衡的判据，对单一化学反应，有

$$\mathrm{d}G_t/\mathrm{d}\varepsilon = \sum_i \mu_i \nu_i = 0 \tag{9-18}$$

回顾式(7-75) 的推导过程，令状态变化从标准态变为溶液，则相类似地有

$$\overline{G}_i - G_i^{\ominus} = RT\ln(\hat{f}_i/f_i^{\ominus}) \tag{9-19}$$

注意到$\overline{G}_i \equiv \mu_i$，将式(9-19) 代入式(9-18)，得到

$$\Delta G_T^{\ominus} \equiv \sum_i \nu_i G_i^{\ominus} = -RT\ln\left[\prod_i (\hat{f}_i/f_i^{\ominus})^{\nu_i}\right] \equiv -RT\ln K_a \tag{9-20}$$

式中，$G_i^{\ominus}$和 $f_i^{\ominus}$分别是组分 i 的标准态自由焓和标准态逸度；$\Delta G_T^{\ominus}$称作温度 T 时的标准态化学反应自由焓变化，仅是温度的函数；Π 是个乘积符合，表示由其控制的所有项作连续的乘积；K_a 定义为化学反应的平衡常数，又称作化学反应平衡比。式(9-20) 即为化学反应平衡的约束条件。

式(9-20) 中的标准态是任意的，但必须在平衡温度 T 下。虽然没有必要对所有的组分都取相同的标准态，但是对给定的组分，$G_i^{\ominus}$的标准态必须和 $f_i^{\ominus}$的标准态相同。

9.2.2 化学反应平衡常数与温度的关系

由式(9-20) 知，$K_a=\exp\left(-\dfrac{\Delta G_T^{\ominus}}{RT}\right)$。由于 $\Delta G_T^{\ominus}$仅是温度的函数，则平衡常数 K_a 也仅与温度有关。K_a 可由所有反应物和产物组分的标准态生成自由焓 $G_{f,i}^{\ominus}$（若选用相同的计算基准，$G_{f,i}^{\ominus}=G_i^{\ominus}$）按计量系数 ν_i 加权后获得的 $\Delta G_T^{\ominus}$来计算，即

$$\Delta G_T^{\ominus} \equiv \sum_i \nu_i G_i^{\ominus} = \sum_i \nu_i G_{f,i}^{\ominus} = \sum_P \nu_P G_{f,P}^{\ominus} - \sum_R \nu_R G_{f,R}^{\ominus} \tag{9-21}$$

式中，下标中的指数 P 和 R 分别表示产物组分和反应物组分。式(9-21) 中的最后一个等式即为“物理化学”中常见的表达式。由 $G_{f,i}^{\ominus}$出发计算 K_a 的内容在“物理化学”中已有介绍，在此不再赘述。

为了计算不同温度 T 下的 K_a 值，是否必须要知道所有温度下的 $\Delta G_T^{\ominus}$呢？答案显然是否定的，这是因为 $\Delta G_T^{\ominus}$可从参考温度 T_0 下（通常 $T_0=298.15\mathrm{K}$）化学反应的标准态自由焓变化 $\Delta G_{T_0}^{\ominus}$、参考温度下化学反应的标准热焓变化 $\Delta H_{T_0}^{\ominus}=\sum\nu_i H_{T_0}^{\ominus}$ 以及所有参与反应组分的热容变化 $\Delta C_p=\sum\nu_i C_{p,i}$ 计算出来。其计算的原理如下。

假设参考温度 298.15K 下所有组分的标准生成自由焓已知，需要计算其他温度 T 下的 $\Delta G_T^{\ominus}$。按照经典热力学中自由焓变化的温度效应

$$\frac{\partial(\Delta G/RT)}{\partial T} = \frac{1}{RT}\left(\frac{\partial \Delta G}{\partial T}\right)_p - \frac{\Delta G}{RT^2} = -\frac{\Delta S}{RT} - \left(\frac{\Delta H}{RT^2} - \frac{\Delta S}{RT}\right) = -\frac{\Delta H}{RT^2}$$

可得出一个有用的方程，称为 van't Hoff 方程，即

$$\frac{\partial(\Delta G_T^{\ominus}/RT)}{\partial T}=-\frac{\Delta H_T^{\ominus}}{RT^2} \tag{9-22}$$

将上式方程的两边从 T_0 到 T 积分，有

$$\frac{\Delta G_T^{\ominus}}{RT}=\frac{\Delta G_{T_0}^{\ominus}}{RT}-\int_{T_0}^{T}\frac{\Delta H_T^{\ominus}}{RT^2}\mathrm{d}T \tag{9-23}$$

由于 $\Delta H_T^{\ominus}$ 也是温度的函数，可从参考温度下的 $\Delta H_{T_0}^{\ominus}$ 和 ΔC_p 计算得到

$$\Delta H_T^{\ominus}=\Delta H_{T_0}^{\ominus}+\int_{T_0}^{T}\Delta C_p\mathrm{d}T \tag{9-24}$$

若组分 i 的热容可表达为 $C_{p,i}=a_i+b_iT+c_iT^2+d_iT^3$，代入上式，有

$$\Delta H_T^{\ominus}=J+\Delta aT+\frac{\Delta b}{2}T^2+\frac{\Delta c}{3}T^3+\frac{\Delta d}{4}T^4 \tag{9-25}$$

式中，$\Delta M=\sum\nu_iM_i$ （$M=a$、b、c）；J 是一个仅与 $\Delta H_{T_0}^{\ominus}$ 和 T_0 有关的积分常数，可由 $T=T_0$ 时 $\Delta H_T^{\ominus}=\Delta H_{T_0}^{\ominus}$ 这一已知条件从式(9-25) 计算出来。将式(9-25) 代入式(9-23)，得

$$\frac{\Delta G_T^{\ominus}}{RT}=\frac{J}{RT}-\frac{\Delta a}{R}\ln T-\frac{\Delta bT}{2R}-\frac{\Delta cT^2}{6R}-\frac{\Delta dT^3}{12R}+I \tag{9-26}$$

式中，I 是另一个积分常数，可由 $T=T_0$ 时 $\Delta G_T^{\ominus}=\Delta G_{T_0}^{\ominus}$ 这一已知条件从式(9-26) 计算出来。有了式(9-26)，即可从定义式(9-20) 计算出平衡常数 K_a。

如果假定反应的标准热焓变化 $\Delta H_T^{\ominus}$ 与温度无关，由式(9-20) 和式(9-23) 出发，可得到一个非常简单的估算任一温度下 K_a 的关系式

$$\ln\frac{K_a}{K_a^{\ominus}}=\frac{\Delta G_{T_0}^{\ominus}}{RT_0}-\frac{\Delta G_T^{\ominus}}{RT}=\frac{-\Delta H_{T_0}^{\ominus}}{R}\left(\frac{1}{T}-\frac{1}{T_0}\right) \tag{9-27}$$

式中，$K_a^{\ominus}$ 是参考温度 T_0 下的平衡常数。当（$T-T_0$）的绝对值小于 100K 时，式(9-27) 的简捷计算精度较高。

【例 9-3】 试计算 145℃下乙烯汽相水合生成乙醇反应的平衡常数，并和简捷计算结果比较。已知反应系统中各组分的热力学性质如下表所示。

	$H_{f,298.15}^{\ominus}$ /kJ·mol^{-1}	$G_{f,298.15}^{\ominus}$ /kJ·mol^{-1}	$C_{p,i}=a_i+b_iT+c_iT^2+d_iT^3$/J·mol^{-1}·K^{-1}			
			a_i	b_i	c_i	d_i
乙烯	52.51	68.43	3.806	0.1566	-8.348×10^{-5}	1.755×10^{-8}
水	−241.835	−228.614	32.24	0.001924	1.055×10^{-5}	-3.596×10^{-9}
乙醇	−234.95	−167.73	9.014	0.2141	-8.390×10^{-5}	1.373×10^{-9}

解 化学反应式为：

$$\begin{array}{lccc} & C_2H_4 & +\ H_2O \longrightarrow & C_2H_5OH \\ \nu_i: & -1 & -1 & +1 \end{array}$$

设 $T_0=298.15$K，则

$$\Delta H_{298.15}^{\ominus}=\sum\nu_iH_{f,298.15}^{\ominus}=-234.98-52.51+241.835=-45.625\text{kJ}\cdot\text{mol}^{-1}$$

$$\Delta G_{298.15}^{\ominus}=\sum\nu_iG_{f,298.15}^{\ominus}=-167.73-68.43+228.614=-7.546\text{kJ}\cdot\text{mol}^{-1}$$

同理，可计算得到 $\Delta a=-27.032$，$\Delta b=0.05558$，$\Delta c=-1.097\times10^{-5}$，$\Delta d=-1.258\times10^{-8}$。

(1) 将 $T_0=298.15$K 和 $\Delta H_{298.15}^{\ominus}$ 代入式(9-25) 以计算积分常数 J

$$-45.625\times1000=J-27.032T_0+0.05558T_0^2/2-1.097\times10^{-5}T_0^3/3-1.258\times10^{-8}T_0^4/4$$

解得：$J=-39.914$kJ·mol^{-1}。将 T_0、J 和 $\Delta G_{298.15}^{\ominus}$ 的数值代入式(9-26)，有

$-7.546\times1000/(8.314\times298.15)=[-39.914\times1000/298.15+27.032\times\ln(298.15)$
$-0.05558\times298.15/2+1.097\times10^{-5}\times298.15^2/6+1.258\times10^{-8}\times298.15^3/12]/8.314+I$

解得积分常数 $I=-4.494$。故当 $T=145+273.15=418.15\text{K}$ 时，按式(9-26) 有

$$\Delta G_T^{\ominus}=-39914+27.032T\ln T-0.02779T^2+1.828\times10^{-6}T^3+1.048\times10^{-9}T^4-37.363T=7997\text{J}\cdot\text{mol}^{-1}$$

因此，$K_a=\exp[-7997/(8.314\times418.15)]=0.1002$

(2) 当用简捷法计算时，须先计算 $T_0=298.15\text{K}$ 时的 $K_a^{\ominus}$

$K_a^{\ominus}=\exp[7.546\times1000/(8.314\times298.15)]=20.99$

再用式(9-27) 估算 $T=418.15\text{K}$ 时的 K_a，即

$$\ln\frac{K_a}{20.99}=\frac{45.625\times1000}{8.314}\left(\frac{1}{418.15}-\frac{1}{298.15}\right)$$

估算得到 $K_a=0.106$。

可见，简捷估算结果与精确计算结果很接近，说明简捷估算法有较好的精度。

9.2.3 真实气体混合物中的反应平衡

若反应物和生成的产物都是真实气体，取系统温度 T、1 个标准大气压（atm）或 1 巴（bar）压力下的纯理想气体为标准态，此时 $f_i^{\ominus}=p_i^{\ominus}=1\text{bar}$（$\hat{f}_i$ 和 $f_i^{\ominus}$的单位必须保持相同，都以 bar 或 atm 作为压力单位），从式(9-20) 可以写出

$$K_a=\prod\hat{f}_i^{\nu_i}=K_f \tag{9-28}$$

组分逸度反映了平衡混合物的非理想性，它们是温度、压力和组成的函数。从等号的另一面看，K_a 或 K_f 却只是温度的函数。因此，当温度恒定时，平衡组成虽随压力改变而变化，但必须维持$\prod\hat{f}_i^{\nu_i}$ 等于常数。把组分逸度的定义代入式(9-28)，得

$$\prod(y_i\hat{\phi}_i^{\text{V}})^{\nu_i}=p^{-\nu}\times K_f=K_yK_{\hat{\phi}} \tag{9-29}$$

式中

$$K_{\hat{\phi}}=\prod(\hat{\phi}_i^{\text{V}})^{\nu_i} \tag{9-29a}$$

$$K_y=\prod(y_i)^{\nu_i} \tag{9-29b}$$

$$\nu=\sum_i\nu_i \tag{9-29c}$$

式(9-29) 把以逸度表示的化学反应平衡常数用平衡组成来表达，但从此式还能看出$\prod y_i^{\nu_i}$ 也和压力 p 有关。对真实气体的化学平衡来说，与理想气体混合物的差别在于要先计算出 $K_{\hat{\phi}}$。可是在用表 7-5 中$\hat{\phi}_i^{\text{V}}$ 的计算方程时，因 y_i 也是未知数，为此必须进行迭代。开始时先设$\hat{\phi}_i^{\text{V}}=1$，由式(9-29) 计算在恒温和恒压下的 y_i，由所得的 y_i 和表 7-5 中的$\hat{\phi}_i^{\text{V}}$ 计算式求出$\hat{\phi}_i^{\text{V}}$；然后再由式(9-29) 计算 y_i，反复迭代，直至收敛为止。

若此平衡混合物是理想溶液，则可以用 ϕ_i 代替$\hat{\phi}_i^{\text{V}}$，则式(9-29) 可写成

$$K_f=K_{\phi}K_yp^{\nu}=p^{\nu}\prod(y_i\phi_i)^{\nu_i} \tag{9-30}$$

式中

$$K_{\phi}=\prod(\phi_i)^{\nu_i} \tag{9-30a}$$

由于 ϕ_i 是在 T 和 p 时纯物质的逸度系数，与组成无关，且可用普遍化关联式先行算出，这时求算平衡组成时就无需进行迭代，减小了计算的复杂程度。

若压力很低，温度又较高，平衡混合物具有理想气体的性质。此时 $\phi_i=1$。则式(9-30) 又可简化成

$$K_p = p^{\nu} \prod (y_i)^{\nu_i} \tag{9-31}$$

在式(9-31)中，已把与温度、压力和组成有关的项分开了。只要给出其中的两项，就能得此第三项。严格说来，式(9-31)只能用在理想气体混合物中化学反应平衡的计算。一般说来，在压力不太高时该式尚能给出合理的近似。以苯加氢制环己烷为例，在800K和5MPa下，用式(9-31)计算K_y值，结果为exp (7.1)。若在同样条件下用式(9-30)计算，K_y为exp (7.0)。两者相差不多。

【例 9-4】 某厂进行合成氨生产，反应温度为450℃，合成压力为30.39MPa，反应物组成为75% H_2 和25% N_2（摩尔分数）。试计算平衡组成。已知在450℃时 $K_f = 0.0727 MPa^{-1}$；在450℃和30.39MPa时，$\phi_{NH_3} = 0.95$，$\phi_{H_2} = 1.05$，$\phi_{N_2} = 1.20$。

解 现用式(9-30)进行计算。反应式为$\frac{1}{2}N_2 + \frac{3}{2}H_2 \rightleftharpoons NH_3$。

$$K_\phi = \frac{0.95}{(1.20)^{1/2}(1.05)^{1/2}} = 0.806$$

取起始反应物的总量为2mol，则依据式(9-9)和(9-10)，有

$$n_{N_2} = \frac{1}{2} - \frac{1}{2}\varepsilon_e$$

$$n_{H_2} = \frac{3}{2} - \frac{3}{2}\varepsilon_e$$

$$n_{NH_3} = \varepsilon_e$$

$$n_t = n_{N_2} + n_{H_2} + n_{NH_3} = 2 - \varepsilon_e$$

按式(9-30)，得

$$\frac{\dfrac{\varepsilon_e}{2-\varepsilon_e}}{\left(\dfrac{\frac{1}{2}-\frac{\varepsilon_e}{2}}{2-\varepsilon_e}\right)^{1/2}\left(\dfrac{\frac{3}{2}-\frac{3}{2}\varepsilon_e}{2-\varepsilon_e}\right)^{3/2}} \times 0.806 = 0.0727 \times (30.39)^{\left(\frac{1}{2}+\frac{3}{2}-1\right)}$$

解得 $\varepsilon_e = 0.532$

因此，平衡组成为

$$y_{NH_3} = \frac{0.532}{2-0.532} = 0.362$$

$$y_{N_2} = \frac{\frac{1}{2} - \frac{1}{2}\times 0.532}{2-0.532} = 0.159$$

$$y_{H_2} = \frac{\frac{3}{2} - \frac{3}{2}\times 0.532}{2-0.532} = 0.478$$

723K、30.39MPa时氨的平衡组成的实验值为0.358。由式(9-30)计算的误差仅1.145%，说明对合成氨工业用式(9-30)来计算平衡组成是可行的。因30.39MPa在目前的合成氨工业中已算是比较高的压力，若压力再升高，这时误差加大，见表9-1，这时应该用式(9-29)来进行计算。

表 9-1　450℃时氨的平衡组成实验值和计算值比较

压力/MPa	计算值		实验值	误差[①]/%	误差[②]/%
	式(9-31)	式(9-30)			
101.32	0.515	0.642	0.705	26.9	8.67
303.97	0.679	0.836	0.955	28.9	12.45

① 系实验值和式(9-31) 计算值的误差。

② 系实验值和式(9-30) 计算值的误差。

压力是影响化学反应平衡的一个重要因素。从式(9-30) 可写出

$$K_y = \frac{K_f}{K_\phi} p^{-\nu} \tag{9-30b}$$

在温度恒定时，K_f 值不变，而 K_ϕ 却是压力的函数。如以合成氨反应为例，K_ϕ 和压力间的关系如图 9-1 所示。压力增加 K_ϕ 值减小，因 K_y 和 K_ϕ 成反比，故 K_y 值增加。此外，总压改变又影响组分的分压。对合成氨反应来说，ν 是负值，总压升高，使 $p^{-\nu}$ 增加，从而 K_y 也随之上升。因 $p^{-\nu}$ 和 K_ϕ 两个因素是叠加的，导致总压升高都使 K_y 升高。由此得出看法，加压对合成氨反应是有利的。当然，加压到什么数值，这不只是由化学反应平衡的组成来决定，尚要视所用工艺、设备条件和投资、操作费用来综合平衡，以求得最优化的压力。但是化学反应的平衡组成却是必须考虑的一个重要因素。

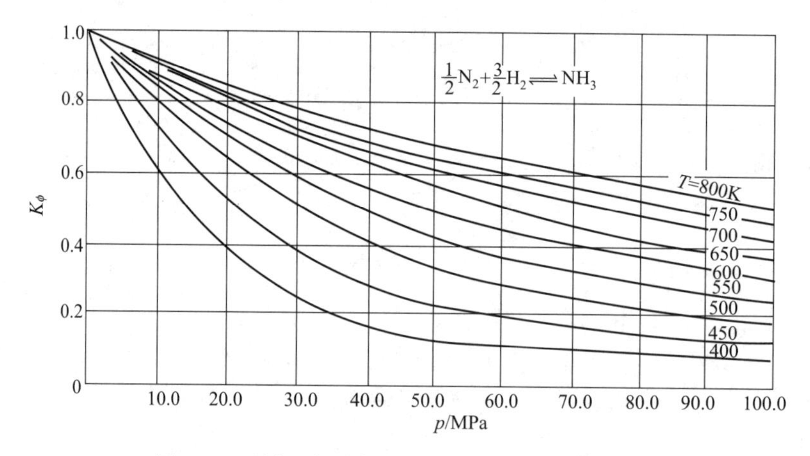

图 9-1　不同温度下合成氨反应的 K_ϕ 和 p 的关系

当 $\nu=0$ 时，$p^{-\nu}$ 将等于 1，对这类反应，总压 p 对平衡组成的影响减少。应该指出，$p^{-\nu}$ 对 K_y 的影响要比 K_ϕ 大，所以在压力不是很高时，式(9-31) 和式(9-30) 的计算值相差不会太大。至于压力提高究竟是使 K_y 值增加还是减小，不能一概而论。首先，要视 ν 是大于零还是小于零。当 $\nu>0$ 时，$p^{-\nu}$ 是在式(9-30b) 的分子上，导致 K_y 值的减小；反之当 $\nu<0$，如合成氨反应那样，使 K_y 值增加。其次，要看 p 对 K_ϕ 的影响，因在 p 增加时，K_ϕ 可以增加，也可以减小。再次，要看 $p^{-\nu}$ 和 K_ϕ 两个因素对 K_y 的影响是叠加，还是相互抵消一部分。根据以上分析可见，总压对化学反应平衡的影响不是单调的，应该通过必要的热力学计算才能得出正确而有力的回答。

此外，当系统中有不参与反应的惰性组分存在且 T、p 条件不变时，虽然平衡常数不受影响，但由于平衡组成会跟着改变，反应的平衡转化率或反应进度会有不同。下面以一个例子加以说明。

【例 9-5】 已知 1-丁烯在 900K，1bar 条件下气相脱氢生成丁二烯的反应平衡常数为 0.242。试求（1）该反应的平衡组成和平衡转化率；（2）当每摩尔 1-丁烯进料中额外加入 10 摩尔水蒸气以抑制副反应时，重新计算反应的平衡组成和转化率；（3）若（1）情形要达到与（2）情形相同的转化率，需要设定在什么样的总压 p 下进行？

解 以 1 摩尔 1-丁烯为基准，化学反应方程式和计量系数为

$$C_4H_8 = C_4H_6 + H_2$$

$$\nu_i \quad -1 \qquad +1 \qquad +1$$

假设（1）、（2）两种情形下的反应进度分别为 ε_1 和 ε_2，用 I 代表惰性组分，按式(9-9)～(9-11) 可写出平衡组成：

(1)

i	n_i	y_i
C_4H_8	$1-\varepsilon_1$	$(1-\varepsilon_1)/(1+\varepsilon_1)$
C_4H_6	ε_1	$\varepsilon_1/(1+\varepsilon_1)$
H_2	ε_1	$\varepsilon_1/(1+\varepsilon_1)$
I	0	0
n_t	$1+\varepsilon_1$	

(2)

i	n_i	y_i
C_4H_8	$1-\varepsilon_2$	$(1-\varepsilon_2)/(11+\varepsilon_1)$
C_4H_6	ε_2	$\varepsilon_2/(11+\varepsilon_1)$
H_2	ε_2	$\varepsilon_2/(11+\varepsilon_1)$
I	10	$10/(11+\varepsilon_1)$
n_t	$11+\varepsilon_2$	

按(9-31) 分别写出平衡常数方程。对情形（1）和（2），因 $p=1$，有

$$0.242p^{-1}\left(\frac{1-\varepsilon_1}{1+\varepsilon_1}\right)=\left(\frac{\varepsilon_1}{1+\varepsilon_1}\right)^2 \tag{A}$$

$$0.242p^{-1}\left(\frac{1-\varepsilon_1}{11+\varepsilon_1}\right)=\left(\frac{\varepsilon_1}{11+\varepsilon_1}\right)^2 \tag{B}$$

分别求解一元方程，得到 $\varepsilon_1=0.44$，$\varepsilon_2=0.784$。因此（1）和（2）两种情形的平衡转化率分别为 0.44 和 0.784。可见惰性组成的存在加大了平衡转化率，对抑制副反应的发生有益处。

对于情形（3），以 $\varepsilon_1=0.784$ 代入方程（A），求解得出 $p=0.152$bar。可见，在没有惰性组分存在时，需要在更低的总压下才能达到相同的平衡转化率。

总结例 9-5 不难发现，对体积增大的反应（$\nu=\sum\nu_i>0$），惰性组分的存在可增大产物的平衡组成和反应平衡转化率；反之，对体积缩小的反应（$\nu<0$），惰性组分的加入对产物的平衡组成和反应的平衡转化率是不利的。这就是"物理化学"中已学的定性规律，通过本节的学习，我们进一步掌握了该定性规律的定量计算。

9.2.4 液相混合物中的反应平衡

由于液体混合物具有非理想性，常用液相组分的活度来代替其浓度。由活度的定义式(7-115) 知，$\hat{a}_i=\hat{f}_i/f_i^{\ominus}$，故均相液相反应的平衡常数可表达为

$$K_a=\prod(\hat{a}_i)^{\nu_i} \tag{9-32}$$

对于液体来说，大多数以系统的温度和 0.1013MPa 的纯液体作为标准态，其活度和活度系数分别为

$$\hat{a}_i=\frac{\hat{f}_i^{L}}{f_i^{\ominus}},\ \gamma_i=\frac{\hat{f}_i^{L}}{x_i f_i^{L}}$$

从上两式消去 $\hat{f}_i^{L}$，得

$$\hat{a}_i=\frac{\gamma_i x_i f_i^{L}}{f_i^{\ominus}}=\gamma_i x_i\left(\frac{f_i^{L}}{f_i^{\ominus}}\right) \tag{9-33}$$

式中，$f_i^{\ominus}$ 和 f_i^{L} 是纯液体在系统的温度下，分别在 0.1013MPa 和系统的压力下的逸度。因压力对纯液体逸度的影响小，在系统的压力不太高时，可近似地认为$\frac{f_i^{\ominus}}{f_i^{\mathrm{L}}}\approx 1$。因此

$$K_a=\prod(x_i\gamma_i)^{\nu_i}=K_{\mathrm{x}}K_\gamma \tag{9-34}$$

式中，$K_\gamma=\prod(\gamma_i)^{\nu_i}$；$K_{\mathrm{x}}$ 为以组分浓度表达的化学反应平衡常数。

若系统的压力很高，则

$$\mathrm{d}\ln f_i^{\mathrm{L}}=\frac{V_i^{\mathrm{L}}}{RT}\mathrm{d}p \qquad (T=\text{常数})$$

若不计压力对 V_i^{L} 的影响，则上式可以积分

$$\int_{f_i^{\ominus}}^{f_i^{\mathrm{L}}}\mathrm{d}\ln f_i^{\mathrm{L}}=\frac{V_i^{\mathrm{L}}}{RT}\int_1^p \mathrm{d}p$$

或

$$\ln\frac{f_i^{\mathrm{L}}}{f_i^{\ominus}}=\frac{V_i^{\mathrm{L}}}{RT}(p-1) \tag{9-35}$$

式中，p 以 atm 为单位。将式(9-35) 代入式(9-34)，得

$$K_a=\left[\prod(x_i\gamma_i)^{\nu_i}\right]\exp\left[\frac{(p-1)}{RT}\sum(\nu_i V_i^{\mathrm{L}})\right] \tag{9-36}$$

若要用式(9-34) 和式(9-36) 来进行运算，关键是要有在不同浓度条件下的活度系数数据。原则上可用活度系数的关联式或推算式，如威尔森方程或 UNIFAC 方程等。因为组成是最后的求算值，故开始时无法代入活度系数与组分间的关联式。为此必须用比较复杂的迭代法进行电算。用 UNIFAC 方程和液相化学反应平衡［式(9-34)］相配合，成功地推算了由甲醇和异丁烯合成甲基叔丁基醚的液相化学反应平衡常数[1]，所得平衡组成的计算值和工厂的中试实验值比较，符合相当好。说明了所介绍方法的可取性和实用性。

若平衡混合物是个理想的液体溶液，各组分的活度系数都等于 1，则式(9-34) 可简化为

$$K_{\mathrm{x}}=\prod(x_i)^{\nu_i} \tag{9-37}$$

此就是熟知的质量作用定律。诚然，理想溶液是不多的。在非理想性高的溶液中式(9-37) 无法应用，需用式(9-34)。但在分解、异构、聚合诸反应中式(9-37) 还是有其应用的场合。

【例 9-6】 试用化学反应平衡的观点分析齐聚反应。为什么在相同的温度下，液相齐聚反应的平衡常数要比气相齐聚反应的平衡常数高？

解 设齐聚反应为 $nA\longrightarrow A_{\mathrm{n}}$。

式中，A 为单体，A_{n} 为齐聚物。因是聚合反应，设式(9-37) 可以应用。同时假设气相也符合理想气体定律。既然式(9-37) 可用，那么符合理想溶液的性质，故拉乌尔定律可以代入式(9-37)，则

$$K_{\mathrm{x}}=\prod\left(\frac{p_i}{p_i^{\mathrm{s}}}\right)^{\nu_i}=\frac{\prod(p_i)^{\nu_i}}{\prod(p_i^{\mathrm{s}})^{\nu_i}}=\frac{K_{\mathrm{p}}}{K_{\mathrm{p}}^{\mathrm{s}}} \tag{A}$$

式中，K_{p} 为以组分分压表示的代学反应平衡常数；$K_{\mathrm{p}}^{\mathrm{s}}=\prod(p_i^{\mathrm{s}})^{\nu_i}$，对此齐聚反应来说，则

$$K_{\mathrm{p}}^{\mathrm{s}}=\frac{p_{\mathrm{A_n}}^{\mathrm{s}}}{(p_{\mathrm{A}}^{\mathrm{s}})^{\mathrm{n}}} \tag{B}$$

[1] Colomo, F., Cori, L., Dalloro, L., and Delong, P., Ind Eng. Chem. Fundam., 22, (2), 219 (1983).

将式(B)代入式(A)，得

$$K_x = K_p \frac{(p_A^s)^n}{p_{A_n}^s} = \frac{p_{A_n}}{(p_A)^n} \times \frac{(p_A^s)^n}{p_{A_n}^s} = \frac{y_{A_n} \times p}{(y_A \times p)^n} \times \frac{(p_A^s)^n}{p_{A_n}^s} = \frac{K_y}{p^{n-1}} \times \frac{(p_A^s)^n}{p_{A_n}^s} \tag{C}$$

若在溶液中没有稀释剂存在，则

$$p = p_A + p_{A_n} = p_A^s x_A + p_{A_n}^s x_{A_n} \tag{D}$$

把式(D)代入式(C)，得

$$K_x = \frac{K_y}{(p_A^s x_A + p_{A_n}^s x_{A_n})^{n-1}} \times \frac{(p_A^s)^n}{p_{A_n}^s} \tag{E}$$

式(E)表达了液相齐聚反应的平衡常数 K_x 和气相齐聚反应平衡常数 K_y 的关系。由于单体的饱和蒸气压 P_A^s 比聚合物的饱和蒸气压 $p_{A_n}^s$ 要大得多，因此 $K_x \gg K_y$。以丁烯-1 的二聚为例，因 $p_A^s / p_{A_n}^s$ 为 20～40，故$\frac{K_x}{K_y}$的比值可达数百之多。因此齐聚反应比较倾向于在液相中进行。在气相反应中，齐聚物的转化率很小。

【例 9-7】 工厂储存易挥发、化学性质活泼的液体是个涉及安全生产的重要问题。乙醛是个易挥发液体，特别受到酸的污染后，易聚合而生成三聚乙醛。这是个放热反应，从而导致温度的升高。由此又会迅速提高乙醛的蒸气压，使系统的压力升高。试问压力升高有没有极限？已知下列诸项数据：在溶液中达化学反应平衡后，在 50.5℃时含 0.606 的乙醛，在 15.5℃时含 0.153 的乙醛。其中乙醛和三聚乙醛的物性参数如表 9-2 所示。

表 9-2 物性

乙　醛	三聚乙醛	乙　醛	三聚乙醛
正常沸点 20.2℃ 蒸气压(80℃)0.5369MPa	正常沸点 124℃	液体热容 96.30J・mol⁻¹・℃⁻¹	液体热容(估算)255.41J・mol⁻¹・℃⁻¹

解 三聚反应可写为

$$3A(l) \rightleftharpoons P(l)$$

式中，A 代表乙醛；P 代表三聚乙醛。这是个聚合反应，假设由 A 和 P 形成的混合物形成一理想溶液，可能是合理的。平衡常数可写为

$$K_x = \frac{x_P}{x_A^3}$$

因是二元混合物，则 $x_A + x_P = 1.0$

在 50.5℃ $$K_x = \frac{0.394}{(0.606)^3} = 1.77$$

在 15.5℃ $$K_x = \frac{0.847}{(0.153)^3} = 236.45$$

标准反应热 $\Delta H^\ominus$ 可由式(9-27)求得

$$\ln \frac{1.77}{236.45} = \frac{\Delta H^\ominus}{8.314}\left(\frac{1}{288.65} - \frac{1}{323.65}\right)$$

解得 $$\Delta H^\ominus = -108786 \text{J} \cdot \text{mol}^{-1}$$

对于其他温度下的 K_x 值仍由式(9-27)表示（式中 $T_0 = 323.65\text{K}$，$K_x^\ominus = 1.77$）

$$\ln K_x=\frac{13085}{T}-39.8631 \tag{A}$$

这是个放热反应。当反应在绝热条件下进行，温度升高，按式(A)的关系平衡转化率下降。因此，会存在一个反应进度的极限，这也将是温度的上限。若此绝热反应过程始自298K，并在 T 时终止。由下图示出：

初态 3mol$A$(1) 298K —— $\Delta H=0$ ——→ 终态 $3-3\varepsilon$mol$A$(1) εmol$P$(1) T

（中间态：$3-3\varepsilon$mol$A$(1) εmol$P$(1) 298K）

根据热力学第一定律可以写出

$$\Delta H=0=\varepsilon(-108.786)+(3-3\varepsilon)(96.30)(T-298)+\varepsilon(255.41)(T-298) \tag{B}$$

再把 K_x 用反应进度 ε 来表示

$$K_x=\frac{\varepsilon(3-2\varepsilon)^2}{(3-3\varepsilon)^3} \tag{C}$$

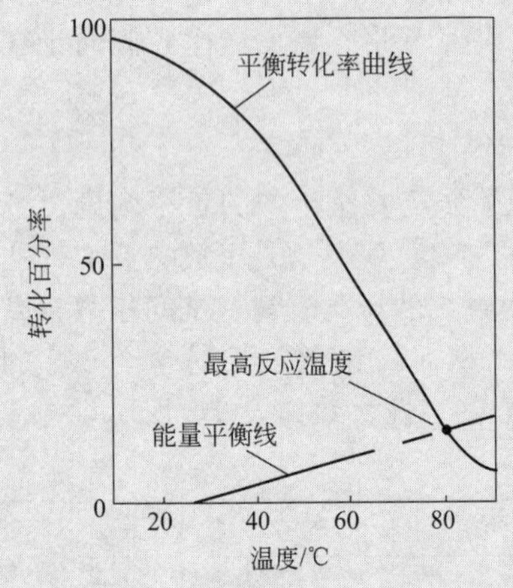

图 9-2 计算最高的反应温度

在不同的温度 T 下可以由式(A)计算出 K_x。再由式(C)得出 ε 值，根据此 ε 值又能由式(B)求出相应的 T'。当 T 与 T' 相等时，即为最高的温度。简便的方法是在不同的 T 时，由式(B)作出能量平衡曲线；由式(A)和式(C)作出平衡转化率曲线，当此两曲线相交时，该温度为最高反应温度。由图 9-2 知，此温度为80℃；$\varepsilon=0.15$。

$$x_A=\frac{3-3\varepsilon}{3-2\varepsilon}=\frac{3-3\times0.15}{3-2\times0.15}=\frac{2.55}{2.70}=0.944;$$

$$x_P=1-0.944=0.056$$

由于三聚乙醛在 80℃下的挥发性低，可以假设其蒸气压为零。则汽相压力基本上全由乙醛的蒸气压决定。在 80℃时的总压为

$$p=x_A p_A^s=0.944\times0.5396\text{MPa}=0.5094\text{MPa}$$

由此可见，压力也有上限，最高为 0.5094MPa。

值得注意的是，对符合或近似符合拉乌尔定律或亨利定律的溶液，式(9-37)还可用其他浓度标度来表示。譬如以质量摩尔浓度标度表示的方程为

$$K_m=\prod(m_i)^{\nu_i} \tag{9-37a}$$

此式非常适合于水溶液。尤其是当参与反应的溶质质量摩尔浓度 m_i 比较低时，溶液基本遵循亨利定律，此时可得到较好的近似结果。不难证明式(9-37a)中采用了 $m_i^{\ominus}=1\text{mol/kg}$、且符合亨利定律的假想溶液为标准态。

9.3 非均相化学反应平衡

本节研究不同相，如一个气相和一个或多个凝聚相间的化学反应平衡。当一个纯的凝聚相存在时，该组分在汽相中的分压（或其逸度）应等于其蒸气压。这样，在平衡时有此凝聚相存在，则其分压应具有在给定温度下的最大值，否则该凝聚相就不会存在。下面将分两类情况加以讨论。

9.3.1 不考虑相平衡的非均相化学反应

碳酸钙分解生产石灰属于这类反应。化学反应方程为

$$CaCO_3(c^{❶}) \rightleftharpoons CaO(c)+CO_2(g)$$

化学反应平衡常数的方程为

$$K_a=\frac{\hat{a}_{CaO}\hat{a}_{CO_2}}{\hat{a}_{CaCO_3}} \tag{9-38}$$

取纯组分固体为标准态，则$\hat{a}_{CaCO_3}$和$\hat{a}_{CaO}$都等于 1。若 $f^{\ominus}_{CO_2}=0.1013MPa$（1atm），则$\hat{a}_{CO_2}=\hat{f}_{CO_2}$。式(9-38）可写为

$$K=\hat{f}_{CO_2} \tag{9-39}$$

在低压下

$$K=p_{CO_2} \tag{9-39a}$$

只要有 $CaCO_3$(c）和 CaO(c）存在，就会有单一的 CO_2 分压。众所周知，K 只是温度的函数，因此，平衡压力也必然是温度的函数。只要有此平衡压力存在，则 CaO(c）和 $CaCO_3$(c）都不会消失。反之，若系统压力小于平衡压力，会导致 $CaCO_3$(c）的消耗；若系统压力永远保持在平衡压力以下，则 $CaCO_3$ 将不断地消耗，直至耗尽为止。

【例 9-8】 下列反应是由热化学循环生产氢的一个部分

$$6Fe(OH)_3(c) = 2Fe_3O_4(c)+9H_2O(g)+\frac{1}{2}O_2(g) \tag{A}$$

在 1500K 时 $\Delta G^{\ominus}=-783kJ$，此反应按热力学观点应自发进行，但是事实上并不如此。难道热力学原理在此不能应用？试分析之。

解 反应式(A）事实上由下列两个反应组成

$$6Fe(OH)_3(c) \rightleftharpoons 3Fe_2O_3(c)+9H_2O(g),\Delta G^{\ominus}=-815kJ \tag{B}$$

$$3Fe_2O_3(c) \rightleftharpoons 2Fe_3O_4(c)+\frac{1}{2}O_2(g),\Delta G^{\ominus}=31.96kJ \tag{C}$$

反应式(B）和式(C）的平衡常数为

$$K_B=\exp(815\times1000/8.314/1500)=2.4\times10^{28}$$

$$K_C=\exp(-31.96\times1000/8.314/1500)=0.0771$$

对反应式(B)，水的平衡分压为

$$K_B=2.4(10^{28})=p^9_{H_2O}$$

$$p_{H_2O}=1400atm=141.82MPa$$

对反应式(C)，氧的平衡分压为

$$K_C=0.0771=p^{1/2}_{O_2}$$

$$p_{O_2}=0.00594atm=0.00060MPa$$

当 $p_{H_2O}<141.82MPa$ 时 $Fe(OH)_3$(c）将分解而生成 Fe_2O_3(c)，进行这个反应没有任何困难。但要 Fe_2O_3(c）分解而生成 O_2，则 p_{O_2} 必须小于 6.0×10^{-4}MPa。这是个非常低的压力，或者运用真空，或者运用惰性气体大量冲稀后才能达到，困难相当大。如果不能维

❶ 本章 c 表示结晶。

持 $p_{O_2}<6.0\times10^{-4}$MPa，那么反应式(C) 不能自动进行，导致反应式(A) 也不能自动进行。由此可见，热力学的运用不能表面化，对特殊系统还要对其特殊性有认识。在此例中要认识到有中间体 Fe_2O_3(c) 存在，才能正确使用热力学的分析方法。只有理论和实际情况的密切结合，才能明智而有效地解决面临的问题。

9.3.2 考虑相平衡的非均相化学反应

在研究和设计化学吸收装置和气液相反应器时，在反应混合物中既有液相，又有气相。因此，平衡组成的计算既要满足气液平衡，又要满足化学反应平衡的要求。有述评论文[1]指出，过程模拟技术已从石油化工过程扩向含有化学活性物质的系统。涉及的过程，如湿法冶金过程、含水地球化学、酸性水的汽提、烟道气的脱硫过程、有机胺的气体处理和纯碱制备等。对以上提到的各种过程，需要联合运用相平衡和化学平衡的规律。

在计算中要满足的条件是

$$\hat{f}_i^{\mathrm{I}}=\hat{f}_i^{\mathrm{II}}=\cdots=\hat{f}_i^{P},i=1,2,\cdots,N \tag{9-40}$$

式中，Ⅰ、Ⅱ…P 代表每个不同的相。上式对所有的相都要符合，在任一相中又要满足

$$K_{a,j}=\prod_{i=1}^{N}\hat{a}_{i_j}^{\nu_i},j=\mathrm{I}、\mathrm{II}\cdots、P \tag{9-41}$$

在求取答案时，同时要解许多非线性代数方程，计算相当复杂。若标准态选择得当，可以简化计算。现以某种气体 A 和水 B 进行反应得到水溶液 C 来说明。首先，假设反应在气相中进行，再在相间进行传质，并达到相平衡。这样，以每个组分的气态标准态（理想气体和反应温度）为基础得到 $\Delta G_T^{\ominus}$值，由此估算出化学反应平衡常数。第二，假设反应在液相中进行，从液态标准态来计算 $\Delta G_T^{\ominus}$。第三，假设反应按如下方式进行

$$A(g)+B(l)\rightleftharpoons C(aq)$$

在此条件下，各组分的标准态分别为：组分 A 是 0.1013MPa（1atm）下纯理想气体，组分 B 是 0.1013MPa（1atm）下的纯液体，组分 C 是质量摩尔浓度为 1 的假想溶液，其化学反应平衡常数 K_a 可写成

$$K_a=\frac{\hat{a}_C}{\hat{a}_B\ \hat{a}_A}=\frac{m_C\gamma_c}{(\gamma_B x_B)(\hat{f}_A)} \tag{9-42}$$

K_a 的绝对数值和标准态有关。因此，由式(9-42) 计算出的 K_a 值与把所有组分用理想气体为标准态的 K_a 值是不同的。但从理论可知，按不同的标准态选择所求得的平衡组成应是相同的。对气液相反应来说，常用式(9-42) 的方法计算。

【例 9-9】 已知氯在水中的溶解度数据（图 9-3）。试求在 20℃和 40℃时的亨利常数和化学反应平衡常数。

解 从图 9-3 中的曲线知，亨利定律不再适用。这是因为溶质在溶剂中发生了化学反应，反应式为

$$H_2O+Cl_2\rightleftharpoons HOCl+H^++Cl^-$$

化学反应和相平衡的综合情况由图 9-4 示出。相应的化学反应平衡常数为

$$K_a=\frac{(m_{H^+})(m_{Cl^-})(m_{HOCl})}{m_{Cl_2}} \tag{A}$$

式中忽略了液相活度系数，m_{H^+}、m_{Cl^-} 是氢离子和氯离子的浓度 [mol·kg（水）$^{-1}$]；m_{HOCl}和 m_{Cl_2} 是 HOCl 和 Cl_2 的浓度 [mol·kg（水）$^{-1}$]。从反应的化学计量系数知

[1] Chen，C. C.，Pure and Appl. Chem.，59，(9) 1177 (1987).

$$m_{H^+}=m_{Cl^-}=m_{HOCl} \quad (B)$$

从氯的物料平衡中求得氯在水中的总浓度 m

$$m=m_{Cl_2}+\frac{1}{2}m_{Cl^-}+\frac{1}{2}m_{HOCl} \quad (C)$$

由气液平衡知，气相中氯的分压应该和液相中游离 Cl_2 的浓度达成相平衡，并服从亨利定律，则

$$p_{Cl_2}=Hm_{Cl_2} \quad (D)$$

式中，H 为亨利常数［MPa·kg（水）·mol^{-1}］。从式(A) 和式(B) 得

$$K_a=\frac{(m_{Cl^-})^3}{m_{Cl_2}}$$

或

$$m_{Cl^-}=(K_a m_{Cl_2})^{1/3} \quad (E)$$

从式(C)、式(B) 和式(E) 得

$$m=m_{Cl_2}+m_{Cl^-}=m_{Cl_2}+(K_a m_{Cl_2})^{1/3} \quad (F)$$

将式(D) 代入式(F)，得

$$m=\frac{p_{Cl_2}}{H}+\left(K_a\times\frac{p_{Cl_2}}{H}\right)^{1/3}$$

化简得

$$\frac{m}{p_{Cl_2}^{1/3}}=\frac{p_{Cl_2}^{2/3}}{H}+\left(\frac{K_a}{H}\right)^{1/3} \quad (G)$$

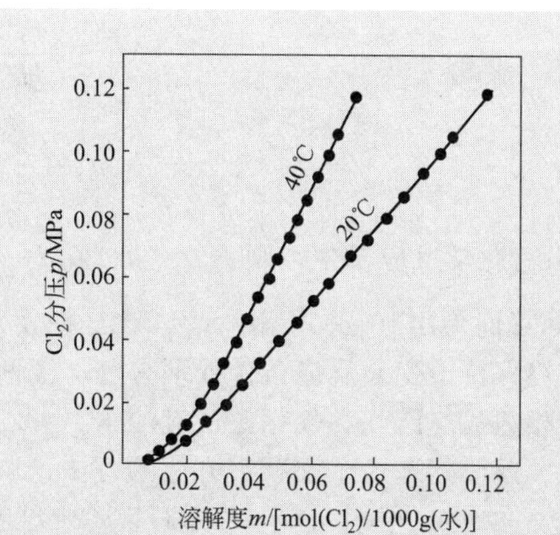

图 9-3 Cl_2 在水中的溶解度与其分压间的关系

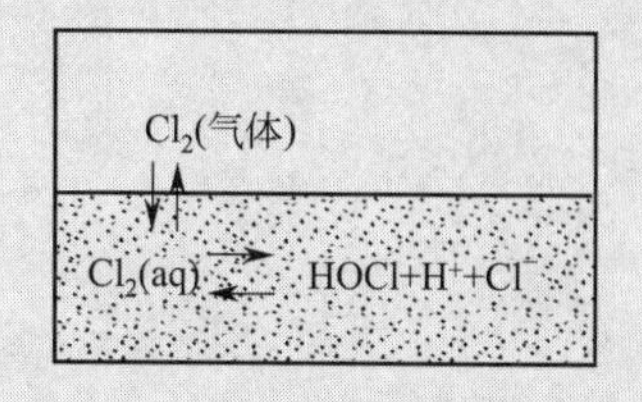

图 9-4 Cl_2 在水中的离解

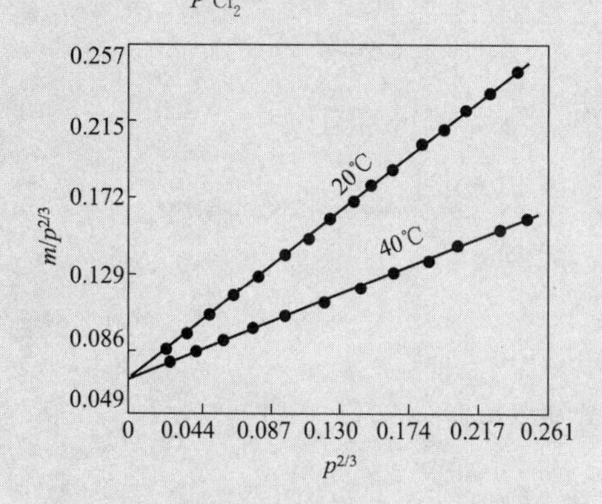

图 9-5 Cl_2 在水中的溶解度与分压间的关系

用 $\frac{m}{p_{Cl_2}^{1/3}}$ 对 $p_{Cl_2}^{2/3}$ 作图，在一定温度下得到直线（图 9-5）。斜率为 $\frac{1}{H}$，截距为 $\left(\frac{K_a}{H}\right)^{1/3}$。

从图 9-5 的数据得出 H 值和 K_a 值，并在表 9-3 中列出。若再有其他温度下氯的溶解度数据，就能得出其他温度下的 H 值和 K_a 值。在 10～60℃范围内，H 值和 K_a 值分别可用下列方程计算

$$\lg H=50.426-15.749\lg T-3351.81/T \quad (H)$$

$$\lg K_a=14.0929-48.081\lg T-7546.01/T \quad (I)$$

对上述类型的反应进行研究后，可得出更普遍形式的方程。若气体 A 在溶剂 B 中溶解，并发生如下的解离

$$aA+bB \rightleftharpoons dD+eE+fF+\cdots$$

令 m 为溶质在液相中的总浓度，mol/kg；p 为溶质的分压，则 m 和 p 的关系式为

$$\frac{m}{p}=\frac{1}{H}+Mp^n \quad (9\text{-}43)$$

表 9-3 氯-水系的 H 值和 K_a 值

温度/℃	斜率	截距	H/atm·$kg_水$·mol^{-1}	K_a/$(mol/kg_水)^2$
20	0.740	0.06436	1.35	0.000354
40	0.362	0.06436	2.76	0.00073

式中 $$M=a\left(\frac{K_a}{H^{a}d^{d}e^{e}f^{f}\cdots}\right)^{\frac{1}{(d+e+f+\cdots)}} \tag{9-43a}$$

$$n=\left(\frac{a}{d+e+f+\cdots}\right)-1 \tag{9-43b}$$

若没有化学反应发生，则 $K_a=0$，即 $M=0$，式(9-43) 又回复到亨利定律的原形。

【例 9-10】 200℃和 3.444MPa 时由乙烯和水合成乙醇。反应器的压力由乙烯来维持，始终保持不变。反应条件保证有气、液两相存在。假设没有其他副反应发生，估算气相和液相组成。已知在气相此反应的 $K_a=0.240\text{MPa}^{-1}$。

解 处理这个问题最方便的方法是假设化学反应在气相中发生

$$C_2H_4(g)+H_2O(g)\rightleftharpoons C_2H_5OH(g)$$

以 1atm 的纯理想气体为其标准态，则

$$K_a=\frac{\hat{f}^{V}_{C_2H_5OH}}{\hat{f}^{V}_{C_2H_4}\hat{f}^{V}_{H_2O}}=0.240\text{MPa}^{-1} \tag{A}$$

由于气体、液相共存，可将 $\hat{f}_i^{V}=\hat{f}_i^{L}$ 代入式(A)，得

$$K_a=\frac{\hat{f}^{V}_{C_2H_5OH}}{\hat{f}^{V}_{C_2H_4}\hat{f}^{V}_{H_2O}}=\frac{\hat{f}^{L}_{C_2H_5OH}}{\hat{f}^{V}_{C_2H_4}\hat{f}^{L}_{H_2O}} \tag{B}$$

液相和汽相的逸度分别用 $x_i\gamma_i f_i^{L}$ 和 $y_i\hat{\phi}_i^{V}p$ 代入式(B)，得

$$K_a=\frac{x_{C_2H_5OH}\gamma_{C_2H_5OH}f^{L}_{C_2H_5OH}}{(y_{C_2H_4}\hat{\phi}^{V}_{C_2H_4}p)(x_{H_2O}\gamma_{H_2O}f^{L}_{H_2O})} \tag{C}$$

压力对液体逸度的影响很小，近似地可用 $\phi_i^{s}p_i^{s}$ 代替，(C) 式可写为

$$K_a=\frac{x_{C_2H_5OH}\gamma_{C_2H_5OH}\phi^{s}_{C_2H_5OH}p^{s}_{C_2H_5OH}}{(y_{C_2H_4}\hat{\phi}^{V}_{C_2H_4}p)(x_{H_2O}\gamma_{H_2O}\phi^{s}_{H_2O}p^{s}_{H_2O})} \tag{D}$$

因 $\sum y_i=1$，则

$$y_{C_2H_4}=1-y_{C_2H_5OH}-y_{H_2O} \tag{E}$$

假设汽相可视作理想溶液，组分逸度系数可由纯组分逸度系数代替，则

$$y_i=\frac{\gamma_i x_i\phi_i^{s}p_i^{s}}{\phi_i p} \tag{F}$$

$$K_a=\frac{x_{C_2H_5OH}\gamma_{C_2H_5OH}\phi^{s}_{C_2H_5OH}p^{s}_{C_2H_5OH}}{(y_{C_2H_4}\phi_{C_2H_4}p)(x_{H_2O}\gamma_{H_2O}\phi^{s}_{H_2O}p^{s}_{H_2O})} \tag{G}$$

将式(E) 和式(F) 合并，得

$$y_{C_2H_4}=1-\frac{\gamma_{C_2H_5OH}x_{C_2H_5OH}\phi^{s}_{C_2H_5OH}p^{s}_{C_2H_5OH}}{\phi_{C_2H_5OH}p}-\frac{\gamma_{H_2O}x_{H_2O}\phi^{s}_{H_2O}p^{s}_{H_2O}}{\phi_{H_2O}p} \tag{H}$$

乙烯比乙醇和水容易挥发，假设在液相中 $x_{C_2H_4}\to 0$，则

$$x_{H_2O}=1-x_{C_2H_5OH} \tag{I}$$

在式(G)、式(H)和式(I)中只有 $x_{C_2H_5OH}$、x_{H_2O} 和 $y_{C_2H_4}$ 是未知量，其余的量可从其他途径得到。用对应态原理中的三参数法［见式(7-36a)］求得 $\phi^s_{C_2H_5OH}=0.76$，$\phi_{C_2H_5OH}=0.78$，$\phi^s_{H_2O}=0.93$，$\phi_{H_2O}=0.85$，$\phi_{C_2H_4}=0.96$，200℃时乙醇和水的 p^s 分别为 3.021MPa 和 1.554MPa。除此以外，尚有 $\gamma_{C_2H_5OH}$ 和 γ_{H_2O}，这可从乙醇-水系统的活度系数-组成关联式或实验数据得到。这样三个方程式，三个未知量，无疑是能够解出的。

设 $x_{C_2H_5OH}=0.05$，从式(I)得 $x_{H_2O}=0.95$。由文献数据查得 $\gamma_{C_2H_5OH}=3.51$，$\gamma_{H_2O}=1.0$。假设压力对 γ_i 的影响不大，因此可从式(H)求得在 3.444MPa 和 200℃时的 $y_{C_2H_4}=0.375$。然后从式(G)求得 $K_a=0.246\text{MPa}^{-1}$ 和已知值 0.240MPa^{-1} 相比较为接近，说明 $x_{C_2H_5OH}=0.05$ 是正确的。由式(F)可求出 $y_{C_2H_5OH}$ 和 y_{H_2O}，相应为 0.158 和 0.467。最后由式(E)求出 $y_{C_2H_4}=0.375$。

本例题的特点不只是涉及气液相反应，而且有一定的压力，液相形成了非理想性较强的溶液，必须引进活度系数。运用了热力学的基本原理和相应的假设，简化了计算，得出了所需的结果。

【例 9-11】 将 1mol N_2、3mol H_2 和 5mol H_2O 放在一密闭容器中，反应条件为 298K 和 13.33kPa。使用合适的催化剂和搅拌条件，以达到气液平衡。假设溶液和气相都是理想的，计算在平衡时每个相的量和浓度（忽略在水相中氨和水形成氢氧化铵和其进一步的电离反应）。下列数据可供应用。

298K 时水的饱和蒸气压为 3.171kPa。N_2、H_2 和 NH_3 在水中的亨利常数分别为 9.213×10^3、7.156×10^3 和 9.756×10^{-2}MPa。化学反应 $\frac{1}{2}N_2+\frac{3}{2}H_2 \rightleftharpoons NH_3$ 的平衡常数 $K_a=7164\text{MPa}^{-1}$。

解 在化学反应平衡时

$$K_a=\frac{\hat{a}_{NH_3}}{\hat{a}_{N_2}^{1/2}\hat{a}_{H_2}^{3/2}}=\frac{y_{NH_3}}{y_{N_2}^{1/2}y_{H_2}^{3/2}p}=7164 \tag{A}$$

达到相平衡时，必须满足 $p_i=y_ip=H_ix_i$，因此

$$y_{N_2}=\frac{9.213\times10^3}{0.01333}x_{N_2}=6.92\times10^5x_{N_2} \tag{B}$$

$$y_{H_2}=\frac{7.156\times10^3}{0.01333}x_{H_2}=5.37\times10^5x_{H_2} \tag{C}$$

$$y_{NH_3}=\frac{9.756\times10^{-2}}{0.01333}x_{NH_3}=7.32x_{NH_3} \tag{D}$$

根据拉乌尔定律

$$y_{H_2O}p=x_{H_2O}p^s_{H_2O}$$

或

$$y_{H_2O}=\frac{p^s_{H_2O}x_{H_2O}}{p}=\frac{3.171x_{H_2O}}{13.33}=0.2377x_{H_2O} \tag{E}$$

物料平衡方程为

$$n_{H_2O}=n^L_{H_2O}+n^G_{H_2O}=5 \tag{F}$$

$$n_{NH_3}=X=n^L_{NH_3}+n^G_{NH_3} \tag{G}$$

$$n_{N_2}=1-\frac{X}{2}=n_{N_2}^{L}+n_{N_2}^{G} \tag{H}$$

$$n_{H_2}=3\left(1-\frac{X}{2}\right)=n_{H_2}^{L}+n_{H_2}^{G} \tag{I}$$

式中，上标 G 和 L 分别指气相和液相。

$$n_L=n_{H_2O}^{L}+n_{N_2}^{L}+n_{H_2}^{L}+n_{NH_3}^{L} \tag{J}$$

$$n_G=n_{H_2O}^{G}+n_{N_2}^{G}+n_{H_2}^{G}+n_{NH_3}^{G} \tag{K}$$

将式(F)～式(K) 代入式(B)～式(E) 后，得

$$n_{N_2}^{G}=6.92\times10^5 n_{N_2}^{L} n_G/n_L \tag{L}$$

$$n_{H_2}^{G}=5.37\times10^5 n_{H_2}^{L} n_G/n_L \tag{M}$$

$$n_{NH_3}^{G}=7.32 n_{NH_3}^{L} n_G/n_L \tag{N}$$

$$n_{H_2O}^{G}=0.2377 n_{H_2O}^{L} n_G/n_L \tag{O}$$

此处共有 11 个未知数，即：$n_{H_2O}^{G}$、$n_{NH_3}^{G}$、$n_{H_2}^{G}$、$n_{N_2}^{G}$、$n_{H_2O}^{L}$、$n_{NH_3}^{L}$、$n_{N_2}^{L}$、$n_{H_2}^{L}$、n_G、n_L 和 X。由式(L) 和式(M) 知，$n_{N_2}^{L}$ 和 $n_{H_2}^{L}$ 很小，因 N_2、H_2 在液相中的溶解度很小，可以假设 $n_{H_2}^{L}=n_{N_2}^{L}=0$，因此，$N_2$、$H_2$ 都将存在于气相之中，而且 $n_{H_2}^{G}=3n_{N_2}^{G}$。式(A) 可写成

$$\frac{n_{NH_3}^{G}/n_G}{\left(\frac{n_{N_2}^{G}}{n_G}\right)^{1/2}\left(\frac{n_{H_2}^{G}}{n_G}\right)^{3/2} p}=\frac{n_{NH_3}^{G} n_G}{3^{3/2}(n_{N_2}^{G})^2\times0.01333}=7164$$

或

$$n_{N_2}^{G}=0.0449(n_{NH_3}^{G})^{1/2}(n_G)^{1/2} \tag{P}$$

由式(F)～式(K) 和式(N)～式(P) 9 个方程式可以解出上述 9 个未知数。运用电算法进行，框图如图 9-6 所示。

K_a 值相当大，设 $X=2\text{mol}$，则按式(F)～式(K) 可得

$$n_L+n_G=5+X+4\left(1-\frac{X}{2}\right)$$
$$=9-X=7$$

从式(G) 和式(N)

$$n_{NH_3}=2=n_{NH_3}^{G}+n_{NH_3}^{L}$$
$$=\left(1+7.32\frac{n_G}{n_L}\right)n_{NH_3}^{L} \tag{Q}$$

从式(F) 和式(O)

$$n_{H_2O}=5=n_{H_2O}^{L}+n_{H_2O}^{G}=\left(1+0.2377\frac{n_G}{n_L}\right)n_{H_2O}^{L} \tag{R}$$

第一次假设 $n_G=2$，$n_L=5$，用式(Q) 和式(R) 解得

$$n_{NH_3}^{L}=0.5092\text{mol},\ n_{H_2O}^{L}=4.5662\text{mol}$$
$$n_{NH_3}^{G}=1.4908\text{mol},\ n_{H_2O}^{G}=0.4338\text{mol}$$

再从式(J) 和式(K) 得

$n_L=0.5092+4.5662=5.0754\text{mol}$，与假设 $n_L=5\text{mol}$ 不符。

因设 $X=2$，由式 (H) 和式 (I) 解得 $n_{N_2}^{G}=0$，$n_{H_2}^{G}=0$

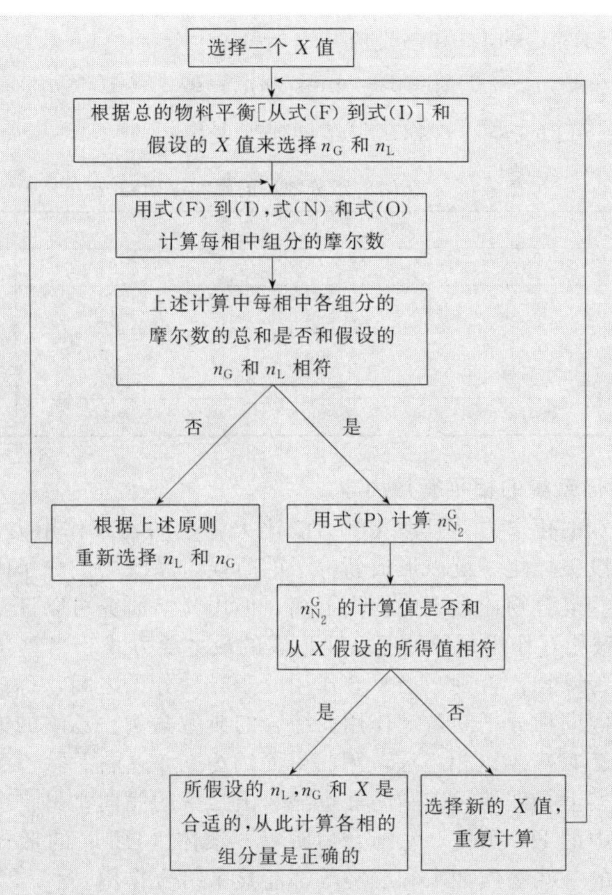

图 9-6　式(F)～式(K)，式(N)～式(P) 的求解框图

$n_G=1.4908+0.4338=1.9246$mol，与假设 $n_G=2$mol 不符。

第二次假设 $n_G=1.85$mol，$n_L=5.15$mol，同样计算得

$$n_{NH_3}^L=0.5510\text{mol},\ n_{H_2O}^L=4.6068\text{mol}$$

$$n_{NH_3}^G=1.4490\text{mol},\ n_{H_2O}^G=0.3932\text{mol}$$

$$n_L=5.1578\text{mol},\ n_G=1.8422\text{mol}$$

n_L 和 n_G 与假设值 5.15mol 和 1.85mol 相当接近，从式(P) 解得 X 值

$$n_{N_2}^G=1-\frac{1}{2}X=0.0449(1.4490\times1.8422)^{1/2}=0.0734$$

$$X=1.8532\text{mol}$$

现以 $X=1.8532$mol 代替 2mol 重新计算，经过迭代，得到

$$X=1.84\text{mol},\ n_G=2.20\text{mol},\ n_L=4.96\text{mol}$$

再计算各相中组分的物质的量，得

$$n_{NH_3}^L=0.433\text{mol}\qquad n_{NH_3}^G=1.407\text{mol}$$

$$n_{H_2O}^L=4.523\text{mol}\qquad n_{H_2O}^G=0.477\text{mol}$$

$$n_L=4.956\text{mol}\qquad n_{N_2}^G=0.080\text{mol}$$

$$n_{H_2}^G=0.240\text{mol}$$

$$n_G=2.204\text{mol}$$

再从式(P)解得 $X=1.842\text{mol}$，和假设值基本相符。

用式(L)和式(M)解得 $n_{N_2}^L=0.26\times10^{-6}\text{mol}$，$n_{H_2}^L=0.10\times10^{-5}\text{mol}$

$n_{N_2}^L$ 和 $n_{H_2}^L$ 确实很小，可以忽略。现把所得结果列于表 9-4。

表 9-4 平衡时的组分物质的量和平衡组成

组分	液相		气相	
	物质的量	摩尔分数	物质的量	摩尔分数
H_2O	4.523	0.913	0.477	0.216
NH_3	0.433	0.087	1.407	0.638
N_2	0.26×10^{-6}	0	0.080	0.036
H_2	0.10×10^{-5}	0	0.240	0.109
总和	4.956	1.000	2.204	0.999

*9.3.3 缔合或溶剂化系统的相平衡热力学

当分子间存在特殊的化学力、且该化学力既比大多数的物理作用力（如范德瓦耳斯力）强但又没有强大到足以破坏化学键以形成新分子的时候，系统中的分子间就存在分子聚集体或复合物的可能。这些复合物通常不能得到分离，但用光谱研究可以证明它们的存在。氢键或 Lewis 酸—Lewis 碱相互作用是导致复合物形成的最主要方式。当复合作用出现在同一种分子之间，称该现象为缔合；否则，当复合作用处于异种分子之间，称该现象为溶剂化。

乙酸的二聚就是因同种分子间氢键作用而缔合的典型案例。乙酸的饱和蒸气即使在很低的压力下其压缩因子 Z 偏离 1 也相当远，因二聚而约为 0.5 左右。除乙酸外，其他的羧酸的二聚化也很普遍。事实上，即使长链脂肪酸也显示出二聚的倾向。另一个经常被引用的案例是常用于制冷剂生产中的 HF 蒸气，它缔合后常以 6 聚体 $(HF)_6$ 的形式存在。此外，在化学工业过程中更普通的一些物质如水和醇类等都能显示缔合作用。

异种分子间也经常存在氢键作用。如氯仿中的氢原子作为缺电子体（称为电子受体或 Lewis 酸）就很容易和一种电子供体物质（称为 Lewis 碱）如丙酮、乙醚或胺（这些物种中的氧或氮原子上富含孤对电子）形成氢键作用。乙炔因炔基的强吸电子效应也会使与其相连的氢原子缺少电子，从而与丙酮类物质能形成异种分子间的氢键。除氢键外，溶剂化作用的另一种表现形式是形成电子转移复合物。当其中的一个组分是富电子体，而另一个组分是强吸电子体（具有低能的空分子轨道）时常会形成此类复合物。含有供电子基团如羟基、甲氧基、二甲氨基等的苯环就是通常意义上的电子供体；而强吸电子体常常是含多个硝基基团的化合物（如 1,3,5-三硝基苯）、醌类化合物、或含多个氰基基团的化合物（如四氰基乙烷、2,3-二氰基-1,4 苯醌）。譬如，硝基苯与 1,3,5-三甲基苯、四氢呋喃和甲苯间都能形成分子间电子转移复合物。

一方面，完全忽略较弱的复合物形成，是相平衡热力学模型的通常处理手法，一般不会引起严重的后果；另一方面，虽然强烈缔合或溶剂化系统中并没有真正地发生化学反应，但复合物的存在却严重影响了相平衡。因此，文献上发展了用化学反应平衡的观点来处理含有诸如乙酸二聚这类系统特殊相平衡问题的热力学方法，常称之为化学理论。

(1) 物料平衡方程

对于一个更普遍化的、由 A 和 B 两种组分形成的二元系统，分子间缔合或溶剂化作用形成的第 i 个复合物可看成按如下反应平衡进行

$$a_i\text{A}+b_i\text{B}=\!=\!=\text{A}_{a_i}\text{B}_{b_i} \tag{9-44}$$

式中，a_i 和 b_i 是计量系数。当 a_i 或 b_i 中的一个为零时，即为同种分子间的缔合作用；否则式(9-44)可表述既含缔合又含溶剂化作用的复合物形成。对于一个由物质的量 n_A 和

n_B 形成的溶液，实验可测定的宏观组成可用表观摩尔分数 x_A 和 x_B（若是气相溶液，则用 y_A 和 y_B，下同）表示；而由于微观上真正的物种中除未缔合或溶剂化的单体 A 和 B 外（用 AM 和 BM 表示单体），还包括各种复合物 $A_{a_i}B_{b_i}$，其微观组成称为真实摩尔分数，用 x_i（若是气相溶液，则用 y_i，下同）表示，则按照物质守恒，有

$$n_A=\sum_i a_i n_i,\ n_B=\sum_i b_i n_i \tag{9-45}$$

式中，n_i 是第 i 个真实物种的物质的量。对于真实摩尔分数，按照归一化条件，有

$$\sum_i x_i=1 \tag{9-46}$$

在二元系中，A 或 B 组分的表观摩尔分数（x_A 与 x_B 中只有一个是独立的，因为 $x_A+x_B=1$）与真实摩尔分数之间存在约束关系，即

$$x_A=\frac{n_A}{n_A+n_B}=\frac{\sum_i a_i n_i}{\sum_i (a_i+b_i)n_i}=\frac{\sum_i a_i x_i}{\sum_i (a_i+b_i)x_i} \tag{9-47}$$

上式中的最后一个等式是通过将前一项的分子和分母同除以真实物种的总物质的量 n_t（$=\sum_i n_i$）而得出。将式(9-47) 重排，有

$$\sum_i x_A(a_i+b_i)x_i-\sum_i a_i x_i=0$$

或

$$\sum_i (b_i x_A-a_i x_B)x_i=0 \tag{9-48}$$

此即为物料平衡方程。

(2) 真实溶液的化学势、逸度和活度准则

假设表观物种 A 和 B 的化学势用 μ_A 和 μ_B 表示，真实物种 AM、BM 以及各种复合物 $A_{a_i}B_{b_i}$ 的化学势用 μ_{AM}、μ_{BM} 和 μ_i 表示，对反应式(9-44) 应用化学平衡的判据式(9-18)，则

$$\mu_i=a_i\mu_{AM}+b_i\mu_{BM} \tag{9-49}$$

对于在 T、p 下处于平衡态的真实物种溶液，总自由焓的微分应等于 0，即

$$dG=0=\sum_i \mu_i dn_i \tag{9-50}$$

将式(9-49) 和微分运算后的式(9-45) 代入式(9-50)，得到

$$dG=0=\mu_{AM}\sum_i a_i dn_i+\mu_{BM}\sum_i b_i dn_i=\mu_{AM}dn_A+\mu_{BM}dn_B \tag{9-51}$$

另一方面，由 A 和 B 组成的表观溶液也处于平衡态，故有

$$dG=0=\mu_A dn_A+\mu_B dn_B \tag{9-52}$$

比较式(9-51) 和式(9-52)，得出

$$\mu_A=\mu_{AM},\mu_B=\mu_{BM} \tag{9-53}$$

式(9-53) 意味着真实溶液中未缔合或未溶剂化单体的化学势与表观溶液中原组分的化学势相等，此即为真实溶液的化学势准则。

若用逸度来表达式(9-53) 中的化学势，有

$$\mu_A\equiv\mu_A^\ominus+RT\ln\frac{\hat{f}_A}{f_A^\ominus}=\mu_{AM}^\ominus+RT\ln\frac{\hat{f}_{AM}}{\hat{f}_{AM}^\ominus}\equiv\mu_{AM} \tag{9-54}$$

式中，$\hat{f}_{AM}^\ominus$是纯 A 组分的表观标准态溶液（其逸度为 $f_A^\ominus$）按真实混合物处理时单体 AM 的标准态逸度。

由于 $d\mu_{AM}=RTd\ln\hat{f}_{AM}$，设初始状态为假想的纯 A（没有缔合），终止状态为由表观 A

组分构成的缔合溶液中的实际纯单体AM，按从初态到终态的途径积分，有

$$\mu_{AM}^{\ominus}-\mu_{A}^{\ominus}=RT\ln\frac{\hat{f}_{AM}^{\ominus}}{f_{A}^{\ominus}} \tag{9-55}$$

合并式(9-54) 和式 (9-55)，不难得出

$$\hat{f}_{A}=\hat{f}_{AM} \tag{9-56a}$$

同理

$$\hat{f}_{B}=\hat{f}_{BM} \tag{9-56b}$$

式(9-56) 称为真实溶液的逸度准则。

若用活度系数来表达 (9-54) 中的逸度，则有

$$\mu_{A}\equiv\mu_{A}^{\ominus}+RT\ln\frac{x_{A}\gamma_{A}f_{A}^{\ominus}}{f_{A}^{\ominus}}=\mu_{AM}^{\ominus}+RT\ln\frac{x_{AM}\alpha_{AM}\hat{f}_{AM}^{\ominus}}{\hat{f}_{AM}^{\ominus}}\equiv\mu_{AM} \tag{9-57}$$

式中，α_{AM}是真实单体AM的活度系数。改写上式，得

$$x_{A}\gamma_{A}=x_{AM}\alpha_{AM}\exp[(\mu_{AM}^{\ominus}-\mu_{A}^{\ominus})/(RT)] \tag{9-58}$$

式中，指数项在给定的温度下为定值。对非缔合物种，该指数项的值等于1；对缔合物种，因组分A的表观活度按对称归一化，即 $\lim\limits_{x_A\to1}x_{A}\gamma_{A}=1$，对式(9-58) 的两边取 x_A 趋向于1的极值，有

$$\exp\left(-\frac{\mu_{AM}^{\ominus}-\mu_{A}^{\ominus}}{RT}\right)=\frac{\lim\limits_{x_A\to1}x_{AM}\alpha_{AM}}{\lim\limits_{x_A\to1}x_{A}\gamma_{A}}=x_{AM}^{\ominus}\alpha_{AM}^{\ominus} \tag{9-59}$$

式中，$x_{AM}^{\ominus}$和$\alpha_{AM}^{\ominus}$分别是纯A组分溶液中单体AM的真实摩尔分数和真实活度系数。合并式(9-58) 和式 (9-59)，可得

$$x_{A}\gamma_{A}=\frac{x_{AM}\alpha_{AM}}{x_{AM}^{\ominus}\alpha_{AM}^{\ominus}} \tag{9-60a}$$

同理

$$x_{B}\gamma_{B}=\frac{x_{BM}\alpha_{BM}}{x_{BM}^{\ominus}\alpha_{BM}^{\ominus}} \tag{9-60b}$$

式(9-60) 称为真实溶液的活度准则。

(3) 相平衡的化学理论

模拟含复合物系统的最简单方法就是忽略液相或气相的非理想性，而仅把气相看成含有复合物的理想气体混合物（对气相系统），把液相看成含有复合物的理想溶液（对液相系统）。如此，所有的气相真实物种的真实逸度系数都为1；或所有液相真实物种的真实活度系数都为1。现以液相为例，将式(9-44) 的反应平衡用液相平衡常数来表达理想溶液的平衡浓度，即

$$x_i=K_i x_{AM}^{a_i}x_{BM}^{b_i} \tag{9-61}$$

将之代入式(9-46) 的浓度归一化方程和式(9-48) 的物料平衡方程，有

$$\sum_i K_i x_{AM}^{a_i}x_{BM}^{b_i}-1=0 \tag{9-62}$$

$$\sum_i (b_i x_A-a_i x_B)K_i x_{AM}^{a_i}x_{BM}^{b_i}=0 \tag{9-63}$$

式中，单体AM和BM的平衡常数 $K_{AM}=1$（或 $K_{BM}=1$）。只要所有的反应计量系数 a_i 和 b_i、以及反应平衡常数 K_i 已知，则由方程 (9-62) 和式 (9-63) 构成的方程组中只有两个未知数，x_{AM}和 x_{BM}，原则上可以求出唯一解。知道了 x_{AM}和 x_{BM}，即可按照式(9-61) 计算出其他真实物种的 x_i、以及按式(9-60) 计算出表观组分A和B的表观活度系数 γ_A 和 γ_B。有了表观溶液的表观活度系数值，按照第8章的知识，即可将之用于相平衡的计算，故方程(9-61)～式(9-63) 所代表的处理方法常被称为相平衡的理想化学理论。

同理，若由A和B构成的表观溶液是含复合物的理想气体混合物，可以相类似地推导得到

$$y_i = K_i p^{(a_i+b_i-1)} y_{AM}^{a_i} y_{BM}^{b_i} \tag{9-64}$$

$$\sum_i K_i p^{(a_i+b_i-1)} y_{AM}^{a_i} y_{BM}^{b_i} - 1 = 0 \tag{9-65}$$

$$\sum_i (b_i y_A - a_i y_B) K_i p^{(a_i+b_i-1)} y_{AM}^{a_i} y_{BM}^{b_i} = 0 \tag{9-66}$$

当需要进一步考虑真实复合物系统的液相或气相非理想性时，活度系数或逸度系数不能忽略。此时，式(9-61)～式(9-63) 中需要加上活度系数的修正，不难得出

$$x_i = K_i (x_{AM}\alpha_{AM})^{a_i} (x_{BM}\alpha_{BM})^{b_i} / \alpha_i \tag{9-67}$$

$$\sum_i \frac{K_i (x_{AM}\alpha_{AM})^{a_i} (x_{BM}\alpha_{BM})^{b_i}}{\alpha_i} - 1 = 0 \tag{9-68}$$

$$\sum_i (b_i x_A - a_i x_B) \frac{K_i (x_{AM}\alpha_{AM})^{a_i} (x_{BM}\alpha_{BM})^{b_i}}{\alpha_i} = 0 \tag{9-69}$$

由式(9-67)～式(9-69) 所代表的处理方程称为相平衡的化学-物理理论。由于大多数的活度系数模型都需要为一对异种分子设置2个模型参数，考虑真实溶液中因复合物的存在使物种数增多，所需的模型参数就增加很多。此外，由于活度系数还是 x_{AM} 和 x_{BM} 的函数，式(9-68) 和式(9-69) 的联合求解过程就更加复杂。若系统的表观组分A和B的表观活度系数 γ_A 和 γ_B 已经实验测出，并需要从方程组去反算出不能实验测定的 K_i、a_i、b_i 等数据，其难度和复杂程度还要大。

同理，当将化学-物理理论应用于含复合物的非理想气体溶液时，需要对式(9-64)～式(9-66) 作逸度系数校正。因推导过程简单直接，留给读者自行推导，这里不再赘述。

【例 9-12】 已知乙酸蒸气在40℃的二聚平衡常数实验值为 375bar^{-1}，试用理想化学理论计算 $p=0.016\text{bar}$ 压力下真实溶液的摩尔分数、压缩因子和逸度系数。

解 用A表示乙酸，AM和A2分别表示真实溶液中的乙酸单体和二聚体，由于不存在B组分［表观溶液是个单组分溶液，意味着式(9-63) 并不需要］，从式(9-65) 出发，有

$$y_{AM} + K_{A2} p y_{AM}^2 - 1 = 0$$

解方程得 $$y_{AM} = \frac{-1+\sqrt{1+4K_{A2}p}}{2K_{A2}p} = \frac{-1+\sqrt{1+4\times375\times0.016}}{2\times375\times0.016} = 0.333$$

故 $y_{A2} = 1 - y_{AM} = 0.667$。

假设体积为 V 的容器中所含乙酸蒸气的表观物质的量为 n_0，但二聚作用使容器中的真实物质的量减少到 n_t。因真实物种的性质符合理想气体，有 $pV = n_t RT$，故表观压缩因子 Z 为

$$Z = \frac{pV}{n_0 RT} = \frac{pV}{n_t RT}\frac{n_t}{n_0} = \frac{n_t}{n_0}$$

因为 $n_t = \sum_t n_i$，$n_0 = \sum_i (a_i + b_i) n_i$，故

$$Z = \frac{n_t}{n_0} = \frac{1}{n_0/n_t} = \frac{1}{\sum_i (a_i+b_i) n_i / \sum_i n_i} = \frac{1}{\sum_i (a_i+b_i) y_i} \tag{A}$$

将已知值代入，有

$$Z = \frac{1}{\sum_i (a_i+b_i) y_i} = \frac{1}{1\times y_{AM} + 2\times y_{A2}} = \frac{1}{0.333+1.334} = 0.6$$

对逸度系数，从式(9-56a) 出发，有

$$\hat{f}_A \equiv y_A \hat{\phi}_A p = y_{AM} \hat{\phi}_{AM} p \equiv \hat{f}_{AM} \tag{B}$$

因为表观溶液是纯的乙酸，$y_A=1$；再按理想化学模型，$\hat{\phi}_{AM}=1$。代入式(B)，有

$$\hat{\phi}_A = y_{AM} = 0.333$$

乙酸-水是一个比较难精馏分离的二元物系。若不考虑分子间的缔合和溶剂化作用而仅用局部组成型活度系数模型来计算汽液平衡，得出的精馏过程模拟计算结果就与实际情况出入相当大。但当仅仅考虑乙酸在汽相的二聚平衡，忽略汽相中水的缔合、水和乙酸之间的相互溶剂化作用，以及液相仍仅用局部组成型方程计算时，所得出的汽液平衡计算结果就能基本满足工程应用的要求[1]。可见，化学理论的引入可极大地改善相平衡的计算。此外，由于液相中采用的局部组成型活度系数方程中隐含了分子间的可能缔合和溶剂化作用，化学理论只应用于汽相这一近似处理方法一般也能达到关联和计算汽液相平衡的目的。

本节给出了相平衡的化学理论的基本框架。文献上以此为出发点，按活度系数模型和状态方程理论两条思路分别发展了含缔合和溶剂化作用的溶液模型，如分散一似化学(DISQUAC) 模型[2]和统计缔合流体理论[3] (SAFT) 等，以用于计算热力学性质和相平衡。

9.4 复杂化学反应平衡

以上各节的讨论局限于一个化学反应，而在生产、设计和科学研究中会遇到两个或两个以上的反应同时发生。例如由 H_2 和 CO 可合成 CH_3OH、烃类等，也可以生成 H_2O、CO_2 和 C 等。前者属于有限制的平衡态，后者十分稳定，属于最终平衡态。从经济观点看，不希望到达最终的平衡态。如何使反应能停留在限制平衡态上，或提高甲醇等的产率，或减少 H_2O、CO_2 等的生成，这不仅和催化剂有关，而且也是个复杂的化学反应平衡问题。

9.4.1 化学反应系统的相律

相律中的变量有 T、p 和各相中的 $N-1$ 个摩尔分数，其中 N 为经检验存在的化学物种数目。总的变量数为 $2+(N-1)(\pi)$，其中 π 为相数。在平衡时，各相的温度、压力和相内每个物种的化学位都应相等。相平衡的方程数为 $(\pi-1)N$。每个独立反应有一个附加关系式，$\sum \mu_i \nu_i=0$，μ 是温度、压力和组成的函数。在体系内若有 R 个独立反应，则关联强度变量间的方程总数为 $(\pi-1)N+R$。相律中自由度应是变量数与方程数间的差值，即

$$F=2+(N-1)(\pi)-(\pi-1)N-R=2-\pi+N-R \tag{9-70}$$

式(9-70) 表达了化学反应系统相律的基本方程。在某些情况下，还会有特殊限制方程存在，用 S 表示。故在式(9-70) 中应予考虑，则更普遍的反应系统的相律表达式为

---

[1] 耿皎，吴有庭，刘庆林，张志炳. 南京大学学报（自然科学版）. 2000，36 (4)：491.

[2] Kehiaian，H. V.，Fiuid Phase Equilibria，1983，13：243

[3] Chapman，W. G.，Jackson，G.，Gubbins，K. E.，Radosz，M.，Ind. Eng. Chem. Res.，1990，29：1709

$$F=N-R-S+2-\pi \tag{9-71}$$

若与没有反应的物系的相律式(8-5) 相比

$$F=C+2-\pi \tag{9-72}$$

则

$$C=N-R-S \tag{9-73}$$

式中，C 为独立组分数，可视为构成含 N 个物种系统中最少的物质数。什么性质的方程属于特殊限制的方程呢？在电解质系统中，要保持电性中和，必须要附加关联离子浓度间的方程；又如因两种物种在一个反应中形成，又在一个相内存在，则在该相内，这两个物种的比例必被固定。如 $NH_4Cl(c) \rightleftharpoons NH_3(g)+HCl(g)$，固体氯化铵分解后，一旦有气相形成，$NH_3$ 和 HCl 一定是等摩尔的，存在着特殊限制方程 $y_{NH_3}=y_{HCl}=0.5$。从式(9-73) 知，要运用相律来研究复杂反应系统的化学平衡，最重要的问题在决定 C 值。它的决定，既可以先决定 R 值，也可直接来决定 C。下面将讨论这两种方法。

(1) R 的决定

写出包含在 N 中的每个物种的生成化学反应，所谓生成化学反应是指由元素生成物种的反应。在所列方程中，对那些在平衡组成中并不包含的元素，用加和的方法予以消除。最后存在的方程数即独立方程数 R

(2) C 的决定

含 N 个化学物种的系统是由 m 个元素组成的，但在平衡时，在 N 个物种中并不是所有的 m 种元素都同时存在，常常是有些元素还包含在平衡组成中。第 i 个物种的化学式 A_i 可以写为

$$A_i=X_{\beta_{i1}}^{(1)}X_{\beta_{i2}}^{(2)}\cdots X_{\beta_{ik}}^{(k)}\cdots X_{\beta_{im}}^{(m)}$$

式中，$X^{(k)}$ 是第 k 个元素（$k=1$，…，m）；β 是其在化学式中的系数，例如二氧化碳的化学式为 CO_2，第 1 号元素是 C，其系数是 1，第 2 号元素是 O，其系数是 2 等。因此 β 总是正的整数或是零。可以证明[1]，化学式中系数矩阵的秩 ρ 等于 C 与 S 的加和值，即

$$\rho=C+S \tag{9-74}$$

化学式中系数矩阵按下列方式构成，β_{ik} 中以物种（$i=1$，…，N）为行，以组成物的元素（$k=1$，…，m）为列：

$$\begin{array}{c|ccccc} & X^{(1)} & \cdots & X^{(k)} & \cdots & X^{(m)} \\ \hline A_1 & \beta_{11} & \cdots & \beta_{1k} & \cdots & \beta_{im} \\ \vdots & \vdots & & \vdots & & \vdots \\ A_i & \beta_{i1} & \cdots & \beta_{ik} & \cdots & \beta_{im} \\ \vdots & \vdots & & \vdots & & \vdots \\ A_N & \beta_{N1} & \cdots & \beta_{Nk} & \cdots & \beta_{Nm} \end{array}$$

矩阵的秩是指该矩阵中不为零的行列式的最大阶数。所谓行列式的阶数或方阵的阶数是指行或列的数目。化学式中系数矩阵的秩 ρ 不会大于组成物的元素数目，但是可以小于该数，即 $\rho\leqslant m$。

【例 9-13】 某反应系统在平衡时含有以下诸物种：CO_2、CO、C、CH_4、H_2、H_2O 和 N_2。用上述两种方法来决定其独立组分数和独立反应数。

解 在平衡混合物中含有 7 个物种，包括 3 个由单一元素构成的物种，即 C、H_2 和 N_2，但这 7 个物种却由 4 种元素构成。

[1] Amundson, N. R., Mathematical Methods in Chemical Engineering, Prentice Hall, Englewood Cliffs N. J. 1966, Ch. 3.

(1) 用先决定 R 的方法

生成化学反应相应可写出如下：

$$C+O_2 \rightleftharpoons CO_2 \tag{A}$$

$$C+\frac{1}{2}O_2 \rightleftharpoons CO \tag{B}$$

$$C+2H_2 \rightleftharpoons CH_4 \tag{C}$$

$$H_2+\frac{1}{2}O_2 \rightleftharpoons H_2O \tag{D}$$

在这 7 种物种内没有元素氧，故必须在反应式中消去。将式(A) 和式(B) 合并，式(B) 和式(D) 合并得以下 3 个方程，即

$$C+CO_2 \rightleftharpoons 2CO$$

$$C+H_2O \rightleftharpoons CO+H_2$$

$$C+2H_2 \rightleftharpoons CH_4$$

因此，$R=3$，即独立反应数为 3；因 $N=7$，不存在化学计量的特殊限制方程，即 $S=0$，故

$C=N-R=7-3=4$，此即独立的组分数。

(2) 用先决定 C 的方法

化学式中系数矩阵为

	C	O	H	N
CO_2	1	2	0	0
CO	1	1	0	0
C	1	0	0	0
CH_4	1	0	4	0
H_2	0	0	2	0
H_2O	0	1	2	0
N_2	0	0	0	2

对此矩阵可找出一个 4 阶非零行列式，如 $\begin{vmatrix} 1 & 2 & 0 & 0 \\ 1 & 1 & 0 & 0 \\ 0 & 1 & 2 & 0 \\ 0 & 0 & 0 & 2 \end{vmatrix} \neq 0$。因此，$\rho=4$。因 $S=0$，则 $C=4$，$R=N-C=7-4=3$。结果和第一种方法所得的答案相同。两种方法可以相互校核。

【例 9-14】 一反应系统内含有 FeO(c)、Fe(c)、C(c)、$CaCO_3$(c)、CaO(c)、CO(g)、CO_2(g) 和 O_2(g)。试问：能和气相共存的固相的最大可能数为几？

解 这 8 个物种包括了 3 个由单一元素构成的物种，但却由 4 种元素构成。可以写出 5 个生成化学反应，即

$$Fe+\frac{1}{2}O_2 \rightleftharpoons FeO \tag{A}$$

$$Ca+C+\frac{3}{2}O_2 \rightleftharpoons CaCO_3 \tag{B}$$

$$Ca+\frac{1}{2}O_2 \rightleftharpoons CaO \tag{C}$$

$$C+O_2 \rightleftharpoons CO_2 \tag{D}$$

$$C+\frac{1}{2}O_2 \rightleftharpoons CO \tag{E}$$

在系统中 Ca 不存在，应予消去。从式(B) 减去式(C)，得

$$C+O_2+CaO \rightleftharpoons CaCO_3 \tag{F}$$

这样保留式(A)、式(D)、式(E)、式(F) 4 个方程，因此 $R=4$。不存在化学计量的特殊限制方程，$S=0$，则

$$C=N-R=8-4=4$$

根据式(8-6)

$$F=C+2-\pi=4+2-6=0$$

此系统没有自由度，5 个固相能和 1 个气相共存，但再不能规定任何强度变数。

9.4.2 复杂化学反应平衡问题的分析

对于复杂化学反应问题的分析，大致上可以分为 4 个步骤：

① 检验或决定在平衡混合物中有显著存在量的物种；

② 运用相律；

③ 对此问题作出数学模型；

④ 进行解题，获得答案。

上节讨论了化学反应系统的相律，本节将集中研究如何判定在平衡混合物中有显著存在量的物种，至于数学模型和解题并得到答案将在下节中介绍。

判定在平衡混合物中有显著存在量的物种是十分关键的一步，因为这和问题的表征有关。应该运用热力学的原理来进行分析。用 i 组分的标准生成自由焓 $(\Delta G_i^{\ominus})_f$ 和其生成反应的 $\ln K_f$ 值来判断该组分是否会在平衡混合物中存在。若 $(\Delta G_i^{\ominus})_f$ 的负值的绝对值越大，或 $\ln K_f$ 值越大，则该组分在平衡混合物中存在的可能性也越大。当然，在计算中选入的物种是和预定的应用有关系的。在许多实际情况中，可以发现在平衡混合物中有显著量存在的物种不一定是很多的，但会有许多痕量物种存在。若选择的 N 值很大，会导致计算的复杂和烦琐。一般应先选出有限的物种数（根据需要）作为 N 值，进行计算。当这些 N 个物种的平衡浓度计算出后，再进一步来计算痕量物种的浓度，作进一步的检验。

【例 9-15】 硫化氢是一种有害的污染物，必须从废气中除去。常用的方法是克劳斯(Claus) 法，该法是基于先将硫化氢部分氧化成二氧化硫，然后用低温催化反应使 SO_2 和剩余的 H_2S 反应生成元素硫。反应为

$$H_2S+\frac{3}{2}O_2 \rightleftharpoons H_2O+SO_2$$

$$2H_2S+SO_2 \rightleftharpoons 3S+H_2O$$

因为 H_2S 和 SO_2 反应的计量比是 2∶1，故希望只把进料中 $\frac{1}{3}$ 的 H_2S 进行氧化。这个过程经常在废热锅炉中进行。

某炼厂有数股含硫化氢的气流，希望采用克劳斯法处理。在混合气流中还有某些轻烃、硫醇、CO_2、NH_3 等存在，因此，会使燃烧需要多少空气的计算复杂化，并还会导致生成某些有毒物质或某些不希望产生的物种。在准备进行详细研究之前，对氧化步骤要作一个初步分析。检定可能有显著存在量的物种，为了加深理解，试运用相律来帮助分析。

解 构成此系统的元素有 5 种，即 C、O、N、H 和 S。工艺上采用的温度为 1162～1495K。估计可能存在的物种不少。在表 9-5 中列出了有关物种的 $\lg K_f$。因为研究的是部

分氧化反应，而 CO_2、SO_2 和 H_2O 的生成反应具有很大的 K_f 值，这将导致氧的分压达很低的值。由于氧的分压很低，使含氧有机物，如 HCHO 虽有较大的 $\lg K_f$ 值，但 HCHO 存在的可能性也不会大。

表 9-5　有关物种的 $\lg K_f$ 值

物种	$\lg K_f$		物种	$\lg K_f$	
	1162K	1495K		1162K	1495K
CO_2	18.0768	14.0072	H_2	0	0
CO	9.7373	8.5651	S_2	0	0
SO_2	12.711	8.874	C(c)	0	0
SO_3	12.349	7.680	CH_4	−1.6008	−2.5438
COS	9.99	7.85	NH_3	−3.608	−4.182
H_2O	8.4261	5.8574	NO	−3.741	−2.539
HCHO	3.765	2.460	NO_2	−4.783	−4.438
H_2S	1.551	0.622	N_2O	−7.576	−6.690
CS_2	0.971	0.836	HCN	−4.195	−2.878
N_2	0	0	CH_3SH	−3.6	−4.5

SO_3 的 $\lg K_f$ 和 SO_2 的 $\lg K_f$ 相近，但是生成 SO_3 的量还是不会大，原因如下：

$$SO_2+\frac{1}{2}O_2 \rightleftharpoons SO_3$$

$$K_p=\frac{p_{SO_3}}{p_{SO_2}p_{O_2}^{1/2}} \quad 或 \quad \frac{p_{SO_3}}{p_{SO_2}}=K_p p_{O_2}^{1/2}$$

在 1162K 和 1495K 时 K_p 分别为 0.435 和 0.05。由于 $p_{O_2}^{1/2}$ 值很小，p_{SO_3} 值也一定是较小的，SO_3 可不计其存在。COS 也含氧，但其 $\lg K_f$ 相当高，又和 p_{S_2} 有关，姑且将其放在平衡混合物中。如前所述，选择是否适宜，可从计算结果中得到验证。硫的蒸气在高温下宜用 S_2 表示。

根据 $\lg K_f$ 值和以上分析，在此系统中平衡时的物种应为 CO_2、CO、SO_2、COS、H_2O、H_2S、CS_2、N_2、H_2 和 S_2 等 10 个物种。其中 7 种化合物的生成反应如下：

$$C+O_2 \rightleftharpoons CO_2 \tag{A}$$

$$C+\frac{1}{2}O_2 \rightleftharpoons CO \tag{B}$$

$$\frac{1}{2}S_2+O_2 \rightleftharpoons SO_2 \tag{C}$$

$$C+\frac{1}{2}O_2+\frac{1}{2}S_2 \rightleftharpoons COS \tag{D}$$

$$H_2+\frac{1}{2}O_2 \rightleftharpoons H_2O \tag{E}$$

$$C+S_2 \rightleftharpoons CS_2 \tag{F}$$

$$H_2+\frac{1}{2}S_2 \rightleftharpoons H_2S \tag{G}$$

在平衡混合物中不存在 O_2 和 C，应予消除，最后结果为

$$CO+\frac{1}{2}S_2 \rightleftharpoons COS \tag{H}$$

$$S_2+CO+H_2 \rightleftharpoons CS_2+H_2O \tag{I}$$

$$\frac{1}{2}S_2+2H_2O \rightleftharpoons 2H_2+SO_2 \tag{J}$$

$$CO+H_2O \rightleftharpoons CO_2+H_2 \tag{K}$$

$$H_2+\frac{1}{2}S_2 \rightleftharpoons H_2S \tag{L}$$

由此可见式(H)～式(L) 为独立方程，故 $R=5$。独立组分应是

$$C=N-R-S=10-5-0=5$$

根据相律，$F=C+2-\pi=5+2-1=6$

此系统拥有 6 个自由度，除温度和压力外，尚有 4 个自由度，它们将是元素比，C/O、H/O、N/O、S/O。若进料气体和空气比决定了，则上述 4 个元素比也就决定了。

9.4.3 复杂化学反应平衡计算——平衡常数法

当反应系统中含有两个或多个化学反应时，可将求解单一反应平衡的平衡常数法进行扩充来计算系统中的平衡组成。系统中的每个反应都有其自身的反应进度，并以此表述该反应中所涉及组分的平衡组成。当一个反应中的某个产物（或反应物）有可能是另一个反应的反应物时，平衡时该物质的量仍可表示成反应进度的函数，并通过物料衡算关联起来。如此，复杂反应系统中的平衡计算问题就转化成对 N 个非线性方程求解 N 个未知数的问题。显然，这在数学上不难做到。下面以一个例子来说明复杂反应平衡的平衡常数计算法。

【例 9-16】 当用纯甲醇作为汽车的燃料时，由于甲醇的蒸汽压比汽油低，汽车发动困难。解决的方案是在汽车启动过程中，有一个反应器在原位能将部分甲醇转化成二甲醚。在给定的温度和 0.1013MPa 压力下，假定送入反应器的甲醇为 1mol，并只有以下两个反应发生

$$CH_3OH(g) = CO(g)+2H_2(g) \tag{A}$$

$$2CH_3OH(g) = CH_3OCH_3(g)+H_2O(g) \tag{B}$$

试计算当反应温度在 200～300℃ 范围时该两个反应的反应进度以及系统中的平衡组成。已知，反应(A)在 200℃ 的反应焓变 $\Delta H_A=96865\text{J}\cdot\text{mol}^{-1}$，反应平衡常数为 $\ln K_{A,473}=3.8205$；反应(B)在 25℃ 时的反应焓变 $\Delta H_B=-24155\ \text{J}\cdot\text{mol}^{-1}$，反应平衡常数为 $\ln K_{B,298}=6.9156$。

解 根据式(9-27)，反应(A)在某个温度下的平衡常数可表示成

$$\ln K_A=\frac{-96865}{8.314}\left(\frac{1}{T}-\frac{1}{473.15}\right)+3.8205 \tag{C}$$

同理，反应（B）在某温度下的反应平衡常数可表示成

$$\ln K_B=\frac{-24155}{8.314}\left(\frac{1}{T}-\frac{1}{298.15}\right)+6.9156 \tag{D}$$

反应平衡时，设反应（A）和（B）的进度分别为 ε_A 和 ε_B，对反应系统进行物料衡算，有

序号	组分名称	n_i	y_i
1	CH_3OH	$1-\varepsilon_A-2\varepsilon_B$	$(1-\varepsilon_A-2\varepsilon_B)/(1+2\varepsilon_A)$
2	CO	ε_A	$\varepsilon_A/(1+2\varepsilon_A)$
3	H_2	$2\varepsilon_A$	$2\varepsilon_A/(1+2\varepsilon_A)$
4	CH_3OCH_3	ε_B	$\varepsilon_B/(1+2\varepsilon_A)$
5	H_2O	ε_B	$\varepsilon_B/(1+2\varepsilon_A)$
		$n_t=1+2\varepsilon_A$	

对反应（A）和（B）分别用平衡组成表示反应平衡常数 K_A 和 K_B，则

$$K_A=\frac{4\varepsilon_A^3}{(1-\varepsilon_A-2\varepsilon_B)(1+2\varepsilon_A)^2} \quad 或 \quad \varepsilon_B=\frac{-2\varepsilon_A^3}{K_A(1+2\varepsilon_A)^2}+\frac{1}{2}-\frac{\varepsilon_A}{2} \tag{E}$$

$$K_B=\frac{\varepsilon_B^2}{(1-\varepsilon_A-2\varepsilon_B)^2} \quad 或 \quad f(\varepsilon)=\varepsilon_B^2-K_B(1-\varepsilon_A-2\varepsilon_B)^2=0 \tag{F}$$

式(E) 和式(F) 构成求解 2 个未知数的方程组，可以方便地用 Excel 工作表求解。求解过程是：在某个温度 T 下，由式(C) 和式(D) 先计算出 K_A 和 K_B 的值；假定一个 ε_A 的初值，用式(E) 求解 ε_B，并计算式(F) 的 $f(\varepsilon)$ 是否为零；反复调整 ε_A 的初值，直至满足要求为止；最后再进行下一个温度 T 情况下的计算。表 9-6 给出了计算结果。

表 9-6 用平衡常数法计算例 9-16 中的复杂化学反应平衡

T/K	473.15	493.15	513.15	533.15	553.15	573.15
K_A	45.63	123.86	311.04	728.98	1606.43	3350.12
K_B	27.43	21.38	16.99	13.74	11.28	9.39
ε_A	0.9055	0.9654	0.9870	0.9950	0.9980	0.9992
ε_B	0.0431	0.0156	0.0058	0.0022	0.0009	0.0003
y_1	0.0029	0.0012	0.0005	0.0002	0.0001	0.0000
y_2	0.3221	0.3294	0.3319	0.3328	0.3331	0.3332
y_3	0.6443	0.6588	0.6638	0.6656	0.6662	0.6665
y_4	0.0153	0.0053	0.0020	0.0007	0.0003	0.0001
y_5	0.0153	0.0053	0.0020	0.0007	0.0003	0.0001
$f(\varepsilon)$	0.00000	0.00000	0.00000	0.00000	0.00000	0.00000

9.4.4 复杂化学反应平衡计算——最小自由焓法

复杂化学反应平衡计算比较复杂，计算的数学方法相当多，往往因使用数学工具的不同而有区别。最直观的方法是寻求自由焓 G 的极小值。这是根据化学反应平衡的判据 $(\mathrm{d}G)_{T,p}=0$ 而得来的。本节为了叙述的简化，限于气相反应，实际上并不只限于此。

系统的自由焓由下式给出

$$nG=\sum(n_i\overline{G}_i)$$

在恒定的 T 和 p 下，求闭系的自由焓对 n_i 的最小值。$\overline{G}_i$ 用下式代入

$$\overline{G}_i-G_i^{\ominus}=RT\ln\frac{\hat{f}_i}{f_i^{\ominus}}$$

得

$$nG=\sum_i(n_iG_i^{\ominus})+RT\sum_i\left(n_i\ln\frac{\hat{f}_i}{f_i^{\ominus}}\right) \tag{9-75}$$

式中的标准态取为纯 i 组分在 0.1013MPa（1atm）时的理想气体。因讨论的是气相复杂反应，故

$$\hat{f}_i=y_ip\hat{\phi}_i$$

其次，令每一元素的 $G_{fi}^{\ominus}$ 为零，则纯 i 组分在其逸度为 0.1013MPa（1atm）时的自由焓 $G_i^{\ominus}$ 为

$$G_i^{\ominus}=\Delta G_{fi}^{\ominus} \tag{9-76}$$

式中，$\Delta G^{\ominus}_{fi}$为在温度 T 时从元素生成 i 组分的标准自由焓。把式(9-76) 代入式(9-75)，$\hat{f}_i$ 用 $y_i p \hat{\phi}_i$ 代替，则得

$$nG=\sum_i(n_i\Delta G^{\ominus}_{fi})+(\sum_i n_i)RT\ln p+RT\sum_i(n_i\ln y_i)+RT\sum_i(n_i\ln\hat{\phi}_i) \qquad (9\text{-}77)$$

式(9-77) 为 nG 的表达式，自此对 nG 求导，解所得出的一组 R 个非线性方程。这种问题可以通过拉格朗日乘子法来求得。在此要把质量衡算的限制条件和 nG 表达式结合起来考虑。质量衡算方程可作如下推导。

令 B_k 是系统内第 k 个元素的总物质的量，可由其初始组成来决定；令 β_{ik} 为 i 化学物种的分子式中第 k 个元素的原子数，即第 k 个元素的系数。于是对每一元素 k：

$$\sum_i n_i\beta_{ik}=B_k \qquad (9\text{-}78)$$

也可写成

$$\sum_i n_{ik}\beta_{ik}-B_k=0 \qquad (9\text{-}78a)$$

乘以未定常数 λ_k，并对 k 进行加和，得

$$\sum_k[\lambda_k(\sum_i n_{ik}\beta_{ik}-B_k)]=0 \qquad (9\text{-}79)$$

因式(9-79) 的值是零，故可加在式(9-77) 上而不会有所变更

$$nG=\sum_i(n_i\Delta G^{\ominus}_{fi})+(\sum_i n_i)RT\ln p+RT\sum_i n_i\ln\left(\frac{n_i}{\sum_i n_i}\right)+$$
$$RT\sum_i(n_i\ln\hat{\phi}_i)+\sum_k\left[\lambda_k(\sum_i n_{ik}\beta_{ik}-B_k)\right] \qquad (9\text{-}80)$$

式中，y_i 已用 $\dfrac{n_i}{\sum_i n_i}$ 代替。将式(9-80) 对 n_i 作偏导，得 $[\partial(nG)/\partial n_i]_{T,p,n_j}$,此值应等于零,从而导致

$$\Delta G^{\ominus}_{fi}+RT\ln p+RT\ln y_i+RT\ln\hat{\phi}_i+\sum_k(\lambda_k\beta_{ik})=0 \qquad (9\text{-}81)$$

式(9-81) 共有 i 个方程；另外，尚有 k 个质量衡算式

$$\sum_i(y_i\beta_{ik})=\frac{B_k}{\sum n_i} \qquad (9\text{-}82)$$

再加上 1 个方程，即

$$\sum_i y_i=1 \qquad (9\text{-}83)$$

从式(9-81)～式(9-83) 共有 $(i+k+1)$ 个方程。尚未知数有 i 个 y_i，k 个 λ_k 和 $\sum_i n_i$，也是 $(i+k+1)$ 个。因此，在原则上可根据所列出的方程求出所需的未知数。因求解很烦琐，在数学解法上有许多研究。应该指出，要解式(9-81)～式(9-83) 时，假设$\hat{\phi}_i$ 是已知的。实际上，$\hat{\phi}_i$ 是 y_i 的函数，而 y_i 是未知数，因此需用迭代法。先设$\hat{\phi}_i=1$，解出 y_i 诸值，然后再用第 7 章中计算$\hat{\phi}_i$ 的方程，由所解出的 y_i 求得$\hat{\phi}_i$，用所得的$\hat{\phi}_i$ 值（不再等于 1）再去解得新的 y_i，这样不断迭代，直到前后两次的 y_i 值相差在允许范围之内。最后的 y_i 即为此复杂化学反应的平衡组成。式(9-81) 中的 λ_k 是拉格朗日乘子，故此法称拉格朗日乘子法。

【例 9-17】 某系统在 0.1013MPa（1atm）和 1000K 时达到了化学反应平衡，系统中包含 CH_4、H_2O、CO、CO_2 和 H_2 5 个物种。若系统的初始组成为 2mol CH_4 和 3mol H_2O，试计算其平衡组成。

解 B_k 可直接由初始进料决定，β_{ik} 可由系统中物种的化学式来决定。结果如表 9-7 所示。

表 9-7 B_k 和 β_{ik} 值

物　种	元　素 k		
	碳	氧	氢
	B_k—在系统中元素 k 的总物质的量		
	$B_C=2$	$B_O=3$	$B_H=14$
	β_{ik}—i 物种分子式中 k 元素的原子数		
CH_4	$\beta_{CH_4,C}=1$	$\beta_{CH_4,O}=0$	$\beta_{CH_4,H}=4$
H_2O	$\beta_{H_2O,C}=0$	$\beta_{H_2O,O}=1$	$\beta_{H_2O,H}=2$
CO	$\beta_{CO,C}=1$	$\beta_{CO,O}=1$	$\beta_{CO,H}=0$
CO_2	$\beta_{CO_2,C}=1$	$\beta_{CO_2,O}=2$	$\beta_{CO_2,H}=0$
H_2	$\beta_{H_2,C}=0$	$\beta_{H_2,O}=0$	$\beta_{H_2,H}=2$

在 0.1013MPa 和 1000K 时，上述气体混合物可视为理想气体。因此在式(9-81) 中的 $\ln\hat{\varphi}_i$ 可以略去。其次 $\ln p=0$（p 用 atm 表示），则为（9-81）可写为

$$\Delta G_{fi}^{\ominus}+RT\ln y_i+\sum_k(\lambda_k\beta_{ik})=0 \quad (A)$$

在 1000K 时

$$\Delta G_{f,CH_4}^{\ominus}=19.30\text{kJ}\cdot\text{mol}^{-1},\Delta G_{f,H_2O}^{\ominus}=-192.6\text{kJ}\cdot\text{mol}^{-1}$$

$$\Delta G_{f,CO}^{\ominus}=-200.6\text{kJ}\cdot\text{mol}^{-1},\Delta G_{f,CO_2}^{\ominus}=-395.8\text{kJ}\cdot\text{mol}^{-1}$$

$$\Delta G_{f,H_2}^{\ominus}=0$$

从式(A) 可得到以下 5 个方程

$$19.30+RT\ln y_{CH_4}+\lambda_C+4\lambda_H=0 \quad (B)$$

$$-192.6+RT\ln y_{H_2O}+2\lambda_H+\lambda_O=0 \quad (C)$$

$$-200.6+RT\ln y_{CO}+\lambda_C+\lambda_O=0 \quad (D)$$

$$-395.8+RT\ln y_{CO_2}+\lambda_C+2\lambda_O=0 \quad (E)$$

$$RT\ln y_{H_2}+2\lambda_H=0 \quad (F)$$

式中，$R=8.314$kJ/mol/K

从式(9-82) 可得 3 个质量衡算方程

C：
$$y_{CH_4}+y_{CO}+y_{CO_2}=\frac{2}{\sum_i n_i} \quad (G)$$

H：
$$4y_{CH_4}+2y_{H_2O}+2y_{H_2}=\frac{14}{\sum_i n_i} \quad (H)$$

O：
$$2y_{CO_2}+y_{CO}+y_{H_2O}=\frac{3}{\sum_i n_i} \quad (I)$$

还有一个方程是

$$y_{CH_4}+y_{H_2O}+y_{CO}+y_{CO_2}+y_{H_2}=1 \tag{J}$$

联立解式(B)～式(J)，共 9 个方程，得

$$y_{CH_4}=0.0199 \qquad \sum n_i=8.656$$

$$y_{H_2O}=0.0995 \qquad \frac{\lambda_C}{RT}=0.797$$

$$y_{CO}=0.1753$$

$$y_{CO_2}=0.0359 \qquad \frac{\lambda_O}{RT}=25.1$$

$$y_{H_2}=0.6694 \qquad \frac{\lambda_H}{RT}=0.201$$

$$\sum y_i=1.0000$$

λ_i 值没有实际意义，因它们都是待求的未知数，故也列出。这样从 9 个方程式解得 9 个未知数，其中 y_i 值即为该系统在给定条件下的平衡组成。

复杂化学反应平衡不只是在化学及其相关工业的反应器设计和开发中有其显著的重要性，而且在高技术，如航天、火箭技术中都有很大的用途，推进器的设计和火箭推进剂的燃烧都和高温、高压的复杂化学反应平衡有关。相当多的复杂化学反应平衡的研究，本身就和发展航天事业有关。

以上简要说明了均相复杂反应平衡的两种计算过程。当系统中的多个反应在不同的相间进行时，则是非均相复杂反应平衡的计算问题，也是实际过程工程中更容易碰到的问题。非均相复杂反应平衡的计算可从以上介绍的方法外推，此时，除反应平衡外，还须考虑系统中组分的相平衡。由于相平衡的引入，使得需要计算的变量和联立求解的方程更多，计算过程略为复杂一些，但计算的原理和方法不变，在此不再赘述。

习　　题

9-1　298K 时，2-甲基丁烯-2 和戊烯-1 的标准燃烧焓变分别为 $-3134.2\text{kJ}\cdot\text{mol}^{-1}$ 和 $-3155.8\text{kJ}\cdot\text{mol}^{-1}$。在同样温度下，它们的标准生成自由焓相应为 $59.69\text{kJ}\cdot\text{mol}^{-1}$ 和 $78.60\text{kJ}\cdot\text{mol}^{-1}$。试问在标准态时，哪个化合物稳定？试计算异构化反应的焓变。

9-2　二氧化硫氧化成三氧化硫后，再用稀硫酸吸收可制得硫酸。在 900K 时 SO_2 和 SO_3 的 $\Delta G_f^{\ominus}$ 相应为 $-296.3\text{kJ}\cdot\text{mol}^{-1}$ 和 $310.3\text{kJ}\cdot\text{mol}^{-1}$。若初始浓度为：$X_{SO_2}=0.083$，$X_{O_2}=0.125$，$X_{N_2}=0.792$，试求在 900K 和 0.2026MPa（2atm）下的平衡组成。

9-3　曾经建议从甲醇脱氢制备甲醛，其反应为

$$CH_3OH \rightleftharpoons HCHO+H_2 \tag{A}$$

但脱氢反应并不到生成甲醛为止，还要继续进行

$$HCHO \rightleftharpoons CO+H_2 \tag{B}$$

试用化学反应平衡原理加以证明。另外，也有人建议用甲醇氧化来制造甲醛

$$CH_3OH+\frac{1}{2}O_2 \rightleftharpoons HCHO+H_2O \tag{C}$$

试讨论此反应是否更有前途？

9-4　由一氧化碳和氢制备甲醇，其反应

$$CO(g)+2H_2(g) \rightleftharpoons CH_3OH(g)$$

此反应在 400K 和 0.1013MPa（1atm）下进行，从反应器内的平衡气相分析得知，H_2 的含量为 40% mol。假设气相服从理想气体定律，（1）试计算平衡产物中 CO 和 CH_3OH 的含量；（2）若气相进料

组成和（1）一样，而反应在500K和0.1013MPa下发生，问在平衡产物中的H_2比40%mol大还是小？为什么？

9-5 正戊烷（n-C_5）(1)-新戊烷（neo-C_5）(2) 系统的气相混合物在0.1013MPa和400K时的摩尔自由焓G由下式表示

$$G=9600y_1+8990y_2+800(y_1\ln y_1+y_2\ln y_2)$$

（1）若n-C_5和neo-C_5间发生异构化反应，计算400K和0.1013MPa下的平衡组成；（2）作G对y_1的曲线（0.1013MPa和400K），指明其平衡组成和（1）中解出的相一致。

9-6 在500K和3.040MPa时由苯加氢制环己烷。假设没有副反应，系统内只含氢、苯和环己烷。当达到气液平衡时，估算气相和液相的组成以及苯的平衡转化率。并请确定氢和苯的初始浓度（摩尔比）应在怎样的范围内，方能使气相和液相并存？若需有关数据，请从文献中寻找，现已知：

化　合　物	$\Delta G^{\ominus}_{f,500}$/kJ·mol^{-1}	p^s/MPa
苯	164.18	2.3299
环己烷	142.55	1.9956

9-7 二氧化硫溶解于水中，有部分解离，其反应式为

$$H_2O+SO_2 \rightleftharpoons H^+ +HSO_3^- \quad (A)$$

假设气相中的SO_2和溶液中游离的SO_2间的关系服从亨利定律。已知20℃时的亨利常数和反应(A)的平衡常数分别为0.0648MPa·mol^{-1}·kg(H_2O)和11.06×10^{-3}(min)^2·mol^{-1}·kg(H_2O)$^{-1}$。试求SO_2分压为0.02026～0.1013MPa时SO_2在水中的溶解度，并作出分压和溶解度的曲线。

9-8 若由CO和H_2合成甲醇，反应在35.455MPa和600K时进行，试计算其平衡组成。

9-9 为了要从碳酸钙制备石灰，在通常压力（0.1013MPa）下和含15%CO_2的燃烧气体相接触，试问要加热到多高温度才能进行？已知在298K时的$\Delta G^{\ominus}_f$和$\Delta H^{\ominus}_f$为：

化　合　物	$\Delta G^{\ominus}_f$/J·mol^{-1}	$\Delta H^{\ominus}_f$/J·mol^{-1}	A	B	C
$CaCO_3$(c)	−1129515	−1207682	49.66	4.52	6.95
CaO(c)	−604574	−635975	104.59	21.94	25.96
CO_2(g)	−394430	−393773	44.17	9.04	8.54

还可从文献中查得上述三种化合物的C_p值为

$$C_p=A+B\times10^{-3}T+C\times10^5T$$

式中，A、B和C为常数，也列在上表之中。

9-10 300K在气相进行异构化反应：

$$n\text{-}C_5H_{12} \rightleftharpoons iso\text{-}C_5H_{12}$$

$K_p=13$。已知$p^s_n=0.068$MPa，$p^s_{iso}=0.092$MPa。若此反应在液相（理想溶液）中进行，试计算其平衡组成，并与气相反应的平衡组成进行比较。

9-11 假设组分A和B在汽相形成1∶1的氢键复合物，且A和B自身之间不存在缔合。已知80℃时该溶剂化反应的平衡常数为$K_{AB}=0.8$bar^{-1}，且表观摩尔分数$x_A=0.5$的汽相混合物的压力为0.78bar。请用理想化学理论计算此时表观组分A的汽相逸度系数。

9-12 假设组分A和B在液相因Lewis酸—Lewis碱相互作用而形成1∶1的溶剂化复合物，且A和B自身之间不存在缔合。请问：（1）当表观组分A的摩尔分数为0.4、且溶剂化反应的平衡常数为3.2时，下表中的哪一组真实组分的摩尔分数数据是正确的？（2）基于你在（1）中所选择的真实摩尔分数数据，计算组分A和组分B的表观活度系数。

	x_{AM}	x_{BM}	x_{AB}
第一组	0.2096	0.4731	0.3173
第二组	0.2646	0.3983	0.3372

9-13 从甲醇制甲醛可有两种途径，一是热解过程，另一是氧化过程。反应式如下：

$$\text{热解}\quad CH_3OH(g) \rightleftharpoons HCHO(g)+H_2(g)$$

$$\text{氧化}\quad CH_3OH(g)+\frac{1}{2}O_2 \rightleftharpoons HCHO(g)+H_2O(g)$$

热解是吸热，氧化是放热。若调节适宜，将此两反应放在一个反应器内进行，使其既不放热，又不需为其提供热量。氧化反应的化学反应平衡常数很大，意味着容易进行，但要使热解反应进行，必须氧是不足的，并在平衡时没有氧存在。考虑用纯氧和空气来作氧化剂，试用相律来进行分析。

9-14 丙烷热裂解可以生成氢、甲烷、乙烯和丙烯。反应条件为 1000K 和 0.1013MPa。(1) 试用相律进行分析；(2) 用拉格朗日乘子法计算其平衡组成。所需生成自由焓和其他数据请从文献查得备用。

9-15 采用水蒸气汽相催化重整 CH_4 来制备合成气，其主反应方程为 $CH_4(g)+H_2O(g) = CO(g)+H_2(g)$。除主反应外，还存在水汽变换的副反应，即 $CO(g)+H_2O(g) = CO_2(g)+H_2(g)$。当甲烷和水蒸气的摩尔进料比为 1∶1 时，试计算温度分别为 600K 和 1300K、压力分别为 1bar 和 100bar 下系统的平衡组成。已知各组分的生成函数如下表：

	$\Delta H_f^{\ominus}$ (600K)	$\Delta H_f^{\ominus}$ (1300K)	$\Delta G_f^{\ominus}$ (600K)	$\Delta G_f^{\ominus}$ (1300K)
CH_4	−83.22	−91.71	−22.97	52.30
H_2O	−244.72	−249.45	−214.01	−175.81
CO	−110.16	−113.85	−164.68	−226.94
CO_2	−393.80	−395.22	−395.14	−396.14

参考文献

[1] Elliott J R, Lira C T. Introductory Chemical Engineering Thermodynamics, Prentice-Hall PTR, New York, 1999.

[2] Smith J M, Van Ness, H C, Abbott, M M. Introduction to Chemical Engineering Thermodynamics, 7th ed., McGraw-Hill, New York, 2005.

[3] [美] 斯坦利 M. 瓦拉斯著. 化工相平衡. 韩世钧等译. 北京：中国石化出版社，1991.

[4] Zhorov Yu M. Thermodynamics of Chemical Processes, Mir Publishers, Moscow, 1987.

[5] Kyle B G. Chemical and Process Thermodynamics, Prentice-Hall Inc., Englewood Cliffs, New Jersey, 1984.

[6] [美] 约翰 M. 普劳斯尼茨等编著. 流体相平衡的分子热力学（原著第三版）. 陆小华，刘洪来译. 北京：化学工业出版社，2006.

[7] 朱自强，徐汛合编. 化工热力学. 第 2 版. 北京：化学工业出版社，1991.

附录一

附　表

附表 1　临界常数和偏心因子

化学物质	T_c/K	p_c/MPa	$V_c/10^{-6}m^3\cdot mol^{-1}$	Z_c	ω
链烷烃					
甲烷	190.6	4.60	99	0.288	0.008
乙烷	305.4	4.88	148	0.285	0.098
丙烷	369.8	4.25	203	0.281	0.152
正丁烷	425.2	3.80	255	0.274	0.193
异丁烷	408.1	3.65	263	0.283	0.176
正戊烷	469.6	3.37	304	0.262	0.251
异戊烷	460.4	3.38	306	0.271	0.227
季戊烷	433.8	3.20	303	0.269	0.197
正己烷	507.4	2.97	370	0.260	0.296
正庚烷	540.2	2.74	432	0.263	0.351
正辛烷	568.8	2.48	492	0.259	0.394
单烯烃					
乙烯	282.4	5.04	129	0.276	0.085
丙烯	365.0	4.62	181	0.275	0.148
异丁烯	419.6	4.02	240	0.277	0.187
异戊烯	464.7	4.05	300	0.31	0.245
有机化合物					
醋酸	594.4	5.79	171	0.200	0.454
丙酮	508.1	4.70	209	0.232	0.309
氰甲烷(乙腈)	547.9	4.83	173	0.184	0.321
乙炔	308.3	6.14	113	0.271	0.184
苯	562.1	4.89	259	0.271	0.212
1,3-丁二烯	425.0	4.33	221	0.270	0.195
氯苯	632.4	4.52	308	0.265	0.249
环己烷	553.4	4.07	308	0.273	0.213
氟里昂-12	385.0	4.12	217	0.280	0.176
二乙醚	466.7	3.64	280	0.262	0.281
乙醇	516.2	6.38	167	0.248	0.635
氧化乙烯	469.0	7.19	140	0.258	0.200
甲醇	512.6	8.10	118	0.224	0.559
氯甲烷	416.3	6.68	139	0.268	0.156
甲基-乙基酮	535.6	4.15	267	0.249	0.329
甲苯	591.7	4.11	316	0.264	0.257
氟里昂-11	471.2	4.41	248	0.279	0.188
氟里昂-113	487.2	3.41	304	0.256	0.252
单质气体					
氩	150.8	4.87	74.9	0.291	0.0
溴	584	10.3	127	0.270	0.132
氯	417	7.7	124	0.275	0.073

化学物质	T_c/K	p_c/MPa	$V_c/10^{-6}m^3 \cdot mol^{-1}$	Z_c	ω
氦	5.2	0.227	57.3	0.301	−0.387
氢	33.2	1.30	65.0	0.305	−0.22
氪	209.4	5.50	91.2	0.288	0.0
氖	44.4	2.76	41.7	0.311	0.0
氮	126.2	3.39	89.5	0.290	0.040
氧	154.6	5.05	73.4	0.288	0.021
氙	289.7	5.84	118	0.286	0.0
无机化合物					
氨	405.6	11.28	72.5	0.242	0.250
二氧化碳	304.2	7.375	94.0	0.274	0.225
二硫化碳	552	7.9	170	0.293	0.115
一氧化碳	132.9	3.50	93.1	0.295	0.049
四氯化碳	556.4	4.56	276	0.272	0.194
三氯甲烷	536.4	5.5	239	0.239	0.216
肼	653	14.7	96.1	0.260	0.328
氯化氢	324.6	8.3	81	0.249	0.12
氰化氢	456.8	5.39	139	0.197	0.407
硫化氢	373.2	8.94	98.5	0.284	0.100
一氧化氮(NO)	180	6.5	58	0.25	0.607
氧化亚氮(N_2O)	309.6	7.24	97.4	0.274	0.160
二氧化硫	430.8	7.88	122	0.268	0.251
三氧化硫	491.0	8.2	130	0.26	0.41
水	647.3	22.05	56	0.229	0.344

资料来源：Kudchadker，A. P. Alani，G. H. and Zwolinski，B. J. Chem. Rev. 68：659（1968）；Mathews，J. F. Chem. Rev. 72：71（1972）；Reid，R. C. Prausnitz，J. M. and Sherwood，T. K. "The Properties of Gases and Liquids." 3rd ed.，McGraw-Hill，New York，1977；Passut，C. A. and Danner，R. P. Ind. Eng. Chem，Process Des. Develop. 12：365（1974）.

附表 2　理想气体热容

$C_p^*/R=A+BT+CT^2+DT^{-2}$式中的常数 A. B. C. D 数据 T（Kelvins）从 298K 到 T_{max}

化学物质	分子式	T_{max}	A	10^3B	10^6C	$10^{-5}D$
链烷烃						
甲烷	CH_4	1500	1.702	9.081	−2.164	
乙烷	C_2H_6	1500	1.131	19.225	−5.561	
丙烷	C_3H_8	1500	1.213	28.785	−8.824	
正丁烷	C_4H_{10}	1500	1.935	36.915	−11.402	
异丁烷	C_4H_{10}	1500	1.677	37.853	−11.945	
正戊烷	C_5H_{12}	1500	2.464	45.351	−14.111	
正己烷	C_6H_{14}	1500	3.025	53.722	−16.791	
正庚烷	C_7H_{16}	1500	3.570	62.127	−19.486	
正辛烷	C_8H_{18}	1500	8.163	70.567	−22.208	
异烯烃						
乙烯	C_2H_4	1500	1.424	14.394	−4.392	
丙烯	C_3H_6	1500	1.637	22.706	−6.915	
异丁烯	C_4H_8	1500	1.967	31.630	−9.873	
异戊烯	C_5H_{10}	1500	2.691	39.753	−12.447	

续表

化学物质	分子式	T_{max}	A	10^3B	10^6C	$10^{-5}D$
异己烯	C_6H_{12}	1500	3.220	48.189	−15.157	
异庚烯	C_7H_{14}	1500	3.768	56.588	−17.847	
异辛烯	C_8H_{16}	1500	4.324	64.960	−20.521	
有机物						
乙醛	C_2H_4O	1000	1.693	17.978	−6.158	
乙炔	C_2H_2	1500	6.132	1.952	…	−1.299
苯	C_6H_6	1500	−0.206	39.064	−13.301	
1,3-丁二烯	C_4H_6	1500	2.734	26.786	−8.882	
环己烷	C_6H_{12}	1500	−3.876	63.249	−20.928	
乙醇	C_2H_6O	1500	3.518	20.001	−6.002	
苯乙烷	C_8H_{10}	1500	1.124	55.380	−18.476	
氧化乙烯	C_2H_4O	1000	−0.385	23.463	−9.296	
甲醛	CH_2O	1500	2.264	7.022	−1.877	
甲醇	CH_4O	1500	2.211	12.216	−3.450	
甲苯	C_7H_8	1500	0.290	47.052	−15.716	
苯乙烯	C_8H_8	1500	2.050	50.192	−16.662	
无机物						
空气		2000	3.355	0.575	…	−0.016
氨	NH_3	1800	3.578	3.020	…	−0.186
溴	Br_2	3000	4.493	0.056	…	−0.154
一氧化碳	CO	2500	3.376	0.557	…	−0.031
二氧化碳	CO_2	2000	5.457	1.045	…	−1.157
二硫化碳	CS_2	1800	6.311	0.805	…	−0.906
氯	Cl_2	3000	4.442	0.089	…	−0.344
氢	H_2	3000	3.249	0.422	…	0.083
硫化氢	H_2S	2300	3.931	1.490	…	−0.232
氯化氢	HCl	2000	3.156	0.623	…	0.151
氰化氢	HCN	2500	4.736	1.359	…	−0.725
氮	N_2	2000	3.280	0.593	…	0.040
氧化亚氮	N_2O	2000	5.328	1.214	…	−0.928
一氧化氮	NO	2000	3.387	0.629	…	0.014
二氧化氮	NO_2	2000	4.982	1.195	…	−0.792
四氧化二氮	N_2O_4	2000	11.660	2.257	…	−2.787
氧	O_2	2000	3.639	0.506	…	−0.227
二氧化硫	SO_2	2000	5.699	0.801	…	−1.015
三氧化硫	SO_3	2000	8.060	1.056	…	−2.028
水	H_2O	2000	3.470	1.450	…	0.121

资料来源：Spencer，H. M. Ind. Eng. Chem，40：2152，1948；Kelley，K. K. U. S. Bur. Mines Bull..584，1960；Pankratz，L. B. U. S. Bur. Mines Bull，672，1982.

附表 3 水蒸气热力学性质[1]（水蒸气表）

符号说明

p 压力，kPa（绝）

T 温度，℃

$\overline{V}$ 比容，$m^3 \cdot kg^{-1}$

U' 比内能，$kJ \cdot kg^{-1}$

h 比焓，$kJ \cdot kg^{-1}$

S 比熵，$kJ \cdot kg^{-1} \cdot K^{-1}$

下标

f 液气平衡时液相性质

g 汽液平衡时气相性质

fg 气化过程性质的变化值

[1] 资料来源：Keenan，P. W. G. Keyes，P. G. Hill，and J. G. Moore：“Stean Table” SI Units，Wiley，New York，1978.

饱和水蒸气：温度表

T/℃	p/kPa	比容			内能			焓			熵		
		$\overline{V}_f$	$\overline{V}_{fg}$	$\overline{V}_g$	U_f	U_{fg}	U_g	h_f	h_{fg}	h_g	S_f	S_{fg}	S_g
0.01	0.6113	0.001	000	206.14	0.00	2375.3	2375.3	0.01	2501.3	2501.4	0.0000	9.1562	9.1562
5	0.8721	0.001	000	147.12	20.97	2361.3	2382.3	20.98	2489.6	2510.6	0.0761	8.9496	9.0257
10	1.2276	0.001	000	106.38	42.00	2347.2	2389.2	42.01	2477.7	2519.8	0.1510	8.7498	8.9008
15	1.7051	0.001	001	77.93	62.99	2333.1	2396.1	62.99	2465.9	2528.9	0.2245	8.5569	8.7814
20	2.339	0.001	002	57.79	83.95	2319.0	2402.9	83.96	2454.1	2538.1	0.2966	8.3706	8.6672
25	3.169	0.001	003	43.36	104.88	2304.9	2409.8	104.89	2442.3	2547.2	0.3674	8.1905	8.5580
30	4.246	0.001	004	32.89	125.78	2290.8	2416.6	125.79	2430.5	2556.3	0.4369	8.0164	8.4533
35	5.628	0.001	006	25.22	146.67	2276.7	2423.4	146.68	2418.6	2565.3	0.5053	7.8478	8.3531
40	7.384	0.001	008	19.52	167.56	2262.6	2430.1	167.57	2406.7	2574.3	0.5725	7.6845	8.2570
45	9.593	0.001	010	15.26	188.44	2248.4	2436.8	188.45	2394.8	2583.2	0.6387	7.5261	8.1648
50	12.349	0.001	012	12.03	209.32	2234.2	2443.5	209.33	2382.7	2592.1	0.7038	7.3725	8.0763
55	15.758	0.001	015	9.568	230.21	2219.9	2450.1	230.23	2370.7	2600.9	0.7679	7.2234	7.9913
60	19.940	0.001	017	7.671	251.11	2205.5	2456.6	251.13	2358.5	2609.6	0.8312	7.0784	7.9096
65	25.03	0.001	020	6.197	272.02	2191.1	2463.1	272.06	2346.2	2618.3	0.8935	6.9375	7.8310
70	31.19	0.001	023	5.042	292.95	2176.6	2469.6	292.98	2333.8	2626.8	0.9549	6.8004	7.7553
75	38.58	0.001	026	4.131	313.90	2162.0	2475.9	313.93	2321.4	2635.3	1.0155	6.6669	7.6824
80	47.39	0.001	029	3.407	334.86	2147.4	2482.2	334.91	2308.8	2643.7	1.0753	6.5369	7.6122
85	57.83	0.001	033	2.828	355.84	2132.6	2488.4	355.90	2296.0	2651.9	1.1343	6.4102	7.5445
90	70.14	0.001	036	2.361	376.85	2117.7	2494.5	376.92	2283.2	2660.1	1.1925	6.2866	7.4791
95	84.55	0.001	040	1.982	397.88	2102.7	2500.6	397.96	2270.2	2668.1	1.2500	6.1659	7.4159
100	101.35	0.001	044	1.6729	418.94	2087.6	2506.5	419.04	2257.0	2676.1	1.3069	6.0480	7.3549
105	120.82	0.001	048	1.4194	440.02	2072.3	2512.4	440.15	2243.7	2683.8	1.3630	5.9328	7.2958
110	143.27	0.001	052	1.2102	461.14	2057.0	2518.1	461.30	2230.2	2691.5	1.4185	5.8202	7.2387
115	169.06	0.001	056	1.0366	482.30	2041.4	2523.7	482.48	2216.5	2699.0	1.4734	5.7100	7.1833
120	198.53	0.001	060	0.8919	503.50	2025.8	2529.3	503.71	2202.6	2706.3	1.5276	5.6020	7.1296
125	232.1	0.001	065	0.7706	524.74	2009.9	2534.6	524.99	2188.5	2713.5	1.5813	5.4962	7.0775
130	270.1	0.001	070	0.6685	546.02	1993.9	2539.9	546.31	2174.2	2720.5	1.6344	5.3925	7.0269
135	313.0	0.001	075	0.5822	567.35	1977.7	2545.0	567.69	2159.6	2727.3	1.6870	5.2907	6.9777
140	361.3	0.001	080	0.5089	588.74	1961.3	2550.0	589.13	2144.7	2733.9	1.7391	5.1908	6.9299
145	415.4	0.001	085	0.4463	610.18	1944.7	2554.9	610.63	2129.6	2740.3	1.7907	5.0296	6.8833
150	475.8	0.001	091	0.3928	631.68	1927.9	2559.5	632.20	2114.3	2746.5	1.8418	4.9960	6.8379
155	543.1	0.001	096	0.3468	653.24	1910.8	2564.1	653.84	2098.6	2752.4	1.8925	4.9010	6.7935
160	617.8	0.001	102	0.3071	674.87	1893.5	2568.4	675.55	2082.6	2758.1	1.9427	4.8075	6.7502
165	700.5	0.001	108	0.2727	696.56	1876.0	2572.5	697.34	2066.2	2763.5	1.9925	4.7153	6.7078
170	791.7	0.001	114	0.2428	718.33	1858.1	2576.5	719.21	2049.5	2768.7	2.0419	4.6244	6.6663
175	892.0	0.001	121	0.2168	740.17	1840.0	2580.2	741.17	2032.4	2773.6	2.0909	4.5347	6.6256
180	1002.1	0.001	127	0.19405	762.09	1821.6	2583.7	763.22	2015.0	2778.2	2.1396	4.4461	6.5857
185	1122.7	0.001	134	0.17409	784.10	1802.9	2587.0	785.37	1997.1	2782.4	2.1879	4.3586	6.5465
190	1254.4	0.001	141	0.15654	806.19	1783.8	2590.0	807.62	1978.8	2786.4	2.2359	4.2720	6.5079
195	1397.8	0.001	149	0.14105	828.37	1764.4	2592.8	829.98	1960.0	2790.0	2.2835	4.1863	6.4698
200	1553.8	0.001	157	0.12736	850.65	1744.7	2595.3	852.45	1940.7	2793.2	2.3309	4.1014	6.4323
210	1906.2	0.001	173	0.10441	895.53	1703.9	2599.5	897.76	1900.7	2798.5	2.4248	3.9337	6.3585
220	2318	0.001	190	0.08619	940.87	1661.5	2602.4	943.62	1858.5	2802.1	2.5178	3.7683	6.2861
230	2795	0.001	209	0.07158	986.74	1617.2	2603.9	990.12	1813.8	2804.0	2.6099	3.6047	6.2146
240	3344	0.001	229	0.05976	1033.21	1570.8	2604.0	1037.32	1766.5	2803.8	2.7015	3.4422	6.1437
250	3973	0.001	251	0.05013	1080.39	1522.0	2602.4	1085.36	1716.2	2801.5	2.7927	3.2802	6.0730
260	4688	0.001	276	0.04221	1128.39	1470.6	2599.0	1134.37	1662.5	2796.9	2.8838	3.1181	6.0019
270	5499	0.001	302	0.03564	1177.36	1416.3	2593.7	1184.51	1605.2	2789.7	2.9751	2.9551	5.9301
280	6412	0.001	332	0.03017	1227.46	1358.7	2586.1	1235.99	1543.6	2779.6	3.0668	2.7903	5.8571
290	7436	0.001	366	0.02557	1278.92	1297.1	2576.0	1289.07	1477.1	2766.2	3.1594	2.6227	5.7821
300	8581	0.001	404	0.02167	1332.0	1231.0	2563.0	1344.0	1404.9	2749.0	3.2534	2.4511	5.7045
310	9856	0.001	447	0.018350	1387.1	1159.4	2546.4	1401.3	1326.0	2727.3	3.3493	2.2737	5.6230
320	11274	0.001	499	0.015488	1444.6	1080.9	2525.5	1461.5	1238.6	2700.1	3.4480	2.0882	5.5362
330	12845	0.001	561	0.012996	1505.3	993.7	2498.9	1525.3	1140.6	2665.9	3.5507	1.8909	5.4417
340	14586	0.001	638	0.010797	1570.3	894.3	2464.6	1594.2	1027.9	2622.0	3.6594	1.6763	5.3357
350	16513	0.001	740	0.008813	1641.9	776.6	2418.4	1670.6	893.4	2563.9	3.7777	1.4335	5.2112
360	18651	0.001	893	0.006945	1725.2	626.3	2351.5	1760.5	720.5	2481.0	3.9147	1.1379	5.0520
370	21030	0.002	213	0.004925	1844.0	384.5	2228.5	1890.5	441.6	2332.1	4.1106	0.6865	4.7971
374.14	22090	0.003	155	0.003155	2029.6	0	2029.6	2099.3	0	2099.3	4.4298	0	4.4298

饱和水蒸气：压力表

p/kPa	T/℃	比容			内能			焓			熵		
		$\overline{V}_f$	$\overline{V}_{fg}$	$\overline{V}_g$	U_f	U_{fg}	U_g	h_f	h_{fg}	h_g	S_f	S_{fg}	S_g
0.6113	0.01	0.001	000	206.14	0.00	2375.3	2375.3	0.01	2501.3	2501.4	0.0000	9.1562	9.1562
1.0	6.98	0.001	000	129.21	29.30	2355.7	2385.0	29.30	2484.9	2514.2	0.1059	8.8697	8.9756
1.5	13.03	0.001	001	87.98	54.71	2338.6	2393.3	54.71	2470.6	2525.3	0.1957	8.6322	8.8279
2.0	17.50	0.001	001	67.00	73.48	2326.0	2399.5	73.48	2460.0	2533.5	0.2607	8.4629	8.7237
2.5	21.08	0.001	002	54.25	88.48	2315.9	2404.4	88.49	2451.6	2540.0	0.3120	8.3311	8.6432
3.0	24.08	0.001	003	45.67	101.04	2307.5	2408.5	101.05	2444.5	2545.5	0.3545	8.2231	8.5776
4.0	28.96	0.001	004	34.80	121.45	2293.7	2415.2	121.46	2432.9	2554.4	0.4226	8.0520	8.4746
5.0	32.88	0.001	005	28.19	137.81	2282.7	2420.5	137.82	2423.7	2561.5	0.4764	7.9187	8.3951
7.5	40.29	0.001	008	19.24	168.78	2261.7	2430.5	168.79	2406.0	2574.8	0.5764	7.6750	8.2515
10	45.81	0.001	010	14.67	191.82	2246.1	2437.9	191.83	2392.8	2584.7	0.6493	7.5009	8.1502
15	53.97	0.001	014	10.02	225.92	2222.8	2448.7	225.94	2373.1	2599.1	0.7549	7.2536	8.0085
20	60.06	0.001	017	7.649	251.38	2205.4	2456.7	251.40	2358.3	2609.7	0.8320	7.0766	7.9085
25	64.97	0.001	020	6.204	271.90	2191.2	2463.1	271.93	2346.3	2618.2	0.8931	6.9383	7.8314
30	69.10	0.001	022	5.229	289.20	2179.2	2468.4	289.23	2336.1	2625.3	0.9439	6.8247	7.7686
40	75.87	0.001	027	3.993	317.53	2159.5	2477.0	317.58	2319.2	2636.8	1.0259	6.6441	7.6700
50	81.33	0.001	030	3.240	340.44	2143.4	2483.9	340.49	2305.4	2645.9	1.0910	6.5029	7.5939
75	91.78	0.001	037	2.217	384.31	2112.4	2496.7	384.39	2278.6	2663.0	1.2130	6.2434	7.4564
100	99.63	0.001	043	1.6940	417.36	2088.7	2506.1	417.46	2258.0	2675.5	1.3026	6.0568	7.3594
125	105.99	0.001	048	1.3749	444.19	2069.3	2513.5	444.32	2241.0	2685.4	1.3740	5.9104	7.2844
150	111.37	0.001	053	1.1593	466.94	2052.7	2519.7	467.11	2226.5	2693.6	1.4336	5.7897	7.2233
175	116.06	0.001	057	1.0036	486.80	2038.1	2524.9	486.99	2213.6	2700.6	1.4849	5.6868	7.1717
200	120.23	0.001	061	0.8857	504.49	2025.0	2529.5	504.70	2201.9	2706.7	1.5301	5.5970	7.1271
250	127.44	0.001	067	0.7187	535.10	2002.1	2537.2	535.37	2181.5	2716.9	1.6072	5.4455	7.0527
300	133.55	0.001	073	0.6058	561.15	1982.4	2543.6	561.47	2163.8	2725.3	1.6718	5.3201	6.9919
350	138.88	0.001	079	0.5243	583.95	1965.0	2548.9	584.33	2148.1	2732.4	1.7275	5.2130	6.9405
400	143.63	0.001	084	0.4625	604.31	1949.3	2553.6	604.74	2133.8	2738.6	1.7766	5.1193	6.8959
450	147.93	0.001	088	0.4140	622.77	1934.9	2557.6	623.25	2120.7	2743.9	1.8207	5.0359	6.8565
500	151.86	0.001	093	0.3749	639.68	1921.6	2561.2	640.23	2108.5	2748.7	1.8607	4.9606	6.8213
550	155.48	0.001	097	0.3427	655.32	1909.2	2564.5	655.93	2097.0	2753.0	1.8973	4.8920	6.7893
600	158.85	0.001	101	0.3157	669.90	1897.5	2567.4	670.56	2086.3	2756.8	1.9312	4.8288	6.7600

续表

p/kPa	T/℃	比容			内能			焓			熵		
		$\overline{V}_f$	$\overline{V}_{fg}$	$\overline{V}_g$	U_f	U_{fg}	U_g	h_f	h_{fg}	h_g	S_f	S_{fg}	S_g
700	164.97	0.001	108	0.2729	696.44	1876.1	2572.5	697.22	2066.3	2763.5	1.9922	4.7158	6.7080
800	170.43	0.001	115	0.2404	720.22	1856.6	2576.8	721.11	2048.0	2769.1	2.0462	4.6166	6.6628
900	175.38	0.001	121	0.2150	741.83	1838.6	2580.5	742.83	2021.1	2773.9	2.0946	4.5280	6.6226
1000	179.91	0.001	127	0.19444	761.68	1822.0	2583.6	762.81	2015.3	2778.1	2.1387	4.4478	6.5865
1100	184.09	0.001	133	0.17753	780.09	1806.3	2586.4	781.34	2000.4	2781.7	2.1792	4.3744	6.5536
1200	187.99	0.001	139	0.16333	797.29	1791.5	2588.8	798.65	1986.2	2784.8	2.2166	4.3067	6.5233
1300	191.64	0.001	144	0.15125	813.44	1777.5	2591.0	814.93	1972.7	2787.6	2.2515	4.2438	6.4953
1400	195.07	0.001	149	0.14084	828.70	1764.1	2592.8	830.30	1959.7	2790.0	2.2842	4.1850	6.4693
1500	198.32	0.001	154	0.13177	843.16	1751.3	2594.5	844.89	1947.3	2792.2	2.3150	4.1298	6.4448
1750	205.76	0.001	166	0.11349	876.46	1721.4	2597.8	878.50	1917.9	2796.4	2.3851	4.0044	6.3896
2000	212.42	0.001	177	0.09963	906.44	1693.8	2600.3	908.79	1890.7	2799.5	2.4474	3.8935	6.3409
2250	218.45	0.001	187	0.08875	933.83	1668.2	2602.0	936.49	1865.2	2801.7	2.5035	3.7937	6.2972
2500	223.99	0.001	197	0.07998	959.11	1644.0	2603.1	962.11	1841.0	2803.1	2.5547	3.7028	6.2575
3000	233.90	0.001	217	0.06668	1004.78	1599.3	2604.1	1008.42	1795.7	2804.2	2.6457	3.5412	6.1869
3500	242.60	0.001	235	0.05707	1045.43	1558.3	2603.7	1049.75	1753.7	2803.4	2.7253	3.4000	6.1253
4000	250.40	0.001	252	0.04978	1082.31	1520.0	2602.3	1087.31	1714.1	2801.4	2.7964	3.2737	6.0701
5000	263.99	0.001	286	0.03944	1147.81	1449.3	2597.1	1154.23	1640.1	2794.3	2.9202	3.0532	5.9734
6000	275.64	0.001	319	0.03244	1205.44	1384.3	2589.7	1213.35	1571.0	2784.3	3.0267	2.8625	5.8892
7000	285.88	0.001	351	0.02737	1257.55	1323.0	2580.5	1267.00	1505.1	2772.1	3.1211	2.6922	5.8133
8000	295.06	0.001	384	0.02352	1305.57	1264.2	2569.8	1316.64	1441.3	2758.0	3.2068	2.5364	5.7432
9000	303.40	0.001	418	0.02048	1350.51	1207.3	2557.8	1363.26	1378.9	2742.1	3.2858	2.3915	5.6772
10000	311.06	0.001	452	0.018026	1393.04	1151.4	2544.4	1407.56	1317.1	2724.7	3.3596	2.2544	5.6141
12000	324.75	0.001	527	0.014263	1473.0	1040.7	2513.7	1491.3	1193.6	2684.9	3.4962	1.9962	5.4924
14000	336.75	0.001	611	0.011485	1548.6	928.2	2476.8	1571.1	1066.5	2637.6	3.6232	1.7485	5.3717
16000	347.44	0.001	711	0.009306	1622.7	809.0	2431.7	1650.1	930.6	2580.6	3.7461	1.4994	5.2455
18000	357.06	0.001	840	0.007489	1698.9	675.4	2374.3	1732.0	777.1	2509.1	3.8715	1.2329	5.1044
20000	365.81	0.002	036	0.005834	1785.6	507.5	2293.0	1826.3	583.4	2409.7	4.0139	0.9130	4.9269
22000	373.80	0.002	742	0.003568	1961.9	125.2	2087.1	2022.2	143.4	2165.6	4.3110	0.2216	4.5327
22090	374.14	0.003	155	0.003155	2029.6	0	2029.6	2099.3	0	2099.3	4.4298	0	4.4298

过热水蒸气

T	$\overline{V}$	U	h	S	$\overline{V}$	U	h	S	$\overline{V}$	U	h	S
	p=10kPa(45.81℃)				p=50kPa(81.33℃)				p=100kPa(99.63℃)			
饱和	14.674	2437.9	2584.7	8.1502	3.240	2483.9	2645.9	7.5939	1.6940	2506.1	2675.5	7.3594
50	14.869	2443.9	2592.6	8.1749								
100	17.196	2515.5	2687.5	8.4479	3.418	2511.6	2682.5	7.6947	1.6958	2506.7	2676.2	7.3614
150	19.512	2587.9	2783.0	8.6882	3.889	2585.6	2780.1	7.9401	1.9364	2582.8	2776.4	7.6134
200	21.825	2661.3	2879.5	8.9038	4.356	2659.9	2877.7	8.1580	2.172	2658.1	2875.3	7.8343
250	24.136	2736.0	2977.3	9.1002	4.820	2735.0	2976.0	8.3556	2.406	2733.7	2974.3	8.0333
300	26.445	2812.1	3076.5	8.2813	5.284	2811.3	3075.5	8.5373	2.639	2810.4	3074.3	8.2158
400	35.063	2968.9	3279.6	9.6077	6.209	2968.5	3278.9	8.8642	3.103	2967.9	3278.2	8.5435
500	35.679	3132.3	3489.1	9.8978	7.134	3132.0	3488.7	9.1546	3.565	3131.6	3488.1	8.8342
600	40.295	3302.5	3705.4	10.1608	8.057	3302.2	3705.1	9.4178	4.028	3301.9	3704.7	9.0976
700	44.911	3479.6	3928.7	10.4028	8.981	3479.4	3928.5	9.6599	4.490	3479.2	3928.8	9.3398
800	49.526	3663.8	4159.0	10.6281	9.904	3663.6	4158.9	9.8852	4.952	3663.5	4158.6	9.5652
900	54.141	3855.0	4396.4	10.8396	10.828	3854.9	4396.3	10.0967	5.414	3854.8	4396.1	9.7767
1000	58.757	4053.0	4640.6	11.0393	11.751	4052.9	4640.5	10.2964	5.875	4052.8	4640.3	9.9764
1100	63.372	4257.5	4891.2	11.2287	12.674	4257.4	4891.1	10.4859	6.337	4257.3	4891.0	10.1659
1200	67.987	4467.9	5147.8	11.4091	13.597	4467.8	5147.7	10.6662	6.799	4467.7	5147.6	10.3463
1300	72.602	4683.7	5409.7	11.5811	14.521	4683.6	5409.6	10.8382	7.260	4683.5	5409.5	10.5183
	p=200kPa(120.23℃)				p=400kPa(143.63℃)							
饱和	0.8857	2529.5	2706.7	7.1272	0.4625	2553.6	2738.6	6.8959				
150	0.9596	2576.9	2768.8	7.2795	0.4708	2564.5	2752.8	6.9299				
200	1.0803	265.4	2870.5	7.5066	0.5342	2646.8	2860.5	7.1706				
250	1.1988	2731.2	2971.0	7.7086	0.5951	2726.1	2964.2	7.3789				
300	1.3162	2808.6	3071.8	7.8926	0.6548	2804.8	3066.8	7.5662				
400	1.5493	2966.7	3276.6	8.2218	0.7726	2964.4	3273.4	7.8985				
500	1.7814	3130.8	3487.1	8.5133	0.8893	3129.2	3484.9	8.1913				
600	2.013	3301.4	3704.0	8.7770	1.0055	3300.2	3702.4	8.4558				
700	2.244	3478.8	3927.6	9.0194	1.1215	3477.9	3926.5	8.6987				
800	2.475	3663.1	4158.2	9.2449	1.2372	3662.4	4157.3	8.9244				
900	2.706	3854.5	4395.8	9.4566	1.3529	3853.9	4395.1	9.1362				
1000	2.937	4052.5	4640.0	9.6563	1.4685	4052.0	4639.4	9.3360				
1100	3.168	4257.0	4890.7	9.8458	1.5840	4256.5	4890.2	9.5256				
1200	3.399	4467.5	5147.3	10.0262	1.6996	4467.0	5146.8	9.7060				
1300	3.630	4683.2	5409.3	10.1982	1.8151	4682.8	5408.8	9.8780				
	p=600kPa(158.85℃)				p=800kPa(170.43℃)							
饱和	0.3157	2567.4	2756.8	6.7600	0.2404	2576.8	2769.1	6.6628				
200	0.3520	2638.9	2850.1	6.9665	0.2608	2630.6	2839.3	6.8158				
250	0.3938	2720.9	2957.2	7.1816	0.2931	2715.5	2950.0	7.0384				
300	0.4344	2801.0	3061.6	7.3724	0.3241	2797.2	3056.5	7.2328				
350	0.4742	2881.2	3165.7	7.5464	0.3544	2878.2	3161.7	7.4089				
400	0.5137	2962.1	3270.3	7.7079	0.3843	2959.7	3267.1	7.5716				
500	0.5920	3127.6	3482.8	8.0021	0.4433	3126.0	3480.6	7.8673				
600	0.6697	3299.1	3700.9	8.2674	0.5018	3297.9	3699.4	8.1333				
700	0.7472	3477.0	3925.3	8.5107	0.5601	3476.2	3924.2	8.3770				
800	0.8245	3661.8	4156.5	8.7367	0.6181	3661.1	4155.6	8.6033				
900	0.9017	3853.4	4394.4	8.9486	0.6761	3852.8	4393.7	8.8153				
1000	0.9788	4051.5	4638.8	9.1485	0.7340	4051.0	4638.2	9.0153				
1100	1.0559	4256.1	4889.6	9.3381	0.7919	4255.6	4889.1	9.2050				
1200	1.1330	4466.5	5146.3	9.5185	0.8497	4466.1	5145.9	9.3855				
1300	1.2101	4682.3	5408.3	9.6906	0.9076	4681.8	5407.9	9.5575				

续表

T	$\overline{V}$	U	h	S	$\overline{V}$	U	h	S	$\overline{V}$	U	h	S
	p=1000kPa(179.91℃)				p=1200kPa(187.99℃)				p=1400kPa(195.07℃)			
饱和	0.19444	2583.6	2778.1	6.5865	0.16333	2588.8	2784.8	6.5233	0.14084	2592.8	2790.0	6.4693
200	0.2060	2621.9	2827.9	6.6940	0.16930	2612.8	2815.9	6.5898	0.14302	2603.1	2803.3	6.4975
250	0.2327	2709.9	2942.6	6.9247	0.19234	2704.2	2935.0	6.8294	0.16350	2698.3	2927.2	6.7467
300	0.2579	2793.2	3051.2	7.1229	0.2138	2789.2	3045.8	7.0317	0.18228	2785.2	3040.4	6.9534
350	0.2825	2875.2	3157.7	7.3011	0.2345	2872.2	3153.6	7.2121	0.2003	2869.2	3149.5	7.1360
400	0.3066	2957.3	3263.9	7.4651	0.2548	2954.9	3260.7	7.3774	0.2178	2952.5	3257.5	7.3026
500	0.3541	3124.4	3478.5	7.7622	0.2946	3122.8	3476.3	7.6759	0.2521	3121.1	3474.1	7.6027
600	0.4011	3296.8	3697.9	8.0290	0.3339	3295.6	3696.3	7.9435	0.2860	3294.4	3694.8	7.8710
700	0.4478	3475.3	3923.1	8.2731	0.3729	3474.4	3922.0	8.1881	0.3195	3473.6	3920.8	8.1160
800	0.4943	3660.4	4154.7	8.4996	0.4118	3659.7	4153.8	8.4148	0.3528	3659.0	4153.0	8.3431
900	0.5407	3852.2	4392.9	8.7118	0.4505	3851.6	4392.2	8.6272	0.3861	3851.1	4391.5	8.5556
1000	0.5871	4050.5	4637.6	8.9119	0.4892	4050.0	4637.0	8.8274	0.4192	4049.5	4636.4	8.7559
1100	0.6335	4255.1	4888.6	9.1017	0.5278	4254.6	4888.0	9.0172	0.4524	4254.1	4887.5	8.9457
1200	0.6798	4465.6	5145.4	9.2822	0.5665	4465.1	5144.9	9.1977	0.4855	4464.7	5144.4	9.1262
1300	0.7261	4681.3	5407.4	9.4543	0.6051	4680.9	5407.0	9.3698	0.5186	4680.4	5406.5	9.2984
	p=1600kPa(201.41℃)				p=1800kPa(207.15℃)				p=2000kPa(212.42℃)			
饱和	0.12380	2596.0	2794.0	6.4218	0.11042	2598.4	2797.1	6.3794	0.09963	2600.3	2799.5	6.3409
225	0.13287	2644.7	2857.3	6.5518	0.11673	2636.6	2846.7	6.4808	0.10377	2628.3	2835.8	6.4147
250	0.14184	2692.3	2919.2	6.6732	0.12497	2686.0	2911.0	6.6066	0.11144	2679.6	2902.5	6.5453
300	0.15862	2781.1	3034.8	6.8844	0.14021	2776.9	3029.2	6.8226	0.12547	2772.6	3023.5	6.7664
350	0.17456	2866.1	3145.4	7.0694	0.15457	2863.0	3141.2	7.0100	0.13857	2859.8	3137.0	6.9563
400	0.19005	2950.1	3254.2	7.2374	0.16847	2947.7	3250.9	7.1794	0.15120	2945.2	3247.6	7.1271
500	0.2203	3119.5	3472.0	7.5390	0.19550	3117.9	3469.8	7.4825	0.17568	3116.2	3467.6	7.4317
600	0.2500	3293.3	3693.2	7.8080	0.2220	3292.1	3691.7	7.7523	0.19960	3290.9	3690.1	7.7024
700	0.2794	3472.7	3919.7	8.0535	0.2482	3471.8	3918.5	7.9983	0.2232	3470.9	3917.4	7.9487
800	0.3086	3658.3	4152.1	8.2808	0.2742	3657.6	4151.2	8.2258	0.2467	3657.0	4150.3	8.1765
900	0.3377	3850.5	4390.8	8.4935	0.3001	3849.9	4390.1	8.4386	0.2700	3849.3	4389.4	8.3895
1000	0.3668	4049.0	4635.8	8.6938	0.3260	4048.5	4635.2	8.6391	0.2933	4048.0	4634.6	8.5901
1100	0.3958	4253.7	4887.0	8.8837	0.3518	4253.2	4886.4	8.8290	0.3166	4252.7	4885.9	8.7800
1200	0.4248	4464.2	5143.9	9.0643	0.3776	4463.7	5143.4	9.0096	0.3398	4463.3	5142.9	8.9607
1300	0.4538	4679.9	5406.0	9.2364	0.4034	4679.5	5405.6	9.1818	0.3631	4679.0	5405.1	9.1329
	p=3000kPa(233.90℃)											
饱和	0.06668	2604.1	2804.2	6.1869								
225												
250	0.07058	2644.0	2855.8	6.2872								
300	0.08114	2750.1	2993.5	6.5390								
350	0.09053	2843.7	3115.3	6.7428								
400	0.09936	2932.8	3230.9	6.9212								
450	0.10787	3020.4	3344.0	7.0834								
500	0.11619	3108.0	3456.5	7.2338								
600	0.13243	3285.0	3682.3	7.5085								
700	0.14838	3466.5	3911.7	7.7571								
800	0.16414	3653.5	4145.9	7.9862								
900	0.17980	3846.5	4385.9	8.1999								
1000	0.19541	4045.4	4631.6	8.4009								
1100	0.21098	4250.3	4883.3	8.5912								
1200	0.22652	4460.9	5140.5	8.7720								
1300	0.24206	4676.6	5402.8	8.9442								

续表

T	$\overline{V}$	U	h	S	$\overline{V}$	U	h	S
	p=4000kPa(250.40℃)				p=5000kPa(263.99℃)			
饱和	0.04978	2602.3	2801.4	6.0701	0.03944	2597.1	2794.3	5.9734
275	0.05457	2667.9	2886.2	6.2285	0.04141	2631.3	2838.3	6.0544
300	0.05884	2725.3	2960.7	6.3615	0.04532	2698.0	2924.5	6.2084
350	0.06645	2826.7	3092.5	6.5821	0.05194	2808.7	3068.4	6.4493
400	0.07341	2919.9	3213.6	6.7690	0.05781	2906.6	3195.7	6.6459
450	0.08002	3010.2	3330.3	6.9363	0.06330	2999.7	3316.2	6.8186
500	0.08643	3099.5	3445.3	7.0901	0.06857	3091.0	3433.8	6.9759
600	0.09885	3279.1	3674.4	7.3688	0.07869	3273.0	3666.5	7.2589
700	0.11095	3462.1	3905.9	7.6198	0.08849	3457.6	3900.1	7.5122
800	0.12287	3650.0	4141.5	7.8502	0.09811	3646.6	4137.1	7.7440
900	0.13469	3843.6	4382.3	8.0647	0.10762	3840.7	4378.8	7.9593
1000	0.14645	4042.9	4628.7	8.2662	0.11707	4040.4	4625.7	8.1612
1100	0.15817	4248.0	4880.6	8.4567	0.12648	4245.6	4878.0	8.3520
1200	0.16987	4458.6	5138.1	8.6376	0.13587	4456.3	5135.7	8.5331
1300	0.18156	4674.3	5400.5	8.8100	0.14526	4672.0	5398.2	8.7055
	p=6000kPa(275.64℃)				p=8000kPa(295.06℃)			
饱和	0.03244	2589.7	2784.3	5.8892	0.02352	2569.8	2758.0	5.7432
300	0.03616	2667.2	2884.2	6.0674	0.02426	2590.9	2785.0	5.7906
350	0.04223	2789.6	3043.0	6.3335	0.02995	2747.7	2987.3	6.1301
400	0.04739	2892.9	3177.2	6.5408	0.03432	2863.8	3138.3	6.3634
450	0.05211	2988.9	3301.8	6.7193	0.03817	2966.7	3272.0	6.5551
500	0.05665	3082.2	3422.2	6.8803	0.04175	3064.3	3398.3	6.7240
550	0.06101	3174.6	3540.6	7.0288	0.04516	3159.8	3521.0	6.8778
600	0.06525	3266.9	3658.4	7.1677	0.04845	3254.4	3642.0	7.0206
700	0.07352	3453.1	3894.2	7.4234	0.05481	3443.9	3882.4	7.2812
800	0.08160	3643.1	4132.7	7.566	0.06097	3636.0	4123.8	7.5173
900	0.08958	3837.8	4375.3	7.8727	0.06702	3832.1	4368.3	7.7351
1000	0.09749	4037.8	4622.7	8.0751	0.07301	4032.8	4616.9	7.9384
1100	0.10536	4243.3	4875.4	8.2661	0.07896	4238.6	4870.3	8.1300
1200	0.11321	4454.0	5133.3	8.4474	0.08489	4449.5	5128.5	8.3115
1300	0.12106	4669.6	5396.0	8.6199	0.09080	4665.0	5391.5	8.4812
	p=10000kPa(311.06℃)							
饱和	0.018026	2544.4	2724.7	5.6141				
325	0.019861	2610.4	2809.1	5.7568				
350	0.02242	2699.2	2923.4	5.9443				
400	0.02641	2832.4	3096.5	6.2120				
450	0.02975	2943.4	3240.9	6.4190				
500	0.03279	3045.8	3373.7	6.5966				
550	0.03564	3144.6	3500.9	6.7561				
600	0.03837	3241.7	3625.3	6.9029				
650	0.04101	3338.2	3748.2	7.0398				
700	0.04358	3434.7	3870.5	7.1687				
800	0.04859	3628.9	4114.8	7.4077				
900	0.05349	3826.3	4361.2	7.6272				
1000	0.05832	4027.8	4611.0	7.8315				
1100	0.06312	4234.0	4865.1	8.0237				
1200	0.06789	4444.9	5123.8	8.2055				
1300	0.07265	4460.5	5387.0	8.3783				

续表

T	$\overline{V}$	U	h	S	$\overline{V}$	U	h	S
	p=15000kPa(342.24℃)[①]				p=20000kPa(365.81℃)			
饱和	0.010337	2455.5	2610.5	5.3098	0.005834	2293.0	2409.7	4.9269
350	0.011470	2520.4	2692.4	5.4421				
400	0.015649	2740.7	2975.5	5.8811	0.009942	2619.3	2818.1	5.5540
450	0.018445	2879.5	3156.2	6.1404	0.012695	2806.2	3060.1	5.9017
500	0.02080	2996.6	3308.6	6.3443	0.014768	2942.9	3238.2	6.1401
550	0.02293	3104.7	3448.6	6.5199	0.016555	3062.4	3393.5	6.3348
600	0.02491	3208.6	3582.3	6.6776	0.018178	3174.0	3537.6	6.5048
650	0.02680	3310.3	3712.3	6.8224	0.019693	3281.4	3675.3	6.6582
700	0.02861	3410.9	3840.1	6.9572	0.02113	3386.4	3809.0	6.7993
800	0.03210	3610.9	4092.4	7.2040	0.02385	3592.7	4069.7	7.0544
900	0.03546	3811.9	4343.8	7.4279	0.02645	3797.5	4326.4	7.2830
1000	0.03875	4015.4	4596.6	7.6348	0.02897	4003.1	4582.5	7.4925
1100	0.04200	4222.6	4852.6	7.8283	0.03145	4211.3	4840.2	7.6874
1200	0.04523	4433.8	5112.3	8.0108	0.03391	4422.8	5101.0	7.8707
1300	0.04845	4649.1	5376.0	8.1840	0.03636	4638.0	5365.1	8.0442
	p=30000kPa							
375	0.0017892	1737.8	1791.5	3.9305				
400	0.002790	2067.4	2151.1	4.4728				
425	0.005303	2455.1	2614.2	5.1504				
450	0.006735	2619.3	2821.4	5.4424				
500	0.008678	2820.7	3081.1	5.7905				
550	0.010168	2970.3	3275.4	6.0342				
600	0.011446	3100.5	3443.9	6.2331				
650	0.012596	3221.0	3598.9	6.4058				
700	0.013661	3335.8	3745.6	6.5606				
800	0.015623	3555.5	4024.2	6.8332				
900	0.017448	3768.5	4291.9	7.0718				
1000	0.019196	3978.8	4554.7	7.2867				
1100	0.020903	4189.2	4816.3	7.4845				
1200	0.022589	4401.3	5079.0	7.6692				
1300	0.024266	4616.0	5344.0	7.8432				
	p=40000kPa				p=60000kPa			
375	0.0016407	1677.1	1742.8	3.8290	0.0015028	1609.4	1699.5	3.7141
400	0.0019077	1854.6	1930.9	4.1135	0.0016335	1745.4	1843.4	3.9318
425	0.002532	2096.9	2198.1	4.5029	0.0018165	1892.7	2001.7	4.1626
450	0.003693	2365.1	2512.8	4.9459	0.002085	2053.9	2179.0	4.4121
500	0.005622	2678.4	2903.3	5.4700	0.002956	2390.6	2567.9	4.9321
550	0.006984	2869.7	3149.1	5.7785	0.003956	2658.8	2896.2	5.3441
600	0.008094	3022.6	3346.4	6.0114	0.004834	2861.1	3151.2	5.6452
650	0.009063	3158.0	3520.6	6.2054	0.005595	3028.8	3364.5	5.8829
700	0.009941	3283.6	3681.2	6.3750	0.006272	3177.2	3553.5	6.0824
800	0.011523	3517.8	3978.7	6.6662	0.007459	3441.5	3889.1	6.4109
900	0.012962	3739.4	4257.9	6.9150	0.008508	3681.0	4191.5	6.6805
1000	0.014324	3954.6	4527.6	7.1356	0.009480	3906.4	4475.2	6.9127
1100	0.015642	4167.4	4793.1	7.3364	0.010409	4124.1	4748.6	7.1195
1200	0.016940	4380.1	5057.7	7.5224	0.011317	4338.2	5017.2	7.3083
1300	0.018229	4594.3	5323.5	7.6969	0.012215	4551.4	5284.3	7.4837

①（ ）＝在给定压力下的饱和温度。

附表4　一些物质的热力学函数

1. 1大气压，298.2K时一些单质和化合物的热力学函数

[本表及以下表中（g）、（l）、（s）、（c）、（aq）分别表示气态、液态、固态、结晶和水溶液]

单质或化合物	$\Delta H_f^{\ominus}$/kJ·mol^{-1}	$S^{\ominus}$/J·mol^{-1}·K^{-1}	$\Delta G_f^{\ominus}$/kJ·mol^{-1}	$C_p^{\ominus}$/J·mol^{-1}·K^{-1}
H_2(g)	0.0	130.59	0.0	28.84
H(g)	217.94	114.61	203.24	20.79
Na(c)	0.0	51.0	0.0	28.41
Na(g)	108.70	153.62	78.11	20.79
Na_2O(c)	−415.9	72.8	−376.6	68.2
Na_2O_2(c)	−504.6	(66.9)	−430.1	
NaOH(c)	−426.73	(523)	−377.0	80.3
NaCl(c)	−411.00	72.4	−384.0	49.71
Na_2SO_4(c)	−1384.49	149.49	−1266.83	127.61
$Na_2SO_4\cdot10H_2O$(c)	−4324.08	592.87	−3643.97	587.4
$NaNO_3$(c)	−466.68	116.3	−365.89	93.05
Na_2CO_3(c)	−1130.9	136.0	−1047.7	110.50
Mg(c)	0.0	32.51	0.0	23.89
MgO(c)	−601.83	26.8	−569.57	37.40
$Mg(OH)_2$(c)	−924.66	63.14	−833.74	77.03
$MgCl_2$(c)	−641.82	89.5	−592.32	71.30
Ca(c)	0.0	41.63	0.0	26.27
CaO(c)	−635.09	39.7	−604.2	42.80
CaF_2(c)	−1214.6	68.87	−1161.9	67.02
$CaCO_3$(c,方解石)	−1206.87	92.9	−1128.76	81.88
$CaSiO_3$(c)	−1584.1	82.0	−1498.7	85.27
$CaSO_4$(c,无水)	−1432.68	106.7	−1320.30	99.6
$CaSO_4\cdot\frac{1}{2}H_2O$(c)	−1575.15	130.5	−1435.20	119.7
$CaSO_4\cdot2H_2O$(c)	−2021.12	193.97	−1795.73	186.2
B(c)	0.0	6.53	0.0	11.97
B_2O_3(c)	−1263.6	54.02	−1184.1	62.26
Al(c)	0.0	28.32	0.0	24.34
Al_2O_3(c)	−1669.79	52.99	−1576.41	78.99
C(c,金刚石)	1.90	2.44	2.87	6.05
C(c,石墨)	0.0	5.69	0.0	8.64
C(g)	718.38	157.99	672.97	20.84
CO(g)	−110.52	197.91	−137.27	29.14
CO_2(g)	−393.51	213.64	−394.38	37.13
CH_4(g)	−74.85	186.19	−50.79	35.71
C_2H_2(g)	226.75	200.82	209.2	43.93
C_2H_4(g)	52.28	219.45	68.12	43.55
C_2H_6(g)	−84.67	229.49	−32.89	52.65
C_6H_6(g)	82.93	269.20	129.66	81.67
C_6H_6(l)	49.03	124.50	172.80	
CH_3OH(g)	−201.25	237.6	−161.92	
CH_3OH(l)	−238.64	126.8	−166.31	81.6
C_2H_5OH(l)	−277.63	160.7	−174.76	111.46
CH_3CHO(g)	−166.35	265.7	−133.72	62.8
HCOOH(l)	−409.2	128.95	−346.0	99.04
$(COOH)_2$(c)	−826.7	120.1	−697.9	109
HCN(g)	130.5	201.79	120.1	35.90

续表

单质或化合物	$\Delta H_f^\ominus$/kJ·mol^{-1}	$S^\ominus$/J·mol^{-1}·K^{-1}	$\Delta G_f^\ominus$/kJ·mol^{-1}	$C_p^\ominus$/J·mol^{-1}·K^{-1}
$CO(NH_2)_2$(c)	−333.19	104.6	−197.15	93.14
CS_2(l)	87.9	151.04	63.6	75.7
CCl_4(g)	−106.69	309.41	−64.22	83.51
CCl_4(l)	−139.49	214.43	−68.74	131.75
CH_3Cl(g)	−81.92	234.18	−58.41	40.79
CH_3Br(g)	−34.3	245.77	−24.69	42.59
$CHCl_3$(g)	−100	296.48	−67	65.81
$CHCl_3$(l)	−131.8	202.9	−71.5	116.3
Si(c)	0.0	18.70	0.0	19.87
SiO_2(c,石英)	−859.4	41.04	−805.0	44.43
N_2(g)	0.0	191.49	0.0	29.12
N(g)	472.64	153.19	455.51	20.79
NO(g)	90.37	210.62	86.69	29.86
NO_2(g)	33.85	240.45	51.84	37.91
N_2O(g)	81.55	219.99	103.60	
N_2O_4(g)	9.66	304.30	98.29	38.71
N_2O_5(c)	−41.84	113.4	133	79.08
NH_3(g)	−46.19	192.51	−16.63	35.66
NH_4Cl(c)	−315.39	94.6	−203.89	84.1
HNO_3(l)	−173.23	155.60	−79.91	109.87
O_2(g)	0.0	205.03	0.0	29.36
O(g)	247.52	160.95	230.09	21.91
O_3(g)	142.2	237.6	163.43	38.16
H_2O(g)	−241.83	188.72	−228.59	33.58
H_2O(l)	−285.84	69.94	−237.19	75.30
H_2O_2(l)	−187.61	(92)	−113.97	
S(c,斜方)	0.0	31.88	0.0	22.59
S(c,单斜)	0.3	32.55	0.10	23.64
SO_2(g)	−296.06	248.52	−300.37	39.79
SO_3(g)	−395.18	256.22	−370.37	50.63
H_2S(g)	−20.15	205.64	−33.02	33.97
F_2(g)	0.0	203.3	0.0	21.46
HF(g)	268.6	173.51	−270.7	29.08
Cl_2(g)	0.0	222.95	0.0	33.93
HCl(g)	−92.31	186.68	−95.26	29.12
Br_2(l)	0.0	152.3	0.0	
Br_2(g)	30.71	245.34	3.14	35.98
HBr(g)	−36.23	198.40	−53.22	29.12
I_2(c)	0.0	116.7	0.0	54.98
I_2(g)	62.24	260.58	19.37	36.86
HI(g)	25.9	206.33	1.30	29.16
Cu(c)	0.0	33.30	0.0	24.47
CuO(c)	−155.2	43.51	−127.2	44.4
Cu_2O(c)	−166.69	100.8	−146.36	69.9
$CuSO_4$(c)	−769.86	113.4	−661.9	100.8
$CuSO_4 \cdot 5H_2O$(c)	−2277.98	305.4	−1879.9	281.2
Ag(c)	0.0	42.70	0.0	25.49
Ag_2O(c)	−30.57	121.71	−10.82	65.56
AgCl(c)	−127.03	96.11	−109.12	50.79
$AgNO_3$(c)	−123.14	140.92	−32.17	93.05
Fe(c)	0.0	27.15	0.0	25.23
Fe_2O_3(c,赤铁矿)	−822.2	90.0	−741.0	104.6
Fe_3O_4(c,磁铁矿)	−1120.9	146.4	−1014.2	

资料来源：根据 G. M. Barrow：Physical Chemistry，1973。

2. 298.2K 在水溶液中某些物质的标准热力学数据

[有效浓度为 1mol/L（体积浓度）时，指定为单位活度，且 H^+(aq) 的 $\Delta H_f^\ominus$，$\Delta G_f^\ominus$，$S^\ominus$指定为零]

水溶液中的物质	$\Delta H_f^\ominus$ /kJ·mol^{-1}	$S^\ominus$/J·mol^{-1}·K^{-1}	$\Delta G_f^\ominus$/kJ·mol^{-1}	水溶液中的物质	$\Delta H_f^\ominus$ /kJ·mol^{-1}	$S^\ominus$/J·mol^{-1}·K^{-1}	$\Delta G_f^\ominus$/kJ·mol^{-1}
H^+(aq)	0.0	0.0	0.0	S^{2-}(aq)	41.8		83.7
H_3O^+(aq)	−285.85	69.96	−237.19	H_2SO_4(aq)	−907.51	17.1	−741.99
OH^-(aq)	−229.95	−10.54	−157.27	HSO_4^-(aq)	−885.75	126.85	−752.86
第一族				SO_4^{2-}(aq)	−907.51	17.1	−741.99
Li^+(aq)	−278.44	14.2	−293.80	第七族			
Na^+(aq)	−239.66	60.2	−261.88	F^-(aq)	−329.11	−9.6	−276.48
K^+(aq)	−251.21	102.5	−282.25	HCl(aq)	−167.44	55.2	−131.17
第二族				Cl^-(aq)	−167.44	55.2	−131.17
Be^{2+}(aq)	−389		356.48	ClO^-(aq)		43.1	−37.2
Mg^{2+}(aq)	−461.95	−118.0	−456.01	ClO_2^-(aq)	−69.0	100.8	−10.71
Ca^{2+}(aq)	−542.96	−55.2	−553.04	ClO_3^-(aq)	−98.3	163	−2.60
第三族				ClO_4^-(aq)	−131.42	182.0	−8
H_3BO_3(aq)	−1067.8	159.8	−963.32	Br^-(aq)	−120.92	80.71	−102.80
H_2BO_3(aq)	−1053.5	30.5	−910.44	I_2(aq)	20.9		16.44
第四族				I_3^-(aq)	51.9	173.6	−51.50
CO_2(aq)	−412.92	121.3	−386.22	I^-(aq)	−55.94	109.36	−51.67
H_2CO_3(aq)	−698.7	191.2	−623.42	过渡金属			
HCO_3^-(aq)	−691.11	95.0	−587.06	Cu^+(aq)	51.9	−26.4	50.2
CO_3^{2-}(aq)	−676.26	−53.1	−528.10	Cu^{2+}(aq)	64.39	−98.7	64.98
CH_3COOH(aq)	−488.44		−399.61	$Cu(NH_3)_4^{2+}$(aq)	−334.3	806.7	−256.1
CH_3COO^-(aq)	−488.86		−372.46	Zn^{2+}(aq)	−152.42	−106.48	−147.19
第五族				Pb^{3+}(aq)	1.63	21.3	−24.31
NH_3(aq)	−80.83	110.0	−26.61	Ag^+(aq)	105.90	73.93	77.11
NH_4^+(aq)	−132.80	112.84	−79.50	$Ag(NH_3)_2^+$(aq)	−111.80	241.8	−17.40
HNO_3(aq)	−206.56	146.4	−110.58	Ni^{2+}(aq)	−64.0		−48.24
NO_3^-(aq)	−206.56	146.4	−110.58	$Ni(NH_3)_6^{2+}$(aq)			−251.4
H_3PO_4(ap)	−1289.5	−176.1	−1147.2	$Ni(CN)_4^{2-}$(aq)	363.5	138.1	489.9
$H_2PO_4^-$(ap)	−1302.5	89.1	−1135.1	Mn^{2+}(aq)	−218.8	−84	−223.4
HPO_4^{2-}(aq)	−1298.7	−36.0	−1094.1	MnO_4^-(aq)	−518.4	189.9	−425.1
PO_4^{3-}(aq)	−1284.1	−218	−1025.5	MnO_4^{2-}(aq)			−503.8
第六族				Cr^{2+}(aq)			−176.1
				Cr^{3+}(aq)		−307.5	−215.5
H_2S(aq)	−33.3	122.2	−27.36	$Cr_2O_7^{2-}$(aq)	−1460.6	213.8	−1257.3
HS^-(aq)	−17.66	61.1	12.59	CrO_4^{2-}(aq)	−894.33	38.5	−736.8

资料来源：根据 G. M. Barrow；Physical Chemistry，1973.

3. 不同温度下某些物质的标准态热力学函数

T/K	$C_p^\ominus$	$\frac{H_T^\ominus - H_0^\ominus}{T}$	$\frac{G_T^\ominus - H_0^\ominus}{T}$	$\Delta H_f^\ominus$	$\Delta G_f^\ominus$
		/J·K^{-1}·mol^{-1}		/kJ·mol^{-1}	
			C(s)		
300	8.72	3.56	−2.19	0	0
400	11.93	5.25	−3.46	0	0
500	14.63	6.86	−4.80	0	0
700	18.54	9.69	−7.58	0	0
1000	21.51	12.88	−11.60	0	0
			O_2(g)		
300	29.37	29.11	−176.10	0	0
400	30.10	29.26	−184.51	0	0
500	31.08	29.52	−191.09	0	0
700	32.99	30.26	−201.10	0	0
1000	34.87	31.39	−212.10	0	0
			H_2(g)		
300	28.85	28.4	−102.4	0	0
400	29.18	28.6	−110.6	0	0
500	29.26	28.7	−116.9	0	0
700	29.43	28.9	−126.6	0	0
1000	30.20	29.1	−137.0	0	0
			CO(g)		
300	29.16	29.2	−169.1	−110.5	−137.4
400	29.33	29.2	−177.4	−110.1	−146.5
500	29.79	29.2	−183.9	−110.9	−155.6
700	31.17	29.6	−193.8	−110.5	−173.8
1000	33.18	30.4	−204.5	−112.0	−200.6
			CO_2(g)		
300	37.20	31.5	−182.5	−393.5	−394.4
400	41.30	33.4	−191.8	−393.6	−394.7
500	44.60	35.4	−199.5	−393.7	−394.9
700	49.50	38.8	−211.9	−394.0	−395.4
1000	54.30	42.8	−226.4	−394.6	−395.8
			H_2O(g)		
300	33.6	33.3	−155.8	−241.8	−228.5
400	34.3	33.4	−165.3	−242.8	−223.9
500	35.2	33.7	−172.8	−243.8	−219.1
700	37.4	34.5	−184.3	−245.6	−208.9
1000	41.2	35.9	−196.7	−247.9	−192.6
			HCHO(g)		
300	35.4	33.7	−185.4	−115.9	−109.9
400	39.2	34.6	−195.2	−117.6	−107.6
500	43.8	35.9	−203.1	−119.2	−104.9
700	52.3	39.4	−215.7	−122.0	−98.7
			CH_3OH(g)		
300	44.0	38.4	−201.6	−201.2	−162.3
400	51.4	40.7	−212.9	−204.8	−148.7
500	59.5	43.7	−222.3	−207.9	−134.3
700	73.7	50.3	−238.1	−212.9	−103.9

附表5 龟山-吉田环境模型的元素化学㶲

图例：H —— 元素符号；117.61 —— 标准化学㶲(10^3 kJ/kmol)；$H_2O(l)$ —— 基准物；−84.89 —— 温度修正系数(kJ/kmol)

	Ⅰa	Ⅱa	Ⅲa	Ⅳa	Ⅴa	Ⅵa	Ⅶa	Ⅷ			Ⅰb	Ⅱb	Ⅲb	Ⅳb	Ⅴb	Ⅵb	Ⅶb	
1	H 117.61 $H_2O(l)$ −84.89																	He 30.125 空气 ($p=5.24\times 10^{-6}$) 101.09
2	Li 371.96 $LiCl\cdot H_2O$ −485.13	Be 594.25 $BeO\cdot Al_2O_3$ −103.26											B 610.28 H_3BO_3 −185.60	C 410.54 CO_2 ($p=0.0003$) 57.07	N 0.335 空气 ($p=0.756$) 1.17	O 1.966 空气 ($p=0.203$) 6.61	F 308.03 $Ca_{10}(PO_4)_6F_2$ 81.21	Ne 27.07 空气 ($p=1.8\times 10^{-8}$) 90.83
3	Na 360.79 $NaNO_5$ −400.83	Mg 618.23 $CaCO_3\cdot MgCO_3$ −360.58											Al 788.22 Al_2O_3 −166.57	Si 852.74 SiO_2 −195.27	P 865.96 $Ca_3(PO_4)_2$ 86.36	S 602.79 $CaSO_4\cdot 2H_2O$ −116.69	Cl 23.47 NaCl 268.82	Ar 11.673 空气 ($p=0.009$) 39.16
4	K 386.85 KNO_3 −354.97	Ca 712.37 $CaCO_3$ −338.74	Sc 906.76 Sc_2O_3 −159.87	Ti 885.59 TiO_2 −198.57	V 704.88 V_2O_3 −236.27	Cr 547.43 $K_2Cr_2O_7$ 30.67	Mn 461.24 MnO_2 −197.23	Fe 368.15 Fe_2O_3 −147.28	Co 288.40 $CoFe_2O_4$ −19.84	Ni 243.47 $NiCl_2\cdot 6H_2O$ −865.63	Cu 143.80 $Cu_4(OH)_6Cl_2$	Zn 337.44 $Zn(NO_3)_2\cdot 6H_4O$ −852.87	Ga 496.18 Ga_2O_3 −162.09	Ge 493.13 GeO_2 −194.10	As 386.27 As_2O_3 −255.27	Se 0 Se 0	Br 34.35 $PtBr_2$ −19.92	Kr
5	Rb 389.57 $RbNO_3$ −353.80	Sr 771.15 $SrCl\cdot 6H_2O$ −841.61	Y 932.40 $Y(OH)_3$	Zr 1058.59 $ZrSiO_4$ −215.02	Nb 878.10 Nb_2O_3 −240.62	Mo 714.42 $CaMoO_4$ −45.27	Tc	Ru 0 Ru 0	Rh 0 Rh 0	Pd 0 Pd 0	Ag 86.32 AgCl 326.60	Cd 304.18 $CdCl\cdot \frac{5}{2}H_4O$ −759.94	In 412.42 InO_2 −169.41	Sn 515.72 SnO_2 217.53	Sb 409.70 Sb_2O_5 −255.98	Te 266.35 TeO_2 −188.49	I 25.61 KIO_3 56.82	Xe
6	Cs 390.9 CsCl −364.25	Ba 784.17 $Ba(NO_3)_2$ −697.60	La	Hf 1023.24 HfO_2 −202.51	Ta 950.69 Ta_2O_5 −242.80	W 818.22 $CaWO_4$ −45.44	Re	Os 297.11 OsO_4 −325.22	Ir 0 Ir 0	Pt 0 Pt 0	Au 0 Au 0	Hg 131.71 $HgCl_2$ −690.61	Tl 169.70 Tl_2O_4	Pb 337.27 PbClOH	Bi 296.73 BiOCl −425.68	Po	At	Rn
7	Fr	Ra	Ac	Th 1164.87 ThO_2 −168.78	Pa	U 1117.88 U_3O_6 −247.19	Np	Pu	Am	Cm	Bk	Cf	Es	Fm	Md	No	Lr	
			La 982.57 $LaCl_3\cdot 7H_2O$ −1224.45	Ce 1020.73 CeO_2 −227.94	Pr 926.17 $Pr(OH)_3$	Nd 967.05 $NdCl_3\cdot 6H_2O$ −1214.78	Pm	Sm 962.86 $SmCl_3\cdot 6H_2O$ −1215.74	Eu 872.49 $EuCl_3\cdot 6H_2O$ −1231.06	Gd 958.26 $GdCl_3\cdot H_2O$ −1220.26	Tb 947.38 $TbCl_3\cdot 6H_2O$ −1230.26	Dy 958.26 $DyCl_3\cdot 6H_2O$ −1234.03	Ho 966.63 $HoCl_3\cdot 6H_2O$ −1235.20	Er 960.77 $ErCl_3\cdot 6H_2O$ −1234.82	Tm 894.29 Tm_2O_3 −167.65	Yb 935.67 $YbCl_3\cdot 6H_2O$ −1224.45	Lu 917.68 $LuCl_3\cdot 6H_2O$ −1235.20	

附表6 主要的无机和有机化合物的摩尔标准化学㶲$E^{\ominus}_{XC}$以及温度修正系数ξ（$E^{\ominus}_{XC}$用龟山-吉田环境模型计算）

主要无机化合物

物 质	$E^{\ominus}_{XC}$ /kJ·mol^{-1}	ξ/J·mol^{-1}·K^{-1}	物 质	$E^{\ominus}_{XC}$ /kJ·mol^{-1}	ξ/J·mol^{-1}·K^{-1}	物 质	$E^{\ominus}_{XC}$ /kJ·mol^{-1}	ξ/J·mol^{-1}·K^{-1}
$AlCl_3$	229.83	892.07	$Fe(OH)_3$	30.29	43.85	Mn_3O_4	108.37	−213.13
$Al_2(SO_4)_3$	308.36	539.44	Fe_2SiO_4	220.41	−125.35	N_2	0.71	2.34
Ar	11.67	39.16	$FeAl_2O_4$	103.18	−66.36	Ne	27.07	90.83
BaO	261.04	−596.01	H_2	235.22	−169.74	NO	88.91	−4.60
$BaSO_4$	32.55	−415.30	H_2O(气)	8.62	−118.78	NH_3(气)	336.69	−154.22
$BaCO_3$	63.01	−356.77	He	30.12	101.09	Na_2O	346.98	−585.76
C	410.53	57.07	HF	152.42	46.61	NaCl	0	0.38
CaO	110.33	−227.74	O_2	3.93	13.22	Na_2SO_4	62.89	−413.50
$Ca(OH)_2$	53.01	−201.46	HCl(气)	45.77	173.72	Na_2CO_3	89.96	−364.22
$CaCl_2$	11.25	349.74	Na_2S	962.86	−798.31	Na_3AlF_6	581.95	138.95
$CaOSiO_2$	21.34	−228.15	$NaHCO_3$	44.69	−39.3	SO_2(气)	306.52	−114.64
$CaOAl_2O_3$	88.03	−251.08	MgO	50.79	−218.78	SO_3(气)	239.70	−14.02
CO	275.35	−25.61	$MgCl_2$	73.39	343.21	H_2S(气)	804.46	−329.66
CO_2	20.13	67.40	$MgCO_3$	22.59	62.30	ZnO	21.09	−745.63
Fe	368.15	−147.28	$MgSO_4$	58.24	−67.8	$ZnSO_4$	73.68	−587.52
FeO	118.66	−71.76	MnO	100.29	−115.94	$ZnCO_3$	22.34	−503.46
Fe_3O_4	96.90	−70.29	Mn_2O_3	47.24	−113.51			

主要有机化合物

物 质	化学分子式	$E^{\ominus}_{XC}$/kJ·mol^{-1}	ξ/J·mol^{-1}·K^{-1}	物 质	化学分子式	$E^{\ominus}_{XC}$/kJ·mol^{-1}	ξ/J·mol^{-1}·K^{-1}
甲烷(气)	CH_4(气)	830.19	−201.96	十二烷(液)	$C_{12}H_{26}$(液)	8013.03	−247.07
乙烷(气)	C_2H_6(气)	1493.77	−221.63	甲苯(液)	$CH_3C_6H_5$(液)	3928.36	61.63
丙烷(气)	C_3H_8(气)	2148.99	−238.36	甲醇(液)	CH_3OH(液)	716.72	−33.26
丁烷(液)	C_4H_{10}(液)	2803.20	−540.11	乙醇(液)	C_2H_5OH(液)	1354.57	−43.68
戊烷(气)	C_5H_{12}(气)	3455.61	−270.29	丙醇(液)	C_3H_7OH(液)	2003.76	−52.26
戊烷(液)	C_5H_{12}(液)	3454.52	−152.38	丁醇(液)	C_4H_9OH(液)	2659.10	−61.55
己烷(气)	C_6H_{14}(气)	4109.48	−286.14	戊醇(液)	$C_5H_{11}OH$(液)	3304.69	−67.07
己烷(液)	C_6H_{14}(液)	4105.38	−193.84	甲醛(气)	HCHO(气)	537.81	−86.02
庚烷(气)	C_7H_{16}(气)	4763.44	−355.81	乙醛(气)	CH_3CHO(气)	1160.18	−107.95
庚烷(液)	C_7H_{16}(液)	4756.45	−209.58	丙酮(液)	$(CH_3)_2CO$(液)	1783.85	20.59
乙烯(气)	C_2H_4(气)	1359.63	−172.38	甲蚁酸(液)	HCOOH(液)	288.24	112.84
丙烯(气)	C_3H_6(气)	1999.95	−196.27	醋酸(液)	CH_3COOH(液)	903.58	105.52
1-丁烯(气)	$CH_2CHCH_2CH_3$(气)	2654.29	−211.33	石炭酸(固)	C_6H_5OH(固)	3120.43	224.05
乙炔(气)	C_2H_2(气)	1265.49	−114.43	苯酸(固)	C_6H_5COOH(固)	3338.08	372.50
丙炔(气)	CH_3CCH(气)	1896.48	−138.20	甲酸甲酯(气)	$HCOOCH_3$(气)	998.26	−35.82
环戊烷(液)	C_5H_{10}(液)	3265.11	−86.44	醋酸乙酯(液)	$CH_3COOC_2H_5$(液)	2254.26	53.09
环己烷(液)	C_6H_{12}(液)	3901.16	−62.93	甲醚(气)	$(CH_3)_2O$(气)	1415.78	−150.04
苯(液)	C_6H_6(液)	3293.18	85.65	乙醚(液)	$(C_2H_5)_2O$(液)	2697.26	88.91
环辛烷(液)	C_8H_{16}(液)	5243.89	−73.51	氯化甲烷(气)	CH_3Cl(气)	723.96	206.86
环丁烯(气)	C_4H_6(气)	2522.53	−130.08	二氯化甲烷(液)	CH_2Cl_2(液)	622.29	480.03
乙苯(液)	C_8H_{10}(液)	4580.10	50.92	四氯化碳(液)	CCl_4(液)	441.79	1367.83
辛烷(液)	C_8H_{18}(液)	5407.78	−211.42	α-D-半乳糖(固)	$C_6H_{12}O_6$(固)	2966.92	590.70
壬烷(液)	C_9H_{20}(液)	6058.81	−220.87	β-乳糖(固)	$C_{12}H_{22}O_{11}$(固)	5968.52	1136.21
癸烷(液)	$C_{10}H_{22}$(液)	6710.05	−743.08	尿素(固)	$(NH_2)_2CO$	686.47	182.67
十一烷(液)	$C_{11}H_{24}$(液)	7361.33	−238.03				

附表7 流体的普遍化数据

附表 7-1 饱和液体和蒸气的普遍化数据

T_r	$-(\lg p_r)^{(0)}$	$-(\lg p_r)^{(1)}$	$[\lg(f/p)]^{(0)}$	$[\lg(f/p)]^{(1)}$	蒸发		蒸气		液体	
					$\Delta S^{(0)}$	$\Delta S^{(1)}$	$Z^{(0)}$	$Z^{(1)}$	$Z^{(0)}$	$Z^{(1)}$
1.00	0.000	0.000	−0.1642	−0.0332	0.00	0.00	0.291	−0.080	0.291	−0.080
0.99	0.025	0.021	−0.1680	−0.0273	2.57	2.83	0.43	−0.030	0.202	−0.090
0.98	0.050	0.042	−0.1648	−0.0201	3.38	3.91	0.47	0.000	0.179	−0.093
0.97	0.076	0.064	−0.1593	−0.0133	4.00	4.72	0.51	+0.020	0.162	−0.095
0.96	0.102	0.086	−0.1540	−0.0074	4.52	5.39	0.54	0.035	0.148	−0.085
0.95	0.129	0.109	−0.1488	−0.0023	5.00	5.96	0.565	0.045	0.136	−0.095
0.94	0.156	0.133	−0.1432	+0.0027	5.44	6.51	0.59	0.055	0.125	−0.094
0.92	0.212	0.180	−0.1329	+0.0122	6.23	7.54	0.63	0.075	0.108	−0.092
0.90	0.270	0.230	−0.1221	0.0213	6.95	8.53	0.67	0.095	0.0925	−0.087
0.88	0.330	0.285	−0.1127	0.0290	7.58	9.39	0.70	0.110	0.0790	−0.080
0.86	0.391	0.345	−0.1031	0.0361	8.19	10.3	0.73	0.125	0.0680	−0.075
0.84	0.455	0.405	−0.0943	0.0418	8.79	11.2	0.756	0.135	0.0585	−0.068
0.82	0.522	0.475	−0.0856	0.0459	9.37	12.1	0.781	0.140	0.0498	−0.062
0.80	0.592	0.545	−0.0774	0.0493	9.97	13.0	0.804	0.144	0.0422	−0.057
0.78	0.665	0.620	−0.0695	0.0512	10.57	13.9	0.826	0.144	0.0360	−0.053
0.76	0.742	0.705	−0.0620	0.0522	11.20	14.9	0.846	0.142	0.0300	−0.048
0.74	0.823	0.800	−0.0551	0.0520	11.84	16.0	0.864	0.137	0.0250	−0.043
0.72	0.909	0.895	−0.0485	0.0510	12.49	17.0	0.881	0.131	0.0210	−0.037
0.70	1.000	1.00	−0.0422	0.0489	13.19	18.1	0.897	0.122	0.0172	−0.032
0.68	1.096	1.12	−0.0366	0.0463	13.89	19.3	0.911	0.113	0.0138	−0.027
0.66	1.198	1.25	−0.0317	0.0432	14.62	20.5	0.922	0.104	0.0111	−0.022
0.64	1.308	1.39	−0.0273	0.0402	15.36	21.8	0.932	0.097	0.0088	−0.018
0.62	1.426	1.54	−0.0234	0.0369	16.12	23.2	0.940	0.090	0.0068	−0.015
0.60	1.552	1.70	−0.0200	0.0333	16.92	24.6	0.947	0.083	0.0052	−0.012
0.58	1.688	1.88	−0.0170	0.0300	17.74	26.2	0.953	0.077	0.0039	−0.009
0.56	1.834	2.08	−0.0142	0.0262	18.64	27.8	0.959	0.070	0.0028	−0.007
0.54	1.965	2.370	—	—	19.56	29.84	—	—	—	—
0.52	2.130	2.660	—	—	20.55	32.00	—	—	—	—
0.50	2.315	2.962	—	—	21.60	34.22	—	—	—	—
0.48	2.515	3.310	—	—	22.70	36.48	—	—	—	—
0.46	2.730	3.695	—	—	24.05	38.80	—	—	—	—
0.44	2.970	4.100	—	—	25.50	41.14	—	—	—	—
0.42	3.240	4.540	—	—	27.05	43.5	—	—	—	—
0.40	3.540	5.010	—	—	28.83	46.0	—	—	—	—
0.38	3.870	5.560	—	—	30.70	49.2	—	—	—	—
0.36	4.220	6.240	—	—	32.80	53.0	—	—	—	—
0.34	4.600	7.080	—	—	35.10	57.4	—	—	—	—
0.32	5.005	8.300	—	—	37.55	63.6	—	—	—	—
0.30	5.450	9.940	—	—	40.20	71.5	—	—	—	—
0.28	5.910	11.960	—	—	—	—	—	—	—	—
0.26	6.380	14.250	—	—	—	—	—	—	—	—

附表 7-2　$Z^{(0)}$ 值

T_r	p_r								
	0.2	0.4	0.6	0.8	1.0	1.2	1.4	1.6	1.8
0.35	0.0557	0.111	0.167	0.222	0.277	0.332	0.387	0.442	0.497
0.40	0.0500	0.100	0.150	0.199	0.249	0.298	0.348	0.395	0.446
0.45	0.0456	0.0912	0.136	0.182	0.227	0.272	0.317	0.362	0.407
0.50	0.0423	0.0844	0.126	0.168	0.210	0.252	0.293	0.335	0.376
0.55	0.396	0.0791	0.118	0.158	0.197	0.235	0.274	0.313	0.351
0.60	0.0375	0.0748	0.112	0.149	0.186	0.222	0.259	0.295	0.331
0.65	0.0359	0.0715	0.107	0.142	0.177	0.212	0.247	0.281	0.315
0.70	0.0346	0.0690	0.103	0.137	0.170	0.204	0.237	0.270	0.303
0.75	0.0338	0.0673	0.100	0.133	0.166	0.198	0.230	0.261	0.293
0.80	0.851	0.066	0.100	0.133	0.164	0.192	0.225	0.258	0.287
0.85	0.882	0.067	0.101	0.134	0.165	0.194	0.226	0.258	0.287
0.90	0.904	0.778	0.102	0.135	0.167	0.198	0.229	0.25	0.288
0.95	0.920	0.819	0.697	0.145	0.176	0.205	0.235	0.262	0.292
1.00	0.932	0.849	0.756	0.638	0.291	0.231	0.250	0.278	0.304
1.05	0.942	0.874	0.800	0.714	0.609	0.470	0.341	0.320	0.332
1.10	0.950	0.893	0.833	0.767	0.691	0.607	0.512	0.442	0.408
1.15	0.958	0.908	0.858	0.805	0.746	0.684	0.620	0.562	0.514
1.20	0.963	0.921	0.879	0.835	0.788	0.737	0.690	0.640	0.598
1.25	0.968	0.930	0.896	0.858	0.820	0.778	0.740	0.702	0.664
1.30	0.971	0.940	0.909	0.878	0.846	0.811	0.780	0.749	0.718
1.4	0.977	0.952	0.929	0.908	0.883	0.859	0.838	0.817	0.795
1.5	0.982	0.963	0.945	0.927	0.909	0.892	0.875	0.859	0.844
1.6	0.985	0.971	0.957	0.944	0.930	0.917	0.904	0.893	0.882
1.7	0.988	0.977	0.966	0.956	0.946	0.936	0.926	0.919	0.911
1.8	0.991	0.982	0.974	0.966	0.958	0.950	0.944	0.937	0.931
1.9	0.933	0.986	0.980	0.974	0.968	0.962	0.958	0.952	0.948
2.0	0.995	0.989	0.984	0.979	0.975	0.971	0.968	0.964	0.961
2.5	1.000	0.999	0.999	0.998	0.998	0.998	0.998	0.997	0.999
3.0	1.001	1.002	1.003	1.004	1.005	1.007	1.008	1.010	1.012
3.5	1.002	1.004	1.006	1.008	1.011	1.013	1.015	1.018	1.020
4.0	1.003	1.005	1.008	1.010	1.013	1.015	1.017	1.020	1.022

T_r	p_r								
	2.0	2.2	2.4	2.6	2.8	3.0	3.2	3.4	3.6
0.35	0.551	0.606	0.665	0.714	0.768	0.822	0.876	0.930	0.993
0.40	0.495	0.544	0.592	0.641	0.690	0.738	0.787	0.835	0.883
0.45	0.451	0.496	0.540	0.584	0.629	0.673	0.717	0.761	0.805
0.50	0.417	0.458	0.499	0.540	0.581	0.622	0.662	0.703	0.743
0.55	0.390	0.428	0.466	0.504	0.542	0.580	0.618	0.655	0.693
0.60	0.368	0.403	0.439	0.475	0.510	0.546	0.581	0.616	0.651
0.65	0.350	0.384	0.417	0.451	0.485	0.518	0.551	0.584	0.617
0.70	0.335	0.368	0.400	0.432	0.464	0.495	0.527	0.558	0.589
0.75	0.324	0.355	0.386	0.416	0.447	0.477	0.507	0.536	0.566
0.80	0.318	0.347	0.376	0.405	0.433	0.461	0.490	0.519	0.547
0.85	0.316	0.345	0.374	0.403	0.431	0.459	0.487	0.515	0.542
0.90	0.316	0.345	0.373	0.402	0.430	0.458	0.485	0.512	0.538
0.95	0.321	0.347	0.375	0.403	0.430	0.457	0.484	0.510	0.536
1.00	0.329	0.356	0.381	0.407	0.433	0.458	0.484	0.509	0.534
1.05	0.350	0.372	0.393	0.417	0.441	0.466	0.489	0.512	0.535

续表

T_r	p_r								
	2.0	2.2	2.4	2.6	2.8	3.0	3.2	3.4	3.6
1.10	0.402	0.405	0.420	0.440	0.462	0.484	0.504	0.525	0.547
1.15	0.484	0.477	0.478	0.485	0.498	0.513	0.529	0.546	0.563
1.20	0.568	0.553	0.545	0.544	0.548	0.554	0.563	0.574	0.587
1.25	0.636	0.618	0.606	0.599	0.597	0.598	0.602	0.609	0.618
1.30	0.691	0.671	0.657	0.649	0.644	0.642	0.642	0.645	0.651
1.4	0.777	0.759	0.745	0.734	0.725	0.720	0.718	0.718	0.722
1.5	0.831	0.819	0.808	0.800	0.794	0.790	0.785	0.784	0.784
1.6	0.872	0.863	0.855	0.848	0.843	0.840	0.836	0.834	0.833
1.7	0.903	0.896	0.889	0.883	0.879	0.875	0.873	0.872	0.872
1.8	0.926	0.921	0.916	0.913	0.910	0.908	0.907	0.906	0.906
1.9	0.944	0.940	0.936	0.933	0.931	0.930	0.929	0.929	0.930
2.0	0.959	0.956	0.954	0.953	0.953	0.952	0.952	0.953	0.954
2.5	1.000	1.001	1.001	1.002	1.004	1.006	1.008	1.009	1.012
3.0	1.014	1.016	1.019	1.022	1.025	1.028	1.030	1.033	1.036
3.5	1.022	1.024	1.027	1.030	1.033	1.036	1.039	1.042	1.045
4.0	1.024	1.026	1.029	1.032	1.035	1.038	1.041	1.044	1.047

T_r	p_r							
	3.8	4.0	4.5	5.0	6.0	7.0	8.0	9.0
0.35	1.04	1.07	1.22	1.36	1.62	1.88	2.14	2.39
0.40	0.931	0.979	1.10	1.22	1.45	1.69	1.92	2.15
0.45	0.848	0.892	1.00	1.11	1.32	1.54	1.75	1.96
0.50	0.783	0.824	0.924	1.02	1.22	1.42	1.61	1.80
0.55	0.730	0.767	0.860	0.952	1.13	1.31	1.49	1.67
0.60	0.686	0.721	0.808	0.893	1.06	1.23	1.40	1.56
0.65	0.650	0.683	0.764	0.845	1.00	1.16	1.31	1.47
0.70	0.620	0.651	0.728	0.804	0.954	1.10	1.25	1.39
0.75	0.596	0.625	0.698	0.769	0.910	1.05	1.18	1.32
0.80	0.576	0.605	0.675	0.746	0.883	1.017	1.15	1.28
0.85	0.569	0.597	0.663	0.730	0.861	0.990	1.115	1.24
0.90	0.565	0.591	0.655	0.718	0.842	0.966	1.089	1.21
0.95	0.561	0.587	0.647	0.709	0.828	0.947	1.066	1.185
1.00	0.557	0.582	0.642	0.702	0.819	0.932	1.048	1.166
1.05	0.557	0.580	0.639	0.700	0.814	0.923	1.032	1.147
1.10	0.567	0.589	0.643	0.699	0.810	0.916	1.019	1.129
1.15	0.581	0.600	0.651	0.705	0.809	0.911	1.008	1.113
1.20	0.601	0.618	0.664	0.714	0.810	0.907	1.000	1.100
1.25	0.629	0.643	0.682	0.726	0.816	0.907	0.994	1.088
1.30	0.659	0.668	0.701	0.740	0.824	0.910	0.992	1.078
1.4	0.727	0.734	0.754	0.781	0.844	0.921	0.994	1.071
1.5	0.786	0.790	0.805	0.826	0.877	0.934	1.000	1.070
1.6	0.834	0.835	0.844	0.860	0.904	0.953	1.010	1.075
1.7	0.873	0.874	0.882	0.895	0.930	0.972	1.023	1.082
1.8	0.907	0.908	0.914	0.925	0.955	0.993	1.039	1.091
1.9	0.932	0.934	0.941	0.950	0.976	1.010	1.051	1.097
2.0	0.954	0.956	0.962	0.972	0.996	1.027	1.064	1.106
2.5	1.014	1.018	1.026	1.035	1.055	1.079	1.105	1.136
3.0	1.038	1.041	1.049	1.058	1.077	1.10	1.124	1.150
3.5	1.048	1.051	1.058	1.067	1.086	1.105	1.126	1.148
4.0	1.050	1.053	1.060	1.068	1.086	1.104	1.124	1.143

附表 7-3　$Z^{(1)}$ 值

T_r	p_r						
	0.2	0.4	0.6	0.8	1.0	1.2	1.4
0.35	−0.027	−0.048	−0.073	−0.100	−0.13	−0.15	−0.17
0.40	−0.025	−0.046	−0.070	−0.094	−0.12	−0.14	−0.16
0.45	−0.024	−0.044	−0.067	−0.089	−0.11	−0.13	−0.15
0.50	−0.022	−0.043	−0.066	−0.085	−0.11	−0.13	−0.15
0.55	−0.021	−0.041	−0.060	−0.080	−0.10	−0.12	−0.14
0.60	−0.020	−0.039	−0.057	−0.075	−0.093	−0.11	−0.13
0.65	−0.020	−0.039	−0.057	−0.075	−0.093	−0.11	−0.12
0.70	−0.020	−0.036	−0.052	−0.068	−0.084	−0.10	−0.12
0.75	−0.020	−0.036	−0.052	−0.068	−0.084	−0.10	−0.11
0.80	−0.095	−0.028	−0.044	−0.058	−0.07	−0.08	−0.10
0.85	−0.067	−0.031	−0.049	−0.064	−0.08	−0.09	−0.11
0.90	−0.042	−0.09	−0.053	−0.068	−0.085	−0.10	−0.11
0.95	−0.025	−0.050	−0.10	−0.072	−0.091	−0.10	−0.11
1.00	−0.012	−0.016	−0.020	−0.05	−0.080	−0.090	−0.099
1.05	0.000	+0.001	+0.005	+0.015	+0.02	+0.01	−0.01
1.10	+0.002	0.008	0.016	0.030	0.055	0.082	+0.11
1.15	0.004	0.012	0.012	0.040	0.064	0.093	0.12
1.20	0.009	0.018	0.028	0.044	0.069	0.10	0.13
1.25	0.011	0.023	0.036	0.050	0.069	0.10	0.13
1.30	0.013	0.027	0.041	0.055	0.072	0.10	0.13
1.4	0.016	0.032	0.049	0.065	0.082	0.10	0.13
1.5	0.017	0.035	0.052	0.070	0.088	0.10	0.13
1.6	0.018	0.036	0.054	0.07	0.08	0.10	0.12
1.7	0.018	0.036	0.054	0.07	0.09	0.10	0.11
1.8	0.018	0.036	0.054	0.07	0.09	0.10	0.11
1.9	0.018	0.035	0.05	0.07	0.09	0.10	0.11
2.0	0.016	0.031	0.05	0.07	0.08	0.10	0.11
2.5	0.01	0.02	0.04	0.05	0.07	0.08	0.10
3.0	0.01	0.02	0.03	0.05	0.06	0.07	0.08
3.5	0.01	0.02	0.03	0.04	0.05	0.06	0.07
4.0	0.01	0.02	0.02	0.03	0.04	0.05	0.06

T_r	p_r						
	1.6	1.8	2.0	2.2	2.4	2.6	2.8
0.35	−0.20	−0.23	−0.26	−0.29	−0.32	−0.35	−0.37
0.40	−0.19	−0.22	−0.25	−0.28	−0.30	−0.33	−0.35
0.45	−0.18	−0.21	−0.24	−0.27	−0.28	−0.31	−0.33
0.50	−0.17	−0.20	−0.22	−0.25	−0.27	−0.29	−0.31
0.55	−0.16	−0.19	−0.21	−0.23	−0.25	−0.27	−0.29
0.60	−0.15	−0.17	−0.19	−0.21	−0.23	−0.25	−0.26
0.65	−0.14	−0.16	−0.17	−0.19	−0.21	−0.22	−0.24
0.70	−0.13	−0.15	−0.16	−0.18	−0.19	−0.20	−0.21
0.75	−0.12	−0.14	−0.15	−0.16	−0.17	−0.18	−0.19
0.80	−0.11	−0.12	−0.13	−0.14	−0.15	−0.16	−0.17
0.85	−0.12	−0.13	−0.14	−0.15	−0.16	−0.17	−0.18
0.90	−0.12	−0.13	−0.14	−0.15	−0.16	−0.17	−0.17
0.95	−0.12	−0.12	−0.13	−0.14	−0.15	−0.15	−0.16
1.00	−0.108	−0.115	−0.123	−0.13	−0.13	−0.14	−0.14
1.05	−0.04	−0.06	−0.07	−0.08	−0.09	−0.10	−0.10

续表

T_r	p_r						
	1.6	1.8	2.0	2.2	2.4	2.6	2.8
1.10	+0.082	+0.035	0.000	−0.02	−0.03	−0.05	−0.06
1.15	0.140	0.136	+0.100	+0.07	+0.04	+0.02	0.00
1.20	0.16	0.17	0.17	0.16	0.14	0.12	+0.09
1.25	0.16	0.18	0.19	0.19	0.18	0.16	0.14
1.30	0.16	0.18	0.20	0.20	0.20	0.20	0.19
1.4	0.16	0.18	0.19	0.20	0.21	0.21	0.21
1.5	0.15	0.17	0.18	0.20	0.20	0.21	0.21
1.6	0.14	0.16	0.17	0.18	0.19	0.20	0.20
1.7	0.13	0.15	0.16	0.17	0.18	0.18	0.20
1.8	0.13	0.15	0.16	0.17	0.18	0.19	0.20
1.9	0.13	0.15	0.16	0.17	0.18	0.19	0.20
2.0	0.13	0.14	0.15	0.16	0.17	0.19	0.20
2.5	0.11	0.12	0.13	0.15	0.16	0.18	0.19
3.0	0.09	0.10	0.11	0.13	0.14	0.15	0.16
3.5	0.08	0.08	0.09	0.10	0.11	0.12	0.13
4.0	0.06	0.07	0.08	0.09	0.10	0.10	0.11

T_r	p_r						
	3.0	4.0	5.0	6.0	7.0	8.0	9.0
0.35	−0.42	−0.53	−0.65	−0.78	−0.86	−0.95	−1.06
0.40	−0.39	−0.49	−0.60	−0.72	−0.80	−0.88	−0.96
0.45	−0.36	−0.45	−0.55	−0.67	−0.74	−0.82	−0.88
0.50	−0.34	−0.42	−0.51	−0.61	−0.68	−0.75	−0.81
0.55	−0.31	−0.39	−0.47	−0.55	−0.62	−0.68	−0.79
0.60	−0.28	−0.36	−0.43	−0.50	−0.56	−0.62	−0.67
0.65	−0.25	−0.32	−0.38	−0.43	−0.49	−0.54	−0.58
0.70	−0.23	−0.28	−0.33	−0.38	−0.42	−0.47	−0.51
0.75	−0.20	−0.25	−0.29	−0.33	−0.37	−0.40	−0.44
0.80	−0.18	−0.23	−0.26	−0.29	−0.32	−0.35	−0.39
0.85	−0.18	−0.22	−0.25	−0.28	−0.31	−0.34	−0.36
0.90	−0.18	−0.21	−0.24	−0.27	−0.30	−0.32	−0.35
0.95	−0.17	−0.20	−0.22	−0.25	−0.28	−0.31	−0.34
1.00	−0.15	−0.17	−0.20	−0.23	−0.26	−0.30	−0.33
1.05	−0.11	−0.14	−0.17	−0.20	−0.24	−0.28	−0.31
1.10	−0.07	−0.10	−0.13	−0.16	−0.21	−0.25	−0.28
1.15	−0.01	−0.04	−0.08	−0.12	−0.16	−0.20	−0.24
1.20	+0.07	0.00	−0.04	−0.08	−0.12	−0.16	−0.19
1.25	0.12	+0.05	0.00	−0.03	−0.07	+0.11	−0.13
1.30	0.18	0.10	+0.04	0.00	−0.04	−0.07	−0.09
1.4	0.20	0.15	0.11	+0.07	+0.04	+0.01	−0.01
1.5	0.21	0.20	0.17	0.14	0.11	0.09	+0.07
1.6	0.21	0.22	0.21	0.19	0.17	0.15	0.14
1.7	0.21	0.24	0.25	0.26	0.25	0.24	0.22
1.8	0.21	0.26	0.29	0.31	0.32	0.32	0.30
1.9	0.21	0.26	0.30	0.35	0.38	0.40	0.40
2.0	0.21	0.26	0.30	0.35	0.40	0.43	0.45
2.5	0.20	0.25	0.30	0.35	0.40	0.45	0.50
3.0	0.17	0.23	0.28	0.34	0.38	0.45	0.50
3.5	0.14	0.19	0.24	0.28	0.33	0.38	0.42
4.0	0.12	0.16	0.20	0.23	0.27	0.31	0.35

附表 7-4 $[\lg(f/p)]^{(0)}=[\lg\phi]^{(0)}$ 值

T_r	p_r								
	0.2	0.4	0.6	0.8	1.0	1.2	1.4	1.6	1.8
0.35	−3.687	−3.964	−4.116	−4.2165	−4.279	−4.344	−4.382	−4.421	−4.436
0.40	−2.820	−3.100	−3.254	−3.357	−3.432	−3.490	−3.535	−3.572	−3.601
0.45	−2.134	−2.415	−2.571	−2.676	−2.754	−2.813	−2.860	−2.891	−2.930
0.50	−1.604	−1.886	−2.044	−2.151	−2.229	−2.290	−2.339	−2.379	−2.412
0.55	−1.186	−1.470	−1.629	−1.736	−1.816	−1.878	−1.928	−1.969	−2.004
0.60	−0.851	−1.136	−1.296	−1.404	−1.485	−1.548	−1.599	−1.641	−1.676
0.65	−0.569	−0.855	−1.015	−1.125	−1.206	−1.270	−1.322	−1.364	−1.400
0.70	−0.336	−0.622	−0.783	−0.893	−0.975	−1.039	−1.092	−1.135	−1.171
0.75	−0.140	−0.426	−0.587	−0.698	−0.780	−0.846	−0.897	−0.942	−0.978
0.80	−0.060	−0.262	−0.425	−0.535	−0.618	−0.683	−0.736	−0.780	−0.817
0.85	−0.046	−0.120	−0.281	−0.392	−0.474	−0.539	−0.592	−0.636	−0.673
0.90	−0.042	−0.087	−0.163	−0.273	−0.356	−0.421	−0.474	−0.517	−0.554
0.95	−0.033	−0.070	−0.112	−0.173	−0.255	−0.319	−0.372	−0.415	−0.452
1.00	−0.028	−0.059	−0.094	−0.131	−0.175	−0.237	−0.287	−0.330	−0.367
1.05	−0.024	−0.051	−0.079	−0.109	−0.142	−0.178	−0.218	−0.257	−0.292
1.10	−0.021	−0.044	−0.067	−0.093	−0.120	−0.147	−0.177	−0.207	−0.237
1.15	−0.018	−0.037	−0.058	−0.079	−0.101	−0.123	−0.146	−0.170	−0.194
1.20	−0.016	−0.032	−0.050	−0.067	−0.086	−0.104	−0.124	−0.143	−0.163
1.25	−0.014	−0.029	−0.044	−0.059	−0.075	−0.091	−0.107	−0.123	−0.139
1.3	−0.012	−0.025	−0.038	−0.051	−0.065	−0.078	−0.092	−0.106	−0.119
1.4	−0.010	−0.021	−0.031	−0.041	−0.052	−0.062	−0.072	−0.082	−0.092
1.5	−0.008	−0.016	−0.024	−0.032	−0.040	−0.047	−0.055	−0.063	−0.070
1.6	−0.007	−0.013	−0.019	−0.026	−0.032	−0.038	−0.044	−0.050	−0.056
1.7	−0.005	−0.010	−0.015	−0.020	−0.025	−0.030	−0.034	−0.039	−0.043
1.8	−0.004	−0.008	−0.012	−0.015	−0.019	−0.022	−0.026	−0.030	−0.033
1.9	−0.003	−0.006	−0.009	−0.012	−0.015	−0.018	−0.020	−0.023	−0.025
2.0	−0.002	−0.004	−0.007	−0.009	−0.011	−0.013	−0.015	−0.017	−0.019
2.5	0.000	0.000	0.000	0.000	−0.001	−0.001	−0.001	−0.001	−0.001
3.0	0.000	+0.001	+0.001	+0.002	+0.002	+0.003	+0.003	+0.004	+0.004
3.5	+0.001	0.002	0.003	0.003	0.004	0.005	0.006	0.007	0.008
4.0	0.001	0.002	0.003	0.005	0.006	0.007	0.008	0.009	0.010

T_r	p_r								
	2.0	2.2	2.4	2.6	2.8	3.0	3.2	3.4	3.6
0.35	−4.451	−4.488	−4.501	−4.513	−4.521	−4.527	−4.531	−4.534	−4.534
0.40	−3.626	−3.646	−3.662	−3.675	−3.686	−3.695	−3.701	−3.706	−3.710
0.45	−2.956	−2.978	−2.996	−3.011	−3.024	−3.035	−3.043	−3.050	−3.055
0.50	−2.439	−2.463	−2.482	−2.499	−2.513	−2.525	−2.535	−2.544	−2.550
0.55	−2.032	−2.057	−2.078	−2.096	−2.111	−2.124	−2.135	−2.145	−2.153
0.60	−1.706	−1.731	−1.753	−1.772	−1.788	−1.803	−1.815	−1.826	−1.835
0.65	−1.431	−1.457	−1.480	−1.499	−1.517	−1.532	−1.545	−1.556	−1.566
0.70	−1.203	−1.229	−1.253	−1.273	−1.291	−1.306	−1.320	−1.332	−1.343
0.75	−1.010	−1.038	−1.061	−1.038	−1.100	−1.116	−1.131	−1.44	−1.155
0.80	−0.849	−0.877	−0.901	−0.922	−0.941	−0.957	−0.972	−0.985	−0.997
0.85	−0.705	−0.733	−0.757	−0.779	−0.797	−0.814	−0.829	−0.842	−0.854
0.90	−0.587	−0.614	−0.639	−0.680	−0.679	−0.696	−0.710	−0.724	−0.736
0.95	−0.483	−0.511	−0.535	−0.557	−0.575	−0.592	−0.607	−0.621	−0.632
1.00	−0.398	−0.425	−0.449	−0.470	−0.489	−0.505	−0.520	−0.534	−0.545
1.05	−0.322	−0.349	−0.372	−0.393	−0.411	−0.428	−0.442	−0.455	−0.467

续表

T_r	p_r								
	2.0	2.2	2.4	2.6	2.8	3.0	3.2	3.4	3.6
1.10	−0.264	−0.289	−0.311	−0.331	−0.348	−0.364	−0.378	−0.391	−0.403
1.15	−0.217	−0.238	−0.258	−0.276	−0.293	−0.307	−0.321	−0.333	−0.344
1.20	−0.182	−0.200	−0.217	−0.233	−0.247	−0.261	−0.273	−0.285	−0.295
1.25	−0.155	−0.171	−0.186	−0.199	−0.212	−0.224	−0.236	−0.246	−0.256
1.3	−0.133	−0.146	−0.159	−0.171	−0.182	−0.193	−0.203	−0.212	−0.221
1.4	−0.102	−0.111	−0.120	−0.130	−0.138	−0.146	−0.154	−0.162	−0.169
1.5	−0.078	−0.085	−0.092	−0.099	−0.104	−0.112	−0.117	−0.124	−0.129
1.6	−0.062	−0.067	−0.072	−0.077	−0.082	−0.087	−0.092	−0.096	−0.100
1.7	−0.047	−0.051	−0.056	−0.059	−0.063	−0.067	−0.071	−0.074	−0.077
1.8	−0.036	−0.039	−0.042	−0.045	−0.048	−0.051	−0.053	−0.056	−0.058
1.9	−0.028	−0.030	−0.033	−0.035	−0.037	−0.039	−0.041	−0.043	−0.045
2.0	−0.021	−0.023	−0.025	−0.026	−0.028	−0.029	−0.031	−0.032	−0.033
2.5	−0.001	−0.001	−0.001	−0.001	−0.001	−0.001	−0.001	−0.001	−0.000
3.0	+0.005	+0.005	+0.006	+0.007	+0.007	+0.008	+0.009	+0.010	+0.011
3.5	0.009	0.010	0.011	0.012	0.013	0.014	0.015	0.016	0.017
4.0	0.011	0.012	0.013	0.014	0.015	0.016	0.017	0.019	0.020

T_r	p_r							
	3.8	4.0	4.5	5.0	6.0	7.0	8.0	9.0
0.35	−4.534	−4.534	−4.525	−4.513	−4.474	−4.424	−4.366	−4.296
0.40	−3.712	−3.713	−3.711	−3.704	−3.678	−3.640	−3.593	−3.540
0.45	−3.060	−3.062	−3.065	−3.063	−3.046	−3.017	−2.980	−2.937
0.50	−2.556	−2.560	−2.567	−2.568	−2.559	−2.538	−2.508	−2.472
0.55	−2.160	−2.165	−2.175	−2.179	−2.176	−2.162	−2.138	−2.108
0.60	−1.842	−1.849	−1.861	−1.868	−1.870	−1.860	−1.842	−1.818
0.65	−1.574	−1.582	−1.5961	−1.605	−1.611	−1.606	−1.592	−1.572
0.70	−1.352	−1.360	−1.376	−1.387	−1.397	−1.395	−1.385	−1.369
0.75	−1.165	−1.174	−1.190	−1.202	−1.215	−1.217	−1.210	−1.197
0.80	−1.007	−1.016	−1.035	−1.048	−1.064	−1.067	−1.063	−1.052
0.85	−0.864	−0.874	−0.893	−0.907	−0.924	−0.929	−0.926	−0.917
0.90	−0.746	−0.756	−0.775	−0.789	−0.807	−0.814	−0.813	−0.805
0.95	−0.643	−0.652	−0.672	−0.687	−0.706	−0.713	−0.713	−0.707
1.00	−0.556	−0.566	−0.586	−0.601	−0.620	−0.629	−0.630	−0.624
1.05	−0.478	−0.488	−0.508	−0.523	−0.543	−0.552	−0.553	−0.549
1.10	−0.413	−0.422	−0.442	−0.457	−0.477	−0.487	−0.489	−0.486
1.15	−0.354	−0.363	−0.383	−0.397	−0.417	−0.427	−0.429	−0.426
1.20	−0.305	−0.314	−0.332	−0.346	−0.366	−0.375	−0.378	−0.376
1.25	−0.264	−0.273	−0.290	−0.304	−0.322	−0.331	−0.334	−0.332
1.3	−0.229	−0.237	−0.253	−0.266	−0.283	−0.292	−0.295	−0.294
1.4	−0.175	−0.181	−0.194	−0.205	−0.220	−0.228	−0.231	−0.229
1.5	−0.134	−0.139	−0.149	−0.158	−0.170	−0.176	−0.178	−0.176
1.6	−0.104	−0.108	−0.116	−0.123	−0.132	−0.137	−0.138	−0.136
1.7	−0.080	−0.083	−0.089	−0.094	−0.101	−0.105	−0.105	−0.102
1.8	−0.060	−0.063	−0.067	−0.071	−0.076	−0.078	−0.077	−0.074
1.9	−0.046	−0.048	−0.051	−0.054	−0.057	−0.057	−0.055	−0.051
2.0	−0.034	−0.035	−0.037	−0.039	−0.040	−0.039	−0.038	−0.034
2.5	0.000	0.000	+0.001	+0.003	+0.006	+0.011	+0.016	+0.022
3.0	+0.012	+0.012	0.015	0.017	0.023	0.028	0.035	0.042
3.5	0.018	0.020	0.022	0.025	0.031	0.038	0.044	0.051
4.0	0.021	0.022	0.025	0.028	0.034	0.040	0.047	0.054

附表 7-5 $[\lg(f/p)]^{(1)}=(\lg\phi)^{(1)}$ 值

T_r	p_r						
	0.2	0.4	0.6	0.8	1.0	1.2	1.4
0.35	−6.65	−6.66	−6.68	−6.69	−6.70	−6.71	−6.72
0.40	−5.02	−5.03	−5.04	−5.05	−5.06	−5.07	−5.08
0.45	−3.90	−3.91	−3.92	−3.93	−3.94	−3.95	−3.96
0.50	−2.96	−2.96	−2.97	−2.98	−2.99	−3.00	−3.01
0.55	−2.22	−2.23	−2.24	−2.25	−2.26	−2.27	−2.28
0.60	−1.68	−1.69	−1.70	−1.70	−1.71	−1.72	−1.73
0.65	−1.28	−1.28	−1.29	−1.30	−1.31	−1.31	−1.32
0.70	−0.94	−0.95	−0.96	−0.96	−0.97	−0.98	−0.99
0.75	−0.69	−0.69	−0.70	−0.71	−0.71	−0.72	−0.73
0.80	−0.04	−0.47	−0.48	−0.48	−0.48	−0.49	−0.50
0.85	−0.03	−0.31	−0.31	−0.32	−0.33	−0.33	−0.34
0.90	−0.02	−0.04	−0.18	−0.20	−0.20	−0.21	−0.21
0.95	−0.01	−0.02	−0.03	−0.09	−0.10	−0.11	−0.12
1.00	−0.01	−0.01	−0.01	−0.02	−0.03	−0.03	−0.04
1.05	0.00	0.00	0.00	0.00	+0.01	+0.01	+0.01
1.10	0.00	0.00	0.00	+0.01	0.01	0.02	0.02
1.15	0.00	0.00	0.00	0.01	0.02	0.02	0.03
1.20	0.00	+0.01	+0.01	0.01	0.02	0.03	0.04
1.25	0.00	0.01	0.01	0.02	0.03	0.03	0.04
1.3	+0.01	0.01	0.02	0.02	0.03	0.04	0.04
1.4	0.01	0.01	0.02	0.03	0.04	0.04	0.05
1.5	0.01	0.02	0.02	0.03	0.04	0.05	0.05
1.6	0.01	0.02	0.02	0.03	0.04	0.05	0.05
1.7	0.01	0.02	0.02	0.03	0.04	0.05	0.05
1.8	0.01	0.02	0.02	0.03	0.04	0.05	0.05
1.9	0.01	0.02	0.02	0.03	0.04	0.05	0.05
2.0	0.01	0.01	0.02	0.03	0.04	0.05	0.05
2.5	0.01	0.01	0.02	0.02	0.03	0.04	0.04
3.0	0.00	0.01	0.01	0.02	0.02	0.03	0.04
3.5	0.00	0.01	0.01	0.02	0.02	0.02	0.03
4.0	0.00	0.01	0.01	0.02	0.02	0.02	0.02

T_r	p_r						
	1.6	1.8	2.0	2.2	2.4	2.6	2.8
0.35	−6.73	−6.74	−6.75	−6.76	−6.78	−6.79	−6.80
0.40	−5.09	−5.10	−5.11	−5.12	−5.13	−5.14	−5.15
0.45	−3.97	−3.98	−3.98	−3.99	−4.00	−4.01	−4.02
0.50	−3.02	−3.03	−3.04	−3.05	−3.06	−3.07	−3.08
0.55	−2.28	−2.29	−2.30	−2.31	−2.32	−2.33	−2.34
0.60	−1.74	−1.74	−1.75	−1.76	−1.77	−1.77	−1.78
0.65	−1.33	−1.34	−1.34	−1.35	−1.36	−1.36	−1.37
0.70	−0.99	−1.00	−1.01	−1.01	−1.02	−1.03	−1.03
0.75	−0.73	−0.74	−0.75	−0.75	−0.76	−0.76	−0.76
0.80	−0.50	−0.51	−0.51	−0.52	−0.52	−0.53	−0.53
0.85	−0.35	−0.35	−0.36	−0.37	−0.37	−0.38	−0.38
0.90	−0.22	−0.23	−0.23	−0.24	−0.24	−0.25	−0.26
0.95	−0.12	−0.13	−0.13	−0.14	−0.15	−0.15	−0.16
1.00	−0.05	−0.05	−0.06	−0.06	−0.07	−0.07	−0.08

T_r	p_r						
	1.6	1.8	2.0	2.2	2.4	2.6	2.8
1.05	+0.01	0.00	0.00	0.00	0.00	−0.01	−0.01
1.10	0.03	+0.03	+0.03	+0.03	+0.03	+0.03	+0.03
1.15	0.04	0.04	0.05	0.05	0.05	0.06	0.06
1.20	0.05	0.05	0.06	0.07	0.07	0.08	0.08
1.25	0.05	0.06	0.07	0.07	0.08	0.09	0.09
1.3	0.05	0.06	0.07	0.08	0.08	0.09	0.10
1.4	0.06	0.07	0.08	0.08	0.09	0.10	0.11
1.5	0.06	0.06	0.07	0.08	0.08	0.09	0.10
1.6	0.06	0.06	0.07	0.08	0.08	0.09	0.10
1.7	0.06	0.06	0.07	0.08	0.08	0.09	0.10
1.8	0.06	0.06	0.07	0.08	0.08	0.09	0.10
1.9	0.06	0.06	0.07	0.08	0.08	0.09	0.10
2.0	0.06	0.07	0.07	0.08	0.08	0.09	0.09
2.5	0.05	0.06	0.06	0.07	0.07	0.08	0.08
3.0	0.04	0.05	0.05	0.05	0.06	0.06	0.07
3.5	0.03	0.04	0.04	0.04	0.05	0.05	0.06
4.0	0.03	0.03	0.03	0.04	0.04	0.04	0.05

T_r	p_r						
	3.0	4.0	5.0	6.0	7.0	8.0	9.0
0.35	−6.81	−6.86	−6.92	−6.96	−7.02	−7.06	−7.11
0.40	−5.16	−5.21	−5.26	−5.30	−5.34	−5.39	−5.43
0.45	−4.03	−4.07	−4.11	−4.15	−4.19	−4.23	−4.27
0.50	−3.09	−3.13	−3.17	−3.22	−3.26	−3.30	−3.34
0.55	−2.34	−2.38	−2.43	−2.46	−2.50	−2.53	−2.57
0.60	−1.79	−1.82	−1.86	−1.89	−1.93	−1.96	−1.99
0.65	−1.38	−1.41	−1.44	−1.47	−1.50	−1.53	−1.55
0.70	−1.04	−1.07	−1.09	−1.12	−1.15	−1.17	−1.19
0.75	−0.77	−0.80	−0.83	−0.85	−0.87	−0.89	−0.91
0.80	−0.54	−0.56	−0.59	−0.61	−0.63	−0.65	−0.67
0.85	−0.39	−0.41	−0.44	−0.46	−0.48	−0.50	−0.51
0.90	−0.26	−0.29	−0.31	−0.33	−0.35	−0.36	−0.38
0.95	−0.16	−0.18	−0.20	−0.22	−0.24	−0.26	−0.27
1.00	−0.08	−0.10	−0.12	−0.13	−0.15	−0.17	−0.18
1.05	−0.01	−0.03	−0.05	−0.06	−0.07	−0.09	−0.11
1.10	+0.03	+0.02	0.00	−0.01	−0.02	−0.03	−0.05
1.15	0.06	0.05	+0.05	+0.04	+0.02	+0.01	0.00
1.20	0.08	0.09	0.09	0.08	0.07	0.07	+0.06
1.25	0.10	0.11	0.11	0.11	0.10	0.10	0.09
1.3	0.10	0.12	0.13	0.13	0.13	0.12	0.12
1.4	0.11	0.13	0.15	0.15	0.16	0.16	0.16
1.5	0.11	0.13	0.15	0.16	0.17	0.17	0.18
1.6	0.11	0.14	0.16	0.18	0.19	0.20	0.21
1.7	0.11	0.14	0.16	0.18	0.20	0.21	0.23
1.8	0.11	0.14	0.16	0.19	0.21	0.23	0.24
1.9	0.11	0.14	0.16	0.19	0.21	0.23	0.25
2.0	0.10	0.13	0.16	0.19	0.21	0.23	0.26
2.5	0.09	0.12	0.14	0.17	0.19	0.22	0.24
3.0	0.07	0.10	0.12	0.15	0.17	0.20	0.22
3.5	0.06	0.08	0.10	0.13	0.15	0.17	0.19
4.0	0.05	0.07	0.09	0.10	0.12	0.14	0.15

附表8 单位换算表

单位名称	换算成SI单位的换算因子
长　度	
1cm	=0.01m
1ft	=0.3048m
1in	$=2.54\times10^{-2}$m
1尺	=0.3333m
面　积	
$1cm^2$	$=10^{-4}m^2$
$1mm^2$	$=10^{-6}m^2$
$1ft^2$	$=9.2903\times10^{-2}m^2$
$1in^2$	$=6.4516\times10^{-4}m^2$
1尺^2	$=0.1111m^2$
体　积	
1l	$=10^{-3}m^3$
1mL	$=10^{-6}m^3$
$1ft^3$	$=2.83168\times10^{-2}m^3$
1gal	$=3.7853\times10^{-3}m^3$
质　量	
1g	$=10^{-3}$kg
1ton①	$=10^3$kg
1lb	=0.4536kg
力	
$1kg\cdot m\cdot s^{-2}$	=1N
1dyn	$=10^{-5}$N
1g②	$=9.807\times10^{-3}$N
1kg②	=9.807N
1lb②	=4.44823N
压　力	
$1N\cdot m^{-2}$	=1Pa
1bar	$=10^5$Pa
$1dyn\cdot cm^{-2}$	=0.1Pa
1atm	$=1.0133\times10^5$Pa
$1kg\cdot cm^{-2}$	$=0.9807\times10^5$Pa
1mmHg	$=1.3332\times10^2$Pa
$1mmH_2O$	=9.806Pa
$1lb\cdot in^{-2}$或Psia	=6894.8Pa
密　度	
$1g\cdot cm^{-3}$	$=10^3kg\cdot m^{-3}$
$1g\cdot mL^{-1}$	$=0.99997\times10^3kg\cdot m^{-3}$
$1ton\cdot m^{-3}$	$=10^3kg\cdot m^{-3}$
$1lb\cdot ft^{-3}$	$=16.0185kg\cdot m^{-3}$
$1lb\cdot gal^{-1}$	$=119.8kg\cdot m^{-3}$
能　量	
$-1kg\cdot m^2\cdot s^{-2}$	=1J
$1N\cdot m$	=1J
$1W\cdot s$	=1J
$1dyn\cdot cm$	$=10^{-7}$J
1erg	$=10^{-7}$J
$1bar\cdot cm^3$	=0.1J
$1bar\cdot L$	=100J
$1bar\cdot m^3$	$=10^5$J
1cal	=4.1868J
$1atm\cdot L$	=101.33J
$1Psia\cdot ft^3$	=195.338J
1Btu	$=1.055\times10^3$J
比热容与熵	
$1kJ\cdot kg^{-1}\cdot K^{-1}$	$=1J\cdot g^{-1}\cdot K^{-1}$
$1kcal\cdot kg^{-1}\cdot K^{-1}$	$=4.1840J\cdot g^{-1}\cdot K^{-1}$
$1Btu\cdot lb^{-1}\cdot R^{-1}$	$=4.1840J\cdot g^{-1}\cdot K^{-1}$

① 指公吨，即我国现行的吨，不是英美的吨。

② 均指力的相应单位。

附表 9* 推算 298K 时有机化合物的偏心因子和液体摩尔体积所用的一阶基团贡献值

基团	ω_{1i}	$v_{1i}/m^3 \cdot kmol^{-1}$	基团	ω_{1i}	$v_{1i}/m^3 \cdot kmol^{-1}$
CH_3	0.29602	0.02614	CH_2Cl	0.57021	0.03371
CH_2	0.14691	0.01641	CHCl	—	0.02663
CH	−0.07063	0.00711	CCl	—	0.02020
C	−0.35125	−0.00380	$CHCl_2$	0.71592	0.04682
$CH_2=CH$	0.40842	0.03727	CCl_2	—	—
$CH=CH$	0.25224	0.02692	CCl_3	0.61662	0.06202
$CH_2=C$	0.22309	0.02697	ACCl	—	0.02414
$CH=C$	0.23492	0.01610	CH_2NO_2	—	0.03375
$C=C$	−0.21017	0.00296	$CHNO_2$	—	0.02620
$CH_2=C=CH$	0.73865	0.04340	$ACNO_2$	—	0.02505
ACH**	0.15188	0.01317	CH_2SH	—	0.03446
AC**	0.02725	0.00440	I	0.23323	0.02791
$ACCH_3$	0.33409	0.02888	Br	0.27778	0.02143
$ACCH_2$	0.14598	0.01916	$CH\equiv C$	0.61802	—
ACCH	−0.08807	0.00993	$C\equiv C$	—	0.01451
OH	1.52370	0.00551	Cl—(C=C)	—	0.01533
ACOH	0.73657	0.01133	ACF	0.26254	0.01727
CH_3CO	1.01522	0.03655	$HCON(CH_2)_2$	—	—
CH_2CO	0.63264	0.02816	CF_3	0.50023	—
CHO	0.96265	0.02002	CF_2	—	—
CH_3COO	1.13257	0.04500	CF	—	—
CH_2COO	0.75574	0.03567	COO	—	0.01917
HCOO	0.76454	0.02667	CCl_2F	0.50260	0.05384
CH_3O	0.52646	0.03274	HCClF	—	—
CH_2O	0.44184	0.02311	$CClF_2$	0.54685	0.05383
CH—O	0.21808	0.01799	F(除上面示出外)	0.43796	—
FCH_2O	0.50922	0.02059	$CONH_2$	—	—
CH_2NH_2	0.79963	0.02646	$CONHCH_3$	—	—
$CHNH_2$	—	0.01952	$CONHCH_2$	—	—
CH_3NH	0.95344	0.02674	$CON(CH_3)_2$	—	0.05477
CH_2NH	0.55018	0.02318	$CONHCH_3CH_2$	—	—
CHNH	0.38623	0.01813	$CON(CH_2)_2$	—	—
CH_3N	0.38447	0.01913	$C_2H_5O_2$	—	0.04104
CH_2N	0.07508	0.01683	$C_2H_4O_2$	—	—
$ACNH_2$	0.79337	0.01365	CH_3S	—	0.03484
C_5H_4N	—	0.06082	CH_2S	0.42753	0.02732
C_5H_3N	—	0.05238	CHS	—	—
CH_2CN	—	0.03313	C_4H_3S	—	—
COOH	1.67037	0.02232	C_4H_2S	—	—

* 摘自 Constantinou L，Gani R，O'Connell J P. Fluid Phase Equilib.，1995，103：11

ACH—苯；AC—苯基

附表 10* 推算 298K 时有机化合物的偏心因子和液体摩尔体积所用的二阶基团贡献值

基团	ω_{2j}	$v_{2j}/m^3 \cdot kmol^{-1}$	样品的指定(出现样品基团的次数)
$(CH_3)_2CH$	0.01740	0.00133	2-甲基戊烷(1)
$(CH_3)_3C$	0.01922	0.00179	2,2-二甲基戊烷(1),2,2,4,4-四甲基戊烷(2)
$CH(CH_3)CH(CH_3)$	−0.00475	−0.00203	2,3-二甲基戊烷(1),2,3,4,4-四甲基戊烷(2)
$CH(CH_3)C(CH_3)_2$	−0.02883	−0.00243	2,2,3-三甲基戊烷(1),2,2,3,4,4-五甲基戊烷(2)
$C(CH_3)_2C(CH_3)_2$	−0.08632	−0.00744	2,2,3,3-四甲基戊烷(1), 2,2,3,3,4,4-六甲基戊烷(2)
三元环	0.17563	—	环丙烷(1)
四元环	0.22216	—	环丁烷(1)
五元环	0.16284	0.00213	环戊烷(1),乙基环戊烷(1)
六元环	−0.03065	0.00063	环己烷(1),甲基环己烷(1)
七元环	−0.02094	−0.00519	环庚烷(1),乙基环庚烷(1)
$CH_n{=}CH_m{-}Cp{=}C_k$　$k,m,n,p\in(0,2)$	0.01648	−0.00188	1,3-丁二烯(1)
$CH_3{-}CH_m{=}CH_n$　$m,n\in(0,2)$	0.00619	0.00009	2-丁烯(2),2-甲基-2-丁烯(3)
$CH_2{-}CH_m{=}CH_n$　$m,n\in(0,2)$	−0.0115	0.00012	1,4-戊二烯(2)
$CH{-}CH_m{=}CH_n$ 或 $C{-}CH_m{=}CH_n$　$m,n\in(0,2)$	0.02778	0.00142	4-甲基-2-戊烯(1)
脂环侧链　$C_{环状}C_m$　$m>1$	−0.11024	−0.00107	乙基环己烷(1),丙基环庚烷(1)
CH_3CH_3	−0.1124	—	乙烷
CHCHO 或 CCHO	—	−0.00009	2-甲基丁醛(1)
CH_3COCH_2	−0.20789	−0.00030	2-戊酮(1)
CH_3COCH 或 CH_3COC	−0.16571	−0.00108	3-甲基-2-戊酮(1)
$C_{环状}{=}O$	—	−0.00111	环己酮(1)
ACCHO	—	−0.00036	苯甲醛(1)
CHCOOH 或 CCOOH	0.08774	−0.00050	2-甲基丁酸(1)
ACCOOH	—	0.00777	苯甲酸(1)
CH_3COOCH 或 CH_3COOC	−0.26623	0.00083	醋酸异丙酯(1)
$COCH_2COO$、COCHCOO 或 COCCOO	—	0.00036	乙酰乙酸乙酯(1)
CO—O—CO	0.91939	0.00198	丙酸酐(1)
ACCOO	—	0.00001	苯甲酸乙酯(1)
CHOH	0.03654	−0.00092	2-丁醇(1)
COH	0.21106	0.00175	2-甲基-2-丁醇(1)
$CH_m(OH)C_n(OH)$　$m,n\in(0,2)$	—	0.00235	1,2,3-丙三醇(1)
$CH_{m环状}{-}OH$　$m\in(0,1)$	—	−0.00250	环戊醇(1)
$CH_m(OH)CH_n(NH_p)$　$m,n,p\in(0,2)$	—	0.00046	1-氨基-2-丁醇(1),1-羟基-N-甲基丁胺(1)
$CH_m(NH_2)CH_n(NH_2)$　$m,n\in(0,2)$	—	—	1,2-丙二胺(1)
$CH_{m环状}{-}NH_p{-}CH_{n环状}$　$m,n,p\in(0,2)$	−0.13106	−0.00179	吡咯烷(1)
$CH_m{-}O{-}CHn{=}CH_p$　$m,n,p\in(0,2)$	—	−0.00206	乙基乙烯基醚(1)
$AC{-}O{-}CH_m$　$m\in(0,3)$	—	0.01203	乙基苯基醚(1)
$CH_{m环状}{-}S{-}CH_{n环状}$　$m,n\in(0,2)$	−0.01509	−0.00023	四氢噻吩(1)
$CH_m{=}CH_n{-}F$　$m,n\in(0,2)$	—	—	1-氟-1-丙烯(1)
$CH_m{=}CH_n{-}Br$　$m,n\in(0,2)$	—	−0.0058	1-溴-1-丙烯(1)
$CH_m{=}CH_n{-}I$　$m,n\in(0,2)$	—	—	1-碘-1-丙烯(1)
ACBr	−0.03078	0.00178	溴代甲苯(1)
ACI	0.00001	0.00171	碘代甲苯(1)
$CH_m(NH_2){-}COOH$　$m\in(0,2)$	—	—	2-氨基己酸(1)

* 摘自 Constantinou L，Gani R，O'Connell J P. Fluid Phase Equilib.，1995，103：11

附录二

热力学平均温度的推导

式(6-22b) 的推导如下：对变温热源，卡诺功为

$$W_c = \int_Q^Q \left(1 - \frac{T_0}{T}\right) \delta Q \qquad \text{(附二-A)}$$

恒压下，对于单纯的传热过程，δQ 为

$$\delta Q = dH = C_p dT \qquad \text{(附二-B)}$$

将式(附二-B) 代入式(附二-A)，并将 T_1 和 T_2 温度区间的平均等压热容 C_{pm}代入，可得

$$W_c = \int_{T_1}^{T_2} C_p \left(1 - \frac{T_0}{T}\right) dT = C_{pm}(T_2 - T_1) - T_0 C_{pm} \ln \frac{T_2}{T_1} = Q\left(1 - \frac{T_0}{T_m}\right) \qquad \text{(附二-C)}$$

式(附二-C) 中 $Q = \Delta H = C_{pm}(T_2 - T_1)$ 而 T_m 即为式(6-22b) 中的 T_m 值。

附录三

组分逸度系数方程式的推导

要计算气相组分的逸度和逸度系数，必须要有 p-V-T 数据。现将 $\hat{\phi}_i^V$ 和实测的容积性质间的关系式推导如下。在 T、y_i 为常数的条件下，由式(7-41) 知

$$RT\mathrm{dln}\hat{f}_i^V=\mathrm{d}\overline{G}_i=\overline{V}_i\mathrm{d}p \tag{附三-A}$$

把式（7-42）代入上式，得

$$\mathrm{dln}\hat{f}_i^V=\mathrm{dln}\hat{\phi}_i^V+\mathrm{dln}p=\mathrm{dln}\hat{\phi}_i^V+\frac{\mathrm{d}p}{p} \tag{附三-B}$$

将式(附三-B) 代入式（附三-A），得

$$\mathrm{dln}\hat{\phi}_i^V=\frac{p\overline{V}_i}{RT}\cdot\frac{\mathrm{d}p}{p}-\frac{\mathrm{d}p}{p}$$

因

$$p\overline{V}_i/RT=\overline{Z}_i$$

则

$$\mathrm{dln}\hat{\phi}_i^V=(\overline{Z}_i-1)\frac{\mathrm{d}p}{p}$$

若从 $p=0$ 积分到 p，则

$$\ln\hat{\phi}_i^V=\int_0^p(\overline{Z}_i-1)\frac{\mathrm{d}p}{p} \tag{附三-C}$$

上式也可写成

$$\ln\hat{\phi}_i^V=\int_0^p\left(\frac{\overline{V}_i}{RT}\mathrm{d}p-\frac{\mathrm{d}p}{p}\right)$$

或

$$RT\ln\hat{\phi}_i^V=\int_0^p\left[\left(\frac{\partial V_t}{\partial n_i}\right)_{T,p,n_j}-\frac{RT}{p}\right]\mathrm{d}p \tag{7-46}$$

式(7-46) 也可写成

$$RT\ln\hat{\phi}_i^V=\int_{V_t}^{\infty}\left[\left(\frac{\partial p}{\partial n_i}\right)_{T,V_t,n_j}-\left(\frac{RT}{V_t}\right)\right]\mathrm{d}V_t-RT\ln Z \tag{7-47}$$

式中，V_t 为混合物总体积，Z 为总压 p 及 T 下的混合物的压缩因子。

式(7-47) 推导如下：

由式(7-8)

$$\mathrm{d}A_t=-S_t\mathrm{d}T-p\mathrm{d}V_t-\sum\mu_i\mathrm{d}n_i$$

$$\left(\frac{\partial A_t}{\partial V_t}\right)_{T,n}=-p$$

$$A_t(T,V_t,n)-A_t'(T,V_t',n)=-\int_{V_t'}^{V_t}p\,\mathrm{d}V_t$$

式中，当 $p\to p'\to 0$ 时，$V_t\to V_t'\to\infty$

两边加上 $\int_{V'_t}^{V_t}\frac{nRT}{V_t}\mathrm{d}V_t$ ，改写后得

$$A_t(T,V_t,n)-A'_t(T,V'_t,n)=\int_{V'_t}^{V_t}\left(\frac{nRT}{V_t}-p\right)\mathrm{d}V_t-\int_{V'_t}^{V_t}\frac{nRT}{V_t}\mathrm{d}V_t$$

当 T、V_t、n_j 为常数时，对 n_i 进行微分得

$$\left(\frac{\partial A_t}{\partial n_i}\right)_{T,V_t,n_j}-\left(\frac{\partial A'_t}{\partial n_i}\right)_{T,V'_t,n_j}=\int_{V'_t}^{V_t}\left[\left(\frac{RT}{V_t}\right)-\left(\frac{\partial p}{\partial n_i}\right)_{T,V_t,n_j}\right]\mathrm{d}V_t-RT\ln\frac{V_t}{V'_t} \quad \text{(附三-D)}$$

由式(7-10) 知

$$\left(\frac{\partial A_t}{\partial n_i}\right)_{T,V_t,n_j}=\left(\frac{\partial G_t}{\partial n_i}\right)_{T,p,n_j}=\overline{G_i}$$

$$\left(\frac{\partial A'_t}{\partial n_j}\right)_{T,V'_t,n_j}=\left(\frac{\partial G'_t}{\partial n_i}\right)_{T,p,n_j}=\overline{G'_i}$$

代入上式，并根据组分逸度的定义

$$\overline{G_i}-\overline{G'_i}=\int_{V'_t}^{V_t}\left[\left(\frac{RT}{V_t}\right)-\left(\frac{\partial p}{\partial n_i}\right)_{T,V_t,n_j}\right]\mathrm{d}V_t-RT\ln\frac{V_t}{V_t}=RT\ln\frac{\hat{f}_i^{\mathrm{V}}}{\hat{f}_i'^{\mathrm{V}}}=RT\ln\frac{\hat{f}_i^{\mathrm{V}}}{p'y_i}$$

(附三-E)

又

$$RT\ln\frac{V_t}{V'_t}=RT\ln\left[\frac{\dfrac{nZRT}{p}}{\dfrac{nRT}{p'}}\right]=RT\ln Z+RT\ln\frac{p'}{p}$$

代入式(附三-E)，并化简得

$$RT\ln\frac{\hat{f}_i^{\mathrm{V}}}{py_i}=RT\ln\hat{\phi}_i^{\mathrm{V}}=\int_{V_t}^{V'_t\to\infty}\left[\left(\frac{\partial p}{\partial n_i}\right)_{T,V_t,n_j}-\left(\frac{RT}{V_t}\right)\right]\mathrm{d}V_t-RT\ln Z \quad (7\text{-}47)$$

式(7-46) 和式(7-47) 是计算气相组分逸度的主要方程。许多高压汽液平衡的计算都要运用该式。该两式尚可用其他方法推导，读者可自行思考或见诸有关文献。